Finite Elemente

Dietrich Braess

Finite Elemente

Theorie, schnelle Löser und Anwendungen in der Elastizitätstheorie

5., überarbeitete Auflage

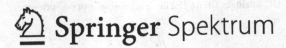 Springer Spektrum

Dietrich Braess
Fakultät für Mathematik
Universität Bochum
Bochum, Deutschland

ISBN 978-3-642-34796-2   ISBN 978-3-642-34797-9 (eBook)
DOI 10.1007/978-3-642-34797-9

Die Deutsche Nationalbibliothek verzeichnet diese Publikation in der Deutschen Nationalbibliografie; detaillierte bibliografische Daten sind im Internet über http://dnb.d-nb.de abrufbar.

Mathematics Subject Classification (2010): 65N30, 65F10, 65N22, 65N55

Springer Spektrum

Gedruckt auf säurefreiem und chlorfrei gebleichtem Papier

Springer Spektrum ist eine Marke von Springer DE. Springer DE ist Teil der Fachverlagsgruppe Springer Science+Business Media.
www.springer-spektrum.de

Vorwort

Für die fünfte Auflage wurde das Lehrbuch über Finite Elemente kräftig überarbeitet. Neben vielen kleinen Änderungen zur Abrundung der Theorie und zur Verdeutlichung von Querverbindungen finden sich größere Änderungen vor allem in zwei Bereichen.

Die größten Änderungen hat es im Kapitel über Finite Elemente in der Strukturmechanik gegeben. Eine Berechnung von Platten erfolgt üblicherweise über zweidimensionale Modelle. Diese Dimensionsreduktion wird nun – auf 50 Jahre alten Überlegungen aufbauend – auf eine solide Basis gestellt. Von dort aus versteht man dann auch Korrekturfaktoren, die bei Ingenieur-Anwendungen vielfach verwandt werden. Auch hier zeigt sich wieder: obwohl seitens der Ingenieure aus guten Gründen meist nichtkonforme Elemente implementiert werden, erscheint die Analyse mittels Sattelpunktmethoden universeller und damit zufriededenstellender.

Das Kapitel über nichtkonforme Elemente und Sattelpunktmethoden bildete von Anfang an einen Schwerpunkt dieses Buches. Bei letzteren denkt man zunächst an Variationsprobleme mit (expliziten) Nebenbedingungen wie beim Stokes-Problem, aber heute ist ebenso bedeutsam, dass man über äquivalente gemischte Methoden manche Finite-Element-Methoden versteht, bei denen die Motivation der Anwender einem Mathematiker nicht sofort einleuchtet.

In diese Kapitel gehören auch a posteriori Fehlerschätzer. Sie werden im Prinzip zügig abgehandelt, aber die charakteristischen Unterschiede zu den a priori Fehlerabschätzungen werden wir deutlicher als sonst üblich herausstellen. Dazu dient ein Vergleichssatz mit einer a priori Aussage, die mittels Techniken für a posteriori Aussagen hergeleitet wird. Dies unterstreicht außerdem die wachsende Beliebtheit des sogenannten Zwei-Energien-Prinzips. In der dritten Auflage dieses Buches war es noch rein formal ohne Beispiel genannt und ist jetzt mit zwei nicht-elementaren Beispielen vertreten.

Die Aufgaben am Ende der Abschnitte sind von unterschiedlichem Schwierigkeitsgrad. Aufgaben mit einer witzigen Komponente mögen dem Leser zeigen, wie sich Aussagen bei unterschiedlichen Gesichtspunkten verändern können. Lösungen zu den schwierigen Aufgaben findet der Leser im Internet (http://hompage.rub.de/Dietrich.Braess). Dort sollen auch wieder Hinweise auf ausgewählte aktuelle Literatur und eine Liste störender Druckfehler bereitgestellt werden.

Natürlich sind in dieser Auflage all die kleinen Fehler beseitigt worden, die dem Autor von zahlreichen Lesern mitgeteilt wurden. Allen, die dazu beigetragen haben, möchte ich an dieser Stelle herzlich danken. Mein Dank gilt auch dem Springer-Verlag, der das Buch mit den Änderungen neu auflegt.

Bochum, im August 2012   *Dietrich Braess*

Vorwort zur ersten Auflage

Bei der numerischen Behandlung von elliptischen und parabolischen Differentialgleichungen wird heute sehr viel die Methode der Finiten Elemente eingesetzt. Die Methode erlaubt wegen ihrer Flexibilität auch die Behandlung schwieriger Probleme, weil sie — anders als Differenzenverfahren oder Rechnungen mit Finiten Volumen — auf die Variationsformulierung der Differentialgleichung zugeschnitten ist. Die Entwicklung von Finiten Elementen verlief lange bei Mathematikern und Ingenieuren parallel, ohne daß dies zunächst wahrgenommen wurde. Ende der 60er und Anfang der 70er Jahre erfolgte die Entwicklung des Begriffsapparats mit einer Standardisierung, die es dann ermöglichte, den Stoff auch den Studenten vorzustellen. Aus einer Reihe von Vorlesungen ist dieses Buch auch hervorgegangen.

Im Gegensatz zu der Situation bei gewöhnlichen Differentialgleichungen gibt es bei elliptischen partiellen Differentialgleichungen nicht immer klassische Lösungen und oft nur sogenannte schwache Lösungen. Das hat nicht nur Auswirkungen auf die Theorie, sondern auch auf die numerische Behandlung. Zwar existieren klassische Lösungen unter Regularitätsvoraussetzungen, wegen der mit numerischen Rechnungen verbundenen Approximation können wir uns jedoch nicht auf einen Rahmen festlegen, in dem nur klassische Lösungen vorkommen.

Für die Behandlung elliptischer Randwertaufgaben durch Finite Elemente liefert die Variationsrechnung einen passenden Rahmen. Es ist das Ziel von Kapitel II, hier einen möglichst einfachen Einstieg zu geben. In den Paragraphen 1–3 wird die Existenz von schwachen Lösungen in Sobolev-Räumen hergeleitet und dargestellt, wie in der Variationsrechnung die Randbedingungen erfaßt werden. Um dem Leser ein Gefühl für den Umgang mit der Theorie zu vermitteln, werden einige Eigenschaften der Sobolev-Räume hergeleitet oder wenigstens illustriert. Die Paragraphen 4–8 sind dann den eigentlichen Grundlagen der Finiten Elemente gewidmet. Den schwierigsten Teil machen die Approximationssätze in §6 aus. Deshalb wird dort vorab der Spezialfall regelmäßiger Gitter behandelt; auf diesen Fall möge sich der Leser beim ersten Lesen beschränken.

In Kapitel III kommen wir zu dem Teil der Theorie der Finiten Elemente, der tieferliegende Methoden der Funktionalanalysis benötigt. Letztere werden in §3 bereitgestellt. Der Leser lernt die berühmte Ladyshenskaja-Babuška-Brezzi-Bedingung kennen, die für die sachgemäße Behandlung von Problemen der Strömungsmechanik und der gemischten Methoden in der Strukturmechanik wichtig ist. Wenn man sich ohne diese Kenntnisse auf den *gesunden Menschenverstand* verläßt, wird man in der Strömungsmechanik leider dazu verleitet, Elemente mit instabilem Verhalten zu benutzen.

Es war unser Bestreben, möglichst wenig an Kenntnissen in der reellen Analysis und der Funktionalanalysis vorauszusetzen. Andererseits ist ein gewisses Hintergrundwissen nützlich. Darum wird in Kapitel I der Unterschied zwischen den verschiedenen Typen von partiellen Differentialgleichungen kurz erläutert. Wer zum ersten Male mit der numerischen Lösung elliptischer Differentialgleichungen konfrontiert ist, empfindet den Zugang über die Differenzenverfahren meistens als leichter. Die Grenzen sieht man erst später. Eine solche erste Begegnung ist mit Kapitel I beabsichtigt, und auf Vollständigkeit der Theorie wird so bewußt verzichtet.

Die Finite-Element-Methode führt bei feiner werdender Diskretisierung auf große Gleichungssysteme. Bei der Lösung mit direkten Verfahren steigt der Aufwand wie n^2 an. In den letzten zwei Jahrzehnten wurden nun mit der Methode der konjugierten Gradienten und mit den Mehrgitterverfahren sehr effiziente Löser entwickelt, die in den Kapiteln IV und V ausgiebig vorgestellt werden.

Ein wichtiger Anwendungsbereich für Finite Elemente ist die Strukturmechanik. Weil hier Systeme von Differentialgleichungen zu lösen sind, kommt man oft nicht mit den elementaren Methoden aus Kap. II aus und muß von der Freiheit Gebrauch machen, die einem die tieferliegenden Ergebnisse aus Kap. III ermöglichen. Es waren die verschiedensten Bausteine zusammenzubringen, um eine mathematisch tragfähige Theorie für die Behandlung der Probleme in der linearen Elastizitätstheorie mit Finiten Elementen zu erhalten.

Fast jeder Paragraph endet mit einigen Aufgaben, die nun nicht nur Übungen im strengen Sinne sind. Manche Aufgabe besteht darin, eine Formel oder ein Resultat aus einem anderen Blickwinkel zu betrachten oder liefert einen Hinweis, der im Text selber den Fluß gestört hätte. Bekanntlich kann man bei der Behandlung partieller Differentialgleichungen über manche Fallen stolpern, wenn man — sei es auch nur unbewußt — klassische Lösungen vor Augen hat. Den Blick für solche Fallen zu schärfen, ist das Ziel mancher Aufgabe.

Das Buch baut auf Vorlesungen auf, die den Studenten im 5.–8. Semester an der Ruhr-Universität in regelmäßigen Abständen angeboten werden. Die Vorlesungen behandelten die Kapitel I und II sowie Teile der Kapitel III und V, während die Methode der konjugierten Gradienten in andere Vorlesungen eingegliedert ist. Das Kapitel VI entstand aufgrund von Verbindungen, die an der Ruhr-Universität zwischen Mathematikern und Ingenieuren bestehen.

Ein solcher Text kann nur dank der Mithilfe vieler zustande kommen, und an dieser Stelle möchte ich insbesondere F.-J. Barthold, C. Blömer, H. Blum, H. Cramer, W. Hackbusch, A. Kirmse, U. Langer, P. Peisker, E. Stein, R. Verfürt, G. Wittum und B. Worat für ihre Korrekturen und Verbesserungsvorschläge danken. Frau L. Mischke, die den Text in TeX gesetzt hat, danke ich für ihre unermüdliche Arbeit und Herrn Schwarz für seine Hilfe bei der Bewältigung von TeX-Problemen. Schließlich gilt mein Dank dem Springer-Verlag für die Publikation des Buches und die stets angenehme Zusammenarbeit.

Bochum, im Herbst 2031   *Dietrich Braess*

Inhaltsverzeichnis

Bezeichnungen

Bezeichnungen zu Differentialgleichungen und Finiten Elementen

Ω offene Menge im $\mathbb{R}^n$

Γ $=\partial\Omega$

Γ_D Teil des Randes, auf dem Dirichlet-Bedingungen vorgegeben sind

Γ_N Teil des Randes, auf dem Neumann-Bedingungen vorgegeben sind

Δ Laplace-Operator

L Differentialoperator

a_{ik}, a_0 Koeffizientenfunktionen der Differentialgleichung

$[\,\cdot\,]_*$ Differenzenstern

$L^2(\Omega)$ Raum der über Ω quadrat-integrierbaren Funktionen

$H^m(\Omega)$ Sobolev-Raum von L_2-Funktionen mit quadrat-integrierbaren Ableitungen bis zur Ordnung m

$H_0^m(\Omega)$ Unterraum von $H^m(\Omega)$ der Funktionen mit verallgemeinerten Nullrandbedingungen

$C^k(\Omega)$ Menge der Funktionen mit stetigen Ableitungen der Ordnung k

$C_0^k(\Omega)$ Unterrraum von $C^k(\Omega)$ der Funktionen mit kompaktem Träger

γ Spuroperator

$\|\cdot\|_m$ Sobolev-Norm der Ordnung m

$|\cdot|_m$ Sobolev-Seminorm der Ordnung m

$\|\cdot\|_\infty$ Suprenumnorm

ℓ_2 Raum der quadratisch summierbaren Folgen

H' Dualraum von H

$\langle\cdot,\cdot\rangle$ duale Paarung

$|\alpha|$ $=\sum\alpha_i$. Ordnung des Multiindex α

∂_i partielle Ableitung $\frac{\partial}{\partial x_i}$

∂^α partielle Ableitung der Ordnung α

D (Fréchet-) Ableitung

J Variationsfunktional

$a(\cdot,\cdot)$ Bilinearform im Variationsfunktional

α Elliptizitätskonstante

ν äußere Normale

∂_ν $\partial/\partial\nu$ Ableitung in Richtung der äußeren Normalen

∇f $(\partial f/\partial x_1, \partial f/\partial x_2, \ldots, \partial f/\partial x_n)$

$\operatorname{div} f$ $\sum_{i=1}^n \partial f/\partial x_i$

S_h Finite-Element-Raum

ψ_k Basisfunktion von S_h

$\mathcal{T}_h$ Zerlegung (Triangulierung) von Ω

T	(Dreieck- oder Viereck-) Element in $\mathcal{T}_h$
T_{ref}	Referenzelement
h_T, ρ_T	Umkreis- bzw Inkreisradius von T
κ	Parameter zur Messung der Uniformität einer Zerlegung
$\mu(T)$	Fläche (Volumen) von T
$\mathcal{P}_t$	Menge der Polynome vom Grad $\leq t$
$\mathcal{Q}_t$	Polynommenge (5.4) zu Viereckelementen
$\mathcal{P}_{3,\mathrm{red}}$	kubische Polynome ohne bubble function-Anteil
Π_{ref}	Menge von Polynomen, welche durch die Restriktion von S_h auf ein (Referenz-) Element gebildet werden
s	$= \dim \Pi_{\mathrm{ref}}$
Σ	Menge von linearen Funktionalen in der Definition affiner Familien
$\mathcal{M}^k, \mathcal{M}_s^k, \mathcal{M}_{s,0}^k$	polynomiale Finite-Element-Räume in L_2, H^{s+1} und H_0^{s+1}
$\mathcal{M}_{*,0}^1$	Menge der Funktionen in $\mathcal{M}^1$, die am Mittelpunkt der Seiten stetig sind und Nullrandbedingungen im gleichen Sinne erfüllen
I, I_h	Interpolationssoperator auf Π_{ref} bzw. auf S_h
A	Steifigkeits- oder Systemmatrix
ℓ_2	Raum der quadratsummierbaren Folgen
$\delta_{..}$	Kronecker-Symbol
e	Kante eines Elements
$\lVert \cdot \rVert_{m,h}$	gitterabhängige Norm
$\ker L$	Kern der linearen Abbildung L
$V^\perp$	orthogonales Komplement von V
V^0	Polare von V
$\mathcal{L}$	Lagrange-Funktion
M	Raum der Nebenbedingungen (bei Sattelpunktproblemen)
β	Konstante in der Brezzi-Bedingung
RT_k	Raviart–Thomas–Element vom Grad k
$H(\mathrm{div}, \Omega)$	$:= \{v \in L_2(\Omega)^d;\ \mathrm{div}\, v \in L_2(\Omega)\}$, $\Omega \in \mathbb{R}^d$
$L_{2,0}(\Omega)$	Menge der Funktionen in $L_2(\Omega)$ mit Integralmittel 0
B_3	kubische bubble Funktion (Blase)
$\lceil \nabla u_h \rceil$	Sprung von ∇u_h auf einer Elementkante
ω_T, ω_e	Umgebung von T bzw. e in $\mathcal{T}_h$
$\eta_{T,R}, \eta_R$	lokaler und globaler Fehlerschätzer

Bezeichnungen bei der Methode der konjugierten Gradienten

∇f	Gradient von f (Spaltenvektor)
$\kappa(A)$	spektrale Konditionszahl der Matrix A
$\sigma(A)$	Spektrum der Matrix A
$\rho(A)$	Spektralradius der Matrix A
$\lambda_{\min}(A)$	kleinster Eigenwert der Matrix A
$\lambda_{\max}(A)$	größter Eigenwert der Matrix A
A^t	Transponierte der Matrix A

I Einheitsmatrix

C Matrix zur Vorkonditionierung

g_k Gradient bei der Näherung x_k

d_k Richtung der Korrektur im Schritt k

V_k $= \mathrm{span}[g_0, \ldots, g_{k-1}]$

$x'y$ Euklidisches Skalarprodukt der Vektoren x und y

$\|x\|_A$ $= \sqrt{x'Ax}$ (Energienorm)

$\|x\|_\infty$ $= \max_i |x_i|$ (Maximumnorm)

T_k k-tes Tschebyscheff-Polynom

ω Relaxationsparameter

Bezeichnungen bei Mehrgitterverfahren

$\mathcal{T}_\ell$ Triangulierung auf der Ebene ℓ

$S_\ell = S_{h_\ell}$ Finite-Element-Raum auf der Ebene ℓ

A_ℓ Systemmatrix auf der Ebene ℓ

N_ℓ $= \dim S_\ell$

S Glättungsoperator

$r, \tilde{r}$ Restriktionen

p Prolongation

$x^{\ell,k,m}, u^{\ell,k,m}$ Variable auf der Ebene ℓ im k-ten Iterationsschritt und im m-ten Teilschritt

ν_1, ν_2 Anzahl der Vorglättungen bzw. Nachglättungen

ν $= \nu_1 + \nu_2$

μ $= 1$ beim V-Zyklus, $= 2$ beim W-Zyklus

q $= \ell_{\max}$

ψ_ℓ^j j-te Basisfunktion auf der Ebene ℓ

ρ_ℓ Konvergenzrate von $\mathbf{MGM}_\ell$

ρ $= \sup_\ell \rho_\ell$

$\|| \cdot \||_s$ diskrete Norm der Ordnung s

β Maß für die Glattheit einer Funktion in S_h

$\mathcal{L}$ nichtlinearer Operator

$\mathcal{L}_\ell$ nichtlineare Abbildung auf der Ebene ℓ

$D\mathcal{L}$ Ableitung von $\mathcal{L}$

Bezeichnungen in der Strukturmechanik

u Verschiebung

ϕ Deformation

ϕ^T Transponierte von ϕ

id identische Abbildung

C $= \nabla\phi^T \nabla\phi$ Cauchy–Greenscher Verzerrungstensor

E Verzerrung

ε Verzerrung in linearer Näherung

t Cauchyscher Spannungsvektor

T Cauchyscher Spannungstensor

T_R 1. Piola–Kirchhoffscher Spannungstensor

Σ_R 2. Piola–Kirchhoffscher Spannungstensor

σ Spannung in linearer Näherung

$\hat{T}$ $= \hat{T}(F)$ Antwortfunktion für Cauchyschen Spannungstensor

$\hat{\Sigma}$ $= \hat{\Sigma}(F)$ Antwortfunktion für Piola–Kirchhoffschen Spannungstensor

$\tilde{\Sigma}$ $\tilde{\Sigma}(F^T F) = \hat{\Sigma}(F)$

$\bar{T}$ $\bar{T}(F F^T) = \hat{T}(F)$

S^2 Einheitssphäre im $\mathbb{R}^3$

$\mathbb{M}^3$ Menge der 3×3-Matrizen

$\mathbb{M}^3_+$ Menge der Matrizen in $\mathbb{M}^3$ mit positiver Determinante

$\mathbb{O}^3$ Menge der orthogonalen 3×3-Matrizen

$\mathbb{O}^3_+$ $= \mathbb{O}^3 \cap \mathbb{M}^3_+$

$\mathbb{S}^3$ Menge der symmetrischen 3×3-Matrizen

$\mathbb{S}^3_>$ Menge der positiv definiten Matrizen in $\mathbb{S}^3$

ι_A $= (\iota_1(A), \iota_2(A), \iota_3(A))$ Invarianten von A

$\wedge$ Vektorprodukt im $\mathbb{R}^3$

$\mathrm{diag}(d_1, \ldots, d_n)$ Diagonalmatrix mit Elementen $d_1, \ldots, d_n$

λ, μ Lamé-Konstanten

E Elastizitätsmodul

ν Poissonzahl

n Normalenvektor (abweichend von Kap. II und III)

$\mathcal{C}$ $\sigma = \mathcal{C} \varepsilon$

$\hat{W}$ Energiefunktional eines hyperelastischen Materials

$\tilde{W}$ $\tilde{W}(F^T F) = \hat{W}(F)$

$\varepsilon : \sigma$ $= \sum_{ij} \varepsilon_{ij} \sigma_{ij}$

Γ_0, Γ_1 Teile der Ränder, auf denen u bzw. $\sigma \cdot n$ vorgegeben ist

Π Energiefunktional in der linearen Theorie

D symmetrische Ableitung

$as(\tau)$ schiefsymmetrischer Anteil von τ

$H^s(\Omega)^d$ $= [H^s(\Omega)]^d$

$H^1_\Gamma(\Omega)$ $:= \{v \in H^1(\Omega) \text{ mit } v(x) = 0 \text{ für } x \in \Gamma_0\}$

$H(\mathrm{div}, \Omega)$ $:= \{\tau \in L_2(\Omega); \ \mathrm{div}\, \tau \in L_2(\Omega)\}$, τ ist Vektor oder Tensor

$H(\mathrm{rot}, \Omega)$ $:= \{\eta \in L_2(\Omega)^2; \ \mathrm{rot}\, \eta \in L_2(\Omega)\}$, $\Omega \subset \mathbb{R}^2$

$H^{-1}(\mathrm{div}, \Omega)$ $:= \{\tau \in H^{-1}(\Omega)^d; \ \mathrm{div}\, \tau \in H^{-1}(\Omega)\}$, $\Omega \subset \mathbb{R}^d$

θ, γ, w Verdrehung, Scherterm und transversale Verschiebung bei Balken und Platten

t Dicke von Balken, Scheibe oder Platte

ℓ Länge eines Balkens

$W_h, \Theta_h, \Gamma_h, Q_h$ Finite-Element-Räume in der Plattentheorie

π_h L_2-Projektor auf Γ_h

R Restriktion auf Γ_h

P_h L_2-Projektor auf Q_h

Kapitel I

Einführung

Bei partiellen Differentialgleichungen unterscheidet man mehrere Typen, insbesondere sind bei Differentialgleichungen 2. Ordnung die elliptischen, hyperbolischen und parabolischen von großer Bedeutung. Die Theorie und die numerische Behandlung sind bei den drei Typen sehr unterschiedlich. So ist der Typ z. B. auch ausschlaggebend dafür, ob Anfangs-, Rand- oder Anfangsrandbedingungen sinnvoll sind. Ein solches Phänomen gibt es nicht bei gewöhnlichen Differentialgleichungen.

Im Mittelpunkt der Methode der Finiten Elemente steht die numerische Behandlung elliptischer Differentialgleichungen. Dennoch ist die Kenntnis der Unterschiede zwischen den drei Typen wichtig. Dazu werden einige elementare Eigenschaften erläutert. In diesem Rahmen soll herausgestellt werden, dass bei Differentialgleichungen vom elliptischen Typ die Vorgabe von Randwerten und nicht die von Anfangswerten sinnvoll ist.

Bei der numerischen Lösung elliptischer Probleme unterscheidet man wiederum zwischen den Differenzenverfahren und den Variationsmethoden. Zu letzteren gehört die Methode der Finiten Elemente. Obwohl Finite Elemente gerade bei komplizierteren Geometrien als anpassungsfähiger gelten, setzt man bei einfachen Problemen noch oft Differenzenverfahren ein. Der Grund dafür ist der einfachere Zugang, und dieser lässt es uns auch angebracht erscheinen, eine kurze Betrachtung der Differenzenverfahren voranzustellen.

§ 1. Beispiele und Typeneinteilung

Beispiele

Wir betrachten zunächst einige Beispiele von partiellen Differentialgleichungen 2. Ordnung, die in Physik und Technik häufig vorkommen und die Prototypen von elliptischen, hyperbolischen bzw. parabolischen Gleichungen darstellen.

1.1 Potentialgleichung. Sei Ω ein Gebiet im $\mathbb{R}^2$. Gesucht ist eine Funktion u auf Ω mit

$$u_{xx} + u_{yy} = 0. \tag{1.1}$$

Zu dieser Differentialgleichung 2. Ordnung gehört die Vorgabe von Randwerten.

Man identifiziere den $\mathbb{R}^2$ mit der Gaußschen Zahlenebene der komplexen Zahlen. Ist $w(z) = u(z) + i v(z)$ eine in Ω holomorphe Funktion, so genügen der Realteil u und der Imaginärteil v der Potentialgleichung. Aus der Funktionentheorie ist ferner bekannt, dass u und v im Innern beliebig oft differenzierbar sind und ihr Maximum sowie ihr Minimum am Rande annehmen.

Eine einfache Lösungsformel gibt es für den Kreis $\Omega := \{(x, y) \in \mathbb{R}^2; x^2 + y^2 < 1\}$. Bei Einführung von Polarkoordinaten $x = r \cos \phi$, $y = r \sin \phi$ erkennt man, dass die Funktionen

$$r^k \cos k\phi, \quad r^k \sin k\phi \quad \text{für } k = 0, 1, 2, \ldots$$

der Potentialgleichung genügen. Wenn man die Randwerte in eine Fourier-Reihe entwickelt

$$u(\cos \phi, \sin \phi) = a_0 + \sum_{k=1}^{\infty} (a_k \cos k\phi + b_k \sin k\phi),$$

lässt sich die Lösung im Innern gemäß

$$u(x, y) = a_0 + \sum_{k=1}^{\infty} r^k (a_k \cos k\phi + b_k \sin k\phi) \tag{1.2}$$

darstellen.

Der Differentialoperator in (1.1) ist der 2-dimensionale Laplace-Operator. Allgemein setzt man für Funktionen von d Variablen

$$\Delta u := \sum_{i=1}^{d} \frac{\partial^2 u}{\partial x_i^2}.$$

Ferner ist die Potentialgleichung ein Spezialfall der Poisson-Gleichung.

1.2 Poisson-Gleichung. Sei Ω ein Gebiet im $\mathbb{R}^d$, $d = 2$ oder 3. Wenn die Ladungsdichte $f : \Omega \to \mathbb{R}$ in Ω bekannt ist, genügt die Spannung u der Poisson-Gleichung

$$-\Delta u = f(x) \quad \text{in } \Omega. \tag{1.3}$$

Zur Differentialgleichung (1.3) sind genauso wie bei der Potentialgleichung Randwerte vorzugeben.

1.3 Das Plateau-Problem als Prototyp einer Variationsaufgabe. Über einen festen Draht sei (wie z. B. bei einer Trommel) eine ideal elastische Membran gespannt. Der Draht werde durch eine geschlossene, rektifizierbare Kurve im $\mathbb{R}^3$ beschrieben und lasse sich durch Parallelprojektion so auf die $x - y$-Ebene projizieren, dass eine doppelpunktfreie Kurve entsteht. Die Lage der Membran lässt sich dann als Graph, d.h. durch eine Funktion $u(x, y)$ darstellen. Wegen der Elastizität nimmt sie die Form an, bei welcher die Oberfläche

$$\int_\Omega \sqrt{1 + u_x^2 + u_y^2}\, dx dy$$

minimal wird.

Dieses nichtlineare Variationsproblem kann man zwecks Vereinfachung näherungsweise lösen. Für kleine Werte von u_x und u_y kann man den Integranden wegen $\sqrt{1 + z} = 1 + \frac{z}{2} + O(z^2)$ durch einen quadratischen Ausdruck ersetzen und gelangt zu der Aufgabe

$$\frac{1}{2} \int_\Omega (u_x^2 + u_y^2)\, dx dy \to \min! \tag{1.4}$$

Dabei sind die Werte von u auf dem Rand $\partial\Omega$ durch die gegebene Kurve vorgegeben. Das Minimum wird nun durch die zugehörige Eulersche Gleichung

$$\Delta u = 0 \tag{1.5}$$

charakterisiert.

Da solche Variationsaufgaben in Kapitel II genauer betrachtet werden, verifizieren wir hier die Bedingung (1.5) nur unter der Voraussetzung, dass eine Minimallösung u in $C^2(\Omega) \cap C^0(\bar{\Omega})$ existiert. Eine Lösung in $C^2(\Omega) \cap C^0(\bar{\Omega})$ bezeichnet man als *klassische Lösung*. Setze

$$D(u, v) := \int_\Omega (u_x v_x + u_y v_y)\, dx dy$$

und $D(v) := D(v, v)$. Es gilt die binomische Formel

$$D(u + \alpha v) = D(u) + 2\alpha D(u, v) + \alpha^2 D(v).$$

Sei $v \in C^1(\Omega)$ und $v|_{\partial\Omega} = 0$. Da $u + \alpha v$ für $\alpha \in \mathbb{R}$ eine zulässige Vergleichsfunktion für das Minimumproblem darstellt, ist bei $\alpha = 0$ notwendigerweise $\frac{\partial}{\partial\alpha} D(u + \alpha v) = 0$, und wir erhalten mit der binomischen Formel $D(u, v) = 0$. Mit dem Greenschen Integralsatz folgt

$$0 = D(u, v) = \int_\Omega (u_x v_x + u_y v_y)\, dx dy$$

$$= -\int_\Omega v(u_{xx} + u_{yy})\, dx dy + \int_{\partial\Omega} v(u_x\, dy - u_y\, dx).$$

Das Randintegral verschwindet wegen der Randbedingung für v. Das Gebietsintegral verschwindet nur für alle $v \in C^1(\Omega)$, wenn $\Delta u = u_{xx} + u_{yy} = 0$ ist. Damit ist (1.5) bewiesen.

1.4 Die Wellengleichung als Prototyp hyperbolischer Differentialgleichungen. Die Bewegung in einem idealen Gas wird durch 3 Gesetze bestimmt. Wie üblich wird die Geschwindigkeit mit v, die Dichte mit ρ und der Druck mit p bezeichnet.

1. *Kontinuitätsgleichung.*

$$\frac{\partial \rho}{\partial t} = -\rho_0 \operatorname{div} v.$$

Wegen der Massenerhaltung ist die Änderung der Masse in einem (Teil-) Volumen V gleich dem Fluß über die Oberfläche, das ist $\int_{\partial V} \rho v \cdot n\, dO$. Aus dem Gaußschen Integralsatz folgt die obige Gleichung. Dabei wird ρ durch die feste Dichte ρ_0 approximiert.

2. *Newtonsches Gesetz.*

$$\rho_0 \frac{\partial v}{\partial t} = -\operatorname{grad} p.$$

Der Druckgradient induziert ein Kraftfeld, das die Beschleunigung der Teilchen bewirkt.

3. *Zustandsgleichung.*

$$p = c^2 \rho.$$

In idealen Gasen ist der Druck bei konstanter Temperatur proportional zur Dichte. Aus den drei Gesetzen folgt

$$\frac{\partial^2}{\partial t^2} p = c^2 \frac{\partial^2 \rho}{\partial t^2} = -c^2 \frac{\partial}{\partial t} \rho_0 \operatorname{div} v = -c^2 \operatorname{div}(\rho_0 \frac{\partial v}{\partial t})$$

$$= c^2 \operatorname{div} \operatorname{grad} p = c^2 \Delta p.$$

Andere Beispiele für die Wellengleichung

$$u_{tt} = c^2 \Delta u$$

ergeben sich bei 2 Raumdimensionen für die schwingende Membran oder im eindimensionalen Fall mit dem schwingenden Seil. Bei einer Raumdimension vereinfacht sich die Gleichung, wenn c noch auf 1 normiert wird:

$$u_{tt} = u_{xx}. \tag{1.6}$$

Abhängigkeitsbereich

Abb. 1. Abhängigkeitsbereich bei der Wellengleichung

Zu sinnvollen Problemen führt die Wellengleichung zusammen mit Anfangsbedingungen

$$u(x, 0) = f(x),$$
$$u_t(x, 0) = g(x). \tag{1.7}$$

1.5 Lösung der eindimensionalen Wellengleichung. Zur Lösung der Wellengleichung (1.6), (1.7) nimmt man eine Variablentransformation vor

$$\xi = x + t,$$
$$\eta = x - t. \tag{1.8}$$

Mit Hilfe der Kettenregel $u_x = u_\xi \frac{\partial \xi}{\partial x} + u_\eta \frac{\partial \eta}{\partial x}$ usw. lassen sich die Ableitungen leicht umrechnen

$$u_x = u_\xi + u_\eta, \qquad u_{xx} = u_{\xi\xi} + 2u_{\xi\eta} + u_{\eta\eta},$$
$$u_t = u_\xi - u_\eta, \qquad u_{tt} = u_{\xi\xi} - 2u_{\xi\eta} + u_{\eta\eta}. \tag{1.9}$$

Durch Einsetzen der Formeln (1.9) in (1.6) folgt

$$4u_{\xi\eta} = 0.$$

Die allgemeine Lösung lautet

$$u = \phi(\xi) + \psi(\eta)$$
$$= \phi(x + t) + \psi(x - t), \tag{1.10}$$

wobei ϕ und ψ Funktionen sind. Man bestimmt sie durch Einsetzen der Anfangswerte (1.7)

$$f(x) = \phi(x) + \psi(x),$$
$$g(x) = \phi'(x) - \psi'(x).$$

Nach Differenzieren der ersten Gleichung kann man die Gleichungen nach ϕ' und ψ' auflösen

$$\phi' = \frac{1}{2}(f' + g) \qquad \phi(\xi) = \frac{1}{2}f(\xi) + \frac{1}{2}\int_{x_0}^{\xi} g(s)\,ds,$$
$$\psi' = \frac{1}{2}(f' - g) \qquad \psi(\eta) = \frac{1}{2}f(\eta) - \frac{1}{2}\int_{x_0}^{\eta} g(s)\,ds.$$

Mit (1.10) folgt schließlich

$$u(x, t) = \frac{1}{2}[f(x + t) + f(x - t)] + \frac{1}{2}\int_{x-t}^{x+t} g(s)\,ds. \tag{1.11}$$

Bemerkenswert an der Lösung ist, dass $u(x, t)$ nur von den Anfangswerten zwischen den Punkten $x - t$ und $x + t$ abhängt. [Wenn man die Konstante c nicht normiert, wird anstatt dessen der Bereich von $x - ct$ bis $x + ct$ erfasst.] Dies entspricht der Tatsache, dass sich im zugrundeliegenden physikalischen System alle Phänomene nur mit endlicher Geschwindigkeit ausbreiten können.

Ein weiteres Phänomen ist beachtenswert. Die Lösungsformel (1.11) ist unter der Voraussetzung zweimaliger Differenzierbarkeit hergeleitet worden. Wenn die Anfangs-werte f und g nicht differenzierbar sind, sind es ϕ, ψ und schließlich u auch nicht. Die Formel (1.11) bleibt aber auch im nichtdifferenzierbaren Fall richtig und sinnvoll.

1.6 Die Wärmeleitungsgleichung als Prototyp einer parabolischen Gleichung. Sei $T(x, t)$ die Temperaturverteilung in einem Körper. Dann ist der Wärmefluß

$$F = -\kappa \operatorname{grad} T,$$

wobei die Diffusionskonstante κ eine Materialkonstante ist. Die Energieänderung in einem Volumenelement setzt sich wegen der Energieerhaltung aus dem Wärmefluß über die Oberfläche und der zugeführten Wärme Q zusammen. Mit denselben Argumenten wie bei der Massenerhaltung im Beispiel 1.4 folgt

$$\frac{\partial E}{\partial t} = -\operatorname{div} F + Q$$
$$= \operatorname{div} \kappa \operatorname{grad} T + Q$$
$$= \kappa \Delta T + Q,$$

wenn κ als konstant angenommen wird. Mit der spezifischen Wärme $a = \partial E/\partial T$ (d.h. einer weiteren Materialkonstanten) erhalten wir schließlich

$$\frac{\partial T}{\partial t} = \frac{\kappa}{a} \Delta T + \frac{1}{a} Q.$$

Speziell für einen eindimensionalen Stab und $Q = 0$ ergibt sich mit $\sigma = \kappa/a$ für $u = T$:

$$u_t = \sigma u_{xx}, \tag{1.12}$$

wobei man die Normierung $\sigma = 1$ wieder durch eine passende Festlegung der Maßein-heiten erreichen kann.

Bei parabolischen Problemen hat man es typischerweise mit *Anfangsrandwertauf-gaben* zu tun.

Wir betrachten zunächst die Wärmeverteilung auf einen Stab endlicher Länge ℓ. Dann ist außer den Anfangswerten zu spezifizieren, ob an den Rändern die Temperatur oder die Menge des Wärmeflusses vorgegeben wird. Der Einfachheit halber beschränken wir uns auf den Fall, dass die Temperaturvorgaben an beiden Enden zeitunabhängig sind. Dann kann o.E.d.A.

$$\sigma = 1, \quad \ell = \pi \quad \text{und} \quad u(0, t) = u(\pi, t) = 0$$

angenommen werden, vgl. Aufgabe 1.10. Für die Anfangswerte sei die Entwicklung in die Fourier-Reihe berechnet:

$$u(x, 0) = \sum_{k=1}^{\infty} a_k \sin kx, \quad 0 < x < \pi.$$

Offensichtlich sind die Funktionen $e^{-k^2 t} \sin kx$ Lösungen der Wärmeleitungsgleichung $u_t = u_{xx}$. Also ist

$$u(x, t) = \sum_{k=1}^{\infty} a_k e^{-k^2 t} \sin kx, \quad t \geq 0 \tag{1.13}$$

eine Lösung zu den gegebenen Anfangswerten.

Im Falle eines unendlich langen Stabes entfallen die Randwerte. Man benötigt Aussagen über das Anwachsen bzw. Abklingen der Anfangswerte im unendlichen, die hier ignoriert werden sollen. Dann gibt es eine Darstellung der Lösungen mit Fourier-Integralen anstatt Fourier-Reihen. Aus dieser gewinnt man eine Darstellung, in welcher die Anfangswerte $f(x) := u(x, 0)$ explizit auftreten.

$$u(x, t) = \frac{1}{2\sqrt{\pi t}} \int_{-\infty}^{+\infty} e^{-\xi^2/4t} f(x - \xi) \, d\xi. \tag{1.14}$$

Man beachte, dass die Lösung im Punkte (x, t) von den Anfangswerten auf dem ganzen Gebiet abhängt. Die Ausbreitungsgeschwindigkeit ist nicht endlich.

Typeneinteilung

Bei gewöhnlichen Differentialgleichungen kann man eine Gleichung sowohl in Anfangs- als auch in Randwertaufgaben antreffen. Dies stimmt nicht mehr bei partiellen Differentialgleichungen. Ob Anfangs- oder Randwerte vorzugeben sind, hängt vom *Typ der Differentialgleichung* ab.

Die allgemeine lineare Differentialgleichung zweiter Ordnung in n Variablen hat die Gestalt

$$-\sum_{i,k=1}^{n} a_{ik}(x) u_{x_i x_k} + \sum_{i=1}^{n} b_i(x) u_{x_i} + c(x) u = f(x). \tag{1.15}$$

Falls die Funktionen a_{ik}, b_i und c unabhängig von x sind, spricht man von einer *Differentialgleichung mit konstanten Koeffizienten*. Weil für zweimal stetig differenzierbare Funktionen $u_{x_i x_k} = u_{x_k x_i}$ gilt, kann o.E.d.A. die Symmetrie $a_{ik}(x) = a_{ki}(x)$ vorausgesetzt werden. Die zugeordnete $n \times n$-Matrix

$$A(x) := (a_{ik}(x))$$

ist dann symmetrisch.

1.7 Definition. (1) Die Gleichung (1.15) heißt *elliptisch im Punkte x*, wenn $A(x)$ positiv definit ist.

(2) Die Gleichung (1.15) heißt *hyperbolisch im Punkte x*, wenn $A(x)$ einen negativen und $n-1$ positive Eigenwerte hat.

(3) Die Gleichung (1.15) heißt *parabolisch im Punkte x*, wenn $A(x)$ positiv semidefinit, aber nicht definit ist und der Rang von $(A(x), b(x))$ gleich n ist.

(4) Eine Gleichung heißt *elliptisch, hyperbolisch* oder *parabolisch*, wenn sie für alle Punkte des Gebiets die betreffende Eigenschaft hat.

Im elliptischen Fall wird die Gleichung (1.15) häufig kurz als

$$L\,u = f \tag{1.16}$$

geschrieben und L als *elliptischer Differentialoperator der Ordnung 2* bezeichnet. Der Ausdruck $-\sum a_{ik}(x)u_{x_i x_k}$ ist dann der *Hauptteil* von L. Bei hyperbolischen und parabolischen Problemen ist eine Richtung ausgezeichnet. Es ist in der Regel die Zeit, so dass man hyperbolische Differentialgleichungen oft in die Form

$$u_{tt} + Lu = f \tag{1.17}$$

bzw. parabolische in die Form

$$u_t + Lu = f \tag{1.18}$$

bringen kann, wobei L ein elliptischer Differentialoperator ist.

Wenn Differentialgleichungen invariant gegenüber Bewegungen (also gegenüber Translationen und Drehungen) sind, dann hat der elliptische Operator die Form

$$Lu = -a_0 \Delta u + c_0 u.$$

Diese Invarianz lag bei den beschriebenen Beispielen vor.

Sachgemäß gestellte Probleme

Was passiert, wenn man eine partielle Differentialgleichung in einem Rahmen betrachtet, der eigentlich für einen anderen Typ richtig ist?

Wir wenden uns zur Beantwortung dieser Frage zunächst der Wellengleichung (1.6) zu und versuchen, das *Randwertproblem* in dem Gebiet

$$\Omega = \{(x, t) \in \mathbb{R}^2;\ a_1 < x + t < a_2,\ b_1 < x - t < b_2\}$$

zu lösen. Es ist Ω ein gedrehtes Rechteck, das in den Koordinaten ξ, η gemäß (1.8) achsenparallel ist. Wegen $u(\xi, \eta) = \phi(\xi) + \psi(\eta)$ dürfen sich die Funktionswerte auf gegenüberliegenden Seiten nur durch eine Konstante unterscheiden. Die Randwertaufgabe mit allgemeinen Daten ist also nicht lösbar. — Bei anders geformten Gebieten folgt mit ähnlichen, wenn auch etwas schwierigeren Überlegungen, dass die allgemeine Lösbarkeit unmöglich ist.

Als nächstes werde die Potentialgleichung (1.1) im Gebiet $\{(x, y) \in \mathbb{R}^2;\ y \geq 0\}$ als *Anfangswertaufgabe* untersucht, wobei y die Rolle der Zeit zugewiesen wird. Sei $n > 0$. Für die Vorgaben

$$u(x, 0) = \frac{1}{n} \sin nx,$$
$$u_y(x, 0) = 0$$

liefert

$$u(x, y) = \frac{1}{n} \cosh ny \, \sin nx$$

offensichtlich eine *formale Lösung*, die wie e^{ny} anwächst. Da n beliebig groß sein kann, ziehen wir folgende Konsequenz: Es gibt beliebig kleine Anfangswerte, zu denen bei $y = 1$ beliebig große Lösungen gehören. Lösungen sind also, sofern sie überhaupt existieren, nicht stabil gegenüber Störungen der Anfangswerte.

Mit denselben Argumenten erkennt man an der Darstellung (1.13) sofort, dass sich bei parabolischen Gleichungen die Lösungen nur für $t > t_0$, aber nicht für $t < t_0$ gutartig verhalten. Die Integration der Wärmeleitungsgleichung in Richtung der Vergangenheit wäre manchmal schon wünschenswert, wie die folgende Fragestellung zeigt.

Für einen Stab sei die Temperaturverteilung zu berechnen, auf die man ihn zur Zeit $t = 0$ bringen müsste, damit er nach einer Transportzeit $t_1 > 0$ eine vorgegebene Temperatur(verteilung) hat. Dies ist ein bekanntes schlecht gestelltes Problem. Laut (1.13) kann man höchstens die langwelligen Anteile der Temperatur zur Zeit t_1 vorgeben, aber keineswegs die kurzwelligen.

Solche Überlegungen führten Hadamard [1932] dazu, die Lösbarkeit von Differentialgleichungen (und von ähnlich strukturierten Aufgaben) zusammen mit der Stabilität der Lösung zu betrachten.

1.8 Definition. Ein Problem heißt *sachgemäß gestellt* (engl. *well posed*), wenn eine Lösung existiert, diese eindeutig ist und stetig von den vorgegebenen Daten abhängt. Andernfalls heißt das Problem *schlecht gestellt* (engl. *improperly posed*).

Ob ein Problem sachgemäß gestellt ist, kann im Prinzip von der Wahl der Normen der betreffenden Funktionenräume abhängen. So erkennen wir z. B. aus (1.11), dass die Aufgabe (1.6), (1.7) sachgemäß gestellt ist. Die durch (1.11) definierte Abbildung

$$C(\mathbb{R}) \times C(\mathbb{R}) \longrightarrow C(\mathbb{R} \times \mathbb{R}_+)$$
$$f, g \longmapsto u$$

ist stetig, wenn $C(\mathbb{R})$ mit der üblichen Maximumnorm und $C(\mathbb{R} \times \mathbb{R}_+)$ mit einer gewichteten Norm versehen wird:

$$\|u\| := \max_{x,t} \left\{ \frac{|u(x, t)|}{1 + |t|} \right\}.$$

Die sachgemäße Aufgabenstellung für elliptische und parabolische Probleme ergibt sich aus dem Maximumprinzip, das im nächsten § dargestellt wird.

Aufgaben

1.9 Die Potentialgleichung sei im Kreis $\Omega := \{(x, y) \in \mathbb{R}^2;\ x^2 + y^2 < 1\}$ mit der Randwertvorgabe für die Ableitung in Normalenrichtung

$$\frac{\partial}{\partial r} u(x) = g(x) \quad \text{für } x \in \partial\Omega$$

zu lösen. Man bestimme die Lösung, wenn g als Fourier-Reihe ohne konstanten Term

$$g(\cos\phi, \sin\phi) = \sum_{k=1}^{\infty} (a_k \cos k\phi + b_k \sin k\phi)$$

gegeben ist. (Dass das konstante Glied verschwinden muß, erkennt man zwar am Ergebnis, der tiefere Grund wird allerdings erst in Kap. II §3 deutlich.)

1.10 Die Wärmeleitungsgleichung (1.12) sei für einen Stab mit Daten $\sigma \neq 1$, $\ell \neq \pi$ und $u(0, t) = u(\ell, t) = T_0 \neq 0$ gegeben. Wie wählt man die Skalen, d.h. die Zahlen für die Transformation $t \longmapsto \alpha t$, $y \longmapsto \beta y$, $u \longmapsto u + \gamma$, um das gegebene Problem auf das normierte zurückzuführen?

1.11 Man löse das Wärmeleitungsproblem für einen Stab, für den nur am linken Rand die Temperatur fixiert ist. Am rechten Rand sei der Stab isoliert, dort verschwindet also der Wärmefluß und mit ihm $\partial T / \partial x$.

Hinweis: Die Funktionen $\phi_k(x) = \sin kx$, k ungerade, erfüllen die Randbedingungen $\phi_k(0) = 0$, $\varphi'(\frac{\pi}{2}) = 0$.

1.12 Man betrachte eine Lösung der Wellengleichung. Zur Zeit $t = 0$ gelte $u = 0$ außerhalb einer beschränkten Menge. Man zeige, dass die Energie

$$\int_{\mathbb{R}^d} [u_t^2 + c^2 (\operatorname{grad} u)^2]\, dx \tag{1.19}$$

konstant ist.

Hinweis: Man schreibe die Wellengleichung in der symmetrischen Form

$$u_t = c \operatorname{div} v,$$
$$v_t = c \operatorname{grad} u,$$

und stelle die Zeitableitung des Integranden in (1.19) als Divergenz dar.

§ 2. Maximumprinzip

Bei der Analyse von Differenzenverfahren spielt das diskrete Analogon des sogenannten Maximumprinzips eine wichtige Rolle. Deshalb betrachten wir vorab eine einfache Fassung des Prinzips.

Im folgenden sei Ω stets ein beschränktes Gebiet im $\mathbb{R}^d$, wobei wir uns später auf den Fall $d = 2$ beschränken werden. Ferner sei durch

$$Lu := -\sum_{i,k=1}^{d} a_{ik}(x) u_{x_i x_k} \tag{2.1}$$

ein linearer elliptischer Differentialoperator L definiert. Die Matrix $A = (a_{ik})$ sei also symmetrisch und positiv definit in Ω. Der Leser möchte sich die Koeffizientenfunktionen a_{ik} als stetig vorstellen, obwohl die Aussagen unter schwächeren Voraussetzungen gelten. Zur Gewinnung von Abschätzungen benötigen wir eine quantitative Fassung der Elliptizität.

2.1 Definition. Ein elliptischer Operator der Form (2.1) heißt *gleichmäßig elliptisch*, wenn mit einer Zahl $\alpha > 0$

$$\xi' A(x)\xi \geq \alpha \|\xi\|^2 \quad \text{für } \xi \in \mathbb{R}^d, x \in \Omega \tag{2.2}$$

gilt. Die Zahl α wird als *Elliptizitätskonstante* bezeichnet.

2.2 Maximumprinzip. *Für $u \in C^2(\Omega) \cap C^0(\bar{\Omega})$ sei*

$$Lu = f \leq 0 \quad \text{in } \Omega.$$

Dann nimmt u sein Maximum auf dem Rand von Ω an. Wenn darüber hinaus u sein Maximum an einem inneren Punkt von Ω annimmt und Ω zusammenhängend ist, ist u auf Ω konstant.

Beweis (der ersten Aussage des Satzes. Für die zweite sei auf Gilbarg & Trudinger [1983] verwiesen.)

(1) Wir führen den Beweis zunächst unter der stärkeren Voraussetzung $f < 0$. Angenommen, es sei $x_0 \in \Omega$ und

$$u(x_0) = \sup_{x \in \Omega} u(x) > \sup_{x \in \partial\Omega} u(x).$$

Bei einer linearen Koordinatentransformation $x \longmapsto \xi = Ux$ lautet der Differentialoperator in den neuen Koordinaten

$$Lu = -\sum_{i,k} (U^T A(x) U)_{ik} u_{\xi_i \xi_k}.$$

Wegen der Symmetrie können wir eine orthogonale Matrix U wählen, mit der $U^T A(x_0) U$ diagonal wird. Aus der Definitheit von $A(x_0)$ schließen wir, dass die Diagonalelemente positiv sind. Weil x_0 Extremalpunkt ist, gilt bei $x = x_0$

$$u_{\xi_i} = 0, \quad u_{\xi_i \xi_i} \leq 0.$$

Dies bedeutet

$$Lu(x_0) = -\sum_i (U^T A(x_0) U)_{ii} u_{\xi_i \xi_i} \geq 0$$

im Widerspruch zu $Lu(x_0) = f(x_0) < 0$.

(2) Sei nun nur $f(x) \leq 0$ angenommen, und es gebe ein $x = \bar{x} \in \Omega$ mit $u(\bar{x}) > \sup_{x \in \partial\Omega} u(x)$. Die Hilfsfunktion $h(x) := (x_1 - \bar{x}_1)^2 + (x_2 - \bar{x}_2)^2 + \ldots + (x_d - \bar{x}_d)^2$ ist auf $\partial\Omega$ beschränkt. Wenn $\delta > 0$ hinreichend klein gewählt wird, nimmt also auch die Funktion

$$w = u + \delta h$$

ihr Maximum bei einem Punkt x_0 im Innern an. Wegen $h_{x_i x_k} = 2\delta_{ik}$ ist

$$Lw(x_0) = Lu(x_0) + \delta Lh(x_0)$$
$$= f(x_0) - 2\delta \sum_i a_{ii}(x_0) < 0.$$

Wie im ersten Teil des Beweises ergibt sich ein Widerspruch.   □

Beispiele

Das Maximumprinzip ist übrigens in den Beispielen 1.1–1.3 auch von der Aufgabenstellung her einleuchtend. Wenn in einem Gebiet Ω die Ladungsdichte verschwindet, ist die Spannung durch die Potentialgleichung bestimmt. Im ladungsfreien Zustand kann die Spannung im Innern nicht größer sein als das Maximum am Rand. Dasselbe trifft auch zu, wenn nur negative Ladungsträger vorhanden sind.

Weiter betrachten wir die Variationsaufgabe 1.3. Man setze $c := \max_{x \in \partial\Omega} u(x)$. Wenn die Lösung u das Maximum nicht am Rande annimmt, wird durch

$$w(x) := \min\{u(x), c\}$$

eine von u verschiedene Vergleichsfunktion definiert. Das Integral $D(w, w)$ existiert im Sinne von Lebesgue, und mit $\Omega_1 := \{(x, y) \in \Omega; \ u(x) < c\}$ ist

$$D(w, w) = \int_{\Omega_1} (u_x^2 + u_y^2) \, dx dy < \int_{\Omega} (u_x^2 + u_y^2) \, dx dy.$$

Zur Funktion w gehört also eine kleinere (verallgemeinerte) Fläche als zu u. Durch Glätten erhält man auch eine differenzierbare Funktion, die ebenfalls eine kleinere Fläche repräsentiert. Für die Minimallösung gilt also das Maximumprinzip.

Folgerungen

Durch elementare Umformungen wie z. B. durch die Bildung von Differenzen zweier Funktionen oder durch den Übergang von u zu $-u$ ergeben sich einige einfache Folgerungen.

2.3 Folgerungen. Sei L ein linearer elliptischer Differentialoperator.

(1) *Minimumprinzip.* Ist $Lu = f \geq 0$ in Ω, so nimmt u sein Minimum auf dem Rand von Ω an.

(2) *Vergleichsprinzip.* Wenn für $u, v \in C^2(\Omega) \cap C^0(\bar{\Omega})$

$$Lu \leq Lv \quad \text{in } \Omega,$$
$$u \leq v \quad \text{auf } \partial\Omega$$

gilt, so folgt $u \leq v$ in Ω.

(3) *Stetige Abhängigkeit von den Randdaten.* Die Lösung der linearen Gleichung $Lu = f$ mit Dirichlet-Randbedingungen hängt stetig von den Randwerten ab. Seien u_1 und u_2 Lösungen der linearen Gleichungen $Lu = f$ zu verschiedenen Randwerten, so ist

$$\sup_{x \in \Omega} |u_1(x) - u_2(x)| = \sup_{z \in \partial\Omega} |u_1(z) - u_2(z)|.$$

(4) *Stetige Abhängigkeit von der rechten Seite.* Sei L gleichmäßig elliptisch in Ω. Dann gibt es eine nur von Ω und der Elliptizitätskonstanten α abhängende Zahl c, so dass für jedes $u \in C^2(\Omega) \cap C^0(\bar{\Omega})$

$$|u(x)| \leq \sup_{z \in \partial\Omega} |u(z)| + c \sup_{z \in \Omega} |Lu(z)|. \tag{2.3}$$

(5) *Elliptische Operatoren mit Termen der Ordnung 0.* Für den allgemeineren Differentialoperator

$$Lu := -\sum_{i,k=1}^{d} a_{ik}(x)u_{x_ix_k} + c(x)u \quad \text{mit } c(x) \geq 0 \tag{2.4}$$

gilt ein abgeschwächtes Maximumprinzip. Aus $Lu \leq 0$ folgt

$$\max_{x \in \Omega} u(x) \leq \max\{0, \max_{x \in \partial\Omega} u(x)\}. \tag{2.5}$$

Beweis. (1) Man wende auf $v := -u$ das Maximumprinzip an.

(2) Für $w := v - u$ ist nach Konstruktion $Lw = Lv - Lu \geq 0$ und auf $\partial\Omega$ auch $w \geq 0$. Nach dem Minimumprinzip folgt $\inf w \geq 0$, also $w(x) \geq 0$ in Ω.

(3) Für $w := u_1 - u_2$ ist $Lw = 0$. Aus dem Maximumprinzip folgt $w(x) \leq \sup_{z \in \partial\Omega} w(z) \leq \sup_{z \in \partial\Omega} |w(z)|$. Ebenso liefert das Minimumprinzip die Aussage $w(x) \geq -\sup_{z \in \partial\Omega} |w(z)|$.

(4) Sei Ω in einem Kreis vom Radius R enthalten. Da wir das Koordinatensystem frei wählen können, dürfen wir o.E.d.A. annehmen, dass der Mittelpunkt des genannten Kreises im Nullpunkt liegt. Setze

$$w(x) = R^2 - \sum_i x_i^2.$$

Im Hinblick auf $w_{x_i x_k} = -2\,\delta_{ik}$ ist offensichtlich

$$Lw \geq 2\alpha \quad \text{und} \quad 0 \leq w \leq R^2 \ in \ \Omega,$$

wobei α die in Definition 2.1 genannte Elliptizitätskonstante ist. Für

$$v(x) := \sup_{z \in \partial\Omega} |u(z)| + w(x) \cdot \frac{1}{2\alpha} \sup_{z \in \partial\Omega} |Lu(z)|$$

ist nach Konstruktion $Lv \geq |Lu|$ in Ω und $v \geq |u|$ auf $\partial\Omega$. Das Vergleichsprinzip in (2) liefert $-v(x) \leq u(x) \leq +v(x)$ in Ω. Wegen $w \leq R^2$ erhalten wir (2.3) mit $c = R^2/2\alpha$.

(5) Ein Beweis ist nur für $x_0 \in \Omega$ und $u(x_0) = \sup_{z \in \Omega} u(z) > 0$ erforderlich. Dann ist $Lu(x_0) - c(x_0)u(x_0) \leq Lu(x_0) \leq 0$. Außerdem ist durch den Hauptteil $Lu - cu$ ein elliptischer Operator definiert. Deshalb kann der Beweis wie für Satz 2.2 vollzogen werden. $\qquad\qquad\square$

Aufgaben

2.4 Für einen gleichmäßig elliptischen Differentialoperator der Form (2.4) zeige man die stetige Abhängigkeit der Lösung von den Daten.

§ 3. Differenzenverfahren

Bei der numerischen Behandlung elliptischer Differentialgleichungen mit Differenzenverfahren berechnet man Näherungswerte der Lösung auf den Punkten eines rechteckigen Gitters. Dabei werden die Ableitungen durch Differenzenquotienten ersetzt. Die Stabilität liefert hier ein diskretes Analogon des Maximumprinzips, das als *diskretes Maximumprinzip* bezeichnet wird. Der Einfachheit halber sei Ω ein Gebiet im 2-dimensionalen Raum.

Diskretisierung

Zur Diskretisierung wird über das Gebiet Ω ein 2-dimensionales Gitter gelegt. Der Einfachheit halber beschränken wir uns auf quadratische Gitter, die Maschenweite werde mit h bezeichnet:

$$\Omega_h := \{(x, y) \in \Omega; \ x = kh, \ y = \ell h \ \text{ mit } k, \ell \in \mathbb{Z}\},$$
$$\partial\Omega_h := \{(x, y) \in \partial\Omega; \ x = kh \text{ oder } y = \ell h \ \text{ mit } k, \ell \in \mathbb{Z}\}.$$

Berechnet werden die Näherungswerte für die Funktionswerte von u auf Ω_h. Die Näherungswerte definieren eine Funktion U auf $\Omega_h \cup \partial\Omega_h$. Häufig werden wir U auch als Vektor auffassen, wobei die Dimension gleich der Zahl der Gitterpunkte ist.

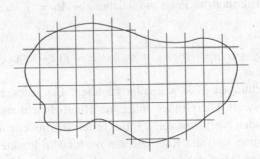

Abb. 2. Gitter bei der Diskretisierung

Für jeden Punkt $z_i = (x_i, y_i)$ von Ω_h erhält man durch die Auswertung der Differentialgleichung $Lu = f$ eine Gleichung. Dabei werden die Ableitungen durch Differenzenquotienten ersetzt. Der betreffende Gitterpunkt wird als Zentrum betrachtet, und die Nachbarpunkte werden entsprechend den Himmelsrichtungen bezeichnet (s. Abb. 3).

Für Punkte, deren Abstand vom Rand größer als h ist, haben die vier Nachbarn einen einheitlichen Abstand (s. Abb. 2). Dagegen braucht man für Punkte in der Nähe des '

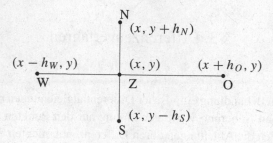

Abb. 3. Koordinaten der Nachbarpunkte in den vier Himmelsrichtungen bei unterschiedlichen Schrittweiten

Randes Formeln, in denen $h_O \neq h_W$ und $h_N \neq h_S$ sein darf. Man berechnet mittels der Taylorschen Formel

$$u_{xx} = \frac{2}{h_O(h_O + h_W)}u_O - \frac{2}{h_O h_W}u_Z + \frac{2}{h_W(h_O + h_W)}u_W + O(h) \quad \text{für } u \in C^3(\Omega).$$

$$(3.1)$$

Im Spezialfall gleicher Schrittweite, d.h. im Fall $h_O = h_W = h$ ergibt sich eine einfachere Formel und außerdem für den Abbruchfehler die Ordnung 2:

$$u_{xx} = \frac{1}{h^2}(u_O - 2u_Z + u_W) + O(h^2) \quad \text{für } u \in C^4(\Omega). \qquad (3.2)$$

Entsprechend lauten die Formeln, wenn u_{yy} durch die Werte u_Z, u_S und u_N approximiert werden. Der Differenzenquotient, welcher der gemischten Ableitung u_{xy} entspricht, benötigt entweder noch die Werte in NW und SO oder aber in NO und SW.

Bei der Diskretisierung der Poisson-Gleichung $-\Delta u = f$ entsteht ein System der Form

$$\alpha_Z u_Z + \alpha_O u_O + \alpha_S u_S + \alpha_W u_W + \alpha_N u_N = h^2 f(x_Z) \quad \text{für } x_Z \in \Omega_h. \qquad (3.3)$$

Dabei sind die Gleichungen (3.3) wie folgt zu lesen: Für jedes $x_Z \in \Omega_h$ ist u_Z der zugehörige Funktionswert. Die Größen mit einer Himmelsrichtung als Index beziehen sich auf den betreffenden Nachbarn von x_Z. Bei fester Schrittweite und Gleichungen mit konstanten Koeffizienten sind die Koeffizienten α_* für alle Punkte, also für alle Gleichungen in (3.3) gleich. Man drückt sie dann auch durch einen *Differenzenstern* (engl. *stencil*)

$$\begin{bmatrix} \alpha_{NW} & \alpha_N & \alpha_{NO} \\ \alpha_W & \alpha_Z & \alpha_O \\ \alpha_{SW} & \alpha_S & \alpha_{SO} \end{bmatrix}_* \qquad (3.4)$$

aus. Insbesondere erhalten wir für den Laplace-Operator aus (3.2) den sogenannten *Standard-Fünf-Punkte-Stern*

$$\frac{1}{h^2}\begin{bmatrix} & -1 & \\ -1 & +4 & -1 \\ & -1 & \end{bmatrix}_*$$

Eine höhere Ordnung für den Diskretisierungsfehler liefert der Neun-Punkte-Stern für den Operator $\frac{1}{12}(8\Delta u(x, y) + \Delta u(x + h, y) + \Delta u(x - h, y) + \Delta u(x, y + h) + \Delta u(x, y - h)$, also für den gemittelten Laplace-Operator

$$\frac{1}{6h^2}\begin{bmatrix} -1 & -4 & -1 \\ -4 & 20 & -4 \\ -1 & -4 & -1 \end{bmatrix}_*$$

Diesen Stern findet man in der Literatur auch unter der Bezeichnung *Mehrstellenformel*.

3.1 Algorithmisches Vorgehen bei der Diskretisierung des Dirichlet-Problems.

1. Wähle eine Schrittweite $h > 0$. Ermittle Ω_h und $\partial\Omega_h$.
2. Seien n und m die Anzahl der Punkte von Ω_h bzw. $\partial\Omega_h$. Bei der Nummerierung der Punkte von Ω_h wähle man Zahlen von 1 bis n. In der Regel erfolgt die Nummerierung so, dass die Punkte nach den Koordinaten (x_i, y_i) lexikographisch geordnet werden. — Die Randpunkte erhalten Nummern von $n + 1$ bis $n + m$.
3. Setze für die Randpunkte die gegebenen Werte ein

$$U_i = u(z_i) \quad \text{für } i = n + 1, \ldots, n + m.$$

4. Für jeden inneren Punkt $z_i \in \Omega_h$ schreibe man die Differenzengleichung mit z_i als Mittelpunkt

$$\sum_{\ell=Z,O,S,W,N} \alpha_\ell U_\ell = f(z_i) \tag{3.5}$$

auf, die das diskrete Analogon zu $Lu(z_i) = f(z_i)$ darstellt. — Wenn ein Nachbarpunkt z_ℓ zum Rand $\partial\Omega_h$ gehört, bringe man den Term durch Subtraktion von $\alpha_\ell U_\ell$ in (3.5) auf die rechte Seite.

5. In Schritt 4 wird ein System von n Gleichungen in n Unbekannten U_i erstellt:

$$A_h U = f.$$

Löse dieses Gleichungssystem und identifiziere die Lösung U als Näherungslösung von u auf dem Gitter Ω_h. — U wird auch als *numerische Lösung* bezeichnet.

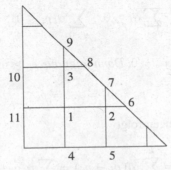

Abb. 4. Gitter im Beispiel 3.2

3.2 Beispiele. (1) Sei Ω ein rechtwinklig gleichschenkliges Dreieck mit Katheten der Länge 7, s. Abb. 4. Zu lösen sei die Laplace-Gleichung $\Delta u = 0$ mit Dirichlet-Randbedingungen. Für $h = 2$ enthält Ω_h drei Punkte. Es entsteht ein Gleichungssystem für U_1, U_2 und U_3:

$$U_1 - \frac{1}{4}U_2 - \frac{1}{4}U_3 = \frac{1}{4}U_4 + \frac{1}{4}U_{11}$$

$$-\frac{1}{6}U_1 + U_2 \qquad = \frac{1}{6}U_5 + \frac{1}{3}U_6 + \frac{1}{3}U_7$$

$$-\frac{1}{6}U_1 \qquad + U_3 = \frac{1}{3}U_8 + \frac{1}{3}U_9 + \frac{1}{6}U_{10}.$$

(2) Zu lösen sei die Poisson-Gleichung im Einheitsquadrat

$$-\Delta u = f \quad \text{in } \Omega = [0, 1]^2,$$

$$u = 0 \quad \text{auf } \partial\Omega.$$

Es werde Ω mit einem Gitter der Maschenweite $h = 1/m$ überzogen. Das entstehende Gleichungssystem wird dann übersichtlicher bei Benutzung von Doppelindizes $U_{ij} \approx u(\frac{i}{m}, \frac{j}{m})$, $1 \le i, j \le m - 1$. Es entsteht das Gleichungssystem

$$4U_{i,j} - U_{i-1,j} - U_{i+1,j} - U_{i,j-1} - U_{i,j+1} = f_{i,j}, \quad 1 \le i, j \le m - 1 \qquad (3.6)$$

mit $f_{i,j} = h^2 f(\frac{i}{m}, \frac{j}{m})$. Die Terme mit Indizes 0 oder m gelten als nicht geschrieben.

Diskretes Maximumprinzip

Beim Standard-5-Punkte-Stern (und auch im Beispiel 3.2) wird jeder Wert als gewichtetes Mittel von Nachbarwerten erhalten. Dann ist offensichtlich kein Wert größer als das Maximum über alle Nachbarn. Dies ist ein Spezialfall der Theorie für Differenzensterne, deren Koeffizienten ein bestimmtes Vorzeichenverhalten aufweisen.

3.3 Stern-Lemma. *Sei $k \ge 1$. Für die Zahlen α_i und p_i, $0 \le i \le k$, gelte*

$$\alpha_i < 0 \quad \text{für } i = 1, 2, \ldots, k$$

$$\sum_{i=0}^{k} \alpha_i \ge 0, \quad \sum_{i=0}^{k} \alpha_i p_i \le 0.$$

Ferner sei $p_0 \ge 0$ oder $\sum_{i=0}^{k} \alpha_i = 0$. Dann folgt aus $p_0 \ge \max_{1 \le i \le k} p_i$ die Gleichheit

$$p_0 = p_1 = \ldots = p_k. \qquad (3.7)$$

Beweis. Aus den Voraussetzungen folgt

$$\sum_{i=1}^{k} \alpha_i(p_i - p_0) = \sum_{i=0}^{k} \alpha_i(p_i - p_0) = \sum_{i=0}^{k} \alpha_i p_i - p_0 \sum_{i=0}^{k} \alpha_i \le 0.$$

In der links stehenden Summe sind alle Summanden wegen $\alpha_i < 0$ und $p_i - p_0 \leq 0$ nicht negativ. Also hat jeder Summand den Wert 0. Aus $\alpha_i \neq 0$ folgt nun (3.7). □

Im folgenden ist zu beachten, dass die topologische Struktur durch die Diskretisierung verändert werden kann. Wenn Ω zusammenhängend ist, bedeutet das noch nicht, dass (mit der richtigen Analogie) auch Ω_h zusammenhängend ist. Die Situation in Abb. 5 führt zu einem Gleichungssystem mit zerfallender Matrix. Erst eine hinreichend kleine Maschenweite garantiert, dass die Matrix nicht zerfällt.

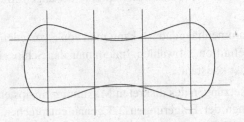

Abb. 5. Zusammenhängendes Gebiet Ω, für das Ω_h nicht zusammenhängend ist

3.4 Definition. Ω_h heißt *(diskret) zusammenhängend*, wenn zu jedem Punktepaar von Ω_h ein Streckenzug existiert, der entlang der Gitterlinien und ganz in Ω verläuft.

Ein Differenzenverfahren für die Poisson-Gleichung führt offenbar genau dann zu einem nicht zerfallenden Gleichungssystem, wenn Ω_h diskret zusammenhängend ist.

Nun sind wir in der Lage, das diskrete Maximumprinzip zu formulieren. Man beachte, dass die Voraussetzungen für den Standard-5-Punkte-Stern des Laplace-Operators erfüllt sind.

3.5 Diskretes Maximumprinzip. *Sei U eine Lösung des linearen Gleichungssystems, das aus der Diskretisierung der elliptischen Gleichung*

$$Lu = f \quad in\ \Omega \quad mit\ f \leq 0$$

herrührt. Der Differenzenstern zu jedem Gitterpunkt in Ω_h genüge folgenden drei Bedingungen:

　i) Alle Koeffizienten, abgesehen von dem des Zentrums, sind nicht positiv.

　ii) Der Koeffizient in Ostrichtung sei negativ: $\alpha_O < 0$.

　iii) Die Summe aller Koeffizienten ist nicht negativ.

Dann ist

$$\max_{z_i \in \Omega_h} U_i \leq \max(\max_{z_j \in \partial\Omega_h} U_j, 0). \tag{3.8}$$

Wenn das Maximum im Innern angenommen wird, die Koeffizienten in den Hauptrichtungen α_O, α_S, α_W und α_N negativ sind und Ω_h diskret zusammenhängend ist, dann ist U konstant.

Beweis. (1) Wenn das Maximum bei einem Punkt $z_i \in \Omega_h$, also im Innern angenommen wird, stimmt U_i mit den Werten an allen Nachbarpunkten überein, die im Differenzenstern von z_i auftreten. Dies folgt aus dem Stern-Lemma, wenn U_Z mit p_0 sowie $U_O, U_S, \ldots$ mit $p_1, p_2, \ldots$ identifiziert werden.

(2) Die Behauptung des Satzes folgt nun mittels der *Technik des Marschierens zum Rand.* Man betrachte alle Punkte von Ω_h und $\partial \Omega_h$, die auf derselben horizontalen Gitterlinie wie der Punkt z_i liegen. Durch Induktion folgt aus (1), dass bei allen Punkten auf dieser Linie zwischen z_i und dem ersten Randpunkt, der angetroffen wird, das Maximum angenommen wird.

(3) Wenn Ω_h zusammenhängend ist, kann man von z_i zu jedem Punkt z_k in Ω_h einen Streckenzug gemäß Definition 3.4 wählen. Indem man den Schluss gemäß (2) wiederholt, folgt $U_i = U_k$ und U ist konstant.   ☐

Wenn die Voraussetzungen des diskreten Maximumprinzips erfüllt sind, gelten auch Eigenschaften, die denen der Folgerungen 2.3 genau entsprechen. Insbesondere sei auf das Vergleichsprinzip und die stetige Abhängigkeit von f und von den Randdaten hingewiesen. Eine weitere wollen wir explizit nennen.

3.6 Folgerung. *Wenn die Voraussetzungen des diskreten Maximumprinzips 3.5 erfüllt sind, ist das Gleichungssystem $A_h U = f$ in 3.1(5) eindeutig lösbar.*

Beweis. Das zugehörige homogene Gleichungssystem $A_h U = 0$ entspricht der Diskretisierung der homogenen Differentialgleichung mit Nullrandbedingungen. Nach 3.5 ist max $U_i =$ min $U_i = 0$. Also hat das homogene System nur die triviale Lösung, und die Matrix des Gleichungssystems ist nicht singulär.   ☐

§ 4. Eine Konvergenztheorie für Differenzenverfahren

Die Konvergenz von Differenzenverfahren folgt aus einfachen Überlegungen, wenn die Lösung u genügend glatt bis zum Rand ist und die zweiten Ableitungen beschränkt sind. Obwohl die Voraussetzungen sehr einschneidend sind, erhält man einen ersten Eindruck der Konvergenztheorie. Bei schwächeren Voraussetzungen ist eine erheblich aufwendigere Analyse erforderlich, s. z.B. Hackbusch [1986].

Konsistenz

Um den Formalismus nicht unnötig aufzublähen, werden wir mit L_h den Differenzenoperator (Differenzenstern) eines Verfahrens und das Verfahren selbst bezeichnen. Insbesondere ist für $u \in C(\Omega)$ mit $L_h u$ die Auswertung des Differenzenoperators auf dem Gitter gemeint. Die Matrix des entstehenden Gleichungssystems erhält das Symbol A_h.

4.1 Definition. Ein Differenzenverfahren L_h heißt *konsistent* mit der elliptischen Gleichung $Lu - f$, wenn

$$Lu - L_h u = o(1) \quad \text{auf } \Omega_h \quad \text{für } h \to 0$$

für jede Funktion $u \in C^2(\bar{\Omega})$ gilt. Ein Verfahren hat die *Konsistenzordnung* m, wenn für jedes $u \in C^{m+2}(\bar{\Omega})$

$$Lu - L_h u = O(h^m) \quad \text{auf } \Omega_h \quad \text{für } h \to 0$$

gilt.

Die mittels Taylorscher Formel hergeleiteten 5-Punkte-Formeln für den Laplace-Operator haben nach (3.1) die Ordnung 1 bei beliebigen Gittern und die Ordnung 2 im symmetrischen Fall.

Lokaler und globaler Fehler

Die Aussagen über die Konsistenz beziehen sich auf den *lokalen Fehler*, d.h. auf $Lu - L_h u$. Für die Konvergenz des Verfahrens ist dagegen der *globale Fehler* auf Ω_h

$$\eta(z_i) := u(z_i) - U_i$$

ausschlaggebend. Den Zusammenhang liefert eine

4.2 Differenzengleichung für den globalen Fehler. Sei

$$Lu = f \quad \text{in } \Omega$$

und

$$A_h U = F$$

das zugehörige lineare Gleichungssystem über Ω_h mit $F_i = f(z_i)$. Ferner gelte für die Randpunkte

$$U(z_j) = u(z_j) \quad \text{für } z_j \in \partial\Omega_h.$$

Mit dem lokalen Fehler $r := Lu - L_h u$ auf Ω_h ergibt sich dann wegen der Linearität des Differenzenoperators für den globalen Fehler η:

$$
\begin{aligned}
(L_h \eta)_i &= (L_h u)(z_i) - (A_h U)_i \\
&= (L_h u)(z_i) - f(z_i) = (L_h u)(z_i) - (Lu)(z_i) \\
&= -r_i.
\end{aligned}
\tag{4.1}
$$

Also kann man η als Lösung einer diskreten Randwertaufgabe interpretieren

$$
\begin{aligned}
L_h \eta &= -r \quad \text{in } \Omega_h, \\
\eta &= 0 \quad \text{auf } \partial\Omega_h.
\end{aligned}
\tag{4.2}
$$

4.3 Bemerkung. Wenn man in (4.2) diejenigen Variablen eliminiert, die zu $\partial\Omega_h$ gehören, bekommt man ein System der Form

$$A_h \tilde{\eta} = -r.$$

Dabei ist $\tilde{\eta}$ der Vektor Dabei ist A_h die im Algorithmus 3.1 eingeführte Matrix mit $\tilde{\eta}_i = \eta(z_i)$ für $z_i \in \Omega_h$. Die Konvergenz ist also gesichert, wenn r gegen 0 strebt für $h \to 0$ und wenn außerdem die Inversen L_h^{-1} beschränkt bleiben. Letzteres bezeichnet man als Stabilität. Man sagt: *Konsistenz und Stabilität bewirken zusammen Konvergenz.*

Um den Formalismus in der Störungsrechnung gemäß (4.1) zu verdeutlichen, unterbrechen wir die Rechnung für eine formale Betrachtung. Wir interessieren uns für die Differenz der Lösungen der beiden Gleichungssysteme

$$Ax = b,$$
$$(A + F)y = b,$$

wobei F als kleine Fehlermatrix aufgefasst wird. Offensichtlich ist $(A+F)(x-y) = Fx$. Also ist der Fehler in der Lösung $x-y = (A+F)^{-1} \cdot Fx$ klein, wenn F klein und $(A+F)^{-1}$ beschränkt ist.

Bei der Abschätzung des globalen Fehlers mittels der Störungsrechnung ist zu beachten, dass sich die gegebene elliptische Gleichung und die Differenzengleichung auf verschiedene Räume beziehen. Anstatt der Norm der Inversen $\|A_h^{-1}\|$ werden wir lieber die Lösungen der Differenzengleichungen abschätzen. Die Interpretation der Gleichung als diskretisiertes Problem ist dabei hilfreich.

4.4 Hilfssatz. *Sei* Ω *im Kreis* $B_R(0) := \{(x, y) \in \mathbb{R}^2; \ x^2 + y^2 < R^2\}$ *enthalten. Mit dem Standard 5-Punkte-Stern* L_h *sei* V *Lösung der Gleichung*

$$L_h V = +1 \quad in \ \Omega_h,$$
$$V = 0 \quad auf \ \partial\Omega_h. \tag{4.3}$$

Dann ist

$$0 \le V(x_i, y_i) \le \frac{1}{4}(R^2 - x_i^2 - y_i^2). \tag{4.4}$$

Beweis. Man betrachte die Funktion $w(x, y) := \frac{1}{4}(R^2 - x^2 - y^2)$ und setze $W_i = w(x_i, y_i)$. Da w ein Polynom zweiten Grades ist, verschwinden die bei der Bildung des Differenzensterns vernachlässigten Ableitungen, d.h. es ist $(L_h W)_i = Lw(x_i, y_i) = 1$. Außerdem ist $W \ge 0$ auf $\partial\Omega$. Aus dem Vergleichsprinzip folgt $V \le W$, aus dem Minimumprinzip $V \ge 0$, und (4.4) ist bewiesen. $\qquad\qquad\square$

Wesentlich ist, dass (4.4) eine von h unabhängige Schranke liefert. — Der Hilfssatz lässt sich auf alle elliptischen Differentialgleichungen übertragen, bei denen die Differenzenapproximation für Polynome vom Grad 2 keine Diskretisierungsfehler liefert. In der Abschätzung ist dann der Faktor $\frac{1}{4}$ durch eine Zahl zu ersetzen, in welche die Elliptizitätskonstante eingeht.

4.5 Konvergenzsatz. *Wenn die Lösung der Poisson-Gleichung eine* C^2-*Funktion ist und die Ableitungen* u_{xx} *und* u_{yy} *in* Ω *gleichmäßig stetig sind, konvergieren die mit Hilfe des 5-Punkte-Sterns gewonnenen Näherungen gegen die Lösung. Es gilt*

$$\max_{z \in \Omega_h} |U_h(z) - u(z)| \to 0 \quad \text{für } h \to 0. \tag{4.5}$$

Beweis. Durch die Taylor-Entwicklung im Punkt (x_i, y_i) erkennt man, dass

$$L_h u(x_i, y_i) = -u_{xx}(\xi_i, y_i) - u_{yy}(x_i, \eta_i)$$

ist, wobei ξ_i und η_i passende Zwischenwerte darstellen. Wegen der gleichmäßigen Stetigkeit strebt der lokale Diskretisierungsfehler $\max_i |r_i|$ gegen 0. Aus (4.2) und Hilfssatz 4.4 folgt

$$\max |\eta_i| \le \frac{R^2}{4} \cdot \max |r_i| \tag{4.6}$$

und damit Konvergenz. $\qquad\qquad\square$

Analog erhält man mittels (4.6) $O(h)$ bzw. $O(h^2)$ Abschätzungen für den globalen Fehler, falls u in $C^3(\bar\Omega)$ bzw. in $C^4(\bar\Omega)$ enthalten ist.

Grenzen der Konvergenztheorie

Die Voraussetzungen des Konvergenzsatzes an die Ableitungen sind häufig zu einschneidend.

4.6 Beispiel. Gesucht sei die Lösung der Potentialgleichung im Einheitskreis zu den (Dirichlet-)Randwerten

$$u(\cos\varphi, \sin\varphi) = \sum_{k=2}^{\infty} \frac{1}{k(k-1)} \cos k\varphi.$$

Wegen der absoluten und gleichmäßigen Konvergenz stellt die Reihe eine stetige Funktion dar. Die Lösung der Randwertaufgabe lautet nach (1.2) in Polarkoordinaten

$$u(x, y) = \sum_{k=2}^{\infty} \frac{r^k}{k(k-1)} \cos k\varphi. \tag{4.7}$$

Auf der x-Achse ist die zweite Ableitung

$$u_{xx}(x, 0) = \sum_{k=2}^{\infty} x^{k-2} = \frac{1}{1-x}$$

in der Nähe des Randpunktes $(1, 0)$ unbeschränkt, und Satz 4.5 ist nicht direkt anwendbar.

Eine vollständige Konvergenztheorie findet man z. B. bei Hackbusch [1986]. Sie benutzt die Stabilität der Differenzenoperatoren im Sinne der L_2-Norm, während hier die Maximum-Norm zugrundegelegt wurde, (s. jedoch auch Aufgabe 4.8). Weil wir uns schwerpunktmäßig den Finiten Elementen zuwenden wollen, beschränken wir uns auf eine einfache Verallgemeinerung.

Mit einem Approximationsargument lässt sich der Konvergenzsatz so erweitern, dass er zumindest beim Kreis für beliebige stetige Randwerte anwendbar wird und ein unbeschränktes Anwachsen der Ableitungen nicht mehr stört. Nach dem Approximationssatz von Weierstraß ist jede periodische stetige Funktion beliebig gut durch trigonometrische Polynome approximierbar. Zu gegebenen $\varepsilon > 0$ gibt es also ein trigonometrisches Polynom

$$v(\cos\varphi, \sin\varphi) = a_0 + \sum_{k=1}^{m} (a_k \cos k\varphi + b_k \sin k\varphi)$$

mit $|v - u| < \frac{\varepsilon}{4}$ auf $\partial\Omega$. Sei V die Lösung des Differenzenverfahrens zu

$$v(x, y) = a_0 + \sum_{k=1}^{m} r^k (a_k \cos k\varphi + b_k \sin k\varphi).$$

Aus dem Maximumprinzip und dem diskreten Maximumprinzip schließen wir

$$|u - v| < \frac{\varepsilon}{4} \text{ in } \Omega, \quad |U - V| < \frac{\varepsilon}{4} \text{ in } \Omega_h. \tag{4.8}$$

Man beachte, dass die zweite Abschätzung in (4.8) uniform für alle h gilt. Da für die Funktionen aus der abgebrochenen Fourier-Reihe die Ableitungen (bis zur Ordnung 4) beschränkt sind, ist laut Konvergenzsatz $|V - v| < \frac{\varepsilon}{2}$ in Ω_h für hinreichend kleines h. Aus der Dreiecksungleichung folgt nun

$$|u - U| \le |u - v| + |v - V| + |V - U| < \varepsilon \text{ in } \Omega_h. \qquad \square$$

Die explizite Darstellung für die Lösungen der Poisson-Gleichung auf dem Einheitskreis wurde letzten Endes nur benutzt, um die Dichtheit der Randwerte zu erhalten, die zu guten Lösungen gehören. Wenn wir die Voraussetzung abstrakt formulieren, erhalten wir die folgende Verallgemeinerung.

4.7 Satz. *Diejenigen Lösungen der Poisson-Gleichung, deren Ableitungen u_{xx} und u_{yy} in Ω gleichmäßig stetig sind, seien dicht in der Menge*

$$\{u \in C(\Omega); \quad Lu = f\}.$$

Dann konvergieren die mit Hilfe des 5-Punkte-Sterns gewonnenen Näherungen gegen die Lösung, und es gilt (4.5).

Aufgaben

4.8 Sei L_h der Differenzenoperator, den man mit (3.1) aus dem Laplace-Operator erhält, und $\Omega_{h,0}$ die Menge der (inneren) Punkte von Ω_h, zu denen alle 4 Nachbarn ebenfalls zu Ω_h gehören. Wenn man berücksichtigen will, dass der Konsistenzfehler am Rande größer sein darf, benötigt man in Analogie zu (4.3) die Lösung von

$$L_h V = 1 \text{ in } \Omega_h \backslash \Omega_{h,0}$$
$$L_h V = 0 \text{ in } \Omega_{h,0}$$
$$V = 0 \text{ auf } \partial \Omega_h.$$

Man zeige (evtl. der Einfachheit halber für ein Quadrat)

$$0 \le V \le h^2 \text{ in } \Omega_h.$$

4.9 Das Eigenwertproblem

$$-\Delta u = \lambda u \text{ in } \Omega = [0, 1]^2,$$
$$u = 0 \quad \text{auf } \partial \Omega$$

zur Poisson-Gleichung im Einheitsquadrat hat die Eigenlösungen

$$u_{k\ell}(x, y) = \sin k\pi x \sin \ell\pi y, \quad k, \ell = 1, 2, \ldots \tag{4.9}$$

mit den Eigenwerten $(k^2 + \ell^2)\pi^2$. Man zeige, dass die Restriktion der Funktionen auf das Gitter die Eigenfunktionen des Differenzenoperators (3.4) darstellt, wenn $h = 1/n$ ist. Werden die kleinen oder die großen Eigenwerte besser approximiert?

Kapitel II
Konforme Finite Elemente

Die mathematische Behandlung der Finite-Element-Verfahren fußt auf der Variationsformulierung elliptischer Differentialgleichungen. Die Lösungen der wichtigsten Differentialgleichungen lassen sich durch Minimaleigenschaften charakterisieren. Die Variationsaufgaben besitzen Lösungen in den Funktionenräumen, die man als Sobolev-Räume bezeichnet. Für die numerische Behandlung führt man die Minimierung in endlichdimensionalen Unterräumen durch. Als passend — sowohl aus praktischer als auch aus theoretischer Sicht — haben sich die sogenannten Finite-Element-Räume erwiesen.

Für lineare Differentialgleichungen kommt man mit Hilbert-Raum-Methoden aus. Insbesondere erhält man auf diese Weise sehr schnell die Existenz sogenannter schwacher Lösungen. Regularitätsaussagen werden, soweit sie für die Finite-Element-Theorie von Belang sind, ohne Beweis angegeben.

Der Inhalt dieses Kapitels ist eine Theorie der einfachen Methoden, die für die Bewältigung skalarer elliptischer Differentialgleichungen 2. Ordnung ausreichen. Die allgemeineren Aussagen dienen zugleich der Vorbereitung anderer elliptischer Probleme, für deren Behandlung die in Kapitel III genannten zusätzlichen Überlegungen und Methoden erforderlich sind.

Man betrachtet im allgemeinen eine Arbeit von Courant [1943] als den ersten mathematischen Beitrag zu einem Finite-Element-Ansatz. Eine Arbeit von Schellbach [1851] entstand ein Jahrhundert vorher, auch bei Euler findet man bei nicht zu enger Auslegung schon Finite Elemente. Populär wurde die Methode erst Ende der Sechziger Jahre, als auch Anwender aus dem Ingenieurbereich unabhängig auf diese Methode stießen und ihr den heute üblichen Namen gaben. Als erstes Lehrbuch machte das Buch von Strang und Fix [1973] Geschichte. Fast gleichzeitig hatten Babuška und Aziz [1972] mit einem langen Übersichtsartikel für eine breite Basis bei den tiefer liegenden funktionalanalytischen Hilfsmitteln gesorgt.

Unabhängig davon hatte sich im Ingenieurbereich die Methode der Finiten Elemente bei Berechnungen im Rahmen der Strukturmechanik durchgesetzt. Die Entwicklung begann dort 1956 u. a. mit der Arbeit von Turner, Clough, Martin und Topp [1956] und Argyris [1957]. Aus der Anfangszeit ist auch das Buch von Zienkiewicz [1971] zu nennen. Einen guten Überblick über die Geschichte der Finiten Elemente gab Oden [1991].

§ 1. Sobolev-Räume

Im folgenden sei Ω eine offene Teilmenge des $\mathbb{R}^n$ mit stückweise glattem Rand.

Die *Sobolev-Räume*, die im Rahmen dieses Buches eine Rolle spielen, werden auf dem Funktionenraum $L_2(\Omega)$ aufgebaut. $L_2(\Omega)$ besteht aus allen Funktionen u, deren Quadrat über Ω Lebesgue-integrierbar ist. Dabei werden zwei Funktionen u und v miteinander identifiziert, wenn $u(x) = v(x)$ für $x \in \Omega$ abgesehen von einer Nullmenge gilt. Durch das Skalarprodukt

$$(u, v)_0 := (u, v)_{L_2} = \int_\Omega u(x)v(x)dx \tag{1.1}$$

wird $L_2(\Omega)$ zu einem Hilbert-Raum mit der Norm

$$\|u\|_0 = \sqrt{(u, u)_0}. \tag{1.2}$$

1.1 Definition. $u \in L_2(\Omega)$ besitzt in $L_2(\Omega)$ die *(schwache) Ableitung* $v = \partial^\alpha u$, falls $v \in L_2(\Omega)$ und

$$(\phi, v)_0 = (-1)^{|\alpha|}(\partial^\alpha \phi, u)_0 \quad \text{für alle } \phi \in C_0^\infty(\Omega) \tag{1.3}$$

gilt.

Hier bezeichnet $C^\infty(\Omega)$ den Raum der beliebig oft differenzierbaren Funktionen und $C_0^\infty(\Omega)$ den Unterraum der Funktionen, die nur in einer kompakten Teilmenge von Ω von 0 verschiedene Werte annehmen.

Wenn eine Funktion im klassischen Sinne differenzierbar ist, existiert auch die schwache Ableitung, und beide Ableitungen stimmen überein. Dann beinhaltet (1.3) gerade die Greensche Formel für die partielle Integration.

Der Begriff der schwachen Ableitung wird auf andere Differentialoperatoren entsprechend übertragen. Sei z.B. $u \in L_2(\Omega)^n$ ein Vektorfeld. Dann ist $v \in L_2(\Omega)$ die Divergenz im schwachen Sinne, kurz $v = \operatorname{div} u$, wenn $(\phi, v)_0 = -(\operatorname{grad} \phi, u)_0$ für alle $\phi \in C_0^\infty(\Omega)$ gilt.

Einführung der Sobolev-Räume

1.2 Definition. Für ganzzahliges $m \geq 0$ bezeichne $H^m(\Omega)$ die Menge aller Funktionen u in $L_2(\Omega)$, die schwache Ableitungen $\partial^\alpha u$ für alle $|\alpha| \leq m$ besitzen. In $H^m(\Omega)$ wird durch

$$(u, v)_m := \sum_{|\alpha| \leq m} (\partial^\alpha u, \partial^\alpha v)_0$$

ein Skalarprodukt mit der zugehörigen Norm

$$\|u\|_m := \sqrt{(u, u)_m} = \sqrt{\sum_{|\alpha| \le m} \|\partial^\alpha u\|_{L_2(\Omega)}^2} \tag{1.4}$$

erklärt. Daneben betrachtet man die Seminorm

$$|u|_m := \sqrt{\sum_{|\alpha|=m} \|\partial^\alpha u\|_{L_2(\Omega)}^2}. \tag{1.5}$$

Anstatt $H^m(\Omega)$ schreiben wir auch kurz H^m und umgekehrt $\| \cdot \|_{m,\Omega}$ anstatt $\| \cdot \|_m$, wenn die Angabe des Gebietes erforderlich ist.

Der Buchstabe H wurde zu Ehren von David Hilbert gewählt.

Mit der Norm $\| \cdot \|_m$ ist $H^m(\Omega)$ vollständig, also ein Hilbert-Raum. Nützlich ist eine Eigenschaft, die sogar häufig für eine Einführung der Sobolev-Räume ohne den Begriff der schwachen Ableitung herangezogen wird:

1.3 Satz. *Sei* $\Omega \subset \mathbb{R}^n$ *offen mit stückweise glattem Rand. Ferner sei* $m \ge 0$. *Dann ist* $C^\infty(\Omega) \cap H^m(\Omega)$ *dicht in* $H^m(\Omega)$.

Nach Satz 1.3 ist $H^m(\Omega)$ also die Vervollständigung von $C^\infty(\Omega) \cap H^m(\Omega)$, wenn Ω beschränkt ist. Dies legt nahe, eine entsprechende Verallgemeinerung für Funktionen mit Nullrandbedingungen vorzunehmen.

1.4 Definition. Die Vervollständigung von $C_0^\infty(\Omega)$ bzgl. der Sobolev-Norm $\| \cdot \|_m$ wird mit $H_0^m(\Omega)$ bezeichnet.

Offensichtlich ist der Hilbert-Raum $H_0^m(\Omega)$ ein abgeschlossener Unterraum von $H^m(\Omega)$. Außerdem ist $H_0^0(\Omega) = L_2(\Omega)$, so dass sich folgendes Schema ergibt:

$$L_2(\Omega) = H^0(\Omega) \supset H^1(\Omega) \supset H^2(\Omega) \supset \cdots$$
$$\| \qquad\qquad \cup \qquad\qquad \cup$$
$$H_0^0(\Omega) \supset H_0^1(\Omega) \supset H_0^2(\Omega) \supset \cdots$$

Diese Sobolev-Räume basieren auf $L_2(\Omega)$ und der L_2-Norm. Mit L_p-Normen, wobei $p \ne 2$ sein mag, kann man ganz analog Sobolev-Räume bilden, die insbesondere für die Untersuchung *nichtlinearer* elliptischer Probleme verwandt werden. Die zu H^m und H_0^m analogen Räume bezeichnet man als $W^{m,p}$ bzw. $W_0^{m,p}$.

Die Friedrichssche Ungleichung

In den Räumen mit verallgemeinerten Nullrandbedingungen, d.h. in H_0^m, sind die Seminormen (1.5) zu den Normen (1.4) äquivalent.

1.5 Poincaré–Friedrichssche Ungleichung. *Sei Ω in einem n-dimensionalen Würfel der Kantenlänge s enthalten. Dann ist*

$$\|v\|_0 \le s|v|_1 \quad \text{für alle } v \in H_0^1(\Omega). \tag{1.6}$$

Beweis. Da $C_0^\infty(\Omega)$ dicht in $H_0^1(\Omega)$ ist, genügt es, die Ungleichung für $v \in C_0^\infty(\Omega)$ zu beweisen. Wir können $\Omega \subset W := \{(x_1, x_2, \ldots, x_n); \ 0 < x_i < s\}$ annehmen und $v = 0$ für $x \in W \backslash \Omega$ setzen. Es folgt

$$v(x_1, x_2, \ldots, x_n) = v(0, x_2, \ldots, x_n) + \int_0^{x_1} \partial_1 v(t, x_2, \ldots, x_n) dt.$$

Der Randterm verschwindet, und die Cauchy–Schwarzsche Ungleichung liefert

$$|v(x)|^2 \le \int_0^{x_1} 1^2 dt \int_0^{x_1} |\partial_1 v(t, x_2, \ldots, x_n)|^2 dt$$

$$\le s \int_0^s |\partial_1 v(t, x_2, \ldots, x_n)|^2 dt.$$

Da die rechte Seite unabhängig von x_1 ist, folgt

$$\int_0^s |v(x)|^2 dx_1 \le s^2 \int_0^s |\partial_1 v(x)|^2 dx_1.$$

Schließlich wird über die anderen Koordinaten integriert.

$$\int_W |v|^2 dx \le s^2 \int_W |\partial_1 v|^2 dx \le s^2 |v|_1^2.$$

Damit ist alles bewiesen. $\quad\square$

1.6 Bemerkung. Zum Nachweis der Poincaré–Friedrichsschen Ungleichung waren Nullrandbedingungen nur auf einem Teil des Randes nötig. Wenn $\Gamma = \partial\Omega$ stückweise glatt ist, genügt es, dass die Funktion auf einem Teil des Randes Γ_D verschwindet und Γ_D eine Menge mit positivem $n - 1$-dimensionalen Maß ist. — Bei Nullrandbedingungen auf dem ganzen Rand reicht es aus, dass Ω zwischen zwei Hyperflächen mit Abstand s liegt. $\quad\square$

Durch die Anwendung der Friedrichsschen Ungleichung auf Ableitungen erkennt man, dass

$$|\partial^\alpha v|_0 \le s|\partial_1 \partial^\alpha v|_0 \quad \text{für } |\alpha| \le m - 1, \ v \in H_0^m(\Omega)$$

gilt. Durch eine Induktion erhält man

1.7 Satz. *Wenn Ω beschränkt ist, sind in $H_0^m(\Omega)$ die Normen $\|\cdot\|_m$ und $|\cdot|_m$ äquivalent. Ist Ω in einen Würfel der Kantenlänge s enthalten, ist*

$$|v|_m \le \|v\|_m \le (1+s)^m |v|_m \quad \textit{für } v \in H_0^m(\Omega). \tag{1.7}$$

Singularitäten von H^1-Funktionen

Bekanntlich gibt es in $L_2(\Omega)$ auch unbeschränkte Funktionen. Wie weit auch höhere Sobolev-Räume noch solche Funktionen enthalten, hängt von der Dimension des Gebietes ab. Dies soll an Hand von $H^1(\Omega)$ als dem wichtigsten Raum erläutert werden.

1.8 Bemerkung. Sei $\Omega = [a, b]$ ein reelles Intervall. Dann ist $H^1[a, b] \subset C[a, b]$.

Beweis. Sei $v \in C^\infty[a, b]$ oder allgemeiner aus $C^1[a, b]$. Dann haben wir für $|x - y| \le \delta$ bei Ausnutzung der Cauchy–Schwarzschen Ungleichung

$$|v(x) - v(y)| = |\int_x^y Dv(t)dt|$$

$$\le |\int_x^y 1^2 dt|^{1/2} \cdot |\int_x^y [Dv(t)]^2 dt|^{1/2}$$

$$\le \sqrt{\delta}\, \|v\|_1.$$

Jede Cauchy-Folge in $H^1[a, b] \cap C^\infty[a, b]$ ist deshalb gleichgradig stetig und beschränkt. Nach dem Satz von Arcelà–Ascoli ist die Grenzfunktion stetig. $\qquad\square$

Schon für zweidimensionale Gebiete Ω ist die entsprechende Aussage nicht mehr richtig. Auf dem Einheitskreis $D := \{(x, y) \in \mathbb{R}^2;\ x^2 + y^2 < 1\}$ ist

$$u(x, y) = \log\log\frac{2}{r}, \tag{1.8}$$

mit $r^2 = x^2 + y^2$ eine unbeschränkte H^1-Funktion. Dass u in $H^1(D)$ enthalten ist, folgt aus

$$\int_0^{1/2} \frac{dr}{r\log^2 r} < \infty.$$

Für n-dimensionale Gebiete, $n \ge 3$, ist

$$u(x) = r^{-\alpha}, \quad \alpha < (n-2)/2 \tag{1.9}$$

eine H^1-Funktion mit einer Singularität im Nullpunkt. Offenbar sind die Singularitäten in (1.9) um so ausgeprägter, je größer n ist.

Dass die H^2-Funktionen mit einem Definitionsbereich im $\mathbb{R}^2$ stetig sind, wird sich in §3 im Zusammenhang mit einem Einbettungs- und einem Spursatz erweisen.

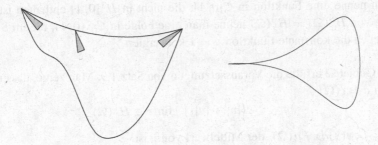

Abb. 6. Gebiete mit erfüllter bzw. verletzter Kegelbedingung

Kompakte Einbettungen

Eine stetige, lineare Abbildung $L : U \to V$ zwischen den normierten Räumen U und V heißt *kompakt*, wenn die Einheitskugel von U in eine relativ kompakte Menge von V abgebildet wird. Wenn insbesondere $U \subset V$ gilt und die Inklusion $J : U \hookrightarrow V$ kompakt ist, spricht man von einer kompakten Einbettung.

Nach dem Satz von Arzelà–Ascoli bilden die C^1-Funktionen v, für die

$$\sup_{\Omega} |v(x)| + \sup_{\Omega} |\nabla v(x)| \tag{1.10}$$

eine gegebene Zahl nicht übersteigt, eine relativ kompakte Teilmenge von $C^0(\Omega)$. Die Größe (1.10) stellt in C^1 eine Norm dar. In diesem Sinne ist $C^1(\Omega)$ in $C^0(\Omega)$ kompakt eingebettet. Die analoge Aussage gilt auch für Sobolev-Räume, obwohl H^1-Funktionen, wie wir gesehen haben, Singularitäten enthalten können.

1.9 Rellichscher Auswahlsatz. *Sei $m \geq 0$ und Ω ein Lipschitz-Gebiet[1] und erfülle eine Kegelbedingung (s. Abb. 6), d.h., die Innenwinkel an den Ecken seien positiv, so dass man einen Kegel mit positivem Scheitelwinkel so in Ω verschieben kann, dass er die Ecken berührt. Dann ist die Einbettung $H^{m+1}(\Omega) \hookrightarrow H^m(\Omega)$ kompakt.*

Aufgaben

1.10 Sei Ω ein beschränktes Gebiet. Man zeige mit Hilfe der Friedrichsschen Ungleichung, dass die konstante Funktion $u = 1$ nicht in $H_0^1(\Omega)$ enthalten, also $H_0^1(\Omega)$ ein echter Unterraum von $H^1(\Omega)$ ist.

---

[1] Eine Funktion $f : \mathbb{R}^n \supset D \to \mathbb{R}^m$ heißt Lipschitz-stetig, wenn $\|f(x) - f(y)\| \leq c\|x - y\|$ für $x, y \in D$ mit einer Zahl c gilt. Eine Hyperfläche im $\mathbb{R}^n$ ist ein Graph, wenn sie in der Form $x_k = f(x_1, \ldots, x_{k-1}, x_{k+1}, \ldots, x_n)$, mit $1 \leq k \leq n$ und passendem Definitionsbereich im $\mathbb{R}^{n-1}$ darstellbar ist. Ein Gebiet $\Omega \subset \mathbb{R}^n$ heißt Lipschitz-Gebiet, wenn zu jedem $x \in \partial\Omega$ eine Umgebung in $\partial\Omega$ existiert, die sich als Graph mit einer Lipschitz-stetigen Funktion darstellen lässt.

1.11 Man nenne eine Funktion in $C[0, 1]$, die nicht in $H^1[0, 1]$ enthalten ist. — Zur Illustration von $H_0^0(\Omega) = H^0(\Omega)$ nenne man eine Folge in $C_0^\infty(0, 1)$, die im Sinne von $L_2[0, 1]$ gegen die konstante Funktion $v = 1$ konvergiert.

1.12 Das Gebiet Ω erfülle die Voraussetzungen von Satz 1.9. Man zeige, dass mit einer Konstanten $c = c(\Omega)$

$$\|v\|_0 \le c\bigl(|\bar{v}| + |v|_1\bigr) \quad \text{für } v \in H^1(\Omega) \tag{1.11}$$

wobei $\bar{v} = \int_\Omega v(x)dx / \mu(\Omega)$ der Mittelwert von v ist.

Hinweis: Diese Variante der Friedrichsschen Ungleichung lässt sich nur unter stärkeren Voraussetzungen an das Gebiet mit derselben Technik wie bei Satz 1.5 zeigen. Man nutze hier die Kompaktheit von $H^1(\Omega) \hookrightarrow L_2(\Omega)$ aus und benutze dieselbe Technik wie später bei Hilfssatz 6.2.

1.13 Seien $\Omega_1, \Omega_2 \subset \mathbb{R}^n$ beschränkt. Für die bijektive, stetig differenzierbare Abbildung $F : \Omega_1 \to \Omega_2$ seien $\|DF(x)\|$ und $\|(DF(x))^{-1}\|$ für $x \in \Omega$ beschränkt. Man verifiziere, dass aus $v \in H^1(\Omega_2)$ auch $v \circ F \in H^1(\Omega_1)$ folgt.

1.14 Sei $\Omega \subset \mathbb{R}^n$ eine Kugel mit Zentrum im Nullpunkt. Man zeige, dass $u(x) = \|x\|^s$ eine schwache Ableitung in $L_2(\Omega)$ besitzt, wenn $2s > 2 - n$ oder (der triviale Fall) $s = 0$ zutrifft.

1.15 Mit ℓ_p bezeichnet man den Raum der unendlichen Zahlenfolgen $(x_1, x_2, \ldots)$ mit $\sum_k |x_k|^p < \infty$. Mit der Norm

$$\|x\|_p := \|x\|_{\ell_p} := \left(\sum_k |x_k|^p \right)^{1/p}, \quad 1 \le p < \infty$$

wird ℓ_p zum Banach-Raum. Wegen $\| \cdot \|_2 \le \| \cdot \|_1$ ist die Einbettung $\ell_1 \hookrightarrow \ell_2$ stetig. Ist sie auch kompakt?

1.16 Man betrachte

a) die Fourier-Reihen $\sum_{k=-\infty}^{+\infty} c_k e^{ikx}$ über $[0, 2\pi]$,

b) die Fourier-Reihen $\sum_{k,\ell=-\infty}^{+\infty} c_{k\ell} e^{ikx+i\ell y}$ über $[0, 2\pi]^2$.

Die Aussage $u \in H^m$ drücke man als Forderung an die Koeffizienten aus, insbesondere zeige man die Äquivalenz der Aussagen $u \in L_2$ und $c \in \ell_2$.

Man zeige, dass im Fall b) aus $u_{xx} + u_{yy} \in L^2$ auch $u_{xy} \in L^2$ folgt.

§ 2. Variationsformulierung
elliptischer Randwertaufgaben 2. Ordnung

Eine Funktion, welche eine gegebene Differentialgleichung 2. Ordnung erfüllt und die vorgegebenen Randwerte annimmt, wird als *klassische Lösung* bezeichnet, wenn sie bei Dirichlet-Randwerten in $C^2(\Omega) \cap C^0(\bar{\Omega})$ bzw. bei Neumann-Randwerten in $C^2(\Omega) \cap C^1(\bar{\Omega})$ enthalten ist. Klassische Lösungen erhält man bei hinreichend glattem Rand, wobei zusätzliche Bedingungen zu erfüllen sind, falls auf einem Teil des Randes Neumann-Bedingungen vorgegeben sind. Auch bei klassischen Lösungen brauchen die höheren Ableitungen nicht beschränkt zu sein (s. Beispiel 2.1). Damit ist der einfachen Konvergenztheorie für Differenzenverfahren in Kapitel I die Basis entzogen.

Einen Zugang für die numerische Behandlung der Randwertaufgaben eröffnet der Weg über die Variationsformulierung, der insbesondere zu den Finiten Elementen führt. Zugleich wird dabei auf einfache Weise die Existenz sogenannter *schwacher Lösungen* gewonnen.

Abb. 7. Gebiet mit einspringender Ecke in Beispiel 2.1

2.1 Beispiel. Man betrachte ein zweidimensionales Gebiet mit einspringender Ecke

$$\Omega = \{(x, y) \in \mathbb{R}^2; \ x^2 + y^2 < 1, \ x < 0 \text{ oder } y > 0\} \tag{2.1}$$

und identifiziere $\mathbb{R}^2$ mit $\mathbb{C}$. Dann ist $w(z) := z^{2/3}$ analytisch in Ω, und der Imaginärteil $u(z) := \text{Im } w(z)$ als harmonische Funktion Lösung der Randwertaufgabe

$$\Delta u = 0 \qquad \text{in } \Omega,$$
$$u(e^{i\varphi}) = \sin(\tfrac{2}{3}\varphi) \quad \text{für } 0 \le \varphi \le \frac{3\pi}{2},$$
$$u = 0 \qquad \text{sonst auf } \partial\Omega.$$

Wegen $w'(z) = 2/3 \, z^{-1/3}$ sind nicht einmal die ersten Ableitungen von u für $z \to 0$ beschränkt.

Variationsformulierung

Ehe wir elliptische lineare Probleme als Variationsaufgaben darstellen, bringen wir einen abstrakten

2.2 Charakterisierungssatz. *Sei V ein linearer Raum und*

$$a : V \times V \to \mathbb{R}$$

eine symmetrische, positive Bilinearform, d.h. es sei $a(u, u) > 0$ für alle $u \in V, u \neq 0$. Ferner sei

$$\ell : V \to \mathbb{R}$$

ein lineares Funktional. Die Größe

$$J(v) := \frac{1}{2}a(v, v) - \langle \ell, v \rangle$$

nimmt in V ihr Minimum genau dann bei u an, wenn

$$a(u, v) = \langle \ell, v \rangle \quad \text{für alle } v \in V \tag{2.2}$$

gilt. Außerdem gibt es höchstens eine Minimallösung.

Bemerkung: Die Menge der linearen Funktionale ℓ ist ein linearer Raum. Anstatt $\ell(v)$ schreibt man häufig lieber $\langle \ell, v \rangle$, um die Symmetrie in ℓ und v zum Ausdruck zu bringen.

Beweis. Für $u, v \in V$ und $t \in \mathbb{R}$ berechnen wir

$$J(u + tv) = \frac{1}{2}a(u + tv, u + tv) - \langle \ell, u + tv \rangle$$

$$= J(u) + t[a(u, v) - \langle \ell, v \rangle] + \frac{1}{2}t^2 a(v, v). \tag{2.3}$$

Wenn $u \in V$ die Bedingung (2.2) erfüllt, dann folgt aus (2.3) mit $t = 1$:

$$J(u + v) = J(u) + \frac{1}{2}a(v, v) \quad \text{für } v \in V \tag{2.4}$$
$$> J(u), \quad \text{falls } v \neq 0 \text{ ist.}$$

Dann ist u also eindeutiger Minimalpunkt. Wenn umgekehrt J bei u ein Minimum hat, muss für jedes $v \in V$ die Ableitung der Funktion $t \mapsto J(u + tv)$ bei $t = 0$ verschwinden. Nach (2.3) beträgt die Ableitung $a(u, v) - \langle \ell, v \rangle$, und es folgt (2.2).   □

Die Beziehung (2.4), die das Anwachsen von J bei Entfernung vom Minimalpunkt u beschreibt, wird im weiteren noch oft herangezogen.

Reduktion auf homogene Randbedingungen

Im folgenden sei L ein elliptischer Differentialoperator 2. Ordnung mit Divergenzstruktur:

$$Lu := - \sum_{i,k=1}^{n} \partial_i(a_{ik}\partial_k u) + a_0 u \qquad (2.5)$$

mit

$$a_0(x) \geq 0 \quad \text{für } x \in \Omega.$$

Das gegebene Dirichlet-Problem

$$\begin{aligned} Lu &= f \quad \text{in } \Omega, \\ u &= g \quad \text{auf } \partial\Omega \end{aligned} \qquad (2.6)$$

transformieren wir zunächst auf ein solches mit homogenen Randbedingungen. Dazu wird vorausgesetzt, dass eine zulässige Funktion u_0 bekannt ist, welche auf dem Rand mit g übereinstimmt. Für $w := u - u_0$ ist dann

$$\begin{aligned} Lw &= f_1 \quad \text{in } \Omega, \\ w &= 0 \quad \text{auf } \partial\Omega \end{aligned} \qquad (2.7)$$

mit $f_1 := f - Lu_0$. Der Einfachheit halber werden wir meistens annehmen, dass schon in (2.6) homogene Randbedingungen vorliegen.

Als unmittelbare Folgerung des Charakterisierungssatzes ergibt sich der Zusammenhang zwischen der Randwertaufgabe (2.7) und der Variationsaufgabe. Ähnliche Überlegungen hat bereits L. Euler angestellt. Deshalb wird die Differentialgleichung $Lu = f$ auch als Eulersche Differentialgleichung für das Variationsproblem bezeichnet.

2.3 Minimaleigenschaft. *Jede klassische Lösung der Randwertaufgabe*

$$\begin{aligned} -\sum_{i,k} \partial_i(a_{ik}\partial_k u) + a_0 u &= f \quad \text{in } \Omega, \\ u &= 0 \quad \text{auf } \partial\Omega \end{aligned}$$

ist Lösung des Variationsproblems

$$J(v) := \int_\Omega \left[\frac{1}{2} \sum_{i,k} a_{ik}\partial_i v \partial_k v + \frac{1}{2} a_0 v^2 - fv \right] dx \longrightarrow \min! \qquad (2.8)$$

unter allen Funktionen in $C^2(\Omega) \cap C^0(\bar{\Omega})$ mit Nullrandwerten.

Beweis. Der Beweis erfolgt mit Hilfe der Greenschen Formel

$$\int_\Omega v\partial_i w \, dx = -\int_\Omega \partial_i v \cdot w \, dx + \int_{\partial\Omega} vw\,\nu_i \, ds. \qquad (2.9)$$

Dabei werden v und w als C^1-Funktionen vorausgesetzt. Außerdem ist ν_i die i-te Komponente der äußeren Normale ν. Indem man $w := a_{ik}\partial_k u$ in (2.9) einsetzt, folgt

$$\int_\Omega v\partial_i(a_{ik}\partial_k u)\,dx = -\int_\Omega a_{ik}\partial_i v\partial_k u\,dx, \qquad (2.10)$$

sofern $v = 0$ auf $\partial\Omega$ gilt. Wir setzen[2]

$$a(u, v) := \int_\Omega \Big[\sum_{i,k} a_{ik}\partial_i u\,\partial_k v + a_0 uv\Big]\,dx, \qquad (2.11)$$

$$\langle \ell, v\rangle := \int_\Omega fv\,dx.$$

Durch Summation von (2.10) über i und k ergibt sich für jedes $v \in C^1(\Omega) \cap C(\bar{\Omega})$ mit $v = 0$ auf $\partial\Omega$:

$$a(u, v) - \langle \ell, v\rangle = \int_\Omega v\Big[-\sum_{i,k}\partial_i(a_{ik}\partial_k u) + a_0 u - f\Big]\,dx$$

$$= \int_\Omega v[Lu - f]\,dx = 0,$$

wenn $Lu = f$, also u eine klassische Lösung ist. Aus dem Charakterisierungssatz folgt nun die Minimaleigenschaft.   □

Mit derselben Schlussweise erkennt man, dass jede Lösung des Variationsproblems, sofern sie in dem Raum $C^2(\Omega) \cap C^0(\bar{\Omega})$ liegt, eine klassische Lösung der Randwertaufgabe liefert.

Dieser Zusammenhang wurde 1847 von Thomson und später von Dirichlet für die Laplace-Gleichung erkannt. Dirichlet erklärte, dass aus der Beschränktheit von $J(u)$ nach unten folge, dass J sein Minimum für eine Funktion u annimmt. Dies Argument bezeichnet man heute als *Dirichlet-Prinzip*. Es wurde 1870 von Weierstraß widerlegt. Das Integral

$$J(u) = \int_0^1 u^2(t)\,dt \qquad (2.12)$$

hat nämlich in der Menge $\{v \in C^0[0, 1];\ v(0) = v(1) = 1\}$ das Infimum 0. Der Wert 0 wird jedoch in $C[0, 1]$ bei diesen Randbedingungen nicht angenommen.

---

[2] Die Verwendung des Buchstabens a für die Bilinearform und der Ausdrücke a_{ik} bzw. a_0 für Koeffizientenfunktionen sollte nicht zu Verwechslungen Anlass geben.

Existenz von Lösungen

Die Schwierigkeit verschwindet, wenn man das Variationsproblem (2.8) in passenden Hilbert-Räumen löst. Deshalb wählt man als Funktionenraum nicht $C^2(\Omega)$, obwohl dies im Hinblick auf klassische Lösungen wünschenswert wäre. — Während für die Charakterisierung von Lösungen in Satz 2.2 nur die lineare Struktur gebraucht wurde, ist für das Existenzproblem die Wahl der richtigen Topologie ausschlaggebend.

2.4 Definition. Sei H ein Hilbert-Raum. Eine Bilinearform $a : H \times H \to \mathbb{R}$ heißt *stetig*, wenn mit einem $C > 0$:

$$|a(u, v)| \le C\|u\| \cdot \|v\| \quad \text{für alle } u, v \in H$$

gilt. Eine symmetrische, stetige Bilinearform a heißt *H-elliptisch*, kurz *elliptisch* oder *koerziv* wenn mit einem $\alpha > 0$

$$a(v, v) \ge \alpha \|v\|^2 \quad \text{für alle } v \in H \tag{2.13}$$

gilt.

Mit jeder H-elliptischen Bilinearform a wird durch

$$\|v\|_a := \sqrt{a(v, v)} \tag{2.14}$$

offensichtlich eine Norm induziert, die zur Norm des Hilbert-Raums H äquivalent ist. Die Norm (2.14) wird *Energienorm* genannt.

Wie üblich wird der Raum der stetigen, linearen Funktionale auf einem normierten Raum V mit V' bezeichnet.

2.5 Satz von Lax–Milgram *(Fassung für konvexe Mengen).*
Sei V eine abgeschlossene, konvexe Menge in einem Hilbert-Raum H und $a : H \times H \to \mathbb{R}$ eine elliptische Bilinearform. Für jedes $\ell \in H'$ hat das Variationsproblem

$$J(v) := \frac{1}{2}a(v, v) - \langle \ell, v \rangle \longrightarrow \min!$$

genau eine Lösung in V.

Beweis. J ist nach unten beschränkt; denn es ist

$$J(v) \ge \frac{1}{2}\alpha\|v\|^2 - \|\ell\| \cdot \|v\|$$

$$= \frac{1}{2\alpha}(\alpha\|v\| - \|\ell\|)^2 - \frac{\|\ell\|^2}{2\alpha} \ge -\frac{\|\ell\|^2}{2\alpha}.$$

Setze $c_1 := \inf\{J(v) : v \in V\}$. Sei (v_n) eine Minimalfolge. Dann ist

$$\alpha \|v_n - v_m\|^2 \le a(v_n - v_m, v_n - v_m)$$

$$= 2a(v_n, v_n) + 2a(v_m, v_m) - a(v_n + v_m, v_n + v_m)$$

$$= 4J(v_n) + 4J(v_m) - 8J(\frac{v_m + v_n}{2})$$

$$\le 4J(v_n) + 4J(v_m) - 8c_1,$$

weil V konvex und deshalb $\frac{1}{2}(v_n + v_m) \in V$ ist. Wegen $J(v_n), J(v_m) \to c_1$ folgt $\|v_n - v_m\| \to 0$ für $n, m \to \infty$. Also ist (v_n) eine Cauchy-Folge in H, und es existiert $u = \lim_{n \to \infty} v_n$. Da V abgeschlossen ist, gilt auch $u \in V$. Aus der Stetigkeit von J schließen wir $J(u) = \lim_{n \to \infty} J(v_n) = \inf_{v \in V} J(v)$.

Die Lösung ist eindeutig. Seien nämlich u_1 und u_2 Lösungen. Offensichtlich ist $u_1, u_2, u_1, u_2, \ldots$ eine Minimalfolge. Wie wir sahen, ist jede Minimalfolge eine Cauchy-Folge. Das ist nur für $u_1 = u_2$ möglich. $\qquad\square$

2.6 Bemerkungen. (1) Im Beweis ist die *Parallelogrammgleichung* versteckt: Im Parallelogramm ist die Summe der Quadrate der Längen der Diagonalen gleich der Summe der Quadrate der Längen der Seiten.

(2) In dem Spezialfall $V = H$ liefert der Satz die folgende Aussage: Zu jedem $\ell \in H'$ gibt es ein Element $u \in H$ mit

$$a(u, v) = \langle \ell, v \rangle \quad \text{für alle } v \in H.$$

(3) Die weitere Spezialisierung auf $a(u, v) := (u, v)$, wobei (u, v) das definierende Skalarprodukt von H ist, liefert den Rieszschen Darstellungssatz: Zu jedem $\ell \in H'$ gibt es ein Element $u \in H$ mit

$$(u, v) = \langle \ell, v \rangle \quad \text{für alle } v \in H.$$

Die so definierte Abbildung $H' \to H$, $\ell \mapsto u$ bezeichnet man als *kanonische Einbettung von H' in H*.

(4) Die Verallgemeinerung des Charakterisierungssatzes 2.2 für konvexe Mengen lautet: Es ist u genau dann Minimallösung in einer konvexen Menge V, wenn die sogenannte *Variationsungleichung*

$$a(u, v - u) \ge \langle \ell, v - u \rangle \quad \text{für alle } v \in V \qquad (2.15)$$

gilt. Der Beweis sei dem Leser überlassen.

Wenn der zugrundeliegende Raum eine endliche Dimension hat, also der Euklidische $\mathbb{R}^N$ ist, braucht man anstatt (2.13) nur

$$a(v, v) > 0 \quad \text{für alle } v \in H, v \ne 0, \qquad (2.16)$$

zu fordern. Die Aussage (2.13) mit einem $\alpha > 0$ folgt dann aus der Kompaktheit der Einheitskugel. Dass man aber im unendlich-dimensionalen Fall nicht mit (2.16) auskommt, zeigt schon das mit (2.12) geschilderte Problem. Deutlich wird es auch an Hand eines weiteren einfachen Beispiels.

2.7 Beispiel. Sei $H = \ell_2$ der Raum der unendlichen Folgen $(x_1, x_2, \ldots)$, versehen mit der Norm $\|x\|^2 := \sum_m x_m^2$. Die Form

$$a(x, y) := \sum_{m=1}^{\infty} 2^{-m} x_m y_m$$

ist zwar positiv und stetig, aber nicht koerziv. Auch ist durch $\langle \ell, x \rangle := \sum_{m=1}^{\infty} 2^{-m} x_m$ ein stetiges lineares Funktional gegeben. Jedoch nimmt $J(x) = \frac{1}{2}a(x, x) - \langle \ell, x \rangle$ nicht sein Minimum in ℓ_2 an. Die notwendige Bedingung für eine Minimallösung ist hier offensichtlich $x_m = 1$ für $m = 1, 2, \ldots$. Sie wird von keinem $x \in \ell_2$ erfüllt. $\qquad\square$

Nach diesen Vorbereitungen können wir den Lösungsbegriff präzisieren.

2.8 Definition. Eine Funktion $u \in H_0^1(\Omega)$ heißt *schwache Lösung* der elliptischen Randwertaufgabe 2. Ordnung mit homogenen Dirichlet-Randbedingungen

$$Lu = f \quad \text{in } \Omega,$$
$$u = 0 \quad \text{auf } \partial\Omega, \tag{2.17}$$

wenn mit der zugehörigen Bilinearform (2.11) die Gleichungen

$$a(u, v) = (f, v)_0 \quad \text{für alle } v \in H_0^1(\Omega) \tag{2.18}$$

gelten.

Ohne dies jeweils zu betonen, werden wir auch bei anderen elliptischen Randwertaufgaben eine Funktion als schwache Lösung bezeichnen, wenn sie eine Lösung des zugeordneten Variationsproblems ist. — Wir haben stets stillschweigend vorausgesetzt, dass die Koeffizientenfunktionen genügend glatt sind. Im folgenden Satz ist $a_{ij} \in L_\infty(\Omega)$ und $f \in L_2(\Omega)$ ausreichend.

2.9 Existenzsatz. *Sei L ein gleichmäßig elliptischer Differentialoperator 2. Ordnung. Dann hat das Dirichlet-Problem (2.17) stets eine schwache Lösung in $H_0^1(\Omega)$. Diese ist Minimum des Variationsproblems*

$$\frac{1}{2}a(v, v) - (f, v)_0 \longrightarrow \min!$$

in $H_0^1(\Omega)$.

Beweis. Mit[3] $c := \sup\{|a_{ik}(x)|;\ x \in \Omega, 1 \le i, k \le n\}$ erhalten wir unter Ausnutzung der Cauchy–Schwarzschen Ungleichung

$$\left| \sum_{i,k} \int a_{ik} \partial_i u \partial_k v\, dx \right| \le c \cdot \sum_{i,k} \int |\partial_i u \partial_k v|\, dx$$

$$\le c \cdot \sum_{i,k} \left[\int (\partial_i u)^2 dx \int (\partial_k v)^2 dx \right]^{1/2}$$

$$\le C|u|_1 \cdot |v|_1$$

---

[3] $c, c_1, c_2, \ldots$ sind generische Konstanten, d.h. sie können in verschiedenen Formeln verschiedene Werte annehmen. Die Konstante C wird dagegen in der Regel für die Norm von a im Sinne von Definition 2.4 reserviert.

mit $C = cn^2$. Wenn wir außerdem $C \geq \sup\{|a_0(x)|;\ x \in \Omega\}$ annehmen, ergibt sich analog

$$\left| \int a_0 u v\, dx \right| \leq C \int |uv|\, dx \leq C \cdot \|u\|_0 \cdot \|v\|_0.$$

Zusammen haben wir

$$a(u, v) \leq C \|u\|_1 \|v\|_1.$$

Die gleichmäßige Elliptizität bewirkt nun die punktweise Abschätzung (für C^1-Funktionen)

$$\sum_{i,k} a_{ik} \partial_i v \partial_k v \geq \alpha \sum_i (\partial_i v)^2.$$

Die Integration liefert wegen $a_0 \geq 0$

$$a(v, v) \geq \alpha \sum_i \int_\Omega (\partial_i v)^2 dx = \alpha |v|_1^2 \quad \text{für } v \in H^1(\Omega). \tag{2.19}$$

Wegen der Friedrichsschen Ungleichung sind $|\,.\,|_1$ und $\|\,.\,\|_1$ auf H_0^1 äquivalente Normen. Also ist a eine H^1-elliptische Bilinearform auf $H_0^1(\Omega)$. Nach dem Satz von Lax–Milgram existiert eine eindeutige schwache Lösung. Sie ist zugleich Lösung des Variationsproblems. $\qquad\qquad\square$

2.10 Beispiel. Im Modellfall

$$-\Delta u = f \quad \text{in } \Omega,$$
$$u = 0 \quad \text{auf } \partial\Omega,$$

ist die zugehörige Bilinearform $a(u, v) = \int \nabla u \cdot \nabla v\, dx$. Die Lösung wird also durch

$$(\nabla u, \nabla v)_0 = (f, v)_0 \quad \text{für alle } v \in H_0^1(\Omega) \tag{2.20}$$

bestimmt. Man sieht, dass die Divergenz von ∇u im Sinne von Definition 1.1 existiert und $-\Delta u = -\operatorname{div} \operatorname{grad} u = f$ gilt.

Inhomogene Randbedingungen

Wir kehren nun zur Gleichung (2.6) mit inhomogenen Randbedingungen zurück. Sei $u_0 \in C^2(\Omega) \cap C^0(\bar{\Omega}) \cap H^1(\Omega)$ eine Funktion, welche auf dem Rand von Ω mit g übereinstimmt. Die schwache Formulierung von (2.7) lautet dann:

Gesucht wird $w \in H_0^1(\Omega)$ mit

$$a(w, v) = (f - L u_0, v)_0 \quad \text{für alle } v \in H_0^1(\Omega).$$

Wegen $(L u_0, v) = a(u_0, v)$ lässt sich dies wiederum in folgender Form schreiben:

Gesucht wird $u \in H^1(\Omega)$ mit

$$a(u, v) = (f, v)_0 \quad \text{für alle } v \in H_0^1(\Omega),$$
$$u - u_0 \in H_0^1(\Omega).$$

(2.21)

Die zuletzt genannte Relation kann als schwache Formulierung der Randbedingung aufgefasst werden.

Aus Dichtheitsgründen braucht nur $u_0 \in H^1(\Omega)$ vorausgesetzt zu werden. Andererseits ist diese Forderung nicht immer zu erfüllen und zwar nicht einmal immer, wenn eine klassische Lösung bekannt ist.

Beispiel (Hadamard [1932]). Seien r und φ Polarkoordinaten im Einheitskreis $\Omega = B_1 := \{x \in \mathbb{R}^2; \|x\| < 1\}$. Die Funktion $u(r, \varphi) := \sum_{k=1}^{\infty} k^{-2} r^{k!} \sin(k!\varphi)$ ist in Ω harmonisch. Wenn man den $\mathbb{R}^2$ mit $\mathbb{C}$ identifiziert, ist nämlich $u(z) = \text{Im} \sum_{k=1}^{\infty} k^{-2} z^{k!}$. Aus dieser Darstellung sieht man auch, dass $\int |\nabla u|^2 dx = \infty$, also $u \notin H^1$ ist. Es gibt keine Funktion in H^1 mit denselben Randwerten wie u; denn zu gegebenen Randwerten ist stets die harmonische Funktion diejenige mit kleinster H^1-Seminorm.

Aufgaben

2.11 Sei Ω beschränkt, $\Gamma := \partial \Omega$ und eine Funktion $g : \Gamma \to \mathbb{R}$ gegeben. Gesucht wird die Funktion $u \in H^1(\Omega)$ mit minimaler H^1-Norm, die auf Γ mit g übereinstimmt. Unter welchen Bedingungen an g ordnet sich diese Aufgabe in den Rahmen dieses § ein?

2.12 Auf dem Intervall $[0, 1]$ betrachte man die elliptische, aber nicht gleichmäßig elliptische Bilinearform

$$a(u, v) := \int_0^1 x^2 u'v' \, dx.$$

Man zeige, dass die Aufgabe $\frac{1}{2}a(u, u) - \int_0^1 u \, dx \to$ min! keine Lösung in $H_0^1(0, 1)$ besitzt. — Wie lautet die zugehörige (gewöhnliche) Differentialgleichung?

2.13 Man beweise, dass die Lösungen in konvexen Mengen tatsächlich durch (2.15) charakterisiert sind.

2.14 Im Zusammenhang mit Beispiel 2.7 betrachte man die stetige lineare Abbildung

$$L : \ell_2 \to \ell_2$$
$$(Lx)_k = 2^{-k} x_k.$$

Man zeige, dass das Bild von L nicht abgeschlossen ist.
Hinweis: Der Abschluss enthält den Punkt $y \in \ell_2$ mit $y_k = 2^{-k/2}$, $k = 1, 2, \ldots$.

§ 3. Die Neumannsche Randwertaufgabe.
Ein Spursatz

Dirichlet-Randbedingungen wurden beim Übergang von der Differentialgleichung zur Variationsaufgabe explizit übernommen und in den Funktionenraum eingebaut. Man spricht deshalb von einer *wesentlichen* Randbedingung. Im Gegensatz dazu ergeben sich Neumannsche Randbedingungen, das sind Bedingungen an Ableitungen auf dem Rand, ohne dass man sie explizit fordert. Man spricht deshalb von *natürlichen* Randbedingungen.

Elliptizität in H^1

Dem Differentialoperator L aus (2.5) sei wieder die Bilinearform a gemäß (2.11) zugeordnet. Es wird jetzt zusätzlich gefordert, dass $a_0(x)$ positiv und nach unten durch eine positive Zahl beschränkt ist. Indem wir die Zahl α aus (2.19) evtl. verkleinern, können wir dann

$$a_0(x) \geq \alpha > 0 \quad \text{für } x \in \Omega$$

annehmen. Im Vergleich zu (2.19) erhalten wir bei der Abschätzung von $a(v, v)$ den zusätzlichen Term $\int a_0(x) v^2 dx \geq \alpha \|v\|_0^2$, zusammen also

$$a(v, v) \geq \alpha |v|_1^2 + \alpha \|v\|_0^2 = \alpha \|v\|_1^2 \quad \text{für } v \in H^1(\Omega). \tag{3.1}$$

Die quadratische Form $a(v, v)$ ist also auf dem ganzen Raum $H^1(\Omega)$ elliptisch und nicht nur auf dem Unterraum $H_0^1(\Omega)$. Weiter wird mit $f \in L_2(\Omega)$ und $g \in L_2(\partial\Omega)$ ein lineares Funktional erklärt:

$$\langle \ell, v \rangle := \int_\Omega f v \, dx + \int_\Gamma g v \, ds, \tag{3.2}$$

wobei, wie üblich, $\Gamma := \partial\Omega$ gesetzt wird. Dass $\langle \ell, v \rangle$ für alle $v \in H^1(\Omega)$ wohldefiniert und ℓ ein beschränktes Funktional ist, folgt aus dem [4]

3.1 Spursatz. *Sei Ω beschränkt, und Ω habe einen stückweise glatten Rand. Ferner erfülle Ω die Kegelbedingung. Dann gibt es eine beschränkte, lineare Abbildung*

$$\gamma : H^1(\Omega) \to L_2(\Gamma), \quad \|\gamma(v)\|_{0,\Gamma} \leq c \|v\|_{1,\Omega}, \tag{3.3}$$

so dass $\gamma v = v_{|\Gamma}$ für alle $v \in C^1(\bar{\Omega})$ gilt.

Anschaulich bedeutet γv also die Spur von v auf dem Rand, das ist die Restriktion von v auf den Rand. Wir wissen, dass die Auswertung einer H^1-Funktion an einem

---

[4] Schärfere Aussagen gibt es für Sobolev-Räume mit gebrochenen Indizes.

einzelnen Punkt nicht immer sinnvoll ist. Nach Satz 3.1 ist die Restriktion auf den Rand aber zumindest eine L_2-Funktion.

Den Beweis des Spursatzes verschieben wir an das Ende dieses §.

Randwertaufgaben mit natürlichen Randbedingungen

3.2 Satz.*Das Gebiet Ω erfülle die im Spursatz genannten Voraussetzungen. Dann hat die Variationsaufgabe*

$$J(v) := \frac{1}{2}a(v, v) - (f, v)_{0,\Omega} - (g, v)_{0,\Gamma} \longrightarrow \min !$$

genau eine Lösung $u \in H^1(\Omega)$. Die Lösung der Variationsaufgabe ist genau dann in $C^2(\Omega) \cap C^1(\bar{\Omega})$ enthalten, wenn eine klassische Lösung der Randwertaufgabe

$$Lu = f \quad in\ \Omega,$$
$$\sum_{i,k} v_i a_{ik} \partial_k u = g \quad auf\ \Gamma \tag{3.4}$$

existiert. Die beiden Lösungen sind dann identisch. Dabei ist $v := v(x)$ die fast überall auf Γ erklärte äußere Normale.

Beweis. Da a eine H^1-elliptische Bilinearform ist, folgt die Existenz einer eindeutigen Lösung $u \in H^1(\Omega)$ aus dem Satz von Lax–Milgram. Insbesondere ist u durch

$$a(u, v) = (f, v)_{0,\Omega} + (g, v)_{0,\Gamma} \quad \text{für alle } v \in H^1(\Omega) \tag{3.5}$$

charakterisiert.

Sei nun speziell (3.5) für $u \in C^2(\Omega) \cap C^1(\bar{\Omega})$ erfüllt. Für $v \in H_0^1(\Omega)$ ist $\gamma v = 0$, und wir schließen aus (3.5)

$$a(u, v) = (f, v)_0 \quad \text{für alle } v \in H_0^1(\Omega).$$

Nach (2.21) ist u zugleich Lösung des Dirichlet-Problems, wobei wir uns die Randwerte von u als vorgegeben vorstellen. Das heißt, es ist

$$Lu = f \quad in\ \Omega. \tag{3.6}$$

Für $v \in H^1(\Omega)$ liefert die Greensche Formel (2.9)

$$\int_\Omega v \partial_i(a_{ik}\partial_k u)\, dx = -\int_\Omega \partial_i v a_{ik}\partial_k u\, dx + \int_\Gamma v a_{ik}\partial_k u\, v_i\, ds.$$

Also ist

$$a(u, v) - (f, v)_0 - (g, v)_{0,\Gamma} = \int_\Omega v[Lu - f]\, dx + \int_\Gamma [\sum_{i,k} v_i a_{ik}\partial_k u - g]v\, ds. \tag{3.7}$$

Aus (3.5) und (3.6) folgt, dass das zweite Integral auf der rechten Seite von (3.7) verschwindet. Angenommen, die Funktion $v_0 := v_i a_{ik} \partial_k u - g$ verschwindet nicht. Dann ist $\int_\Gamma v_0^2 ds > 0$. Weil $C^1(\bar\Omega)$ dicht in $C^0(\bar\Omega)$ gibt, gibt es ein $v \in C^1(\bar\Omega)$ mit $\int_\Gamma v_0 \cdot v \, ds > 0$. Das ist ein Widerspruch, und die Randbedingung ist erfüllt.

Aus (3.7) liest man andererseits sofort ab, dass jede klassische Lösung von (3.4) die Bedingung (3.5) erfüllt. $\Box$

Neumannsche Randbedingungen

Für die Helmholtzsche Gleichung

$$-\Delta u + a_0(x) \cdot u = f$$

ist also

$$\frac{\partial u}{\partial v} := v \cdot \nabla u = g$$

die natürliche Randbedingung. Sie wird als Neumannsche Randbedingung bezeichnet. Es ist $\partial u / \partial v$ die Ableitung in Richtung der Normalen, also in der Richtung senkrecht zur Tangentialebene (wenn der Rand glatt ist). [Auch im allgemeinen Fall ist mit der Randbedingung in (3.4) die Normalenrichtung erfasst, wenn man Orthogonalität bzgl. der durch die Matrix $a_{ik}(x)$ erzeugten Metrik versteht].

Die Poisson-Gleichung mit Neumannschen Randbedingungen

$$-\Delta u = f$$
$$\frac{\partial u}{\partial v} = g \tag{3.8}$$

legt eine Funktion offensichtlich nur bis auf eine additive Konstante fest. Dies legt die Einschränkung auf den Unterraum $V := \{v \in H^1(\Omega); \int_\Omega v \, dx = 0\}$ nahe. Die Bilinearform $a(u, v) = \int_\Omega \nabla u \nabla v \, dx$ ist nicht H^1-elliptisch, wegen der Variante (1.11) der Friedrichsschen Ungleichung aber V-elliptisch.

Zu beachten ist allerdings eine Kompatibilitätsforderung an die gegebenen Funktionen f und g. Mit $w := \nabla u$ lauten die Gleichungen (3.8)

$$- \operatorname{div} w = f \text{ in } \Omega, \quad v'w = g \text{ auf } \Gamma.$$

Nach dem Gaußschen Integralsatz ist $\int_\Omega \operatorname{div} w \, dx = \int_{\partial\Omega} w v ds$, also

$$\int_\Omega f \, dx + \int_\Gamma g \, ds = 0. \tag{3.9}$$

Diese *Kompatibilitätsbedingung* ist nicht nur notwendig, sondern auch hinreichend. Nach dem Satz von Lax–Milgram erhalten wir ein $u \in V$ mit

$$a(u, v) = (f, v)_{0,\Omega} + (g, v)_{0,\Gamma} \tag{3.10}$$

für alle $v \in V$. Wegen der Kompatibilitätsbedingung ist (3.10) auch für $v =$ const. und damit für alle $v \in H^1(\Omega)$ richtig. Wie im Satz 3.2 schließen wir nun, dass jede klassische Lösung wirklich der Gleichung (3.8) genügt.

Gemischte Randbedingungen

Bei physikalischen Problemen ergeben sich oft Neumannsche bzw. natürliche Randbedingungen, wenn die Flüsse über den Rand vorgegeben sind. Insbesondere kann es vorkommen, dass eine Neumann-Bedingung nur auf einem Teil des Randes vorgegeben ist.

3.3 Beispiel. Zu bestimmen sei die stationäre Temperaturverteilung in einem isotropen Körper $\Omega \subset \mathbb{R}^3$. Auf dem Teil des Randes, an dem der Körper mechanisch gehalten wird, ist die Temperatur vorgegeben. Dieser Teil des Randes werde mit Γ_D bezeichnet. Auf dem anderen Teil $\Gamma_N = \Gamma \setminus \Gamma_D$ ist der Wärmefluss so niedrig, dass er als 0 angenommen werden kann. Wenn sich in Ω keine Wärmequellen befinden, ist folgendes elliptische Randwertproblem zu lösen:

$$\Delta u = 0 \text{ in } \Omega,$$

$$u = g \text{ auf } \Gamma_D,$$

$$\frac{\partial u}{\partial \nu} = 0 \text{ auf } \Gamma_N.$$

Diese Aufgabe führt auf natürliche Weise zu einem Hilbert-Raum, der zwischen $H^1(\Omega)$ und $H_0^1(\Omega)$ liegt. Man betrachte die Funktionen der Form

$$u \in C^\infty(\Omega) \cap H^1(\Omega), \text{ u verschwindet in einer Umgebung von } \Gamma_D.$$

Der Abschluss dieser Menge bzgl. der H^1-Norm liefert den passenden Raum. In diesen Unterräumen von $H^1(\Omega)$ sind die Normen $|\cdot|_1$ und $\|\cdot\|_1$ laut Bemerkung 1.6 unter sehr allgemeinen Voraussetzungen äquivalent.

Beweis des Spursatzes

Es soll jetzt der Beweis des Spursatzes nachgetragen werden. Der Übersichtlichkeit halber beschränken wir uns auf Gebiete im $\mathbb{R}^2$, die Verallgemeinerung auf den $\mathbb{R}^n$ ist offensichtlich und kann dem Leser als Übung überlassen werden.

Der Rand wird als stückweise glatt vorausgesetzt. Ferner sei an den (endlich vielen) Punkten, an denen der Rand nicht glatt ist, eine Kegelbedingung erfüllt. Dann kann man den Rand in endlich viele Randstücke $\Gamma_1, \Gamma_2, \ldots, \Gamma_m$ teilen, so dass für jedes Teilstück Γ_i nach einer Drehung des Koordinatensystems folgendes gilt.

1. Für eine Funktion $\phi = \phi_i \in C^1[y_1, y_2]$ ist

$$\Gamma_i = \{(x, y) \in \mathbb{R}^2; x = \phi(y), y_1 \leq y \leq y_2\}.$$

2. Das Gebiet $\Omega_i = \{(x, y) \subset \mathbb{R}^2; \phi(y) < x < \phi(y) + r, y_1 < y < y_2\}$ ist in Ω enthalten. Dabei sei $r > 0$.

Für $v \in C^1(\bar{\Omega})$ und $(x, y) \in \Gamma$ greifen wir auf eine Schlussweise wie bei der Poincaré–Friedrichsschen Ungleichung zurück:

$$v(\phi(y), y) = v(\phi(y) + t, y) - \int_0^t \partial_1 v(\phi(y) + s, y) ds$$

mit $0 \leq t \leq r$. Die Integration über t von 0 bis r liefert

$$r v(\phi(y), y) = \int_0^r v(\phi(y) + t, y) dt - \int_0^r \partial_1 v(\phi(y) + t, y)(r - t) dt.$$

Diese Gleichung quadrieren wir und nutzen die Youngsche Ungleichung $(a + b)^2 \leq 2a^2 + 2b^2$ aus. Auf die Quadrate der Integrale wird die Cauchy–Schwarzsche Ungleichung angewandt:

$$r^2 v^2(\phi(y), y) \leq 2 \int_0^r 1 dt \int_0^r v^2(\phi(y) + t, y) dt$$
$$+ 2 \int_0^r t^2 dt \int_0^r |\partial_1 v(\phi(y) + t, y)|^2 dt.$$

Die Werte $\int 1 dt = r$ und $\int t^2 dt = r^3/3$ setzen wir ein. Dann dividieren wir durch r^2 und integrieren über y

$$\int_{y_1}^{y_2} v^2(\phi(y), y) dy \leq 2r^{-1} \int_{\Omega_i} v^2 dx dy + r \int_{\Omega_i} |\partial_1 v|^2 dx dy.$$

Das Kurvenelement auf Γ ist durch $ds = \sqrt{1 + \phi'^2} dy$ gegeben. Deshalb haben wir mit $c_i = \max\{\sqrt{1 + \phi'^2}; \ y_1 \leq y \leq y_2\}$:

$$\int_{\Gamma_i} v^2 ds \leq c_i [2r^{-1} \|v\|_0^2 + r|v|_1^2].$$

Indem wir $c = (r + 2r^{-1}) \sum_{i=1}^m c_i$ setzen, erhalten wir schließlich

$$\|v\|_{0,\Gamma} \leq c \|v\|_{1,\Omega}.$$

Die Restriktion $\gamma : H^1(\Omega) \cap C^1(\bar{\Omega}) \to L_2(\Gamma)$ ist also auf einer dichten Menge eine beschränkte Abbildung. Wegen der Vollständigkeit von $L_2(\Gamma)$ kann sie auf ganz $H^1(\Omega)$ erweitert werden, ohne die Schranke zu vergrößern.   □

Wir bemerken, dass man die Kegelbedingung tatsächlich benötigt, um *Spitzen* des Gebiets auszuschließen. Das Gebiet

$$\Omega := \{(x, y) \in \mathbb{R}^2; \ 0 < y < x^5 < 1\}$$

hat eine Spitze bei Null. Außerdem enthält $H^1(\Omega)$ die Funktion

$$u(x, y) = x^{-1},$$

deren Spur nicht über Γ quadrat-integrierbar ist.   □

An dieser Stelle wird ersichtlich, dass die Greensche Formel (2.9) auch für Funktionen $u, w \in H^1(\Omega)$ sinnvoll ist, sofern Ω die Voraussetzungen des Spursatzes erfüllt.

Schließlich ist $H^1(\Omega)$ isomorph zur direkten Summe:

$$H^1(\Omega) \sim H_0^1(\Omega) \oplus \gamma(H^1(\Omega)).$$

Genau gesagt, zerlegen wir dafür jedes $u \in H^1(\Omega)$,

$$u = v + w,$$

nach folgender Vorschrift. Es sei w die Lösung der Variationsaufgabe $|w|_1^2 \to$ min !, genauer sei

$$(\nabla w, \nabla v)_{0,\Omega} = 0 \qquad \text{für alle } v \in H_0^1(\Omega),$$
$$w - u \in H_0^1(\Omega).$$

Ferner ist $v := u - w \in H_0^1(\Omega)$. Für die Menge der Funktionen w, die bei der Zerlegung auftreten, ist γ eine injektive Abbildung.

Schließlich betrachten wir den Zusammenhang mit stetigen Funktionen. Wie üblich, wird mit $\|u\|_\infty = \|u\|_{\infty,\Omega}$ das Supremum von $|u|$ über Ω bezeichnet.

3.4 Bemerkungen. (1) Sei $\Omega \subset \mathbb{R}^2$ ein konvexes, polygonales Gebiet oder ein Gebiet mit Lipschitz-stetigem Rand. Dann ist $H^2(\Omega)$ kompakt in $C(\bar{\Omega})$ eingebettet, und es ist mit einer Zahl $c = c(\Omega)$:

$$\|v\|_\infty \le c\|v\|_2 \quad \text{für } v \in H^2(\Omega). \tag{3.11}$$

(2) Für jedes offene, zusammenhängende Gebiet $\Omega \subset \mathbb{R}^2$ ist $H^2(\Omega)$ kompakt in $C(\Omega)$ eingebettet.

Diese Aussage ist zwar nicht die schärfste in diesem Rahmen. Wegen ihrer Bedeutung und wegen der Einfachheit des Beweises wollen wir sie kurz aus dem Spursatz herleiten.

Man wähle einen Winkel φ und einen Radius r mit folgender Eigenschaft: Zu je zwei Punkten $x, y \in \bar{\Omega}$ mit $\|x - y\| < r$ gibt es einen Kegel K mit Öffnungswinkel φ, Durchmesser r und Spitze in x sowie $y \in \partial K$. Wir drehen das Koordinatensystem so, dass sich x und y nur in der 1. Koordinate unterscheiden. Aus dem Spursatz schließen wir

$$\|v\|_{0,\partial K} \le c(r, \varphi)\|v\|_{1,K}.$$

Für $v \in H^2(\Omega)$ ist insbesondere $\partial_1 v \in H^1(\Omega)$, also $\|\partial_1 v\|_{0,\partial K} \le c(r, \varphi)\|v\|_{2,\Omega}$. Aus Bemerkung 1.8 folgt $|v(x) - v(y)| \le c(r, \varphi) \cdot \sqrt{\|x - y\|} \cdot \|v\|_{2,\Omega}$. Also ist v Hölderstetig mit dem Exponenten 1/2. Zusammen mit $\|v\|_{0,K} \le \|v\|_{2,\Omega}$ bekommt man eine Schranke für $|v|$ in K und damit (3.11). Der Satz von Arzelà–Ascoli liefert schließlich die Kompaktheitsaussage.

Zu jedem $m \geq 1$ findet man ein polygonales Gebiet Ω_m, das alle Punkte $x \in \Omega$ enthält, deren Abstand von 0 höchstens m und von $\partial\Omega$ mindestens $1/m$ beträgt. Wegen $\Omega = \cup_{m>0} \Omega_m$ folgt die zweite Bemerkung aus der ersten.   □

Praktische Konsequenzen aus dem Spursatz

Man ist leicht geneigt, für praktische Anwendungen nur klassischen Lösungen eine Bedeutung beizumessen und schwache Lösungen mit Singularitäten als rein mathematische Objekte abzuwerten. Dass dies aber keineswegs zutrifft, macht ein Beispiel deutlich.

3.5 Beispiel. Über einem Kreis mit Radius R sei ein *Zelt* aufzuspannen, das über dem Mittelpunkt die Höhe 1 hat. Das Zelt möge so angelegt sein, dass die Fläche minimal ist. Wenn $u(x)$ die Höhe des Zeltes im Punkt x ist, ist die Fläche bekanntlich

$$\int_{B_R} \sqrt{1 + (\nabla u)^2}\, dx.$$

Dabei sei wie üblich B_R der Kreis mit Radius R und Mittelpunkt 0. Es ist $\sqrt{1 + (\nabla u)^2} \leq 1 + \frac{1}{2}(\nabla u)^2$, und für kleine Gradienten ist die Differenz beider Seiten der Ungleichung klein. So werden wir auf die Variationsaufgabe

$$\frac{1}{2} \int_{B_R} (\nabla v)^2 dx \longrightarrow \min! \tag{3.12}$$

unter den Nebenbedingungen

$$v(0) = 1,$$
$$v = 0 \quad \text{on } \partial B_R.$$

geführt. Nun sieht man jedoch, dass die Nebenbedingung $v(0) = 1$ ignoriert wird. Die singuläre Funktion

$$w_0(x) = \log\log \frac{eR}{r} \quad \text{mit } r = r(x) = \|x\|$$

besitzt ein endliches Dirichlet-Integral (3.12). Wir konstruieren uns eine abgerundete Funktion gemäß

$$w_\varepsilon(x) = \begin{cases} w_0(x) & \text{für } r(x) \geq \varepsilon, \\ \log\log \dfrac{eR}{\varepsilon} & \text{für } 0 \leq r(x) < \varepsilon. \end{cases}$$

Es ist $|w_\varepsilon|_{1,B_R} \leq |w_0|_{1,B_R}$ und $w_\varepsilon(0)$ wächst gegen ∞ für $\varepsilon \to 0$. Deshalb wird durch

$$u_\varepsilon = \frac{w_\varepsilon(x)}{w_\varepsilon(0)}$$

und $\varepsilon = 1, 1/2, 1/3, \ldots$ eine Minimalfolge gegeben. Diese konvergiert fast überall gegen die Nullfunktion. Das bedeutet, dass die Forderung $u(0) = 1$ ignoriert wird.

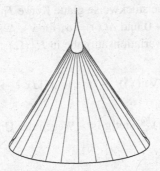

Abb. 8. Zelt mit Schlaufe zur Vermeidung extremer Spannungen an der Zeltspitze

Es ist etwas anderes, wenn $u = 1$ auf einer ganzen Strecke gefordert wird, wie es dem Spannen über eine Zeltstange entspricht. Während die Auswertung einer H^1-Funktion an einem Punkt keinen Sinn macht, ist die Auswertung auf einer Linie im L_2-Sinne möglich. Eine Bedingung an die Funktion auf einer Linie wird fast überall respektiert.

Dies wird bei der Formgebung großer Zelte durchaus berücksichtigt. Anstatt an der Spitze des Mastes hängt man des Zelt am Rand eines "Tellers" auf. Eine andere Möglichkeit (s. Abb. 8) besteht darin, das Zelt an der Spitze mit einer festen Leine in Form einer Schlaufe zu versehen. Extrem hohe Kräfte werden dadurch vermieden, dass die Aufhängung nicht in einem Punkt, sondern an der von Tellerrand oder von der Schlaufe gebildeten Linie wirksam wird. Dass dies sinnvoll ist, liegt letzten Endes an dem Spursatz.

Aufgaben

3.6 Man zeige, dass jede klassische Lösung der Gleichungen und Ungleichungen

$$-\Delta u + a_0 u = f \quad \text{in } \Omega,$$

$$\left.\begin{aligned} u \geq 0, \quad & \frac{\partial u}{\partial \nu} \geq 0 \\ u \cdot & \frac{\partial u}{\partial \nu} = 0 \end{aligned}\right\} \text{ auf } \Gamma,$$

Lösung eines Variationsproblems in der konvexen Menge

$$V^+ := \{v \in H^1(\Omega); \ \gamma v \geq 0 \text{ fast überall auf } \Gamma\}$$

ist. — Aus der Integrationstheorie ist bekannt, dass die Teilmenge $\{\phi \in L_2(\Gamma); \ \phi \geq 0$ fast überall auf $\Gamma\}$ in $L_2(\Gamma)$ abgeschlossen ist.

3.7 Das Gebiet Ω habe einen stückweise glatten Rand, und es sei $u \in H^1(\Omega) \cap C(\bar{\Omega})$. Man zeige, dass dann $u \in H_0^1(\Omega)$ äquivalent zu $u = 0$ auf $\partial \Omega$ ist.

3.8 Das Gebiet Ω sei durch eine stückweise glatte Kurve Γ_0 in zwei Teilgebiete Ω_1 und Ω_2 aufgeteilt. Es sei $\alpha_1 \gg \alpha_2 > 0$ und $a(x) = \alpha_i$ für $x \in \Omega_i$, $i = 1, 2$. Man zeige, dass für jede klassische Lösung der Variationsaufgabe in $H_0^1(\Omega)$:

$$\int_\Omega [\frac{1}{2} a(x) (\nabla v(x))^2 - f(x) v(x)] dx \longrightarrow \text{min!}$$

auf der Kurve Γ_0 die Größe $a(x) \frac{\partial u}{\partial n}$ stetig ist. [Wegen der Unstetigkeit von $a(x)$ ist dort also $\frac{\partial u}{\partial n}$ selbst nicht stetig.]

3.9 Man zeige

$$\int_\Omega \phi \, \text{div} \, v \, dx = - \int_\Omega \text{grad} \, \phi \cdot v \, dx + \int_{\partial\Omega} \phi v \cdot \nu \, ds \qquad (3.13)$$

zunächst für hinreichend glatte Funktionen v und ϕ mit Werten im $\mathbb{R}^n$ bzw. in $\mathbb{R}$. Dabei ist

$$\text{div} \, v := \sum_{i=1}^n \frac{\partial v}{\partial x_i}.$$

Für Funktionen aus welchen Sobolev-Räumen gilt (3.13)?

§ 4. Ritz–Galerkin–Verfahren und einfache Finite Elemente

Für die numerische Lösung von elliptischen Randwertaufgaben bietet sich ein natürliches Vorgehen an. Für das Funktional J der zugeordneten Variationsaufgabe bestimmt man das Minimum nicht in $H^m(\Omega)$ bzw. $H_0^m(\Omega)$, sondern nur in einem passenden endlich-dimensionalen Unterraum [Ritz 1908]. Üblicherweise bezeichnet man den Unterraum mit S_h. Dabei steht h für einen Diskretisierungsparameter, und die Bezeichnung weist darauf hin, dass mit $h \to 0$ Konvergenz gegen die Lösung des gegebenen (kontinuierlichen) Problems erreicht werden soll.

Wir betrachten zunächst die Approximation in allgemeinen Unterräumen und anschließend die Realisierung für ein Modellproblem.

Die Lösung der Variationsaufgabe

$$J(v) := \frac{1}{2}a(v, v) - \langle \ell, v \rangle \longrightarrow \min_{S_h}! \tag{4.1}$$

ist nach dem Charakterisierungssatz 2.2 berechenbar. Es ist u_h Lösung in S_h, wenn

$$a(u_h, v) = \langle \ell, v \rangle \quad \text{für alle } v \in S_h \tag{4.2}$$

gilt. Sei insbesondere $\{\psi_1, \psi_2, \ldots, \psi_N\}$ eine Basis von S_h. Dann ist (4.2) äquivalent zu

$$a(u_h, \psi_i) = \langle \ell, \psi_i \rangle, \quad i = 1, 2, \ldots, N.$$

Der Ansatz

$$u_h = \sum_{k=1}^{N} z_k \psi_k \tag{4.3}$$

führt zu dem Gleichungssystem

$$\sum_{k=1}^{N} a(\psi_k, \psi_i) z_k = \langle \ell, \psi_i \rangle, \quad i = 1, 2, \ldots, N, \tag{4.4}$$

das wir in Matrix-Vektor-Form schreiben:

$$Az = b \tag{4.5}$$

mit $A_{ik} := a(\psi_k, \psi_i)$ und $b_i := \langle \ell, \psi_i \rangle$. Die Matrix A ist positiv definit

$$z'Az = \sum_{i,k} z_i A_{ik} z_k = a\left(\sum_k z_k \psi_k, \sum_i z_i \psi_i\right)$$

$$= a(u_h, u_h)$$

$$\geq \alpha \|u_h\|_m^2,$$

wenn a eine H^m-elliptische Bilinearform ist. Insbesondere ist $z'Az > 0$ für $z \neq 0$. Hier haben wir von der bijektiven Abbildung $\mathbb{R}^N \longrightarrow S_h$ Gebrauch gemacht, die durch (4.3) erklärt ist. Ohne diese kanonische Abbildung jeweils explizit zu nennen, werden wir den Funktionenraum S_h auch später mit dem $\mathbb{R}^N$ identifizieren.

In den Ingenieurwissenschaften, insbesondere wenn das Problem aus der Kontinuumsmechanik kommt, bezeichnet man die Matrix A als *Steifigkeitsmatrix* oder als *Systemmatrix*.

Bezeichnungen. Es gibt verschiedene Varianten:

Rayleigh–Ritz–Verfahren: Es wird wie hier das Minimum von J im Raum S_h bestimmt. Anstatt die basisfreie Herleitung über (4.2) vorzunehmen, werden häufig sofort mit dem Ansatz (4.3) die Gleichungen $(\partial/\partial z_i) J \left(\sum_k z_k \psi_k \right) = 0$ ausgewertet.

Galerkin-Verfahren: Die schwachen Gleichungen (4.2) werden für Probleme betrachtet, bei denen die Bilinearform nicht notwendig symmetrisch zu sein braucht. Wenn die Gleichungen von einem symmetrischen (positiv) definiten Problem herrühren, wird oft die Bezeichnung *Ritz–Galerkin–Verfahren* benutzt.

Petrov–Galerkin–Verfahren: Gesucht wird $u_h \in S_h$ mit

$$a(u_h, v) = \langle \ell, v \rangle \quad \text{für alle } v \in T_h.$$

Dabei brauchen die beiden N-dimensionalen Räume S_h und T_h nicht identisch zu sein. Die Wahl eines von S_h verschiedenen Raumes mit Testfunktionen ist z. B. bei Problemen mit Singularitäten angebracht.

Wie wir in den §§2 und 3 sahen, hängt es von den Randbedingungen ab, ob ein Problem in $H^m(\Omega)$ oder $H_0^m(\Omega)$ betrachtet wird. Zum Zwecke einer einheitlichen Schreibweise sei im folgenden stets $V \subset H^m(\Omega)$ und die Bilinearform a stets V-elliptisch, d.h. mit $0 < \alpha \le C$ sei

$$a(u, u) \ge \alpha \|u\|_m^2 \quad \text{und} \quad |a(u, v)| \le C \|u\|_m \|v\|_m \quad \text{für alle } u, v \in V.$$

Die Norm $\| \cdot \|_m$ ist also zur Energienorm (2.14) äquivalent, und auf diese beziehen sich unsere ersten Abschätzungen. — Ferner sei $\ell \in V'$ mit $|\langle \ell, v \rangle| \le \|\ell\| \cdot \|v\|_m$ für $v \in V$. Dabei ist $\|\ell\|$ die Operatornorm von ℓ.

4.1 Bemerkung. (Stabilität) Unabhängig von der Wahl des Unterraums S_h von V gilt für die Lösung von (4.2)

$$\|u_h\|_m \le \alpha^{-1} \|\ell\|.$$

Beweis. Sei u_h Lösung von (4.2). Indem wir $v = u_h$ einsetzen, erhalten wir

$$\alpha \|u_h\|_m^2 \le a(u_h, u_h) = \langle \ell, u_h \rangle \le \|\ell\| \, \|u_h\|_m.$$

Durch Kürzen ergibt sich die Behauptung.   □

Grundlegend für die Fehlerabschätzungen von Finite-Element-Näherungen ist das folgende Lemma. Auch die Beweistechnik ist typisch, wir werden sie in verschiedenen Abwandlungen wieder antreffen.

4.2 Céa-Lemma. *Die Bilinearform a sei V-elliptisch [mit $H_0^m(\Omega) \subset V \subset H^m(\Omega)$].* *Ferner seien u bzw. u_h die Lösungen der Variationsaufgabe in V bzw. in $S_h \subset V$. Dann ist*

$$\|u - u_h\|_m \leq \frac{C}{\alpha} \inf_{v_h \in S_h} \|u - v_h\|_m. \tag{4.6}$$

Beweis. Nach Definition von u bzw. u_h gilt

$$a(u, v) = \langle \ell, v \rangle \quad \text{für } v \in V,$$
$$a(u_h, v) = \langle \ell, v \rangle \quad \text{für } v \in S_h.$$

Wegen $S_h \subset V$ folgt durch Subtraktion

$$a(u - u_h, v) = 0 \quad \text{für } v \in S_h. \tag{4.7}$$

Sei $v_h \in S_h$. Mit $v = v_h - u_h \in S_h$ folgt aus (4.7) sofort $a(u - u_h, v_h - u_h) = 0$ und

$$\begin{aligned}
\alpha \|u - u_h\|_m^2 &\leq a(u - u_h, u - u_h) \\
&= a(u - u_h, u - v_h) + a(u - u_h, v_h - u_h) \\
&\leq C \|u - u_h\|_m \|u - v_h\|_m.
\end{aligned}$$

Nach Kürzen erhalten wir $\alpha \|u - u_h\|_m \leq C \|u - v_h\|_m$ und damit die Behauptung. $\qquad\square$

Die Relation (4.7) wird oft als Galerkin–Orthogonalität bezeichnet.

Nach dem Céa-Lemma hängt die Genauigkeit der numerischen Lösung wesentlich davon ab, dass man Funktionenräume wählt, in denen die Lösung u gut approximiert werden kann. Wie gut das mit Polynomen möglich ist, wird durch die Glattheit der gegebenen Funktion bestimmt. Sie wird bei Lösungen von Randwertaufgaben in der Regel zum Rand hin schlechter. Deshalb hat es wenig Sinn, eine hohe Genauigkeit dadurch anzu-streben, dass man Polynome auf dem ganzen Gebiet verwendet und den Polynomgrad hoch treibt. Wie wir in den §§6 und 7 sehen werden, ist es vielmehr angebracht, stückweise Polynome zu verwenden und die gewünschte Genauigkeit zu erzielen, indem man die Zerlegung von Ω hinreichend fein macht. Bei der sogenannten *hp*-Methode werden feiner werdende Gitter mit einem Anwachsen des Polynomgrads kombiniert, aber nie wird auf feinere Gitter ganz verzichtet.

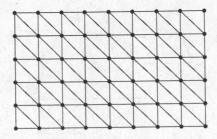

Abb. 9. Regelmäßige Triangulierung eines Rechtecks

Modellproblem

4.3. Beispiel. (Courant [1943]) Zu lösen sei die Poisson-Gleichung im Einheitsquadrat (oder allgemeiner in einem Gebiet, das mit kongruenten Dreiecken trianguliert werden kann)

$$-\Delta u = f \quad \text{in } \Omega = (0, 1)^2,$$
$$u = 0 \quad \text{auf } \partial\Omega.$$

Es werde $\bar{\Omega}$ mit einem gleichmäßigen Dreiecknetz der Maschenweite h, wie in Abb. 9 gezeigt, überzogen. Wir wählen

$$S_h := \{v \in C(\bar{\Omega}); \, v \text{ ist in jedem Dreieck linear und } v = 0 \text{ auf } \partial\Omega\}. \qquad (4.8)$$

In jedem Dreieck hat $v \in S_h$ die Form $v(x, y) = a + bx + cy$ und ist durch die Werte an den 3 Gitterpunkten des Dreiecks eindeutig bestimmt. Deshalb ist dim $S_h = N = $ Anzahl der inneren Gitterpunkte. Ferner ist v global durch die Werte an den N-Gitterpunkten (x_j, y_j) gegeben. Wir wählen eine Basis $\{\psi_i\}_{i=1}^{N}$ gemäß Abb. 11 mit

$$\psi_i(x_j, y_j) = \delta_{ij}.$$

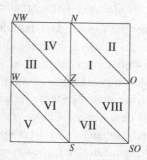

Abb. 10. Nummerierung der Elemente in der Umgebung des Zentrums Z und der Nachbarpunkte in den Himmelsrichtungen: O, S, W, N, NW und SO

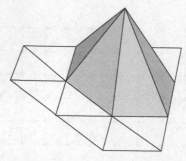

Abb. 11. Basisfunktion für Courants Dreieck

Tabelle 1. Ableitungen der Basisfunktion ψ_Z in den Dreiecken gemäß Abb. 10. (ψ_Z hat bei Z den Wert 1 und ist 0 an den anderen Knoten.)

	I	II	III	IV	V	VI	VII	VIII
$\partial_1 \psi_Z$	$-h^{-1}$	0	h^{-1}	0	0	h^{-1}	0	$-h^{-1}$
$\partial_2 \psi_Z$	$-h^{-1}$	0	0	$-h^{-1}$	0	h^{-1}	h^{-1}	0

Wir berechnen die Matrixelemente A_{ij}, wobei wir wieder lokale Indizes wählen und Symmetrien ausnutzen

$$
a(\psi_Z, \psi_Z) = \int_{I-VIII} (\nabla \psi_Z)^2 dxdy
$$

$$
= 2 \int_{I+III+IV} [(\partial_1 \psi_Z)^2 + (\partial_2 \psi_Z)^2] dxdy
$$

$$
= 2 \int_{I+III} (\partial_1 \psi_Z)^2 dxdy + 2 \int_{I+IV} (\partial_2 \psi_Z)^2 dxdy
$$

$$
= 2h^{-2} \int_{I+III} dxdy + 2h^{-2} \int_{I+IV} dxdy
$$

$$
= 4,
$$

$$
a(\psi_Z, \psi_N) = \int_{I+IV} \nabla \psi_Z \cdot \nabla \psi_N dxdy
$$

$$
= \int_{I+IV} \partial_2 \psi_Z \cdot \partial_2 \psi_N dxdy = \int_{I+IV} (-h^{-1}) \cdot h^{-1} dxdy
$$

$$
= -1.
$$

Aus Symmetriegründen folgt $a(\psi_Z, \psi_O) = a(\psi_Z, \psi_S) = a(\psi_Z, \psi_W) = a(\psi_Z, \psi_N) = -1$. Schließlich berechnen wir

$$
a(\psi_Z, \psi_{NW}) = \int_{III+IV} [\partial_1 \psi_Z \partial_1 \psi_{NW} + \partial_2 \psi_Z \partial_2 \psi_{NW}] dxdy = 0.
$$

Bei der Auswertung von $a(\psi_Z, \psi_{SO})$ verschwinden ebenso alle Produkte in den Integralen. Es entsteht also ein Gleichungssystem mit genau derselben Matrix wie beim Differenzenverfahren mit dem Standard-5-Punkte-Stern:

$$
\begin{bmatrix} & -1 & \\ -1 & 4 & -1 \\ & -1 & \end{bmatrix}_* \tag{4.9}
$$

Es sei betont, dass sich diese Aussage nicht verallgemeinern lässt. Die Methode der Finiten Elemente gibt dem Anwender sehr viel Freiheit. So gibt es zu den meisten anderen Finite-Element-Ansätzen und anderen Gleichungen keinen äquivalenten Differenzenstern. In der Regel erfüllt die Finite-Element-Approximation auch nicht das diskrete

Maximumprinzip. — Dasselbe gilt übrigens für die Methode der Finiten Volumen. Auch hier erhält man nur in diesem einfachen Fall dieselbe Matrix [Hackbusch, 1989].

In der Praxis werden die Matrixelemente in anderer Reihenfolge ausgerechnet. Die Integrale für die Bilinearform a werden zunächst für jedes Dreieck ausgerechnet und erst anschließend aufsummiert.

Aufgaben

4.4 Wie üblich seien u und u_h die Funktionen, die J in V bzw. in S_h minimieren. Man zeige, dass u_h auch Lösung der Minimumaufgabe

$$a(u - v, u - v) \longrightarrow \min_{v \in S_h} !$$

ist. Deshalb wird die Abbildung

$$R_h : V \longrightarrow S_h$$
$$u \longmapsto u_h$$

auch *Ritz-Projektor* genannt.

4.5 Für die Potentialgleichung mit inhomogenen Randbedingungen

$$-\Delta u = 0 \quad \text{in } \Omega = [0, 1]^2,$$
$$u = u_0 \quad \text{auf } \partial \Omega$$

sei dieselbe regelmäßige Triangulierung wie im Beispiel 4.3 gewählt. Außerdem sei u_0 auf dem Rande stückweise linear. Dann lässt sich u_0 so stetig auf Ω fortsetzen, dass u_0 in jedem Dreieck linear ist und an den inneren Knoten verschwindet. Man zeige, dass sich auch hier, d.h. bei inhomogenen Randbedingungen mit S_h wie in (4.8) das aus Kapitel I bekannte lineare Gleichungssystem ergibt.

4.6 Im Beispiel 4.3 seien auf der unten liegenden Seite des Quadrats die Dirichlet-Randbedingungen durch die natürlichen Randbedingungen $\partial u / \partial v = 0$ ersetzt. Man verifiziere, dass sich an diesen Randpunkten der Differenzenstern

$$\begin{bmatrix} & -1 & \\ -1/2 & 2 & -1/2 \end{bmatrix}_*$$

einstellt.

4.7 Liefert im Beispiel 4.3 der Anteil $-u_{xx}$ aus dem Laplace-Operator $-\Delta$ einen rein horizontalen Anteil im Differenzenstern, wie es bei den Differenzenverfahren der Fall ist?

4.8 Zu der Variationsaufgabe

$$\int_\Omega [a_1(\partial_1 v)^2 + a_2(\partial_2 v)^2 + a_3(\partial_1 v - \partial_2 v)^2 - 2fv] \, dx \longrightarrow \min!$$

mit $a_1, a_2, a_3 > 0$ stelle man die Eulersche Differentialgleichung und den Differenzenstern mit den Ansatzfunktionen wie im Beispiel 4.3 auf.

§ 5. Einige gebräuchliche Finite Elemente

In der Praxis löst man die Variationsprobleme in Räumen, für die sich die Bezeichnung *Finite-Element-Räume* eingebürgert hat. Als Titel findet man den Begriff wohl zuerst bei Clough [1960]. Man zerlegt das gegebene Gebiet Ω in (endlich viele) Teilgebiete und betrachtet Funktionen, die auf jedem Teilgebiet Polynome sind. Die Teilgebiete werden als *Elemente* bezeichnet. Sie können bei ebenen Problemen Dreiecke oder Vierecke sein, bei dreidimensionalen Problemen kommen Tetraeder, Würfel, Quader u.a. in Frage. Aus Gründen der Anschaulichkeit werden wir uns im wesentlichen auf den zweidimensionalen Fall beschränken.

Die wichtigsten Merkmale der Finite-Element-Räume sind die folgenden Spezifikationen:

1. Art der Zerlegung des Gebiets in Dreieck- bzw. Viereckelemente. Wenn alle Elemente kongruent sind, spricht man von einer regelmäßigen Zerlegung.
2. Bei Funktionen von zwei Variablen bezeichnet man die Polynome in der Menge

$$\mathcal{P}_t := \{u(x, y) = \sum_{\substack{i + k \le t \\ i, k \ge 0}} c_{ik} x^i y^k\} \tag{5.1}$$

als *Polynome vom Grad* $\le t$. Wenn in den Elementen alle Polynome vom Grad $\le t$ beim Aufbau der Finiten Elemente vorkommen, spricht man von Finiten Elementen mit vollständigen Polynomen. —
Die Restriktionen der Polynome auf die Kanten der Dreiecke bzw. Vierecke sind Polynome in einer Veränderlichen. Manchmal wird verlangt, dass deren Grad kleiner als t (z.B. höchstens $t-1$) ist. Eine solche Angabe gehört dann auch zu den Spezifikationen.
Der zulässige Polynomgrad in den Elementen bzw. auf ihren Kanten ist eine lokale Eigenschaft.
3. Stetigkeits- und Differenzierbarkeitseigenschaften: Finite Elemente bezeichnet man als C^k-Elemente, wenn sie in $C^k(\Omega)$ enthalten sind. [5] Diese Eigenschaft hat globalen Charakter.

Wir bemerken, dass sich die Courant-Elemente im Beispiel 4.3 als lineare Dreieckelemente aus $C^0(\Omega)$ in diesen Rahmen einordnen.

Außerdem spricht man von *konformen Finiten Elementen*, wenn die Funktionen in dem Sobolev-Raum enthalten sind, in dem das Variationsproblem gestellt ist.

---

[5] Der Gebrauch des Begriffs *Element* mag z. T. irreführend erscheinen. Im Prinzip zerlegt man das Gebiet in *Elemente*, die also geometrische Objekte sind, während mit *Finiten Elementen* jedoch Funktionen gemeint sind. Dieses Prinzip wird aber durchbrochen, wenn z. B. von C^k-Elementen oder linearen Elementen gesprochen wird und der Sinn bereits durch den Zusatz klar ist.

Die formale Definition von Finiten Elementen erfolgt am Ende dieses §, nachdem die einzelnen Bauteile vorgestellt wurden.

Forderungen an die Triangulierung

Der Einfachheit halber sei Ω im folgenden ein polygonales Gebiet, so dass es in Dreiecke oder Vierecke zerlegt werden kann. Die Zerlegung braucht keineswegs so regelmäßig zu sein wie im Modellbeispiel in §4.

5.1 Definition. (1) Eine Zerlegung $\mathcal{T} = \{T_1, T_2, \ldots, T_M\}$ von Ω in Dreieck- bzw. Viereckelemente heißt *zulässig*, wenn folgende Eigenschaften erfüllt sind.

   i. $\bar{\Omega} = \bigcup_{i=1}^{M} T_i$.

   ii. Besteht $T_i \cap T_j$ aus genau einem Punkt, so ist dieser ein Eckpunkt sowohl von T_i als auch von T_j.

   iii. Besteht $T_i \cap T_j$ für $i \neq j$ aus mehr als einem Punkt, so ist $T_i \cap T_j$ eine Kante sowohl von T_i als auch von T_j.

(2) Es kann $\mathcal{T}_h$ anstatt $\mathcal{T}$ geschrieben werden, wenn jedes Element einen Durchmesser von höchstens $2h$ besitzt.

(3) Eine Familie von Zerlegungen $\{\mathcal{T}_h\}$ heißt *quasiuniform*, wenn es eine Zahl $\kappa > 0$ gibt, so dass jedes T von $\mathcal{T}_h$ einen Kreis vom Radius ρ_T mit

$$\rho_T \geq h_T/\kappa$$

enthält, wobei h_T der halbe Durchmesser von T ist.

(4) Eine Familie von Zerlegungen $\{\mathcal{T}_h\}$ heißt *uniform*, wenn es eine Zahl $\kappa > 0$ gibt, so dass jedes Element T von $\mathcal{T}_h$ einen Kreis mit Radius $\rho_T \geq h/\kappa$ enthält.

Im angelsächsischen Sprachraum wird in letzter Zeit die Bezeichnung *shape regular* gegenüber dem Begriff *quasiuniform* bevorzugt und κ als *shape parameter* bezeichnet. Anstatt des Begriffes uniform wird manchmal auch die Bezeichnung κ-*regulär* benutzt.

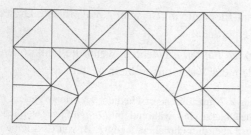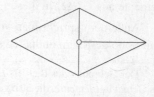

Abb. 12. Erlaubte Triangulierung und unzulässige Triangulierung mit hängendem Knoten

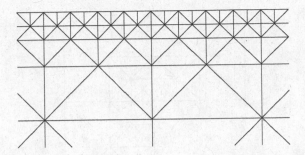

Abb. 13. Quasiuniforme, nicht uniforme Triangulierung

Wegen $h = \max_{T \in \mathcal{T}} h_T$ ist Uniformität eine stärkere Forderung als Quasiuniformität. Die in Abbildungen 12 und 13 gezeigten Triangulierungen sind offenkundig quasiuniform, unabhängig davon, wie viele Stufen der Verfeinerung in der Nähe des Randes bzw. der einspringenden Ecke gewählt werden. Wenn diese Zahl jedoch von h abhängt, sind die Zerlegungen nicht mehr uniform.

In der Praxis werden durchweg quasiuniforme Gitter herangezogen, die meistens sogar uniform sind.

Bedeutung der Differenzierbarkeitseigenschaften

Für die Lösung von elliptischen Problemen 2. Ordnung wählt man (bei konformer Behandlung) Finite Elemente in H^1. Es wird sich zeigen, dass man dazu Funktionen heranziehen kann. die nur stetig und nicht notwendig stetig differenzierbar sind. Die Funktionen sind also weit weniger glatt als man es von klassischen Lösungen der Randwertaufgabe fordert.

Im folgenden wird — wenn nichts anderes gesagt wird — stets angenommen, dass Zerlegungen den Anforderungen aus 5.1 genügen. Eine Funktion u auf Ω hat bei vorgegebener Zerlegung eine Eigenschaft *stückweise*, wenn die Restriktion auf jedes Element die Eigenschaft hat.

5.2 Satz. *Sei $k \geq 1$ und Ω beschränkt. Eine stückweise beliebig oft differenzierbare Funktion $v : \bar{\Omega} \to \mathbb{R}$ gehört genau dann zu $H^k(\Omega)$, wenn $v \in C^{k-1}(\bar{\Omega})$ gilt.*

Beweis. Es genügt, den Beweis für $k = 1$ zu führen. Für $k > 1$ folgt die Aussage dann sofort aus einer Betrachtung der Ableitungen der Ordnung $k - 1$. Außerdem beschränken wir uns der Einfachheit halber auf Gebiete im $\mathbb{R}^2$.

(1) Sei $v \in C(\bar{\Omega})$ und $\mathcal{T} = \{T_j\}_{j=1}^M$ eine Zerlegung von Ω. Für $i = 1, 2$ definieren wir $w_i : \Omega \to \mathbb{R}$ stückweise gemäß $w_i(x) := \partial_i v(x)$ für $x \in \Omega$, wobei auf den Kanten einer der beiden Grenzwerte gewählt werden kann. Sei $\phi \in C_0^\infty(\Omega)$. In jedem Dreieck bzw. Viereck kann die Greensche Formel angewandt werden

$$\int_\Omega \phi w_i \, dx dy = \sum_j \int_{T_j} \phi \partial_i v \, dx dy$$

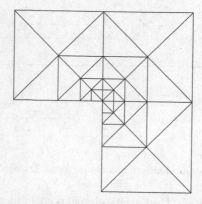

Abb. 14. Nicht uniforme Triangulierung bei einer einspringenden Ecke

$$= \sum_j \left\{ -\int_{T_j} \partial_i \phi v \, dx dy + \int_{\partial T_j} \phi v \, v_i \, ds \right\}. \qquad (5.2)$$

Da v als stetig vorausgesetzt wurde, heben sich die Integrale über die inneren Kanten gegenseitig auf. Außerdem verschwindet ϕ auf $\partial \Omega$. Es bleibt nur das Gebietsintegral

$$- \int_\Omega \partial_i \phi v \, dx dy$$

übrig. Nach Definition 1.1 ist w_i die schwache Ableitung von v.

(2) Sei $v \in H^1(\Omega)$. Die Stetigkeit von v zeigen wir (obwohl dies möglich ist) nicht durch die Umkehrung des Schlusses in (1), sondern durch ein Approximationsargument. Wir betrachten v in der Umgebung einer Kante und drehen die Kante so, dass sie auf der y-Achse liegt. Sie umfasse speziell das Intervall $[y_1 - \delta, y_2 + \delta]$ mit $y_1 < y_2$ und $\delta > 0$. Wir untersuchen die Hilfsfunktion

$$\psi(x) := \int_{y_1}^{y_2} v(x, y) dy.$$

Zunächst sei $v \in C^\infty(\Omega)$ angenommen. Es folgt mit der Cauchy–Schwarzschen Ungleichung

$$|\psi(x_1) - \psi(x_2)|^2 = \left| \int_{x_1}^{x_2} \int_{y_1}^{y_2} \partial_1 v \, dx dy \right|^2$$

$$\leq \left| \int_{x_1}^{x_2} \int_{y_1}^{y_2} 1 \, dx dy \right| \cdot |v|_{1,\Omega}^2$$

$$\leq |x_1 - x_2| \cdot |y_1 - y_2| \cdot |v|_{1,\Omega}^2.$$

Wegen der Dichtheit von $C^\infty(\Omega)$ in $H^1(\Omega)$ gilt die Aussage auch für $v \in H^1(\Omega)$. Also ist die Funktion $x \mapsto \psi(x)$ stetig, und zwar insbesondere bei $x = 0$. Da y_1 und y_2 abgesehen von $y_1 < y_2$ beliebig waren, ist das nur möglich, wenn die stückweise stetige Funktion v auf der Kante stetig ist. $\qquad \square$

Stetige Finite Elemente lassen sich, wenn nicht andere Nebenbedingungen vorliegen, vergleichsweise einfach konstruieren. Das ist im Hinblick auf Satz 5.2 von Vorteil bei der Lösung von Randwertaufgaben 2. Ordnung mit konformen Finiten Elementen. Ungleich aufwendiger ist die Konstruktion von C^1-Elementen, die man laut Satz 5.2 für die konforme Behandlung von Problemen 4. Ordnung braucht.

Abb. 15. Stückweise quadratische Polynome, die an den Punkten (•) interpolieren, sind an den Übergängen stetig.

Dreieckelemente mit vollständigen Polynomen

Am einfachsten sind C^0-Dreieckelemente zu konstruieren, die aus sogenannten vollständigen Polynomen zusammengesetzt sind.

5.3 Bemerkung. Sei u ein Polynom vom Grad t. Wendet man eine affin lineare Transformation an und drückt u in den neuen Koordinaten aus, erhält man wieder ein Polynom vom Grad t. Die Menge der Polynome $\mathcal{P}_t$ ist also invariant unter affin linearen Transformationen.

5.4 Bemerkung. Sei $t \geq 0$. In dem Dreieck T seien auf $t+1$ Linien $s = 1+2+\ldots+(t+1)$ Punkte $z_1, z_2, \ldots, z_s$ angeordnet, wie in Abb. 16 gezeigt ist. Dann gibt es zu jedem $f \in C(T)$ genau ein Polynom p vom Grad t, das die Interpolationsaufgabe

$$p(z_i) = f(z_i), \quad i = 1, 2, \ldots, s \tag{5.3}$$

löst.

Beweis. Für $t = 0$ ist nichts zu beweisen, und wir nehmen an, der Beweis sei schon für $t - 1$ erbracht. Wegen der Invarianz unter affinen Transformationen können wir annehmen, dass eine Kante des gegebenen Dreiecks auf der x-Achse liegt. Dies sei diejenige mit den Punkten $z_1, z_2, \ldots, z_{t+1}$. Es gibt ein Polynom $p_0 = p_0(x)$ mit

$$p_0(z_i) = f(z_i), \quad i = 1, 2 \ldots, t + 1.$$

Nach Induktionsvoraussetzung gibt es ferner ein Polynom $q = q(x, y)$ vom Grad $t - 1$ mit

$$q(z_i) = \frac{1}{y_i}[f(z_i) - p_0(z_i)], \quad i = t + 2, \ldots, s.$$

Offensichtlich löst $p(x, y) = p_0(x) + yq(x, y)$ die Aufgabe (5.3). $\square$

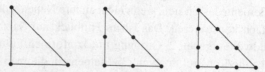

Abb. 16. Knoten der nodalen Basis für lineare, quadratische und kubische Dreieckelemente

5.5 Definition. Zu einem Finite-Element-Raum sei eine Menge von Punkten bekannt, derart, dass die Funktionen durch die Werte an den Punkten bestimmt sind. Die Funktionen, die an genau einem Punkt dieser Menge einen von Null verschiedenen Wert annehmen, bilden eine *nodale Basis*. Außerdem spricht man in diesem Zusammenhang von *Lagrange-Elementen*.

Der Begriff *nodal* leitet sich von dem englischen Wort *node* für Knoten ab.

Die folgende Konstruktion, bei der mit Hilfe genügend vieler Punkte auf den Kanten Stetigkeit garantiert wird, ist typisch für die Konstruktion von C^0-Elementen.

5.6 Eine nodale Basis für C^0-Elemente. Sei $t \geq 1$ und eine Triangulierung von Ω gegeben. In jedem Dreieck platzieren wir $s := (t+1)(t+2)/2$ Punkte entsprechend Abb. 16 so, dass auf jeder Kante $t+1$ davon liegen. Nach Bemerkung 5.4 sind in jedem Dreieck Polynome vom Grad $\leq t$ durch die Vorgabe von Werten an den Punkten bestimmt. Außerdem ist die Restriktion auf jede Kante ein Polynom in einer Variablen, das einen Grad $\leq t$ aufweist. Da die Werte in den Knoten auf der Kante von den Polynomen auf den beiden Seiten interpoliert werden, stimmen die Grenzwerte der betreffenden Polynome von beiden Seiten überein, und die Funktionen sind global stetig.

Wir werden uns bei den Finiten Elementen mit vollständigen Polynomen an folgende Bezeichnung aus der Literatur anlehnen:

$$\mathcal{M}^k := \mathcal{M}_k(\mathcal{T}) := \{v \in L_2(\Omega); \ v_{|T} \in \mathcal{P}_k \text{ für jedes } T \in \mathcal{T}\},$$
$$\mathcal{M}_0^k := \mathcal{M}^k \cap C^0(\Omega) = \mathcal{M}^k \cap H^1(\Omega), \tag{5.4}$$
$$\mathcal{M}_{0,0}^k := \mathcal{M}^k \cap H_0^1(\Omega).$$

Außerdem findet man für M_0^1 auch die Bezeichnung P_1-Element oder Courant-Element.

Bemerkung zu C^1-Elementen

Die Konstruktion von C^1-Elementen ist erheblich aufwendiger. Zwei Konstruktionen von Dreieckelementen gehen von Polynomen 5. Grades aus. Vorgegeben werden an den Ecken der Dreiecke die Werte bis zu den 2. Ableitungen. Dadurch werden schon $3 \times 6 = 18$ Freiheitsgrade erfasst.

Bei den *Argyris-Elementen* werden die restlichen 3 Freiheitsgrade durch die Werte der Normalableitung an den Seitenmitten festgelegt. Dass man so globale C^1-Funktionen erzeugt, ergibt sich aus folgender Überlegung.

Tabelle 2. Interpolation bei gebräuchlichen Finiten Elementen

- • Vorgabe des Funktionswertes
- ⊙ Vorgabe von Funktionswert und den 1. Ableitungen
- ⊚ Vorgabe von Funktionswert, 1. und 2. Ableitungen
- ⊥ Vorgabe der Normalableitung

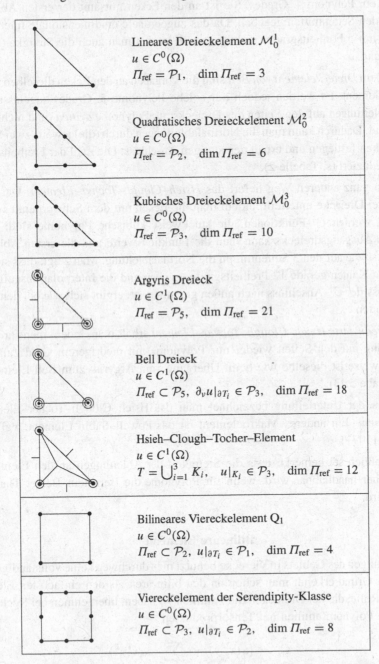

Lineares Dreieckelement $\mathcal{M}_0^1$

$u \in C^0(\Omega)$

$\Pi_{\text{ref}} = \mathcal{P}_1, \quad \dim \Pi_{\text{ref}} = 3$

Quadratisches Dreieckelement $\mathcal{M}_0^2$

$u \in C^0(\Omega)$

$\Pi_{\text{ref}} = \mathcal{P}_2, \quad \dim \Pi_{\text{ref}} = 6$

Kubisches Dreieckelement $\mathcal{M}_0^3$

$u \in C^0(\Omega)$

$\Pi_{\text{ref}} = \mathcal{P}_3, \quad \dim \Pi_{\text{ref}} = 10$

Argyris Dreieck

$u \in C^1(\Omega)$

$\Pi_{\text{ref}} = \mathcal{P}_5, \quad \dim \Pi_{\text{ref}} = 21$

Bell Dreieck

$u \in C^1(\Omega)$

$\Pi_{\text{ref}} \subset \mathcal{P}_5, \ \partial_\nu u|_{\partial T_i} \in \mathcal{P}_3, \quad \dim \Pi_{\text{ref}} = 18$

Hsieh–Clough–Tocher–Element

$u \in C^1(\Omega)$

$T = \bigcup_{i=1}^3 K_i, \quad u|_{K_i} \in \mathcal{P}_3, \quad \dim \Pi_{\text{ref}} = 12$

Bilineares Viereckelement Q_1

$u \in C^0(\Omega)$

$\Pi_{\text{ref}} \subset \mathcal{P}_2, \ u|_{\partial T_i} \in \mathcal{P}_1, \quad \dim \Pi_{\text{ref}} = 4$

Viereckelement der Serendipity-Klasse

$u \in C^0(\Omega)$

$\Pi_{\text{ref}} \subset \mathcal{P}_3, \ u|_{\partial T_i} \in \mathcal{P}_2, \quad \dim \Pi_{\text{ref}} = 8$

Betrachtet man die Restriktion auf eine Kante des Dreiecks, so sind an den beiden Ecken die Werte bis zu den zweiten Ableitungen gegeben. Wegen der Lösbarkeit der Hermiteschen Interpolationsaufgabe ist die Funktion dadurch eindeutig bestimmt. Also hat man die Stetigkeit der Funktion und der tangentiellen Ableitung. Ferner ist die Normalableitung ein Polynom 4. Grades. Sie ist an den Ecken mitsamt der ersten Ableitungen sowie an den Seitenmitten gegeben. Da das zugeordnete eindimensionale Interpolationsproblem mit 5 Freiheitsgraden richtig gestellt ist, hat man auch die Stetigkeit der Normalableitung.

Bei dem *Dreieckelement von Bell* sind die Vorgaben an den Ecken dieselben wie beim Argyris-Element. Es werden jedoch nur solche Polynome 5. Grades zugelassen, deren Normalableitungen auf den Seiten des Dreiecks nur Polynome *dritten* (und nicht vierten) Grades sind. Dadurch kann man die Normalableitungen durch (die) jeweils zwei Vorgaben an den Ecken festlegen und erhält den stetigen Anschluss. Die Zahl der Freiheitsgrade ist um drei reduziert (s. Tabelle 2).

Einen ganz anderen Weg liefert das *Hsieh–Clough–Tocher–Element*. Das Dreieck wird in drei Dreiecke unterteilt, indem man die Ecken mit dem Schwerpunkt verbindet. Betrachtet werden C^1-Funktionen, die stückweise kubische Polynome sind. Auf den Ecken des Ausgangsdreiecks kann man die Funktionswerte und die ersten Ableitungen vorgeben, sowie auf den 3 Seitenmitten die Normalableitung. Man zeigt, dass sich durch die inneren Kanten gerade 12 Freiheitsgrade ergeben und die Interpolationsaufgabe lösbar ist. Dass der C^1-Anschluss nach außen garantiert ist, ergibt sich wie bei den anderen C^1-Elementen.

Das *reduzierte Hsieh–Clough–Tocher–Element* erhält man, indem man für die Normalableitung auf den Seiten wieder nur Polynome mit niedrigerem Grad zulässt. Die Vorgehensweise ist dieselbe wie beim Übergang vom Argyris- zum Bell-Element (vgl. auch Aufgabe 5.13).

Wegen der Unterteilung bezeichnet man das Hsieh–Clough–Tocher–Element als *Makroelement*. Ein anderes Makroelement ist das Powell–Sabin Element; vgl. Powell und Sabin [1977].

Schließlich sei bemerkt, dass die Stetigkeit der Ableitungen an den Elementgrenzen einfacher handhabbar wird, wenn für Polynome die Bernstein–Bézier–Darstellung gewählt wird.

Bilineare Elemente

Bei Zerlegungen des Gebiets in Vierecke benutzt man durchweg keine vollständigen Polynome. Den Grund erkennt man schon an den bilinearen als den einfachsten Elementen (s.u.). Die Rolle, die bei Dreiecken die Familien $\mathcal{P}_t$ haben, übernehmen bei Rechteckelementen die Polynomfamilien mit Tensorprodukten

$$\mathcal{Q}_t := \{u(x, y) = \sum_{0 \le i, k \le t} c_{ik} x^i y^k\}. \tag{5.5}$$

Wenn man nicht nur Rechtecke, sondern allgemeinere Vierecke zulässt, betrachtet man die zugehörigen transformierten Familien.

Betrachten wir zunächst ein Rechteckgitter, dessen Linien gerade parallel zu den Koordinatenachsen laufen. Der Ansatz

$$u(x, y) = a + bx + cy + dxy \tag{5.6}$$

liefert stückweise Polynome, wobei die 4 Parameter jeweils durch die Werte an den 4 Ecken des Rechteckes eindeutig bestimmt sind. Zwar ist u dann ein Polynom 2. Grades, jedoch ist die Restriktion auf jede Kante eine lineare Funktion. Wegen dieser Reduktion des Grades ist der stetige Anschluss durch die Vorgabe der Knotenwerte gewährleistet.

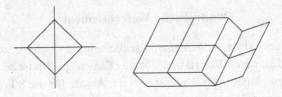

Abb. 17. Um 45° gedrehtes Rechteck und Parallelogrammelemente

Der Ansatz (5.6) ist dagegen untauglich bei einem Gitter, das um 45° gedreht ist (s. Abb. 17). Der Term dxy in (5.6) verschwindet nämlich an allen Ecken des gedrehten Quadrats.

Den richtigen Ansatz erhält man mittels linearer Transformationen. Damit erfasst man zugleich die in Abb. 17 gezeigten Elemente mit Parallelogrammen. Um allgemeine Vierecke zu erzeugen, benötigt man die allgemeinere Klasse der sogenannten *isoparametrischen* Abbildungen, die in Kap. III §2 behandelt werden. — Außerdem kann man Parallelogramme mit Dreiecken kombinieren, um bei der Zerlegung von Ω flexibler zu sein.

Die Ränder eines Parallelogramm-Elements mögen auf Linien der Gestalt

$$
\begin{aligned}
\alpha_1 x + \beta_1 y &= const, \\
\alpha_2 x + \beta_2 y &= const
\end{aligned}
\tag{5.7}
$$

liegen (wobei die Koeffizienten von Element zu Element variieren mögen). Durch die Transformation

$$
\begin{aligned}
\xi &= \alpha_1 x + \beta_1 y \\
\eta &= \alpha_2 x + \beta_2 y
\end{aligned}
$$

und den *bilinearen* Ansatz

$$u(x, y) = a + b\xi + c\eta + d\xi\eta \tag{5.8}$$

erzeugt man Funktionen, die auf den Kanten des Parallelogramms linear sind.

5.7 Bemerkung. (1) Den Finite-Element-Raum, der mit der obigen Konstruktion erzeugt wird, kann man auch koordinatenfrei charakterisieren:

$$S = \{v \in C^0(\bar{\Omega}); \text{ für jedes Element } T \text{ ist } v_{|T} \in \mathcal{P}_2,$$
$$\text{und die Restriktion auf jede Kante gehört zu } \mathcal{P}_1\}.$$

(2) Wenn auf jeder Kante eines Elements $t_k + 1$ Knoten einer nodalen Basis liegen und die Restriktionen auf die Kanten jeweils Polynome höchstens vom Grade t_k sind, ist die Stetigkeit der Funktionen garantiert. — Auch bleibt eine Schranke für den Polynomgrad auf den Kanten von linearen Transformationen unberührt.

Quadratische Viereckelemente

Beliebt sind Rechteck- (bzw. allgemeiner Parallelogramm-) Elemente aus stückweisen Polynomen 3. Grades, deren Restriktion auf die Kanten quadratische Polynome bilden. Mit den Koordinaten gemäß Abb. 18 lässt sich der Ansatz für die 8 Freiheitsgrade leicht angeben (vgl. Aufgabe 5.16)

$$u(x, y) = a + bx + cy + dxy$$
$$+ e(x^2 - 1)(y - 1) + f(x^2 - 1)(y + 1)$$
$$+ g(x - 1)(y^2 - 1) + h(x + 1)(y^2 - 1).$$

Die ersten 4 Terme werden durch die Werte an den Ecken bestimmt. Nachdem diese Parameter festliegen, ergeben sich e, f, g und h direkt aus den Werten an den Seitenmitten. Diese Elemente werden als 8-Knoten-Elemente der *Serendipity Klasse* bezeichnet. Durch den zusätzlichen Term

$$k(x^2 - 1)(y^2 - 1)$$

erhält man einen weiteren Freiheitsgrad und kann auch den Wert am Mittelpunkt interpolieren. Wenn eine Koordinate ausgezeichnet ist, können auch die 6-Knoten-Elemente (mit $e = f = 0$ bzw. mit $g = h = 0$), die in Abb. 18 veranschaulicht sind, von Bedeutung sein.

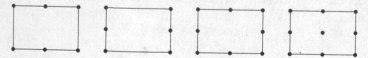

Abb. 18. Viereckelemente mit 6, 8 bzw. 9 Knoten bei Rechteck mit Kanten auf den Linien $|x| = 1$, $|y| = 1$

Affine Familien

Bei der Diskussion von speziellen Finite-Element-Räumen haben wir implizit von einer Konstruktion Gebrauch gemacht, die rein formal festgehalten werden soll, vgl. Ciarlet [1978].

5.8 Definition. Ein Finites Element ist ein Tripel (T, Π, Σ) mit folgenden Eigenschaften:

1^0. T ist ein Polyeder im $\mathbb{R}^d$. (Die Teile der Oberfläche ∂T_{ref}, die auf einer Hyperebene liegen, werden als Seiten bezeichnet.)

2^0. Π ist ein Unterraum von $C(T)$ mit endlicher Dimension s. Die Funktionen in Π heißen *Formfunktionen* (engl. *shape functions*).

3^0. Σ ist eine Menge von s linear unabhängigen Funktionalen über Π. Jedes $p \in \Pi$ ist durch die Werte der s Funktionale aus Σ eindeutig bestimmt. — Da sich die Funktionale in der Regel auf Funktionswerte und Ableitungen an Punkten in T beziehen, spricht man von (verallgemeinerten) Interpolationsbedingungen.

Obwohl Π in der Regel aus Polynomen besteht, kann man sich nicht auf Polynomräume beschränken. Man würde sonst zusammengesetzte Polynome wie beim Hsieh–Clough–Tocher–Element ausschließen. Der Kuriosität halber sei gesagt, dass es sogar Finite Elemente mit stückweise rationalen Funktionen gibt, s. Wachspress [1971].

Die Übergangsbedingungen zwischen den Elementen und die Differenzierbarkeit sind implizit durch die Interpolationsbedingungen gegeben: Die Restriktion von p auf jede Seite von T und bei C^k-Elementen die Ableitungen bis zur Ordnung k sind durch solche Interpolationsbedingungen aus Σ eindeutig bestimmt, die sich nur auf Größen an Punkten auf dieser Seite beziehen. So ist z. B. beim Argyris-Dreieck laut Tabelle 2

$$\Pi := \mathcal{P}_5,$$
$$\Sigma := \{p(a_i), \nabla p(a_i), \partial_{xx} p(a_i), \partial_{xy} p(a_i), \partial_{yy} p(a_i), \ i = 1, 2, 3,$$
$$\partial_n p(a_{12}), \partial_n p(a_{13}), \partial_n p(a_{23})\},$$

wenn a_1, a_2, a_3 die Eckpunkte und $a_{ij} = \frac{1}{2}(a_i + a_j)$ die Seitenmitten betrifft.

Um die Rolle der Interpolationsbedingungen weiter zu verdeutlichen, zeigt Abb. 19 drei verschiedene P_1-Elemente, von denen nur das erste C_0-Elemente hervorbringt. Das Element $\mathcal{M}^1_*$ wird als nichtkonformes Element in Kap. III §1 untersucht. Bei den P_3-Elementen sind das Lagrange-Element $\mathcal{M}^3_0$ und das Hermite-Dreieck durch verschiedene Funktionale Σ charakterisiert.

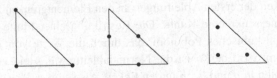

Abb. 19. Die P_1-Elemente $\mathcal{M}^1_0$, $\mathcal{M}^1_*$ und $\mathcal{M}^1$

5.9 Das kubische Hermite-Dreieck. Für kubische Polynome auf Dreiecken kann man die 10 Freiheitsgrade anders als in Abb. 16 auch dadurch festlegen, dass man an den Ecken $a_i, i = 1, 2, 3$ die Funktionswerte samt der ersten Ableitungen und außerdem den Funktionswert am Schwerpunkt $a_{123} = \frac{1}{3}(a_1 + a_2 + a_3)$ gemäß Abb. 20 vorgibt. Dann entsteht das kubische Hermite-Dreieck $(T, \mathcal{P}_3, \Sigma_{HT})$ mit

$$\Sigma_{HT} := \left\{ p(a_i), \frac{\partial}{\partial x} p(a_i), \frac{\partial}{\partial y} p(a_i), \; i = 1, 2, 3, \; \text{und} \; p(a_{123}) \right\}. \tag{5.9}$$

Dass Funktionale aus Σ_{HT} linear unabhängig sind, erkennt man wie folgt: Wir betrachten eine Seite des Dreiecks mit Ecken a_i und $a_j (i \neq j)$ und auf dieser das kubische Polynom q dritten Grades einer Variablen, das sich als Restriktion von $p \in \mathcal{P}_3$ auf die Seite ergibt. In a_i und a_j sind für q die Funktionswerte sowie die Ableitungen als Richtungsableitungen von p gegeben. Da die eindimensionale Hermitesche Interpolationsaufgabe mit 2 Punkten und kubischen Polynomen wohldefiniert ist, ist q berechenbar. Insbesondere sind die Werte an den Knoten der Lagrange-Elemente auf den Dreieckseiten gemäß Abb. 16 eindeutig fixiert. Damit ist die Interpolation mit den Funktionalen in (5.9) auf die für Lagrange Daten zurückgeführt. Die Interpolationsaufgabe ist lösbar.

Man beachte, dass die Ableitungen beim Übergang von einem Dreieck zum Nachbarn nur an den Ecken stetig sind. Das Hermite-Dreieck liefert *keine* C^1-*Elemente*, aber — wie wir in Kapitel VI sehen werden — trotzdem geeignete nichtkonforme H^2-Elemente, die sich hinter dem DKT-Element VI.7.1 verbergen.

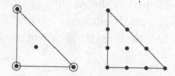

Abb. 20. Interpolationspunkte zu Elementen mit kubischen Polynomen

5.10 Das Bogner–Fox–Schmit–Element. Andererseits gibt es ein C^1-Element mit kubischen Polynomen auf Rechtecken. Das sogenannte Bogner–Fox–Schmit–Element ist in Abb. 21 dargestellt.

$$\begin{aligned} \Pi_{\text{ref}} &:= \mathcal{Q}_3, \quad \dim \Pi_{\text{ref}} = 16, \\ \Sigma &:= \left\{ p(a_i), \partial_x p(a_i), \partial_y p(a_i), \partial_{xy} p(a_i), \; i = 1, 2, 3, 4. \right\} \end{aligned} \tag{5.10}$$

Die Daten in (5.10) beziehen sich auf Tensorprodukte der Hermite-Interpolation, und so sind die 16 genannten Funktionale auf $\mathcal{Q}_3$ linear unabhängig.

Um die Stetigkeit der ersten Ableitungen an den Elementgrenzen zu zeigen, betrachten wir o.E.d.A. eine senkrechte Kante. Die Restriktion einer Finite-Element-Funktion auf die Kante ist ein kubisches Polynom, das durch die Werte von p und $\partial_y p$ an den Eckpunkten bestimmt ist. Ebenso ist die Normalableitung $\partial_x p$ ein kubisches Polynom mit den Hermite Daten $\partial_x p$ und $\partial_{xy} p$ in den Ecken. Also sind $p, \partial_x p$ und $\partial_y p$ stetig, und wir haben global eine C^1-Funktion. $\qquad\qquad \square$

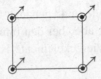

Abb. 21. Das C^1-Element von Bogner–Fox–Schmit. Der Pfeil $\nearrow$ steht als Symbol für die gemischte zweite Ableitung $\partial_{xy} p$.

5.11 Standard-Elemente Streng genommen zeigen die Diagramme nur die Größen T und Σ aus dem Tripel (T, Π, Σ). In der Regel ist aber trotzdem der zugehörige Polynomraum klar. So gehört $\Pi = \mathcal{M}_0^k$ zu den finiten Elementen in Abb. 16. Wenn der Wert im Schwerpunkt eines Dreiecks zu $\mathcal{M}_0^1$ oder $\mathcal{M}_0^2$ aufgeführt ist, dann werden die genannten Polynome durch eine sogenannte Blasenfunktion (engl. bubble function) ergänzt wie z.B. beim MINI-Element in Kap. III §7 oder bei den Plattenelementen in Kap. VI §6. Die Abbildungen 17 und 18 zeigen weitere Standard-Elemente mit Polynomen ersten Grades.

Bei skalaren Funktionen findet man die Funktionale gemäß Tabelle 2 und Abb. 21. Vektorwertige Funktionen sind oft auch durch Komponenten in Richtung der Tangente oder der Normale auf Kanten spezifiziert. Den Grund zeigt Aufgabe 5.14. Auf Anwendungen mit solchen Elementen stoßen wir in den Kapiteln III und VI.

Definition 5.8 bezieht sich auf ein einzelnes Element. Wenn alle Elemente aus einem einzigen, dem sogenannten *Referenzelement*, ableitbar sind, vereinfacht sich die Analyse erheblich.

5.12 Definition. Eine Familie von Finite-Element-Räumen S_h mit Zerlegungen $\mathcal{T}_h$ von $\Omega \subset \mathbb{R}^d$ heißt *affine Familie*, wenn es ein Element $(T_{\text{ref}}, \Pi_{\text{ref}}, \Sigma_{\text{ref}})$ mit folgenden Eigenschaften gibt:

4^0. Zu jedem $T_j \in \mathcal{T}_h$ gibt es eine affine Abbildung $F_j : T_{\text{ref}} \longrightarrow T_j$, so dass für jedes $v \in S_h$ die Restriktion auf T_j die Gestalt

$$v(x) = p(F_j^{-1} x) \quad \text{mit } p \in \Pi_{\text{ref}}$$

hat. Ferner hat jedes Funktional $\ell \in \Sigma$ die Form $\ell(v) = \ell_{\text{ref}}(p)$ mit $p = v \circ F$ und $\ell_{\text{ref}} \in \Sigma_{\text{ref}}$.

Beispiele für affine Familien haben wir mit den verschiedenen C^0- und C^1-Elementen kennen gelernt. Jedes Dreieck einer Triangulierung lässt sich aus dem Einheitsdreieck

$$\hat{T} := \{(\xi, \eta) \in \mathbb{R}^2;\ \xi \geq 0,\ \eta \geq 0,\ 1 - \xi - \eta \geq 0\} \tag{5.11}$$

erzeugen. Es ist $\mathcal{M}_0^k$ z.B. durch

$$T_{\text{ref}} = \hat{T}, \quad \Pi_{\text{ref}} = \mathcal{P}_k \text{ und } \Sigma_{\text{ref}} = \{p(z_i);\ i = 1, 2, \ldots, s := k(k+1)/2\}$$

mit den Punkten z_i der nodalen Basis nach Bemerkung 5.6 spezifiziert.

Dass sich die Polynomräume, wie in 4^0 genannt, transformieren, fiel zwar nicht bei den vollständigen Polynomen, wohl aber bei den bilinearen Viereckelementen in (5.8) und den biquadratischen auf. Für Viereckelemente ist das Einheitsquadrat $[0, 1]^2$ das natürliche Referenzviereck.

Andererseits verhindern Interpolationsbedingungen an *Normalableitungen* wie z. B. beim Argyris-Element die Zugehörigkeit zu affinen Familien. Wie Abb. 22 zeigt, braucht die Normale bei affinen Transformationen nicht in ein Normale überzugehen. Die Behandlung solcher Elemente führte zu der Theorie *fast affiner Familien*, s. Ciarlet [1978].

Abb. 22. Affine Transformation des Referenzdreiecks und einer Normalenrichtung gemäß $x \mapsto x,\ x + y \mapsto y$.

Zur Auswahl von Elementen

Für die Behandlung von elliptischen Systemen und Gleichungen höherer Ordnung gibt es eine große Zahl an speziellen Elementen (s. Kap. III und VI sowie Ciarlet [1978], Bathe [1986]). Aber schon bei skalaren Gleichungen mag ein Wort zur Auswahl an dieser Stelle nützlich sein.

Ob eine Zerlegung in Dreiecke oder Vierecke angebracht ist, hängt in erster Linie von der Gestalt des Gebiets ab. Mit Dreiecken ist man bei der Aufteilung flexibler, aber in der Strukturmechanik werden im allgemeinen Viereckelemente bevorzugt (vgl. Kap. VI §4).

Bei Problemen mit einem glatten Verlauf der Lösung erzielt man mit (bi-) quadratischen Elementen meistens bessere Ergebnisse als mit (bi-) linearen bei gleicher Zahl von Freiheitsgraden. Die Gleichungssysteme haben dann zwar eine größere Bandbreite und die Aufstellung der Steifigkeitsmatrizen ist von der Organisation her aufwendiger. Dieser Nachteil ist unerheblich beim Einsatz fertiger Finite-Element-Programme. Um mit geringerem Programmieraufwand schnell an Ergebnisse heranzukommen, werden trotzdem oft lineare Elemente benutzt.

Aufgaben

5.13 Man betrachte die Teilmenge solcher Polynome p von $\mathcal{P}_k$, für welche
  a) die Restriktion von p auf jede Kante in $\mathcal{P}_{k-1}$ bzw.
  b) die Restriktion der Normalableitung $\partial_\nu p$ auf jede Kante in $\mathcal{P}_{k-2}$
enthalten ist. Welche der beiden Mengen erzeugt eine affine Familie?

5.14 Die Vervollständigung von $C^\infty(\Omega)^n$ bzgl. der Norm

$$\|v\|^2 := \|v\|_{0,\Omega}^2 + \|\operatorname{div} v\|_{0,\Omega}^2 \tag{5.12}$$

wird als $H(\operatorname{div},\Omega)$ bezeichnet und die Norm in (5.12) entsprechend mit $\|\cdot\|_{H(\operatorname{div},\Omega)}$. Offensichtlich ist $H^1(\Omega)^n \subset H(\operatorname{div},\Omega) \subset L_2(\Omega)^n$. Man zeige, dass eine Menge $S_h \subset L_2(\Omega)^n$ von stückweisen Polynomen genau dann in $H(\operatorname{div},\Omega)$ enthalten ist, wenn die Komponente in Richtung der Normalen, also $v \cdot \nu$ für jedes $v \in S_h$ an den Elementgrenzen stetig ist.

Hinweis: Man lehne sich an Satz 5.2 an und greife auf (3.13) zurück.

5.15 Seien $f \in L_2(\Omega)$ und u bzw. u_h die Lösungen der Poisson-Gleichung $-\Delta u = f$ in $H_0^1(\Omega)$ bzw. in einem Finite-Element-Raum $S_h \subset C^0(\Omega)$. Nach Konstruktion sind ∇u und ∇u_h wenigstens L_2-Funktionen. Aus Bemerkung 2.10 wissen wir, dass auch die Divergenz von ∇u eine L_2-Funktion ist. Man zeige mit Hilfe der vorigen Aufgabe, dass dies für die Divergenz von ∇u_h im allgemeinen nicht mehr zutrifft.

5.16 Man zeige, dass die stückweise kubischen, stetigen Viereck-Elemente, deren Einschränkung auf die Kanten quadratische Polynome sind, gerade die serendipity Klasse der 8-Knotenelemente bilden.

Hinweis: Man betrachte zunächst Rechtecke mit achsenparallelen Seiten.

5.17 Man zeige, dass bei einer Triangulierung eines einfach zusammenhängenden Gebietes *die Anzahl der Dreiecke plus Anzahl der Knoten minus Anzahl der Kanten* stets 1 beträgt. Warum gilt das nicht für mehrfach zusammenhängende Gebiete?

5.18 Bei dem kubischen Hermite-Dreieck hat man also drei Freiheitsgrade pro Ecke und zusätzlich eine pro Dreieck. Mit dem Ergebnis der vorigen Aufgabe erkennt man, dass die Dimension kleiner als bei der Standarddarstellung ist. Wo sind die fehlenden Freiheitsgrade geblieben?

5.19 Die Menge der kubischen Polynome, deren Restriktion auf die Kanten eines Dreiecks quadratische Funktionen sind, bilden einen 7-dimensionalen Raum. Man gebe eine Basis in Bezug auf das Einheitsdreieck (5.11) an. — Wenn wir in Kapitel III die Blasenfunktionen kennen gelernt haben, kann das Ergebnis mit $P_2 \oplus B_3$ identifiziert werden.

5.20 Für Dreieckelemente mit quadratischen Polynomen betrachte man den Unterraum der Funktionen, deren Normalableitung auf den drei Rändern jeweils konstant sind. Man bestimme seine Dimension und unterscheide dazu zwischen rechtwinkligen und nichtrechtwinkligen Dreiecken.

5.21 Beim Übergang von P_1- zu P_2-Elementen verdoppelt sich die Zahl der lokalen Freiheitsgrade (von 3 auf 6). Global gesehen hat man aber ebenso viele Freiheitsgrade wie Knoten im $h/2$-Gitter und damit grob eine Vervierfachung. Wie ist die Diskrepanz zu verstehen?

§ 6. Approximationssätze

Für die Abschätzung der Güte einer Finite-Element-Näherung in der Energienorm braucht man nach dem Céa-Lemma nur die Kenntnis, wie gut sich die Lösung in dem betreffenden Finite-Element-Raum $S_h = S_h(\mathcal{T}_h)$ approximieren lässt. Den passenden Rahmen für eine allgemeine Methode liefert die Theorie *affiner Familien*. Die Aussagen werden nicht für jedes Element einzeln hergeleitet. Man entwickelt sie vielmehr zunächst für ein *Referenzelement* und überträgt sie, indem man Transformationsformeln für quasiuniforme Gitter heranzieht.

Abschätzungen werden nicht nur in der Energienorm, sondern auch bzgl. anderer Normen betrachtet.

Wir werden uns vor allem mit affinen Familien von Dreieckelementen befassen. Mit dem Fehler bei der Interpolation erhalten wir offensichtlich eine obere Schranke für den Fehler der *besten* Approximation. Es zeigt sich, dass dadurch die Fehlerordnung sogar richtig wiedergegeben wird. — Wir betrachten C^0-Elemente, die nach Satz 5.2 nur in $H^1(\Omega)$ enthalten sind. Die höheren Sobolev-Normen sind dann nicht erklärt. Als Ersatz wählt man dann (auf das jeweilige Problem zugeschnittene) *gitterabhängige* oder *gebrochene Normen*. Die Symbole $\| \cdot \|_h$ und $\| \cdot \|_{m,h}$ beziehen sich auch nicht auf feste Normen, sondern werden von Fall zu Fall definiert. Die Struktur ist sehr oft ähnlich wie in (6.1) oder in Aufgabe III.1.9.

6.1 Bezeichnung. Zu einer Zerlegung $\mathcal{T}_h = \{T_1, T_2, \ldots, T_M\}$ von Ω und $m \geq 1$ sei

$$\|v\|_{m,h} := \sqrt{\sum_{T_j \in \mathcal{T}_h} \|v\|_{m,T_j}^2} \, . \tag{6.1}$$

Offensichtlich gilt $\|v\|_{m,h} = \|v\|_{m,\Omega}$ für $v \in H^m(\Omega)$.

Sei $m \geq 2$. Nach den Sobolevschen Einbettungssätzen (s. Bemerkung 3.4) ist $H^m(\Omega) \subset C^0(\Omega)$, d.h. jedes $v \in H^m$ besitzt einen stetigen Repräsentanten. Zu jedem $v \in H^m$ gibt es für die in Bemerkung 5.6 genannten Punkte eine eindeutig bestimmte Interpolierende in $S_h = S_h(\mathcal{T}_h)$, die wir als $I_h v$ bezeichnen. Das Ziel dieses § ist es,

$$\|v - I_h v\|_{m,h} \quad \text{durch} \quad \|v\|_{t,\Omega} \quad \text{für } m \leq t$$

abzuschätzen.

Der Fragenkreis um das Bramble–Hilbert–Lemma

Als erstes gewinnen wir eine Fehlerabschätzung für die Interpolation durch Polynome. Die Aussage wird für alle Gebiete bewiesen, die den Voraussetzungen des Einbettungssatzes genügen. Angewandt wird sie später vorwiegend auf Referenzelemente, also auf konvexe Dreiecke und Vierecke.

6.2 Hilfssatz. *Sei* $\Omega \subset \mathbb{R}^2$ *ein Gebiet mit Lipschitz-stetigem Rand, und* Ω *erfülle eine Kegelbedingung. Ferner sei* $t \geq 2$, *und in* $\bar{\Omega}$ *seien* $s := t(t + 1)/2$ *Punkte* $z_1, z_2, \ldots, z_s$ *gegeben, an denen die Interpolation* $I : H^t \to \mathcal{P}_{t-1}$ *durch Polynome vom Grade* $\leq t - 1$ *wohldefiniert ist. Dann gilt mit einer Zahl* $c = c(\Omega, z_1, \ldots, z_s)$

$$\|u - Iu\|_t \leq c|u|_t \quad \text{für } u \in H^t(\Omega). \tag{6.2}$$

Beweis. Wir führen in $H^t(\Omega)$ die Norm

$$\|\|v\|\| := |v|_t + \sum_{i=1}^{s} |v(z_i)|$$

ein und zeigen, dass die Normen $\|\| \cdot \|\|$ und $\| \cdot \|_t$ äquivalent sind. Dann folgt nämlich (6.2) aus

$$\|u - Iu\|_t \leq c\|\|u - Iu\|\|$$

$$= c\{|u - Iu|_t + \sum_{i=1}^{s} |(u - Iu)(z_i)|\}$$

$$= c|u - Iu|_t = c|u|_t.$$

Dabei haben wir ausgenutzt, dass Iu mit u auf den Interpolationspunkten übereinstimmt und $D^t Iu = 0$ ist.

Beim Nachweis der Äquivalenz ist eine Richtung schnell erbracht. Nach Bemerkung 3.4 sind die Einbettungen $H^t \hookrightarrow H^2 \hookrightarrow C^o$ stetig. Das bewirkt

$$|v(z_i)| \leq c\|v\|_t \quad \text{für } i = 1, 2, \ldots, s$$

und $\|\|v\|\| \leq (1 + cs)\|v\|_t$.

Angenommen, die Umkehrung

$$\|v\|_t \leq c\|\|v\|\| \quad \text{für } v \in H^t(\Omega) \tag{6.3}$$

sei für jede positive Zahl c falsch. Dann gibt es eine Folge (v_k) in $H^t(\Omega)$ mit

$$\|v_k\|_t = 1, \quad \|\|v_k\|\| \leq \frac{1}{k}, \quad k = 1, 2, \ldots.$$

Nach dem Rellichschen Auswahlsatz (Satz 1.9) konvergiert eine Teilfolge von (v_k) in $H^{t-1}(\Omega)$. Wir können o.E.d.A. annehmen, dass es sich dabei um die ganze Folge handelt. Insbesondere ist (v_k) eine Cauchy-Folge in $H^{t-1}(\Omega)$. Aus $|v_k|_t \to 0$ und $\|v_k - v_\ell\|_t^2 \le \|v_k - v_\ell\|_{t-1}^2 + (|v_k|_t + |v_\ell|_t)^2$ schließen wir, dass (v_k) sogar eine Cauchy-Folge in $H^t(\Omega)$ ist. Wegen der Vollständigkeit des Raumes liegt Konvergenz im Sinne von H^t gegen ein Element $v^* \in H^t(\Omega)$ vor. Aus Stetigkeitsgründen haben wir

$$\|v^*\|_t = 1 \quad \text{und} \quad |||v^*||| = 0.$$

Das ist ein Widerspruch; denn wegen $|v^*|_t = 0$ ist v^* ein Polynom in $\mathcal{P}_{t-1}$, und wegen $v^*(z_i) = 0$ für $i = 1, 2, \ldots, s$ kann v^* nur das Nullpolynom sein. $\qquad\square$

Mit dem Hilfssatz erhalten wir nun unmittelbar das folgende Lemma [Bramble und Hilbert, 1970]. Wie üblich wird der Kern einer Abbildung L mit ker L bezeichnet.

6.3 Bramble–Hilbert–Lemma. *Sei $\Omega \subset \mathbb{R}^2$ ein Gebiet mit Lipschitz-stetigem Rand, $t \ge 2$ sowie L eine beschränkte, lineare Abbildung von $H^t(\Omega)$ in einen normierten Raum Y mit der Operatornorm $\|L\|$. Wenn $\mathcal{P}_{t-1} \subset$ ker L ist, gilt mit einer Zahl $c = c(\Omega) \cdot \|L\| \ge 0$:*

$$\|Lv\| \le c|v|_t \quad \text{für alle } v \in H^t(\Omega). \tag{6.4}$$

Beweis. Nach Definition der Operatornorm ist $\|Lv\| \le c_0\|v\|_t$. Sei $I : H^t(\Omega) \to \mathcal{P}_{t-1}$ ein Interpolationsoperator, wie er im vorigen Hilfssatz auftrat. Mit dem Hilfssatz erhalten wir wegen $Iv \in$ ker L

$$\|Lv\| = \|L(v - Iv)\| \le \|L\| \cdot \|v - Iv\|_t \le c\|L\| \cdot |v|_t,$$

wobei c die in (6.2) genannte Zahl ist. $\qquad\square$

Wir haben uns auf zweidimensionale Gebiete beschränkt, um der Einfachheit halber die Polynome mittels Lagrange-Interpolation zu konstruieren. Die Einschränkung kann man fallen lassen, wenn man andere Interpolationsprozeduren verwendet, vgl. 6.9 und Aufgabe 6.17.

Dreieckelemente mit vollständigen Polynomen

Wir wenden uns wieder den C^0-Elementen $\mathcal{M}_0^{t-1}$ auf Dreiecken zu, die aus stückweisen Polynomen vom Grad $t - 1$ bestehen. Dabei sei $t \ge 2$. Mit einer Triangulierung $\mathcal{T}_h$ und der zugehörigen Familie S_h nach §5 ist eine Interpolation $I_h : H^t(\Omega) \to S_h$ gegeben. Außerdem wird $\mathcal{T}_h$ nach Definition 5.1(3) ein Parameter κ zugeordnet. Das zentrale Ergebnis ist der folgende Approximationssatz.

6.4 Satz. *Sei* $t \geq 2$ *und* $\mathcal{T}_h$ *eine quasiuniforme Triangulierung von* Ω. *Dann gilt für die Interpolation durch stückweise Polynome vom Grad* $t - 1$ *mit einer Konstanten* $c = c(\Omega, \kappa, t)$:

$$\|u - I_h u\|_{m,h} \leq c \cdot h^{t-m} |u|_{t,\Omega} \quad \text{für } u \in H^t(\Omega), \quad 0 \leq m \leq t. \tag{6.5}$$

Der Beweis für den Approximationssatz in voller Allgemeinheit soll zurückgestellt werden. Wir beschränken uns zunächst auf regelmäßige Gitter, d.h. auf den Fall, dass alle Dreiecke wie beim Modellbeispiel 4.3 kongruent sind. Die Dreiecke werden dann als Verkleinerungen eines Referenzdreiecks T_1 aufgefasst.

6.5 Bemerkung. Sei $t \geq 2$ und

$$T_h := hT_1 = \{x = hy; \ y \in T_1\}$$

mit $h \leq 1$. Dann gilt für die Interpolation durch Polynome aus $\mathcal{P}_{t-1}$ (an den transformierten Punkten)

$$\|u - Iu\|_{m,T_h} \leq c \cdot h^{t-m} |u|_{t,T_h}. \tag{6.6}$$

Dabei sei c die im Hilfssatz 6.2 genannte Zahl.

Beweis der Bemerkung. Einer gegebenen Funktion $u \in H^t(T_h)$ ordnen wir $v \in H^t(T_1)$ gemäß

$$v(y) = u(hy)$$

zu. Dann ist $\partial^\alpha v = h^{|\alpha|} \partial^\alpha u$ für $|\alpha| \leq t$, und die Transformation des Gebietes im $\mathbb{R}^2$ liefert noch einen Faktor h^{-2}:

$$|v|^2_{\ell,T_1} = \sum_{|\alpha|=\ell} \int_{T_1} (\partial^\alpha v)^2 dy = \sum_{|\alpha|=\ell} \int_{T_h} h^{2\ell} (\partial^\alpha u)^2 h^{-2} dx = h^{2\ell-2} |u|^2_{\ell,T_h}.$$

Wegen $h \leq 1$ ist bei einer Aufsummation die kleinste Potenz ausschlaggebend:

$$\|u\|^2_{m,T_h} = \sum_{\ell \leq m} |u|^2_{\ell,T_h} = \sum_{\ell \leq m} h^{-2\ell+2} |v|^2_{\ell,T_1} \leq h^{-2m+2} \|v\|^2_{m,T_1}.$$

Indem wir in der letzten Formel $u - Iu$ anstatt u einsetzen, erhalten wir entsprechende Umrechnungen für den Interpolationsfehler. So folgt aus den letzten beiden Formeln zusammen mit dem Bramble–Hilbert–Lemma für $m \leq t$:

$$\|u - Iu\|_{m,T_h} \leq h^{-m+1} \|v - Iv\|_{m,T_1} \leq h^{-m+1} \|v - Iv\|_{t,T_1}$$
$$\leq h^{-m+1} \cdot c|v|_{t,T_1}$$
$$\leq h^{t-m} \cdot c|u|_{t,T_h},$$

und (6.6) ist bewiesen. $\qquad\square$

Für regelmäßige Gitter ist die Aussage von Satz 6.4 eine direkte Konsequenz von Bemerkung 6.5; denn $\|u - I_h u\|_{m,\Omega}$ ergibt sich, indem man die Ausdrücke in (6.6) quadriert und über alle Dreiecke summiert.

Die weiteren Überlegungen zu Dreieckelementen dienen dem Beweis des allgemeinen Falls von Satz 6.4. Er läuft nach demselben Schema wie bei dem Spezialfall regelmäßiger Gitter ab, die technischen Schwierigkeiten sind jedoch größer.

6.6 Transformationsformel. *Seien Ω und $\hat{\Omega}$ affin äquivalent, d.h. es gebe eine bijektive affine Abbildung*

$$F : \hat{\Omega} \to \Omega,$$
$$F\hat{x} = x_0 + B\hat{x} \tag{6.7}$$

mit einer nicht singulären Matrix B. Für $v \in H^m(\Omega)$ ist dann $\hat{v} := v \circ F \in H^m(\hat{\Omega})$, und es gibt eine Konstante $c = c(\hat{\Omega}, m)$, so dass

$$|\hat{v}|_{m,\hat{\Omega}} \le c \cdot \|B\|^m \cdot |\det B|^{-1/2} |v|_{m,\Omega} \tag{6.8}$$

ist.

Beweis. Wir betrachten die Ableitung der Ordnung m als Multilinearform und schreiben die Kettenregel in der Form

$$D^m \hat{v}(\hat{x})(\hat{y}_1, \hat{y}_2, \dots, \hat{y}_m) = D^m v(x)(B\hat{y}_1, B\hat{y}_2, \dots, B\hat{y}_m).$$

Also ist $\|D^m \hat{v}\|_{\mathbb{R}^{nm}} \le \|B\|^m \cdot \|D^m v\|_{\mathbb{R}^{nm}}$. Diese Abschätzung werten wir für die partiellen Ableitungen $\partial_{i_1} \partial_{i_2} \dots \partial_{i_m} v = D^m v(e_{i_1}, e_{i_2}, \dots, e_{i_m})$ aus. Die Aufsummation liefert:

$$\sum_{|\alpha|=m} |\partial^\alpha \hat{v}|^2 \le n^m \max_{|\alpha|=m} |\partial^\alpha \hat{v}|^2 \le n^m \|D^m \hat{v}\|^2 \le n^m \|B\|^{2m} \|D^m v\|^2$$

$$\le n^{2m} \|B\|^{2m} \sum_{|\alpha|=m} |\partial^\alpha v|^2.$$

Schließlich integrieren wir unter Beachtung der Transformationsformel für mehrfache Integrale:

$$\int_{\hat{\Omega}} \sum_{|\alpha|=m} |\partial^\alpha \hat{v}|^2 d\hat{x} \le n^{2m} \|B\|^{2m} \int_{\Omega} \sum_{|\alpha|=m} |\partial_\alpha v|^2 \cdot |\det B^{-1}| dx.$$

Durch Wurzelziehen folgt (6.8). $\square$

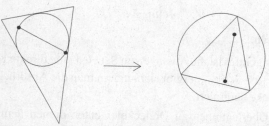

Abb. 23. Eine affine Abbildung von einem Dreieck T_1 in ein Dreieck T_2 bildet jedes Punktepaar aus dem Inkreis von T_1 in den Umkreis von T_2 ab.

Dass man beim Hin- und Zurücktransformieren in quasiuniformen Gittern keine h-Potenz verliert, erfahren wir durch eine einfache geometrische Überlegung an Hand von Abb. 23. Sei $F : T_1 \to T_2 : \hat{x} \to B\hat{x} + x_0$ eine bijektive affine Abbildung. Inkreis und Umkreis des Dreiecks T_i werden mit ρ_i und r_i bezeichnet. Zu gegebenem $x \in \mathbb{R}^2$ mit $\|x\| \le 2\rho_1$ finden wir zwei Punkte $y_1, z_1 \in T_1$ mit $x = y_1 - z_1$. Wegen $F(y_1), F(z_1) \in T_2$ gilt $\|Bx\| \le 2r_2$. Also ist

$$\|B\| \le \frac{r_2}{\rho_1}. \tag{6.9}$$

Indem wir T_1 und T_2 vertauschen, erhalten wir für die inverse Matrix $\|B^{-1}\| \le r_1/\rho_2$ und

$$\|B\| \cdot \|B^{-1}\| \le \frac{r_1 r_2}{\rho_1 \rho_2}. \tag{6.10}$$

Beweis von Satz 6.4. Es genügt, für jedes Dreieck T_j einer quasiuniformen Triangulierung $\mathcal{T}_h$ die Ungleichung

$$\|u - I_h u\|_{m,T_j} \le ch^{t-m} |u|_{t,T_j} \quad \text{für } u \in H^t(T_j)$$

zu zeigen. Wir wählen dazu das Referenzdreieck (5.10) mit $\hat{r} = 2^{-1/2}$ und $\hat{\rho} = (2 + \sqrt{2})^{-1} \ge 2/7$. Sei nun $F : T_{\text{ref}} \to T$ mit $T = T_j \in \mathcal{T}_h$. Indem wir Hilfssatz 6.2 auf das Referenzdreieck anwenden und die Transformationsformel in beiden Richtungen verwenden, erhalten wir

$$\begin{aligned}
|u - I_h u|_{m,T} &\le c\|B\|^{-m} \cdot |\det B|^{1/2} \, |\hat{u} - I_h \hat{u}|_{m,T_{\text{ref}}} \\
&\le c\|B\|^{-m} \cdot |\det B|^{1/2} \cdot c|\hat{u}|_{t,T_{\text{ref}}} \\
&\le c\|B\|^{-m} \cdot |\det B|^{1/2} \cdot c\|B\|^t \cdot |\det B|^{-1/2} \, |u|_{t,T} \\
&\le c\,(\|B\| \cdot \|B^{-1}\|)^m \|B\|^{t-m} |u|_{t,T}.
\end{aligned}$$

Wegen der Quasiuniformität ist $r/\rho \le \kappa$ und $\|B\| \cdot \|B^{-1}\| \le (2 + \sqrt{2})\kappa$. Ferner folgt mit (6.9) $\|B\| \le h/\hat{\rho} \le 4h$. Zusammen ergibt sich

$$|u - I_h u|_{\ell,T} \le ch^{t-\ell} |u|_{t,T}.$$

Nach dem Quadrieren liefert die Summation über ℓ von 0 bis m die Behauptung. $\qquad \square$

Bemerkung. Wir haben den Approximationsfehler für die Sobolev-Normen $\| \cdot \|_{m,T}$ bewiesen, also für Normen, die sich auf ein Gebiet beziehen. In Kap. III §1 werden wir vergleichbare Abschätzungen für die Spuren auf dem Rand betrachten.

Tabelle 3. Fehlerabschätzungen für einige Finite Elemente

$\lVert u - I_h u \rVert_{m,h} \leq ch^{t-m} \lvert u \rvert_{t,\Omega},$	$0 \leq m \leq t$
C^0-Elemente	
lineares Dreieck	$t \;=\; 2$
quadratisches Dreieck	$2 \leq t \leq 3$
kubisches Dreieck	$2 \leq t \leq 4$
bilineares Viereck	$t \;=\; 2$
Serendipity Element	$2 \leq t \leq 3$
9-Knoten-Viereck	$2 \leq t \leq 3$
C^1-Elemente	
Argyris-Element	$3 \leq t \leq 6$
Bell-Element	$3 \leq t \leq 5$
Hsieh–Clough–Tocher–Element	$3 \leq t \leq 4 \quad (m \leq 2)$
reduz. Hsieh–Clough–Tocher–Element	$t \;=\; 3 \quad (m \leq 2)$

Bilineare Viereckelemente

Typisch für Viereckelemente ist, dass keine vollständigen Polynome zugrundegelegt werden. Trotzdem kann man die im vorigen Abschnitt entwickelte Technik übertragen, um Approximationsaussagen zu gewinnen. Als charakteristisches Beispiel dient der einfache aber wichtige Fall bilinearer Elemente.

6.7 Satz. *Sei $\mathcal{T}_h$ eine quasiuniforme Zerlegung von Ω in Parallelogramme. Dann gilt mit einer Konstanten $c = c(\kappa)$, für die Interpolation durch bilineare Elemente:*

$$\lVert u - I_h u \rVert_{m,\Omega} \leq c \cdot h^{2-m} \lvert u \rvert_{2,\Omega} \quad \text{für } u \in H^2(\Omega)$$

Beweis. Aus denselben Gründen wie im letzten Beweis genügt es zu zeigen, dass für die Interpolation auf dem Einheitsquadrat $Q := [0,1]^2$

$$\lVert u - I u \rVert_{2,Q} \leq c \lvert u \rvert_{2,Q} \quad \text{für } u \in H^2(Q) \tag{6.11}$$

gilt. Wegen der stetigen Einbettung $H^2(Q) \hookrightarrow C^0(Q)$ sind die Funktionswerte von u an den 4 Ecken durch $c \lVert u \rVert_{2,Q}$ beschränkt. Von den 4 Werten hängt das interpolierende Polynom $I u$ linear ab. Also ist $\lVert I u \rVert_{2,Q} \leq c_1 \max_{x \in Q} \lvert u(x) \rvert \leq c_2 \lVert u \rVert_{2,Q}$ und

$$\lVert u - I u \rVert_2 \leq \lVert u \rVert_2 + \lVert I u \rVert_2 \leq (c_2 + 1) \lVert u \rVert_2.$$

Wenn u ein lineares Polynom ist, haben wir $I u = u$ und $u - I u = 0$. Das Bramble–Hilbert–Lemma garantiert nun (6.11). $\qquad \square$

Analog bekommen wir für die Elemente der Serendipity-Klasse

$$\lVert u - I_h u \rVert_{m,\Omega} \leq ch^{t-m} \lvert u \rvert_{t,\Omega} \quad \text{für } u \in H^t(\Omega), \; m = 0, 1 \text{ und } t = 2, 3.$$

Inverse Abschätzungen

Die Approximationssätze haben die Form

$$\|u - I_h u\|_{m,h} \le ch^{t-m}\|u\|_t,$$

wobei m *kleiner* als t ist. Dabei ignorieren wir im Augenblick, dass wir auf der rechten Seite die Norm $\|\cdot\|_t$ durch die Seminorm $|\cdot|_t$ ersetzen dürfen. Der Approximationsfehler wird also in einer *gröberen* Norm gemessen als die gegebene Funktion. Bei den sogenannten *inversen Abschätzungen* geschieht das Entgegengesetzte. Die *feinere* Norm der finiten Elemente (es geht selbstverständlich nicht für alle Funktionen des Sobolev-Raumes) wird durch eine *gröbere* abgeschätzt.

6.8 Inverse Abschätzung. *Sei (S_h) eine affine Familie von Finiten Elementen mit uniformen Zerlegungen, die stückweise aus Polynomen vom Grad k bestehen. Dann gibt es eine Konstante $c = c(\kappa, k, t)$, so dass für $0 \le m \le t$:*

$$\|v_h\|'_t \le c \cdot h^{m-t}\|v_h\|'_m \quad \text{für alle } v_h \in S_h$$

gilt.
Beweisskizze. Es genügt,

$$|v|_{t,T_{\mathrm{ref}}} \le c|v|_{m,T_{\mathrm{ref}}} \quad \text{für } v \in \Pi_{\mathrm{ref}} \tag{6.12}$$

mit $c = c(\Pi_{\mathrm{ref}})$ zu zeigen. Mit der Transformationsformel 6.6 folgt dann genauso wie beim Beweis von Satz 6.4 die Umrechnung auf die einzelnen Elemente. Dabei kommt der Faktor ch^{m-t} in die Abschätzung. Die Summation der quadrierten Ausdrücke über alle Dreiecke bzw. Vierecke liefert die Behauptung.

Zum Nachweis von (6.12) führt man die Norm

$$\||v\|| := |v|_{m,T_{\mathrm{ref}}} + \sum_{i=1}^{r} |v(z_i)|$$

ein. Dabei seien die Punkte $\{z_i\}_{i=1}^{r}$ so gewählt, dass die Interpolation durch Polynome aus $\mathcal{P}_{m-1}$ an diesen Punkten stets möglich und eindeutig ist. Dann sind $\||\cdot\||$ und $\|\cdot\|_m$ äquivalente Normen. Außerdem sind auf $\Pi_{\mathrm{ref}} \oplus \mathcal{P}_{m-1}$ wegen der endlichen Dimension auch $\||\cdot\||$ und $\|\cdot\|_t$ äquivalent. Schließlich ist wegen $Iv \in \mathcal{P}_{m-1}$ stets $|Iv|_t = |Iv|_m = 0$. Zusammen folgt

$$|v|_t = |v - Iv|_t \le \||v - Iv\|_t$$

$$\le c\||v - Iv\|| = c\{|v - Iv|_m + \sum_{i=1}^{r} |(v - Iv)(z_i)|\}$$

$$= c|v|_m,$$

und (6.12) ist bewiesen. $\qquad\square$

Im Approximationssatz 6.4 und in der inversen Abschätzung entsprechen die Exponenten in der h-Potenz gerade der Differenz in den Ordnungen der Sobolev-Normen. Dies ergab sich durch die Transformation auf das Referenzelement. Für die Technik ist die Bezeichnung *Skalierungsargument* üblich.

Cléments Operator

Der Interpolationsoperator I_h in (6.5) benutzt Punktfunktionale und setzt H^2-Funktionen voraus. Von Clément [1975] stammt ein Approximationsprozess, mit dem auch H^1-Funktionen erfasst werden. Er wird typischerweise eingesetzt, wenn Eigenschaften in H^1 und L_2 gekoppelt sind. Wesentlich ist, dass bei quasiuniformen Gittern nur die lokale Maschenweite in die Abschätzung eingeht. So verliert man keine h-Potenz, selbst wenn zwischendurch eine inverse Abschätzung erforderlich wird.

Der Operator wirkt *fast lokal*. Sei $\mathcal{T}$ eine quasiuniforme Triangulierung von Ω. [Wir schreiben bewusst nicht $\mathcal{T}_h$, weil wir nicht Uniformität voraussetzen wollen.] Zu einem Gitterpunkt x_j sei

$$\omega_{x_j} := \cup\{T' \in \mathcal{T}; \, x_j \in T'\} \tag{6.13}$$

die Umgebung, die Träger einer Formfunktion $v_j \in \mathcal{M}_0^1$ ist. Weiter ist

$$\tilde{\omega}_T := \cup\{\omega_{x_j}; \, x_j \in T\} \tag{6.14}$$

eine Umgebung des Elements T. Für quasiuniforme Gitter ist insbesondere die Fläche von $\tilde{\omega}_T$ durch die von T abschätzbar $\mu(\tilde{\omega}_T) \leq c(\kappa)h_T^2$.

6.9 Cléments Approximationsoperator. *Sei $\mathcal{T}$ eine quasiuniforme Triangulierung. Dann existiert eine lineare Abbildung $I_h : H^1(\Omega) \to \mathcal{M}_0^1$ mit den Eigenschaften:*

$$\begin{aligned}
\|v - I_h v\|_{m,T} &\leq c h_T^{1-m} \|v\|_{1,\tilde{\omega}_T} \quad \text{für } v \in H^1(\Omega), \; m = 0, 1, \; T \in \mathcal{T}, \\
\|v - I_h v\|_{0,e} &\leq c h_T^{1/2} \|v\|_{1,\tilde{\omega}_T} \quad \text{für } v \in H^1(\Omega), \; e \in \partial T, \; T \in \mathcal{T}.
\end{aligned} \tag{6.15}$$

Die Konstruktion erfolgt in 2 Phasen. Zu jedem Gitterpunkt x_j sei $P_j : L_2(\omega_{x_j}) \to \mathcal{P}_0$ die L_2-Projektion. Vom Bramble–Hilbert–Lemma wissen wir z. B. $\|v - P_j v\|_{0,\tilde{\omega}_j} \leq c \cdot h_j \|v\|_{1,\omega_{x_j}}$, wenn h_j der Durchmesser von ω_{x_j} ist. Weiter setzt man

$$I_h v := \sum_j (P_j v) v_j \in \mathcal{M}_0^1.$$

Insbesondere enthält $I_h v$ für $x \in T$ drei Summanden, die den drei Ecken von T zugeordnet sind. Für jeden Summanden gilt eine Fehlerabschätzung der gewünschten Form. Da $I_h v$ punktweise eine Konvexkombination darstellt, folgt die Behauptung. $\square$

Eine einfache Konstruktion erhält man aus einer Kombination des ursprünglichen Operators von Clément und dem Vorgehen von Scott und Zhang [1990] oder auch von Yserentant [1990]. Die Konstruktion erfolgt in zwei Schritten.

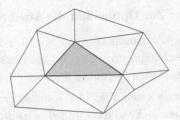

Abb. 24. Die Werte der Clément-Interpolierenden im (grauen) Dreieck T hängt von den Werten der gegebenen Funktion in der Umgebung $\tilde{\omega}_T$ ab

Sei x_j ein Knoten und $Q_j : L_2(\omega_j) \to \mathcal{P}_0$ die L_2-Projektion auf die konstanten Funktionen. Nach dem Bramble–Hilbert–Lemma ist

$$\|v - Q_j v\|_{0,\omega_j} \le c h_j |v|_{1,\omega_j}, \tag{6.16}$$

wobei h_j der Durchmesser von ω_j ist. Um auch Dirichlet-Randbedingungen auf einem Teil des Randes $\Gamma_D \subset \partial\Omega$ zu erfassen, modifizieren wir den Operator:

$$\tilde{Q}_j v = \begin{cases} 0 & \text{für } x_j \in \Gamma_D, \\ Q_j v & \text{sonst.} \end{cases} \tag{6.17}$$

Für die randnahen Bereiche erhält man eine Fehlerabschätzung analog zu (6.16) mit der Friedrichsschen Ungleichung

$$\|v - \tilde{Q}_j v\|_{0,\omega_j} = \|v\|_{0,\omega_j} \le c h_j |v|_{1,\omega_j} \quad \text{sofern } x_j \subset \Gamma_D. \tag{6.18}$$

Die Basisfunktionen v_j der linearen Elemente bilden eine stetige Partition der Eins, und wir definieren

$$I_h v := \sum_j (\tilde{Q}_j v) v_j \in \mathcal{M}_0^1. \tag{6.19}$$

Für jedes $x \in \Omega$ enthält die Summe in (6.19) höchstens drei nichtverschwindende Terme. Für jeden relevanten Term lässt sich $v - \tilde{Q}_j v$ gemäß (6.16) oder (6.18) abschätzen

$$\|v - I_h v\|_{0,T} \le \sum_j \|(v - \tilde{Q}_j v) v_j\|_{0,T} \le \sum_j \|(v - \tilde{Q}_j v)\|_{0,\omega_j} \le 3 c h_T \|v\|_{1,\tilde{\omega}_T}.$$

Wir summieren die Quadrate über alle Dreiecke und erhalten $(6.15)_1$ für $m = 0$.

Die H^1-Stabilität wird später mit Folgerung 7.8 nachgeliefert. $\qquad\qquad\square$

Wenn man bei der obigen Konstruktion $\Gamma_D := \partial\Omega$ setzt, erhält man insbesondere eine Abbildung von $H_0^1(\Omega)$ nach $\mathcal{M}_0^1 \cap H_0^1(\Omega)$.

Anhang: Zur Optimalität der Abschätzungen

6.10 Bemerkung. Die inversen Abschätzungen zeigen, dass die Approximationssätze ebenso wie die inversen Abschätzungen selbst (bis auf Konstanten) optimal sind. Offensichtlich hat man nämlich Aussagen folgender Struktur:

Der vollständige normierte Raum X sei in Y kompakt eingebettet. Ferner gebe es eine Familie (S_h) von Unterräumen in X, so dass (mit $\beta = \alpha$) die *Approximationseigenschaft*

$$\inf_{v_h \in S_h} \|u - v_h\|_Y \leq ch^\alpha \|u\|_X \quad \text{für } u \in X \tag{6.20}$$

und die *inverse Abschätzung*

$$\|v_h\|_X \leq ch^{-\beta} \|v_h\|_Y \quad \text{für } v_h \in S_h \tag{6.21}$$

gilt.

Ein Beispiel hierzu ist mit $\|\cdot\|_X = \|\cdot\|_{2,h}$, $\|\cdot\|_Y = \|\cdot\|_{1,\Omega}$, $S_h = \mathcal{M}_0^1(\mathcal{T}_h)$ und $\alpha = \beta = 1$ gegeben.

Ein Paar von Ungleichungen der Form (6.20) und (6.21), bestehend aus einer Approximationseigenschaft und einer inversen Abschätzung, heißt optimal, wenn $\beta = \alpha$ ist. Es ist nämlich $\beta < \alpha$ unmöglich. Andernfalls gäbe es eine Folge geschachtelter Räume $V_0 \subset V_1 \subset V_2 \subset \ldots$ mit

$$\min_{v_n \in V_n} \|u - v_n\|_Y \leq 2^{-\gamma n} \|u\|_X \quad \text{für } u \in X \tag{6.22}$$

und

$$\|v_n\|_X \leq 2^n \|v_n\|_Y.$$

Dabei sei $1 < \gamma < 2$. Wähle $m \in \mathbb{N}$ mit $2^{-(\gamma+1)m} < (1 - 2^{-\gamma-1})/5$. Wegen der kompakten Einbettung von X in Y gibt es ein Element $u \in X$ mit $\|u\|_X = 1$ und $\|u\|_Y < \varepsilon := 2^{-\gamma m}$. Für $v_n \in V_n$ gelte (6.22). Setze

$$w_m = v_m, \quad w_n = v_n - v_{n-1} \quad \text{für } n > m.$$

Dann ist $\|w_m\|_Y \leq \|u - w_m\|_Y + \|u\|_Y \leq 2 \cdot 2^{-\gamma m}$ und

$$\|w_n\|_Y \leq \|u - v_n\|_Y + \|u - v_{n-1}\|_Y \leq 2^{-\gamma n} + 2^{-\gamma(n-1)} \leq 5 \cdot 2^{-\gamma n}$$

für $n > m$. Aufgrund der inversen Ungleichung folgt $\|w_n\|_X \leq 5 \cdot 2^{-(\gamma-1)n}$ für $n \geq m$ und

$$\|u\|_X = \|\sum_{n=m}^\infty w_n\|_X \leq 5 \sum_{n=m}^\infty 2^{-(\gamma-1)n} < 1.$$

Das ist ein Widerspruch. $\qquad\qquad\qquad\qquad\qquad\qquad\qquad\qquad\qquad\qquad\qquad\qquad$ □

6.11 Bemerkung. Mit dem Beweis haben wir zugleich folgende Aussage bewiesen: Wenn für ein $u \in Y$

$$\inf_{v_n \in S_h} \|u - v_h\|_Y \leq const. \cdot h^\beta$$

bekannt ist und die inverse Abschätzung (6.21) gilt, dann ist u in dem Unterraum X enthalten. Diese Aussage hat weitreichende Konsequenzen für die Finite-Element-Praxis. Wenn man von der Lösung u einer Randwertaufgabe weiß, dass sie nicht in einem höheren Sobolev-Raum enthalten ist, ist die Finite-Element-Näherung weniger gut.

An dieser Stelle sei bemerkt, dass solche Paare von Ungleichungen der Form (6.20) und (6.21) in der klassischen Approximationstheorie eine große Rolle spielen. Am bekanntesten sind die Aussagen für die Approximation 2π-periodischer Funktionen durch trigonometrische Polynome in $\mathcal{P}_{n,2\pi}$: Mit $C^{k+\alpha}$ bezeichnet man den Raum der Funktionen, deren k-te Ableitung Hölder-stetig mit Exponent α sind. Nach den Sätzen von Jackson ist

$$\inf_{p \in \mathcal{P}_{n,2\pi}} \|f - p\|_{C^0} \leq cn^{-k-\alpha} \|f\|_{C^{k+\alpha}},$$

und die Bernsteinsche Ungleichung

$$\|p\|_{C^{k+\alpha}} \leq cn^{k+\alpha} \|p\|_{C^0} \quad \text{für } p \in \mathcal{P}_{n,2\pi}$$

liefert exakt die zugeordnete inverse Abschätzung.

Aufgaben

6.12 Sei $\mathcal{T}_h$ eine Familie uniformer Zerlegungen von Ω und S_h gehöre zu einer affinen Familie Finiter Elemente. Die Knoten der Basis seien $z_1, z_2, \ldots, z_N$ mit $N = N_h = \dim S_h$. Man verifiziere — mit einer von h unabhängigen Zahl c — die folgenden Ungleichungen:

$$c^{-1} \|v\|_{0,\Omega}^2 \leq h^2 \sum_{i=1}^{N} |v(z_i)|^2 \leq c \|v\|_{0,\Omega}^2 \quad \text{für } v \in S_h.$$

6.13 Unter bestimmten Voraussetzungen an den Rand von Ω erhielten wir

$$\inf_{v \in S_h} \|u - v_h\|_{1,\Omega} \leq c\, h \|u\|_{2,\Omega},$$

wobei für jedes $h > 0$ durch S_h ein endlich-dimensionaler Finite-Element-Raum gegeben ist. Man zeige, dass aus dieser Aussage die Kompaktheit der Einbettung $H^2(\Omega) \hookrightarrow H^1(\Omega)$ folgt. [Dass die Kompaktheitsaussage beim Beweis des Approximationssatzes benutzt wurde, ist also nicht zufällig.]

6.14 Sei $\mathcal{T}_h$ eine κ-reguläre Zerlegung von Ω in Parallelogramme und u_h dort ein bilineares Viereckelement. Jedes Parallelogramm werde in zwei Dreiecke zerlegt. Ferner sei $\|\cdot\|_{m,h}$ wie in (6.1) definiert. Man zeige

$$\inf \|u_h - v_h\|_{m,\Omega} \leq c(\kappa) h^{2-m} \|u_h\|_{2,\Omega}, \quad m = 0, 1,$$

wenn das Infimum über alle stückweise linearen Funktionen auf den Dreiecken in $\mathcal{M}^1$ gebildet wird.

6.15 Für die Interpolation durch stückweise lineare Funktionen liefert Satz 6.4

$$\|I_h v\|_{2,h} \leq c \|v\|_{2,\Omega}.$$

Man überlege sich an Hand von eindimensionalen Gegenbeispielen, dass es jedoch eine Formel

$$\|I_h v\|_{0,\Omega} \leq c \|v\|_{0,\Omega}$$

mit einer von h unabhängigen Zahl c nicht geben kann.

6.16 Man beweise das Bramble–Hilbert–Lemma für $t = 1$, indem man Iv als konstante Funktion

$$Iv := \frac{\int_\Omega v \, dx}{\int_\Omega dx}$$

ansetzt.

6.17 Man konstruiere zu $v \in H^1(\Omega)$ gemäß Clément eine stückweise konstante Funktion $v_h \in \mathcal{M}^0(\mathcal{T})$ mit

$$\|v - v_h\|_{0,T} \leq c h_T \|v\|_{1,\tilde{\omega}_T}$$

über einen linearen Prozess. Dabei sei $\mathcal{T}$ eine quasiuniforme Triangulierung und $\tilde{\omega}_T$ wie in 6.9 definiert. [Die Konstruktion sollte einfacher als für $\mathcal{M}_0^1$ sein.]

6.18 Sei $S_0 \subset S_1 \subset S_2 \subset \ldots$ eine geschachtelte Folge von Unterräumen von $X = H^1(\Omega)$ und (ε_n) eine monoton fallende Nullfolge. Man konstruiere ein Element $u \in X$ mit

$$\min_{u \in S_n} \|u - u_n\| \geq \varepsilon_n, \quad n = 0, 1, 2, \ldots.$$

Hinweis. Dieser vereinfachte Spezialfall von Bernsteins Lethargie-Theorem dient zur Vorbereitung auf Aufgabe III.3.14 und zeigt, dass die Konvergenz im Prinzip beliebig langsam sein kann. Man beweise ihn zunächst für eine Teilfolge (n_i) mit $\varepsilon_{n_{i+i}} \leq \varepsilon_{n_i}$.

§ 7. Fehlerabschätzungen für elliptische Probleme zweiter Ordnung

Fehlerabschätzungen für Finite-Element-Näherungen gehen meistens von solchen in der Energienorm aus. Insbesondere ist man an Abschätzungen für die Lösung u_h in S_h von der Form

$$\|u - u_h\| \le c\, h^p \tag{7.1}$$

mit einer großen Fehlerordnung p interessiert. Sie hängt im allgemeinen von der Regularität der Lösung, vom Grad der Polynome in den Finiten Elementen und davon ab, mit welcher Sobolev-Norm der Fehler gemessen wird.

Bemerkungen zu Regularitätssätzen

7.1 Definition. Sei $m \ge 1$, $H_0^m(\Omega) \subset V \subset H^m(\Omega)$ und $a(.,.)$ eine V-elliptische Bilinearform. Das Variationsproblem

$$a(u, v) = (f, v)_0 \quad \text{für } alle \ v \in V$$

heißt H^s-regulär, wenn es zu jedem $f \in H^{s-2m}(\Omega)$ eine Lösung $u \in H^s(\Omega)$ gibt und mit einer Zahl $c = c(\Omega, a, s)$:

$$\|u\|_s \le c\, \|f\|_{s-2m} \tag{7.2}$$

gilt.

Die Definition wird in diesem § nur für $s \ge 2m$ herangezogen. Diese Einschränkung entfällt später in Kap. III, wenn negative Normen erklärt sind.

Für das Dirichlet-Problem 2. Ordnung mit Nullrandbedingungen gibt es Regularitätsaussagen, s. z.B. Gilbarg und Trudinger [1983]. Der Einfachheit halber verzichten wir auf die Wiedergabe in größtmöglicher Allgemeinheit, vgl. die Bemerkung zu Beispiel 2.10 und Aufgabe 7.11.

7.2 Regularitätssatz. *Sei a eine H_0^1-elliptische Bilinearform mit hinreichend glatten Koeffizientenfunktionen.*
(1) Wenn Ω konvex ist, ist das Dirichlet-Problem H^2-regulär.
(2) Sei $s \ge 2$. Wenn Ω einen C^s-Rand besitzt, ist das Dirichlet-Problem H^s-regulär.

Aus Beispiel 2.1 mit einem Gebiet mit einspringender Ecke erkennt man, dass man auf Voraussetzungen an den Rand nicht verzichten kann. Die Lösung ist dort nicht in $H^2(\Omega)$ enthalten.

Das Beispiel macht zugleich deutlich, dass die Situation verwickelter ist, wenn *auf einem Teil des Randes* eine Neumann-Bedingung vorliegt. Sei Ω das schraffierte konvexe

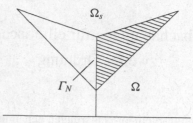

Abb. 25. Spiegelung eines konvexen Gebietes Ω an der Kante Γ_N, auf der eine Neumann-Bedingung gegeben ist

Gebiet rechts der y-Achse in Abb. 25. Auf $\Gamma_N := \{(x, y) \in \partial\Omega; \ x = 0\}$ sei die Neumann-Bedingung

$$\frac{\partial u}{\partial \nu} = 0$$

und auf $\Gamma_D := \Gamma \setminus \Gamma_N$ seien Dirichlet-Randwerte vorgegeben. Die Vereinigung von Ω mit dem an Γ_N gespiegelten Gebiet führt zu einem symmetrischen Gebiet Ω_s. Setze

$$u(-x, y) = u(x, y) \quad \text{für } (x, y) \in \Omega_s \setminus \Omega.$$

Die Fortsetzung ist auch Lösung eines Dirichlet-Problems auf Ω_s. Weil Ω_s jedoch eine einspringende Ecke hat, ist die Lösung nicht immer in $H^2(\Omega_s)$ enthalten. Das schließt $u \in H^2(\Omega)$ für das Problem auf Ω mit gemischten Randbedingungen aus.

Fehlerabschätzungen in der Energienorm

Im folgenden sei Ω als polygonales Gebiet vorausgesetzt, damit es in Dreiecke bzw. Vierecke zerlegt werden kann. Ferner wird Ω im Hinblick auf Satz 7.2 als konvex angenommen.

7.3 Satz. *Sei eine Familie quasiuniformer Triangulierungen $\mathcal{T}_h$ von Ω gegeben. Dann gilt für die Finite-Element-Näherung $u_h \in S_h$ bei linearen (bzw. quadratischen oder kubischen) Dreieckelementen*

$$\|u - u_h\|_1 \leq ch\|u\|_2$$
$$\leq ch\|f\|_0. \tag{7.3}$$

Beweis. Wegen der Konvexität von Ω ist das Problem H^2-regulär und $\|u\|_2 \leq c_1 \|f\|_0$. Nach Satz 6.4 gibt es ein $v_h \in S_h$ mit $\|u - v_h\|_{1,\Omega} = \|u - v_h\|_{1,h} \leq c_2 h\|u\|_{2,\Omega}$. Die Aussagen liefern zusammen mit dem Céa-Lemma die Behauptung mit $c := (1 + c_1)c_2 c_3/\alpha$. $\quad\square$

7.4 Bemerkung. Bei quadratischen Dreieckelementen erhält man nach Satz 6.4 eine höhere Fehlerordnung, sofern H^3-Regularität vorliegt. Diese Aussage ist jedoch irreführend, da für H^3-Regularität — abgesehen von einigen Ausnahmen — glatte Ränder verlangt werden. Ein glatt berandetes Gebiet Ω kann jedoch nicht in Dreiecke zerlegt werden, und es entstehen die für krummlinige Ränder typischen Probleme (vgl. Kap. III §§1 und 2).

Im Innern des Gebiets hat man mehr Regularität, und in den meisten Fällen sind die Finite-Element-Näherungen mit quadratischen oder kubischen Dreiecken soviel besser als die mit linearen, dass sie trotz des Mehraufwandes vorzuziehen sind.

Da für bilineare Viereckelemente nach Satz 6.7 analoge Aussagen wie bei linearen Dreiecken gelten, bekommt man mit denselben Schlüssen wie beim Beweis des vorigen Satzes die Aussage:

7.5 Satz. *Sei eine Menge quasiuniformer Zerlegungen von Ω in Parallelogramme gegeben. Dann gilt für die Finite-Element-Näherung u_h durch bilineare Viereckelemente in S_h:*

$$\|u - u_h\|_1 \le ch\|f\|_0. \tag{7.4}$$

L_2-Abschätzungen

Wenn der Fehler in der L_2-Norm (also der H^0-Norm) gemessen wird, ist der Fehler bei der Interpolation laut Satz 6.4 um eine h-Potenz günstiger. Dass sich diese Eigenschaft auf die Galerkin-Näherung überträgt, ist keineswegs selbstverständlich. Der Beweis benutzt die H^2-Regularität ein zweites Mal und läuft über ein Dualitätsargument, das früher als *Nitsche-Trick* bezeichnet wurde. Es soll zunächst abstrakt formuliert werden, vgl. Aubin [1967] und Nitsche [1968].

7.6 Aubin–Nitsche–Lemma. *Sei H ein Hilbert-Raum mit der Norm $|\cdot|$ und dem Skalarprodukt $(.,.)$. Es sei V ein Unterraum, der durch die Norm $\|\cdot\|$ zum Hilbert-Raum wird. Ferner sei*

$$V \hookrightarrow H \quad stetig.$$

Dann gilt für die Finite-Element-Lösung in $S_h \subset V$

$$|u - u_h| \le C\|u - u_h\| \sup_{g \in H} \left\{ \frac{1}{|g|} \inf_{v \in S_h} \|\varphi_g - v\| \right\}, \tag{7.5}$$

wenn jedem $g \in H$ die eindeutige (schwache) Lösung $\varphi_g \in V$ der Gleichung

$$a(w, \varphi_g) = (g, w) \quad für \; w \in V \tag{7.6}$$

zugeordnet wird.

Beweis. Die Norm eines Elementes in einem Hilbert-Raum lässt sich mittels eines Dualitätsargumentes bestimmen:

$$|w| = \sup_{g \in H} \frac{(g, w)}{|g|}. \tag{7.7}$$

Hier wie in (7.5) ist das Supremum selbstredend nur über alle $g \neq 0$ zu nehmen. Wir erinnern, dass u und u_h durch

$$a(u, v) = \langle f, v \rangle \quad \text{für } v \in V,$$
$$a(u_h, v) = \langle f, v \rangle \quad \text{für } v \in S_h$$

gegeben sind. Deshalb ist $a(u - u_h, v) = 0$ für alle $v \in S_h$. Weiter folgt, wenn wir in (7.6) $w := u - u_h$ setzen:

$$(g, u - u_h) = a(u - u_h, \varphi_g) = a(u - u_h, \varphi_g - v) \leq C \|u - u_h\| \cdot \|\varphi_g - v\|.$$

Dabei wurde die Stetigkeit der Bilinearform a, das heißt $a(u, v) \leq C\|u\| \cdot \|v\|$ ausgenutzt. Es folgt

$$(g, u - u_h) \leq C\|u - u_h\| \inf_{v \in S_h} \|\varphi_g - v\|.$$

Das Dualitätsargument liefert nun

$$|u - u_h| = \sup_{g \in H} \frac{(g, u - u_h)}{|g|}$$

$$\leq C\|u - u_h\| \sup_{g \in H} \left\{ \inf_{v \in S_h} \frac{\|\varphi_g - v\|}{|g|} \right\}. \qquad \square$$

7.7 Folgerung. *Unter den Voraussetzungen von Satz 7.3 bzw. Satz 7.5 ist*

$$\|u - u_h\|_0 \leq cCh\|u - u_h\|_1, \tag{7.8}$$

wenn $u \in H^1(\Omega)$ die Lösung des gegebenen Variationsproblems ist. Gilt außerdem $f \in L_2(\Omega)$ und damit $u \in H^2(\Omega)$, so ist

$$\|u - u_h\|_0 \leq cC^2 h^2 \|f\|_0.$$

Dabei sind c und C die in (7.3) bzw. (7.4) und (7.5) genannten Konstanten.

Beweis. Mit

$$H := H^0(\Omega), \quad |\cdot| := \|\cdot\|_0,$$
$$V := H_0^1(\Omega), \quad \|\cdot\| := \|\cdot\|_1$$

ist H der Abschluss von $C_0^\infty(\Omega)$ in der $\|\cdot\|_0$-Norm. Also ist $H = \bar{V}$, und die Stetigkeit der Einbettung ist wegen $\|\cdot\|_0 \leq \|\cdot\|_1$ klar. Das Aubin–Nitsche–Lemma ist anwendbar. Der Ausdruck in der geschweiften Klammer in (7.5) beträgt nach Satz 7.3 bzw. 7.5 höchstens ch, und das Lemma liefert unmittelbar die Behauptungen. $\qquad \square$

Eine einfache L_∞-Abschätzung

Die bisherigen Abschätzungen schließen nicht aus, dass der Fehler an einzelnen Punkten groß ist. Das wird durch Abschätzungen für die L_∞-Norm $\|v\|_{\infty,\Omega} := \sup_{x\in\Omega}|v(x)|$ ausgeschlossen. Bei H^2-regulären Problemen in zweidimensionalen Gebieten ist

$$\|u - u_h\|_\infty \le c\,h^2 |\log h|^{3/2}\|D^2u\|_\infty.$$

Ein Beweis mit Hilfe von gewichteten Normen ist z. B. bei Ciarlet [1978] zu finden. Wir beschränken uns auf die erheblich schwächere Aussage

$$\|u - u_h\|_\infty \le c\,h\,|u|_2. \tag{7.9}$$

Zu einer Funktion $v \in H^2(T_{\text{ref}})$ sei Iv die Interpolierende im Polynomraum Π_{ref}. Wegen $H^2 \subset C^0$ schließen wir mit dem Bramble–Hilbert–Lemma

$$\|v - Iv\|_{\infty,T_{\text{ref}}} \le c\,|v|_{2,T_{\text{ref}}}. \tag{7.10}$$

Sei u die Lösung des Variationsproblems und $I_h u$ wieder die Interpolierende in S_h. Wir greifen ein Element T aus der als uniform angenommenen Triangulierung heraus. Die affine Transformation von $u_{|T}$ auf das Referenzdreieck sei $\hat{u}$. Aus (7.10) und der Transformationsformel (6.8) schließen wir

$$\begin{aligned}\|u - I_h u\|_{\infty,T} = \|\hat{u} - I\hat{u}\|_{\infty,T_{\text{ref}}} &\le c|\hat{u}|_{2,T_{\text{ref}}}\\ &\le c\cdot h|u|_{2,T} \le c\cdot h|u|_{2,\Omega}.\end{aligned} \tag{7.11}$$

Durch die Bildung des Maximums über alle Dreiecke erhalten wir

$$\|u - I_h u\|_{\infty,\Omega} \le c\,h|u|_{2,\Omega}.$$

Ebenso liefert ein Affinitätsargument die inverse Abschätzung

$$\|v_h\|_{\infty,\Omega} \le c\,h^{-1}\|v_h\|_{0,\Omega} \quad \text{für } v_h \in S_h.$$

Für $u_h - I_h u = (u - I_h u) - (u - u_h) \in S_h$ folgt jetzt aus Satz 6.4 und Satz 7.7 $\|u_h - I_h u\|_{0,\Omega} \le c\,h^2|u|_{2,\Omega}$. Mit der inversen Abschätzung erhalten wir schließlich

$$\begin{aligned}\|u - u_h\|_{\infty,\Omega} &\le \|u - I_h u\|_{\infty,\Omega} + \|u_h - I_h u\|_{\infty,\Omega}\\ &\le \|u - I_h u\|_{\infty,\Omega} + c\,h^{-1}\|u_h - I_h u\|_{0,\Omega}\end{aligned}$$

und nach Einsetzen von (6.5) und (7.11) die Behauptung. $\qquad\square$

Der L_2-Projektor

Der L_2-Projektor auf einen Finite-Element-Raum ist nicht immer bzgl. der H^1-Norm (mit einer von h unabhängigen Zahl) beschränkt. Andererseits folgt die Aussage bei uniformen Gittern auch über das Dualitätsargument (7.8). Derselben Beweistechnik werden wir in Kap. III §6 und Kap. VI §6 wieder begegnen.

7.8 Folgerung. *Sei Q_h der L_2-Projektor auf $S_h \subset H^1(\Omega)$. Bei uniformer Triangulierung $\mathcal{T}_h$ gilt unter den Voraussetzungen von Satz 7.3 bzw. Satz 7.5*

$$\|Q_h v\|_1 \le c\|v\|_1 \quad \text{für } v \in H^1(\Omega), \tag{7.12}$$

wobei c eine von h unabhängige Konstante ist.

Beweis. Zu $v \in H^1(\Omega)$ sei $v_h \in S_h$ die Lösung des Variationsproblems

$$(\nabla v_h, \nabla w)_0 + (v_h, w)_0 = \langle \ell, w \rangle \quad \text{für } w \in S_h$$

mit $\langle \ell, w \rangle := (\nabla v, \nabla w)_0 + (v, w)_0$. Offensichtlich ist $\|v_h\|_1 \le \|v\|_1$. Wesentlich ist nun die L_2-Abschätzung

$$\|v - v_h\|_0 \le c_1 h \|v - v_h\|_1 \le 2c_1 h \|v\|_1. \tag{7.13}$$

Zusammen mit einer inversen Abschätzung erhalten wir

$$\begin{aligned}
\|Q_h v\|_1 &\le \|Q_h v + v_h\|_1 + \|v_h\|_1 \\
&\le c_2 h^{-1} \|Q_h(v - v_h)\|_0 + \|v_h\|_1 \le c_2 h^{-1} \|v - v_h\|_0 + \|v\|_1 \\
&\le c_2 h^{-1} 2c_1 h \|v\|_1 + \|v\|_1,
\end{aligned}$$

und die Behauptung ist mit $c = 1 + 2c_1 c_2$ bewiesen.   □

Typischerweise findet man den L_2-Projektor oft bei der Analyse von Fragen mit uniformen Gittern, bei denen für quasiuniforme Gitter dann Cléments Interpolationsoperator herangezogen wird. — Dass Vorsicht beim Übergang zu anderen Normen angebracht ist, wird durch Aufgabe 6.15 belegt.

Die Voraussetzungen in der obigen Folgerung sind in der Tat sehr einschneidend und schließen in der Regel lokal verfeinerte Gitter aus, vgl. Kap. V §5 und Yserentant [1990] sowie Crouzeix und Thomée [1987]. Ein stärkeres Verwenden von lokalen Eigenschaften ist deshalb angebracht.

7.9 Hilfssatz. *Sei $\mathcal{T}_h$ eine quasiuniforme Triangulierung von Ω. Dann gilt für den L_2-Projektor $Q_h : L_2(\Omega) \to \mathcal{M}_0^1$:*

$$\|Q_h v\|_1 \le c\|v\|_1 \quad \text{für } v \in H_0^1(\Omega) \tag{7.14}$$

wobei c unabhängig von h ist.

Beweis. Wir greifen auf die Interpolation vom Clément-Typ zurück

$$\|v - I_h v\|_0^2 \le c \sum_T h_T^2 \|v\|_{1,T}^2 . \tag{7.15}$$

Da die Triangulierung als quasiuniform vorausgesetzt ist, können wir für alle Dreiecke T den Durchmesser von ω_T durch ch_T abschätzen, d.h. durch lokale Größen. Wegen der Minimaleigenschaft des L_2-Projektors gilt

$$\|v - Q_h v\|_0^2 \le c \sum_T h_T^2 \|v\|_{1,T}^2 . \tag{7.16}$$

Weiter folgt aus dem Bramble–Hilbert–Lemma zusammen mit einem Skalierungsargument, dass es eine stückweise konstante Funktion $w_h \in \mathcal{M}^0((T_h)$ gibt mit $\|v - w_h\|_{0,T} \le ch_T |v|_{1,T}$. Nun schließen wir mit der inversen Ungleichung für jedes Dreieck

$$|Q_h v|_1^2 = \sum_T |Q_h v|_{1,T}^2 = \sum_T |Q_h v - w_h|_{1,T}^2 \le c \sum_T h_T^{-2} \|Q_h v - w_h\|_{0,T}^2$$

$$\le c \sum_T 2h_T^{-2} \left(\|Q_h v - v\|_{0,T}^2 + \|v - w_h\|_{0,T}^2 \right)$$

$$\le c \sum_T \|v\|_{1,T}^2 = c \|v\|_1^2 .$$

Da offensichtlich $\|Q_h v\|_0 \le \|v\|_0 \le \|v\|_1$ gilt, ist der Beweis fertig. $\qquad\square$

Aufgaben

7.10 Für die Randwertaufgabe

$$-\Delta u = 0 \quad \text{in } \Omega := [-1, +1]^2 \subset \mathbb{R}^2,$$

$$u(x, y) = xy \quad \text{auf } \partial\Omega$$

werden wie im Modellbeispiel 4.3 lineare Dreieckelemente auf einem regelmäßigen Dreieckgitter mit $2/h \in \mathbb{N}$ betrachtet. Wenn die Reduktion (2.21) mit

$$u_0(x, y) := \begin{cases} 1 + x - y & \text{für } x \ge y \\ 1 + y - x & \text{für } x \le y \end{cases}$$

verwandt wird, ist die Finite-Element-Näherung auf den Gitterpunkten exakt:

$$u_h(x_i, y_i) = u(x_i, y_i) = x_i y_i . \tag{7.17}$$

Man verifiziere, dass der Minimalwert für das Variationsfunktional auf S_h gerade

$$J(u_h) = \frac{8}{3} + \frac{4}{3} h^2$$

beträgt. Also ist $J(u_h)$ nicht exakt, sondern nur ein Näherungswert. Wie vertragen sich diese beiden Aussagen?

7.11 Sei $\Omega = (0, 2\pi)^2$ ein Quadrat und $u \in H_0^1(\Omega)$ schwache Lösung von $-\Delta u = f$ mit $f \in L_2(\Omega)$. In Anlehnung an Aufgabe 1.16 schließe man zunächst $\Delta u \in L_2(\Omega)$ und dann mit Hilfe der Cauchy–Schwarzschen Ungleichung, dass alle 2. Ableitungen in L_2 sind, also u eine H^2-Funktion ist.

§ 8. Rechentechnische Betrachtungen

Die Berechnung einer Finite-Element-Näherung zerfällt in zwei Teile:
1. Aufbau des Gitters bei der Zerlegung von Ω und Aufstellung der Steifigkeitsmatrix.
2. Lösung des Gleichungssystems.

Im Mittelpunkt dieses § steht der Aufbau der Steifigkeitsmatrix aus rechentechnischer Sicht. Die Lösung der Gleichungssysteme wird in Kapitel IV und V behandelt. Hier beschränken wir uns darauf, die Rückwirkung von Gleichungslösern auf Konzepte für die Wahl des Gitters darzustellen.

Das Aufstellen der Steifigkeitsmatrix

Bei Finiten Elementen mit einer nodalen Basis wie z.B. bei linearen und quadratischen Dreieckelementen kann man die Steifigkeitsmatrix elementweise aufstellen. Das erkennt man aus der zugehörigen quadratischen Form. Der Einfachheit halber nehmen wir nur den Hauptteil mit:

$$a(u, v) = \int_\Omega \sum_{k,l} a_{kl} \partial_k u \partial_l v \, dx.$$

Dann ist

$$A_{ij} = a(\psi_i, \psi_j) = \int_\Omega \sum_{k,l} a_{kl} \partial_k \psi_i \partial_l \psi_j \, dx$$

$$= \sum_{T \in \mathcal{T}_h} \int_T \sum_{k,l} a_{kl} \partial_k \psi_i \partial_l \psi_j \, dx. \tag{8.1}$$

In der Summe brauchen nur die Dreiecke berücksichtigt zu werden, die gleichzeitig zum Träger von ψ_i und ψ_j gehören.

Die Matrix berechnet man üblicherweise nicht, indem man zu vorgegebenen Knotenindizes i, j die wesentlichen Dreiecke heraussucht. Eine solche *Knoten-orientierte* Vorgehensweise wurde zwar beim Modellproblem in §4 gewählt, würde aber in der Praxis unnötig viel Rechenzeit für wiederholte Umrechnungen verschlingen.

Tabelle 4. Formfunktionen für lineare und quadratische Elemente

$N_1 = 1 - \xi - \eta$ $N_2 = \xi$ $N_3 = \eta$	$N_1 = (1 - \xi - \eta)(1 - 2\xi - 2\eta)$ $N_2 = \xi(2\xi - 1)$ $N_3 = \eta(2\eta - 1)$ $N_4 = 4\xi(1 - \xi - \eta)$ $N_5 = 4\xi\eta$ $N_6 = 4\eta(1 - \xi - \eta)$

Als vorteilhafter hat sich eine *Element-orientierte* Berechnung erwiesen. Für jedes Element $T \in \mathcal{T}_h$ wird der durch (8.1) gegebene additive Beitrag zur Steifigkeitsmatrix ermittelt. Wenn jedes Element gerade s Knoten enthält, hat man eine $s \times s$-Untermatrix zu berechnen. Außerdem transformiert man das jeweils betrachtete Dreieck T auf das Referenzdreieck T_{ref}. Sei $F : T_{\text{ref}} \to T$, $\xi \mapsto B\xi + x_0$ die zugehörige lineare Abbildung. Dann ist der Beitrag von T durch

$$\frac{\mu(T)}{\mu(T_{\text{ref}})} \int_{T_{\text{ref}}} \sum_{\substack{k,l \\ k',l'}} a_{kl} (B^{-1})_{k'k} (B^{-1})_{l'l} \, \partial_{k'} N_i \, \partial_{l'} N_j \, d\xi \qquad (8.2)$$

gegeben. Dabei steht $\mu(T)$ für die Fläche von T. Jede Funktion aus der nodalen Basis fällt nach Transformation auf das Referenzdreieck mit einer der normierten *Formfunktionen* $N_1, N_2, \ldots, N_s$ zusammen. Für lineare und quadratische Elemente sind sie in Tabelle 4 aufgelistet.[6] So ergibt sich z.B. beim Modellproblem 4.3 für ein rechtwinkliges Dreieck T (mit rechtem Winkel im Punkt 1)

$$a(u,u)|_T = \frac{1}{2}(u_1 - u_2)^2 + \frac{1}{2}(u_1 - u_3)^2,$$

das bedeutet für die Steifigkeitsmatrix auf Elementebene:

$$a(\psi_i, \psi_j)|_T = \frac{1}{2} \begin{pmatrix} 2 & -1 & -1 \\ -1 & 1 & \\ -1 & & 1 \end{pmatrix}.$$

Für lineare Elemente lässt sich auch die sogenannte *Massenmatrix* mit den Elementen $(\psi_i, \psi_j)_0$ leicht darstellen. Sie lautet für ein beliebiges Dreieck:

$$(\psi_i, \psi_j)_{0,T} = \frac{\mu(T)}{12} \begin{pmatrix} 2 & 1 & 1 \\ 1 & 2 & 1 \\ 1 & 1 & 2 \end{pmatrix}. \qquad (8.3)$$

Bei Differentialgleichungen mit variablen Koeffizienten erfolgt die Auswertung der Integrale (8.2) meistens mittels Gaußscher Quadraturformeln für mehrfache Integrale, wie sie z.B. in Tabelle 5 zu finden ist. Bei Gleichungen mit konstanten Koeffizienten

---

[6] Zur Vermeidung von Indizes wurde in den Tabellen ξ und η anstatt ξ_1 und ξ_2 geschrieben.

Wir bemerken außerdem, dass man bei den quadratischen Dreieckselementen die Basisfunktionen N_1, N_2 und N_3 durch die entsprechenden Funktionen für lineare ersetzen darf. Die Koeffizienten in der Darstellung $\sum_{i=1}^{6} z_i N_i$ haben dann eine etwas andere Bedeutung: z_1, z_2 und z_3 sind dann weiterhin die Werte an den Eckpunkten. Dagegen sind z_4, z_5 und z_6 die Abweichungen an den Seitenmitten von der linearen Funktion, die an den Ecken des Dreiecks interpoliert.

Diese Basis ist keine rein nodale Basis, obwohl die Umrechnung sehr einfach ist. Sie hat aber zwei Vorteile: Es ergeben sich einfachere Integranden in (8.2), und die Kondition der Systemmatrix ist in der Regel niedriger (s. hierarchische Basen).

stößt man in der Regel auf Integrale über Polynome, die man mittels der Formel für das Einheitsdreieck (5.9)

$$I_{pqr} := \iint\limits_{\substack{\xi,\eta\geq 0 \\ 1-\xi-\eta\geq 0}} \xi^p \eta^q (1-\xi-\eta)^r \, d\xi \, d\eta = \frac{p! \, q! \, r!}{(p+q+r+2)!} \tag{8.4}$$

in geschlossener Form angeben kann. Die Formel (8.4) überträgt man auf Dreiecke in beliebiger Lage, indem man ξ, η und $1-\xi-\eta$ durch die baryzentrischen Koordinaten ersetzt. — Man beachte, dass die Integranden in (8.2) für lineare Elemente sogar konstant sind.

Tabelle 5. Stützstellen (ξ_i, η_i) und Gewichte w_i zur Gaußschen Quadraturformel für Polynome bis zum Grad 5 über dem Einheitsdreieck.

i	ξ_i	η_i	w_i
1	$1/3$	$1/3$	$9/80$
2	$(6+\sqrt{15})/21$	$(6+\sqrt{15})/21$	
3	$(9-2\sqrt{15})/21$	$(6+\sqrt{15})/21$	$(155+\sqrt{15})/2400$
4	$(6+\sqrt{15})/21$	$(9-2\sqrt{15})/21$	
5	$(6-\sqrt{15})/21$	$(6-\sqrt{15})/21$	
6	$(9+2\sqrt{15})/21$	$(6-\sqrt{15})/21$	$(155-\sqrt{15})/2400$
7	$(6-\sqrt{15})/21$	$(9+2\sqrt{15})/21$	

Innere Kondensation

Obwohl sich die Steifigkeitsmatrix additiv aus $s \times s$-Untermatrizen zusammensetzt, ist die Bandbreite durchweg größer als s (s. Beispiel 4.3). Eine Sonderrolle spielen nun die Knotenvariablen, die zu inneren Punkten der Elemente gehören. So hat z.B. das 9-Punkte-Viereckelement und das kubische 10-Punkte-Dreieckelement jeweils einen inneren Knoten.

Die Elimination einer solchen Variablen ändert nur die Matrixelemente für die Knoten des betroffenen Elements. Insbesondere werden dabei *keine* Nullen aufgefüllt. Der Aufwand für die Elimination entspricht dem Aufwand für die Elimination einer Variablen beim Cholesky-Verfahren in einer $s \times s$-Matrix, also in einer kleinen Matrix.

Den Vorgang der Elimination aller dieser Knotenvariablen bezeichnet man als *innere Kondensation* oder *statische Kondensation*.

Aufwand für das Aufstellen der Matrix

Für das Aufstellen der Systemmatrix sind

$$M \cdot s^2$$

Matrixelementberechnungen erforderlich, wenn M die Anzahl der Elemente und s die Zahl der lokalen Freiheitsgrade angibt. Daraus wird deutlich, dass man Rechnungen mit hohem Polynomgrad möglichst ausweichen wird.

Insbesondere scheiden deshalb in der Praxis C^1-Elemente bei Systemen aus. Für ebene C^1-Elemente braucht man bekanntlich mindestens 12 Freiheitsgrade pro Variable. Bei elliptischen Systemen mit drei Funktionen hätte man pro Element eine

$$36 \times 36\text{-Matrix}$$

aufzustellen.

Hat man einmal einen Elementtyp gewählt, ist der Aufwand für das Aufstellen der Steifigkeitsmatrix ungefähr proportional zur Zahl der Unbekannten. Der Aufwand für das Lösen des Gleichungssystems mit klassischen Methoden steigt dagegen stärker als linear. Hinzu kamen früher Speicherplatzprobleme bei großen Systemen.

Daraus resultiert noch die Tendenz, die Gitter dem Problem von vorn herein individuell anzupassen, um möglichst viele Variable einzusparen.

Mit der Entwicklung neuerer Verfahren zur Gleichungslösung, wie sie in Kapitel IV und V vorgestellt werden, ist das Problem stark reduziert. Der Engpass ist deshalb wieder das Aufstellen der Matrix. Es ist sinnvoller, dort Rechenzeit zu sparen und deshalb das Netz so aufzubauen, dass sich möglichst viele Elemente durch Translationen aus wenigen Musterelementen ergeben. Meistens bedeutet auch das Aufteilen eines Dreiecks in 4 kongruente Teile, dass die Matrixelemente für die Teildreiecke mit wenigen Umrechnungen von denen des Originals zu erhalten sind.

Teilweise Netzverfeinerungen

Ein Dreieck lässt sich sehr einfach in vier kongruente Teildreiecke zerlegen. Deshalb ist eine globale Netzverfeinerung mit einer Halbierung der jeweiligen Maschenweite einfach durchzuführen. Bei der Prozedur bleibt der Regularitätsparameter κ (das Maximum von Umkreisradius/Inkreisradius) unverändert.

In den folgenden Situationen·ist man dagegen an einer Verfeinerung nur in einem Teil des Gebiets Ω interessiert:

1. In einem Teilgebiet sind die Ableitungen, welche die Approximationsgüte bestimmen, größer als im restlichen Gebiet. Dies mag aufgrund der gegebenen Daten des Problems zu erwarten sein oder durch Fehlerindikatoren angezeigt werden. Dann erreicht man durch eine Netzunterteilung dort eine Fehlerreduktion im ganzen Gebiet.
2. Man möchte selbst zunächst nur ein sehr grobes Gitter vorgeben und das gesamte Netz durch Verfeinerungen automatisch erstellen lassen. Wegen der Vorgaben mag die gewünschte Verfeinerung in verschiedenen Bereichen unterschiedlich sein.

3. Auf einem Teilgebiet möchte man die Lösung genauer darstellen und das mit einer Verbesserung der Genauigkeit der Rechnung verbinden.

Es ergibt sich das Problem, in einem gegebenem Netz bestimmte Dreiecke (oder Vierecke) zu unterteilen. Welche Elemente zu unterteilen sind, wird dabei über Fehlerschätzer entschieden, die in Kap. III §8 behandelt werden.

Dass eine Verfeinerung in Richtung einer Kante oder einer Ecke im Idealfall sogar mit *ähnlichen Dreiecken* möglich sein kann, beleuchten die Abb. 13 und 14. Das sind jedoch Ausnahmefälle. Wenn man den Übergang zwischen groben und feinen Netzen automatisch generieren will, ist einige Sorgfalt angebracht. Insbesondere wenn mehr als eine Verfeinerungsstufe anfällt, ist dafür zu sorgen, dass bei dem Übergang keine zu schlanken Dreiecke entstehen. Andererseits sollen keine hängenden Knoten entstehen, wie wir sie von Abb. 12 kennen.

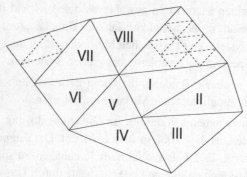

Abb. 26. Grobes Netz (ausgezogene Linien) mit gewünschten Verfeinerungen (gestrichelte Linien)

Bei der folgenden Regel, die z. B. im Mehrgitter-Algorithmus von Bank [1990] zu finden ist, wird dafür gesorgt, dass jeder im Originalnetz vorhandene Winkel höchstens einmal geteilt wird. Die Ausgangssituation möge man sich etwa wie in Abb. 26 vorstellen. Diese Triangulierung enthält mehrere hängende Knoten, die in nicht hängende umgewandelt werden müssen.

8.1 Geometrische Verfeinerungsregeln.

(1) Wenn auf den Kanten eines Dreiecks T (außerhalb der eigenen Ecken) zwei oder mehr Ecken anderer Dreiecke liegen, wird das Dreieck T in vier kongruente unterteilt. – Dieser Prozess wird solange wiederholt, bis es kein solches Dreieck mehr gibt.

(2) Jedes Dreieck, das auf einer Seitenmitte einen Eckpunkt eines anderen Dreiecks enthält, wird in zwei Teile geteilt. Die dabei hinzugefügte Kante wird als grüne Kante bezeichnet.

(3) Wird später eine weitere Verfeinerung gewünscht, werden vor dem Prozess die grünen Kanten eliminiert.

In dem Beispiel gemäß Abb. 26 fallen zunächst die Dreiecke I und VIII unter Regel (1). Ein zweiter Durchlauf ist erforderlich; denn es fällt danach auch Dreieck VII unter die Regel. Grüne Kanten erzeugt man in den Dreiecken II, V, VI sowie in drei Teildreiecken.

Trotz des rekursiven Charakters ist die Prozedur endlich: Es bezeichne m die maximale Stufe von gewünschten Verfeinerungen, wobei das Maximum über alle Elemente zu bilden ist. (Im Beispiel war $m = 2$.) Dann wird jedes Element höchstens m mal unterteilt. Damit hat man eine obere Schranke für die Zahl der Schritte im Schritt (1).

Es sei betont, dass sich Tetraeder nicht in acht kongruente unterteilen lassen, vgl. Bey [1995] und Aufgabe 8.6. Dann ist eine von Rivara [1984] entwickelte Technik günstiger. Sie läuft im zweidimensionalen Fall darauf hinaus, dass Dreiecke nur *halbiert* werden und dabei jeweils möglichst die längste Seite unterteilt wird.

Zur Lösung des Neumann-Problems

Wenn die Systemmatrix für das Neumann-Problem (3.8) mit der nodalen Knotenbasis aufgestellt wird, hat die Matrix einen eindimensionalen Kern. Dies bereitet jedoch kein Problem, sofern der Finite-Element-Raum die konstante Funktion enthält.

Man hält den Wert an einem Knoten fest und setzt ihn dort z. B. vorläufig auf Null. Dann werden die zugehörige Zeile und Spalte des Gleichungssystems gestrichen. Das restliche System kann mit dem Cholesky-Verfahren (oder iterativ) gelöst werden. Die vorher gestrichene Gleichung ist dann aufgrund der Kompatibilitätsbedingung (3.9) auch erfüllt.

Die Lösung lässt sich schließlich noch so modifizieren, dass sie den Mittelwert Null hat. Dazu wird ein passendes Vielfaches der konstanten Funktion subtrahiert, was ohne Einfluss auf das Gleichungssystem ist.

Aufgaben

8.2 Für die Behandlung der Poisson-Gleichung mit bilinearen Viereckelementen stelle man die Systemmatrix A_Q für das Quadrat auf. Man beachte, dass sich bei zyklischer Nummerierung aus Invarianzüberlegungen auf Elementebene die Form

$$\begin{pmatrix} \alpha & \beta & \gamma & \beta \\ \beta & \alpha & \beta & \gamma \\ \gamma & \beta & \alpha & \beta \\ \beta & \gamma & \beta & \alpha \end{pmatrix}$$

und $\alpha + 2\beta + \gamma = 0$ ergibt.

Bekanntlich bestimmt man aus der Steifigkeitsmatrix auf Elementebene die gesamte Matrix. Bei regelmäßigen Gittern erhält man insbesondere den Differenzenstern

$$\frac{8}{3} \begin{bmatrix} -1 & -1 & -1 \\ -1 & 8 & -1 \\ -1 & -1 & -1 \end{bmatrix}_*.$$

Kann man hier nun umgekehrt die oben geforderte Matrix aus dem Differenzenstern gewinnen?

Wegen der zyklischen Struktur sind die Vektoren $(1, i^k, (-1)^k, (-i)^k)$, $k = 0, 1, 2, 3$ Eigenvektoren. Kann man auch ein System reeller Eigenvektoren angeben?

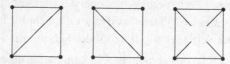

Abb. 27. a) criss-, b) cross- und c) criss-cross-Gitter

8.3 Beim Modellproblem 4.3 fasse man zwei Dreiecke zu einem Quadrat als *Makroelement* zusammen. Offensichtlich entsteht dieselbe Steifigkeitsmatrix bei den in den Abbildungen 27a und 27b gezeigten Aufteilungen. Wenn man das Problem symmetrisiert und die Funktionen nimmt, die sich als Mittelwerte der beiden genannten ergeben, erhält man das sogenannte *criss-cross-Gitter*. Man stelle hierzu die Systemmatrix auf.

8.4 Man betrachte noch einmal das Modellproblem und vergleiche die Steifigkeitsmatrix A_Q aus Aufgabe 8.2 mit der für zwei Standarddreiecke A_{2T} und der zum criss-cross-Gitter A_{cc}. Wie groß ist die Kondition der Matrizen $A_Q^{-1} A_{2T}$, $A_Q^{-1} A_{cc}$ und $A_{cc}^{-1} A_{2T}$? Man zeige insbesondere, dass A_{2T} steifer als A_Q, d.h. $A_{2T} - A_Q$ positiv semi-definit ist.

8.5 Die elliptische Differentialgleichung $\mathrm{div}[a(x)\,\mathrm{grad}\,u] = f$ in Ω mit passenden Randbedingungen werde mit linearen Dreieckelementen aus $\mathcal{M}_0^1$ gelöst. Man zeige, dass sich dieselbe Lösung ergibt, wenn man die Koeffizientenfunktion $a(x)$ durch eine auf jedem Dreieck konstante Funktion ersetzt. Wie sind die Konstanten zu berechnen?

8.6 Im $\mathbb{R}^2$ kann man offensichtlich jedes Dreieck in 4 kongruente Dreiecke zerlegen. Man verifiziere mit Hilfe einer Skizze, dass die analoge Aussage für Tetraeder im $\mathbb{R}^3$ nicht richtig ist.

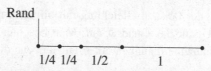

8.7 Die obige Abbildung zeigt eine Linie mit einer Verfeinerung wie etwa entlang einer vertikalen Gitterlinie in Abb. 13. Man schließe nach oben eine Triangulierung aus rechtwinklig, gleichschenkligen Dreiecken an, die in ein grobes Netz übergeht.

8.8 Was passiert beim Lösen des Neumann-Problems, wenn der Finite-Element-Raum *nicht* die konstante Funktion enthält?
Hinweis. Die Determinante der Matrix verschwindet zwar nicht, ist aber klein. Nun gilt in der Numerik bekanntlich die Faustregel, dass man algorithmisch kleine Zahlen nahezu wie Nullen behandeln muss und sie jedenfalls nicht in Nennern auftreten dürfen. — Bei der im nächsten Kapitel beschriebenen gemischten Methode tritt das Problem nicht auf.

Kapitel III
Nichtkonforme und andere Methoden

Bei der Theorie konformer Finiter Elemente wird davon ausgegangen, dass die Finite-Element-Räume in dem Funktionenraum enthalten sind, in dem das Variationsproblem gestellt ist. Außerdem wird gefordert, dass die Rechnungen mit der gegebenen Bilinearform $a(.,.)$ exakt ausgeführt werden. In der Praxis ist man häufig gezwungen, sich von diesen Fesseln zu befreien.

1. Bei krummlinigen Rändern lässt sich die Nullrandbedingung im allgemeinen nicht exakt erfüllen.
2. Die Integration beim Aufbau der Steifigkeitsmatrix ist (bei variablen Koeffizienten oder krummlinigen Rändern) mit Fehlern behaftet.
3. Bei Plattenproblemen und allgemeiner bei elliptischen Differentialgleichungen 4. Ordnung erfordern konforme Methoden C^1-Elemente, die zu sehr großen Gleichungssystemen führen.
4. Nebenbedingungen möchte man gegebenenfalls nur abgeschwächt einhalten. Ein typisches Beispiel ist das Stokes-Problem: Die Variationsaufgabe ist im Raum der divergenzfreien Strömungen

$$\{v \in H^1(\Omega)^n; \ (\operatorname{div} v, \lambda)_{0,\Omega} = 0 \ \text{ für } \lambda \in L_2(\Omega)\}$$

zu lösen. Die Nebenbedingungen führen zu Sattelpunktproblemen, und von den unendlich vielen Bedingungen bezieht man bei der Lösung nur endlich viele in die Rechnung ein.

Die in der angelsächsischen Literatur als *variational crimes* bezeichneten Abweichungen von den konformen Methoden beeinträchtigen die Konvergenz nicht, solange man entsprechende Spielregeln einhält. Die Theorie und oft anzutreffende Beispiele sind der Inhalt dieses Kapitels.

In §1 behandeln wir die Verallgemeinerungen des Céa-Lemmas und erläutern die Auswirkungen an Hand zweier Anwendungen. Anschließend beschreiben wir kurz isoparametrische Elemente. Die §§ 3 und 4 haben tieferliegende funktionalanalytische Methoden zum Inhalt, die man insbesondere bei den gemischten Methoden der Mechanik benötigt. Exemplarisch wird dies in den §§ 6 und 7 für das Stokes-Problem gezeigt. Techniken, die bei Nicht-Standard-Anwendungen von Sattelpunktmethoden zum Einsatz kommen, werden in §5 an Hand der Poisson-Gleichung vorgestellt.

Die §§ 8 und 9 befassen sich mit a posteriori Fehlerabschätzungen. Hier kommen Methoden aus der nichtkonformen Theorie und Sattelpunkmethoden ins Spiel, obwohl wir uns auf Schätzer für konforme Elemente beschränken.

§ 1. Abstrakte Hilfssätze
und eine einfache Randapproximation

Wenn die Finite-Element-Räume zu einem H^m-elliptischen Problem nicht in dem Sobolev-Raum $H^m(\Omega)$ liegen, spricht man von *nichtkonformen Elementen*, und die Konvergenz ist keineswegs selbstverständlich. Neben dem Approximationsfehler entsteht ein weiterer Fehler, den man als *Konsistenzfehler* bezeichnet. Dementsprechend benötigt man Verallgemeinerungen des Céa-Lemmas, die auf Strang zurückgehen. Die allgemeinen Sätze werden auf ein einfaches nichtkonformes Element angewandt. Außerdem illustrieren wir, dass sie auch bei einer ganz andersartigen Verletzung der Konformität greifen — nämlich bei der Verletzung der Randbedingungen.

Die Lemmas von Strang

Das gegebene Variationsproblem

$$a(u, v) = \langle \ell, v \rangle \quad \text{für } v \in V \tag{1.1}$$

mit $V \subset H^m(\Omega)$ wird durch eine Folge finiter Probleme ersetzt: *Gesucht wird* $u_h \in S_h$ *mit*

$$a_h(u_h, v) = \langle \ell_h, v \rangle \quad \text{für } v \in S_h. \tag{1.2}$$

Dabei seien die Bilinearformen a_h gleichgradig elliptisch, d.h. mit einer von h unabhängigen Zahl $\alpha > 0$ gelte

$$a_h(v, v) \geq \alpha \|v\|^2_{m,\Omega} \quad \text{für } v \in S_h. \tag{1.3}$$

Die Fehlerabschätzungen für nichtkonforme Methoden basieren auf den folgenden Verallgemeinerungen des Céa-Lemmas. Bei der ersten Verallgemeinerung wird nicht verlangt, dass a_h für alle Funktionen in V erklärt ist. Insbesondere darf die Auswertung von a_h Quadraturformeln mit Punktfunktionalen enthalten, die für H^1-Funktionen nicht erklärt sind. Andererseits wird hier noch an der Forderung $S_h \subset V$ festgehalten.

1.1 Erstes Lemma von Strang. *Unter den obigen Voraussetzungen ist mit einer von h unabhängigen Zahl c:*

$$\|u - u_h\| \leq c \Bigg(\inf_{v_h \in S_h} \left\{ \|u - v_h\| + \sup_{w_h \in S_h} \frac{|a(v_h, w_h) - a_h(v_h, w_h)|}{\|w_h\|} \right\}$$

$$+ \sup_{w_h \in S_h} \left\{ \frac{\langle \ell, w_h \rangle - \langle \ell_h, w_h \rangle}{\|w_h\|} \right\} \Bigg).$$

Beweis. Sei $v_h \in S_h$. Wir setzen zur Abkürzung $u_h - v_h = w_h$ und schließen aus der gleichgradigen Stetigkeit zusammen mit (1.2) und (1.3)

$$\alpha \|u_h - v_h\|^2 \leq a_h(u_h - v_h, u_h - v_h) = a_h(u_h - v_h, w_h)$$
$$= a(u - v_h, w_h) + [a(v_h, w_h) - a_h(v_h, w_h)] + [a_h(u_h, w_h) - a(u, w_h)]$$
$$= a(u - v_h, w_h) + [a(v_h, w_h) - a_h(v_h, w_h)]$$
$$- [\langle \ell, w_h \rangle - \langle \ell_h, w_h \rangle].$$

Wir dividieren durch $\|u_h - v_h\| = \|w_h\|$ und nutzen die Stetigkeit von a aus:

$$\|u_h - v_h\| \leq C\left(\|u - v_h\| + \frac{|a(v_h, w_h) - a_h(v_h, w_h)|}{\|w_h\|} + \frac{|\langle \ell_h, w_h \rangle - \langle \ell, w_h \rangle|}{\|w_h\|}\right).$$

Es ist v_h ein beliebiges Element in S_h, und so folgt zusammen mit der Dreiecksungleichung

$$\|u - u_h\| \leq \|u - v_h\| + \|u_h - v_h\|$$

die Behauptung. □

Der Verzicht auf die Konformitätsbedingung $S_h \subset V$ hat mehrere Konsequenzen. Insbesondere ist die gegebene H^m-Norm möglicherweise für Elemente in S_h nicht mehr definiert. Man setzt dann *gitterabhängige* Normen $\|\cdot\|_h$ ein, wie wir sie z.B. in (II.6.1) kennen gelernt haben.

Ferner wird vorausgesetzt, dass die jeweils benutzte Bilinearform a_h für Funktionen in V und in S_h erklärt ist. Außerdem muss die Elliptizität und Stetigkeit

$$a_h(v, v) \geq \alpha \|v\|_h^2 \qquad \text{für } v \in S_h,$$
$$|a_h(u, v)| \leq C \|u\|_h \cdot \|v\|_h \quad \text{für } u \in V + S_h, \; v \in S_h \tag{1.4}$$

mit von h unabhängigen positiven Konstanten α und C gelten.

Den folgenden Hilfssatz findet man oft unter der Bezeichnung "zweites Lemma von Strang".

1.2 Lemma von Berger, Scott und Strang. *Unter den obigen Voraussetzungen ist mit einer von h unabhängigen Zahl c:*

$$\|u - u_h\|_h \leq c\left(\inf_{v_h \in S_h} \|u - v_h\|_h + \sup_{w_h \in S_h} \frac{|a_h(u, w_h) - \langle \ell_h, w_h \rangle|}{\|w_h\|_h}\right).$$

Bemerkung. Den ersten Term bezeichnet man als *Approximationsfehler* und den zweiten als *Konsistenzfehler*.

Beweis. Sei $v_h \in S_h$. Aus (1.4) schließen wir

$$\alpha \|u_h - v_h\|_h^2 \leq a_h(u_h - v_h, u_h - v_h)$$
$$= a_h(u - v_h, u_h - v_h) + [\langle \ell_h, u_h - v_h \rangle - a_h(u, u_h - v_h)].$$

Wir dividieren wieder durch $\|u_h - v_h\|_h$ und kürzen $u_h - v_h$ durch w_h ab:

$$\|u_h - v_h\|_h \leq \alpha^{-1}\left(C\|u - v_h\|_h + \frac{|a_h(u, w_h) - \langle \ell_h, w_h \rangle|}{\|w_h\|_h}\right).$$

Wie im Beweis des ersten Lemma folgt die Behauptung mittels der Dreiecksungleichung. □

1.3 Bemerkung. Mit einer Variante des Lemmas von Berger, Scott und Strang löst man sich von der Voraussetzung, dass die Bilinearform a_h auf V erklärt werden muss. Die formale Ausdehnung von S_h auf $S_h + V$ enthält oft Fallstricke. Laut Beweis genügt es jedoch, für ein Element $v_h \in S_h$ mit kleinem Abstand zu u die Linearform

$$a_h(v_h, w_h) - \langle \ell_h, w_h \rangle \quad \text{für } w_h \in S_h \tag{1.5}$$

abzuschätzen. Sie stimmt wegen (1.2) nämlich mit $a_h(v_h - u_h, w_h)$ überein. Zur Auswertung von (1.5) schiebt man dann schon einen Term ein, den man als $a_h(u, w_h)$ interpretieren kann. Der Vorteil besteht darin, dass man ihn individuell festlegen darf.

Dualitätstechnik

Im Rahmen der Theorie nichtkonformer Elemente ergeben sich bei der Anwendung der Dualitätstechnik im Vergleich zum Ausdruck im Aubin–Nitsche–Lemma zwei zusätzliche Terme.

1.4 Hilfssatz. *Die Hilbert-Räume V und H mögen den Voraussetzungen des Aubin–Nitsche–Lemmas genügen. Ferner sei $S_h \subset H$, und die Bilinearform a_h sei auf $V \cup S_h$ so erklärt, dass sie auf V mit a übereinstimmt. Dann gilt für die Finite-Element-Lösung u_h von (1.2)*

$$|u - u_h| \le \sup_{g \in H} \frac{1}{|g|} \Big\{ c \|u - u_h\|_h \|\varphi_g - \varphi_h\|_h$$
$$+ |a_h(u - u_h, \varphi_g) - (u - u_h, g)| \tag{1.6}$$
$$+ |a_h(u, \varphi_g - \varphi_h) - \langle \ell, \varphi_g - \varphi_h \rangle| \Big\}.$$

Dabei werden jedem $g \in H$ die schwachen Lösungen $\varphi_g \in V$ und $\varphi_h = \varphi_{g,h} \in S_h$ von $a(w, \varphi) = (w, g)$ zugeordnet.

Beweis. Nach Definition von u_h, φ_g und φ_h ist für jedes $g \in H$

$$\begin{aligned}
(u - u_h, g) &= a_h(u, \varphi_g) - a_h(u_h, \varphi_h) \\
&= a_h(u - u_h, \varphi_g - \varphi_h) \\
&\quad + a_h(u_h, \varphi_g - \varphi_h) + a_h(u - u_h, \varphi_h) \\
&= a_h(u - u_h, \varphi_g - \varphi_h) \\
&\quad - [a_h(u - u_h, \varphi_g) - (u - u_h, g)] \\
&\quad - [a_h(u, \varphi_g - \varphi_h) - \langle \ell, \varphi_g - \varphi_h \rangle].
\end{aligned}$$

Die letzte Gleichung verifiziert man am einfachsten, indem man die Ausdrücke mit linearen Funktionalen in den eckigen Klammern durch solche mit a_h ersetzt und die Terme vergleicht. Aus der Stetigkeit von a_h und (II.7.7) folgt die Behauptung. $\quad\Box$

Die Zusatzterme in (1.6) sind im Prinzip genauso aufgebaut wie die Zusatzterme im Lemma von Berger, Scott und Strang. Es wird sich zeigen, dass bei den Anwendungen die wesentliche Arbeit schon geleistet wurde, wenn die Voraussetzungen des Lemmas verifiziert wurden.

Das Crouzeix–Raviart–Element

Das einfachste nichtkonforme Element für die Diskretisierung elliptischer Randwertaufgaben zweiter Ordnung stellt das Crouzeix–Raviart–Element dar, das auch als *nichtkonformes P_1-Element* bezeichnet wird.

Abb. 28. Das Crouzeix–Raviart–Element oder nichtkonforme P_1-Element

$$\mathcal{M}_*^1 := \{v \in L_2(\Omega); \ v_{|T} \text{ ist linear für jedes } T \in \mathcal{T}_h,$$
$$v \text{ ist stetig in den Mittelpunkten der Dreieckseiten}\}, \qquad (1.7)$$
$$\mathcal{M}_{*,0}^1 := \{v \in \mathcal{M}_*^1; \quad v = 0 \text{ in den Mittelpunkten der Dreieckseiten auf } \partial\Omega\}.$$

Zur Lösung der Poisson-Gleichung sei

$$a_h(u, v) := \sum_{T \in \mathcal{T}_h} \int_T \nabla u \cdot \nabla v \, dx \quad \text{für } u, v \in H^1(\Omega) + \mathcal{M}_{*,0}^1,$$

$$\|v\|_h := \sqrt{a_h(v, v)} \qquad \text{für } v \in H^1(\Omega) + \mathcal{M}_{*,0}^1$$

gesetzt. Der Einfachheit halber sei Ω als konvexes Polyeder vorausgesetzt. Dann ist das Problem H^2-regulär und $u \in H^2(\Omega)$.

Zu $v \in H^2(\Omega)$ sei $I_h v \in \mathcal{M}_{*,0}^1 \cap C^0(\Omega)$ die stetige, stückweise lineare Funktion, die v in den Eckpunkten der Dreiecke interpoliert. Die Seiten der Dreiecke seien mit dem Buchstaben e (von englisch: *edge*) bezeichnet.

Im Hinblick auf Lemma 1.2 berechnen wir für $w_h \in \mathcal{M}_{*,0}^1$

$$L_u(w_h) := a_h(u, w_h) - \langle \ell, w_h \rangle$$

$$= \sum_T \int \nabla u \nabla w_h \, dx - \int_\Omega f w_h \, dx$$

$$= \sum_T \left(\int_{\partial T} \partial_\nu u \, w_h \, ds - \int_T \Delta u \, w_h \, dx \right) - \int_\Omega f w_h \, dx$$

$$= \sum_T \int_{\partial T} \partial_\nu u \, w_h \, ds,$$

weil $-\Delta u = f$ im schwachen Sinne gilt, s. Beispiel II.2.10. Weiter beachte man, dass jede innere Seite in der Summe zweimal vorkommt. Deshalb ändern sich die Integrale nicht, wenn man auf jeder Seite e den Integralmittelwert $\overline{w_h(e)}$ subtrahiert

$$L_u(w_h) \doteq \sum_T \sum_{e \in \partial T} \int_e \partial_\nu u (w_h - \overline{w_h(e)}) ds.$$

Nach Definition von $\overline{w_h(e)}$ ist $\int_e (w_h - \overline{w_h(e)}) ds = 0$. Das Integral ändert sich nicht, wenn auf jeder Seite e eine Konstante von dem Faktor $\partial_\nu u$ subtrahiert wird. Dies kann insbesondere $\partial_\nu I_h u$ sein

$$L_u(w_h) = \sum_T \sum_{e \in \partial T} \int_e \partial_\nu (u - I_h u)(w_h - \overline{w_h(e)}) ds.$$

Mit Hilfe der Cauchy–Schwarzschen Ungleichung folgt

$$|L_u(w_h)| \le \sum_T \sum_{e \in \partial T} \Big[\int_e |\nabla(u - I_h u)|^2 ds \int_e |w_h - \overline{w_h(e)}|^2 ds \Big]^{1/2}. \qquad (1.8)$$

Die Faktoren sehen wir uns genauer an. Für $v \in H^2(T_{\mathrm{ref}})$ ist nach dem Spursatz und dem Bramble–Hilbert–Lemma

$$\int_{\partial T_{\mathrm{ref}}} |\nabla(v - I_h v)|^2 ds \le c \|\nabla(v - I_h v)\|_{1, T_{\mathrm{ref}}} \le c \|v - I_h v\|_{2, T_{\mathrm{ref}}}^2 \le c' |v|_{2, T_{\mathrm{ref}}}^2 .$$

Mit den Transformationssätzen folgt deshalb für $T \in \mathcal{T}_h$

$$\int_{\partial T} |\nabla(v - I_h v)|^2 ds \le c \cdot h |v|_{2, T}^2 . \qquad (1.9)$$

Ebenso folgt zunächst für jede Seite e von $\partial T_{\mathrm{ref}}$

$$\int_e |w_h - \overline{w_h(e)}|^2 ds \le c \|w_h\|_{1, T_{\mathrm{ref}}}^2 \le c' |w_h|_{1, T_{\mathrm{ref}}}^2 \quad \text{für } w_h \in \mathcal{P}_1 .$$

Auch hier war das Bramble–Hilbert–Lemma anwendbar, weil die linke Seite für konstante Funktionen verschwindet. Die Transformationssätze liefern für $e \in T \in \mathcal{T}_h$

$$\int_e |w_h - \overline{w_h(e)}|^2 ds \le c\, h |w_h|_{1, T}^2 \quad \text{für } w_h \in \mathcal{M}_{*,0}^1 . \qquad (1.10)$$

Die Abschätzungen (1.9) und (1.10) setzen wir in (1.8) ein. Außerdem benutzen wir die Cauchy–Schwarzsche Ungleichung für euklidische Skalarprodukte

$$|L_u(w_h)| \le \sum_T 3\, ch |u|_{2,T} |w_h|_{1,T}$$

$$\le c' h \Big[\sum_T |u|_{2,T}^2 \cdot \sum_T |w_h|_{1,T}^2 \Big]^{1/2}$$

$$= c' h |u|_{2,\Omega} \cdot \|w_h\|_h . \qquad (1.11)$$

Schließlich beobachten wir, dass die stückweise linearen konformen Elemente in $\mathcal{M}^1_{*,0}$ enthalten sind. So braucht für $\mathcal{M}^1_{*,0}$ kein neuer Approximationssatz hergeleitet zu werden, und es ergibt sich

$$\|u - u_h\|_h \le c \cdot h |u|_{2,\Omega} \le c \cdot h \|f\|_0. \tag{1.12}$$

Wir wenden nun Satz 1.4 auf das Crouzeix–Raviart–Element an und setzen dazu $V := H^1(\Omega)$, $H := L_2(\Omega)$. Insbesondere für die Abschätzung des ersten Terms wird $\varphi_g - \varphi_h$ als Diskretisierungsfehler des Problems $a(w, \varphi) = (w, g)_{0,\Omega}$ angesehen. Wir greifen auf (1.12) und die Regularität des Problems zurück:

$$\|\varphi_g - \varphi_h\|_h \le c \cdot h |\varphi_g|_2 \le c'' h \|g\|_0.$$

Eine wesentliche Beobachtung ist, dass die Formel (1.11) sogar für alle $w \in \mathcal{M}^1_{*,0} + H^1_0$ gilt. Dies erkennt man sofort, wenn man die Herleitung der Formel überprüft. Es folgt für die Zusatzterme in (1.6)

$$\begin{aligned}
|a_h(u - u_h, \varphi_g) - (u - u_h, g)| &= |L_{\varphi_g}(u - u_h)| \\
&\le c'h \, |\varphi_g|_2 \, \|u - u_h\|_h \\
&\le c'h \cdot \|g\|_0 \|u - u_h\|_h \\
|a_h(u, \varphi_g - \varphi_h) - (f, \varphi_g - \varphi_h)| &= |L_u(\varphi_g - \varphi_h)| \\
&\le c'h \, |u|_2 \cdot \|\varphi_g - \varphi_h\|_h.
\end{aligned}$$

Die letzten drei Abschätzungen ergeben schließlich

$$\begin{aligned}
|(u - u_h, g)| &\le c\,h(\|u - u_h\|_h + h|u|_2)\|g\|_0 \\
&\le c\,h^2 |u|_2 \cdot \|g\|_0.
\end{aligned}$$

Das Ergebnis der Dualitätsrechnung fassen wir mit (1.12) zusammen.

1.5 Satz. *Sei Ω konvex, oder Ω habe einen glatten Rand. Dann ist bei der Diskretisierung der Poisson-Gleichung mit den Crouzeix–Raviart–Elementen*

$$\|u - u_h\|_0 + h\|u - u_h\|_h \le c\,h^2 |u|_2.$$

Bemerkung. Während die H^2-Regularität bei konformen Methoden nur für quantitative Aussagen herangezogen wird, geht sie hier (auch qualitativ) in den Konvergenzbeweis ein. Trotzdem ähnelt das Ergebnis sehr dem in Kap. II §7. Ein Vergleich der Diskretisierungsfehler von konformem und nichtkonformem P_1-Element erfolgt in Satz 5.6.

Eine einfache Approximation krummliniger Ränder

Wir betrachten eine Differentialgleichung 2. Ordnung auf einem Gebiet Ω mit glattem Rand. Das bedeutet: Zu jedem Punkt aus $\Gamma = \partial\Omega$ findet man orthogonale Koordinaten (ξ, η), so dass der Rand in einer Umgebung als Graph mit einer C^2-Funktion g beschrieben wird. Das Gebiet Ω wird in Elemente zerlegt, wobei jedes Element T drei Eckpunkte besitzt, von denen mindestens einer ein innerer Punkt von Ω ist. Wenn zwei Ecken von T auf Γ liegen, ist das Randstück von Γ zwischen diesen Ecken zugleich Kante des Elementes. Alle anderen Kanten der Elemente seien durch geradlinige Verbindungen zwischen den Ecken gegeben. Deshalb werden diese Elemente auch als *krummlinige Dreiecke* bezeichnet.

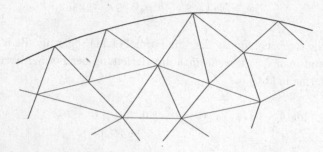

Abb. 29. Ausschnitt aus einer Triangulierung eines Gebietes mit krummlinigem Rand

Wenn man die Randkurve zwischen je zwei benachbarten Eckpunkten durch eine Strecke ersetzt, so erhält man eine polygonale Approximation Ω_h von Ω. Die Zerlegung $\mathcal{T}_h$ von Ω induziert eine Triangulierung von Ω_h. Diese soll zulässig sein. Es wird $\mathcal{T}_h$ als *uniform* bzw. *quasiuniform* bezeichnet, wenn die induzierte Triangulierung von Ω_h diese Eigenschaft besitzt.

Als Finite Elemente wählen wir lineare Dreieckelemente, wobei die Nullrandbedingung jedoch nur für die Knoten auf Γ gefordert wird:

$$S_h := \{v \in C^0(\Omega); \ v_{|T} \text{ ist linear für jedes } T \in \mathcal{T}_h,$$

$$v(z) = 0 \text{ für jeden Knoten } z \in \Gamma\}.$$

Es ist also $S_h \not\subset H_0^1(\Omega)$. Trotzdem braucht man wegen $S_h \subset H^1(\Omega)$ keine neuen (gitterabhängigen) Normen vorzusehen und kann $a_h(u, v) := a(u, v)$ setzen.

1.6 Hilfssatz. *Sei Ω ein Gebiet mit C^2-Rand, und durch $\mathcal{T}_h$ sei eine Folge quasiuniformer Triangulierungen gegeben. Dann gilt*

$$\|v\|_{0,\Gamma} \le c\, h^{3/2}\, |v|_{1,\Omega} \quad \textit{für } v \in S_h. \tag{1.13}$$

Beweis. Sei T ein Element mit einer krummlinigen Kante $\Gamma_1 := T \cap \Gamma$. Wir werden

$$\int_{\Gamma_1} v^2 ds \le c \cdot h_T^3 \int_T (|\partial_1 v|^2 + |\partial_2 v|^2)\, dx \tag{1.14}$$

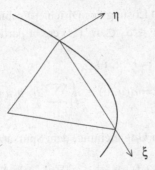

Abb. 30. Lokale Koordinaten für ein krummliniges Element

zeigen. Dann folgt die Behauptung durch Summation über alle Dreiecke von $\mathcal{T}_h$.

Das Koordinatensystem bewegen wir so, dass die ξ-Achse durch die beiden auf Γ liegenden Ecken von T läuft, s. Abb. 30. Die Koordinaten der Eckpunkte seien $(\xi_1, 0), (\xi_2, 0)$, und der Rand wird durch $\eta = g(\xi)$ gegeben. Wegen $g(\xi_1) = g(\xi_2) = 0, |\xi_1 - \xi_2| \leq h_T$ und $|g''(\xi)| \leq c$ ist

$$|g(\xi)| \leq c \cdot h_T^2 \quad \text{für } \xi_1 \leq \xi \leq \xi_2. \tag{1.15}$$

Da $v \in S_h$ in T linear ist und an zwei Punkten auf der ξ-Achse verschwindet, hat v in T die Gestalt

$$v(\xi, \eta) = b\eta.$$

Der Gradient ist in T konstant: $|\nabla u| = b$, und die Fläche von T kann nach unten durch die des Inkreises abgeschätzt werden. Sein Radius beträgt mindestens h_T/κ. Also ist

$$\int_T |\nabla v|^2 dx \geq \pi (h_T/\kappa)^2 \cdot b^2.$$

Andererseits gilt

$$\int_\Gamma v^2 ds = \int_{\xi_1}^{\xi_2} [bg(\xi)]^2 \sqrt{1 + [g'(\xi)]^2}\, d\xi$$

$$\leq [b \cdot ch_T^2]^2 \int_{\xi_1}^{\xi_2} 2\, d\xi$$

$$= 2c^2 b^2 \cdot h_T^5.$$

Durch den Vergleich der beiden letzten Resultate ergibt sich die Behauptung.   □

Es ist zu bemerken, dass durch eine Sehne wegen (1.15) nur ein Flächenstück $T'' := T \cap (\Omega \setminus \Omega_h)$ mit

$$\mu(T'') \leq ch\mu(T) \tag{1.16}$$

abgeschnitten wird.

Sei nun u_h die schwache Lösung in S_h, d.h.

$$a(u_h, v) = (f, v)_{0,\Omega} \quad \text{für } v \in S_h.$$

Weiter sei $u \in H^2(\Omega) \cap H_0^1(\Omega)$ Lösung des Dirichlet-Problems (II.2.7). Dann ist $Lu = f$ im Sinne von $L_2(\Omega)$, und für $v \in S_h \subset H^1(\Omega)$ ergibt partielle Integration

$$(f, v)_{0,\Omega} = (Lu, v)_{0,\Omega}$$
$$= a(u, v) - \int_\Gamma \sum_{k,\ell} a_{k\ell}\, \partial_k u\, v \cdot v_\ell ds.$$

Mit der Cauchy–Schwarzschen Ungleichung, dem Spursatz und dem Hilfssatz folgt

$$|a(u, v) - (f, v)_{0,\Omega}| \leq c\|\nabla u\|_{0,\Gamma}\, \|v\|_{0,\Gamma}$$
$$\leq c\|u\|_{2,\Omega} \cdot c\, h^{3/2}\|v\|_{1,\Omega}.$$

Das Lemma von Berger, Scott und Strang liefert also einen Zusatzterm $c\, h^{3/2}$, der im Vergleich zu dem Standardterm $c\, h$ klein ist:

1.7 Satz. *Sei Ω ein Gebiet mit C^2-Rand. Für die Finite-Element-Approximation durch lineare Dreieckelemente gilt bei quasiuniformen Triangulierungen*

$$\|u - u_h\|_{1,\Omega} \leq c\, h\, \|u\|_{2,\Omega}$$
$$\leq c\, h\, \|f\|_{0,\Omega}. \tag{1.17}$$

Die Abschätzung bleibt richtig, wenn a durch

$$a_h(u, v) := \int_{\Omega_h} \sum_{k,\ell} a_{k\ell}\, \partial_k u\, \partial_\ell v\, dx$$

ersetzt wird. Es ist nämlich $|a_h(u, v) - a(u, v)| \leq c\|u\|_{1,\Omega}\|v\|_{1,\Omega\setminus\Omega_h}$, und weil ∇v auf jedem Element T konstant ist, bewirkt (1.16):

$$\|v\|_{1,\Omega\setminus\Omega_h} \leq ch\|v\|_{1,\Omega} \quad \text{für } v \in S_h.$$

Modifikationen beim Dualitätsargument

Hier ist der allgemeine Hilfssatz 1.4 nicht einsetzbar, weil die Abschätzung (1.13) nicht für alle $v \in S_h + H_0^1$ gilt. Der Einfachheit halber verwenden wir die Dualitätstechnik jetzt zusammen mit solchen Hilfsmitteln, die uns bereits zur Verfügung stehen. Man findet dann auch bei der L_2-Abschätzung einen Zusatzterm von der Ordnung $h^{3/2}$, der jetzt nicht klein gegenüber dem Hauptterm ist. Durch eine ausgefeiltere Technik ließe sich das vermeiden [Blum 1991].

Um keine Doppelsummen in den Randintegralen mitführen zu müssen, beschränken wir uns hier auf die Poisson-Gleichung. Außerdem berücksichtigen wir sofort, dass das Supremum in (II.7.7) für $g = w$ angenommen wird.

Zu $w := u - u_h$ sei φ die Lösung der Gleichung (II.7.6), d.h. es sei

$$-\Delta\varphi = w \quad \text{in } \Omega,$$
$$\varphi = 0 \quad \text{auf } \Gamma.$$

Weil Ω glatt ist, ist das Problem H^2-regulär, also $\varphi \in H^2(\Omega) \cap H_0^1(\Omega)$ und

$$\|\varphi\|_{2,\Omega} \leq c\|w\|_{0,\Omega}.$$

Im Gegensatz zu den Umformungen bei konformen Elementen erhalten wir wegen $w \notin H_0^1(\Omega)$ Randterme aus der Greenschen Formel

$$\|w\|_{0,\Omega}^2 = (w, -\Delta\varphi)_{0,\Omega} \tag{1.18}$$
$$= a(w, \varphi) - (w, \partial_\nu\varphi)_{0,\Gamma}.$$

Sei v_h ein beliebiges Element in S_h. Dann ist $a(u - u_h, -v_h) = (\partial_\nu u, -v_h)_{0,\Gamma}$, und wegen $\varphi \in H_0^1(\Omega)$ kann der letzte Term durch $(\partial_\nu u, \varphi - v_h)_{0,\Gamma}$ ersetzt werden. Aus (1.18) wird

$$\|w\|_{0,\Omega}^2 = a(w, \varphi - v_h) - (\partial_\nu u, \varphi - v_h)_{0,\Gamma} - (w, \partial_\nu\varphi)_{0,\Gamma}. \tag{1.19}$$

Nun wird v_h als Interpolierende von φ in S_h gewählt.

Der erste Term wird wie bei konformen Elementen abgeschätzt:

$$a(w, \varphi - v_h) \leq C\|w\|_{1,\Omega}\|\varphi - v_h\|_{1,\Omega}$$
$$\leq C\|w\|_{1,\Omega}\,ch\|\varphi\|_{2,\Omega}$$
$$\leq ch\|w\|_{1,\Omega}\|w\|_{0,\Omega}.$$

Für die Behandlung des 2. Terms in (1.19) benötigen wir die Approximationsaussage $\|\varphi - I_h\varphi\|_{0,\Gamma} \leq ch^{3/2}\|\varphi\|_{2,\Omega}$. Auf den Beweis über ein Affinitätsargument sei jedoch verzichtet. Außerdem wird der Spursatz auf ∇u angewandt:

$$|(\partial_\nu u, \varphi - v_h)_{0,\Gamma}| \leq \|\nabla u\|_{0,\Gamma}\|\varphi - v_h\|_{0,\Gamma}$$
$$\leq c\|u\|_{2,\Omega}\,ch^{3/2}\|\varphi\|_{2,\Omega}$$
$$\leq ch^{3/2}\|u\|_{2,\Omega}\|w\|_{0,\Omega}.$$

Für den letzten Term greifen wir auf Hilfssatz 1.6 und den Spursatz zurück:

$$|(w, \partial_\nu\varphi)_{0,\Gamma}| \leq \|w\|_{0,\Gamma}\|\nabla\varphi\|_{0,\Gamma}$$
$$\leq \|u_h\|_{0,\Gamma}\|\nabla\varphi\|_{0,\Gamma}$$
$$\leq ch^{3/2}\|u_h\|_{1,\Omega}\|\varphi\|_{2,\Omega}$$
$$\leq ch^{3/2}(\|u\|_{1,\Omega} + \|u - u_h\|_{1,\Omega})\|w\|_{0,\Omega}$$
$$\leq ch^{3/2}\|u\|_{2,\Omega}\|w\|_{0,\Omega}.$$

Zusammen haben wir

$$\|w\|_{0,\Omega}^2 \leq c\|w\|_{0,\Omega}\{h\|w\|_{1,\Omega} + h^{3/2}\|u\|_{2,\Omega}\}.$$

Wir erinnern, dass $w = u - u_h$ gesetzt war, und erhalten

1.8 Satz. *Unter den Voraussetzungen des Satzes 1.7 ist*

$$\|u - u_h\|_{0,\Omega} \le c \cdot h^{3/2} \|u\|_{2,\Omega}.$$

Die Quelle für den Fehlerterm $O(h^{3/2})$ ist letzten Endes die punktweise Abschätzung $|u(x)| \le ch^2 |\nabla u(x)|$ für $x \in \Gamma$, vgl. (1.15). Wenn man den Rand (mit quadratischen anstatt linearen Funktionen) um eine h-Potenz besser approximiert, schlägt sich das in einem verbesserten Resultat nieder. Das wird z.B. durch den Einsatz isoparametrischer Elemente erreicht.

Aufgaben

1.9 Sei S_h eine affine Familie von C^0-Elementen. Man zeige, dass in den Approximationssätzen und den inversen Abschätzungen $\| \cdot \|_{2,h}$ durch die gitterabhängige Norm

$$\||v\||_h^2 := \sum_{T_j} \|v\|_{2,T_j}^2 + h^{-1} \sum_{\{e_m\}} \int_{e_m} [\![\frac{\partial v}{\partial \nu}]\!]^2 ds$$

ersetzt werden kann. Dabei ist $\{e_m\}$ die Menge der Kanten zwischen den Elementen und $[\![\cdot]\!]$ bedeutet den Sprung einer Funktion.

Hinweis: Äquivalente Normen sind in $H^2(T_{\text{ref}})$

$$\|v\|_{2,T_{\text{ref}}} \quad \text{und} \quad \left(\|v\|_{2,T_{\text{ref}}}^2 + \int_{\partial T_{\text{ref}}} |\nabla v|^2 ds \right)^{1/2}$$

1.10 Das bei der Analyse des Crouzeix–Raviart–Elements auftretende lineare Funktional L_u verschwindet laut Definition der schwachen Lösung auf $H_0^1(\Omega)$. Welchem Trugschluss unterliegt man, wenn man zusammen mit der Dichtheit von $H_0^1(\Omega)$ in $L_2(\Omega)$ "schließt", dass L_u für alle $w \in L_2(\Omega)$ verschwindet?

1.11 Wenn die Systemmatrizen mittels Quadraturformeln berechnet werden, erhält man auch bei konformen Elementen nur Näherungen a_h für die Bilinearform. Wie wirken sich Fehler

$$|a(v, v) - a_h(v, v)| \le \varepsilon(h) \cdot \|v\|_1^2 \quad \text{für } v \in S_h$$

auf die Lösung aus?

1.12 Das Crouzeix–Raviart–Element hat *lokal* drei Freiheitsgrade genauso wie das konforme P_1-Element $\mathcal{M}_0^1$. Man zeige, dass die Zahl der *globalen* Freiheitsgrade auf einem Rechteckgitter wie in Abb. 9 dann jedoch ungefähr dreimal so groß wie im konformen Fall ist.

Eine weitere Aufgabe befindet sich am Ende von §2.

§ 2. Isoparametrische Elemente

Für die Behandlung von elliptischen Problemen 2. Ordnung auf Gebieten mit krummlinigen Rändern zieht man krummlinige Elemente heran, wenn man eine höhere Genauigkeit erreichen will. Bei vielen Problemen 4. Ordnung ist man sogar darauf angewiesen, den Rand in der C^1-Norm gut zu approximieren, um überhaupt Konvergenz zu gewährleisten. Dazu wurden die sogenannten *isoparametrischen Familien* Finiter Elemente entwickelt, die eine Verallgemeinerung *affiner* Familien darstellen.

Bei Dreiecken spielen isoparametrische Elemente eigentlich nur in Randnähe eine Rolle. Dagegen verwendet man (einfache) isoparametrische Vierecke auch im Innern, weil man so beliebige Vierecke erzeugen kann und nicht an Parallelogramme gebunden ist.

Wir beschränken uns auf ebene Gebiete und betrachten Familien von Elementen, bei denen jedes $T \in \mathcal{T}_h$ durch eine bijektive Abbildung F

$$
\begin{aligned}
T_{\text{ref}} &\longrightarrow T \\
(\xi, \eta) &\longmapsto (x, y) = F(\xi, \eta) = (p(\xi, \eta), q(\xi, \eta))
\end{aligned}
\tag{2.1}
$$

erzeugt wird. Wenn für p und q nur lineare Funktionen zugelassen sind, werden mit diesem Rahmen die affinen Familien erfasst. Als isoparametrische Elemente bezeichnet man die Elemente, die sich mit Polynomen p und q von höherem Grad ergeben. Genauer gesagt dürfen die Polynome für die Parametrisierung aus derselben Polynomfamilie sein wie die zugrunde liegenden Elementfunktionen.

Der Raum von Finite-Element-Funktionen, der dann $\mathcal{T}_h$ zugeordnet ist, wird wie gewohnt durch einen Polynomraum über dem Referenzdreieck definiert.

Isoparametrische Dreieckelemente

Der wichtige Fall quadratischer Polynome p und q ist in Abb. 31 zu sehen. Aus Bemerkung II.5.4 erkennen wir, dass 6 Punkte P_i, $1 \le i \le 6$, vorgegeben werden können. Dann sind nämlich p und q als Polynome 2. Grades durch die Koordinaten der Punkte $P_1, \ldots, P_6$ eindeutig bestimmt. Wenn insbesondere P_4, P_5 und P_6 die Seitenmitten des Dreiecks mit den Endpunkten P_1, P_2 und P_3 sind, erhält man selbstverständlich eine lineare Abbildung.

Mit der Einführung isoparametrischer Elemente entstehen folgende Fragen:

1. Lassen sich isoparametrische Elemente mit affinen kombinieren, ohne dass die erwünschten zusätzlichen Freiheitsgrade wieder verloren gehen?
2. Wie sind die Begriffe "uniform" und "quasiuniform" neu zu fassen, damit die Ergebnisse für affine Familien auf isoparametrische übertragen werden können?

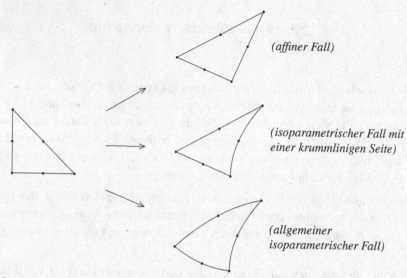

(affiner Fall)

(isoparametrischer Fall mit einer krummlinigen Seite)

(allgemeiner isoparametrischer Fall)

Abb. 31. Isoparametrische Elemente mit linearer und quadratischer Parametrisierung

Im Innern von Ω wird man möglichst geradlinige Elemente benutzen, um den Rechenaufwand niedrig zu halten. Deshalb sind Elemente mit nur einer krummlinigen Seite von besonderem Interesse. Die Seiten von T_{ref} mit $\xi = 0$ und mit $\eta = 0$ mögen auf die geradlinigen Seiten von T abgebildet werden. Es ist zweckmäßig, die Mittelpunkte dieser Seiten als Bilder von Seitenmittelpunkten des Referenzdreiecks zu fixieren. Dann reduziert sich der quadratische Ansatz auf

$$
\begin{aligned}
p(\xi, \eta) &= a_1 + a_2\xi + a_3\eta + a_4\xi\eta, \\
q(\xi, \eta) &= b_1 + b_2\xi + b_3\eta + b_4\xi\eta.
\end{aligned}
\tag{2.2}
$$

Die Restriktionen von p und q auf die Seiten $\xi = 0$ und $\eta = 0$ sind lineare Funktionen (der Bogenlänge), und der stetige Anschluss an affine Nachbarelemente stellt sich ein, ohne dass besondere Maßnahmen zu treffen sind.

Bei affinen Familien lässt sich die Bedingung der Quasiuniformität auf verschiedene Weise formulieren. Welche der äquivalenten Formulierungen gebraucht wurde, hing von der jeweiligen Untersuchung ab. Die entsprechenden Verallgemeinerungen für isoparametrische Elemente sind zwar nicht völlig unabhängig, lassen sich aber nicht durch *eine* einfache Bedingung ersetzen.

2.1 Definition. Eine Familie isoparametrischer Zerlegungen $\mathcal{T}_h$ heißt *quasiuniform*, wenn es eine Zahl κ mit folgenden Eigenschaften gibt
$1°$. Für jede Parametrisierung $F : T_{\mathrm{ref}} \longrightarrow T \in \mathcal{T}_h$ ist

$$
\frac{\sup\{\|DF(\zeta) \cdot z\|; \ \zeta \in T_{\mathrm{ref}}, \ \|z\| = 1\}}{\inf\{\|DF(\zeta) \cdot z\|; \ \zeta \in T_{\mathrm{ref}}, \ \|z\| = 1\}} \le \kappa.
$$

$2°$. Zu jedem $T \in \mathcal{T}_h$ gibt es einen Kreis mit Radius ρ_T, der in T enthalten ist, und es gilt

$$Durchmesser(T) \leq \kappa \cdot \rho_T.$$

Wenn darüber hinaus mit den Bezeichnungen wie in $2°$

$$Durchmesser(T) \leq 2h \ und \ \rho_T \geq h/\kappa$$

gilt, heißt $\mathcal{T}_h$ *uniform*.

Isoparametrische Viereckelemente

Isoparametrische Vierecke werden auch im Innern verwandt; denn mit affinen Abbildungen erzeugt man aus Quadraten nur Parallelogramme (s. Kap. II §5).

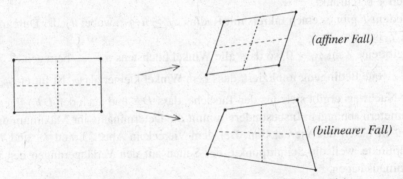

(affiner Fall)

(bilinearer Fall)

Abb. 32. Isoparametrische Vierecke mit bilinearer Parametrisierung

Sei $T_{\text{ref}} = [0, 1]^2$ das Einheitsquadrat. Durch

$$F : \quad \begin{aligned} p(\xi, \eta) &= a_1 + a_2\xi + a_3\eta + a_4\xi\eta \\ q(\xi, \eta) &= b_1 + b_2\xi + b_3\eta + b_4\xi\eta \end{aligned} \tag{2.3}$$

wird T_{ref} auf ein allgemeines Viereck abgebildet. Von der Theorie bilinearer Viereckelemente wissen wir, dass die beiden Sätze von je vier Parametern in der Tat in eindeutiger Weise aus den 8 Koordinaten der vier gegebenen Punkte zu bestimmen sind.

Weiter sieht man, dass die Parametrisierung F für $\xi = const.$ bzw. $\eta = const.$ eine lineare Funktion der Bogenlänge ist. Deshalb ist das Bild tatsächlich ein Viereck mit geradlinigen Rändern. Die Eckpunkte sind nur so durchzunummerieren, dass die Orientierung erhalten bleibt. Wegen des linearen Verhaltens der Parametrisierung auf den Rändern bereitet der Anschluss an Nachbarelemente keine Probleme.

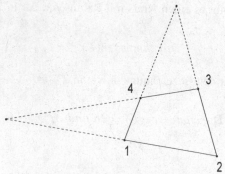

Abb. 33. Allgemeines Viereck

2.2 Bemerkung. Eine Familie von Zerlegungen $\mathcal{T}_h$ in allgemeine Vierecke mit bilinearen Parametrisierungen ist *quasiuniform*, wenn mit einem $\kappa > 1$ die folgenden Bedingungen erfüllt sind:

1°. Für jedes Viereck T ist das Verhältnis von maximaler zu minimaler Seitenlänge durch κ beschränkt.

2°. In jedem T gibt es einen Inkreis mit Radius $\rho_T \geq h_T/\kappa$, wobei h_T der Durchmesser von T ist.

3°. Es gibt eine Zahl $\varphi_0 > 0$, so dass alle Winkel höchstens $\pi - \varphi_0$ betragen.

Die zweite Bedingung impliziert, dass kein Winkel kleiner als φ_0 ist für ein $\varphi_0 > 0$.

Der Nachweis ergibt sich aus der Tatsache, dass DF und auch $\det(DF)$ linear von den Parametern abhängen. Insbesondere nimmt die Determinante ihr Maximum und ihr Minimum in Ecken des Vierecks an. Bei dem Viereck in Abb. 33 sind P_2 und P_4 die Extremalpunkte, weil die Schnittpunkte der Seiten auf den Verlängerungen der Seiten über P_4 hinaus liegen.

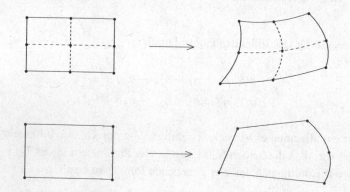

Abb. 34. Isoparametrische Viereckelemente mit 9 bzw. 5 Parametern

Die Abb. 34 zeigt krummlinige Vierecke, die man mit biquadratischen Parametrisierungen erhält. Die Parametrisierung für 9 vorgegebene Punkte entspricht genau dem

9 Knotenelement aus Kap. II §5. Von praktischer Bedeutung ist der 5-Punkte-Fall, da er eine krummlinige Seite modellieren hilft. Der richtige Ansatz ist hier

$$x = a_1 + a_2\xi + a_3\eta + a_4\xi\eta + a_5\xi\eta(1 - \eta),$$
$$y = b_1 + b_2\xi + b_3\eta + b_4\xi\eta + b_5\xi\eta(1 - \eta).$$

Auf dem ersten Blick ist man geneigt, die Formfunktionen für die Koeffizienten a_5 und b_5 durch die einfacheren (quadratischen) Ausdrücke $a_5\eta(1 - \eta)$ bzw. $b_5\eta(1 - \eta)$ zu ersetzen. Im Hinblick auf die Interpolation der 5 Punkte wäre das möglich. Jedoch würden dann auf der Kante $\xi = 0$ keine linearen Ausdrücke entstehen.

Aufgaben

2.3 Es stehe ein Programm für Viereckelemente zur Verfügung. Ein Anwender möchte es zur Erzeugung von Dreieckelementen benutzen und bildet Vierecke (bilinear) auf Dreiecke ab, indem er jeweils zwei Ecken im Bild identifiziert. Welche Dreieckelemente entstehen dann aus bilinearen oder aus den 8-Punkte- bzw. den 9-Punkte-Elementen?

2.4 Bei der Aufstellung der Systemmatrix werde eine Quadraturformel mit positiven Gewichten verwendet. Man zeige, dass die Matrix dann trotz der Fehler bei der numerischen Integration wenigstens positiv semidefinit ist. In welchen Fällen ist sie singulär, d.h. nur semidefinit und nicht definit?

2.5 Man erwartet instinktiv, dass es ein nichtkonformes P_2 Element vom Crouzeix–Raviart Typ gibt. Sei $0 < \alpha < 1/2$. Natürliche Knoten im Referenzdreieck sind die Randpunkte $z_1 = (\alpha, 0), z_2 = (1 - \alpha, 0), z_3 = (1 - \alpha, \alpha), z_4 = (\alpha, 1 - \alpha), z_5 = (0, 1 - \alpha), z_6 = (0, \alpha)$. Man zeige, dass die Interpolation mit quadratischen Polynomen wegen $p(z_1) - p(z_2) + p(z_3) - p(z_4) + p(z_5) - p(z_6) = 0$ nicht immer lösbar ist.

§ 3. Weitere funktionalanalytische Hilfsmittel

Die Existenz von Lösungen der Variationsprobleme ergab sich in Kapitel II über den Satz von Lax–Milgram. Dabei war die Symmetrie und die Elliptizität der Bilinearform $a(.,.)$ eine wesentliche Voraussetzung. Für das Verständnis von Sattelpunktproblemen bedarf es jedoch einer abstrakten Aussage, welche ohne Definitheitsbedingungen auskommt.

Hier ist auch eine differenziertere Betrachtung linearer Funktionale auf Sobolev-Räumen angebracht. In Bemerkung II.4.1 war der Zusammenhang zwischen dem Funktional ℓ und der rechten Seite der Differentialgleichung nur kurz gestreift. Die genauere Betrachtung führt zu den sogenannten negativen Normen.

Negative Normen

Sei V ein Hilbert-Raum. Nach dem Rieszschen Darstellungssatz kann jedes stetige, lineare Funktional $\ell \in V'$ mit einem Element aus V selbst identifiziert werden. Deshalb braucht man häufig nicht zwischen V und V' zu unterscheiden. In der Variationsrechnung verschleiert man dadurch jedoch wichtige Aspekte. Ehe wir die hierauf zugeschnittenen funktionalanalytischen Methoden erklären, orientieren wir uns an einem einfachen Beispiel.

Wir betrachten die Helmholtz-Gleichung mit $f \in L_2(\Omega)$:

$$
\begin{aligned}
-\Delta u + u &= f \quad \text{in } \Omega, \\
u &= 0 \quad \text{auf } \partial\Omega.
\end{aligned}
\tag{3.1}
$$

Die schwache Lösung $u \in H_0^1(\Omega)$ wird durch

$$
(u, v)_1 = (f, v)_0 \quad \text{für } v \in H_0^1(\Omega)
\tag{3.2}
$$

charakterisiert, wobei $(\cdot, \cdot)_1$ das Skalarprodukt des Hilbert-Raums $H^1(\Omega)$ ist. Die Aufgabe (3.1) lässt sich also wie folgt formulieren: Zu gegebenem f wird für das Funktional

$$
\ell : H_0^1(\Omega) \longrightarrow \mathbb{R}, \quad \langle \ell, v \rangle := (f, v)_0
\tag{3.3}
$$

gerade die Riesz-Darstellung gesucht. Wenn das Variationsproblem mit dem Funktional in der Riesz-Darstellung gestellt wird, ist gar nichts zu tun. Wie wir wissen, ist aber die Berechnung der Lösung von (3.1) zu gegebenem $f \in L_2(\Omega)$ keineswegs trivial. (Man beachte, dass die analoge Darstellung für den Raum $H^0(\Omega) = L_2(\Omega)$ tatsächlich trivial ist.)

Passender ist hier eine andere Identifizierung des Dualraums, die der Form (3.3) der gegebenen Funktionale angemessen ist. Die Gleichung (3.1) wird dann auch für Funktionen f aus der zugehörigen Vervollständigung von $L_2(\Omega)$ sinnvoll.

3.1 Definition. Sei $m \geq 1$. Für $u \in L_2(\Omega)$ wird durch

$$\|u\|_{-m,\Omega} := \sup_{v \in H_0^m(\Omega)} \frac{(u,v)_{0,\Omega}}{\|v\|_{m,\Omega}}$$

eine Norm erklärt. Die vollständige Hülle von $L_2(\Omega)$ bzgl. $\|\cdot\|_{-m,\Omega}$ wird mit $H^{-m}(\Omega)$ bezeichnet.

Bei den auf $L^2(\Omega)$ aufgebauten Sobolev-Räumen wird der Dualraum von $H_0^m(\Omega)$ mit $H^{-m}(\Omega)$ identifiziert. Ferner gibt es per Definition von H^{-m} eine duale Paarung $\langle u, v \rangle$ für $u \in H^{-m}$, $v \in H_0^m$, d.h. $\langle u, v \rangle$ ist eine Bilinearform, und es ist

$$\langle u, v \rangle = (u, v)_{0,\Omega}, \quad \text{wenn speziell } u \in L_2(\Omega), v \in H_0^m(\Omega)$$

ist. Offensichtlich gilt

$$\ldots \supset H^{-2}(\Omega) \supset H^{-1}(\Omega) \supset L_2(\Omega) \supset H_0^1(\Omega) \supset H_0^2(\Omega) \supset \ldots$$

$$\ldots \leq \|u\|_{-2,\Omega} \leq \|u\|_{-1,\Omega} \leq \|u\|_{0,\Omega} \leq \|u\|_{1,\Omega} \leq \|u\|_{2,\Omega} \leq \ldots$$

Dass H^{-m} als Dualraum von H_0^m und nicht von H^m definiert wurde, schlägt sich darin nieder, dass nur für Dirichlet-Probleme eine Verschärfung von II.2.9 in quantitativer Hinsicht gilt.

3.2 Bemerkung. Sei a eine H_0^m-elliptische Bilinearform. Mit den Bezeichnungen wie im Existenzsatz II.2.9 ist dann

$$\|u\|_m \leq \alpha^{-1} \|f\|_{-m}. \tag{3.4}$$

Beweis. Nach Definition 3.1 ist $(u,v)_0 \leq \|u\|_{-m}\|v\|_m$. Durch Einsetzen von $v = u$ in die schwache Gleichung folgt

$$\alpha \|u\|_m^2 \leq a(u,u) = (f,u)_0 \leq \|f\|_{-m}\|u\|_m$$

und nach Kürzen die Behauptung. □

Im Sinne von Definition II.7.1 ist das Dirichlet-Problem also H^m-regulär.

Aufgabe 3.9 beschreibt eine weitere, später wichtige Aussage mit negativen Normen.

3.3 Bemerkung. Seien $V \subset U$ Hilbert-Räume, und die Einbettung $V \hookrightarrow U$ sei stetig und dicht. Ferner werde U' über die Riesz-Darstellung mit U identifiziert. Dann wird

$$V \subset U \subset V'$$

als *Gelfand-Dreier* bezeichnet. Als Gelfand–Dreier kennen wir bereits

$$H^m(\Omega) \subset L_2(\Omega) \not\subset H^m(\Omega)',$$

und

$$H_0^m(\Omega) \subset L_2(\Omega) \subset H^{-m}(\Omega).$$

Adjungierte Operatoren

Seien X und Y Banach-Räume, deren duale Paarungen mit X' bzw. Y' wieder mit $\langle \cdot, \cdot \rangle$ bezeichnet werden. Ferner sei $L : X \longrightarrow Y$ ein beschränkter, linearer Operator. Zu $y^* \in Y'$ wird durch

$$x \longmapsto \ell_{y^*}(x) := \langle y^*, Lx \rangle$$

ein stetiges, lineares Funktional auf X erklärt. Die zugehörige lineare Abbildung

$$L' : Y' \longrightarrow X'$$
$$y^* \longmapsto \ell_{y^*} \quad \text{bzw.} \quad \langle L'y^*, x \rangle := \langle y^*, Lx \rangle$$

heißt der zu L adjungierte Operator.

Mit Hilfe des adjungierten Operators lässt sich häufig der Bildbereich von L bestimmen. Sei allgemeiner V ein abgeschlossener Unterraum von X. Dann heißt

$$V^0 := \{\ell \in X'; \ \langle \ell, v \rangle = 0 \ \text{ für } v \in V\}$$

die *Polare* von V. Weil wir im Hilbert-Raum-Fall den Dualraum X' nicht immer mit X identifizieren, müssen wir zwischen der Polaren V^0 und dem *orthogonalen Komplement*

$$V^\perp = \{x \in X; \ (x, v) = 0 \ \text{ für } v \in V\}$$

unterscheiden.

Im folgenden wird mehrfach ein Satz herangezogen, der in der angelsächsischen Literatur als *closed range theorem* bezeichnet wird (s. z.B. Yosida [1971]). Ein Beweis wird am Ende dieses § nachgetragen.

3.4 Satz. *Seien X und Y Banach-Räume. Es sind für eine beschränkte, lineare Abbildung $L : X \longrightarrow Y$ folgende Aussagen äquivalent:*
(i) Das Bild $L(X)$ ist abgeschlossen in Y.
(ii) Es ist $L(X) = (\ker L')^0$.

Ein abstrakter Existenzsatz

Es seien U und V Hilbert-Räume, und $a : U \times V \longrightarrow \mathbb{R}$ sei eine (nicht notwendig symmetrische) Bilinearform. Letzterer wird ein linearer Operator $L : U \longrightarrow V'$ durch

$$\langle Lu, v \rangle = a(u, v) \quad \text{für } v \in V$$

zugeordnet. Die betrachteten Variationsprobleme hatten stets folgende Struktur: Zu gegebenem $f \in V'$ wird $u \in U$ gesucht, so dass

$$a(u, v) = \langle f, v \rangle \quad \text{für } v \in V \tag{3.5}$$

gilt. Wir können formal $u = L^{-1} f$ schreiben.

3.5 Definition. Seien U und V normierte Räume. Eine bijektive, lineare Abbildung $L : U \longrightarrow V$ ist ein *Isomorphismus*, wenn L und L^{-1} stetig sind.

Die Bedeutung des folgenden Satzes für die Finite-Element-Theorie wurde von Babuška [1971] sowie von Babuška und Aziz [1972] S. 112 herausgestellt. Das Resultat findet man schon bei Nečas [1962], Nirenberg und sicherlich auch bei Sobolev.

3.6 Satz. *Seien U und V Hilbert-Räume. Eine lineare Abbildung $L : U \longrightarrow V'$ ist genau dann ein Isomorphismus, wenn die zugehörige Form $a : U \times V \longrightarrow \mathbb{R}$ folgende Bedingungen erfüllt:*

1°. *(Stetigkeit). Es ist mit $C > 0$:*

$$|a(u, v)| \leq C \, \|u\|_U \, \|v\|_V \, . \tag{3.6}$$

2°. *(Inf-sup-Bedingung). Es ist mit einem $\alpha > 0$:*

$$\sup_{v \in V} \frac{a(u, v)}{\|v\|_V} \geq \alpha \|u\|_U \quad \text{für } u \in U. \tag{3.7}$$

3°. *Zu jedem $v \in V$, $v \neq 0$, gibt es ein $u \in U$ mit*

$$a(u, v) \neq 0. \tag{3.8}$$

Zusatz. Werden nur die Bedingungen 1° und 2° vorausgesetzt, ist

$$L : U \longrightarrow \{v \in V; \; a(u, v) = 0 \; \text{für alle } u \in U\}^0 \subset V' \tag{3.9}$$

ein Isomorphismus. Ferner ist (3.7) äquivalent zu

$$\|Lu\|_{V'} \geq \alpha \|u\|_U \quad \text{für } u \in U. \tag{3.10}$$

Der Name für die Bedingung (3.7) stammt von der äquivalenten Formulierung

$$\inf_{u \in U} \sup_{v \in V} \frac{a(u, v)}{\|u\|_U \|v\|_V} \geq \alpha > 0. \tag{3.7'}$$

Beweis von Satz 3.6. Dass die Stetigkeit von $L : U \longrightarrow V'$ äquivalent zu (3.6) ist, ergibt sich durch einfaches Nachrechnen.

Aus (3.7) schließen wir zunächst einmal, dass L injektiv ist. Angenommen, es sei $Lu_1 = Lu_2$. Dann ist per Definition $a(u_1, v) = a(u_2, v)$ für alle $v \in V$. Also ist $\sup_v a(u_1 - u_2, v) = 0$, und (3.7) liefert $u_1 - u_2 = 0$.

Zu $f \in L(U)$ gibt es wegen der Injektivität ein eindeutiges Inverses $u = L^{-1}f$. Wir wenden (3.7) ein zweites Mal an:

$$\alpha \|u\|_U \leq \sup_{v \in V} \frac{a(u, v)}{\|v\|_V} = \sup_{v \in V} \frac{\langle f, v \rangle}{\|v\|_V} = \|f\|. \tag{3.11}$$

Das ist die Aussage (3.10), und L^{-1} ist stetig auf dem Bild von L.

Die Stetigkeit von L und L^{-1} impliziert, dass $L(U)$ abgeschlossen ist. Aus Satz 3.4 folgt dann (3.9). Damit ist der Zusatz zu Satz 3.6 bewiesen.

Schließlich garantiert die Bedingung $3°$ die Surjektivität von L. Nach (3.9) ist nämlich $L(U)$ die Polare des Nullelements, also identisch mit V'. Die Bedingungen $1°, 2°$ und $3°$ sind deshalb hinreichend dafür, dass $L : U \longrightarrow V'$ ein Isomorphismus ist.

Die Notwendigkeit der Bedingungen erkennt man — insbesondere unter Beachtung von (3.11) — sofort.   □

Als Spezialfall erhält man den Satz von Lax–Milgram (genauer die Fassung für lineare Räume). Wenn $a(\cdot, \cdot)$ nämlich eine stetige V-elliptische Bilinearform ist, folgt die inf-sup-Bedingung aus

$$\sup_{v} \frac{a(u, v)}{\|v\|} \geq \frac{a(u, u)}{\|u\|} \geq \alpha \|u\|.$$

Insbesondere kann der Differentialoperator aus (II.2.5) als bijektive Abbildung $L : H_0^1(\Omega) \longrightarrow H^{-1}(\Omega)$ aufgefasst werden. Die Umkehrung ergibt sich aus Aufgabe 3.8. [Die Aussage, dass bei H^2-regulären Problemen auch $L : H^2(\Omega) \cap H_0^1(\Omega) \longrightarrow H^0(\Omega)$ ein Isomorphismus ist, erhält man jedoch nicht in diesem Rahmen.]

Im Beweis von Satz 3.6 wurde die Abgeschlossenheit des Bildes von L benutzt. Auf den ersten Blick erscheint dies eine technische Angelegenheit zu sein, die nur für die Anwendung von Satz 3.4 zu erklären ist. Wie wesentlich der Punkt jedoch ist, unterstreichen das Gegenbeispiel II.2.7, die Aufgaben II.2.14, 5,14 und später Satz 6.4(1).

Ein abstrakter Konvergenzsatz

Für die numerische Lösung der Gleichung (3.5) erhält man auf natürliche Weise ein Galerkin-Verfahren: Seien $U_h \subset U$ und $V_h \subset V$ endlich-dimensionale Räume. Zu $f \in V'$ wird $u_h \in U_h$ gesucht, so dass

$$a(u_h, v) = \langle f, v \rangle \quad \text{für alle } v \in V_h \tag{3.5$_h$}$$

gilt. Für die Übertragung des Céa-Lemmas ist es jetzt erforderlich, dass die Räume U_h und V_h ausbalanciert sind, s. Babuška und Aziz [1972] S. 186.

3.7 Hilfssatz. *Die Bilinearform $a : U \times V \longrightarrow \mathbb{R}$ erfülle die in Satz 3.6 genannten Bedingungen. Die Unterräume $U_h \subset U$ und $V_h \subset V$ seien so gewählt, dass (3.7') und (3.8) auch gelten, wenn U durch U_h und V durch V_h ersetzt wird. Dann ist*

$$\|u - u_h\| \leq \left(1 + \frac{C}{\alpha}\right) \inf_{w_h \in U_h} \|u - w_h\|.$$

Bemerkung. Man sagt, dass die Unterräume U_h und V_h die *Babuška-Bedingung* oder eine *inf-sup-Bedingung* erfüllen, wenn (3.7') wie im Hilfssatz genannt zutrifft.

Beweis des Hilfssatzes. Aus (3.5) und $(3.5)_h$ folgt

$$a(u - u_h, v) = 0 \quad \text{für } v \in V_h.$$

Sei w_h ein beliebiges Element in U_h. Dann ist

$$a(u_h - w_h, v) = a(u - w_h, v) \quad \text{für } v \in V_h.$$

Für $\langle \ell, v \rangle := a(u - w_h, v)$ haben wir $\|\ell\| \leq C \|u - w_h\|$. Für die Abbildung $L_h : U_h \longrightarrow V'_h$, die durch $a(u_h - w_h, .)$ erzeugt wird, ist nach Voraussetzung $\|(L_h)^{-1}\| \leq 1/\alpha$. Also folgt

$$\|u_h - w_h\| \leq \alpha^{-1}\|\ell\| \leq C\alpha^{-1}\|u - w_h\|.$$

Die Dreiecksungleichung $\|u - u_h\| \leq \|u - w_h\| + \|u_h - w_h\|$ liefert die Behauptung. $\square$

Beweis von Satz 3.4

Der Vollständigkeit halber bringen wir einen Beweis von Satz 3.4.

Es genügt der Nachweis der Identität

$$\overline{L(X)} = (\ker L')^0. \tag{3.12}$$

Aus der Definition der Polaren und des adjungierten Operators folgt

$$
\begin{aligned}
(\ker L')^0 &= \{y \in Y; \ \langle y^*, y \rangle = 0 \ \text{ für } y^* \in \ker L'\} \\
&= \{y \in Y; \ \langle y^*, y \rangle = 0 \ \text{ für } y^* \in Y' \text{ mit } \langle L'y^*, x \rangle = 0 \ \text{ für } x \in X\} \\
&= \{y \in Y; \ \langle y^*, y \rangle = 0 \ \text{ für } y^* \in Y' \text{ mit } \langle y^*, Lx \rangle = 0 \ \text{ für } x \in X\}.
\end{aligned}
$$

$$\tag{3.13}$$

Also ist $L(X) \subset (\ker L')^0$. Die Polare ist als Durchschnitt abgeschlossener Mengen selbst abgeschlossen, und deshalb ist auch $\overline{L(X)} \subset (\ker L')^0$.

Angenommen, es gäbe ein $y_0 \in (\ker L')^0$ mit $y_0 \notin \overline{L(X)}$. Dann hat y_0 einen positiven Abstand von $L(X)$, und eine kleine offene Kugel mit Mittelpunkt y_0 ist disjunkt zu der konvexen Menge $L(X)$. Nach dem Trennungssatz für konvexe Mengen gibt es ein Funktional $y^* \in Y'$ und eine Zahl a mit

$$\langle y^*, y_0 \rangle > a,$$
$$\langle y^*, Lx \rangle \leq a \quad \text{für } x \in X.$$

Da L linear ist, ist das nur möglich, wenn $\langle y^*, Lx \rangle = 0$ für $x \in X$ gilt. Also ist $a > 0$ und $\langle y^*, y_0 \rangle \neq 0$. Das wäre ein Widerspruch zu (3.13), und (3.12) ist bewiesen. $\square$

Aufgaben

3.8   Sei $a : V \times V \to \mathbb{R}$ eine *positive, symmetrische* Bilinearform, welche die Voraussetzungen von Satz 3.6 erfüllt. Man zeige, dass a elliptisch ist, also $a(v, v) \geq \alpha_1 \|v\|_V^2$ mit einem $\alpha_1 > 0$ gilt.

3.9   Sei $\Omega \subset \mathbb{R}^d$ und $p \in L_2(\Omega)$. Man zeige, dass grad $p \in H^{-1}(\Omega)$ und

$$\| \text{grad } p \|_{-1,\Omega} \leq d \, \|p\|_{0,\Omega} \tag{3.14}$$

gilt.

Hinweis. Man zeige (3.14) zunächst für glatte Funktionen mit Hilfe der Greenschen Formel (II.2.9) oder (II.3.12) und benutze dann ein Dichteargument.

3.10   Man zeige

$$\|v\|_0^2 \leq \|v\|_m \|v\|_{-m} \quad \text{für } v \in H_0^m(\Omega),$$

$$\|v\|_1^2 \leq \|v\|_0 \|v\|_2 \quad \text{für } v \in H^2(\Omega).$$

Hinweis. Für dem Nachweis der zweiten Relation nehme man die Helmholtz-Gleichung $-\Delta u + u = f$ zu Hilfe.

3.11   Sei L ein H^1-elliptischer Differentialoperator. In welchen Sobolev-Räumen $H^s(\Omega)$ ist die Menge

$$\{u \in H^1(\Omega); \; Lu = f \in L_2(\Omega), \; \|f\|_0 \leq 1\}$$

kompakt?

3.12   (Fredholmsche Alternative). Sei H ein Hilbert-Raum. Die lineare Abbildung $A : H \to H'$ lasse sich gemäß $A = A_0 + K$ zerlegen, wobei A_0 eine H-elliptische und K eine kompakte Abbildung ist. Man zeige, dass entweder A die inf-sup-Bedingung erfüllt oder es ein Element $x \in H$, $x \neq 0$ mit $Ax = 0$ gibt.

3.13   [Nitsche, private Mitteilung]. Man zeige folgende Umkehrung von Hilfssatz 3.7: Für jedes $f \in V'$ gelte für die Lösungen von 3.5

$$\lim_{h \to 0} u_h = u := L^{-1} f.$$

Dann ist

$$\inf_h \inf_{u_h \in U_h} \sup_{v_h \in V_h} \frac{a(u_h, v_h)}{\|u_h\|_U \|v_h\|_V} > 0.$$

Hinweis. Man beachte (3.10) und verwende das Prinzip der gleichmäßigen Beschränktheit.

3.14   In Aufgabe II.6.18 hatten wir festgestellt, dass die Konvergenz in Finite-Element-Räumen im Prinzip beliebig langsam sein kann. Gibt es für die Poisson-Gleichung passende rechte Seiten dazu, und was können Sie zu deren Eigenschaften sagen?

§ 4. Sattelpunktprobleme

Wir wenden uns jetzt den Variationsproblemen mit Nebenbedingungen zu. Seien X und M zwei Hilbert-Räume, und

$$a : X \times X \longrightarrow \mathbb{R}, \quad b : X \times M \longrightarrow \mathbb{R}$$

seien stetige Bilinearformen. Es sei $a(\cdot, \cdot)$ symmetrisch und $a(v, v) \geq 0$ für alle $v \in X$. Außerdem seien $f \in X'$ und $g \in M'$. Die dualen Paarungen von X mit X' sowie von M mit M' werden mit $\langle \cdot, \cdot \rangle$ bezeichnet. Wir betrachten das folgende Minimumproblem:

Problem (M). Gesucht wird in X das Minimum von

$$J(v) = \frac{1}{2} a(v, v) - \langle f, v \rangle \tag{4.1}$$

unter den Nebenbedingungen

$$b(v, \mu) = \langle g, \mu \rangle \quad \text{für alle } \mu \in M. \tag{4.2}$$

Sattelpunkte und Minima

Der Ausgangspunkt ist derselbe wie in der klassischen Theorie für Extremwertaufgaben von Lagrange. Auf der Menge der Punkte, welche die Nebenbedingungen erfüllen, nehmen J und die Lagrange-Funktion

$$\mathcal{L}(u, \lambda) := J(u) + [b(u, \lambda) - \langle g, \lambda \rangle] \tag{4.3}$$

dieselben Werte an, wenn $\lambda \in M$ ist. Anstatt das Minimum von J kann man das von $\mathcal{L}(., \lambda)$ mit festem λ bestimmen. Es erhebt sich die Frage, ob $\lambda \in M$ so gewählt werden kann, dass das Minimum von $\mathcal{L}(., \lambda)$ über dem Raum X bei einem Element angenommen wird, welches die gegebenen Nebenbedingungen erfüllt. Da $\mathcal{L}(u, \lambda)$ ein quadratischer Ausdruck in u und λ ist, gelangt man so zu dem Sattelpunktproblem:

Problem (S). Gesucht wird $(u, \lambda) \in X \times M$ mit

$$\begin{aligned} a(u, v) + b(v, \lambda) &= \langle f, v \rangle \quad \text{für } v \in X, \\ b(u, \mu) &= \langle g, \mu \rangle \quad \text{für } \mu \in M. \end{aligned} \tag{4.4}$$

Sattelpunktprobleme der Form (4.4) treten bei der numerischen Lösung von Differentialgleichungen auch auf, ohne dass ein Problem (M) der Ausgangspunkt ist. Sehr unterschiedliche Anwendungen werden am Ende dieses § aufgelistet.

Für jede Lösung (u, λ) des Problems (S) rechnet man leicht die Sattelpunkteigenschaft

$$\mathcal{L}(u, \mu) \leq \mathcal{L}(u, \lambda) \leq \mathcal{L}(v, \lambda) \quad \text{für } (v, \mu) \in X \times M$$

nach. Nur die Nichtnegativität $a(v, v) \geq 0$ wird dabei benötigt (vgl. den Charakterisierungssatz II.2.2). Die erste Komponente eines Sattelpunktes (u, λ) liefert eine Lösung des Problems (M).

Die Umkehrung dieser Aussage ist keineswegs selbstverständlich. Selbst wenn das Minimumproblem eine Lösung hat, kann man die Existenz von Lagrangeschen Parametern nur unter zusätzlichen Voraussetzungen garantieren. Dies erkennt man schon an einem einfachen, endlich-dimensionalen Beispiel.

4.1 Beispiel. Man betrachte das Minimumproblem in $\mathbb{R}^2$:

$$x^2 + y^2 \longrightarrow \min!$$
$$x + y = 2.$$

Offensichtlich liefert $x = y = 1$, $\lambda = -2$ einen Sattelpunkt für die Lagrange-Funktion $\mathcal{L}(x, y, \lambda) = x^2 + y^2 + \lambda(x + y - 2)$, und $x = y = 1$ ist Lösung von Problem (M).

Eine formale Verdoppelung der Nebenbedingung führt natürlich zu einem Minimumproblem mit demselben Minimum

$$x^2 + y^2 \longrightarrow \min!$$
$$x + y = 2,$$
$$3x + 3y = 6.$$

Die Lagrangeschen Parameter für

$$\mathcal{L}(x, y, \lambda, \mu) = x^2 + y^2 + \lambda(x + y - 2) + \mu(3x + 3y - 6)$$

sind jedoch nicht mehr eindeutig bestimmt. Jede Kombination mit $\lambda + 3\mu = -2$ liefert einen Sattelpunkt. Außerdem können beliebig kleine Störungen der Daten auf der rechten Seite die Unlösbarkeit der Aufgabe nach sich ziehen.

Die inf-sup-Bedingung

In unendlich-dimensionalen Räumen musste, wie wir in Kap. II §2 gesehen haben, die Definitheitsbedingung für die Form a richtig gefasst werden. Entsprechendes gilt für die Nebenbedingungen; es genügt nicht, lineare Unabhängigkeit zu fordern. Den richtigen Rahmen liefert eine inf-sup-Bedingung, ähnlich wie sie in Satz 3.6 auftrat. Durch (4.4) wird eine lineare Abbildung

$$\begin{aligned} L : X \times M &\longrightarrow X' \times M' \\ (u, \lambda) &\longmapsto (f, g) \end{aligned} \tag{4.5}$$

definiert. Zum Nachweis, dass L eine Isometrie ist, benötigen wir insbesondere die inf-sup-Bedingung (3.7). Diese wird nach Brezzi [1974] durch Eigenschaften der Formen a und b ausgedrückt. Der affine Raum der zulässigen Elemente und der dazu *parallele* lineare Raum bekommen spezielle Bezeichnungen:

$$V(g) := \{v \in X; \ b(v, \mu) = \langle g, \mu \rangle \ \text{für } \mu \in M\},$$
$$V := \{v \in X; \ b(v, \mu) = 0 \qquad \text{für } \mu \in M\}. \tag{4.6}$$

Wegen der Stetigkeit von b ist V ein abgeschlossener Unterraum von X.

Die Sattelpunktgleichung (4.4) wird manchmal handlicher, wenn sie als Operatorgleichung formuliert wird. Zu diesem Zweck wird der Bilinearform a die Abbildung

$$A : X \longrightarrow X',$$
$$\langle Au, v \rangle = a(u, v) \ \text{für } v \in X$$

zugeordnet. Die Abbildung A ist also durch die Aussage definiert, wie das Funktional $Au \in X'$ auf jedes $v \in X$ wirkt. Ebenso wird der Form b eine Abbildung B und die adjungierte Abbildung B' zugeordnet:

$$B : X \longrightarrow M' \qquad\qquad B' : M \longrightarrow X'$$
$$\langle Bu, \mu \rangle = b(u, \mu) \ \text{für } \mu \in M \qquad \langle B'\lambda, v \rangle = b(v, \lambda) \ \text{für } v \in X$$

Dann ist (4.4) äquivalent zu

$$Au + B'\lambda = f,$$
$$Bu \qquad\ = g. \tag{4.7}$$

4.2 Hilfssatz. *Die folgenden Aussagen sind äquivalent.*

1°. *Es existiert eine Zahl $\beta > 0$ mit*

$$\inf_{\mu \in M} \sup_{v \in X} \frac{b(v, \mu)}{\|v\| \|\mu\|} \geq \beta. \tag{4.8}$$

2°. *Der Operator $B : V^{\perp} \longrightarrow M'$ ist ein Isomorphismus, und es ist*

$$\|Bv\| \geq \beta \|v\| \ \text{für } v \in V^{\perp}. \tag{4.9}$$

3°. *Der Operator $B' : M \longrightarrow V^0 \subset X'$ ist ein Isomorphismus, und es ist*

$$\|B'\mu\| \geq \beta \|\mu\| \ \text{für } \mu \in M. \tag{4.10}$$

Beweis. Die Äquivalenz von 1° und 3° ist gerade die Aussage des Zusatzes von Satz 3.6.

Sei Bedingung 3° erfüllt. Zu gegebenen $v \in V^{\perp}$ ist durch $w \longmapsto (v, w)$ ein Funktional $g \in V^0$ erklärt. Da B' ein Isomorphismus ist, gibt es also ein $\lambda \in M$ mit

$$b(w, \lambda) = (v, w) \ \text{für alle } w. \tag{4.11}$$

Per Definition des Funktionals g ist $\|g\| = \|v\|$, und (4.10) besagt $\|v\| = \|g\| = \|B'\lambda\| \geq \beta\|\lambda\|$. Mit dieser Beziehung erhalten wir, nachdem wir in (4.11) $w = v$ einsetzen:

$$\sup_{\mu \in M} \frac{b(v, \mu)}{\|\mu\|} \geq \frac{b(v, \lambda)}{\|\lambda\|} = \frac{(v, v)}{\|\lambda\|} \geq \beta\|v\|.$$

Für $B : V^{\perp} \longrightarrow M'$ sind also die in Satz 3.6 genannten drei Bedingungen erfüllt, und die Abbildung ist ein Isomorphismus.

Sei Bedingung 2° erfüllt, also $B : V^{\perp} \longrightarrow M'$ ein Isomorphismus. Zu gegebenem $\mu \in M$ beschreiben wir die Norm mittels eines Dualitätsarguments.

$$\|\mu\| = \sup_{g \in M'} \frac{\langle g, \mu \rangle}{\|g\|} = \sup_{v \in V^{\perp}} \frac{\langle Bv, \mu \rangle}{\|Bv\|}$$

$$= \sup_{v \in V^{\perp}} \frac{b(v, \mu)}{\|Bv\|} \leq \sup_{v \in V^{\perp}} \frac{b(v, \mu)}{\beta\|v\|}.$$

Also ist die Bedingung 1° erfüllt.

Damit ist alles bewiesen.   □

Eine weitere zur inf-sup-Bedingung äquivalente Aussage findet man in Aufgabe 4.16. Die Bedingung 4.2(2°) wird dort als Zerlegungseigenschaft veranschaulicht.

Nach diesen Vorbereitungen kommen wir zum Hauptsatz für Sattelpunktprobleme [Brezzi 1974]. Die Bedingung wird nicht für die Abbildung L im Produktraum $X \times M$ formuliert, sondern in solche für a und b zerlegt. Die inf-sup-Bedingung *(ii)* im folgenden Satz wird oft als *Brezzi-Bedingung* bezeichnet. Sie wird genauso *Ladyženskaya–Babuška–Brezzi–Bedingung* oder kurz *LBB-Bedingung* genannt, weil von Ladyženskaya eine Ungleichung für den Divergenz-Operator stammt, die äquivalent zur inf-sup-Bedingung für das Stokes-Problem ist, vgl. Satz 6.3.

Wir erinnern daran, dass der Kern von B gemäß (4.6) mit V bezeichnet wird.

4.3 Satz (Brezzis Splitting Theorem) *Durch das Sattelpunktproblem (4.4) wird mit (4.5) genau dann ein Isomorphismus $L : X \times M \longrightarrow X' \times M'$ erklärt, wenn die beiden folgenden Bedingungen erfüllt sind:*

(i) Die Bilinearform a ist V-elliptisch, d.h. es ist mit $\alpha > 0$ und V gemäß (4.6)

$$a(v, v) \geq \alpha\|v\|^2 \quad \text{für } v \in V.$$

(ii) Die Bilinearform b erfüllt die inf-sup-Bedingung (4.8).

Beweis. Seien die Bedingungen von a und b erfüllt. Wir zeigen zunächst, dass es zu jedem Paar von Funktionalen $(f, g) \in X' \times M'$ genau eine Lösung (u, λ) des Sattelpunktproblems mit

$$\|u\| \leq \alpha^{-1}\|f\| \qquad\qquad + \beta^{-1}(1 + \frac{C}{\alpha})\|g\|,$$

$$\|\lambda\| \leq \beta^{-1}(1 + \frac{C}{\alpha})\|f\| + \beta^{-1}(1 + \frac{C}{\alpha})\frac{C}{\beta}\|g\| \tag{4.12}$$

gibt.

Für $g \in M'$ ist $V(g)$ nicht leer. Nach Hilfssatz 4.2 (2°) gibt es nämlich ein $u_0 \in V^\perp$ mit

$$Bu_0 = g.$$

Ferner ist $\|u_0\| \leq \beta^{-1}\|g\|$.

Mit $w := u - u_0$ ist (4.4) äquivalent zu

$$\begin{aligned}
a(w, v) + b(v, \lambda) &= \langle f, v \rangle - a(u_0, v) \quad \text{für alle } v \in X, \\
b(w, \mu) &= 0 \quad\quad\quad\quad\quad \text{für alle } \mu \in M.
\end{aligned} \tag{4.13}$$

Wegen der V-Elliptizität von a nimmt die Funktion

$$\frac{1}{2} a(v, v) - \langle f, v \rangle + a(u_0, v)$$

ihr Minimum bei einem $w \in V$ an, und es ist $\|w\| \leq \alpha^{-1}(\|f\| + C\|u_0\|)$. Insbesondere liefert der Charakterisierungssatz II.2.2,

$$a(w, v) = \langle f, v \rangle - a(u_0, v) \quad \text{für } v \in V. \tag{4.14}$$

Die Gleichungen (4.13) sind erfüllt, wenn wir ein $\lambda \in M$ finden, so dass

$$b(v, \lambda) = \langle f, v \rangle - a(u_0 + w, v) \quad \text{für } v \in X$$

gilt. Die rechte Seite definiert ein Funktional in X', das wegen (4.14) bereits in V^0 enthalten ist. Nach Hilfssatz 4.2 (3°) ist dieses Funktional als $B'\lambda$ mit $\lambda \in M$ darstellbar, und es ist

$$\|\lambda\| \leq \beta^{-1}(\|f\| + C\|u\|).$$

Damit ist die Lösbarkeit bewiesen. Da $\|w\|$ aufgrund von (4.14) wie üblich abzuschätzen ist, ergeben sich wegen $\|u\| \leq \|u_0\| + \|w\|$ die Ungleichungen (4.12) durch Einsetzen der Abschätzungen von $\|u_0\|$ und $\|\lambda\|$.

Die Lösung ist eindeutig, wie wir aus der homogenen Gleichung entnehmen. Setzen wir in (4.4) $f = 0$, $g = 0$, $v = u$, $\mu = -\lambda$ und addieren, so haben wir $a(u, u) = 0$. Wegen $u \in V$ und der V-Elliptizität folgt $u = 0$. Weiter ist

$$\sup_v |b(v, \lambda)| = 0,$$

woraus $\lambda = 0$ folgt. Also ist L injektiv und surjektiv, und (4.12) besagt, dass L^{-1} stetig ist.

Nehmen wir umgekehrt an, dass L ein Isomorphismus ist. Insbesondere sei $\|L^{-1}\| \leq C$. Zu einem gegebenen Funktional $f \in V'$ gibt es nach dem Satz von Hahn–Banach eine Erweiterung $\tilde{f} : X \longrightarrow \mathbb{R}$ mit $\|\tilde{f}\| = \|f\|$. Setze $(u, \lambda) = L^{-1}(\tilde{f}, 0)$. Dann ist u ein Minimum von $\frac{1}{2} a(v, v) - \langle f, v \rangle$ in V. Die Abbildung $f \longmapsto u \in V$ ist beschränkt. Also ist a auch V-elliptisch.

Schließlich wird jedem $g \in M'$ durch $(u, \lambda) = L^{-1}(0, g)$ ein $u \in X$ mit $\|u\| \leq c\|g\|$ zugeordnet. Zu $u \in X$ bestimme man die Projektion $u^\perp \in V^\perp$. Wegen $\|u^\perp\| \leq \|u\|$ ist die Abbildung $g \longmapsto u \longmapsto u^\perp$ beschränkt. Es ist $Bu^\perp = g$. Also ist $B : V^\perp \longrightarrow M'$ ein Isomorphismus, und b erfüllt nach Hilfssatz 4.2 (2°) die inf-sup-Bedingung.   □

Wir betonen, dass Elliptizität nur auf dem Kern von B und nicht auf dem vollen Raum X gefordert wird. Dass man mit dieser schwachen Voraussetzung auskommt, ist in den meisten Anwendungen ausschlaggebend. Eine Ausnahme stellt das Stokes-Problem dar, bei dem Elliptizität nicht nur für divergenzfreie Funktionen vorliegt.

Wenn die Bilinearform $a(u, v)$ nicht symmetrisch ist, ist in Satz 4.3 die Elliptizitäts-bedingung (i) durch eine inf-sup-Bedingung zu ersetzen, vgl. Brezzi und Fortin [1991] S. 41.

Gemischte Finite-Element-Methoden

Für die numerische Lösung des Sattelpunktproblems bietet sich auf natürliche Weise folgendes Vorgehen an. Man wählt endlich-dimensionale Teilräume $X_h \subset X$ und $M_h \subset M$. Mit diesen löst man

Problem (S_h). Gesucht wird $(u_h, \lambda_h) \in X_h \times M_h$ mit

$$
\begin{aligned}
a(u_h, v) + b(v, \lambda_h) &= \langle f, v \rangle \quad \text{für } v \in X_h, \\
b(u_h, \mu) &= \langle g, \mu \rangle \quad \text{für } \mu \in M_h.
\end{aligned}
\tag{4.15}
$$

Dieses Vorgehen wird als *gemischte Methode* bezeichnet. Vom Hilfssatz 3.7 wissen wir, dass man an die Finite-Element-Räume ähnliche Forderungen stellen muss wie in Satz 4.3 an X und M, s. Brezzi [1974] und Fortin [1977]. Dies ist in der Praxis nicht immer einfach zu erreichen. In der Strömungsmechanik ist nur die inf-sup-Bedingung kritisch, während bei Problemen der Elastizitätstheorie beide Bedingungen oft ein schwieriges Ausbalancieren der Finite-Element-Räume mit sich bringen. Aber gerade die Praxis zeigt, dass die Einhaltung der Bedingungen für die Stabilität der Finite-Element-Rechnungen äußerst wichtig ist.

Zweckmäßig ist eine zu (4.6) analoge Bezeichnung:

$$
V_h := \{v \in X_h; \; b(v, \mu) = 0 \; \text{ für alle } \; \mu \in M_h\}.
$$

4.4 Definition. Eine Familie von Finite-Element-Räumen X_h, M_h erfüllt die *Babuška–Brezzi–Bedingung*, wenn es von h unabhängige Zahlen $\alpha > 0$ und $\beta > 0$ mit folgenden Eigenschaften gibt.

(i) Die Bilinearform a ist V_h-elliptisch mit einer Elliptizitätskonstanten $\alpha > 0$.
(ii) Es ist

$$
\sup_{v \in X_h} \frac{b(v, \lambda_h)}{\|v\|} \geq \beta \|\lambda_h\| \quad \text{für alle } \; \lambda_h \in M_h.
\tag{4.16}
$$

Die Bezeichnungen in der Literatur sind nicht ganz einheitlich. Manchmal wird die Bedingung (ii) allein als *Brezzi-Bedingung*, als *Ladyženskaja–Babuška–Brezzi–Bedingung* oder auch kurz als *LBB-Bedingung* bezeichnet. Da diese Bedingung die kritischere von beiden ist, werden wir meistens von der *inf-sup-Bedingung* für X_h und M_h sprechen.

Es ist klar, dass man — evtl. nach einer Verkleinerung von α und β — in 4.3 und 4.4 dieselben Zahlen nehmen kann.

Aufgrund von Satz 4.3 können wir Hilfssatz 3.7 auf $U = V := X \times M$ anwenden und erhalten unmittelbar

4.5 Satz. *Die Voraussetzungen von Satz 4.3 seien erfüllt, und X_h, M_h mögen die Babuška–Brezzi–Bedingung erfüllen. Dann ist*

$$\|u - u_h\| + \|\lambda - \lambda_h\| \leq c \left\{ \inf_{v_h \in X_h} \|u - v_h\| + \inf_{\mu_h \in M_h} \|\lambda - \mu_h\| \right\}. \qquad (4.17)$$

Im allgemeinen ist $V_h \not\subset V$. Der Sonderfall der konformen Approximation $V_h \subset V$ erlaubt eine verbesserte Abschätzung. Wir betonen, dass auch in diesem Fall die Finite-Element-Approximation von $V(g)$ für $g \neq 0$ im allgemeinen nicht konform ist.

4.6 Definition. Die Räume $X_h \subset X$ und $M_h \subset M$ erfüllen die *Bedingung (K)*, wenn $V_h \subset V$ gilt, d.h. wenn für jedes $v_h \in X_h$ aus $b(v_h, \mu_h) = 0$ für alle $\mu_h \in M_h$ bereits $b(v_h, \mu) = 0$ für alle $\mu \in M$ folgt.

4.7 Satz. *Die Voraussetzungen von Satz 4.5 seien erfüllt. Wenn darüber hinaus die Bedingung (K) erfüllt ist, gilt für die Lösung des Problems (S_h)*

$$\|u - u_h\| \leq c \inf_{v_h \in X_h} \|u - v_h\|.$$

Beweis. Sei $v_h \in V_h(g)$. Für $v \in V_h$ erhalten wir wie üblich

$$\begin{aligned}
a(u_h - v_h, v) &= a(u_h, v) - a(u, v) + a(u - v_h, v) \\
&= b(v, \lambda - \lambda_h) + a(u - v_h, v) \\
&\leq C \|u - v_h\| \cdot \|v\|,
\end{aligned}$$

weil $b(v, \lambda - \lambda_h)$ wegen der Bedingung (K) verschwindet. Mit $v := u_h - v_h$ folgt $\|u_h - v_h\|^2 \leq \alpha^{-1} C \|u_h - v_h\| \cdot \|u - v_h\|$ und nach Kürzen die Behauptung. $\qquad\square$

Der Vollständigkeit halber sei gesagt, dass man auf die Voraussetzung $X_h \subset X$ ähnlich wie bei den nichtkonformen Elementen verzichten kann. Auch gitterabhängige Normen trifft man zuweilen an. Solche Verallgemeinerungen sind mit Methoden zu behandeln, wie wir sie von den Sätzen von Strang aus §1 her kennen. Gitterabhängige Normen findet man z.B. in der Theorie der Mortar-Elemente von Braess, Dahmen und Wieners [2000].

Manchmal sind Fehlerabschätzungen zu solchen Normen erwünscht, für die nicht alle Voraussetzungen von Satz 4.3 erfüllt sind. Man beachte, dass die Norm der Bilinearform b nicht in die a priori Abschätzung (4.12) eingeht. Die Tatsache ist für die Abschätzung von $\|\lambda - \lambda_h\|$ verwertbar, wenn eine Schranke für $\|u - u_h\|$ auf andere Weise gewonnen wurde. Man vergleiche auch die Bemerkung nach Fortins Kriterium.

Fortin-Interpolation

Die inf-sup-Bedingung hängt eng mit der Stetigkeit eines Projektors auf den Unterraum V zusammen. Darauf beruht ein nützliches Hilfsmittel von Fortin zum Nachweis der Bedingung.

4.8 Fortins Kriterium. *Die Bilinearform $b : X \times M \longrightarrow \mathbb{R}$ erfülle die inf-sup-Bedingung. Ferner gebe es zu den Unterräumen X_h, M_h einen beschränkten, linearen Projektor $\Pi_h : X \longrightarrow X_h$, so dass*

$$b(v - \Pi_h v, \mu_h) = 0 \ \ \text{für alle } \mu_h \in M_h \tag{4.18}$$

ist. Wenn $\|\Pi_h\| \leq c$ mit einer von h unabhängigen Zahl c gilt, erfüllen auch die Finite-Element-Räume X_h, M_h die inf-sup-Bedingung.

$$
\begin{array}{ccc}
X & \xrightarrow{\ B\ } & M' \\
{\scriptstyle \Pi_h}\downarrow & & \downarrow {\scriptstyle j} \\
X_h & \xrightarrow{\ B\ } & M'_h
\end{array}
$$

Kommutatives Diagramm zu (4.18). Die Injektion wird mit j bezeichnet.

Beweis. Nach Voraussetzung ist wegen $\Pi_h v \in X_h$ für $\mu_h \in M_h$

$$\beta \|\mu_h\| \leq \sup_{v \in X} \frac{b(v, \mu_h)}{\|v\|} = \sup_{v \in X} \frac{b(\Pi_h v, \mu_h)}{\|v\|} \leq c \sup_{v \in X} \frac{b(\Pi_h v, \mu_h)}{\|\Pi_h v\|}$$

$$= c \sup_{v_h \in X_h} \frac{b(v_h, \mu_h)}{\|v_h\|}.$$

Damit ist alles bewiesen. □

Man beachte, dass die Bedingung in Fortins Kriterium ohne jeden Bezug auf die Norm des Lagrangeschen Parameters überprüft wird. Das ist ein Vorteil, wenn die Lagrangeschen Parameter in exotischen Sobolev-Räumen, z.B. in Spurräumen liegen.

4.9 Bemerkung. Es gibt eine Umkehrung von Fortins Kriterium: *Wenn die Finite-Element-Räume X_h und M_h die inf-sup-Bedingung erfüllen, existiert eine beschränkte lineare Abbildung $\Pi_h : X \to X_h$, so dass (4.18) gilt.*

In der Tat, zu $v \in X$ sei $u_h \in X_h$ die Lösung des Variationsproblems

$$
\begin{aligned}
(u_h, w) + b(w, \lambda_h) &= (v, w) && \text{für alle } w \in X_h, \\
b(u_h, \mu) &= b(v, \mu) && \text{für alle } \mu \in M_h.
\end{aligned}
\tag{4.19}
$$

Das Skalarprodukt des Hilbert-Raums ist selbstverständlich koerziv, und die inf-sup-Bedingung gilt laut Voraussetzung. Das Sattelpunktproblem (4.19) ist also stabil und

$$
\|u_h\| \le c \|v\|.
$$

Durch $v \mapsto \Pi_h v := u_h$ ist also eine beschränkte lineare Abbildung mit der Eigenschaft (4.18) erklärt.

Ebenso wird durch

$$
\begin{aligned}
(u_h, w) + b(w, \lambda_h) &= (v, w) && \text{für alle } w \in X_h, \\
b(u_h, \mu) &= 0 && \text{für alle } \mu \in M_h
\end{aligned}
\tag{4.20}
$$

ein beschränkter Projektor $v \mapsto u_h$ auf den Unterraum V_h definiert. Dieser Projektor oder auch der in Bemerkung 4.9 genannte werden oft als *Fortin-Interpolation* bezeichnet.

Die letzten Aussagen wurden über Sattelpunktprobleme mit passender rechter Seite gewonnen. Dies ist eine oft vorkommende Technik, die der Leser selbst in Aufgabe 4.16 ausprobieren kann.

4.10 Bemerkung. Wenn die Räume X_h und M_h die inf-sup-Bedingung erfüllen, gilt mit einer von h unabhängigen Zahl c für jedes $u \in V(g)$

$$
\inf_{v_h \in V_h(g)} \|u - v_h\| \le c \inf_{w_h \in X_h} \|u - w_h\|.
$$

Beweis. Sei Π_h der in Bemerkung 4.9 eingeführte Operator. Offenbar ist $\Pi_h w_h = w_h$ für alle $w_h \in X_h$. Für $u \in V(g)$ ist nach Konstruktion auch $\Pi_h u \in V_h(g)$, und es folgt

$$
\|u - \Pi_h u\| = \|u - w_h - \Pi_h(u - w_h)\| \le (1 + c)\|u - w_h\|.
$$

Da dies für beliebiges $w_h \in X_h$ gilt, ist die Behauptung bewiesen. $\qquad\square$

Sattelpunktprobleme mit Strafterm

Zum Schluss betrachten wir eine Variante des Problems (S), die in der Elastizitätstheorie eine Rolle spielt. Dort möchte man sogenannte *Probleme mit kleinen Parametern* so behandeln, dass die Konvergenz für $h \to 0$ gleichmäßig in dem Parameter erfolgt. Das lässt sich häufig als Sattelpunktproblem mit Strafterm erreichen. — *Leser, die vor allem am Stokes-Problem interessiert sind, mögen den Rest dieses Abschnitts überschlagen.*

Neben den Bilinearformen a und b ist eine Bilinearform c auf einer dichten Menge $M_c \subset M$ erklärt:

$$
c : M_c \times M_c \longrightarrow \mathbb{R}, \quad c(\mu, \mu) \ge 0 \quad \text{für } \mu \in M_c.
\tag{4.21}
$$

Ferner ist t ein kleiner reeller Parameter. Im Vergleich zu (4.4) tritt ein Term hinzu, der als *Strafterm* verstanden werden kann.

Problem (St). Gesucht wird $(u, \lambda) \in X \times M_c$ mit

$$
\begin{aligned}
a(u, v) + b(v, \lambda) &= \langle f, v \rangle \quad \text{für } v \in X, \\
b(u, \mu) - t^2 c(\lambda, \mu) &= \langle g, \mu \rangle \quad \text{für } \mu \in M_c.
\end{aligned}
\tag{4.22}
$$

Die zugehörige Bilinearform auf dem Produktraum ist

$$
A(u, \lambda; v, \mu) := a(u, v) + b(v, \lambda) + b(u, \mu) - t^2 c(\lambda, \mu).
$$

Zunächst interessiert uns der Fall, dass die Bilinearform c beschränkt ist [Braess und Blömer 1990]. Dann ist c auf den ganzen Raum $M \times M$ stetig fortsetzbar, und es kann $M_c = M$ gesetzt werden.

4.11 Satz. *Die Voraussetzungen von Satz 4.3 seien erfüllt, und $a(v, v)$ sei nichtnegativ für $v \in X$. Ferner sei $c : M \times M \longrightarrow \mathbb{R}$ eine stetige Bilinearform und $c(\mu, \mu) \geq 0$ für $\mu \in M$. Dann wird durch (4.22) ein Isomorphismus $L : X \times M \longrightarrow X' \times M'$ erklärt, und L^{-1} ist für $0 \leq t \leq 1$ gleichmäßig beschränkt.*

In Satz 4.11 ist wesentlich, dass die Lösungen der Sattelpunktprobleme mit Strafterm gleichmäßig in t beschränkt sind, solange $0 \leq t \leq 1$ ist. Man kann den Strafterm als Störung auffassen, und ihm wird oft eine stabilisierende Wirkung zugeschrieben. Überraschenderweise stimmt das jedoch nicht immer, und die Norm der Form c geht in die Konstante der inf-sup-Bedingung ein. Dass dies nicht nur durch den Beweis bedingt ist, zeigt ein Beispiel. Der Beweis des Satzes wird ans Ende des § verschoben.

4.12 Beispiel. Sei $X = M := L_2(\Omega)$ und $a(u, v) := 0$, $b(v, \mu) := (v, \mu)_{0,\Omega}$ und $c(\lambda, \mu) := K \cdot (\lambda, \mu)_{0,\Omega}$. Die Lösung von

$$
\begin{aligned}
b(v, \lambda) &= (f, v)_{0,\Omega}, \\
b(u, \mu) - t^2 c(\lambda, \mu) &= (g, \mu)_{0,\Omega}
\end{aligned}
$$

lautet offensichtlich $\lambda = f$ und $u = g + t^2 K f$. Eine Schranke für die Lösung kann also nicht unabhängig von der Größe des Strafterms sein.

In der Plattentheorie trifft man auf Sattelpunktprobleme mit Straftermen, die eine *singuläre Störung* darstellen, d.h. von einem Differentialoperator höherer Ordnung stammen. Auf M_c wird dann eine Seminorm eingeführt und auf $X \times M_c$ die zugehörige Graphennorm erklärt, s. Huang [1990]

$$
\begin{aligned}
|\mu|_c &:= \sqrt{c(\mu, \mu)}, \\
\||(v, \mu)\|| &:= \|v\|_X + \|\mu\|_M + t|\mu|_c.
\end{aligned}
\tag{4.23}
$$

Die Bilinearform a ist offensichtlich stetig für $\||\cdot\||$. Um Stabilität im Sinne von Babuška zu garantieren, benötigt man dann die Elliptizität von a auf dem ganzen Raum X und nicht nur auf dem Kern V wie in Satz 4.3. Aus dem vorigen Beispiel wird deutlich, dass man in der Tat eine zusätzliche Voraussetzung dieser Art braucht.

4.13 Satz. *Die Voraussetzungen von Satz 4.3 seien erfüllt. Ferner sei a elliptisch auf dem ganzen Raum X. Dann gilt für die durch das Sattelpunktproblem mit Strafterm erklärte Abbildung L und die Bilinearform A die inf-sup-Bedingung*

$$\inf_{(u,\lambda)\in X\times M_c} \sup_{(v,\mu)\in X\times M_c} \frac{A(u,\lambda; v,\mu)}{|||(u,\lambda)||| \cdot |||(v,\mu)|||} \geq \gamma > 0, \tag{4.24}$$

wobei γ für $0 \leq t \leq 1$ unabhängig von t ist.

Die beiden Sätze 4.11 und 4.13 ergeben sich als Folgerungen aus einem Hilfssatz [Kirmse 1990], publiziert in [Braess 1996]. Die Bedingung (4.26) in dem Hilfssatz ist äquivalent zur Babuška-Bedingung für den Fall, dass die Lagrangeschen Parameter verschwinden

$$\sup_{(v,\mu)} \frac{A(u,0; v,\mu)}{|||(v,\mu)|||} \geq \alpha' \|u\|_X. \tag{4.25}$$

Dabei ist α' eine positive Zahl. Die Bedingung (4.25) ist als Spezialfall eine notwendige Bedingung, aber nach dem folgenden Hilfssatz auch hinreichend.

4.14 Hilfssatz. *Die Voraussetzungen von Satz 4.3 seien erfüllt. Ferner gelte*

$$\frac{a(u,u)}{\|u\|_X} + \sup_{\mu\in M_c} \frac{b(u,\mu)}{\|\mu\|_M + t|\mu|_c} \geq \alpha \|u\|_X \tag{4.26}$$

mit einem $\alpha > 0$ für alle $u \in X$. Dann ist die inf-sup-Bedingung (4.24) erfüllt. Außerdem sind die Bedingungen (4.25) und (4.26) äquivalent.

Beweis. Wir zeigen zunächst die Äquivalenz der Bedingungen. Es ist

$$\frac{a(u,u)}{\|u\|_X} + \sup_{\mu\in M_c} \frac{b(u,\mu)}{\|\mu\|_M + t|\mu|_c} = \frac{A(u,0; u,0)}{|||(u,0)|||} + \sup_{\mu} \frac{A(u,0; 0,\mu)}{|||(0,\mu)|||}$$

$$\leq 2 \sup_{(v,\mu)} \frac{A(u,0; v,\mu)}{|||(v,\mu)|||}.$$

Also folgt (4.25) aus (4.26) mit $\alpha' \geq \alpha/2$. Andererseits schließen wir mit der Cauchy–Schwarzschen Ungleichung für die definite quadratische Form $a(\cdot, \cdot)$

$$\sup_{(v,\mu)} \frac{A(u,0; v,\mu)}{|||(v,\mu)|||} \leq \sup_{(v,\mu)} \frac{a(u,v)}{|||(v,\mu)|||} + \sup_{(v,\mu)} \frac{b(u,\mu)}{|||(v,\mu)|||} = \sup_{v} \frac{a(u,v)}{\|v\|_X} + \sup_{\mu} \frac{b(u,\mu)}{|||(0,\mu)|||}$$

$$\leq [\|a\| a(u,u)]^{1/2} + \sup_{\mu} \frac{b(u,\mu)}{\|\mu\|_M + t|\mu|_c}$$

$$\leq \frac{\|a\| a(u,u)}{\alpha' \|u\|_X} + 2 \sup_{\mu} \frac{b(u,\mu)}{\|\mu\|_M + t|\mu|_c}.$$

Dabei wurde die Schlussweise aus Aufgabe 4.21 verwandt und dass die linke Seite größer als $\alpha' \|\mu\|_X$ ist. Also folgt (4.26) aus (4.25) mit $\alpha \geq \alpha'/(2 + \|a\|/\alpha')$, und die Äquivalenz ist bewiesen.

Sei nun $(u, \lambda) \in X \times M_c$. Zur Abkürzung setzen wir

$$\text{SUP} := \sup_{(v,\mu)} \frac{A(u, \lambda; v, \mu)}{\|\|(v, \mu)\|\|}.$$

Aus $A(u, \lambda; u, -\lambda) = a(u, u) + t^2 c(\lambda, \lambda) \geq t^2 c(\lambda, \lambda) = t^2 |\lambda|_c^2$ schließen wir

$$t|\lambda|_c \leq \frac{A(u, \lambda; u, -\lambda)}{\|\|(u, \lambda)\|\|} \frac{\|\|(u, \lambda)\|\|}{t|\lambda|_c} \leq \frac{\|\|(u, \lambda)\|\|}{t|\lambda|_c} \text{SUP}. \tag{4.27}$$

Weiter liefert die inf-sup-Bedingung für das übliche Sattelpunktproblem ohne Strafterm

$$\beta \|\lambda\|_M \leq \sup_v \frac{b(v, \lambda)}{\|v\|_X} = \sup_v \frac{A(u, \lambda; v, 0) - a(u, v)}{\|v\|_X} \leq \text{SUP} + \|a\| \, \|u\|_X. \tag{4.28}$$

Schließlich folgern wir aus der zusätzlichen Voraussetzung (4.26)

$$\begin{aligned}
\alpha' \|u\|_X &\leq \frac{a(u, u)}{\|u\|_X} + \sup_{\mu \in M_c} \frac{b(u, \mu)}{\|\mu\|_M + t|\mu|_c} \\
&\leq \frac{A(u, \lambda; u, -\lambda)}{\|\|(u, \lambda)\|\|} \frac{\|\|(u, \lambda)\|\|}{\|u\|_X} + \sup_\mu \frac{A(u, \lambda; 0, \mu) + t^2 c(\lambda, \mu)}{\|\|(0, \mu)\|\|} \\
&\leq \frac{\|\|(u, \lambda)\|\|}{\|u\|_X} \text{SUP} + \text{SUP} + t|\lambda|_c.
\end{aligned} \tag{4.29}$$

Aus diesen drei Ungleichungen leiten wir die Behauptung her. Dabei nutzen wir mehrfach aus, dass die Ungleichung $z \leq p^2/z + q$ mit positiven reellen Zahlen die Ungleichung $z \leq p + q$ impliziert.

Wir unterscheiden zwei Fälle.

Fall 1. Es sei $t|\lambda|_c \leq (1/2)\alpha' \|u\|_X$. Aus (4.29) erhalten wir, wenn wir gleich den Term $(1/2)\alpha' \|u\|_X$ absorbieren und (4.28) anwenden

$$\begin{aligned}
\frac{1}{2}\alpha' \|u\|_X &\leq \text{SUP} \left(\frac{\|u\|_X + \|\lambda\|_M + t|\lambda|_c}{\|u\|_X} + 1 \right) \\
&\leq \text{SUP} \left(2 + \frac{(1/\beta) \text{SUP}}{\|u\|_X} + \frac{\|a\|}{\beta} + \frac{1}{2}\alpha' \right), \\
\|u\|_X &\leq \left(\frac{4}{\alpha'} + \sqrt{\frac{2}{\alpha'\beta} + \frac{2\|a\|}{\alpha'\beta}} + 1 \right) \text{SUP}.
\end{aligned}$$

Schranken für die anderen Normen ergeben sich aus (4.28) und der Ungleichung in der Fallunterscheidung.

Fall 2. Es sei $t|\lambda|_c > (1/2)\alpha' \|u\|_X$. Zusammen mit (4.28) bewirkt dies zunächst $\|\lambda\|_M \leq \text{SUP}/\beta + (2\|a\|/\alpha'\beta) t|\lambda|_c$, und (4.27) liefert

$$\begin{aligned}
t|\lambda|_c &\leq \text{SUP} \frac{\|u\|_X + \|\lambda\|_M + t|\lambda|_c}{t|\lambda|_c} \\
&\leq \text{SUP} \left(\frac{2}{\alpha'} + \frac{\text{SUP}/\beta}{t|\lambda|_c} + \frac{2\|a\|}{\alpha'\beta} + 1 \right) \\
&\leq \left(1 + \frac{2}{\alpha'} + \beta^{-1/2} + \frac{2\|a\|}{\alpha'\beta} \right) \text{SUP}.
\end{aligned}$$

Schranken für die anderen Normen ergeben sich aus den Ungleichungen im Zusammenhang mit der Fallunterscheidung.

Damit ist der Hilfssatz bewiesen. □

Die beiden vorigen Sätze folgen nun sofort. Die Elliptizität auf dem vollen Raum X in Satz 4.13 besagt $a(u, u) \geq \alpha \|u\|_X^2$, und die Relation (4.26) ist klar. — Für den Nachweis von Satz 4.11 wird anders argumentiert. Die Babuška-Bedingung für das Paar $(u, 0)$ ist nach Satz 4.3 für die Norm $\|u\|_X + \|\lambda\|_M$ gesichert. Weil die Form c in Satz 4.11 als beschränkt vorausgesetzt wird, sind $\|\lambda\|_M$ und $\|\lambda\|_M + t|\lambda|_c$ für $t \leq 1$ äquivalente Normen, und es gilt auch (4.25). □

Die gleichgradige Beschränktheit der Lösung garantiert auch, dass die Lösung stetig von dem Parameter (des Strafterms) abhängt.

4.15 Folgerung. *Die Voraussetzungen des Satzes 4.11 seien erfüllt. Ferner seien $f \in X'$ und $g \in M'$. Dann hängt die Lösung (u_t, λ_t) des Problems (S_t) stetig von t ab.*

Beweis. Seien (u_t, λ_t) und (u_s, λ_s) Lösungen zu den Parametern t bzw. s. Dann ist

$$a(u_t - u_s, v) + b(v, \lambda_t - \lambda_s) = 0 \qquad \text{für alle } v \in X,$$
$$b(u_t - u_s, \mu) - t^2 c(\lambda_t - \lambda_s, \mu) = -(t^2 - s^2) c(\lambda_s, \mu) \text{ für alle } \mu \in M.$$

Wegen der Stabilität des Sattelpunktproblems (4.22) folgt $\|u_t - u_s\|_X + \|\lambda_t - \lambda_s\|_M \leq$ const $|t^2 - s^2|$, und damit die stetige Abhängigkeit vom Parameter. □

Typische Anwendungen

Variationsprobleme in Sattelpunktform werden für sehr verschiedene Zwecke und nicht nur für die eingangs genannten herangezogen. Um all die Fälle in der folgenden Aufzählung abzudecken, musste die Theorie abstrakt gefasst werden. Die inf-sup-Bedingung mag so dem Leser sehr formal erscheinen, aber sie erweist sich in der Rechenpraxis für die Stabilität als die fundamentale (notwendige) Eigenschaft, wie nicht oft genug wiederholt werden kann.

1. Explizite Nebenbedingungen. Inkompressible Strömungen sind durch die Nebenbedingung

$$\operatorname{div} u = 0$$

gekennzeichnet. Insbesondere wird das Stokes-Problem in §§6 und 7 behandelt.

2. Aufspaltung einer Differentialgleichung in ein System. Die Poisson-Gleichung wird beispielsweise als System

$$\operatorname{grad} u - \sigma = 0,$$
$$\operatorname{div} \sigma \qquad = -f$$

geschrieben, vgl. §5. Die gegebene Differentialgleichung zweiter Ordnung wird so als System von Gleichungen erster Ordnung formuliert. Die Umformulierung ist mit einer

Aufweichung der Energie verbunden, s. (5.18), die bei einigen Problemen der Elastizitätstheorie erforderlich ist, vgl. Kap. VI §§4 und 8. — Einen anderen Zweck hat die Aufspaltung von elliptischen Problemen 4. Ordnung in solche 2. Ordnung wie in Aufgabe 5.11 oder bei der Kirchhoff-Platte in Kap. VI §7. Die gemischte Methode ermöglicht den Einsatz von C^0-Elementen, während Standard-Methoden C^1-Elemente erfordert.

3. Behandlung von Randbedingungen. Es ist manchmal bequemer, eine Randbedingung $u|_\Gamma = g$ als explizite Nebenbedingung anzusetzen, als sie in den Finite-Element-Raum einzubringen. Der Lagrangesche Parameter modelliert dann die Normalableitung $\partial u/\partial n$ mitsamt dem Faktor, der in der natürlichen Randbedingung anzutreffen ist. Ebenso ist der stetige Anschluss an inneren Rändern ein Hindernis bei Gebietszerlegungsmethoden. Er wird z.B. bei den sogenannten Mortar-Elementen durch schwache Anschlussbedingungen ersetzt, vgl. Bernardy, Maday und Patera [1994] oder Braess, Dahmen und Wieners [2000].

4. Zu nichtkonformen Elementen äquivalente gemischte Methoden. Oft findet man gemischte Methoden, die äquivalent zu nichtkonformen sind. Während die nichtkonforme Methode durchweg einfacher zu implementieren ist, erlaubt die gemischte Methode eine einfachere Analyse. Davon wird in Kap. VI §7 beim DKT-Element für die Kirchhoff-Platte Gebrauch gemacht; siehe auch Aufgabe VI.4.5. Der Zusammenhang zwischen dem nichtkonformen P_1-Element und der gemischten Methode nach Raviart–Thomas wurde von Marini [1985] herausgestellt.

5. Sattelpunktprobleme mit Strafterm. Probleme mit einem störenden *großen* Parameter formt man häufig in Sattelpunktprobleme mit einem *kleinen* Strafterm um. Typische Beispiele sind die Verformung eines fast inkompressiblen Materials in Kap. VI §4 oder die Mindlin-Platte in Kap. VI §8.

6. A posteriori Fehlerschätzer mittels Sattelpunktproblemen. Lokal berechnete Näherungslösungen von Sattelpunktproblemen liefern untere Abschätzungen für die Energie, also obere Abschätzungen für den Fehler in der Energienorm und damit wiederum a posteriori Schätzer, s. §9.

Aufgaben

4.16 Man zeige, dass die inf-sup-Bedingung (4.8) äquivalent zu folgender Zerlegungseigenschaft ist: *Zu jedem $u \in X$ gibt es eine Zerlegung*

$$u = v + w$$

mit $v \in V$ und $w \in V^\perp$, so dass

$$\|w\|_X \leq \beta^{-1}\|Bu\|_{M'}$$

mit einer von u unabhängigen Zahl $\beta > 0$ ist.

4.17 Für die Unterräume X_h, M_h sei bekannt, dass sie die Babuška–Brezzi–Bedingung erfüllen. Es werde nun

X_h oder M_h vergrößert oder verkleinert.

Welche der Bedingungen in Definition 4.4 müssen jeweils neu geprüft werden?

4.18 Systeme der Form

$$
\begin{aligned}
a(u, v) + b(v, \lambda) &\quad &= \langle f, v \rangle \quad \text{für alle } v \in X, \\
b(u, \mu) &\quad + c(\sigma, \mu) &= \langle g, \mu \rangle \quad \text{für alle } \mu \in M, \\
c(\tau, \lambda) + d(\sigma, \tau) &= \langle h, \tau \rangle \quad \text{für alle } \tau \in Y
\end{aligned}
\tag{4.30}
$$

werden manchmal als *doppelte Sattelpunktprobleme* bezeichnet. Man arrangiere (4.30) so, dass ein übliches Sattelpunktproblem (in passenden Produkt-Räumen) erscheint.

4.19 Seien X, M und die Abbildungen a, b, f, g wie bisher. Zu gegebenem $\rho \in M$ sei $\rho^\perp := \{\mu \in M; \ (\rho, \mu) = 0\}$. Die Nebenbedingungen werden jetzt eingeschränkt, und der Ausdruck (4.1) sei nur unter den Nebenbedingungen

$$
b(u, \mu) = \langle g, \mu \rangle \quad \text{für alle } \mu \in \rho^\perp
$$

zu minimieren. Man zeige, dass die Lösung durch

$$
\begin{aligned}
a(u, v) + b(v, \lambda) &\quad &= \langle f, v \rangle \quad \text{für alle } v \in X, \\
b(u, \mu) &\quad + (\sigma, \mu) &= \langle g, \mu \rangle \quad \text{für alle } \mu \in M, \\
(\tau, \lambda) &\quad &= 0 \quad \text{für alle } \tau \in \mathrm{span}[\rho]
\end{aligned}
\tag{4.31}
$$

mit $u \in X$, $\lambda \in M$, $\sigma \in \mathrm{span}[\rho]$ charakterisiert ist. Außerdem arrangiere man (4.31) im Sinne der vorigen Aufgabe.

4.20 Im Fall $M = L_2$ kann man M mit seinem Dualraum identifizieren und der Einfachheit halber $b(v, \mu) = (Bv, \mu)_0$ schreiben. Die Lösung des Sattelpunktproblems ändert sich nicht, wenn $a(u, v)$ durch

$$
a_t(u, v) := a(u, v) + t^2 (Bu, Bv)_0, \quad t > 0
\tag{4.32}
$$

ersetzt wird. In der angelsächsischen Literatur spricht man von der Methode der *augmented Lagrange function*, s. Fortin und Glowinski [1983].

a) Man zeige, dass a_t elliptisch auf dem *ganzen Raum* X ist, wenn die Voraussetzungen von Satz 4.3 erfüllt sind.

b) Die explizite Nebenbedingung werde ignoriert, und andererseits werde $\lambda = t^2 Bu$ als neue Variable eingeführt. Zur Vorbereitung der Anwendungen in Kap. VI zeige man, dass ein Sattelpunktproblem mit Strafterm entsteht.

4.21 Es seien a, b und c positive Zahlen. Man zeige, dass aus $a \le b + c$ die Relation $a \le b^2/a + 2c$ folgt.

§ 5. Gemischte Methoden für die Poisson-Gleichung

Die Behandlung der Poisson-Gleichung durch gemischte Methoden illustriert, dass die Methode nicht nur für Variationsprobleme mit expliziten Nebenbedingungen wie in (4.1)–(4.2) von Bedeutung ist. Wir können bereits mit einfachen Überlegungen typische und tief greifende Aspekte kennen lernen. Es gibt z.B. zwei stabile Paarungen von Finite-Element-Räumen, die im Sinne von Babuška und Brezzi stabil sind. Interessanterweise unterscheiden sich die beiden Möglichkeiten darin, dass sie zu verschiedenen natürlichen Randbedingungen führen.

Die Methode, die oft als *duale gemischte Methode* bezeichnet wird, ist schon lange wohletabliert. Andererseits hat die *primale gemischte Methode* in der letzten Zeit Interesse gefunden. An ihr ist der Aufweichungseffekt gemischter Methoden gut abzulesen, und eine wohl dosierte Aufweichung braucht man bei Problemen mit *kleinen Parameter* in der Festkörpermechanik, um robuste Diskretisierungen zu erhalten.

Außerdem spielen die Fälle eine Sonderrolle, in denen X oder M ein L_2-Raum ist.

Die Poisson-Gleichung als gemischtes Problem

Die Laplace-Gleichung bzw. die Poisson-Gleichung $\Delta u = \operatorname{div} \operatorname{grad} u = -f$ lässt sich als System schreiben

$$\begin{aligned}
\operatorname{grad} u &= \sigma, \\
\operatorname{div} \sigma &= -f.
\end{aligned} \tag{5.1}$$

Sei $\Omega \subset \mathbb{R}^d$. Aus (5.1) erhält man direkt das folgende Sattelpunktproblem: *Gesucht wird* $(\sigma, u) \in L_2(\Omega)^d \times H_0^1(\Omega)$, *so dass*

$$\begin{aligned}
(\sigma, \tau)_{0,\Omega} - (\tau, \nabla u)_{0,\Omega} &= 0 & \text{\textit{für alle} } \tau \in L_2(\Omega)^d, \\
-(\sigma, \nabla v)_{0,\Omega} &= -(f, v)_{0,\Omega} & \text{\textit{für alle} } v \in H_0^1(\Omega)
\end{aligned} \tag{5.2}$$

gilt. In den allgemeinen Rahmen des §4 fällt (5.2) z.B. mit

$$\begin{aligned}
X &:= L_2(\Omega)^d, \quad M := H_0^1(\Omega), \\
a(\sigma, \tau) &:= (\sigma, \tau)_{0,\Omega}, \quad b(\tau, v) := -(\tau, \nabla v)_{0,\Omega}.
\end{aligned} \tag{5.3}$$

Die Linearformen sind stetig, und a ist offensichtlich L_2-elliptisch. Zum Nachweis der inf-sup-Bedingung benutzen wir ähnlich wie beim reinen Minimumproblem in Kap. II §2 die Friedrichssche Ungleichung. Zu gegebenem $v \in H_0^1(\Omega)$ werten wir den Quotienten in der Bedingung für $\tau := -\nabla v \in L_2(\Omega)^d$ aus:

$$\frac{b(\tau, v)}{\|\tau\|_0} = \frac{-(\tau, \nabla v)_{0,\Omega}}{\|\tau\|_0} = \frac{(\nabla v, \nabla v)_{0,\Omega}}{\|\nabla v\|_0} = |v|_1 \geq \frac{1}{c}\|v\|_1.$$

Weil c aus der Friedrichsschen Ungleichung kommt und nur von Ω abhängt, ist das Sattelpunktproblem (5.2) stabil.

Passende Finite Elemente zu einer Triangulierung $\mathcal{T}_h$ lassen sich leicht angeben. Man wähle $k \geq 1$ und setze

$$X_h := (\mathcal{M}^{k-1})^d = \{\sigma_h \in L_2(\Omega)^d;\ \sigma_{h|T} \in \mathcal{P}_{k-1}\ \text{für}\ T \in \mathcal{T}_h\},$$
$$M_h := \mathcal{M}_{0,0}^k \quad = \{v_h \in H_0^1(\Omega);\ v_{h|T} \in \mathcal{P}_k \quad \text{für}\ T \in \mathcal{T}_h\}.$$

Man beachte, dass nur die Funktionen in M_h stetig sind. Wegen $\nabla M_h \subset X_h$ verifiziert man die inf-sup-Bedingung wie beim kontinuierlichen Problem.

Eine Formulierung mit einer anderen Paarung stützt sich auf den in Aufgabe II.5.14 genannten Raum

$$H(\text{div}, \Omega) := \{\tau \in L_2(\Omega)^d;\ \text{div}\,\tau \in L_2(\Omega)\}$$

versehen mit der Graphen-Norm des Divergenz-Operators:

$$\|\tau\|_{H(\text{div},\Omega)} := \left(\|\tau\|_0^2 + \|\text{div}\,\tau\|_0^2\right)^{1/2}. \tag{5.4}$$

Für $v \in H_0^1(\Omega)$ und $\sigma \in H(\text{div}, \Omega)$ ist $(\sigma, \nabla v)_{0,\Omega} = -(\text{div}\,\sigma, v)_{0,\Omega}$. *Gesucht wird* $(\sigma, u) \in H(\text{div}, \Omega) \times L_2(\Omega)$, *so dass*

$$
\begin{aligned}
(\sigma, \tau)_{0,\Omega} + (\text{div}\,\tau, u)_{0,\Omega} &= 0 && \text{für alle}\ \tau \in H(\text{div}, \Omega), \\
(\text{div}\,\sigma, v)_{0,\Omega} &= -(f, v)_{0,\Omega} && \text{für alle}\ v \in L_2(\Omega)
\end{aligned}
\tag{5.5}
$$

gilt. Zur Anwendung der allgemeinen Theorie setzen wir

$$X = H(\text{div}, \Omega), \quad M = L_2(\Omega),$$
$$a(\sigma, \tau) = (\sigma, \tau)_{0,\Omega}, \quad b(\tau, v) = (\text{div}\,\tau, v)_{0,\Omega}. \tag{5.6}$$

Offensichtlich sind die Linearformen stetig. Für $\tau \in V$ folgt dann aus $\text{div}\,\tau = 0$:

$$a(\tau, \tau) = \|\tau\|_0^2 = \|\tau\|_0^2 + \|\text{div}\,\tau\|_0^2 = \|\tau\|_{H(\text{div},\Omega)}^2.$$

Damit ist die Elliptizität von a auf dem Kern gezeigt. Weiter gibt es zu $v \in L_2$ ein $w \in C_0^\infty(\Omega)$ mit $\|v - w\|_{0,\Omega} \leq \frac{1}{2}\|v\|_{0,\Omega}$. Man setze $\xi := \inf\{x_1;\ x \in \Omega\}$ und

$$\tau_1(x) = \int_\xi^{x_1} w(t, x_2, \ldots, x_n)dt,$$
$$\tau_i(x) = 0 \quad \text{für}\ i > 1.$$

Dann ist offenbar $\text{div}\,\tau = \partial \tau_1 / \partial x_1 = w$, und die Argumentation wie im Beweis der Friedrichsschen Ungleichung liefert $\|\tau\|_0 \leq c\|w\|_0$. Also ist

$$\frac{b(\tau, v)}{\|\tau\|_{H(\text{div},\Omega)}} \geq \frac{(w, v)_{0,\Omega}}{(1 + c)\|w\|_{0,\Omega}} \geq \frac{1}{2(1 + c)}\|v\|$$

und auch die inf-sup-Bedingung erfüllt.

Nach Satz 4.3 definiert (5.5) ein stabiles Sattelpunktproblem. Auf den ersten Blick sieht es so aus, als ob durch (5.5) nur eine Lösung $u \in L_2$ bestimmt ist. Tatsächlich liegt jedoch $u \in H_0^1(\Omega)$. Wegen $C_0^\infty(\Omega)^d \subset H(\text{div}, \Omega)$ besagt die erste Gleichung nämlich

$$\int_\Omega u \frac{\partial \tau_i}{\partial x_i} dx = - \int_\Omega \sigma_i \tau_i dx \quad \text{für } \tau_i \in C_0^\infty(\Omega).$$

Nach Definition II.1.1 besitzt u also die schwache Ableitung $\frac{\partial u}{\partial x_i} = \sigma_i$. Deshalb ist $u \in H^1(\Omega)$, und mit der Greenschen Formel (II.2.9) folgt $\nabla u = \sigma$ sowie mit (5.5)

$$\int_{\partial\Omega} u \cdot \tau\nu \, ds = \int_\Omega \nabla u \cdot \tau \, dx + \int_\Omega \text{div } \tau u \, dx = \int_\Omega \sigma \cdot \tau \, dx + \int_\Omega \text{div } \tau u \, dx = 0.$$

Weil dies für alle $\tau \in C^\infty(\Omega)^d$ zutrifft, ist $u = 0$ auf dem Rand im verallgemeinerten Sinn, d.h., es gilt sogar $u \in H_0^1(\Omega)$.

Während sich bei der Standardformulierung $\frac{\partial u}{\partial \nu} = 0$ als natürliche Randbedingung einstellt, ergibt sich hier also $u = 0$ als natürliche Randbedingung.

Schließlich bemerken wir, dass (5.2) die Lösung der Variationsaufgabe

$$\frac{1}{2}(\sigma, \sigma)_0 - (f, u) \to \min!$$
$$\nabla u - \sigma = 0 \tag{5.2$_v$}$$

charakterisiert. Hier fällt der Lagrangesche Parameter mit der Lösung σ zusammen und kann aus den Gleichungen eliminiert werden. — Andererseits entsteht (5.5) aus dem Variationsproblem für die Maximierung der sogenannten *komplementären Energie*

$$-\frac{1}{2}(\sigma, \sigma)_0 \to \max!$$
$$\text{div } \sigma + f = 0. \tag{5.5$_v$}$$

Jetzt übernimmt u gemäß (5.1) die Rolle des Lagrangeschen Parameters.

Oft wird (5.2) mit $X := L_2$ und $M := H_2^1(\Omega)$ als *primale* gemischte Methode bezeichnet, während zur sogenannten *dualen* die Paarung $X := H(\text{div}, \Omega)$ und $M := L_2(\Omega)$ gehört. Außerdem unterscheidet man noch *hybride* gemischte Methoden, wie bei Roberts und Thomas [1991] genauer erläutert wird.

Das Zwei-Energien-Prinzip

Wenn die zu optimierenden Funktionen an den Lösungen von (5.2)$_v$ und (5.5)$_v$ ausgewertet werden, stimmen die Werte überein. Das Optimum liegt also zwischen den Werten, welche sich für zulässige (d. h. nicht optimale) Elemente des primalen und des dualen Variationsproblems ergeben. Darauf beruht der a posteriori Fehlerschätzer in §9. Die Grundlage formulieren wir für die Poisson-Gleichung, wobei sich jeweils die wesentlichen Randbedingungen in den Voraussetzungen von Satz 5.1 wiederfinden:

$$
\begin{aligned}
-\Delta u &= f \quad \text{in } \Omega, \\
u &= u_0 \quad \text{on } \Gamma_D, \\
\frac{\partial u}{\partial n} &= g \quad \text{on } \Gamma_N = \partial\Omega \backslash \Gamma_D.
\end{aligned}
\tag{5.7}
$$

5.1 Satz von Prager und Synge (Zwei-Energien-Prinzip).

Sei $v \in H_0^1(\Omega)$ mit $v = u_0$ auf Γ_D, und $\sigma \in H(\mathrm{div}, \Omega)$ mit $\sigma \cdot n = g$ auf Γ_N erfülle die Gleichung $\mathrm{div}\,\sigma + f = 0$. Ferner sei u Lösung der Poisson-Gleichung (5.7). Dann ist

$$
|u - v|_1^2 + \| \mathrm{grad}\, u - \sigma \|_0^2 = \| \mathrm{grad}\, v - \sigma \|_0^2.
$$

Beweis. Die Greensche Formel liefert

$$
\int_\Omega \mathrm{grad}(u - v)(\mathrm{grad}\, u - \sigma)dx
$$
$$
= -\int_\Omega (u - v)(\Delta u - \mathrm{div}\,\sigma)dx + \int_{\partial\Omega} (u - v)\left(\frac{\partial u}{\partial n} - \sigma \cdot n\right)ds = 0.
$$

Der Randterm liefert keinen Beitrag, weil auf Γ_D und auf Γ_N jeweils ein Faktor verschwindet. Die Formel interpretieren wir als Orthogonalitätsrelation und erhalten wegen $\mathrm{grad}\, v - \sigma = \mathrm{grad}(v - u) + (\mathrm{grad}\, u - \sigma)$:

$$
\| \mathrm{grad}\, v - \sigma \|_0^2 = \| \mathrm{grad}(v - u) \|_0^2 + \| \mathrm{grad}\, u - \sigma \|_0^2.
$$

Laut Definition der Semi-Norm $| \cdot |_1$ ist das die Behauptung. $\qquad\square$

Aubin und Burchard [1971] wiesen darauf hin, dass sich das Zwei-Energien-Prinzip bis zu Trefftz [1928] und Friedrichs [1929] zurückverfolgen lässt. Die Aussagen zu den Variationsproblemen für die allgemeinere Differentialgleichung $\mathrm{div}\,a(x)\,\mathrm{grad}\,u + \alpha u = f$ findet der Leser in den Aufgaben 9.8 und 9.9.

Es gibt einige typische Anwendungen des Zwei-Energien-Prinzips.

- A posteriori Fehlerschätzer ohne generische Konstanten im Hauptterm, s. §9.
- Vergleichssätze für Fehler von unterschiedlichen Finite-Element-Verfahren wie z.B. Satz 5.6.
- Rechtfertigung von Plattentheorien, die in Kap. VI §6 behandelt werden, s. Morgenstern [1959], Allessandrini et al [1999], sowie Braess, Sauter und Schwab [2011].
- Herleitung des Babuška-Paradox, s. das Zitat in Kap.VI §6.

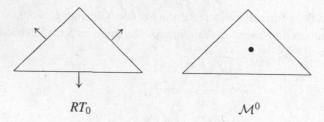

$$RT_0 \qquad\qquad\qquad\qquad \mathcal{M}^0$$

Abb. 35. Raviart–Thomas–Element für $k = 0$. Auf jeder Kante ist die Normalkomponente vorgegeben.

Das Raviart–Thomas–Element

Zu dem Sattelpunktproblem mit dem Raum $H(\mathrm{div}, \Omega)$ sind z.B. die Elemente von Raviart und Thomas [1977] passend. Sei $\Omega \subset \mathbb{R}^2$, $\mathcal{T}_h$ eine quasiuniforme Triangulierung und $k \geq 0$:

$$X_h := RT_k$$
$$:= \{\tau \in L_2(\Omega)^2;\ \tau_{|T} = \begin{pmatrix} a_T \\ b_T \end{pmatrix} + c_T \begin{pmatrix} x \\ y \end{pmatrix} \text{ für } T \in \mathcal{T}_h \text{ mit } a_T, b_T, c_T \in \mathcal{P}_k;$$
$$\tau \cdot \nu \text{ ist stetig an den Elementgrenzen}\}, \tag{5.8}$$

$$M_h := \mathcal{M}^k(\mathcal{T}_h) = \{v \in L_2(\Omega);\ v_{|T} = a_T \text{ für } T \in \mathcal{T}_h \text{ mit } a_T \in \mathcal{P}_k\}.$$

Die Stetigkeit der Normalkomponenten an den Elementgrenzen sichert die Konformität $X_h \subset H(\mathrm{div}, \Omega)$, vgl. Aufgabe II.5.14. Man bemerke dazu, dass die Normalkomponenten der Ansatzfunktionen in RT_k auf jeder Dreieckseite bereis in $\mathcal{P}_k$ enthalten sind.

Die inf-sup-Bedingung fällt später als Nebenprodukt an.

Wir beschränken uns nun auf den Fall $k = 0$. Wesentlich für die Konstruktion des Raviart–Thomas–Elements ist folgende Aussage: In $(\mathcal{P}_1)^2$ sind die Funktionen der Form

$$p = \begin{pmatrix} a \\ b \end{pmatrix} + c \begin{pmatrix} x \\ y \end{pmatrix}$$

gerade dadurch charakterisiert, dass auf jeder Geraden $\alpha x + \beta y = const$ die Normalkomponente konstant ist. Insbesondere ist sie auf jeder Dreieckseite konstant und kann dort vorgegeben werden. Zugeordnet ist dem Element RT_0 im Sinne von II,5.12 also das Tripel

$$(T,\ (\mathcal{P}_0)^2 + x \cdot \mathcal{P}_0,\ n_i \cdot p(z_i), i = 1, 2, 3),$$

wobei z_i der Mittelpunkt der Seite i ist.

Dass die Interpolationsaufgabe lösbar ist, sieht man am einfachsten wie folgt. Zu jedem Eckpunkt a_i des Dreiecks kann man einen Vektor $v_i \in \mathbb{R}^2$ bestimmen, so dass die Projektion auf die Normalen der beiden angrenzenden Seiten den vorgegebenen Wert hat. Anschließend bestimmt man $p \in (\mathcal{P}_1)^2$ mit

$$p(a_i) = v_i, \quad i = 1, 2, 3.$$

Wegen $p \in (\mathcal{P}_1)^2$ sind die Normalkomponenten auf jeder Seite linear. Sie sind sogar konstant, weil sie per Konstruktion an den Endpunkten übereinstimmen. Also liegt die konstruierte Vektorfunktion in dem Ansatzraum.

Die Elemente von Raviart und Thomas oder die ähnlichen sogenannten BDM-Elemente von Brezzi, Douglas und Marini [1985] werden oft bei der Diskretisierung von Problemen in $H(\mathrm{div}, \Omega)$ gebraucht. Passende Elemente für dreidimensionale Probleme haben Brezzi, Douglas, Durán und Fortin [1987] vorgestellt.

Bei dreidimensionalen Problemen und den Maxwellschen Gleichungen spielt neben $H(\mathrm{div}, \Omega)$ auch $H(\mathrm{rot}, \Omega)$ bzw. $H(\mathrm{curl}, \Omega)$ eine wichtige Rolle. Für konforme Elemente braucht man dann die Stetigkeit der tangentiellen Komponente und nicht der Normalkomponente, wie aus Aufgabe 5.15 deutlich hervorgeht; vgl. Nédélec [1986], Monk [2005] und auch die MITC-Elemente für Platten gemäß Abb. 64.

Interpolation mit Raviart–Thomas–Elementen

Der Fehler der Finite-Element-Lösung ist laut Satz 4.5 durch den Fehler bei der Approximation durch die betreffenden Finiten Elemente gegeben. Wie üblich wird der Fehler über Interpolation abgeschätzt. Bei der Interpolation mit dem Element (des formalen Tripels) (T, Π, Σ) gehören die Daten dann zu den Funktionalen von Σ.

Die Aussage formulieren wir nicht nur für Polynome niedrigsten Grades.

5.2 Ein Interpolationsoperator. Sei $k \geq 0$, T ein Dreieck und

$$\rho_T : H^1(T) \to RT_k(t)$$

gemäß

$$\int_e (q - \rho_T q) \cdot n p_k \, ds = 0 \quad \forall p_k \in \mathcal{P}_k \text{ und jede Kante } e \in \partial T, \quad (5.9a)$$

$$\int_T (q - \rho_T q) \cdot p_{k-1} \, dx = 0 \quad \forall p_{k-1} \in \mathcal{P}_{k-1}^2 \quad (\text{sofern } k \geq 1) \quad (5.9b)$$

erklärt. Für eine Triangulierung $\mathcal{T}$ von Ω definiere man $\rho_\Omega : H^1(\Omega) \to RT_k$ elementweise durch

$$(\rho_\Omega q)_{|T} = \rho_T(q_{|T}) \quad \forall T \in \mathcal{T}.$$

Beim Nachweis der Lösbarkeit beschränken wir uns wieder auf den Fall $k = 0$. Dann ist die Normalkomponente einer Funktion $v_h \in RT_0$ auf jeder Elementkante konstant. Die Gleichung (5.9a) besagt, dass sie mit dem Mittelwert der Normalkomponente der gegebenen Funktion übereinstimmt. Das trifft also für die Interpolierende zu.

Mit dem Gaußschen Integralsatz folgt nun

$$\int_T \mathrm{div}(q - \rho_T q) dx = \sum_{e \in \partial T} \int_e (q - \rho_T q) \cdot n \, ds = 0.$$

Andererseits liefert das Raviart–Thomas–Element für $k = 0$ stückweise lineare Funktionen, und die Divergenz $\alpha := \operatorname{div} \rho_T q$ ist auf T konstant. Außerdem ist α die Konstante mit der kleinsten L_2-Abweichung von $\operatorname{div} q$. Damit haben wir die folgende Minimaleigenschaft für $k = 0$ gezeigt. (Für $k > 0$ ist der Beweis bei Brezzi und Fortin [1991] zu finden.)

5.3 Minimaleigenschaft. *Sei $\mathcal{T}$ eine Triangulierung von Ω, und Π_k bezeichne die L^2-Projektion auf $\mathcal{M}^k$. Dann gilt für alle $q \in H^1(\Omega)^2$*

$$\operatorname{div}(\rho_\Omega q) = \Pi_k \operatorname{div} q. \tag{5.10}$$

Die Gleichung wird oft über ein kommutatives Diagramm angezeigt (engl.: commuting diagram property)

$$
\begin{array}{ccc}
H_1(\Omega) & \xrightarrow{\operatorname{div}} & L_2(\Omega) \\
\rho_\Omega \downarrow & & \downarrow \Pi_k \\
RT_k & \xrightarrow{\operatorname{div}} & \mathcal{M}^k.
\end{array} \tag{5.11}
$$

Es sei betont, dass die Abbildung ρ_Ω auf $H(\operatorname{div})$ nicht beschränkt ist, vgl. Brezzi und Fortin [1991] SS. 124–125. Deshalb verweisen wir auf das Diagramm (5.15).

Ausschlaggebend für die inf-sup-Bedingung ist bekanntlich, dass genügend viele Testfunktionen zur Verfügung stehen.

5.4 Hilfssatz. *Die Abbildung*

$$\operatorname{div} : RT_0 \to \mathcal{M}^0$$

ist surjektiv.

Beweis. Nachdem wir Ω eventuell durch Dreiecke ergänzt und vergrößert haben, können wir Ω als konvex annehmen. Zu $f \in \mathcal{M}^0$ existiert dann ein $u \in H^2(\Omega) \cap H_0^1(\Omega)$ mit $\Delta u = f$. Für $q := \operatorname{grad} u$ ergibt sich aus dem Gaußschen Integralsatz

$$\int_{\partial T} q \cdot n \, ds = \int_T \operatorname{div} q \, dx = \int_T f \, dx.$$

Mit (5.9a) folgt nun $\int_T \operatorname{div} \rho_\Omega q \, dx = \int_{\partial T} (\rho_\Omega q) \cdot n \, ds = \int_T f \, dx$. Weil $\operatorname{div} \rho_\Omega q$ und f auf T konstant sind, ist $\operatorname{div} \rho_\Omega q = f$. $\qquad\square$

Man beachte, dass die Abbildung $\mathcal{M}^0 \to RT_0$ bei der Konstruktion im obigen Beweis beschränkt ist. Mit Fortins Kriterium erkennen wir, dass also gleichzeitig die inf-sup Bedingung bewiesen wurde.

Nach diesem kurzen Exkurs wenden wir uns wieder den Approximationseigenschaften der Elemente zu.

5.5 Hilfssatz. *Sei $\mathcal{T}_h$ eine quasiuniforme Triangulierung von Ω. Dann ist*

$$\|q - \rho_\Omega q\|_{H(\mathrm{div},\Omega)} \le ch\,|q|_1 + \inf_{v_h \in \mathcal{M}^0} \|\,\mathrm{div}\,q - v_h\|_0.$$

Beweis. Ausgangspunkt ist hier die Betrachtung auf einem Dreieck. Nach den Spursätzen ist das Funktional $q \mapsto \int_e q \cdot n\,ds$, $e \in \partial T$ auf $H^1(T)^2$ beschränkt. Wegen $\mathcal{P}_0^2 \subset RT_0$ gilt außerdem $\rho_T q = q$ für $q \in \mathcal{P}_0^2$. Das Bramble–Hilbert–Lemma liefert zusammen mit der Transformation auf Referenzdreiecke

$$\|q - \rho_\Omega q\|_0 \le ch\,|q|_1.$$

Die Schranke für $\mathrm{div}(q - \rho_\Omega q)$ ergibt sich aus der Minimaleigenschaft 5.3, und der Beweis ist fertig. $\qquad\qquad\square$

Die Fehlerabschätzung für die Finite-Element-Lösung

$$\|\sigma - \sigma_h\|_{H(\mathrm{div},\Omega)} + \|u - u_h\|_0 \le c(h\,|\sigma|_1 + h\,\|u\|_1 + \inf_{f_h \in \mathcal{M}^0} \|f - f_h\|_0) \qquad (5.12)$$

folgt nun direkt aus Satz 4.5.

Für die u-Komponente ist die Fehlerabschätzung hier offensichtlich schwächer als für P_1-Elemente. Andererseits besitzt das Raviart–Thomas–Element bei fast inkompressiblem Material die dort notwendige Robustheit, wie wir im Kap. VI §5 sehen werden. Außerdem lässt sich der genannte Nachteil mittels einer Nachbehandlung (engl.: postprocessing) beseitigen.

Der Vergleich mit den Standard-Elementen fällt für die Gradienten anders aus. Er zeigt im wesentlichen die Äquivalenz von Finite-Element-Methoden der Ordnung 1.

5.6 Satz (Vergleichssatz).

Sei u_h^1 die Finite-Element-Lösung für das konforme P_1-Element, ferner u_h^{CR} die Finite-Element-Lösung für das Crouzeix–Raviart–Element und σ_h die Lösung der gemischten Methode nach Raviart–Thomas auf demselben Gitter. Dann gilt mit einer Konstanten c, die nur vom Parameter κ der Triangulierung abhängt:

$$\|\nabla u - \sigma_h\|_0 \le c\|\nabla(u - u_h^1)\|_0 + ch \inf_{f_h \in \mathcal{M}^0} \|f - f_h\|_0. \qquad (5,13)$$

Dabei gilt hier die Umkehrung nicht, während es bei den folgenden der Fall ist,

$$\begin{aligned}
\|\nabla(u - u_h^1)\|_0 &\le c\|\nabla(u - u_h^{CR})\|_{0,h} \\
&\le c\|\nabla(u - u_h^1)\|_0 + ch \inf_{f_h \in \mathcal{M}^0} \|f - f_h\|_0.
\end{aligned} \qquad (5.14)$$

Wenn f als stückweise konstant vorausgesetzt wird, verschwinden die Zusatzterme, und der Vergleich wird übersichtlicher.

Der Beweis der ersten Ungleichung erfolgt in §9 mit Techniken, die bei a posteriori Abschätzungen üblich sind. Beweise für die anderen Ungleichungen findet man bei Braess [2009] sowie Carstensen, Peterseim und Schedensack [2012]. Sie beruhen im wesentlichen auf einer a posteriori Abschätzung für gemischte Methoden von Ainsworth [2008]. Diese stützt sich auf eine von Marini [1985] beschriebene Beziehung zwischen dem Crouzeix–Raviart–Element und dem Raviart–Thomas–Element, die auch bei Arnold und Brezzi [1985] im Theorem 2.2 versteckt ist. $\square$

Wegen der Stabilität der gemischten Methode lässt sich das Diagramm (5.11) so abändern, dass der größere Raum $H(\mathrm{div})$ einbezogen wird. Wir beschränken uns auf den Fall $k = 0$ und definieren $\tilde{\rho}_\Omega$ nach demselben Muster wie die Abbildungen im Zusammenhang mit der Fortin-Interpolation. Zu $\sigma \in H(\mathrm{div})$ sei $\tilde{\rho}_\Omega \sigma = \sigma_h \in RT_0$ die Lösung der Gleichungen

$$
\begin{aligned}
(\sigma_h, \tau)_{0,\Omega} + (\mathrm{div}\,\tau, w_h)_{0,\Omega} &= (\sigma, \tau)_{0,\Omega} && \text{für alle } \tau \in RT_0, \\
(\mathrm{div}\,\sigma_h, v)_{0,\Omega} &= (\mathrm{div}\,\sigma, v))_{0,\Omega} && \text{für alle } v \in \mathcal{M}^0.
\end{aligned}
$$

Wegen der Sürjektivität des Divergenzoperators haben wir zusätzlich zu dem kommutativen Diagramm auch exakte Sequenzen.[7] Die obere Reihe gehört zu einer de Rham-Sequenz, und das Diagramm ist Teil eines Diagramms, das für die Konstruktion moderner Elemente benutzt wird. Eine ausführliche Theorie beschreiben Arnold, Falk und Winther [2006].

$$
\begin{array}{ccccc}
H(\mathrm{div}, \Omega) & \xrightarrow{\ \mathrm{div}\ } & L_2(\Omega) & \longrightarrow & 0 \\
\tilde{\rho}_\Omega \downarrow & & \downarrow \Pi_k & & \\
RT_k & \xrightarrow{\ \mathrm{div}\ } & \mathcal{M}^k & \longrightarrow & 0.
\end{array}
\qquad (5.15)
$$

Implementierung und nachträgliche Verbesserung

Im Prinzip führt die gemischte Methode zu Gleichungssystemen mit indefiniter Matrix. Mittels eines von Arnold und Brezzi [1985] beschriebenen Tricks kann es jedoch in eins mit positiv definiter Matrix umgeformt werden, das außerdem kleiner ist.

Von den Gradienten wird nicht von vorn herein verlangt, dass sie in $H(\mathrm{div}, \Omega)$ enthalten sind. Sie werden vielmehr in den größeren Raum $L_2(\Omega)^2$ eingebettet, und die Forderung $\mathrm{div}\,\sigma_h \in L_2(\Omega)$ wird erst nachträglich als explizite Nebenbedingung hinzugefügt. Nach Aufgabe II.5.14 heißt das, dass die Normalkomponenten $\sigma_h \cdot n$ an den Elementgrenzen keine Sprünge aufweisen dürfen. Die Stetigkeit wird nun durch zusätzliche Nebenbedingungen erzwungen, zu denen auch entsprechende Lagrangesche Parameter eingeführt werden.

---

[7] Eine Sequenz von linearen Abbildungen $A \xrightarrow{\ f\ } B \xrightarrow{\ g\ } C$ heißt exakt, wenn das Bild von f mit dem Kern von g übereinstimmt.

Die Ansatzfunktionen für σ_h enthalten dann keine Übergangsbedingungen mehr, und jede Basisfunktion hat als L_2-Funktion ihren Träger in einem einzigen Dreieck. Dasselbe trifft auf die Variablen von u_h zu. Alle diese Größen können durch statische Kondensation eliminiert werden. Das Resultat des Eliminationsprozesses ist ein Gleichungssystem mit einer positiv definiten Matrix, bei dem nur noch die neuen Lagrangeschen Parameter als Unbekannte auftreten. — Außerdem ist der Rechenaufwand bei der Aufstellung der Steifigkeitsmatrix wegen der kleineren Träger der Basisfunktionen niedriger.

Die neuen Lagrangeschen Parameter bieten nicht nur aus rechentechnischer Sicht Vorteile. Sie können als Diskretisierung von u auf den Elementkanten angesehen werden, und der Fehler ist sogar von höherer Ordnung. Arnold und Brezzi [1985] erreichen damit über ein *postprocessing* eine Verbesserung der Finite-Element-Approximation.

Die genannten Methoden sind insbesondere für das in Kap. VI §5 beschriebene PEERS-Element von Bedeutung.

Gitterabhängige Normen für das Raviart–Thomas–Element

Das Raviart–Thomas–Element kann auch im Rahmen der primalen gemischten Methode, also für die Paarung $H^1(\Omega)$, $L_2(\Omega)$ analysiert werden. Wegen $RT_k \not\subset H^1(\Omega)$ sind die Finite-Element-Räume dann nicht konform, und typische gitterabhängige Normen kommen zum Einsatz. Der Schwachpunkt gebrochener Normen wird durch Kantenterme ausgeglichen:

$$\|\tau\|_{0,h} := \left(\|\tau\|_0^2 + h \sum_{e \in \Gamma_h} \|\tau n\|_{0,e}^2 \right)^{1/2},$$

$$|v|_{1,h} := \left(\sum_{T \in \mathcal{T}_h} |v|_{1,T}^2 + h^{-1} \sum_{e \in \Gamma_h} \|[\![v]\!]\|_{0,e}^2 \right)^{1/2}. \tag{5.16}$$

Dabei bezeichnet $\Gamma_h := \cup_T (\partial T \cap \Omega)$ die Elementgrenzen. Auf den Kanten sind $[\![v]\!]$ als Sprung von v sowie die Normalkomponente τn von τ wohldefiniert. Man beachte, dass sowohl τn als auch $[\![v]\!]$ bei einer Umkehr der Orientierung das Vorzeichen wechseln. Deshalb ist das Produkt unabhängig von der Orientierung.

Die Stetigkeit der Bilinearform $a(\cdot, \cdot)$ ist klar. Die Elliptizität folgt aus

$$\|\tau\|_{0,h} \le C \|\tau\|_0 \quad \text{für alle } \tau \in RT_k,$$

und diese Ungleichungen ergeben sich aus dem Transformationsverhalten der Größen. Die Bilinearform $b(\cdot, \cdot)$ wird mit Hilfe der Greenschen Formel umgeschrieben

$$b(\tau, v) = - \sum_{T \in \mathcal{T}_\langle} \int_T \tau \cdot \operatorname{grad} v \, dx + \int_{\Gamma_h} [\![v]\!] \tau n \, ds. \tag{5.17}$$

Damit ist auch die Stetigkeit bzgl. der Normen (5.16) offensichtlich.

5.7 Hilfssatz. *Es gilt eine inf-sup-Bedingung*

$$\sup_{\tau \in RT_k} \frac{b(\tau, v)}{\|\tau\|_{0,h}} \geq \beta |v|_{1,h} \quad \text{für alle } v \in \mathcal{M}^k$$

mit einer positiven Konstanten $\beta > 0$, die nur von k und dem (maximalen) Verhältnis von Umkreis zu Inkreis der Dreiecke in der Triangulierung abhängt.

Beweis. Wir beschränken uns wieder auf den Fall $k = 0$. Sei $v \in \mathcal{M}^0$. Dann ist der Sprung $[\![v]\!]$ auf jeder Kante $e \in \Gamma_h$ konstant. Also gibt es ein $\tau \in RT_0$ mit

$$\tau n = h^{-1}[\![v]\!] \text{ auf jeder Kante } e \in \Gamma_h.$$

Das Flächenintegral in (5.17) verschwindet, und es ist

$$b(\tau, v) = h^{-1} \int_{\Gamma_h} |[\![v]\!]|^2 ds = |v|_{1,h}^2.$$

Andererseits ist nach Konstruktion $\|\tau\|_{0,h}^2 \leq ch \sum_{e \in \Gamma_h} \|\tau\|_{0,e}^2 = ch^{-1} \sum_{e \in \Gamma_h} \|[\![v]\!]\|_{0,e}^2 = c|v|_{1,h}^2$. Also ist $b(\tau, v) \geq c^{-1}|v|_{1,h}\|\tau\|_{0,h}$, und der Beweis ist fertig. $\quad\square$

Der Aufweichungs-Effekt gemischter Methoden

Die (primale) gemischte Methode bewirkt eine Aufweichung der quadratischen Form $a(\cdot, \cdot)$. Dieser Effekt soll erklärt werden, da ein äquivalentes Vorgehen in der Festkörpermechanik sehr populär geworden ist.

Seien $u_h \in M_h \subset H_0^1(\Omega)$ and $\sigma_h \in X_h \subset L_2(\Omega)$ die Lösungen der gemischten Methode

$$\begin{aligned}
(\sigma_h, \tau)_{0,\Omega} - (\tau, \nabla u_h)_{0,\Omega} &= 0 && \text{für alle } \tau \in X_h, \\
-(\sigma_h, \nabla v)_{0,\Omega} &= -(f, v)_{0,\Omega} && \text{für alle } v \in M_h.
\end{aligned} \tag{5.2}_h$$

Falls der Funktionenraum $E_h := \nabla M_h$ in X_h enthalten ist, dann folgt aus der ersten Gleichung bereits $\sigma_h = \nabla u_h$, und (5.2)$_h$ ist äquivalent zur üblichen Behandlung der Poisson-Gleichung mit Finiten Elementen in M_h. Das ergibt nichts Neues.

Interessanter ist der Fall $E_h \not\subset X_h$. Sei $P_h : L_2(\Omega) \to X_h$ der (orthogonale) Projektor auf X_h. Die erste Gleichung von (5.2)$_h$ bedeutet dann

$$\sigma_h = P_h(\nabla u_h)$$

und die zweite

$$(P_h \nabla u_h, \nabla v)_{0,\Omega} = (f, v) \quad \text{für alle } v \in M_h.$$

Das ist gerade die schwache Gleichung für das abgeschwächte Variationsproblem

$$\frac{1}{2} \int_\Omega [P_h \nabla v_h]^2 dx - \int_\Omega f v_h \to \min_{v_h \in M_h}. \tag{5.18}$$

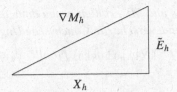

Abb. 36. Projektion des Gradienten auf X_h bei der gemischten bzw. der EAS Methode

Zur Energie trägt jetzt nur der Anteil des Gradienten bei, der auf X_h projiziert wird. Der Umfang der Aufweichung ist dabei durch den Bildraum des Projektors festgelegt.

Die Festlegung kann genauso gut auf eine andere Weise erfolgen. Dabei wird die Variationsaufgabe $(5.2)_h$ so umgeschrieben, dass die Diskretisierung zu linearen Gleichungen mit positiv definiten Matrizen führt. Man wählt einen Unterraum $\tilde{E}_h$ des orthogonalen Komplements von X_h in $L_2(\Omega)$, so dass die Zerlegung

$$\nabla M_h \subset X_h \oplus \tilde{E}_h. \tag{5.19}$$

vorliegt.

5.8 Bemerkung. Die gemischte Methode $(5.2)_h$ ist äquivalent zu folgender Variationsformulierung, sofern der Raum der *erweiterten Gradienten* $\tilde{E}_h$ die Zerlegungsbedingung (5.19) erfüllt. *Bestimme $u_h \in M_h$ und $\varepsilon_h \in E_h$, so dass*

$$\begin{aligned}
(\nabla u_h, \nabla v)_{0,\Omega} + (\tilde{\varepsilon}_h, \nabla v)_{0,\Omega} &= (f, v)_{0,\Omega} \quad \text{für alle } v \in M_h, \\
(\nabla u_h, \bar{\eta})_{0,\Omega} + (\tilde{\varepsilon}_h, \eta)_{0,\Omega} &= 0 \qquad\quad \text{für alle } \eta \in \tilde{E}_h.
\end{aligned} \tag{5.20}$$

gilt. Hier ist die Aufweichung und der Projektor P_h durch $\tilde{E}_h$, also durch das orthogonale Komplement des Zielraums spezifiziert.

Der Beweis der Äquivalenz folgt teilweise Yeo und Lee [1996]. Sei σ_h, u_h eine Lösung von $(5.2)_h$. Laut (5.19) können wir den Gradienten zerlegen

$$\nabla u_h = \tilde{\sigma}_h - \tilde{\varepsilon}_h \quad \text{mit } \tilde{\sigma}_h \in X_h \text{ und } \tilde{\varepsilon}_h \in \tilde{E}_h.$$

Aus der ersten Gleichung in $(5.2)_h$ schließen wir, dass $\nabla u_h - \sigma_h$ orthogonal zu X_h ist. Wegen der Eindeutigkeit der Zerlegung ist $\tilde{\sigma}_h = \sigma_h$. Wir setzen $\sigma_h = \nabla u_h + \tilde{\varepsilon}_h$ in $(5.2)_h$ ein und erhalten die erste Gleichung von (5.20). Die zweite Gleichung ist nicht anders als $\nabla u_h + \tilde{\varepsilon}_h \in X_h$ zusammen mit $X_h \perp \tilde{E}_h$.

Die Umkehrung folgt aus der Eindeutigkeit der Lösung. Die Eindeutigkeit der Lösung von (5.20) ergibt sich aus der Elliptizität, die wiederum in Aufgabe 5.13 garantiert wird. $\qquad\square$

Das Konzept wurde in der Festkörpermechanik von Simo und Rifai [1990] unter der Bezeichnung *method of enhanced assumed strains* (kurz: EAS-method) eingeführt.

Die Stabilität der gemischten Methode kann man durch Eigenschaften der Finite-Element-Räume M_h und $\tilde{E}_h$ charakterisieren. Wie daran zu erkennen ist, hängt die Stabilität durchaus von der Wahl des Finite-Element-Raums $\tilde{E}_h$ ab.

5.9 Hilfssatz. *Die Räume X_h und M_h erfüllen genau dann die inf-sup-Bedingung (4.16) mit einer Zahl $\beta > 0$, wenn eine verschärfte Cauchysche Ungleichung*

$$(\nabla v_h, \eta_h)_{0,\Omega} \leq \sqrt{1-\beta^2}\, \|\nabla v_h\|_0 \,\|\eta_h\|_0 \quad \text{für alle } v_h \in M_h,\, \eta_h \in \tilde{E}_h \qquad (5.21)$$

gilt.

Beweis. Sei $v_h \in M_h$. Aufgrund der inf-sup-Bedingung gibt es ein $\sigma_h \in X_h$, so dass $(\nabla v_h, \sigma_h)_0 \geq \beta \|\nabla v_h\|_0$ und $\|\sigma_h\| = 1$ gilt. Wegen der Orthogonalität von X_h und $\tilde{E}_h$ folgt nun für jedes $\tilde{\eta}_h \in \tilde{E}_h$

$$\|\nabla v_h - \eta_h\|_0 \geq (\nabla v_h - \eta_h, \sigma_h)_0 = (\nabla v_h, \sigma_h)_0 \geq \beta \|\nabla v_h\|_0. \qquad (5.22)$$

Da die verschärfte Cauchysche Ungleichung homogen in den beteiligten Funktionen ist, genügt der Nachweis für die Normierung $\|\eta_h\|_0 = (1-\beta^2)^{1/2}\|\nabla v_h\|_0$,

$$2(\nabla v_h, \eta_h)_0 = \|\nabla v_h\|_0^2 + \|\eta_h\|_0^2 - \|\nabla v_h - \eta_h\|_0^2$$
$$\leq (1-\beta^2)\|\nabla v_h\|_0^2 + \|\eta_h\|_0^2 = 2(1-\beta^2)^{1/2}\|\nabla v_h\|_0^2\,\|\eta_h\|_0^2,$$

und der Beweis ist fertig.

Die Umkehrung ergibt sich einfach aus der Zerlegung von ∇v_h.   ☐

Aufgaben

5.10 Das reine Neumann-Problem

$$-\Delta u = f \quad \text{in } \Omega,$$
$$\frac{\partial u}{\partial \nu} = g \quad \text{auf } \partial\Omega$$

ist nur lösbar, wenn die Verträglichkeitsbedingung (II.3.9), also $\int_\Omega f\,dx + \int_\Gamma g\,ds = 0$ gilt. Dies folgt durch Anwendung des Gaußschen Integralsatzes auf das Vektorfeld ∇u. Da mit u auch u+const eine Lösung ist, kann man die Nebenbedingung

$$\int_\Omega u\,dx = 0$$

fordern. Man stelle das zugehörige Sattelpunktproblem auf und zeige mit Hilfe des Spursatzes und der zweiten Poincaréschen Ungleichung, dass die Voraussetzungen von Satz 4.3 erfüllt sind.

5.11 Sei u eine (klassische) Lösung der biharmonischen Gleichung

$$\Delta^2 u = f \quad \text{in } \Omega,$$
$$u = \frac{\partial u}{\partial \nu} = 0 \quad \text{auf } \partial\Omega.$$

Man zeige, dass $u \in H_0^1$ zusammen mit $w \in H^1$ eine Lösung der Sattelpunktaufgabe

$$(w, \eta)_{0,\Omega} + (\nabla \eta, \nabla u)_{0,\Omega} = 0 \qquad \text{für } \eta \in H^1,$$
$$(\nabla w, \nabla v)_{0,\Omega} \qquad\qquad = (f, v)_{0,\Omega} \quad \text{für } v \in H_0^1$$

ist. Passende Elemente und analytische Methoden findet man u. a. bei Ciarlet [1978] sowie bei Babuška, Osborn und Pitkäranta [1980].

5.12 Man schreibe die Helmholtz-Gleichung

$$-\Delta u + a_0 u = f$$

analog zu (5.1) als System und leite daraus ein Sattelpunktproblem mit Strafterm ab. Man zeige die Stabilität der Variationsformulierungen mit den Räumen analog zu (5.2) und (5.5).

5.13 Man zeige, dass die verschärfte Cauchysche Ungleichung (5.21) zu der Elliptizitätsaussage

$$\int_\Omega (\nabla v_h + \eta_h)^2 dx \geq (1-\beta)(|v_h|_1^2 + \|\eta_h\|_0^2) \quad \text{für } v_h \in X_h, \ \eta_h \in \tilde{E}_h$$

äquivalent ist. Weitere äquivalente Bedingungen enthält übrigens Aufgabe V.5.7.

5.14 In ℓ_2 seien zwei Folgen von Vektoren a_i und b_i gemäß

$$(a_i)_j := \begin{cases} 1 & \text{falls } j = 2i, \\ 0 & \text{sonst,} \end{cases} \qquad (b_i)_j := \begin{cases} 1 & \text{falls } j = 2i, \\ 2^{-i} & \text{falls } j = 2i+1, \\ 0 & \text{sonst,} \end{cases}$$

definiert. Ferner sei $A := \operatorname{span}\{a_i; \ i > 0\}$ und $B := \operatorname{span}\{b_i; \ i > 0\}$. Man zeige, dass A und B im Gegensatz zu $A+B$ abgeschlossen sind. Gibt es eine (nichttriviale) verschärfte Cauchysche Ungleichung für das Paar A und B?

5.15 Sei $\Omega \subset \mathbb{R}^2$. Die Vervollständigung von $C^\infty(\Omega)^n$ bzgl. der Norm

$$\|v\|_{H(\mathrm{rot})}^2 := \|v\|_{0,\Omega}^2 + \|\operatorname{rot} v\|_{0,\Omega}^2$$

wird als $H(\mathrm{rot}, \Omega)$ bezeichnet. Man zeige, dass eine Menge $S_h \subset L_2(\Omega)^2$ von stückweisen Polynomen genau dann in $H(\mathrm{rot})$ enthalten ist, wenn die Komponente in Richtung der Tangenten $v \cdot \tau$ auf den Elementgrenzen stetig ist.

Hinweis: Man vergleiche Aufgabe II.5.14 zu $H(\mathrm{div}, \Omega)$ und verwende eine passende Integralformel.

5.16 Wie in (5.2) und (5.5) ist ein Sattelpunktproblem manchmal für zwei Paarungen X_1, M_1 und X_2, M_2 stabil. Es sei nun $X_1 \subset X_2$ und

$$\|v\|_{X_1} \geq \|v\|_{X_2} \quad \text{auf } X_1.$$

Man zeige, dass dann umgekehrt mit einem $c \geq 0$

$$\|\lambda\|_{M_1} \leq c \, \|\lambda\|_{M_2} \quad \text{auf } M_1 \cap M_2$$

gilt. — Wenn außerdem M_1 in M_2 dicht ist, gilt $M_1 \supset M_2$.

5.17 Bilden die Raviart–Thomas–Elemente eine affine oder eine fast affine Familie?

Aufgaben zum Zwei-Energien-Prinzip befinden sich am Ende von §9.

§ 6. Die Stokessche Gleichung

Die Gleichung von Stokes beschreibt die Bewegung einer inkompressiblen zähen Flüssigkeit in einem n-dimensionalen Körper (mit $n = 2$ oder 3)

$$\begin{aligned} \Delta u + \operatorname{grad} p &= -f \quad \text{in } \Omega, \\ \operatorname{div} u &= 0 \quad \text{in } \Omega, \\ u &= u_0 \quad \text{auf } \partial\Omega. \end{aligned} \tag{6.1}$$

Es ist $u : \Omega \longrightarrow \mathbb{R}^n$ das gesuchte Geschwindigkeitsfeld und $p : \Omega \longrightarrow \mathbb{R}$ der gesuchte Druck. Weil die Flüssigkeit als inkompressibel angesehen wird, ist $\operatorname{div} u = 0$, wenn weder Quellen noch Senken vorhanden sind. Die Zähigkeit wurde durch eine geeignete Skalierung auf 1 normiert.

Damit zu den Randwerten u_0 überhaupt eine divergenzfreie Strömung existieren kann, muss nach dem Gaußschen Integralsatz

$$\int_{\partial\Omega} u_0 \, v ds = \int_{\partial\Omega} u \, v ds = \int_{\Omega} \operatorname{div} u \, dx = 0 \tag{6.2}$$

gelten. Diese *Verträglichkeitsbedingung* an u_0 ist für *homogene* Randwerte selbstverständlich erfüllt.

Die gegebene äußere Kraftdichte f verursacht eine Beschleunigung der Strömung. Eine zusätzliche Beschleunigung bewirkt der Druckgradient, und diese Größe stellt sich so ein, dass eine Änderung der Dichte verhindert wird. Ein großer Druck baut sich besonders dort auf, wo sich sonst Quellen oder Senken bilden würden. Vom mathematischen Standpunkt aus ist der Druck als Lagrangescher Parameter zu verstehen.

Wenn es Funktionen $u \in [C^2(\Omega) \cap C^0(\bar{\Omega})]^n$ und $p \in C^1(\Omega)$ gibt, die (6.1) erfüllen, bezeichnet man u und p als *klassische Lösung* des Stokes-Problems. — Man beachte, dass der Druck p durch (6.1) nur bis auf eine additive Konstante bestimmt ist. Er wird in der Regel durch die Normierung

$$\int_{\Omega} p dx = 0 \tag{6.3}$$

endgültig festgelegt.

Variationsformulierung

Die schwache Formulierung der Stokesschen Gleichung (6.1) führt wegen der Nebenbedingung $\operatorname{div} u = 0$ auf ein Sattelpunktproblem. Für die Behandlung in dem allgemeinen Rahmen aus §4 setzen wir

$$X := H_0^1(\Omega)^n, \quad M := L_{2,0}(\Omega) := \left\{ q \in L_2(\Omega); \ \int_\Omega q \, dx = 0 \right\},$$

$$a(u, v) := \int_\Omega \operatorname{grad} u \ \operatorname{grad} v \, dx,$$

$$b(v, q) := \int_\Omega \operatorname{div} v \cdot q \, dx. \tag{6.4}$$

Dabei ist $\operatorname{grad} u \ \operatorname{grad} v := \sum_{ij} \frac{\partial u_i}{\partial x_j} \frac{\partial v_i}{\partial x_j}$.

Wie üblich ziehen wir uns auf homogene Randbedingungen, d.h. auf $u_0 = 0$ zurück. Dann lautet das Sattelpunktproblem: *Gesucht wird* $(u, p) \in X \times M$, *so dass*

$$\begin{aligned} a(u, v) + b(v, p) &= (f, v)_0 \quad \textit{für alle } v \in X, \\ b(u, q) &= 0 \qquad \textit{für alle } q \in M \end{aligned} \tag{6.5}$$

gilt. Eine Lösung von (6.5) liefert das Minimum von $\frac{1}{2} \int_\Omega (\operatorname{grad} u)^2 dx - \int_\Omega f u \, dx$ unter der Nebenbedingung $\operatorname{div} u = 0$ im schwachen Sinne. Eine Lösung (u, p) von (6.5) heißt *klassische Lösung*, sofern zusätzlich $u \in C^2(\Omega) \cap C^0(\bar\Omega)$ und $p \in C^1(\Omega)$ erfüllt ist.

6.1 Bemerkung. Für $v \in H_0^1$ und $q \in H^1$ liefert die Greensche Formel

$$\begin{aligned} b(v, q) = \int_\Omega \operatorname{div} v \, q \, dx &= - \int_\Omega v \operatorname{grad} q \, dx + \int_\Gamma v \cdot q \, v \, ds \\ &= - \int_\Omega v \operatorname{grad} q \, dx. \end{aligned} \tag{6.6}$$

Deshalb können div und $- \operatorname{grad}$ als adjungierte Operatoren aufgefasst werden. Außerdem erkennt man an (6.6), dass sich $b(v, q)$ nicht ändert, wenn zu q eine konstante Funktion addiert wird. Deshalb darf man M auch mit $L_2(\Omega)/\mathbb{R}$ identifizieren. In diesem Quotientenraum werden solche Funktionen aus L_2 als äquivalent betrachtet, die sich nur durch eine Konstante unterscheiden.

6.2 Bemerkung. Jede klassische Lösung der Sattelpunktgleichung (6.5) ist eine Lösung von (6.1).

Beweis. Sei (u, p) klassische Lösung. Wir spalten $\phi := \operatorname{div} u \in L_2$ auf gemäß $\phi = q_0 + const$ mit $q_0 \in M$. Wegen $u \in H_0^1$ liefert die Formel (6.6) mit $v = u$ und $q = 1$ die Relation $\int_\Omega \operatorname{div} u \, dx = 0$. Indem wir (6.5) mit $q := q_0$ auswerten, erhalten wir

$$\int_\Omega (\operatorname{div} u)^2 dx = b(u, q_0) + const \int_\Omega \operatorname{div} u \, dx = 0.$$

Die Strömung ist divergenzfrei.

Die erste Gleichung in (6.5) lässt sich laut Bemerkung 6.1 in der Form

$$(\operatorname{grad} u, \operatorname{grad} v)_{0,\Omega} = (f - \operatorname{grad} p, v)_{0,\Omega} \quad \text{für } v \in H_0^1(\Omega)^n$$

schreiben. Wegen $u \in C^2(\Omega)^n$ wissen wir aus der Theorie skalarer Gleichungen in Kap. II §2, dass u eine klassische Lösung von

$$-\Delta u = f - \operatorname{grad} p \quad \text{in } \Omega,$$
$$u = 0 \qquad\qquad \text{auf } \partial\Omega$$

ist. Damit ist alles bewiesen.   □

Die inf-sup-Bedingung

Um die allgemeine Theorie aus §4 anzuwenden, setzen wir

$$V := \{v \in X;\ (\operatorname{div} v, q)_{0,\Omega} = 0 \ \text{ für alle } \ q \in L_2(\Omega)\}.$$

Aufgrund der Friedrichsschen Ungleichung ist $|u|_{1,\Omega} = \|\operatorname{grad} u\|_{0,\Omega} = a(u, u)^{1/2}$ eine Norm in X. Also ist die Bilinearform $a(\cdot, \cdot)$ H_0^1-elliptisch. Sie ist also nicht nur auf dem Unterraum V, sondern auf dem ganzen Raum X elliptisch. Deshalb könnte man hier sogar mit einer etwas einfacheren Theorie als in §4 auskommen.

Um die Existenz und Eindeutigkeit der Lösung des Stokes-Problems zu garantieren, ist *nur* noch die Brezzi-Bedingung zu verifizieren. Nach dem abstrakten Hilfssatz 4.2 lässt sich die inf-sup-Bedingung durch Eigenschaften der Operatoren B und B' ausdrücken. Im konkreten Fall der Stokes-Gleichung und $b(v, q) := (\operatorname{div} v, q)_{0,\Omega} = -(v, \operatorname{grad} q)$ sind die Bedingungen als Eigenschaften der Operatoren div und grad zu verstehen, die in den beiden folgenden Sätzen dargestellt sind. Deren Beweis würde allerdings den Rahmen dieses Buches sprengen (s. z.B. Duvaut und Lions [1976]). Wie gehabt, stoßen wir auf das orthogonale Komplement von V:

$$V^\perp := \{u \in X;\ (\operatorname{grad} u, \operatorname{grad} v)_{0,\Omega} = 0 \ \text{ für alle } \ v \in V\} \tag{6.7}$$

Die Polare ist in Satz 6.4(2) verborgen.

6.3 Satz. *Sei $\Omega \subset \mathbb{R}^n$ ein beschränktes, zusammenhängendes Gebiet mit Lipschitzstetigem Rand. Dann ist die Abbildung*

$$\operatorname{div} : V^\perp \longrightarrow L_{2,0}(\Omega)$$
$$v \longmapsto \operatorname{div} v$$

ein Isomorphismus. Es gibt eine Zahl $c = c(\Omega)$ und zu jeder Funktion $q \in L_{2,0}(\Omega)$ ein $v \in V^\perp \subset H_0^1(\Omega)^n$ mit

$$\operatorname{div} v = q \quad und \quad \|v\|_{1,\Omega} \le c \|q\|_{0,\Omega}. \tag{6.8}$$

Der Nachweis der zentralen Abschätzung (6.8) wird Ladyženskaya zugeschrieben.

Die für den Gradienten als dualen Operator zentrale Formel (6.12) wird als *Ungleichung von Nečas* bezeichnet, s. Nečas [1965] und z. B. Bramble [2003]. Außerdem sei auf Aufgabe 3.9 verwiesen. Die Ungleichung von Nečas spielt auch beim Beweis der Kornschen Ungleichung in Kap. VI §3 eine wesentliche Rolle.

6.4 Satz. *Sei Ω ein beschränktes, zusammenhängendes Gebiet mit Lipschitz-stetigem Rand.*

(1) Das Bild der linearen Abbildung

$$\text{grad} : L_2(\Omega) \longrightarrow H^{-1}(\Omega)^n \tag{6.9}$$

ist abgeschlossen in $H^{-1}(\Omega)^n$.

(2) Wenn für $f \in H^{-1}(\Omega)^n$

$$\langle f, v \rangle = 0 \quad \text{für alle } v \in V \tag{6.10}$$

gilt, gibt es genau ein $q \in L_{2,0}(\Omega)$ mit $f = \text{grad } q$.

(3) Es gilt mit einer Konstanten $c = c(\Omega)$:

$$\|q\|_{0,\Omega} \le c(\|\text{ grad } q\|_{-1,\Omega} + \|q\|_{-1,\Omega}) \quad \text{für } q \in L_2(\Omega), \tag{6.11}$$

$$\|q\|_{0,\Omega} \le c \|\text{ grad } q\|_{-1,\Omega} \quad \text{für } q \in L_{2,0}(\Omega). \tag{6.12}$$

Mit jedem der beiden Sätze 6.3 und 6.4 gewinnt man die inf-sup-Bedingung.

6.5 Bemerkung. Unter den Voraussetzungen von Satz 6.3 bzw. Satz 6.4 sind (6.8), (6.12) und die inf-sup-Bedingung (4.8) für das Stokes-Problem (6.5) äquivalent.

Beweis. (1) Zu gegebenem $q \in L_{2,0}$ erfülle $v \in H_0^1(\Omega)^n$ die Eigenschaften gemäß (6.8). Dann ist

$$\frac{b(v, q)}{\|v\|_1} = \frac{(q, q)_{0,\Omega}}{\|v\|_1} \ge \frac{(q, q)_{0,\Omega}}{c\|q\|_0} = \frac{1}{c}\|q\|_0 .$$

(2) Für $q \in L_{2,0}$ folgt aus (6.12) die Relation

$$\|\text{ grad } q\|_{-1} \ge c^{-1}\|q\|_0 .$$

Nach Definition der negativen Normen gibt es ein $v \in H_0^1(\Omega)^n$ mit $\|v\|_1 = 1$ und

$$(v, \text{grad } q)_{0,\Omega} \ge \frac{1}{2}\|v\|_1 \|\text{ grad } q\|_{-1} \ge \frac{1}{2c}\|q\|_0 .$$

Mit (6.6) folgt

$$\frac{b(-v, q)}{\|v\|_1} = (v, \text{grad } q)_{0,\Omega} \ge \frac{1}{2c}\|q\|_0$$

und damit die Brezzi-Bedingung.

(3) Die Umkehrungen erhält man mittels eines Stokes-Problems mit passender rechter Seite. Die Details seien dem Leser mit Aufgabe 6.8 überlassen. $\quad\square$

Abb. 37. An der Spitze ist die Kegelbedingung verletzt, und die Ungleichung von Nečas gilt nicht für dieses Gebiet.

6.6 Bemerkung. Die inf-sup Bedingung und die Sätze 6.3 bzw. 6.4 erfordern, dass Ω ein Lipschitz-Gebiet ist. Dies illustriert ein Beispiel von Durán [2006] mit dem in Abb. 37 gezeigten Gebiet

$$\Omega := \{(x, y) \in \mathbb{R}^2; \ 0 < y < x^2, \ 0 < x < 1\}.$$

Für $q(x, y) := x^{-2}$ gilt offensichtlich

$$\int_\Omega q^2 dxdy = \int_0^1 \int_0^{x^2} x^{-4} dy dx = \int_0^1 x^{-2} dx = \infty.$$

Andererseits erhalten wir wegen $\partial q/\partial y = 0$ und $\partial q/\partial x = -2\,\partial/\partial y(yx^{-3})$ für jedes $v \in H_0^1(\Omega)^2$ mittels partieller Integration

$$\int_\Omega \nabla q \cdot v dxdy = \int_\Omega \frac{\partial q}{\partial x} v_1 dxdy = 2 \int_\Omega (yx^{-3}) \frac{\partial}{\partial y} v_1 dxdy \leq 2\|yx^{-3}\|_0 \|v\|_1 .$$

Weiter ist

$$\int_\Omega (yx^{-3})^2 dydx = \frac{1}{3} \int_0^1 (x^2)^3 x^{-6} dx = \frac{1}{3} < \infty.$$

Also gilt $q \notin L_2(\Omega)$ trotz $\nabla q \in H^{-1}(\Omega)$, und die Ungleichung von Nečas kann für dieses Gebiet nicht richtig sein.

Die inf-sup-Bedingung ist also keineswegs elementa.

Fast inkompressible Strömungen

Anstatt die Divergenzfreiheit direkt zu fordern, wird manchmal ein entsprechender Strafterm eingeführt.

$$\frac{1}{2} \int [(\nabla v)^2 + t^{-2}(\mathrm{div}\, v)^2 - 2fv]\, dx \longrightarrow \min!$$

Dabei ist t ein Parameter. Je kleiner t ist, desto mehr Gewicht bekommt die Nebenbedingung.

Die Lösung ist durch die Gleichungen

$$a(u, v) + t^{-2}(\mathrm{div}\, u, \mathrm{div}\, v)_{0,\Omega} = (f, v)_{0,\Omega} \quad \text{für } v \in H_0^1(\Omega)^n \tag{6.13}$$

charakterisiert. Setzen wir

$$p = t^{-2} \mathrm{div}\, u, \tag{6.14}$$

so wird aus (6.13) zusammen mit der schwachen Formulierung von (6.14):

$$\begin{aligned} a(u, v) + (\mathrm{div}\, v, p)_{0,\Omega} &= (f, v)_{0,\Omega} \quad &\text{für } v \in H_0^1(\Omega)^n, \\ (\mathrm{div}\, u, q)_{0,\Omega} - t^2(p, q)_{0,\Omega} &= 0 \quad &\text{für } q \in L_{2,0}(\Omega). \end{aligned} \tag{6.15}$$

Offensichtlich enthält (6.15) im Vergleich zu (6.5) einen Term, der als Strafterm im Sinne von §4 aufgefasst werden kann. Aus Folgerung 4.15 erkennt man auch, dass die Lösung für $t \to 0$ gegen die Lösung des Stokes-Problems konvergiert.

Aufgaben

6.7 Man zeige, dass unter allen Repräsentanten von $q \in L_2(\Omega)/\mathbb{R}$ diejenige Funktion mit $\int_\Omega q \, dx = 0$ die kleinste L_2-Norm aufweist, sie also durch

$$\|q\|_{0,\Omega} = \inf_{c \in \mathbb{R}} \|q + c\|_{0,\Omega}$$

charakterisiert wird. [Es sind also $L_2(\Omega)/\mathbb{R}$ und $L_{2,0}(\Omega)$ isometrisch.]

6.8 (Umkehrung zu Bemerkung 6.5) Über ein Stokes-Problem mit geeigneter rechter Seite führe man den Nachweis, dass zu jedem $q \in L_{2,0}(\Omega)$ ein $u \in H_0^1(\Omega)$ mit

$$\operatorname{div} u = q \quad \text{und} \quad \|u\|_1 \le c\|q\|_0$$

existiert. Wie üblich, ist dabei c eine von q unabhängige Konstante.

6.9 Sei $f : \mathbb{R}^2 \to \mathbb{R}$ und $x_0 \in \mathbb{R}$. Man zeige, dass die *Poincaré-Abbildung*

$$(Pf)(x) := (x - x_0) \int_0^1 t f(x_0 + t(x - x_0)) dt$$

Polynome in Polynome abbildet und $\operatorname{div}(Pf) = f$ gilt.

§ 7. Finite Elemente für das Stokes-Problem

Bei den Konvergenzbetrachtungen für Sattelpunktprobleme wurde vorausgesetzt, dass die Finite-Element-Räume für Geschwindigkeiten und Druck die inf-sup-Bedingung erfüllen. Es erhebt sich die Frage, ob diese Bedingung nur zum Abrunden der mathematischen Theorie nötig ist oder ob sie auch in der Praxis eine wesentliche Rolle spielt.

Die Antwort auf diese Frage liefert ein lange beliebtes Finite-Element-Verfahren, bei dem die Brezzi-Bedingung verletzt ist. Tatsächlich haben die Strömungsmechaniker beim Rechnen mit diesem Element Instabilitäten beobachtet. Versuche, das instabile Verhalten mit anschaulichen Argumenten zu begründen und auf einfache Weise zu beheben, endeten meistens unbefriedigend. Erst die Brezzi-Bedingung lieferte das geeignete mathematische Handwerkszeug zum Verständnis und zur Behebung dieser Instabilität. Dies brachte auch für die Praxis den entscheidenden Durchbruch. Es gibt wahrscheinlich nur wenige Bereiche, in denen die mathematische Theorie von so großer Bedeutung für die Entwicklung von Algorithmen war[8] wie in der Strömungsmechanik.

An die Beschreibung des genannten instabilen Elements schließt sich die Darstellung dreier oft gebrauchter stabiler Elemente an. Für eine weitere Familie von Finiten Elementen (mit unstetigem Druck) sei auf Crouzeix und Raviart [1973] verwiesen.

Ein instabiles Element

In der Stokesschen Gleichung (6.1) sind Δu und grad p die Terme mit den Ableitungen höchster Ordnung für die Geschwindigkeit bzw. für den Druck. Die Ordnung der Differentialoperatoren unterscheidet sich also um 1. Deshalb findet man oft die Faustregel, dass der Grad der Polynome für die Approximation der Geschwindigkeiten um eins höher sein soll als für die Approximation des Drucks. Diese "Regel" ist — wie wir sehen werden — jedoch nicht ausreichend, um Stabilität zu garantieren.

Sehr beliebt war wegen der Einfachheit lange das sogenannte Q_1-P_0-Element, ein Rechteckelement, bei dem einerseits bilineare Funktionen für die Geschwindigkeit und andererseits stückweise konstante Drucke verwendet werden:

$$X_h := \{v \in C^0(\bar{\Omega})^2; \ v_{|T} \in \mathcal{Q}_1 \text{ also bilinear für } T \in \mathcal{T}_h\},$$
$$M_h := \{q \in L_{2,0}(\Omega); \ q_{|T} \in \mathcal{P}_0 \text{ für } T \in \mathcal{T}_h\}.$$

---

[8] Einen vergleichbaren Stellenwert hatten rein mathematische Überlegungen bei zwei Verfahren zu anderen Differentialgleichungen: Bei steifen Differentialgleichungen sind implizite Methoden zur Zeitintegration erforderlich, wie aus Approximationseigenschaften der Exponentialfunktion zu ersehen ist. (Insbesondere führen parabolische Differentialgleichungen auf steife Systeme.) — Bei hyperbolischen Gleichungen ist die Courant–Lewy–Bedingung zu erfüllen, damit der Einflussbereich bei der Diskretisierung richtig modelliert wird.

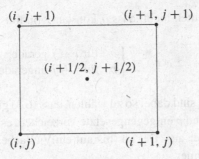

Abb. 38. Nummerierung der Knoten im Element T_{ij} beim Q_1-P_0-Element

Ein Hinweis auf die Instabilität ist die Tatsache, dass der Kern von $B_h' : M_h \longrightarrow X_h'$ nicht nur das Nullelement enthält. Um unnötige Indizes zu vermeiden, werden die Vektorkomponenten von v mit u und w bezeichnet

$$v = \begin{pmatrix} u \\ w \end{pmatrix}.$$

Mit der Nummerierung wie in Abb. 38 folgt, weil q konstant und div v linear ist:

$$\int_{T_{ij}} q \operatorname{div} v \, dx = h^2 q_{i+1/2,j+1/2} \operatorname{div} v_{i+1/2,j+1/2}$$

$$= h^2 q_{i+1/2,j+1/2} \frac{1}{2h} [u_{i+1,j+1} + u_{i+1,j} - u_{i,j+1} - u_{i,j} \qquad (7.1)$$
$$+ w_{i+1,j+1} + w_{i,j+1} - w_{i+1,j} - w_{i,j}].$$

Wir summieren über die Rechtecke und sortieren die Terme gemäß der sogenannten partiellen Summation nach den Gitterpunkten

$$\int_{\Omega} q \operatorname{div} v \, dx = h^2 \sum_{i,j} [u_{ij}(\nabla_1 q)_{ij} + w_{ij}(\nabla_2 q)_{ij}] \qquad (7.2)$$

mit den Differenzenquotienten

$$(\nabla_1 q)_{i,j} = \frac{1}{2h}[q_{i+1/2,j+1/2} + q_{i+1/2,j-1/2} - q_{i-1/2,j+1/2} - q_{i-1/2,j-1/2}],$$
$$(\nabla_2 q)_{ij} = \frac{1}{2h}[q_{i+1/2,j+1/2} + q_{i-1/2,j+1/2} - q_{i+1/2,j-1/2} - q_{i-1/2,j-1/2}].$$

Wegen $v \in H_0^1(\Omega)^2$ erstreckt sich die Summation über alle inneren Knoten. Es ist $q \in \ker(B_h')$, wenn

$$\int_{\Omega} q \operatorname{div} v \, dx = 0 \quad \text{für alle } v \in X_h$$

gilt, also $\nabla_1 q$ und $\nabla_2 q$ an allen inneren Knoten verschwinden. Das tritt bei

$$q_{i+1/2,j+1/2} = q_{i-1/2,j-1/2}, \quad q_{i+1/2,j-1/2} = q_{i-1/2,j+1/2}$$

ein. Die Gleichungen bedeuten nicht, dass q konstant sein muss. Es braucht nur

$$q_{i+1/2,j+1/2} = \begin{cases} a & \text{für } i+j \text{ gerade,} \\ b & \text{für } i+j \text{ ungerade} \end{cases}$$

zu sein. Die Zahlen a und b sind dabei so zu wählen, dass (6.3) gilt und damit $q \in L_{2,0}(\Omega)$ ist. Insbesondere haben a und b entgegengesetzte Vorzeichen, es bildet sich das in Abb. 39 gezeigte Schachbrett-Muster aus. Der so (bis auf ein Vielfaches) bestimmte Druck wird im folgenden mit ρ bezeichnet.

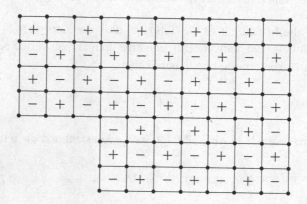

Abb. 39. Schachbrett-Instabilität

7.1 Bemerkung. Dass die inf-sup-Bedingung eine *analytische* Eigenschaft ist und nicht rein *algebraisch* verstanden werden darf, zeigt sich bei der Modifikation des Q_1-P_0-Elements zur Stabilisierung. Es ist naheliegend, den Raum M_h zunächst einmal so einzuschränken, dass der Kern von B'_h trivial wird. Da Ω als zusammenhängend vorausgesetzt wird, ist ker $B'_h = \text{span}[\rho]$ eindimensional. Auf dem Unterraum

$$\mathcal{R}_h := \rho^\perp = \{q \in M_h; \ (q,\rho)_{0,\Omega} = 0\}$$

ist $B'_h : \mathcal{R}_h \longrightarrow X'_h$ eine injektive Abbildung.

Für das Paar $X_h, \mathcal{R}_h$ ergibt sich mit einer Zahl $\beta_1 > 0$

$$\sup_{v \in X_h} \frac{b(v,q)}{\|v\|_1} \geq \beta_1 h \|q\|_0 \quad \text{für } q \in \mathcal{R}_h \tag{7.3}$$

(s. z.B. Girault und Raviart [1986]). Der Faktor h in (7.3) lässt sich jedoch nicht vermeiden. Sei nämlich Ω ein Rechteck der Breite $B = (2n+1)h$ und der Tiefe $2mh$ mit $n \geq 4$. Der Druck

$$q^*_{i+1/2,j+1/2} := i\,(-1)^{i+j} \quad \text{für } -n \leq i \leq +n, \ 1 \leq j \leq 2m \tag{7.4}$$

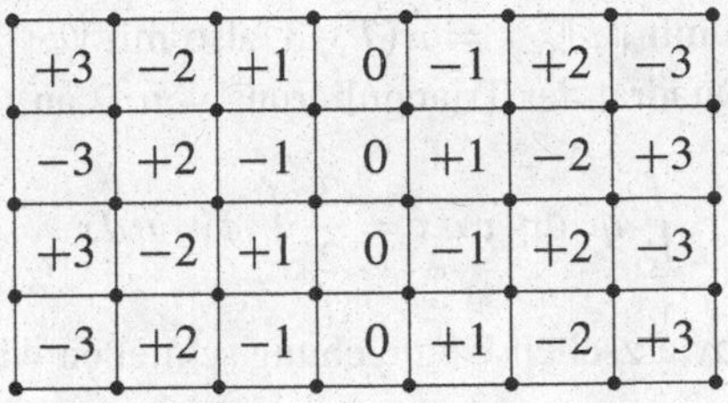

+3	−2	+1	0	−1	+2	−3
−3	+2	−1	0	+1	−2	+3
+3	−2	+1	0	−1	+2	−3
−3	+2	−1	0	+1	−2	+3

Abb. 40. Nahezu instabiler Druck

(s. Abb. 40) ist in $\mathcal{R}_h$ enthalten.[9] Dann ist

$$\|q^*\|_{0,\Omega}^2 = h^2 \sum_{i=-n}^{+n} \sum_{j=1}^{2m} i^2 = h^2 \frac{1}{3} n(n+1)(2n+1)2m = \frac{1}{3} n(n+1)\mu(\Omega)$$

$$\geq \frac{1}{16} B^2 h^{-2} \mu(\Omega). \tag{7.5}$$

Ferner ist offensichtlich

$$(\nabla_1 q^*)_{ij} = 0, \quad (\nabla_2 q^*)_{ij} = (-1)^{i+j} \frac{1}{h}.$$

Wir greifen auf die knotenorientierte Summe (7.2) zurück. Aus dieser soll nun durch Umsortieren eine element-orientierte Summe wie in (7.1) gebildet werden. Dafür verteilen wir jeden zu einem inneren Knoten gehörenden Summanden gleichmäßig auf die 4 angrenzenden Quadrate

$$\int_\Omega q^* \operatorname{div} v \, dx = h \sum_{i,j} (-1)^{i+j} w_{ij}$$

$$= \frac{h}{4} \sum_{i,j} (-1)^{i+j} [w_{i+1,j} - w_{i,j+1} - w_{i+1,j+1} + w_{i,j}]. \tag{7.6}$$

Für eine bilineare Funktion $\hat{w}$ auf dem Referenzquadrat $[0,1]^2$ ist die Ableitung $\partial_2 \hat{w}$ linear in ξ. Mit $\hat{\phi}(\xi) = 2\xi - 1$ erhält man durch einfaches Integrieren

$$\int_{[0,1]^2} \hat{\phi}(\xi) \partial_2 \hat{w} \, d\xi d\eta = \frac{1}{6} [\hat{w}(1,1) - \hat{w}(1,0) - \hat{w}(0,1) + \hat{w}(0,0)].$$

Die affine Transformation auf ein Quadrat T der Kantenlänge h und den Ecken a, b, c, d (in zyklischer Reihenfolge) liefert für eine bilineare Funktion w:

$$\int_T \phi \partial_2 w \, dx dy = \frac{h}{6} [w(a) - w(b) - w(c) + w(d)].$$

---

[9] Analog setze man bei einer Breite $B = 2nh$

$$q^*_{i+1/2,\, j+1/2} = (-1)^{i+j} (i + \frac{1}{2}) \quad \text{für } -n \leq i \leq n-1,\ 1 \leq j \leq 2m.$$

Dabei ist ϕ eine Funktion mit $\|\phi\|_{0,T}^2 = \mu(T)/3$, also mit $\|\phi\|_0^2 = \mu(\Omega)/3$. Wenden wir diese Aussage auf jedes Quadrat der Triangulierung von Ω an, so ergibt sich mit (7.6)

$$\int_\Omega q^* \operatorname{div} v \, dx = \frac{3}{2} \int_\Omega \phi \partial_2 w \, dx. \tag{7.7}$$

Mit Hilfe der Cauchy–Schwarzschen Ungleichung schließen wir aus (7.6) und (7.7)

$$\left| \int_\Omega q^* \operatorname{div} v \, dx \right| \le \frac{3}{2} \|\phi\|_{0,\Omega} \|\partial_2 w\|_{0,\Omega} \le \mu(\Omega)^{1/2} \|v\|_{1,\Omega}$$
$$\le 4B^{-1} h \|q^*\|_{0,\Omega} \|v\|_{1,\Omega}.$$

Also ist in der Tat

$$\sup_{v \in X_h} \frac{b(v, q^*)}{\|v\|_{1,\Omega}} \le 4B^{-1} h \|q^*\|_{0,\Omega}. \tag{7.8}$$

Die inf-sup-Bedingung gilt also nur mit einer von h abhängenden Zahl. *Diese Aussage unterstreicht, dass man die Bedingung nicht mit reinen Dimensionsbetrachtungen und dem Abzählen von Freiheitsgraden überprüfen kann.*

Um eine von h unabhängige Konstante in der Brezzi-Bedingung zu erhalten, muss der Raum $\mathcal{R}_h$ weiter eingeschränkt werden. Man fasst dazu jeweils 4 Quadrate zu einem Makroelement zusammen. Für die auf jedem kleinen Quadrat konstanten Funktionen bilden die in Abb. 41 skizzierten Funktionen eine Basis auf der Ebene der Makroelemente.

Wenn man sich auf solche Funktionen von M_h beschränkt, die sich bei Fortlassen der in Abb. 41d erfassten Basiselemente ergeben, bekommt man die gewünschte von h unabhängige Stabilität, s. z.B. Girault und Raviart [1986] sowie Johnson und Pitkäranta [1982]. Es entsteht ein stabiles Element mit folgenden Unterräumen von X_h und M_h:

$\tilde{X}_h := \{v \in X_h;\ (\operatorname{div} v, q) = 0\ $ für alle $\ q,$

      die von Funktionen in Abb. 41d auf Makroelementen aufgespannt werden$\}$,

$\tilde{M}_h := \{q \in M_h,$

      die von Funktionen in Abb. 41a–c auf Makroelementen aufgespannt werden$\}$.

Damit ist der Kern derselbe wie beim Ausgangselement. Es sind im Unterraum $\tilde{X}_h$ explizit solche Funktionen ausgeschlossen, die wegen des verkleinerten Raums der Lagrangeschen Parameter nicht mehr durch die Nebenbedingung erfasst werden. — Man beachte, dass $\tilde{X}_h \supset X_{2h}$ gilt. Wegen der Stabilität können wir auf die Fortin-Interpolation und die Abschätzung in Bemerkung 4.10 zurückgreifen. Für $u \in H_0^1(\Omega)$ und $\operatorname{div} u = 0$ folgt

$$\inf_{v_h \in \tilde{V}_h} \|u - v_h\|_1 \le c \inf_{v_{2h} \in X_{2h}} \|u - v_{2h}\|_1,$$

und die üblichen Approximationssätze greifen.

Finite-Element-Rechnungen mit den explizit eingeschränkten Räumen sind vom Aufwand her nicht konkurrenzfähig. Erfreulicherweise erhält man aber das stabile

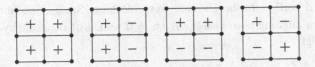

Abb. 41 a–d. Basisfunktionen von M_h im Makroelement

Ergebnis, wenn man die Geschwindigkeiten von Rechnungen mit dem Q_1-P_0-Element übernimmt und nur aus dem Druck die Anteile gemäß Abb. 41d herausfiltert.

Das Taylor–Hood–Element

Bei dem oft benutzten Taylor–Hood–Element werden für die Geschwindigkeit auch Polynome höheren Grades als für den Druck herangezogen; der Druck wird stetig angesetzt:

$$X_h := (\mathcal{M}_{0,0}^2)^d = \{v_h \in C(\bar{\Omega})^d \cap H_0^1(\Omega)^d;\ v_{h|T} \in \mathcal{P}_2 \ \text{für } T \in \mathcal{T}_h\},$$

$$M_h := \mathcal{M}_0^1 \cap L_{2,0} = \{q_h \in C(\Omega) \cap L_{2,0}(\Omega);\ q_{h|T} \in \mathcal{P}_1 \ \text{für } T \in \mathcal{T}_h\}.$$

Dabei sei $\mathcal{T}_h$ eine Zerlegung von Ω in Dreiecke. Für den Beweis der inf-sup-Bedingung sei auf Verfürth [1984] und das Buch von Girault und Raviart [1986] verwiesen.

Ein weiteres stabiles Element entsteht durch eine Modifikation. Für die Geschwindigkeiten werden stückweise lineare Funktionen zugelassen, jedoch die Triangulierung für die Geschwindigkeiten verfeinert. Es wird für die Geschwindigkeit die Triangulierung verwandt, die sich aus der für den Druck ergibt, wenn man jedes Dreieck dort in vier kongruente aufteilt:

$$X_h := \mathcal{M}_{0,0}^1(\mathcal{T}_{h/2})^2 = \{v_h \in C(\bar{\Omega})^2 \cap H_0^1(\Omega)^d;\ v_{h|T} \in \mathcal{P}_1 \ \text{für } T \in \mathcal{T}_{h/2}\},$$

$$M_h := \mathcal{M}_0^1 \cap L_{2,0} = \{q_h \in C(\Omega) \cap L_{2,0}(\Omega);\ q_{h|T} \in \mathcal{P}_1 \ \text{für } T \in \mathcal{T}_h\}. \tag{7.9}$$

Die Zahl der Freiheitsgrade ist also dieselbe wie beim Taylor–Hood–Element. In der Literatur wird auch diese Variante oft als Taylor–Hood–Element bezeichnet.

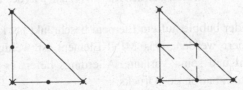

Abb. 42. Das Taylor–Hood–Element und eine Variante. u ist an den Knoten (●) und p an den Knoten (×) gegeben

Die Approximationseigenschaft für die Geschwindigkeiten erhält man direkt aus den Ergebnissen für stückweise quadratische Funktionen. Bei der Approximation des Druckes ist noch zu verifizieren, dass die Einschränkung gemäß (6.3) auf Funktionen mit Integralmittel Null nicht die Ordnung verschlechtert. Sei $\tilde{q}_h$ eine Interpolierende zu $q \in L_{2,0}(\Omega)$. Im allgemeinen wird $\int_\Omega \tilde{q}_h dx \neq 0$ sein. Mit der Cauchy–Schwarzschen Ungleichung folgt

$$\left| \int_\Omega \tilde{q}_h dx \right| = \left| \int_\Omega (q - \tilde{q}_h) dx \right| \leq \mu(\Omega)^{1/2} \| q - \tilde{q}_h \|_{0,\Omega}.$$

Die Addition einer Konstanten von der Ordnung $\| q - \tilde{q}_h \|_{0,\Omega}$ liefert deshalb eine Approximation in dem gewünschten Unterraum $L_{2,0}(\Omega)$ mit derselben Fehlerordnung.

Das MINI-Element

Es wird oft als ein Nachteil des Taylor–Hood–Elements angesehen, dass sich die Knotenwerte von Geschwindigkeit und Druck auf verschieden feine Triangulierungen beziehen. Diese Komplikation entfällt beim sogenannten *MINI-Element*.

Typisch für das MINI-Element ist, dass der Raum X_h für die Geschwindigkeiten durch das Hinzufügen von *bubble-Funktionen* genügend groß gemacht wird. [Das englische Wort *bubble* bedeutet *Blase*.] Seien λ_1, λ_2 und λ_3 baryzentrische Koordinaten, die im Einheitsdreieck mit x_1, x_2 und $(1 - x_1 - x_2)$ zusammenfallen. Dann verschwindet

$$b(x) = \lambda_1 \lambda_2 \lambda_3 \tag{7.10}$$

auf den Seiten des Dreiecks. Das Hinzufügen einer solchen bubble beeinträchtigt nicht die Stetigkeit.

$$\begin{aligned} X_h &:= [\mathcal{M}_{0,0}^1 \oplus B_3]^2, \qquad M_h := \mathcal{M}_0^1 \cap L_{2,0}(\Omega) \\ \text{mit } B_3 &:= \{ v \in C^0(\bar{\Omega}); \ v_{|T} \in \text{span}\{\lambda_1 \lambda_2 \lambda_3\} \ \text{für } T \in \mathcal{T}_h \}. \end{aligned} \tag{7.11}$$

Abb. 43. Beim MINI-Element ist u an den Knoten ($\bullet$) und p an den Knoten ($\times$) gegeben

Da der Träger jeder bubble auf ein Element beschränkt ist, kann sie durch statische Kondensation eliminiert werden. Das MINI-Element ist weniger aufwendig als das Taylor–Hood–Element und seine Variante. Allerdings liefert es nach vielen Berichten eine schlechtere Approximation des Drucks.

7.2 Satz. *Sei Ω konvex oder glatt berandet. Dann erfüllt das MINI-Element (7.11) die inf-sup-Bedingung mit einem $\beta > 0$.*

Beweis. Zur Anwendung von Fortins Kriterium greifen wir auf Argumente zurück, wie wir sie vom Beweis der Beschränktheit der L_2-Projektion gemäß Folgerung II.7.8 her kennen.

Zunächst definieren wir einen Projektor $\pi_h^0 : H_0^1(\Omega) \to \mathcal{M}_{0,0}^1$ über die Lösung einer Helmholtz-Gleichung:

$$(\nabla(\pi_h^0 v), \nabla w)_0 + (\pi_h^0 v, w)_0 = (\nabla v, \nabla w)_0 + (v, w)_0 \quad \text{für alle} \ \ w \in \mathcal{M}_{0,0}^1.$$

Offensichtlich ist dann

$$\|\pi_h^0 v\|_1 \leq \|v\|_1 \quad \text{für} \ v \in H^1(\Omega).$$

Das übliche Dualitätsargument liefert sofort

$$\|\pi_h^0 v - v\|_0 \leq c_1 h \|\pi_h^0 v - v\|_1 \leq c_2 h \|v\|_1. \tag{7.12}$$

Weiter fixieren wir eine lineare Abbildung $\pi_h^1 : L_2(\Omega) \to B_3$ mit

$$\int_T (\pi_h^1 v - v) dx = 0 \quad \text{für jedes} \ T \in \mathcal{T}_h. \tag{7.13}$$

Man kann sich die Abbildung π_h^1 als zweistufigen Prozess vorstellen. Zuerst erfolgt die L_2-Projektion auf die stückweise konstanten Funktionen. Anschließend werden die Konstanten durch bubble-Funktionen mit gleichem Integral ersetzt. So erkennt man $\|\pi_h^1 v\|_0 \leq c_3 \|v\|_0$. Setzen wir nun

$$\Pi_h v := \pi_h^0 v + \pi_h^1(v - \pi_h^0 v), \tag{7.14}$$

so ist offensichtlich $\int_T (\Pi_h v - v) dx = 0$ für jedes $T \in \mathcal{T}_h$.

Die Definition der Abbildung Π_h wird nun auf vektorwertigen Funktionen ausgedehnt. Es ist komponentenweise gemäß (7.14) zu verfahren. Ferner beachte man, dass die Gradienten der Drucke stückweise konstant sind und die Stetigkeit die Anwendung der Greenschen Formel erlaubt:

$$\begin{aligned} b(v - \Pi_h v, q_h) &= \int_\Omega \operatorname{div}(v - \Pi_h v) q_h dx \\ &= \int_{\partial\Omega} (v - \Pi_h v) \cdot n q_h ds - \int_\Omega (v - \Pi_h v) \operatorname{grad} q_h dx = 0. \end{aligned}$$

Die Beschränktheit von Π_h folgt nun aus (7.12) zusammen mit einer inversen Abschätzung

$$\begin{aligned} \|\Pi_h v\|_1 &\leq \|\pi_h^0 v\|_1 + c_4 h^{-1} \|\pi_h^1(v - \pi_h^0 v)\|_0 \\ &\leq c_2 \|v\|_1 + c_4 h^{-1} c_3 \|v - \pi_h^0 v\|_0 \\ &\leq c_2 \|v\|_1 + c_4 c_3 c_2 \|v\|_1. \end{aligned}$$

Fortins Kriterium liefert Stabilität im Sinne der inf-sup-Bedingung. □

Das divergenzfreie nichtkonforme P_1-Element

Eine Sonderrolle nimmt das Crouzeix–Raviart–Element ein. Dadurch, dass die Finiten Elemente von vornherein als divergenzfrei angesetzt werden, kann man auf den Druck verzichten. Es wird

$$X_h := \{v \in L_2(\Omega)^2;\ v_{|T} \text{ ist linear und divergenzfrei für jedes } T \in \mathcal{T}_h,$$
$$v \text{ ist stetig in den Mittelpunkten der Dreieckseiten,}$$
$$v = 0 \text{ in den Mittelpunkten der Dreieckseiten auf } \partial\Omega\},$$

also $X_h := \{v \in (\mathcal{M}_{*,0}^1)^2;\ \operatorname{div} v = 0 \text{ auf jedem Dreieck } T \in \mathcal{T}_h\}$ gewählt. Ähnlich wie beim skalaren Fall in §1 setzt man

$$a_h(u, v) := \sum_{T \in \mathcal{T}_h} \int_T \nabla u \cdot \nabla v \, dx.$$

Gesucht wird nun $u_h \in X_h$ mit

$$a_h(u_h, v) = (f, v)_0 \quad \text{für } v \in X_h.$$

Für den Konvergenzbeweis sei auf Crouzeix und Raviart [1973] verwiesen.

Eine Basis lässt sich mit geometrisch anschaulichen Mitteln leicht angeben. Für $v \in X_h$ gilt nach dem Gaußschen Integralsatz für jedes Dreieck T

$$0 = \int_T \operatorname{div} v \, dx = \int_{\partial T} v \cdot n \, ds = \sum_{e \in \partial T} v(e_m) n \, \ell(e). \tag{7.15}$$

Dabei sei e_m der Mittelpunkt der Kante e und $\ell(e)$ ihre Länge.

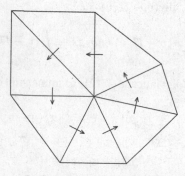

Abb. 44. Basisfunktionen zu einem Knoten bei divergenzfreien Elementen. Die durch Pfeile gekennzeichneten Normalkomponenten sind von Null verschieden

Weil die tangentiellen Komponenten nicht in (7.15) eingehen, kann man sie in jedem Seitenmittelpunkt vorgeben. Zu jeder inneren Kante e erhält man eine Basisfunktion $v = v_e$ von X_h mit

$$v(e_m) \cdot t = 1,$$
$$v(e_m) \cdot n = 0, \qquad\qquad\qquad (7.16)$$
$$v(e'_m) \quad = 0 \quad \text{für } e' \neq e.$$

Weiter lässt sich zu jedem Knoten p (der nicht auf einem Dirichlet-Rand liegt) eine Basisfunktion konstruieren. Die von p ausgehenden Kanten seien so orientiert, dass man beim Umlauf um den Punkt p im mathematisch positiven Sinne die anliegenden Seiten in Richtung der Normalen überquert. Offensichtlich ist (7.15) gegeben, wenn wir

$$v(e_m) \cdot n = \frac{1}{\ell(e)} \quad \text{für von } p \text{ ausgehende Seiten,}$$
$$v(e_m) \cdot n = 0 \quad \text{für die sonstigen Seiten,} \qquad\qquad (7.17)$$
$$v(e_m) \cdot t = 0 \quad \text{für alle Seiten}$$

festlegen, s. Abb. 44. Die Funktionen in (7.16) und (7.17) sind linear unabhängig, und haben einen lokalen Träger. Eine Dimensionsbetrachtung zeigt, dass im Fall einfach zusammenhängender Gebiete eine Basis vorliegt. Löcher im Gebiet erfordern zusätzliche Funktionen mit nicht-lokalem Träger.

Ein analoges Viereckelement wurde von Rannacher und Turek [1992] entwickelt und untersucht.

Aufgaben

7.3 Für das Stokes-Problem ergibt sich bei konvexem Gebiet oder hinreichend glattem Rand die Regularitätsaussage (s. Girault und Raviart [1986])

$$\|u\|_2 + \|p\|_1 \leq c \|f\|_0. \qquad\qquad (7.18)$$

Man zeige mit der üblichen Dualitätstechnik die L_2-Abschätzung für die Geschwindigkeit

$$\|u - u_h\|_0 \leq ch(\|u - u_h\|_1 + \|p - p_h\|_0). \qquad\qquad (7.19)$$

7.4 Beim Q_1-P_0-Element betrachte man mit den Bezeichnungen wie in (7.5) den Druck

$$q_{i+1/2, j+1/2} = \begin{cases} +(-1)^{i+j} & \text{für } i < i_0, \\ -(-1)^{i+j} & \text{für } i \geq i_0. \end{cases}$$

Dabei sei $-n < i_0 < +n$. Es liegt also eine Schachbrettstruktur — abgesehen von einer Versetzung — vor. Man zeige

$$\left| \int_\Omega q \operatorname{div} v \, dx \right| \leq const \cdot \sqrt{h} \cdot \|v\|_{1,\Omega}.$$

Daraus ist zu erkennen, dass man M_h mit $h \to 0$ immer stärker einschränken muss, wenn man eine von h unabhängige Konstante in der inf-sup-Bedingung erzielen will.

§ 8. A posteriori Abschätzungen

Bei praktischen Problemen kommt es oft vor, dass eine Lösung aufgrund der Daten in Teilbereichen weniger Regularität aufweist. Die Genauigkeit von Finite-Element-Rechnungen gilt es dann zu steigern, ohne dass die Zahl der Freiheitsgrade unnötig groß wird. Deshalb verfeinert man die Netze nur dort, wo es nötig ist, und spricht von *lokaler Netzverfeinerung*. Diese geschieht außerdem *adaptiv*. Zunächst wird eine Rechnung auf einem provisorischen Netz durchgeführt. Für das Ergebnis wird eine *a posteriori Abschätzung* vorgenommen, die vor allem darüber informieren soll, wo im Netz die Fehler entstehen. Mit dieser Information wird das Netz verfeinert, und es erfolgt eine neue Finite-Element-Rechnung. Der Prozess wird gegebenenfalls mehrfach wiederholt.

Bei der Darstellung von a posteriori Schätzern beschränken wir uns auf die Poisson-Gleichung

$$-\Delta u = f \tag{8.1}$$

mit homogenen Dirichlet-Randbedingungen, um den Formalismus gering zu halten. Außerdem betrachten wir konforme Elemente. Trotzdem greift man auf Argumente zurück, die man öfter bei der Analyse nichtkonformer Elemente antrifft. Deshalb werden Schätzer erst in diesem Kapitel behandelt.

Sei $\mathcal{T}_h$ eine quasiuniforme Triangulierung in Dreiecke. Ferner sei u_h die Finite-Element-Lösung in $S_h := \mathcal{M}_{0,0}^2$ (oder in $\mathcal{M}_{0,0}^1$). Γ_h sei die Menge der Kanten der Dreiecke von $T \in \mathcal{T}_h$ in Ω. Die Kanten in Γ_h werden auch als *innere Ränder* bezeichnet.

Setzt man u_h in die Differentialgleichung in ihrer klassischen Form ein, erhält man ein Residuum. Außerdem unterscheidet sich u_h von einer klassischen Lösung durch Sprünge der Ableitungen an den Elementgrenzen. Die *flächenbezogenen* Residuen

$$R_T := R_T(u_h) := \Delta u_h + f \quad \text{für } T \in \mathcal{T}_h \tag{8.2}$$

und die *kantenbezogenen* Sprünge

$$R_e := R_e(u_h) := \left[\!\!\left[\frac{\partial u_h}{\partial n} \right]\!\!\right] \quad \text{für } e \in \Gamma_h \tag{8.3}$$

finden sich direkt oder indirekt in vielen Schätzern wieder. [Wie schon früher bemerkt, ändern sich zwar der Sprung $[\![\nabla u_h]\!]$ und die Normalenrichtung, wenn man die Orientierung der Kante e umdreht; das Produkt $[\![\frac{\partial u_h}{\partial n}]\!] = [\![\nabla u_h]\!] \cdot n$ bleibt jedoch unverändert.] Weiter benötigen wir die Umgebungen von Elementen und Kanten

$$\begin{aligned}
\omega_T &:= \bigcup \{T' \in \mathcal{T}_h;\ T \text{ und } T' \text{ haben eine Kante gemeinsam oder } T' = T\}, \\
\omega_e &:= \bigcup \{T' \in \mathcal{T}_h;\ e \in \partial T'\}.
\end{aligned} \tag{8.4}$$

Fünf verschiedene Ansätze für a posteriori Schätzer sind besonders populär.

1. Residuale Schätzer.

Der auf ein Element T bezogene Fehler wird über die Größe des Residuums R_T und der Kantensprünge R_e für $e \in \partial T$ abgeschätzt. Der Schätzer geht auf Babuška und Rheinboldt [1978a] zurück. Dieser Schätzer ist auch für das Verständnis der anderen von Bedeutung und wird ausführlich behandelt.

2. Schätzung über ein lokales Neumann-Problem

Auf jedem Dreieck T wird ein lokales Variationsproblem gelöst, das als diskretes Analogon zu

$$\begin{aligned} -\Delta z &= R_T \quad \text{in } T, \\ \frac{\partial z}{\partial n} &= R_e \quad \text{auf } e \in \partial T. \end{aligned} \tag{8.5}$$

interpretiert werden kann. Der Ansatzraum enthält Polynome, deren Grad um eins oder zwei höher ist als bei denjenigen im zugrundeliegenden Finite-Element-Raum. Die Energienorm $\|z\|_{1,T}$ liefert den Schätzer. Dieser Schätzer wurde von Bank und Weiser [1985] eingeführt. Er ist eng mit dem in §9 behandelten Schätzer verwandt.

3. Schätzung über ein lokales Dirichlet-Problem.

Für jedes Element T wird ein Variationsproblem auf der Umgebung ω_T gelöst

$$\begin{aligned} -\Delta z &= f \quad \text{in } \omega_T, \\ z &= u_h \quad \text{auf } \partial \omega_T. \end{aligned} \tag{8.6}$$

Der Ansatzraum wird wieder im Vergleich zum eigentlichen Finite-Element-Raum durch Erhöhung des Polynomgrades vergrößert. Die Norm der Differenz $\|z - u_h\|_{1,\omega_T}$ dient nach Babuška & Rheinboldt [1978b] als Schätzer.

4. Schätzung durch Mittelung.

Man konstruiert eine stetige Approximation σ_h von ∇u_h über einen zweistufigen Prozess. An jedem Knoten der Triangulierung wird σ_h als gewichtetes Mittel der Gradienten ∇u_h aus den angrenzenden Dreiecken ermittelt. Dabei sind die Anteile entsprechend den Flächen der Dreiecke zu gewichten. Auf den Elementen wird σ_h dann durch lineare Interpolation definiert. Die Differenz von ∇u_h und σ_h liefert einen Indikator, der nach Zienkiewicz und Zhu [1987] benannt wird. Eine Analyse ohne einschneidende Voraussetzungen findet man bei Rodriguez [1994] oder Bartels und Carstensen [2002].

5. Hierarchische Schätzer.

Im Prinzip wird die Differenz zu einer Finite-Element-Approximation in einem erweiterten Ansatzraum geschätzt. Die Differenz kann man unter Ausnutzung einer verschärften Cauchy-Ungleichung einfach schätzen, wie bei Deuflhard, Leinen und Yserentant [1990] ausgeführt wurde. Das Vorgehen folgt Carl Runges schon früh in die Numerik eingeführten Gedanken, d. h. *Runges Regel*: Der Fehler eines numerischen Ergebnisses wird abgeschätzt, indem man es mit dem Ergebnis einer genaueren Prozedur oder Formel vergleicht. Das kann ein Verfahren höherer Ordnung oder eine Verfeinerung liefern. Die Grenzen beleuchtet Bemerkung 9.7.

Einen völlig anderen Schätzer hat der nächste § zum Inhalt. Außerdem sind die *ziel-orientierten Schätzer* zu nennen, die im Mittelpunkt des Buches von Bangerth und Rannacher [2003] stehen. Diese Schätzer werden eingesetzt, wenn ein kleiner Fehler zu einem vorgegebenen Funktional wichtiger als ein kleiner Fehler bzgl. einer Norm ist.

Zur Vorbereitung greifen wir auf den Hinweis von Dörfler [1996] zurück, dass man einen Anteil von dem Ausdruck (8.2) abspalten und a priori betrachten kann. Sei

$$f_h := P_h f \in S_h \tag{8.7}$$

die L_2-Projektion von f in S_h. Wegen $(f - f_h, v_h)_{0,\Omega} = 0$ für $v_h \in S_h$ besitzen dann die Variationsprobleme mit f und f_h dieselben Finite-Element-Näherungen in S_h. Es wird deshalb die a priori berechenbare Größe

$$h_T \| f - f_h \|_{0,T} \tag{8.8}$$

öfter in den Abschätzungen auftreten. Insbesondere ist offensichtlich

$$\| \Delta u_h + f \|_{0,T} \le \| \Delta u_h + f_h \|_{0,T} + \| f - P_h f \|_{0,T}. \tag{8.9}$$

Wie üblich bezeichnet h_T den Durchmesser von T und h_e die Länge von e.

Als Alternative zu (8.7) findet man f_h als Projektion auf stückweise konstante Funktionen. In allen diesen und ähnlichen Fällen wird $\| f - f_h \|_0$ nach Morin, Nochetto und Siebert [2000] in Anlehnung an das englische *data oscillation* als *Datenoszillation* bezeichnet. Die eigentliche Bedeutung der Datenoszillation werden wir in Bemerkung 9.7 aufdecken.

Residuale Schätzer

Bei den residualen Schätzern bildet man mit den in (8.2) und (8.3) eingeführten Funktionen die lokalen Größen

$$\eta_{T,R} := \left\{ h_T^2 \| R_T \|_{0,T}^2 + \frac{1}{2} \sum_{e \in \partial T} h_e \| R_e \|_{0,e}^2 \right\}^{1/2} \quad \text{für } T \in \mathcal{T}_h \tag{8.10}$$

und baut diese auch zu einer globalen Größe zusammen:

$$\eta_R := \left\{ \sum_{T \in \mathcal{T}_h} h_T^2 \| R_T \|_{0,T}^2 + \sum_{e \in \Gamma_h} h_e \| R_e \|_{0,e}^2 \right\}^{1/2}. \tag{8.11}$$

8.1 Satz. *Sei $\mathcal{T}_h$ eine quasiuniforme Triangulierung mit Regularitätsparameter κ. Dann gibt es eine Konstante $c = c(\Omega, \kappa)$, so dass*

$$\| u - u_h \|_{1,\Omega} \le c \left\{ \sum_{T \in \mathcal{T}_h} \eta_{T,R}^2 \right\}^{1/2} \tag{8.12}$$

und

$$\eta_{T,R} \le c \left\{ \| u - u_h \|_{1,\omega_T}^2 + \sum_{T' \subset \omega_T} h_T^2 \| f - f_h \|_{0,T'}^2 \right\}^{1/2} \tag{8.13}$$

für alle $T \in \mathcal{T}_h$ gilt.

Beweis der oberen Abschätzung (8.12). Der Ausgangspunkt ist das Dualitätsargument

$$|u - u_h|_1 = \sup_{|w|_1 = 1, w \in H_0^1} (\nabla(u - u_h), \nabla w)_0. \tag{8.14}$$

Weiter werden wir die schon vom Céa-Lemma her bekannte Formel

$$(\nabla(u - u_h), \nabla v_h)_0 = 0 \quad \text{für } v_h \in S_h \tag{8.15}$$

ausnutzen. Wir betrachten das (8.14) zugeordnete Funktional ℓ und setzen nach Anwendung der Greenschen Formel die Residuen (8.2) und (8.3) ein:

$$
\begin{aligned}
\langle \ell, w \rangle &:= (\nabla(u - u_h), \nabla w)_{0,\Omega} \\
&= (f, w)_{0,\Omega} - \sum_T (\nabla u_h, \nabla w)_{0,T} \\
&= (f, w)_{0,\Omega} - \sum_T \left\{ (-\Delta u_h, w)_{0,T} + \sum_{e \in \partial T} (\nabla u_h \cdot n, w)_{0,e} \right\} \\
&= \sum_T (\Delta u_h + f, w)_{0,T} + \sum_{e \in \Gamma_h} ([\![\frac{\partial u_h}{\partial n}]\!], w)_{0,e} \\
&= \sum_T (R_T, w)_{0,T} + \sum_{e \in \Gamma_h} (R_e, w)_{0,e}.
\end{aligned}
\tag{8.16}
$$

Nach dem Approximationssatz II.6.9 für die Interpolation vom Clément-Typ gibt es zu $w \in H_0^1(\Omega)$ ein Element $I_h w \in S_h$ mit

$$\|w - I_h w\|_{0,T} \le c h_T \|\nabla w\|_{0,\tilde{\omega}_T} \quad \text{für } T \in \mathcal{T}_h, \tag{8.17}$$

$$\|w - I_h w\|_{0,e} \le c h_e^{1/2} \|\nabla w\|_{0,\tilde{\omega}_T} \quad \text{für } e \in \Gamma_h. \tag{8.18}$$

Hier ist $\tilde{\omega}_T$ die Umgebung von T, die in (II.6.14) mit der Clément-Interpolation eingeführt wurde und größer als ω_T ist. Da die Triangulierung als quasiuniform angenommen wurde, überdeckt $\bigcup\{\tilde{\omega}_T; \ T \in \mathcal{T}_h\}$ das Gebiet Ω nur endlich oft, und mit (8.15) folgt

$$
\begin{aligned}
\langle \ell, w \rangle &= \langle \ell, w - I_h w \rangle \\
&\le \sum_T \|R_T\|_{0,T} \|w - I_h w\|_{0,T} + \sum_{e \in \Gamma_h} \|R_e\|_{0,e} \|w - I_h w\|_{0,e} \\
&\le c \sum_T h_T \|R_T\|_{0,T} |w|_{1,T} + c \sum_{e \in \Gamma_h} h_e^{1/2} \|R_e\|_{0,e} |w|_{1,\omega_e} \\
&\le c \sum_T \eta_{T,R} |w|_{1,T} \le c \, \eta_R |w|_{1,\Omega}.
\end{aligned}
\tag{8.19}
$$

Die letzte Ungleichung folgt aus der Cauchy–Schwarzschen Ungleichung für endliche Summen und der Argumentation wie in Aufgabe 9.12. Nun liefert die Dualitätstechnik (8.14) zusammen mit (8.19) und der Friedrichsschen Ungleichung die globale obere Fehlerschranke (8.12). □

8.2 Bemerkungen. (1) Das Schema des Beweises von Satz 8.1 lässt sich sehr allgemein auf Finite-Element-Lösungen anwenden, insbesondere auch auf Systeme. Die Basis ist hier der Isomorphismus $L : H_0^1(\Omega) \to H^{-1}(\Omega)$, der dem elliptischen Problem gemäß §3 zugeordnet ist. Mit dem Funktional ℓ aus (8.16) gilt

$$u - u_h = L^{-1}\ell.$$

Die Formel (8.16) liefert eine Darstellung als H^{-1}-Funktion über Integrale und damit berechenbare Schranken für die negative Norm $\|\ell\|_{-1}$. – In ähnlicher Weise greift man bei Sattelpunktproblemen auf den Isomorphismus L aus Satz 4.3 zurück. Die Residuen der einzelnen Gleichungen werden in analoger Weise verarbeitet, vgl. Hoppe und Wohlmuth [1997].

(2) Bei P_1-Elementen gilt stückweise $\Delta u_h = 0$, und es entsteht die spezielle Situation, dass der gesamte flächenbezogene Schätzer R_T a priori berechenbar ist. Im Fall $f = 0$ verschwindet der Term R_T. Nach Carstensen und Verfürth [1999] wird dieser Anteil auch im Fall $f \neq 0$ durch den Kantenanteil R_e und die Datenoszillation dominiert, sofern das Gitter nicht zu stark von der Uniformität abweicht. Für den Nachweis zeigten sie H^1-Stabilität des L_2-Projektors Q_h unter schwächeren Voraussetzungen als in Folgerung II.7.8 und Hilfssatz II.7.9. Man beachte

$$(R_T, w - Q_h w)_{0,\Omega} = (f, w - Q_h w)_{0,\Omega} = (f - f_h, w - Q_h w)_{0,\Omega}$$

für $f_h \in \mathcal{M}_{0,0}^1$, und der Flächenterm wird tatsächlich durch die Datenoszillation dominiert. — Wie stark so ein Ergebnis von der Dimension des Gebiets abhängt, zeigt Bernardi [1996]. Im eindimensionalen Fall lassen sich Interpolationsoperatoren finden, so dass in (8.19) umgekehrt R_T durch R_e dominiert wird.

(3) Die Konstante c in (8.12) hängt nur vom Parameter κ aus Definition II.5.1, also nur von der Triangulierung ab, sofern man die Größe $|u - u_h|_1$ anstatt $\|u - u_h\|_1$ erfasst. Eine gebietsabhängige Konstante kommt erst am Ende des Beweises von Satz 8.1 über die Friedrichssche Ungleichung hinein.

Untere Abschätzungen

Die untere Abschätzung (8.13) liefert Informationen über lokale Eigenschaften der Diskretisierung. Man erhält sie über Testfunktionen mit lokalem Träger. Ein wesentliches Hilfsmittel bilden dabei die Abschneidefunktionen ψ_T und ψ_e. Es ist ψ_T die bekannte Blasenfunktion:

$$\psi_T \in B_3, \ \text{supp} \ \psi_T = T, \ 0 \leq \psi_T \leq 1 = \max \psi_T. \tag{8.20}$$

Dagegen ist ψ_e aus solchen quadratischen Polynomen zusammengesetzt, die auf den zwei an e angrenzenden Seiten der Dreiecke verschwinden

$$\psi_e \in \mathcal{M}_0^2, \ \text{supp} \ \psi_e = \omega_e; \ 0 \leq \psi_e \leq 1 = \max \psi_e. \tag{8.21}$$

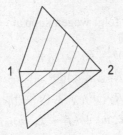

Abb. 45. Niveaulinien bei der Erweiterung einer Funktion von e auf ω_e. Im rechts von der Kante $e = [1, 2]$ liegenden Dreieck sind die Niveaulinien durch $\lambda_1 = const$ gegeben, wenn λ_1 die baryzentrische Koordinate bzgl. des Punktes 1 ist. Für das rechts von [2,1] liegende Dreieck gilt das analog für λ_2.

Schließlich benötigen wir eine Abbildung $E : L_2(e) \to L_2(\omega_e)$, die jede auf einer Kante e definierte Funktion auf ω_e, also auf die Nachbardreiecke fortsetzt. Wir setzen

$$E\sigma(x) = \sigma(x') \text{ in } T, \text{ wenn } x' \in e \text{ der Punkt aus } e \text{ mit } \lambda_j(x') = \lambda_j(x) \text{ ist} .$$

Dabei ist λ_j eine der zwei baryzentrischen Koordinaten in T, die auf e nicht konstant ist (wie bei Abb. 45 beschrieben).

8.3 Hilfssatz. Sei $\mathcal{T}_h$ eine quasiuniforme Triangulierung. Dann gilt für $T \in \mathcal{T}_h$ und $e \in \partial T$ mit einer nur vom Parameter κ abhängenden Zahl c:

$$\|\psi_T v\|_{0,T} \leq \|v\|_{0,T} \qquad \text{für } v \in L_2(T), \qquad (8.22)$$

$$\|\psi_T^{1/2} p\|_{0,T} \geq c\|p\|_{0,T} \qquad \text{für } p \in \mathcal{P}_2, \qquad (8.23)$$

$$\|\nabla(\psi_T p)\|_{0,T} \leq ch_T^{-1}\|\psi_T p\|_{0,T} \quad \text{für } p \in \mathcal{P}_2, \qquad (8.24)$$

$$\|\psi_e^{1/2}\sigma\|_{0,e} \geq c\|\sigma\|_{0,e} \qquad \text{für } \sigma \in \mathcal{P}_2, \qquad (8.25)$$

$$c^{-1}h_e^{1/2}\|\sigma\|_{0,e} \leq \|\psi_e E\sigma\|_{0,T} \leq ch_e^{1/2}\|\sigma\|_{0,e} \qquad \text{für } \sigma \in \mathcal{P}_2, \qquad (8.26)$$

$$\|\nabla(\psi_e E\sigma)\|_{0,T} \leq ch_T^{-1}\|\psi_e E\sigma\|_{0,T} \text{ für } \sigma \in \mathcal{P}_2. \qquad (8.27)$$

Die Abschätzung (8.22) folgt direkt aus $0 \leq \psi_T \leq 1$. Die anderen Behauptungen sind wegen der endlichen Dimension von $\mathcal{P}_2$ für ein festes Referenzdreieck klar. Die Übertragung auf beliebige Dreiecke ergibt sich mit den üblichen Skalierungsargumenten. Details findet man bei Verfürth [1994] oder bei Ainsworth und Oden [2000]. □

Beweis von (8.13). Sei $T \in \mathcal{T}_h$. Im Hinblick auf (8.9) bilden wir in Analogie zu (8.2)

$$R_{T,red} := \Delta u_h + f_h. \qquad (8.28)$$

Nach Konstruktion ist $R_{T,red} \in \mathcal{P}_2$, und wir setzen

$$w := w_T := \psi_T \cdot R_{T,red}.$$

Zusammen mit (8.16) und (8.23) folgt wegen supp $w = T$

$$
\begin{aligned}
c^{-1} \| R_{T,red} \|_{0,T}^2 &\leq \| \psi_T^{1/2} R_{T,red} \|_{0,T}^2 \\
&= (R_{T,red}, w)_{0,T} \\
&= (R_T, w)_{0,T} + (f - f_h, w)_{0,T} \\
&= \langle \ell, w \rangle + (f - f_h, w)_{0,T} \\
&\leq |u - u_h|_{1,T} \cdot |w|_{1,T} + \| f - f_h \|_{0,T} \| w \|_{0,T}.
\end{aligned}
\tag{8.29a}
$$

Wegen (8.22) gilt $\| w \|_{0,T} \leq \| R_{T,red} \|_{0,T}$. Mit der Friedrichsschen Ungleichung und der inversen Ungleichung (8.24) erhalten wir, nachdem wir gekürzt haben

$$
\| R_{T,red} \|_{0,T} \leq c(h_T^{-1} \| u - u_h \|_{1,T} + \| f - f_h \|_{0,T})
$$

und mit (8.9)

$$
h_T \| R_T \|_{0,T} \leq c(\| u - u_h \|_{1,T} + h_T \| f - f_h \|_{0,T}).
\tag{8.30}
$$

In ähnlicher Weise werden jetzt die kantenbezogenen Terme des Fehlerschätzers behandelt. Sei $e \in \Gamma_h$. Mit R_e gemäß (8.3) bilden wir

$$
w := w_e := \psi_e \cdot E(R_e).
$$

Insbesondere ist supp $w = \omega_e$ und $R_e \in \mathcal{P}_2(e)$. Mit (8.16) und (8.25) folgt

$$
\begin{aligned}
c \| R_e \|_{0,e}^2 &\leq \| \psi_e^{1/2} R_e \|_{0,e}^2 \\
&= (R_e, w)_{0,e} \\
&= \langle \ell, w \rangle - \sum_{T' \in \omega_e} (R_{T'}, w)_{0,T'} \\
&\leq |u - u_h|_{1,e} |w|_{1,\omega_e} + \sum_{T' \in \omega_e} \| R_{T'} \|_{0,T'} \| w \|_{0,T'}.
\end{aligned}
\tag{8.29b}
$$

Mit (8.27) schließen wir $|w|_{1,T'} \leq c h_{T'}^{-1} \| w \|_{0,T'}$ und mit (8.26) $\| w \|_{0,T'} \leq h_e^{1/2} \| R_e \|_{0,e}$. Also folgt aus (8.29a) nach kürzen

$$
\| R_e \|_{0,e} \leq c h_e^{-1/2} |u - u_h|_{1,\omega_e} + c h_e^{1/2} \sum_{T' \in \omega_e} \| R_{T'} \|_{0,T'}
$$

und zusammen mit (8.30)

$$
h_e^{1/2} \| R_e \|_{0,e} \leq c |u - u_h|_{1,\omega_e} + \sum_{T' \in \omega_e} h_{T'} \| f - f_h \|_{0,T'}.
\tag{8.31}
$$

Wenn wir noch $\omega_T = \bigcup \{\omega_e; e \in \partial T\}$ beachten, ergibt sich schließlich aus (8.30) und (8.31) die Behauptung (8.13).   □

Bemerkungen zu anderen Schätzern

Wie in Bemerkung 8.2(1) gesagt, liefern die Residuen bequeme Schranken von $\|\ell\|_{-1} = \|L(u - u_h)\|_{-1}$. Für die Übertragung auf $\|u - u_h\|_1$ wird ausgenutzt, dass die Abbildung $L : H^1(\Omega) \to H^{-1}(\Omega)$ ein Isomorphismus ist. Deshalb ist eine große Spanne zwischen der oberen und der unteren Schranke zu erwarten, sobald die Konditionszahl von L groß ist, d.h. wenn

$$\frac{\sup\{\|Lv\|_{-1}; \ \|v\|_1 = 1\}}{\inf\{\|Lv\|_{-1}; \ \|v\|_1 = 1\}} \gg 1$$

gilt. Anstatt $\|\ell\|_{-1}$ berechnet dann man besser $\|\tilde{\mathcal{L}}^{-1}\ell\|_1$, wobei $\tilde{\mathcal{L}}^{-1}$ eine approximative Inverse bedeutet. Eine solche liefert z.B. das Variationsproblem (8.5). Man beachte, dass das zugehörige lineare Funktional gerade die Einschränkung des Funktionals ℓ auf die Beiträge von T und den Rändern darstellt. In diesem Sinne ist die Äquivalenz des Schätzers (8.12) mit dem über die Lösung des Neumann-Problems zu verstehen. Andererseits kommt die schlechte Kondition bei der Approximation der Hilfsprobleme z.T. doch wieder zum Tragen.

Dass die Effizienz von Schätzern bei unstrukturierten Gittern deutlich schlechter als auf regelmäßigen sein kann, zeigen Babuška, Durán und Rodríguez [1992].

Lokale Gitterverfeinerungen und Konvergenz

Bei Finite-Element-Rechnungen mit lokalen Gitterverfeinerungen geht man in der Regel von einem groben Gitter aus und verfeinert sukzessive so lange, bis die Schätzer $\eta_{T,R}$ für alle Elemente T unterhalb einer Schranke liegen. Insbesondere werden jeweils die Elemente mit großen Werten des Schätzers in die Verfeinerung einbezogen. Die geometrischen Aspekte der Gitterverfeinerungen wurden bereits in Kapitel II §8 behandelt.

Man erreicht damit eine Triangulierung, bei der die Estimatoren in allen Dreiecken ungefähr gleich groß sind.

8.4 Bemerkung. Mit einer heuristischen Überlegung erkennt man, dass das obige Vorgehen sinnvoll ist. Das Gebiet $\Omega \subset \mathbb{R}^d$ möge in m (gleich große) Teilgebiete mit unterschiedlicher Regularität der Lösung aufzuteilen sein. Ein Element mit der Maschenweite h_i im i-ten Teilgebiet möge einen Beitrag $c_i h_i^\alpha$ zum Fehler leisten. Dabei sei $\alpha > d$. Die Teilgebiete unterscheiden sich durch die Faktoren c_i, während der Exponent α eine einheitliche Größe ist. Wenn das i-te Gebiet in n_i Gebiete aufgeteilt wird, ist $h_i = n_i^{-1/d}$, und der Gesamtfehler hat die Größenordnung

$$\sum_i c_i n_i h_i^\alpha = \sum_i c_i h_i^{\alpha - d}. \tag{8.32}$$

Der Ausdruck (8.32) ist bei vorgegebener Gesamtzahl

$$\sum_i n_i = \sum_i h_i^{-d} = const$$

zu minimieren. Es liegt ein Optimierungsproblem mit einer einzigen Nebenbedingung vor. Das Optimum ergibt sich als stationärer Punkt der Lagrange-Funktion

$$\mathcal{L}(h, \lambda) := \sum_i c_i h_i^{\alpha-d} + \lambda \Big(\sum_i h_i^{-d} - const \Big). \tag{8.33}$$

Wenn wir die Ganzzahligkeit der n_i außer Acht lassen, ist das Optimum durch differenzieren von (8.33) zu erhalten und durch

$$c_i h_i^\alpha = \frac{d\,\lambda}{\alpha - d} \tag{8.34}$$

charakterisiert. Laut (8.34) ist das Optimum also dadurch charakterisiert, dass die Beiträge aller Elemente gleich sind. □

Die Konvergenz der Finite-Element-Rechnungen mit adaptiver Verfeinerung ist nicht selbstverständlich. Dörfler [1967] lieferte einen ersten Beweis, der später von Morin, Nochetto und Siebert [2000] ausgebaut wurde. Das allgemeine Schema — auch für andere Variationsprobleme — lässt sich folgendermaßen beschreiben:

Sei $\mathcal{T}_h$ eine Verfeinerung von $\mathcal{T}_H$, die nicht mit der globalen Verfeinerung $\mathcal{T}_{H/2}$ übereinzustimmen braucht. Seien Γ_H, Γ_h die zugehörigen inneren Ränder und u_H, u_h die Finite-Element-Lösungen mit linearen Elementen auf diesen Triangulierungen. Da die kantenbezogenen Teile des residualen Schätzers überwiegen, gilt die Fehlerabschätzung

$$|u - u_H|_1^2 \le c \sum_{e \subset \Gamma_H} h_e \, \|[\![\frac{\partial u_h}{\partial n}]\!]\|_{e,0}^2 + \textit{Terme höherer Ordnung}.$$

Die Galerkin-Orthogonalität (II.4.7) besagt

$$|u - u_h|_1^2 = |u - u_H|_1^2 - |u_h - u_H|_1^2.$$

Der wesentliche und oft aufwendigste Schritt ist der Nachweis der *diskreten lokalen Effizienz*

$$|u_h - u_H|_1^2 \ge c^{-1} \sum_{e \subset \Gamma_H \to \Gamma_h} h_e \, \|[\![\frac{\partial u_h}{\partial n}]\!]\|_{e,0}^2 + \textit{Terme höherer Ordnung}, \tag{8.34}$$

wobei die Summe über die Kanten von Γ_H läuft, die in die Verfeinerung einbezogen werden. Insbesondere besagt (8.34), dass die Verfeinerung an Stellen mit großem Fehlerschätzer wirklich eine Änderung der Finite-Element-Lösung bringt. Die drei Ungleichungen liefern zusammen

$$|u - u_h|_1 \le \sqrt{1 - c^{-2}} \, |u - u_H|_1 + \textit{Terme höherer Ordnung}.$$

Dadurch ist Konvergenz gewährleistet.

Optimale Konvergenzraten haben Binev, Dahmen und De Vore [2004] im Rahmen von Wavelets erhalten. Die dort beweistechnisch nötigen Vergröberungsschritte des Gitters konnten Gantumur, Harbrecht und Stevenson [2007] als überflüssig nachweisen.

§ 9. A Posteriori Schätzer über das Zwei-Energien-Prinzip

Die a posteriori Fehlerschätzer in §8 enthalten typischerweise eine generische Konstante c wie z. B. in Satz 8.1. Der Satz von Prager und Synge erlaubt nun die Berechnung von Fehlerschranken ohne solche Konstanten – abgesehen von einem kleinen Term höherer Ordnung. Die wesentliche Idee ist der Vergleich der gegebenen Näherungslösung des primalen Variationsproblems mit einer zulässigen Funktion des dualen gemischten Problems $(5.5)_v$ wie in Satz 5.1 dargestellt.

Die Methode geht auf Prager und Synge [1947] zurück, wurde u. a. von Neittaanmäki und Repin [2004] in ihrer Monographie weiterentwickelt. Eine einfach zu berechnende Schranke mit einer einfachen geometrischen Interpretation liefert eine Nachlaufrechnung (engl. *postprocessing*) nach Braess und Schöberl [2008].

Wir betrachten die Poisson-Gleichung (I.1.3) mit homogenen Dirichlet-Randbedingungen. Die Finite-Element-Lösung u_h des primalen Problems sei berechnet. Für die Anwendung von Satz 5.1 benötigen wir eine Hilfsfunktion $\sigma \in H(\mathrm{div})$ mit

$$\mathrm{div}\, \sigma = -f \tag{9.1}$$

Anders als in der allgemeinen Theorie von Neittaanmäki und Repin [2004] wird eine geeignete Funktion σ mittels kleiner lokaler Probleme in einer einfachen Nachlaufrechnung nach Braess und Schöberl [2008] ermittelt. Dabei wird intensiv von der Kenntnis von der Finite-Element-Lösung u_h Gebrauch gemacht.

Es bezeichne $\mathcal{T}_h$ die Triangulierung des Gebietes $\Omega \subset \mathbb{R}^2$. Der eigentliche Trick — und hier liegt auch der Unterschied zu dem in §8 genannten Schätzer über lokale Neumann-Problem — ist die Fehlerberechnung zur Lösung der Differentialgleichung mit rechter Seite f_h, die auf der Triangulierung eine stückweise konstante Funktion darstellt. Von (8.8) ist bekannt, dass die Approximation von $f \in L_2(\Omega)$ durch $f_h \in \mathcal{M}^0$ einen zusätzlichen Fehler der Größe $ch\|f - f_h\|_0$ verursacht. Dieser zusätzliche Fehler ist offensichtlich von höherer Ordnung. Wie schon gesagt, ist die Größe $f - f_h$ ein Maß für die Datenoszillation.[10]

Die gemischte Methode mit Raviart–Thomas–Elementen ist in gewisser Hinsicht optimal.

9.1 Hilfssatz. *Sei* $u_h \in \mathcal{M}_0^1(\mathcal{T}_h)$ *und* $f_h \in \mathcal{M}^0(\mathcal{T}_h)$. *Ferner sei* (σ_h, w_h) *die Lösung der gemischten Methode mit Raviart–Thomas–Elementen niedrigster Ordnung, also in* $RT_0(\mathcal{T}_h) \times \mathcal{M}^0(\mathcal{T}_h)$. *Dann ist*

$$\|\nabla u_h - \sigma_h\|_0 = \min\left\{ \|\nabla u_h - \tau_h\|_0 \,;\; \tau_h \in RT_0(\mathcal{T}_h),\, \mathrm{div}\, \tau_h + f_h = 0 \right\}. \tag{9.2}$$

---

[10] Wir empfehlen, beim ersten Lesen f als stückweise konstant anzunehmen. Dann verschwindet die Datenoszillation, und (9.5) lässt sich durch einfachere Ausdrücke ersetzen.

Beweis. Die Lagrange-Funktion für die Optimierungsaufgabe in (9.2) lautet

$$\mathcal{L}(\tau, v) = \frac{1}{2}\|\tau\|_0^2 - (\nabla u_h, \tau)_0 + (v, \operatorname{div}\tau + f_h)_0 \, .$$

Dabei ist v der Lagrangesche Parameter zur Nebenbedingung $\operatorname{div}\tau + f_h = 0$. Offensichtlich ist $\operatorname{div}\tau + f_h \in \mathcal{M}^0$ für alle $\tau \in RT_0$. Deshalb sind die Minimallösung σ_h und der Lagrangesche Parameter w_h durch

$$
\begin{aligned}
(\sigma_h, \tau)_0 + (\operatorname{div}\tau, w_h)_0 &= (\nabla u_h, \tau)_0 \quad \text{für } \tau \in RT_0, \\
(\operatorname{div}\sigma_h, v)_0 \phantom{+ (\operatorname{div}\tau, w_h)_0} &= -(f_h, v)_0 \quad \text{für } v \in \mathcal{M}^0
\end{aligned}
\tag{9.3}
$$

charakterisiert. Nach der Greenschen Formel ist $(\nabla u_h, \tau)_0 = -(u_h, \operatorname{div}\tau)_0$, da die Randterme verschwinden. Sei Q_h der L_2-Projektor auf $\mathcal{M}^0$. Dann gilt $(u_h, \operatorname{div}\tau)_0 = (Q_h u_h, \operatorname{div}\tau)_0$ für alle $\tau \in RT_0$, und aus (9.3) wird

$$
\begin{aligned}
(\sigma_h, \tau)_0 + (\operatorname{div}\tau, w_h + Q_h u_h)_0 &= 0 \qquad \text{für } \tau \in RT_0, \\
(\operatorname{div}\sigma_h, v)_0 \phantom{+ (\operatorname{div}\tau, w_h + Q_h u_h)_0} &= -(f_h, v)_0 \quad \text{für } v \in \mathcal{M}^0.
\end{aligned}
$$

Also ist das Funktionenpaar $(\sigma_h, w_h + Q_h u_h)$ die Finite-Element-Lösung nach Raviart–Thomas.

Schließlich folgt aus $(9.3)_2$, dass $\operatorname{div}\sigma_h = -f_h$ im klassischen Sinne gilt; denn die Ausdrücke auf beiden Seiten der Gleichung liegen in $\mathcal{M}^0$, und die Testfunktionen zu der Gleichung befinden sich im selben Raum. $\qquad\square$

Selbstverständlich ist das numerische Lösen eines vollen gemischten Problems viel zu aufwändig für eine Fehlerschätzung. Eine geeignete Approximation $\sigma \in RT_0$ ergibt sich mit einer einfachen Nachlaufrechnung aus der Finite-Element-Lösung u_h.

Dazu betrachten wir den Raum der *gebrochenen Raviart–Thomas–Elemente*

$$RT_{-1} := \left\{ \tau \in L_2(\Omega)^2; \ \tau|_T = \begin{pmatrix} a_T \\ b_T \end{pmatrix} + c_T \begin{pmatrix} x \\ y \end{pmatrix}, \ a_T, b_T, c_T \in \mathbb{R} \text{ for } T \in \mathcal{T}_h \right\}.$$

Die Normalkomponenten sind an den Elementgrenzen nicht als stetig vorausgesetzt, und es gilt gerade $RT_0 = RT_{-1} \cap H(\operatorname{div})$. Die Freiheitsgrade der Finiten Elemente in RT_{-1} sind die Normalkomponenten an den Kanten, wobei die Werte auf den beiden Seiten von Kanten unterschiedlich sein können. Deshalb gehören zwei Werte zu jeder inneren Kante, wie in Abb. 46 dargestellt.

Offensichtlich liegen ∇u_h und σ_h in RT_{-1}. Außerdem ist in jedem Dreieck $\operatorname{div}\nabla u_h = 0$, wenn wir die Divergenz von ∇u_h nur punktweise und nicht als globale Funktion betrachten. (Die Divergenz ist gewissermaßen auf die Sprünge an den Kanten konzentriert.) Anstatt ein σ mit der Eigenschaft (9.1) direkt zu ermitteln, wird es mittels Konstruktion der Differenzfunktion $\sigma^\Delta := \sigma - \nabla u_h$ gewonnen. *Man bestimme* $\sigma^\Delta \in RT_{-1}$ *mit*

$$
\begin{aligned}
\operatorname{div}\sigma^\Delta &= -f_h & &\text{\textit{in jedem Element} } T \in \mathcal{T}_h, \\
[\![\sigma^\Delta \cdot n]\!] &= -[\![\nabla u_h \cdot n]\!] & &\text{\textit{auf jeder inneren Kante} } e.
\end{aligned}
\tag{9.4}
$$

Sei z ein Knoten im Finite-Element-Netz. Die Konstruktion erfolgt auf der Knoten-umgebung (engl. *patch*)

$$\omega_z := \bigcup\{T;\ z \in \partial T\}.$$

Algorithmus 9.3 und der folgende vorbereitende Hilfssatz wurden unabhängig von ähnlichen Ergebnissen bei Destuynder und Métivet [1999] entwickelt.

9.2 Hilfssatz. *Sei* $z \in \Omega\backslash\partial\Omega$ *ein innerer Punkt der Triangulierung und* $\psi_z \in \mathcal{M}_0^1$ *die Basisfunktion mit* $\psi_z(z) = 1$ *und Träger* ω_z. *Dann ist*

$$\frac{1}{2} \sum_{e \subset \omega_z} \int_e \left[\!\left[\frac{\partial u_h}{\partial n}\right]\!\right] ds = \sum_{T \subset \omega_z} \int_T f\psi_z\,dx. \tag{9.5}$$

Beweis. Da u_h Finite-Element-Lösung für lineare Elemente ist, gilt

$$\int_{\omega_z} \nabla u_h \nabla \psi_z\,dx = \int_{\omega_z} f\psi_z\,dx. \tag{9.6}$$

Die linke Seite wird nun partiell integriert. Wir nutzen dabei aus, dass $\partial u_h/\partial n$ auf den Kanten konstant und ψ_z dort als lineare Funktion den Mittelwert $1/2$ hat:

$$\int_{\omega_z} \nabla u_h \nabla \psi_z\,dx = \sum_{T \subset \omega_z} \int_{\partial T} \frac{\partial u_h}{\partial n}\psi_z\,dx + 0$$

$$= \sum_{e \subset \omega_z} \int_e \left[\!\left[\frac{\partial u_h}{\partial n}\right]\!\right]\psi_z\,ds = \frac{1}{2}\sum_{e \subset \omega_z}\left[\!\left[\frac{\partial u_h}{\partial n}\right]\!\right]\int_e ds.$$

Durch einsetzen in (9.6) folgt die Behauptung. $\qquad\square$

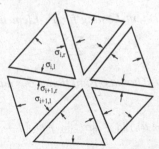

Abb. 46. Fluss um einen Knoten z. Die Normalkomponenten der Flüsse, die das Dreieck T_i über die rechte bzw. linke Kante verlassen, werden mit $\sigma_{i,r}$ bzw. $\sigma_{i,l}$ bezeichnet. Die Nummerierung der Dreiecke erfolgt entgegen dem Uhrzeigersinn, und für die Kanten gilt $e_i = \partial T_i \cap \partial T_{i+1}$ (wobei die Indizierung zyklisch modulo der Anzahl der Elemente zu verstehen ist).

Die Ausdrücke $\int_T f\psi_z \, dx$ sind Integrale, die schon bei der Aufstellung der Finite-Element-Gleichungen (II.4.5) berechnet werden. Wenn f stückweise konstant ist (also $f = f_h$ gilt), vereinfacht sich das genannte Integral. Es wird dann $\int_T f\psi_z \, dx = \frac{1}{3} f|T| = \frac{1}{3} R_T |T|$, was wiederum (9.7)$_1$ vereinfacht.

Folgender Algorithmus liefert zu einem Knoten z eine Funktion $\sigma_{\omega_z} \in RT_{-1}$ mit Träger ω_z und

$$\operatorname{div} \sigma_{\omega_z} = -\frac{1}{|T|} \int_T f\psi_z \, dx \quad \text{in jedem } T \subset \omega_z,$$

$$[\![\sigma_{\omega_z} \cdot n]\!] = -(1/2) [\![\nabla u_h \cdot n]\!] \quad \text{auf jeder Kante } e \subset \omega_z, \tag{9.7}$$

$$\sigma_{\omega_z} \cdot n = 0 \qquad\qquad \text{auf } \partial\omega_z.$$

Die Bezeichnungen im Algorithmus sind bei Abb. 46 erläutert.

9.3 Algorithmus.
setze $\sigma_{1,r} = 0$;
für $i = 1, 2, \ldots,$
{
    bestimme $\sigma_{i,l}$ so dass $\displaystyle\int_{e_i} \sigma_{\omega_z} \cdot n \, ds = \int_{T_i} f\psi_z \, dx - \int_{e_{i-1}} \sigma_{\omega_z} \cdot n \, ds$;
    bestimme $\sigma_{i+1,r}$ so dass $[\![\sigma_{\omega_z} \cdot n]\!] = -\frac{1}{2} [\![\nabla u_h \cdot n]\!]$ auf e_i;
}
bis ein voller Umlauf um z erreicht ist.   □

Mit dem Algorithmus werden die Normalkomponenten beim Umlauf sukzessive so berechnet, dass die Bedingungen in (9.7) erfüllt werden. Durch Hilfssatz 9.2 ist gewährleistet, dass man nach einem Umlauf genau den gleichen Wert einsetzen soll, den man bereits vorfindet.

Für Knoten z auf dem Rand von Ω muss die Konstruktion offensichtlich geändert werden. Dann wird ω_z durch zwei auf $\partial\omega_z \cap \partial\Omega$ liegende Kanten begrenzt. Wir starten den Algorithmus 9.3 auf einer dieser Kanten und laufen bis zur anderen. Im Gegensatz zum vollen Umlauf ist keine Bedingung zu erfüllen.

9.4 Satz. *Sei u_h die Finite-Element-Lösung für P_1-Elemente und*

$$\sigma^\Delta = \sum_z \sigma_{\omega_z},$$

wobei die gebrochenen Raviart–Thomas–Funktionen σ_{ω_z} mit dem Algorithmus 9.3 berechnet werden. Dann ist

$$\|\nabla(u - u_h)\|_0 \leq \|\sigma^\Delta\|_0 + ch\|f - f_h\|_0. \tag{9.8}$$

Beweis. Jede innere Kante besitzt zwei Knoten und jedes Dreieck drei. Außerdem ist $\sum_z \psi_z(x) = 1$ in jedem Dreieck T, also

$$\sum_z \int_T f\psi_z \, dx = \int_T f \, 1 \, dx = \int_T f_h \, dx.$$

Aufgrund von (9.7) erfüllt die Summe σ^{Δ} die Forderung (9.4). Sei $\bar{u}$ die Lösung der Poisson-Gleichung zu der rechten Seite f_h. Nach dem Satz von Prager und Synge ist

$$\|\nabla(\bar{u} - u_h)\|_0 \leq \left(\|\nabla(\bar{u} - u_h)\|_0^2 + \|\sigma - \nabla\bar{u}\|_0^2 \right)^{1/2} = \|\sigma^{\Delta}\|_0 \qquad (9.9)$$

für $\sigma := \nabla u_h + \sigma^{\Delta}$. Aus der Diskussion der Datenoszillation in §8 wissen wir $\|u - \bar{u}\|_1 \leq ch\|f - f_h\|$. Die Dreiecksungleichung liefert die Behauptung. $\qquad\Box$

Die Theorie, die zum Satz 9.4 führte, unterscheidet sich erheblich von der Theorie im vorigen §. Der Fehlerschätzer mit lokalen Neumann-Problemen dort beruht auch auf Sattelpunktproblemen, aber die Hilfsprobleme sind in unendlich-dimensionalen Räumen zu lösen. – Der Fehlerschätzer $\|\sigma^{\Delta}\|_0$ ist äquivalent zum residualen Schätzer bis auf eine generische Konstante. Deshalb ist der neue Schätzer auch effizient.

9.5 Satz. *Mit einer Konstanten c, die nur vom minimalen Winkel der Dreiecke (also von κ gemäß Definition II.5.1) abhängt, gilt*

$$\|\sigma^{\Delta}\|_0 \leq c\,\eta_R + ch\|f - f_h\|_0 \qquad (9.10)$$

$$\leq c|u - u_h|_1 + ch\|f - f_h\|_0. \qquad (9.11)$$

Beweis. Der Einfachheit halber beschränken wir uns auf den Fall $f = f_h$, da der Einfluss der Datenoszillation durch den zweiten Term der Ungleichung abgedeckt ist. Nur die in (8.2) und (8.3) definierten Residuen R_T und R_e gehen dann in den Algorithmus 9.3. ein. Deshalb sind die Flüsse über die Kanten beschränkt:

$$|\sigma_{\omega_z} \cdot n| \leq c\Big(h \sum_{T \subset \omega_z} |R_T| + \sum_{e \subset \omega_z} |R_e| \Big)$$

$$\leq c\Big(\sum_{T \subset \omega_z} \|R_T\|_{0,T} + \sum_{e \subset \omega_z} h^{-1/2}\|R_e\|_{0,e} \Big).$$

Die gebrochenen Raviart–Thomas–Elemente sind stückweise Polynome mit fester, endlicher Anzahl von Freiheitsgraden, und es folgt

$$\|\sigma_{\omega_z}\|_{0,T} \leq ch_T \sum_{e \subset \omega_z} |\sigma_{\omega_z} \cdot n|,$$

wobei die Konstante c nur von der Form der Dreiecke abhängt. Zusammen ergibt sich

$$\|\sigma_{\omega_z}\|_0^2 \leq c \sum_{T \subset \omega_z} \eta_{T,R}^2,$$

und eine weitere Summation liefert

$$\|\sigma^{\Delta}\|_0 \leq c\,\eta_R.$$

Damit ist (9.10) bewiesen.

Die Effizienz des residualen Schätzers laut (8.13) liefert schließlich (9.11). $\qquad\Box$

9.6 Numerisches Beispiel. Die Poisson-Gleichung $-\Delta u = 1$ auf dem L-förmigen Gebiet $\Omega := (-1, +1)^2 \backslash ([0, 1) \times (-1, 0])$ werde mit linearen Elementen numerisch gelöst. Homogene Neumann-Randbedingungen seien auf $\Gamma_N := (0, 1) \times \{0\}$ vorgegeben und homogene Dirichlet-Bedingungen auf $\Gamma_D := \partial\Omega \backslash \Gamma_N$. Der Fehlerschätzer aus Theorem 9.4 wird zur Steuerung lokaler Gitterverfeinerungen herangezogen.

Tabelle 6 zeigt die numerischen Ergebnisse von Schöberl und Zaglmair [2007] für einige Verfeinerungsschritte. Die Quotienten aus Fehlerschätzer und wahrem Fehler bestätigen die Effizienz. Außerdem liegt wegen der einspringenden Ecke keine H^2-Regularität vor. Die adaptive Gitterverfeinerung sorgt dafür, dass der Fehler trotzdem ungefähr wie die (Zahl der Unbekannten)$^{-1/2}$ abnimmt.

Tabelle 6. Fehler der Finite-Element-Lösung der Poisson-Gleichung auf einem L-förmigen Gebiet mit linearen Elementen bei adaptiver Gitterverfeinerung.

Unbekannte	Fehlerschätzer	wahrer Fehler	Quotient
6	2.8169	1.6596	1.659
71	1.2053	0.68895	1.749
146	0.67658	0.45050	1.502
440	0.34624	0.23946	1.446
1651	0.16318	0.11487	1.421
6051	0.082913	0.058276	1.423
23838	0.041423	0.028796	1.438
93941	0.020777	0.014263	1.457

Noch ausgeprägter ist die Effizienz bei der hp-Methode, d.h. bei Finitern Elementen, bei denen der Polynomgrad p mit der Zahl der Freiheitsgrade zunimmt. Auch hier bleibt der in Tabelle 6 genannte Quotient beschränkt, während er bei residualen mit p ansteigt, s. Braess, Pillwein und Schöberl [2009].

Als Nebenergebnis erhalten wir einen Vergleich der Güte von P_1-Elementen und der gemischten Methode nach Raviart–Thomas, die wir schon in §5 ohne Beweis genannt haben.

Beweis der ersten Ungleichung im Satz 5.6.
Aus den Abschätzungen in den Sätzen 9.4 und 9.5 schließen wir

$$\|\nabla u - \sigma_h\|_0^2 \leq \|\nabla u - \sigma_h\|_0^2 + \|\nabla(u - u_h)\|_0^2$$
$$\leq 2\|\sigma^\Delta\|_0^2 + ch^2\|f - f_h\|_0^2$$
$$\leq c\eta_R^2 + ch^2\|f - f_h\|_0^2$$
$$\leq c\|\nabla(u - u_h)\|_0^2 + ch^2\|f - f_h\|_0^2,$$

und der Beweis von (5.13) ist erbracht. $\square$

9.7 Bemerkung. Der Vergleichssatz 5.6 ist eigentlich eine a priori Aussage. Der obige Beweis zeigt nun, dass die Effizienz der a posteriori Schätzer zu der a priori Aussage (des Vergleichssatzes) äquivalent ist. Es gibt einen weiteren Grund, den Vergleichssatz im Rahmen von a posteriori Aussagen zu beweisen: *Der Vergleich kann nur gemacht werden, wenn man von Termen in der Größe der Datenoszillation absieht.*

Hier ist nicht sofort ersichtlich, warum die Datenoszillation ins Spiel kommt. Das besondere ist gerade, dass der Vergleich zwischen nicht geschachtelten Räumen stattfindet. Deutlicher ist es bei den im vorigen § genannten hierarchischen Schätzern, also bei Schätzern nach Runges Regel. Man kann z.B. das FE-Ergebnis u_h mit dem Ergebnis $u_{h/2}$ für die halbe Gitterweite vergleichen. Bekanntlich ist

$$\|u - u_h\| \le ch,$$
$$\|u - u_{h/2}\| \le c\frac{h}{2}. \tag{9.12}$$

Wenn wir die Ungleichungen im Sinne einer Näherung als Gleichungen lesen, hätten wir

$$\|u - u_{h/2}\| = \frac{1}{2}\|u - u_h\| \tag{9.13}$$

und die Schranke $\|u - u_h\| \le 2\|u_h - u_{h/2}\|$. Die Relation (9.13) oder Approximationen davon hat man als *Saturationseigenschaft* bezeichnet. Aus Aufgabe 9.10 ist jedoch klar, dass sie nicht immer gelten kann. Es sind also zusätzliche Terme erforderlich. Wenn bei den a posteriori Abschätzungen mit der Datenoszillation etwas Berechenbares hinzukommt, ist es ein Vorteil gegenüber einer nicht überprüfbaren Saturationsbedingung. $\square$

Die rechte Seite in (9.8) ist auch eine Fehlerschranke für das Raviart–Thomas–Element, obwohl die dortige Finite-Element-Lösung σ_h gar nicht bekannt ist. Es kann (9.9) nämlich auch als Abschätzung von $\|\sigma - \nabla\bar{u}\|_0$ anstatt von $\|\nabla(\bar{u} - u_h)\|_0$ eingesetzt werden, und die Behauptung ist damit bewiesen. Trotz der Symmetrie des Zwei-Energien-Prinzips sind die Details von effizienten Schätzern dort allerdings anders, s. Ainsworth [2008].

Aufgaben

9.8 Man betrachte die Helmholtz-Gleichung

$$-\Delta u + \alpha u = f \quad \text{in } \Omega,$$
$$u = 0 \quad \text{on } \partial\Omega$$

mit $\alpha > 0$. Sei $v \in H_0^1(\Omega)$, und $\sigma \in H(\text{div}, \Omega)$ erfülle die Bedingung $\text{div}\,\sigma + f = \alpha v$. Man zeige die Ungleichung vom Prager–Synge Typ mit der dann bekannten Schranke auf der rechten Seite

$$|u - v|_1^2 + \alpha\|u - v\|_0^2$$
$$+ \|\text{grad}\,u - \sigma\|_0^2 + \alpha\|u - v\|_0^2 = \|\text{grad}\,v - \sigma\|_0^2. \tag{9.14}$$

Außerdem zeige man, dass sich in Analogie zu $(5.5)_v$ die Variationsaufgabe für die Maximierung der *komplementären Energie* unter einer Nebenbedingung ergibt:

$$-\frac{1}{2}(\sigma, \sigma)_0 - \frac{\alpha}{2}(v, v)_0 \to \max!$$

$$\operatorname{div} \sigma - \alpha v + f = 0.$$

9.9 Für die Gleichung in Divergenzform

$$\operatorname{div} a(x) \operatorname{grad} u = f,$$

die im Gegensatz zur Poisson-Gleichung eine Koeffizientenfunktion enthält, führt die zu (5.1) analoge Aufspaltung

$$a^{-1}\sigma - \operatorname{grad} u = 0,$$
$$\operatorname{div} \sigma \qquad\quad = -f \tag{9.15}$$

auf eine sinnvolle Sattelpunktformulierung. Welche Verallgemeinerungen von $(5.2)_v$ und $(5.5)_v$ gehören dazu? Unter welchen Voraussetzungen folgt

$$\|a^{1/2}\nabla(u-v)\|_0^2 + \|a^{1/2}(\nabla u - a^{-1}\sigma)\|_0^2 \leq \|a^{1/2}(\nabla v - a^{-1}\sigma)\|_0^2$$

im Sinne des Satzes von Prager und Synge?

9.10 Seien $V_1 \subset V_2 \subset H_0^1(\Omega)$ und $V_2 \neq H_0^1(\Omega)$. Man konstruiere ein $f \in H^{-1}(\Omega)$, so dass die FE-Lösungen zur Poisson-Gleichung für V_1 und V_2 zusammenfallen, aber nicht Lösungen des kontinuierlichen Problems sind.

9.11 Die meisten Aussagen im Hilfssatz 8.3 betreffen quadratische Polynome. Man betrachte die Verallgemeinerung auf Polynome vom Grad k. Warum kann die Konstante c dann nicht unabhängig vom Grad k sein?
Hinweis. Wie ist die Situation, wenn für p eine L_2-Funktion anstelle eines Polynoms eingesetzt wird?

9.12 Seien $a, b \in \mathbb{R}^n$. Man zeige

$$\sum_{i=1}^{n} a_i(b_{i-1} + b_i + b_{i+1}) \leq 3\|a\| \, \|b\|,$$

wenn $b_0 = b_{n+1} = 0$ gesetzt ist. (Der Nachweis hier mit einer linear angeordneten Summe soll die Schlussweise für (8.19) illustrieren.)

Kapitel IV

Die Methode der konjugierten Gradienten

Bei der Diskretisierung von Randwertaufgaben entstehen sehr große Gleichungssysteme, die mehrere tausend Unbekannte enthalten können. Insbesondere bei echt räumlichen Problemen oder bei Ansätzen höherer Ordnung wird die Bandbreite der Matrizen so groß, dass der Gaußsche Eliminationsalgorithmus und seine modernen Varianten nicht mehr als effiziente Verfahren gelten können. Dann ist man auch bei linearen Problemen auf Iterationsverfahren angewiesen.

Iterative Verfahren wurden erstmals in größerem Umfang Ende der fünfziger Jahre eingesetzt, vorwiegend um große Probleme trotz kleiner Speicher behandeln zu können. Verfahren aus jener Zeit sind heute als eigenständige Verfahren nicht mehr konkurrenzfähig, finden sich aber als Bausteine in den moderneren Verfahren wieder. Sie sollen deshalb in §1 kurz vorgestellt werden. Der Rest des Kapitels ist den Verfahren konjugierter Richtungen gewidmet, die auf Variationsaufgaben und Sattelpunktprobleme anwendbar sind. Häufig kommt man mit universell verwendbaren Algorithmen aus. Deshalb sind sie konkurrenzfähig zu den noch schnelleren Mehrgitterverfahren, weil deren Implementierung meistens erheblich aufwendiger ist.

An dieser Stelle sei eine Klassifikation der Probleme nach der Zahl n der Unbekannten genannt:

1. *kleine Probleme*: Bei linearen Problemen werden direkte Verfahren benutzt. Bei nichtlinearen Problemen werden (etwa beim Newton-Verfahren) alle Elemente der Jacobi-Matrizen zumindest approximativ berechnet.

2. *mittelgroße Probleme*: Wenn Matrizen dünn besetzt sind, wird diese Tatsache ausgenutzt. Bei nichtlinearen Problemen werden (wie z. B. bei Quasi-Newton-Methoden) die Jacobi-Matrizen nur approximiert. Es werden jedoch noch Iterationsverfahren eingesetzt, bei denen die Zahl der Iterationsschritte größer als n sein kann.

3. *sehr große Probleme*: Es kommen nur noch Iterationsverfahren in Frage, bei denen deutlich weniger als n Schritte zum Ziele führen.

Bei der Methode der konjugierten Gradienten treten bei sehr großen Problemen völlig andere Gesichtspunkte in den Vordergrund als bei mittelgroßen. Bei sehr großen Problemen spielt es z.B. keine Rolle, dass cg-Verfahren bei exakter Arithmetik nach n Schritten die Lösung liefern. Dann ist viel wichtiger, dass die Genauigkeit der Näherungslösungen von der Konditionszahl der Matrix abhängt.

§ 1. Klassische Iterationsverfahren
zur Lösung linearer Gleichungssysteme

Die Methode der Finiten Elemente führt bei feiner Schrittweite h auf sehr große Gleichungssysteme. Die Matrizen sind zwar dünn besetzt, aber sie sind leider so strukturiert, dass bei der Gauß-Elimination nach wenigen Schritten (genauer nach ungefähr $\sqrt{n}$ Schritten) so viele Nullen durch Nicht-Nullen ersetzt sind, dass der Aufwand stark ansteigt.

Deshalb hat man in den fünfziger Jahren bereits zu iterativen Methoden gegriffen. Die damals benutzten Methoden, die wir als *klassische Iterationsverfahren* bezeichnen, konvergieren sehr langsam und werden heute kaum noch als eigenständige Iterationsverfahren herangezogen. Trotzdem haben einige kaum an Bedeutung verloren, sie werden bei den moderneren Iterationsverfahren als Hilfsprozeduren eingesetzt, und zwar bei den cg-Verfahren zur Vorkonditionierung sowie bei den Mehrgitterverfahren als Glätter.

Deshalb sollen sie hier kurz behandelt werden. Umfassendere Darstellungen findet man in den Monographien von Varga [1962], Young [1971] und Hackbusch [1991].

Stationäre lineare Prozesse

Viele Iterationsverfahren zur Lösung eines Gleichungssystems $Ax = b$ nehmen ihren Ausgang von einer Aufspaltung der Matrix

$$A = M - N.$$

Dabei sei M eine einfach invertierbare Matrix. Das gegebene System wird in die Form

$$Mx = Nx + b$$

gebracht. Dies führt zu der Iteration

$$Mx^{k+1} = Nx^k + b$$

bzw. $x^{k+1} = M^{-1}(Nx^k + b)$ oder

$$x^{k+1} = x^k + M^{-1}(b - Ax^k), \quad k = 0, 1, 2, \dots. \tag{1.1}$$

Offensichtlich ist (1.1) eine Iteration der Form

$$x^{k+1} = Gx^k + d \tag{1.2}$$

mit $G = M^{-1}N$, $d = M^{-1}b$.

Die Lösung x^* der Gleichung $Ax = b$ ist Fixpunkt des Prozesses (1.2), d.h. es gilt

$$x^* = Gx^* + d.$$

Die Subtraktion der letzten beiden Gleichungen liefert

$$x^{k+1} - x^* = G(x^k - x^*),$$

und durch Induktion folgt

$$x^k - x^* = G^k(x^0 - x^*). \tag{1.3}$$

Die Iteration (1.2) heißt konvergent, wenn für jedes beliebige $x^0 \in \mathbb{R}^n$ die Konvergenz $\lim_{k \to \infty} x^k = x^*$ gewährleistet ist. Nach (1.3) ist das äquivalent zu

$$\lim_{k \to \infty} G^k = 0. \tag{1.4}$$

1.1 Definition. Sei A eine (reelle oder komplexe) $n \times n$-Matrix mit den Eigenwerten λ_i, $i = 1, 2, \ldots, m$, $m \leq n$. Dann heißt

$$\rho(A) = \max_{1 \leq i \leq m} |\lambda_i|$$

der *Spektralradius* von A.

Aus der linearen Algebra ist nun eine Charakterisierung von (1.4) über den Spektralradius bekannt (s. z. B. Werner [1982], S. 183, Varga [1962], S. 64).

1.2 Satz. *Sei G eine $n \times n$-Matrix. Dann sind folgende Aussagen äquivalent:*
  i) Die Iteration (1.2) konvergiert für jedes $x^0 \in \mathbb{R}^n$.
  ii) Es ist $\lim_{k \to \infty} G^k = 0$.
  iii) Es ist $\rho(G) < 1$.

Der Spektralradius liefert sogar eine quantitative Aussage für die Konvergenzgeschwindigkeit. Man beachte, dass $\|x^k - x^*\| \leq \|G^k\| \cdot \|x^0 - x^*\|$, also

$$\frac{\|x^k - x^*\|}{\|x^0 - x^*\|} \leq \|G^k\| \tag{1.5}$$

gilt.

1.3 Satz. *Für jede $n \times n$-Matrix G ist*

$$\lim_{k \to \infty} \|G^k\|^{1/k} = \rho(G). \tag{1.6}$$

Beweis. Sei $\varepsilon > 0$, $\rho = \rho(G)$ und

$$B = \frac{1}{\rho + \varepsilon} G.$$

Dann ist $\rho(B) = \rho/(\rho + \varepsilon) < 1$ und $\lim_{k\to\infty} B^k = 0$. Also ist $\sup_{k\geq 0} \|B^k\| \leq a < \infty$. Daraus folgt $\|G^k\| \leq a(\rho + \varepsilon)^k$ und $\lim_{k\to\infty} \|G^k\|^{1/k} \leq \rho + \varepsilon$. Die linke Seite von (1.6) beträgt also höchstens $\rho(G)$.

Andererseits kann die linke Seite von (1.6) nicht kleiner sein; denn G hat einen Eigenwert vom Betrage ρ.   □

Wir haben uns hier an die üblichen Bezeichnungen angelehnt. Insbesondere kann M^{-1} als approximative Inverse von A aufgefasst werden. Im Rahmen von cg-Verfahren wird die Matrix M als Vorkonditionierer bezeichnet und üblicherweise das Symbol C verwandt.

Gesamt- und Einzelschrittverfahren

Einen ersten Ansatz für ein Iterationsverfahren erhält man aus der Aufspaltung

$$A = D - L - R.$$

Dabei sei D eine Diagonalmatrix, L eine subdiagonale und R eine superdiagonale Matrix

$$D_{ik} = \begin{cases} a_{ik} & \text{falls } i = k \\ 0 & \text{sonst,} \end{cases} \quad L_{ik} = \begin{cases} -a_{ik} & \text{falls } i > k \\ 0 & \text{sonst} \end{cases} \quad R_{ik} = \begin{cases} -a_{ik} & \text{falls } i < k \\ 0 & \text{sonst.} \end{cases}$$

Als *Gesamtschritt- oder Jacobi-Verfahren* bezeichnet man die Iteration

$$Dx^{k+1} = (L + R)x^k + b, \qquad (1.7)$$

die man komponentenweise

$$a_{ii}x_i^{k+1} = -\sum_{j\neq i} a_{ij}x_j^k + b_i, \quad i = 1, 2, \ldots, n \qquad (1.8)$$

schreiben kann. Die zugehörige Iterationsmatrix ist $G = G_G = D^{-1}(L + R)$ also

$$c_{ik} = \begin{cases} -\dfrac{a_{ik}}{a_{ii}} & \text{für } k \neq i, \\ 0 & \text{sonst.} \end{cases}$$

Üblicherweise berechnet man die Komponenten des neuen Vektors x^{k+1} sequentiell, d.h. nacheinander fallen die Werte $x_1^{k+1}, x_2^{k+1}, \ldots, x_n^{k+1}$ an. Während der Berechnung von x_i^{k+1} stehen schon die Komponenten des Vektors bis zum Index $j = i - 1$ zur Verfügung. Diese Information wird beim *Einzelschrittverfahren* oder *Gauß-Seidel-Verfahren* bereits ausgewertet

$$a_{ii}x_i^{k+1} = -\sum_{j<i} a_{ij}x_j^{k+1} - \sum_{j>i} a_{ij}x_j^k + b_i. \qquad (1.9)$$

Mit den Teilmatrizen aus der Aufspaltung lautet die zugehörige Matrix-Vektor-Schreibweise

$$Dx^{k+1} = Lx^{k+1} + Rx^k + b,$$

und die zugehörige Iterationsmatrix ist $G = G_E = (D - L)^{-1}R$.

1.4 Beispiel. Für die Matrix

$$A = \begin{pmatrix} 1 & 0.1 \\ 4 & 1 \end{pmatrix}$$

lautet die Iterationsmatrix zum Gesamtschrittverfahren

$$G_G = \begin{pmatrix} 0 & -0.1 \\ -4 & 0 \end{pmatrix}$$

und für das Einzelschrittverfahren

$$G_E = -\begin{pmatrix} 1 & 0 \\ 4 & 1 \end{pmatrix}^{-1} \begin{pmatrix} 0 & 0.1 \\ 0 & 0 \end{pmatrix} = -\begin{pmatrix} 1 & 0 \\ -4 & 1 \end{pmatrix} \begin{pmatrix} 0 & 0.1 \\ 0 & 0 \end{pmatrix} = \begin{pmatrix} 0 & -0.1 \\ 0 & -0.4 \end{pmatrix}.$$

Eine einfache Rechnung liefert $\rho(G_E) = \rho^2(G_G) = 0.4$. Es konvergieren beide Iteratio-nen.

Die Konvergenz der genannten Verfahren kann man oft mit Hilfe eines einfachen Hilfsmittels nachweisen.

1.5 Definition. Eine $n \times n$-Matrix A erfüllt die *starke Zeilensummenbedingung*, wenn

$$|a_{ii}| > \sum_{j \neq i} |a_{ij}|, \quad 1 \leq i \leq n$$

gilt. A erfüllt die *schwache Zeilensummenbedingung*, wenn

$$|a_{ii}| \geq \sum_{j \neq i} |a_{ij}|, \quad 1 \leq i \leq n$$

ist und für mindestens ein i die strenge Ungleichung erfüllt ist.

In Anlehnung an die angelsächsische Literatur findet man auch die Bezeichnung *stark* bzw. *schwach diagonaldominant*.

1.6 Definition. Eine $n \times n$-Matrix A heißt *zerfallend*, wenn es eine echte Teilmenge $J \subset \{1, 2, \ldots, n\}$ gibt, so dass

$$a_{ij} = 0 \quad \text{für } i \in J, j \notin J$$

gilt.

Eine zerfallende Matrix hat nach Umnummerierung die Blockstruktur

$$\begin{pmatrix} A_{11} & 0 \\ A_{21} & A_{22} \end{pmatrix}.$$

Das Gleichungssystem $Ax = b$ zerfällt dann in zwei kleinere. Aus diesem Grunde kann man sich auf nicht zerfallende beschränken.

1.7 Zeilensummenkriterium. *Die $n \times n$-Matrix A erfülle die schwache Zeilensummenbedingung und sei nicht zerfallend. Dann konvergieren sowohl Gesamt- als auch Einzelschrittverfahren.*

Zusatz: Wenn die starke Zeilensummenbedingung erfüllt ist, kann auf die Voraussetzung verzichtet werden, dass A nicht zerfällt, und für die Spektralradien der Iterationsmatrizen ist

$$\rho \leq \max_{1 \leq i \leq n} \frac{1}{|a_{ii}|} \sum_{j \neq i} |a_{ik}| < 1.$$

Beweis. Sei $x \neq 0$. Beim Gesamtschrittverfahren ist $G = D^{-1}(L + R)$ die Iterationsmatrix, also gilt mit der Maximum-Norm:

$$
\begin{aligned}
|(Gx)_i| &\leq \frac{1}{|a_{ii}|} \sum_{j \neq i} |a_{ij}||x_j| \\
&\leq \frac{1}{|a_{ii}|} \sum_{j \neq i} |a_{ij}| \cdot \|x\|_\infty \leq \|x\|_\infty.
\end{aligned}
\tag{1.10}
$$

Insbesondere ist $\|Gx\|_\infty \leq \beta \|x\|_\infty$ mit $\beta < 1$, wenn die starke Bedingung gegeben ist. Also ist $\|G^k x\|_\infty \leq \beta^k \|x\|_\infty$, und es liegt Konvergenz vor.

Die schwache Zeilensummenbedingung impliziert $\|Gx\|_\infty \leq \|x\|_\infty$ und damit $\rho(G) \leq 1$. Angenommen, es sei $\rho = 1$. Dann gibt es einen Vektor x mit $\|x\|_\infty = \|Gx\|_\infty = 1$. Also gilt in (1.10) in allen Relationen das Gleichheitszeichen. Setze

$$J = \{j \in \mathbb{N};\ 1 \leq j \leq n,\ |x_j| = 1\}.$$

Damit in (1.10) das Gleichheitszeichen gilt, muss

$$a_{ij} = 0 \quad \text{für } i \in J,\ j \notin J$$

gelten. Außerdem ist für ein $i = i_0$ nach Voraussetzung $|a_{ii}| > \sum_{j \neq i} |a_{ij}|$ und deshalb $|(Gx)_{i_0}| < 1$. Nach Definition ist $i_0 \notin J$ und J eine echte Teilmenge von $\{1, 2 \ldots, n\}$, im Widerspruch zur Voraussetzung, dass A nicht zerfällt.

Beim Einzelschrittverfahren ist die Iterationsmatrix G implizit durch

$$Gx = D^{-1}(LGx + Rx)$$

gegeben. Man beweist zunächst $|(Gx)_i| \leq \|x\|_\infty$ für $i = 1, 2, \ldots, n$. Durch Induktion nach i verifizieren wir dazu

$$
\begin{aligned}
|(Gx)_i| &\leq \frac{1}{|a_{ii}|} \{\sum_{j < i} |a_{ij}| \cdot |(Gx)_j| + \sum_{j > i} |a_{ij}| |x_j|\} \\
&\leq \frac{1}{|a_{ii}|} \sum_{j \neq i} |a_{ij}| \cdot \|x\|_\infty \leq \|x\|_\infty.
\end{aligned}
$$

Der Rest des Beweises verläuft wie beim Gesamtschrittverfahren. ∎

Das Modellproblem

Sehr umfassend sind die Gleichungssysteme untersucht worden, die bei der Diskretisierung der Poisson-Gleichung im Quadrat mit dem Fünf-Punkte-Stern (II.4.9) entstehen. Bei $(m - 1) \times (m - 1)$ inneren Punkten hat man

$$4x_{i,j} - x_{i+1,j} - x_{i-1,j} - x_{i,j+1} - x_{i,j-1} = b_{i,j}, \quad 1 \leq i, j \leq m - 1. \tag{1.11}$$

Dabei gelten Größen mit Index 0 oder m als nicht geschrieben. Offensichtlich ist die schwache Zeilensummenbedingung erfüllt. Weil das Gleichungssystem nicht zerfällt, greift das Zeilensummenkriterium.

Hier liegt der Spezialfall vor, dass der Diagonalanteil D ein Vielfaches der Einheitsmatrix ist. Deshalb ist die Iterationsmatrix für das Gesamtschrittverfahren unmittelbar mit der Ausgangsmatrix verknüpft.

$$G = I - \frac{1}{4}A.$$

Insbesondere haben A und G dieselben Eigenvektoren $z^{k,\ell}$, wie man durch einfaches Einsetzen und mit den Additionstheoremen für die trigonometrischen Funktionen erkennt:

$$\left.\begin{aligned}
(z^{k,\ell})_{i,j} &= \sin\frac{ik\pi}{m}\sin\frac{j\ell\pi}{m}, \\
Az^{k,\ell} &= (4 - 2\cos\frac{k\pi}{m} - 2\cos\frac{\ell\pi}{m})z^{k,\ell}, \\
Gz^{k,\ell} &= (\frac{1}{2}\cos\frac{k\pi}{m} + \frac{1}{2}\cos\frac{\ell\pi}{m})z^{k,\ell},
\end{aligned}\right\} \quad 1 \leq k, \ell \leq m - 1. \tag{1.12}$$

Der betragsmäßig größte Eigenwert von G fällt für $k = \ell = 1$ an

$$\rho(G) = \frac{1}{2}(1 + \cos\frac{\pi}{m}) = 1 - \frac{\pi^2}{4m^2} + \mathcal{O}(m^{-4}). \tag{1.13}$$

Für große m strebt $\rho(G)$ also gegen 1, und die Konvergenz wird bei der Wahl von Gittern mit kleiner Maschenweite h sehr schlecht.

Das Einzelschrittverfahren ist zwar etwas günstiger, aber auch hier hat man zunächst $\rho(G) = 1 - O(m^{-2})$.

Overrelaxation

Eine erste Beschleunigung brachte die sogenannte Overrelaxation. Die Änderung des Wertes von x_i bei der Erneuerung nach der Vorschrift (1.9) wird unmittelbar mit einem Faktor ω multipliziert:

$$a_{ii}x_i^{k+1} = \omega[-\sum_{j<i}a_{ij}x_j^{k+1} - \sum_{j>i}a_{ij}x_j^k + b_i] - (\omega - 1)a_{ii}x_i^k \tag{1.14}$$

bzw.

$$Dx^{k+1} = \omega[Lx^{k+1} + Rx^k + b] - (\omega - 1)Dx^k. \tag{1.15}$$

Wenn der Faktor ω größer als 1 ist, spricht man von *Overrelaxation*, andernfalls von *Unterrelaxation*. In Anlehnung an die englische Bezeichnung *successive overrelaxation* spricht man (bei $\omega > 1$) auch von SOR-Verfahren.

Sei A eine symmetrische, positiv definite Matrix. Dann ist das Einzelschrittverfahren (mit oder ohne Relaxation) auch aus der Sicht der Minimierung des Ausdrucks

$$f(x) = \frac{1}{2}x'Ax - b'x \tag{1.16}$$

zu verstehen. Offensichtlich ist

$$\frac{\partial f}{\partial x_i} = (Ax - b)_i.$$

Wenn man $x_1, x_2, \ldots, x_{i-1}, x_{i+1} \ldots, x_n$ festhält und nur x_i so variiert, dass $f(x)$ minimal wird, ist x_i durch die Gleichung $\partial f/\partial x_i = 0$ also durch $(Ax - b)_i = 0$ bestimmt. Es ergibt sich gerade die Vorschrift (1.9). Insbesondere beträgt die im Einzelschritt erreichte Verbesserung von f gerade $\frac{1}{2}a_{ii}(x_i^{k+1} - x_i^k)^2$. Eine Verkleinerung des Wertes von f erzielt man auch noch für die Relaxation mit $\omega \in (0, 2)$. Die Verbesserung ist dann $\frac{1}{2}\omega(2 - \omega)$ $[(x_i^{k+1} - x_i^k)/\omega]^2$. Diese Größen verstecken sich auch im Beweis des folgenden Satzes.

1.8 Ostrowski–Reich–Theorem. *Sei A eine symmetrische $n \times n$-Matrix mit positiven Diagonalelementen und $0 < \omega < 2$. Es konvergiert das SOR-Verfahren (1.14) genau dann, wenn A positiv definit ist.*

Beweis. Aus (1.15) folgt mit elementaren Umformungen

$$(1 - \frac{\omega}{2})D(x^{k+1} - x^k) = \omega[(L - \frac{1}{2}D)x^{k+1} + (R - \frac{1}{2}D)x^k + b].$$

Diese Gleichung multiplizieren wir von links mit $(x^{k+1} - x^k)$ und beachten $y'Lz = z'Ry$.

$$(1 - \frac{\omega}{2})(x^{k+1} - x^k)'D(x^{k+1} - x^k)$$
$$= \frac{\omega}{2}[-x^{k+1'}Ax^{k+1} + x^{k'}Ax^k + 2b'(x^{k+1} - x^k)] \tag{1.17}$$
$$= \omega[f(x^k) - f(x^{k+1})].$$

Da die Konvergenz nur vom Spektralradius der Iterationsmatrix abhängt, können wir o.E.d.A. $b = 0$ annehmen. Ferner beachte man, dass $x^{k+1} \neq x^k$ ist, sofern $Ax^k - b \neq 0$ gilt.

(1) Sei A positiv definit. Für jedes x^0 in der Einheitssphäre

$$S^{n-1} := \{x \in \mathbb{R}^n; \ \|x\| = 1\}$$

ist nach (1.17)

$$\frac{x^{1'}Ax^1}{x^{0'}Ax^0} < 1.$$

Wegen der Stetigkeit der Abbildung $x^0 \mapsto x^1$ und der Kompaktheit der Sphäre S^{n-1} ist mit einem $\beta < 1$

$$\frac{x^{1'}Ax^1}{x^{0'}Ax^0} \leq \beta < 1 \tag{1.18}$$

für alle $x^0 \in S^{n-1}$. Da sich der Quotient auf der linken Seite von (1.18) nicht ändert, wenn x^0 mit einem Faktor $\neq 0$ multipliziert wird, gilt (1.18) sogar für alle $x^0 \neq 0$. Durch Induktion folgt

$$x^{k'}Ax^k \leq \beta^k x^{0'}Ax^0$$

also $x^{k'}Ax^k \to 0$. Wegen der Definitheit von A folgt $\lim_{k\to\infty} x^k = 0$.

(2) Sei A indefinit. O.E.d.A. betrachten wir die Iteration zur Gleichung mit $b = 0$. Es existiert also ein $x^0 \neq 0$ mit $\alpha := f(x^0) < 0$. Nach (1.17) ist $f(x^k) \leq f(x^{k-1})$ und

$$f(x^k) \leq \alpha < 0, \quad k = 0, 1 \dots .$$

Dies schließt $x^k \to 0$ aus. $\qquad\qquad\qquad\qquad\qquad\qquad\qquad\qquad \square$

Einen ersten Konvergenzbeweis für das Gauss–Seidel–Verfahren mit Argumenten diesc Typs findet man bei v. Mises und Pollaczek-Geiringer [1929].

Bei den Relaxationsverfahren (1.9) und (1.14) werden die Komponenten des Vektors mit $i = 1$ beginnend und mit $i = n$ endend neu berechnet. Selbstverständlich kann man die Indizes auch in umgekehrter Reihenfolge durchlaufen. Dann vertauscht man die Rolle der Teilmatrizen L und R. Beim *symmetrischen SOR-Verfahren*, kurz SSOR-Verfahren, erfolgt die Iteration abwechselnd in Vorwärts- und Rückwärtsrichtung. Jeder Iterationsschritt besteht dementsprechend aus zwei Halbschritten:

$$Dx^{k+1/2} = \omega[Lx^{k+1/2} + Rx^k + b] - (\omega - 1)Dx^k,$$
$$Dx^{k+1} = \omega[Lx^{k+1/2} + Rx^{k+1} + b] - (\omega - 1)Dx^{k+1/2}. \tag{1.19}$$

Aus der Bemerkung zum Ostrowski–Reich–Theorem schließt man, dass die Aussage des Theorems genauso für die symmetrische Variante gilt.

Das SSOR-Verfahren besitzt zwei Vorteile. Der Aufwand von k SSOR-Zyklen gleicht nicht dem von $2k$ Zyklen des SOR-Verfahrens, sondern nur dem von $k + 1/2$ Zyklen. Außerdem ist die zugehörige Iterationsmatrix M im Sinne von (1.1) symmetrisch

$$M^{-1} = \omega(2 - \omega)(D - \omega R)^{-1}D(D - \omega L)^{-1}, \tag{1.20}$$

vgl. Aufgabe 1.10.

Aufgaben

1.9 Das SSOR-Verfahren (1.19) schreibe man in komponentenweiser Form, etwa wie (1.14).

1.10 Man verifiziere (1.20). — Hinweis: Mit der Iteration wird der Matrix A die approximative Inverse M^{-1} zugeordnet. Für $x^0 = 0$ ist nämlich $x^1 = M^{-1}b$.

1.11 Man betrachte die Matrizen

$$A_1 = \begin{pmatrix} 1 & 2 & -2 \\ 1 & 1 & 1 \\ 2 & 2 & 1 \end{pmatrix} \quad \text{und} \quad A_2 = \frac{1}{2} \begin{pmatrix} 2 & -1 & 1 \\ 2 & 2 & 2 \\ -1 & -1 & 2 \end{pmatrix}.$$

Für welche Matrix konvergiert das Gesamt- und für welche das Einzelschrittverfahren?

1.12 Sei G eine $n \times n$-Matrix mit $\lim_{k\to\infty} G^k = 0$. Ferner sei $\| \cdot \|$ eine beliebige Vektornorm des $\mathbb{R}^n$. Man zeige, dass durch

$$\|\|x\|\| := \sum_{k=0}^{\infty} \|G^k x\|$$

eine Norm auf dem $\mathbb{R}^n$ erklärt ist und für die zugehörige Matrixnorm $\|\|G\|\| < 1$ gilt. — Man demonstriere an Hand eines Beispiels, dass hier $\|G\| < 1$ nicht für jede beliebige Norm richtig ist.

1.13 Wenn man beim SSOR-Verfahren $\omega = 2$ setzt, ist $x^{k+1} = x^k$. Wie lässt sich das ohne Formeln deuten?

1.14 Für die Gleichung $Ax = b$ konvergiere das Gesamt- bzw. das Einzelschrittverfahren. Ferner sei D eine nichtsinguläre Diagonalmatrix. Bleibt die Konvergenz erhalten, wenn AD (bzw. DA) an die Stelle von A tritt?

1.15 Eine Matrix B heißt nichtnegativ, kurz $B \geq 0$, wenn alle Matrixelemente nichtnegativ sind. Es seien $D, L, R \geq 0$, und das Gesamtschrittverfahren für $A = D - L - R$ konvergiere. Man zeige, dass dann $A^{-1} \geq 0$ gilt. — Wie ist der Zusammenhang mit dem diskreten Maximumprinzip?

1.16 In Analogie zu (1.12) prüfe man, ob die Vektoren $z^{k,\ell}$ mit

$$(z^{k,\ell})_{i,j} = \cos\frac{ik\pi}{m} \cos\frac{j\ell\pi}{m}, \quad 1 \leq k, \ell \leq m$$

Eigenvektoren zur Steifigkeitsmatrix für die Poisson-Gleichung mit Neumannschen Randbedingungen sind. Man verifiziere für die Konditionszahl $\kappa(A) = O(m^2)$.

§ 2. Gradientenverfahren

Für die iterative Behandlung von Gleichungssystemen mit positiv definiter Matrix A nutzt man intensiv aus, dass die Lösung der Gleichung $Ax = b$ gerade das Minimum von

$$f(x) = \frac{1}{2}x'Ax - b'x \tag{2.1}$$

ist. Das einfachste Verfahren ist das *Gradientenverfahren*. Es liefert in seiner klassischen Form zwar ein stabiles Verfahren, konvergiert jedoch sehr langsam, wenn die Konditionszahl $\kappa(A)$ groß ist. Letzteres trifft leider für die Gleichungen zu, die bei der Diskretisierung von elliptischen Randwertaufgaben entstehen. Bei Problemen der Ordnung $2m$ wächst die Kondition typischerweise wie h^{-2m}.

Aus dem Gradientenverfahren wurden durch die Kombination zweier Modifikationen die *pcg-Verfahren* (s. §§3 und 4) entwickelt, die zu den effektivsten Gleichungslösern gehören.

Das allgemeine Gradientenverfahren

Der Vollständigkeit halber formulieren wir das Gradientenverfahren allgemeiner für die Minimierung einer C^1-Funktion f, die auf einer offenen Menge $M \subset \mathbb{R}^n$ erklärt ist.

2.1 Gradientenverfahren mit vollständiger linearer Suche.
Wähle $x_0 \in M$. Führe für $k = 0, 1, 2, \ldots$ folgende Rechnungen durch:

1. Bestimmung der Richtung: Berechne den negativen Gradienten

$$d_k = -\nabla f(x_k). \tag{2.2}$$

2. Liniensuche: Man sucht das Minimum von f auf der Linie $\{x_k + td_k : t \geq 0\} \cap M$. Das Minimum (oder ein lokales Minimum) werde bei $t = \alpha_k$ angenommen. Setze

$$x_{k+1} = x_k + \alpha_k d_k. \tag{2.3}$$

□

Offensichtlich liefert das Verfahren eine Folge (x_k) mit

$$f(x_0) \geq f(x_1) \geq f(x_2) \geq \cdots,$$

wobei das Gleichheitszeichen nur bei Punkten möglich ist, an denen der Gradient verschwindet.

Für die quadratische Funktion (2.1) ergibt sich speziell

$$d_k = b - Ax_k, \tag{2.4}$$

$$\alpha_k = \frac{d_k'd_k}{d_k'Ad_k}. \tag{2.5}$$

2.2 Bemerkung. In der Praxis wird die Liniensuche nur näherungsweise bestimmt. Zwei Möglichkeiten seien genannt.

(1) Man bestimmt einen Punkt, in dem die Richtungsableitung klein ist, etwa

$$|d_k' \nabla f(x_k + td_k)| < \frac{1}{4} |d_k' \nabla f(x_k)|.$$

(2) Man wählt zunächst eine realistisch erscheinende Schrittweite t und halbiert sie solange, bis die aktuelle Verbesserung des Funktionswertes wenigstens ein Viertel der Erwartung aus der Linearisierung ausmacht, d.h. bis

$$f(x_k + td_k) \leq f(x_k) - \frac{t}{4} |d_k' \nabla f(x_k)|.$$

gilt.

Für diese Fassungen des Gradientenverfahrens hat man eine globale Konvergenzaussage: *Es konvergiert wenigstens eine Teilfolge gegen einen Punkt $x \in M$ mit $\nabla f(x) = 0$, oder die Folge strebt gegen den Rand von M.* Letzteres lässt sich z.B. ausschließen, wenn f bei Annäherung an ∂M (bzw. für $x \to \infty$) größer als $f(x_0)$ ist.

Gradientenverfahren und quadratische Funktionen

Auf den Beweis der allgemeinen Konvergenzaussage verzichten wir zugunsten einer genaueren Betrachtung der Minimierung quadratischer Funktionen. In diesem Fall lässt sich die Konvergenzgeschwindigkeit bei Kenntnis von $\kappa(A)$ abschätzen.

Als Maß für den Abstand benutzen wir die *Energienorm*

$$\|x\|_A := \sqrt{x'Ax}. \tag{2.6}$$

Wenn x^* die Gleichung $Ax = b$ löst, gilt analog zu (II.2.4)

$$f(x) = f(x^*) + \frac{1}{2} \|x - x^*\|_A^2. \tag{2.7}$$

Mit (2.4) und (2.5) erhalten wir nun

$$\begin{aligned}
f(x_{k+1}) &= f(x_k + \alpha_k d_k) \\
&= \frac{1}{2}(x_k + \alpha_k d_k)' A(x_k + \alpha_k d_k) - b'(x_k + \alpha_k d_k) \\
&= f(x_k) + \alpha_k d_k'(Ax_k - b) + \frac{1}{2}\alpha_k^2\, d_k' A d_k \\
&= f(x_k) - \frac{1}{2}\frac{(d_k' d_k)^2}{d_k' A d_k}.
\end{aligned}$$

Zusammen mit (2.7) folgt

$$\|x_{k+1} - x^*\|_A^2 = \|x_k - x^*\|_A^2 - \frac{(d_k' d_k)^2}{d_k' A d_k}.$$

Wegen $d_k = -A(x_k - x^*)$ ist $\|x_k - x^*\|_A^2 = (A^{-1}d_k)'A(A^{-1}d_k) = d_k'A^{-1}d_k$ und

$$\|x_{k+1} - x^*\|_A^2 = \|x_k - x^*\|_A^2 \left\{ 1 - \frac{(d_k'd_k)^2}{d_k'Ad_k \, d_k'A^{-1}d_k} \right\}. \tag{2.8}$$

Der in der geschweiften Klammer auftretende Quotient soll nun abgeschätzt werden. Die Kondition einer Matrix bezieht sich im folgenden auf die Euklidische Vektornorm und fällt bei positiv definiten Matrizen mit der *spektralen Konditionszahl*

$$\kappa(A) = \frac{\lambda_{\max}(A)}{\lambda_{\min}(A)}$$

zusammen.

2.3 Ungleichung von Kantorowitsch. *Sei A eine positiv definite Matrix mit spektraler Konditionszahl κ. Dann ist für jeden Vektor $x \neq 0$:*

$$\frac{(x'Ax)(x'A^{-1}x)}{(x'x)^2} \leq (\frac{1}{2}\sqrt{\kappa} + \frac{1}{2}\sqrt{\kappa^{-1}})^2. \tag{2.9}$$

Beweis. Der Beweis wird anders als bei Kantorowitsch [1948] geführt.

Sei μ das geometrische Mittel aus dem größten und dem kleinsten Eigenwert, also $\mu := [\lambda_{\max}(A)\,\lambda_{\min}(A)]^{1/2}$. Für jeden Eigenwert λ_i gilt dann $\kappa^{-1/2} \leq \lambda_i/\mu \leq \kappa^{1/2}$. Weil die Funktion $z \mapsto z + z^{-1}$ in den Intervallen $(0, 1)$ und $(1, \infty)$ monoton ist, gilt

$$\lambda_i/\mu + \mu/\lambda_i \leq \kappa^{1/2} + \kappa^{-1/2}.$$

Die Eigenvektoren von A sind auch Eigenvektoren von $\frac{1}{\mu}A + \mu A^{-1}$. Letztere sind wegen der genannten Monotonie höchstens $\kappa^{1/2} + \kappa^{-1/2}$. Aus der Orthogonalität der Eigenvektoren oder auch aus dem Courantschen Maximumprinzip folgt

$$\frac{1}{\mu}(x'Ax) + \mu(x'A^{-1}x) \leq (\kappa^{1/2} + \kappa^{-1/2})\,(x'x) \quad \text{für } x \in \mathbb{R}^n.$$

Mit der Variante der Youngschen Ungleichung $ab \leq \frac{1}{4}(|a| + |b|)^2$ schließen wir nun

$$(x'Ax)(x'A^{-1}x) \leq \frac{1}{4}\left[\frac{1}{\mu}(x'Ax) + \mu(x'A^{-1}x)\right]^2 \leq \frac{1}{4}(\kappa^{1/2} + \kappa^{-1/2})^2\,(x'x)^2,$$

und die Ungleichung ist bewiesen. $\qquad\square$

Die Ungleichung (2.9) ist scharf. Die linke Seite nimmt ihr Maximum an, wenn die Spektralzerlegung des Vektors x nur Komponenten zum größten und zum kleinsten Eigenwert aufweist und die beiden Komponenten gleich groß sind. Außerdem zeigt das Beispiel 2.5, dass die Ungleichung scharf und die Schranke auch für die Iteration relevant ist.

Aus (2.8), (2.9) und der Identität $1 - 4/(\sqrt{\kappa} + \sqrt{\kappa^{-1}})^2 = (\kappa - 1)^2/(\kappa + 1)^2$ erhalten wir schließlich

2.4 Satz. *Sei A eine symmetrische, positiv definite Matrix mit spektraler Konditionszahl* κ*. Dann liefert das Gradientenverfahren für die Funktion (2.1) eine Folge mit*

$$\|x_k - x^*\|_A \le \left(\frac{\kappa - 1}{\kappa + 1}\right)^k \|x_0 - x^*\|_A. \tag{2.11}$$

Konvergenzverhalten bei Matrizen mit großer Kondition

Wenn ein Gleichungssystem mit sehr großer Konditionszahl κ zu lösen ist, liegt die Konvergenzrate

$$\frac{\kappa - 1}{\kappa + 1} \approx 1 - \frac{2}{\kappa}$$

sehr nahe bei 1. Dass diese ungünstige Rate dann tatsächlich die Iteration beherrscht, zeigt bereits ein einfaches Beispiel mit 2 Unbekannten.

2.5 Beispiel. Sei $a \gg 1$. Gesucht werde das Minimum von

$$f(x, y) = \frac{1}{2}(x^2 + ay^2), \quad \text{d.h. es ist} \quad A = \begin{pmatrix} 1 & \\ & a \end{pmatrix}, \tag{2.12}$$

und $\kappa(A) = a$. Der Startvektor sei

$$(x_0, y_0) = (a, 1).$$

Als Abstiegsrichtung ergibt sich $(-1, -1)$. Eine leichte Rechnung liefert

$$x_{k+1} = \rho x_k, \quad y_{k+1} = -\rho y_k, \quad k = 0, 1, \dots \tag{2.13}$$

mit $\rho = (a - 1)/(a + 1)$ zunächst für $k = 0$. Mit Symmetrieüberlegungen schließt man, dass (2.13) für alle k gilt. Die Konvergenzrate ist also genau die in Satz 2.4 genannte.

Die Höhenlinien der Funktion (2.12) sind stark gestreckte Ellipsen (s. Abb. 47), und der Winkel zwischen dem Gradienten und der zum Minimum weisenden Richtung kann sehr groß sein (vgl. Aufgabe 2.8).

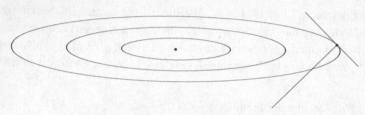

Abb. 47. Höhenlinien und Gradient im Beispiel 2.5

Bei zweidimensionalen Problemen liegt übrigens ein Ausnahmefall vor. Wegen $d_k' \nabla f(x_{k+1}) = 0$ haben wir $d_k' d_{k+1} = 0$. Im $\mathbb{R}^2$ sind also d_k und d_{k+2} parallel. Für $n \geq 3$ hat man diese Zyklenbildung im allgemeinen nicht. Beim Start mit einem beliebigen Vektor im $\mathbb{R}^n$ ($n \geq 3$) erreicht man nach wenigen Iterationsschritten Vektoren in einer Lage, die der in Beispiel 2.5 ähnelt. Das ist in Einklang mit der Beobachtung, dass die Iteration nach wenigen Schritten fast zum Stehen kommt und die weitere Annäherung an die Lösung extrem langsam erfolgt.

Bei elliptischen Problemen zweiter Ordnung gilt für die Steifigkeitsmatrizen typischerweise $\kappa(A) = O(h^{-2})$. Dies folgt für das Modellproblem aus (1.12) und ist allgemeiner durch Hilfssatz V.2.6 abgedeckt.

Aufgaben

2.6 Aus (2.5) erkennt man, dass stets $\alpha_k \geq \alpha^* := 1/\lambda_{\max}(A)$ ist. Man zeige, dass auch jede feste Schrittweite α mit $0 < \alpha < 2\alpha^*$ Konvergenz garantiert.

2.7 Man verifiziere in Beispiel 2.5 die Rekursion (2.13).

2.8 (a) In Beispiel 2.5 sind die Richtungen d_k und d_{k+1} bzgl. der Euklidischen Metrik orthogonal. Man zeige, dass sie in der durch (2.6) definierten Metrik jedoch fast parallel sind. Dabei wird der Winkel zwischen zwei Vektoren x und y wie üblich, also durch

$$\cos\varphi = \frac{x'Ay}{\|x\|_A \|y\|_A} \tag{2.14}$$

definiert.

(b) Man zeige, dass für den in (2.14) definierten Winkel stets

$$|\cos\varphi| \leq \frac{\kappa - 1}{\kappa + 1}$$

gilt, sofern $x'y = 0$ ist.

Hinweis: Für Einheitsvektoren ist

$$\frac{1 - \cos\varphi}{1 + \cos\varphi} = \frac{\|x - y\|_A}{\|x + y\|_A}.$$

2.9 Man betrachte in ℓ_2 die unbeschränkte quadratische Form

$$f(x) = \sum_{j=1}^{\infty} j |x^{(j)}|^2.$$

Sei $x_0 = (1, 1/8, 1/27, \dots)$ oder allgemeiner ein Element mit $f(x_0) < \infty$, $\nabla f(x_0) \in \ell_2$, und die Komponenten von x_0 mögen höchstens polynomial abklingen. Man zeige, dass das Gradientenverfahren nach endlich vielen Schritten stoppt.

2.10 Man schätze mit Hilfe der Ungleichung von Kantorowitsch

$$(x'Ax)^2 \text{ gegen } (x'A^2x)(x'x)$$

$$\text{bzw. } (x'Ax)^n \text{ gegen } (x'A^nx)(x'x)^{n-1}$$

nach oben und unten ab.

§ 3. Verfahren mit konjugierten Gradienten und konjugierten Residuen

Die Methode der konjugierten Gradienten wurde 1952 von Hestenes und Stiefel entwickelt. Sie gewann aber erst um 1971 an Bedeutung, als einfache Methoden der Vorkonditionierung bereitgestellt wurden [Reid, 1971]. Zu der Zeit wurde der Vorteil der konjugierten Gradienten auch deshalb deutlich, weil man sich infolge der Rechnerentwicklung wesentlich größeren Problemen zuwandte.

Für Gleichungssysteme, wie sie bei der Diskretisierung zweidimensionaler elliptischer Probleme zweiter Ordnung entstehen, ist die Methode ab etwa 200 – 400 Unbekannten günstiger als die Gauß-Elimination, ganz abgesehen vom wesentlich niedrigeren Speicherplatzbedarf. Bei dreidimensionalen Problemen sind die Vorteile noch prägnanter als in zwei Dimensionen. Weniger günstig ist die Situation bei Problemen vierter Ordnung.

Wir beschränken uns in diesem § auf lineare Probleme. Die Verallgemeinerung auf nichtlineare Minimierungsaufgaben behandeln wir im Zusammenhang mit dem Ausbau des Verfahrens im nächsten §.

Ein Grundgedanke der Methode der konjugierten Gradienten (engl.: *conjugate gradient method*, daher kurz *cg-Verfahren*) besteht darin, dafür zu sorgen, dass aufeinander folgende Richtungen nicht fast parallel (im Sinne von Aufgabe 2.8) sind. Es werden orthogonale Richtungen angestrebt. Dabei wird dem Orthogonalitätsbegriff nicht die *Euklidische Metrik* zugrunde gelegt, sondern die Metrik vielmehr der zu minimierenden Funktion (2.1) entsprechend fixiert.

3.1 Definition. Sei A eine symmetrische, nichtsinguläre Matrix. Zwei Vektoren x und y heißen *konjugiert* oder *A-orthogonal*, wenn $x'Ay = 0$ ist.

Im folgenden werden wir durchweg A als positiv definit voraussetzen. Dann sind k paarweise konjugierte Vektoren $x_1, x_2, \ldots, x_k$ linear unabhängig, sofern keiner von ihnen der Nullvektor ist.

Seien insbesondere $d_0, d_1, \ldots, d_{n-1}$ konjugierte Richtungen, und die gesuchte Lösung $x^* = A^{-1}b$ werde nach dieser Basis zerlegt:

$$x^* = \sum_{k=0}^{n-1} \alpha_k d_k.$$

Dann ist wegen der Orthogonalitätsrelationen $d_i'Ax^* = \sum_k d_i'A\alpha_k d_k = \alpha_i d_i'Ad_i$, also

$$\alpha_i = \frac{d_i'Ax^*}{d_i'Ad_i} = \frac{d_i'b}{d_i'Ad_i}. \tag{3.1}$$

Bei einer Basis aus konjugierten Vektoren lassen sich also — anders als bei einer beliebigen Basis — die Entwicklungskoeffizienten α_i direkt aus dem gegebenen Vektor b berechnen.

Sei x_0 ein beliebiger Vektor im $\mathbb{R}^n$. Eine Entwicklung des gesuchten Korrekturvektors $x^* - x_0$ nach konjugierten Richtungen kann rekursiv aus dem jeweils aktuellen Gradienten $g_k := \nabla f(x_k)$ berechnet werden.

3.2 Hilfssatz über konjugierte Richtungen. *Seien* $d_0, d_1, \ldots, d_{n-1}$ *konjugierte Richtungen. Für jedes* $x_0 \in \mathbb{R}^n$ *liefert die durch*

$$x_{k+1} = x_k + \alpha_k d_k$$

mit
$$\alpha_k = -\frac{g_k' d_k}{d_k' A d_k}, \quad g_k := A x_k - b$$

für $k \geq 0$ *erzeugte Folge nach (höchstens)* n *Schritten die Lösung* $x_n = A^{-1} b$.

Beweis. Mit dem Ansatz $x^* - x_0 = \sum_i \alpha_i d_i$ erhalten wir aus (3.1) sofort

$$\alpha_k = \frac{d_k' A(x^* - x_0)}{d_k' A d_k} = -\frac{d_k'(A x_0 - b)}{d_k' A d_k}.$$

Weil d_k zu den anderen Richtungen konjugiert ist, gilt $d_k' A(x_k - x_0) = d_k' A \sum_{i<k} \alpha_i d_i = 0$. Deshalb ist

$$\alpha_k = -\frac{d_k'(A x_k - b)}{d_k' A d_k} = -\frac{d_k' g_k}{d_k' A d_k}. \qquad \square$$

3.3 Folgerung. *Unter den Voraussetzungen von 3.2 minimiert* x_k *die Funktion* f *nicht nur auf der Linie* $\{x_{k-1} + \alpha d_{k-1}; \; \alpha \in \mathbb{R}\}$, *sondern sogar in dem affinen Raum* $x_0 + V_k$ *mit* $V_k := \mathrm{span}[d_0, d_1, \ldots, d_{k-1}]$. *Insbesondere ist*

$$d_i' g_k = 0 \quad \text{für } i < k. \tag{3.2}$$

Beweis. Es genügt, die Relationen (3.2) zu zeigen. Die Wahl von α_k sorgt für

$$d_k' g_{k+1} = 0. \tag{3.3}$$

Also ist (3.2) für $k = 1$ richtig. Sei die Gleichung schon für $k - 1$ bewiesen. Wegen $x_k - x_{k-1} = \alpha_{k-1} d_{k-1}$ haben wir $g_k - g_{k-1} = A(x_k - x_{k-1}) = \alpha_{k-1} A d_{k-1}$. Weil die Richtungen $d_0, d_1, \ldots, d_{k-1}$ konjugiert sind, folgt $d_i'(g_k - g_{k-1}) = 0$ für $i < k - 1$. Zusammen mit (3.2) (für $k - 1$) folgt jetzt, dass die Formel auch für k und $i \leq k - 2$ richtig ist. Schließlich liefert (3.3) die Behauptung für den letzten Fall, d.h. (3.2) für k und $i = k - 1$. $\qquad \square$

Der Algorithmus

Bei den üblichen Verfahren der konjugierten Gradienten werden die Richtungen d_0, $d_1, \ldots, d_{n-1}$ nicht von vornherein gewählt, sondern aus dem jeweils aktuellen Gradienten g_k durch Addition einer Korrektur ermittelt. Aus algorithmischer Sicht bedeutet dies, dass kein komplizierter Orthogonalisierungsprozess erforderlich ist, sondern eine einfache dreigliedrige Rekursionsformel existiert. [11] Dass dies Vorgehen auch aus analytischer Sicht sinnvoll ist, wird sich später erweisen.

3.4 Verfahren der konjugierten Richtungen.

Sei $x_0 \in \mathbb{R}^n$. Setze $d_0 = -g_0 = b - Ax_0$ und berechne für $k = 0, 1, 2, \ldots$

$$\alpha_k = \frac{g_k' g_k}{d_k' A d_k},$$
$$x_{k+1} = x_k + \alpha_k d_k,$$
$$g_{k+1} = g_k + \alpha_k A d_k, \tag{3.4}$$
$$\beta_k = \frac{g_{k+1}' g_{k+1}}{g_k' g_k},$$
$$d_{k+1} = -g_{k+1} + \beta_k d_k,$$

solange $g_k \neq 0$ ist.

Wir bemerken, dass die Herleitung zunächst auf die Koeffizienten

$$\alpha_k = -\frac{g_k' d_k}{d_k' A d_k}, \quad \beta_k = \frac{g_{k+1}' A d_k}{d_k' A d_k} \tag{3.5}$$

führt. Die in (3.4) genannten Ausdrücke sind für quadratische Probleme äquivalent, haben sich aber als numerisch stabiler oder im Hinblick auf den Speicherplatz als günstiger erwiesen.

3.5 Eigenschaften des cg-Verfahrens.

Solange $g_{k-1} \neq 0$ ist, gelten folgende Aussagen:
(1) Es ist $d_{k-1} \neq 0$.
(2) Es ist

$$V_k := \mathrm{span}[g_0, Ag_0, \ldots, A^{k-1} g_0]$$
$$= \mathrm{span}[g_0, g_1, \ldots, g_{k-1}] = \mathrm{span}[d_0, d_1, \ldots, d_{k-1}].$$

(3) Die Vektoren $d_0, d_1, \ldots, d_{k-1}$ sind paarweise konjugiert.
(4) Es ist

$$f(x_k) = \min_{z \in V_k} f(x_0 + z). \tag{3.6}$$

Beweis. Für $k = 1$ sind die Aussagen klar. Die Aussagen seien schon für $k \geq 1$ bewiesen. Zunächst ist

$$g_k = g_{k-1} + A(x_k - x_{k-1}) = g_{k-1} + \alpha_{k-1} A d_{k-1}.$$

---

[11] Bekannter sind die dreigliedrigen Rekursionsformeln für orthogonale Polynome. Der Zusammenhang wird in Aufgabe 3.9 herausgestellt.

Also ist $g_k \in V_{k+1}$ und $\mathrm{span}[g_i]_{i=0}^k \subset V_{k+1}$. Nach Induktionsvoraussetzung sind die Vektoren $d_0, d_1, \ldots, d_{k-1}$ konjugiert, und wegen der Optimalität von x_k ist

$$d_i' g_k = 0 \quad \text{für } i < k. \tag{3.7}$$

Deshalb ist g_k nur von $d_0, d_1, \ldots, d_{k-1}$ linear abhängig, falls $g_k = 0$ ist. Aus $g_k \neq 0$ schließen wir $g_k \notin V_k$. Dann ist $\mathrm{span}[g_i]_{i=0}^k$ ein $k + 1$-dimensionaler Raum und kein echter Unterraum von V_{k+1}. Damit ist für $k + 1$ die erste Gleichung in der Aussage (2) bewiesen. Ferner stimmt V_{k+1} mit $\mathrm{span}[d_i]_{i=0}^k$ überein; denn wegen $g_k + d_k \in V_k$ hätte man genauso gut d_k hinzufügen können.

Außerdem folgt aus $g_k + d_k \in V_k$ sofort $d_k \neq 0$, falls $g_k \neq 0$ gilt. Also ist Aussage (1) richtig.

Zum Nachweis der Aussage (3) berechnen wir

$$d_i' A d_k = -d_i' A g_k + \beta_{k-1} d_i' A d_{k-1}. \tag{3.8}$$

Für $i \leq k - 2$ verschwindet der erste Term auf der rechten Seite wegen $A V_{k-1} \subset V_k$ und (3.7). Außerdem hat der zweite Term nach Voraussetzung den Wert null. Für $i = k - 1$ wird gerade durch β_k gemäß (3.5) erreicht, dass die rechte Seite von (3.8) verschwindet.

Die letzte Eigenschaft wird durch Folgerung 3.3 geliefert, und der Induktionsbeweis ist fertig.   □

Durch die Verwendung konjugierter Richtungen wird verhindert, dass die Iteration in fast parallelen Richtungen läuft (vgl. Aufgabe 2.8). Um aus fast parallelen Richtungen konjugierte zu bilden, braucht man große Faktoren β_k. Deshalb muss man im Prinzip die Möglichkeit im Auge behalten, dass wegen Rundungsfehlern kleine Nenner entstehen und man die Iteration wieder neu aufsetzen muss. Die Notwendigkeit wurde anfangs jedoch überschätzt; denn der Nenner kann nach Aufgabe 3.14 höchstens um den Faktor κ verkleinert werden, s. a. Powell [1977].

Das cg-Verfahren ist numerisch stabil, obwohl die Vektoren $d_0, d_1, \ldots, d_k$ wegen der akkumulierten Rundungsfehler nicht streng konjugiert sind. Konkret durchgeführt wird die Minimierung von f auf der zweidimensionalen Mannigfaltigkeit

$$x_k + \mathrm{span}[g_k, d_{k-1},].$$

Das zweidimensionale Minimierungsproblem bleibt sinnvoll, wenn anstatt der exakten Vektoren g_k und d_{k-1} die mit Rundungsfehlern behafteten Größen verwandt werden. Es wird dabei nur auf Größen zurückgegriffen, die unmittelbar vorher ermittelt wurden. Die Orthogonalität $g_k' d_{k-1} = 0$ wird durch die Wahl von α_{k-1} erreicht, und vorher aufgelaufene Rundungsfehler haben auf die Relation keinen Einfluss. Wegen $g_k' d_{k-1} = 0$ schließen die Vektoren keinen kleinen Winkel ein, selbst wenn die durch $\| \cdot \|_A$ erzeugte Metrik zugrunde gelegt wird, s. Aufgabe 3.14. Dadurch bleibt die Rechnung stabil, und das cg-Verfahren ist stabiler als zunächst erwartet [Insbesondere ist es viel stabiler als der ähnlich konzipierte Lanczos-Algorithmus zur Eigenwertermittlung]. Deshalb verzichtet man heute auf einen früher oft empfohlenen Neustart nach längerer Iteration.

Analyse des cg-Verfahrens als optimales Verfahren

Bei der Minimierung einer quadratischen Funktion im $\mathbb{R}^n$ liefert das cg-Verfahren in (höchstens) n Schritten die Lösung. Dass hier ein Iterationsverfahren vorliegt, welches die Lösung in n Schritten liefert, wurde zur Zeit seiner Entdeckung allerdings über-betont. Wenn man nämlich Probleme mit 1000 oder mehr Unbekannten behandelt, ist die Endlichkeit des Verfahrens ohne Belang. Wichtig ist vielmehr, dass man schon mit sehr viel weniger als n Schritten gute Näherungen erhält.

Zunächst erkennt man, dass für alle Iterationsverfahren von der Form

$$x_{k+1} = x_k + \alpha_k(b - Ax_k), \quad \text{mit } \alpha_k \in \mathbb{R}$$

— und dazu gehört auch das einfache Gradientenverfahren — die Näherung x_k in $x_0 + V_k$ enthalten ist, wobei V_k wie in 3.5(2) definiert sei. Unter allen diesen Verfahren ist das cg-Verfahren dasjenige, das den kleinsten Fehler $\|x_k - x^*\|_A$ liefert.

Wie üblich wird die Menge der Eigenwerte einer Matrix A das *Spektrum* von A genannt und mit $\sigma(A)$ bezeichnet.

3.6 Hilfssatz. *Es gebe ein Polynom $p \in \mathcal{P}_k$ mit*

$$p(0) = 1 \quad und \quad |p(z)| \leq r \text{ für alle } z \in \sigma(A). \tag{3.9}$$

Dann gilt für das cg-Verfahren mit beliebigem $x_0 \in \mathbb{R}^n$:

$$\|x_k - x^*\|_A \leq r\|x_0 - x^*\|_A. \tag{3.10}$$

Beweis. Setze $q(z) = (p(z) - 1)/z$. Mit den Bezeichnungen wie in 3.5 ist dann $y := x_0 + q(A)g_0 \in x_0 + V_k$, und aus $g_0 = A(x_0 - x^*)$ folgt

$$y - x^* = x_0 - x^* + y - x_0 = x_0 - x^* + q(A)g_0$$
$$= p(A)(x_0 - x^*).$$

Sei nun $\{z_j\}_{j=1}^n$ ein vollständiges System von orthonormalen Eigenvektoren mit $Az_j = \lambda_j z_j$ und $x_0 - x^* = \sum_j c_j z_j$. Dann ist

$$y - x^* = \sum_j c_j p(A)z_j = \sum_j c_j p(\lambda_j)z_j. \tag{3.11}$$

Die Orthogonalität der Eigenvektoren impliziert (vgl. Aufgabe 3.14)

$$\|x_0 - x^*\|_A^2 = \sum_j \lambda_j |c_j|^2 \tag{3.12}$$

und entsprechend

$$\|y - x^*\|_A^2 = \sum_j \lambda_j |c_j p(\lambda_j)|^2 \leq r^2 \sum_j \lambda_j |c_j|^2.$$

Also ist $\|y - x^*\|_A \leq r\|x_0 - x^*\|_A$. Daraus folgt zusammen mit $y \in x_0 + V_k$ und der Minimaleigenschaft von x_k die Behauptung. $\qquad\square$

Wenn nur bekannt ist, dass das Spektrum im Intervall $[a, b]$ mit $b/a = \kappa$ liegt, liefern die sogenannten *Tschebyscheff-Polynome* [12]

$$T_k(x) := \frac{1}{2}[(x + \sqrt{x^2 - 1})^k + (x - \sqrt{x^2 - 1})^k], \quad k = 0, 1, \dots \tag{3.13}$$

optimale Abschätzungen. Durch (3.13) sind tatsächlich Polynome mit reellen Koeffizienten erklärt; denn die Terme mit ungeraden Potenzen der Wurzeln heben sich bei der Ausmultiplikation gemäß der binomischen Formel gegenseitig auf. Außerdem ist $|x + \sqrt{x^2 - 1}| = |x + i\sqrt{1 - x^2}| = 1$ für reelle $|x| \le 1$, also

$$T_k(1) = 1 \quad \text{und} \quad |T_k(x)| \le 1 \quad \text{für} \; -1 \le x \le 1. \tag{3.14}$$

Das spezielle Polynom $p(z) := T([b + a - 2z]/[b - a])/T([b + a]/[b - a])$ erfüllt $p(0) = 1$, und so erhalten wir aus Hilfssatz 3.6 das zentrale Ergebnis:

3.7 Satz. *Für das cg-Verfahren gilt mit jedem Startvektor* $x_0 \in \mathbb{R}^n$

$$\|x_k - x^*\|_A \le \frac{1}{T_k\left(\dfrac{\kappa + 1}{\kappa - 1}\right)} \|x_0 - x^*\|_A$$

$$\le 2\left(\frac{\sqrt{\kappa} - 1}{\sqrt{\kappa} + 1}\right)^k \|x_0 - x^*\|_A. \tag{3.15}$$

Beweis. Die erste Abschätzung liefert das genannte spezielle Polynom. Ferner gilt für $z \in [1, \infty)$ nach (3.13) $T_k(z) \ge \frac{1}{2}(z + \sqrt{z^2 - 1})^k$. Den Ausdruck in der Klammer ermitteln wir für $z := (\kappa + 1)/(\kappa - 1)$ unter Berücksichtigung von $\kappa - 1 = (\sqrt{\kappa} + 1)(\sqrt{\kappa} - 1)$:

$$\frac{\kappa + 1}{\kappa - 1} + \sqrt{\left(\frac{\kappa + 1}{\kappa - 1}\right)^2 - 1} = \frac{\kappa + 1 + \sqrt{4\kappa}}{\kappa - 1} = \frac{\sqrt{\kappa} + 1}{\sqrt{\kappa} - 1}.$$

Damit erhalten wir auch die zweite Behauptung. $\qquad\square$

Ein Vergleich mit Satz 2.4 und Beispiel 2.5 zeigt, dass sich die Berechnung der konjugierten Richtungen ebenso günstig auswirkt wie die Reduktion der Kondition auf ihre Quadratwurzel. In der Praxis ist die Verbesserung der Iteration meistens sogar noch ausgeprägter, als mit Satz 3.7 theoretisch belegt ist. Die Ungleichung (3.15) bezieht sich auf den Fall, dass die Eigenwerte gleichmäßig zwischen $\lambda_{\min}$ und $\lambda_{\max}$ verteilt sind. Häufig treten die Eigenwerte in Gruppen auf, und wegen der Lücken im Spektrum ist Satz 3.7 zu pessimistisch.

An dieser Stelle sei auf den Zusammenhang mit den sogenannten *semiiterativen Verfahren* [Varga 1962] hingewiesen. Bei diesen modifiziert man die Relaxationsverfahren

---

[12] Die übliche Definition $T_k(x) := \cos(k \arccos x)$ ist zu (3.13) äquivalent.

so, dass man für gewisse k tatsächlich $x_k = x_0 + q_k(A)(x_0 - x^*)$ mit dem in Satz 3.7 konstruierten Vergleichspolynom q_k erzeugt. Das Vorgehen ist optimal, wenn man nur $\lambda_{\min}$ und $\lambda_{\max}$ kennt. — Günstiger ist die Methode der konjugierten Gradienten, weil nicht einmal diese Kenntnis nötig ist und weil Lücken im Spektrum automatisch eine Beschleunigung der Konvergenz bewirken.

In der Praxis beobachtet man eine ungleichmäßige Abnahme des Fehlers im Verlaufe der Iteration. Nach einer deutlichen Verkleinerung des Fehlers in den ersten Schritten trifft man oft auf eine Phase mit nur geringen Reduktionen. Anschließend erfolgt dann wieder eine schnelle Verkleinerung. So ist es für die Rechenzeit oft unwesentlich, ob man eine relative Genauigkeit von 10^{-4} oder 10^{-5} fordert, s. auch das numerische Beispiel in §4. — An dieser Stelle sei betont, dass die Faktoren α_k und β_k von Schritt zu Schritt variieren und die Iteration *kein* stationärer linearer Prozess ist.

Verfahren der konjugierten Residuen

Durch eine leichte Modifikation des Verfahrens 3.4 kann man erreichen, dass x_k in der linearen Mannigfaltigkeit $x_0 + V_k$ nicht die Energienorm, sondern für ein $\mu \geq 1$ die Fehlergröße

$$\|x_k - x^*\|_{A^\mu}$$

minimiert. Dazu sind in den Quotienten in (3.4) die Skalarprodukte $u'v$ jeweils durch $u'A^{\mu-1}v$ zu ersetzen. Auch den Euklidischen Fehler $\|x_k - x^*\| = \|x_k - x^*\|_{A^0}$ kann man durch einen Kunstgriff minimieren, nämlich indem man den Raum $x_0 + AV_k$ heranzieht.

Eine gewisse praktische Bedeutung hat der Fall $\mu = 2$. Wegen

$$\|x - x^*\|_{A^2}^2 = \|Ax - b\|^2 = x'A^2x - 2b'Ax + const \tag{3.16}$$

spricht man hier vom *Verfahren der konjugierten Residuen* oder vom *Verfahren der minimalen Residuen* (engl.: *minimal residual algorithm*). Das Verfahren ist auch bei indefiniten oder unsymmetrischen Matrizen verwendbar. Wir wollen an Hand dieses Verfahrens noch einmal deutlich machen, dass die Stärke des cg-Verfahrens nicht allein auf seinen einfachen *algebraischen* Eigenschaften, sondern vielmehr auf *analytischen* Eigenschaften beruht.

Für positiv definite Matrizen gelten Hilfssatz 3.6 und Satz 3.7 für $\mu > 1$ entsprechend. Für den im Beweis des Hilfssatzes konstruierten Vektor y folgt nämlich aus (3.11) auch

$$\|y - x^*\|_{A^\mu} \leq r\|x_0 - x^*\|_{A^\mu}. \tag{3.17}$$

Obwohl in der quadratischen Form (3.16) der führende Term durch die Matrix A^2 bestimmt wird, ist für die Konvergenz weiterhin $\kappa(A)$ und nicht $\kappa(A^2)$ ausschlaggebend.

Indefinite und unsymmetrische Matrizen

Wir wenden uns jetzt den indefiniten Problemen zu. Zunächst sei daran erinnert, dass man ein indefinites Problem $Ax = b$ nicht einfach durch die Multiplikation mit A zu $A^2 x = Ab$ in ein System mit positiv definiter Matrix verwandeln darf. Wegen $\kappa(A^2) = [\kappa(A)]^2$ bläht man nämlich die Kondition durch die Transformation in unzulässiger Weise auf. So erhebt sich die Frage, ob man diese Klippe durch Verwendung des Verfahrens der konjugierten Residuen umschiffen kann.

Bei Problemen mit nur wenigen negativen Eigenwerten ist das tatsächlich der Fall. Es gilt auch noch bei unsymmetrischen Spektren. Wenn das Spektrum jedoch symmetrisch zum Nullpunkt liegt, stößt man leider auf denselben Effekt wie bei einer Quadrierung.

3.8 Beispiel. Das Gleichungssystem $Ay = b$ mit positiv definiter Matrix werde künstlich verdoppelt

$$\begin{pmatrix} A & \\ & -A \end{pmatrix} \begin{pmatrix} y \\ z \end{pmatrix} = \begin{pmatrix} b \\ -b \end{pmatrix}.$$

Ferner sei $y_0 - z_0$. Das Residuum hat die Form $(h_0, -h_0)'$. Weil der Ausdruck $\|A(y_0 + \alpha h_0) - b\|^2 + \| - A(z_0 - \alpha h_0) + b\|^2$ sein Minimum bei $\alpha = 0$ annimmt, folgt $y_1 = y_0 = z_1 = z_0$. Man erkennt, dass allgemeiner nur in geradzahligen Schritten eine Korrektur erfolgt und das Minimum für $x_0 + \text{span}[Ag_0, A^3 g_0, A^5 g_0, \ldots]$ berechnet wird. Das entspricht leider doch wieder der Rechnung mit der quadrierten Matrix.   □

Weil die Gradienten $g_1, g_2, g_2, \ldots$ im Gegensatz zu 3.5(2) nicht linear unabhängig sind, würde hier der Algorithmus für konjugierte Residuen versagen, der sich mit der formalen Übertragung ergab. Noch einschneidender ist eigentlich der später in Bemerkung 4.3 genannte Umstand, dass bei konjugierten Residuen die Vorkonditionierung in der Regel nicht mehr mit dreigliedrigen Rekursionen vereinbar ist.

Probleme mit indefiniten oder unsymmetrischen Matrizen erfordern Modifikationen, vgl. Paige & Saunders [1975], Stoer [1983], Golub & van Loan [1983]. Diese sind noch vergleichsweise einfach bei solchen indefiniten Matrizen, die noch symmetrisch sind. Eine im cg-Verfahren versteckte Cholesky-Zerlegung wird dann durch eine QR-Zerlegung ersetzt, vgl. Paige & Saunders [1975]. Im übrigen muss man sich zwischen einer abgekürzten (unvollständigen) Minimierung und sehr kurzen Rekursionen mit Stabilisierung entscheiden. Zu der ersten Gruppe gehören QMRES und die Varianten, s. Saad & Schultz [1985] und Saad [1993]. Es werden Richtungen erzeugt, die nur zu den letzten Differenzvektoren konjugiert sind. Die anderen Verfahren benutzen zwei Systeme von biorthogonalen Vektoren, s van der Vorst [1992]. Damit die Entartungen wie in Beispiel 3.8 nicht zum Abbrechen des Algorithmus führen, werden z.T. mehrere Schritte zusammen durchgeführt. Letzteres geschieht unter dem Etikett "look ahead strategy", vgl. Freund, Gutknecht & Nachtigal [1993]. Verschiedene Untersuchungen belegen jedenfalls, dass es für indefinite und unsymmetrische Probleme keinen für alle Probleme optimalen Algorithmus gibt.

Für eine Klasse von indefiniten Problemen nämlich für Sattelpunktprobleme wurden wegen dieser Phänomene mit dem Uzawa-Algorithmus ganz andere Verfahren entwickelt, die noch in §5 beschrieben werden.

Aufgaben

3.9 Sei $z \in \mathbb{R}^n$ und $k \geq 1$. Ferner seien A, B und C positiv definite $n \times n$ Matrizen. Die Matrizen A und B seien vertauschbar. Man berechne mit möglichst wenig arithmetischen Operationen ·A-orthogonale Richtungen $d_0, d_1, \ldots, d_k$, die denselben Raum wie

   a) $z, Az, A^2z, \ldots, A^kz$,

   b) $z, CAz, (CA)^2z, \ldots, (CA)^kz$,

   c) $z, Bz, B^2z, \ldots, B^kz$

aufspannen. Wie viele Matrix-Vektor-Multiplikationen und wie viele Skalarprodukte werden jeweils benötigt? Wann lassen sich A^2-orthogonale Richtungen einfach berechnen?

3.10 Man verifiziere (3.12) durch einfaches Ausrechnen von $(x_0 - x^*, A(x_0 - x^*))$ für $x_0 - x^* = \sum c_j z_j$.

3.11 Wie verhält sich die in Aufgabe 2.9 genannte Iteration bei Verwendung von konjugierten Richtungen? Wird die in Aufgabe 2.9 genannte Schwäche durch den Übergang zu konjugierten Richtungen aufgehoben?

3.12 Sei $\kappa(A) = 1000$. Wie viele Iterationsschritte braucht das Gradientenverfahren bzw. die Methode der konjugierten Gradienten im ungünstigsten Fall, um den Fehler auf 1/1oo zu reduzieren?

3.13 Sei $k \geq 1$. Das Tschebyscheff-Polynom T_{2k+1} ist eine ungerade Funktion und erlaubt die Darstellung $T_{2k+1}8x) = (2m + 1)xp_k(x)$ mit $p_k \in \mathcal{P}_k$. Man zeige, dass ähnlich wie bei dem speziellen Polynom in (3.15)

$$p_k(0) = 1, \quad |p_k(z)| \leq 1 \quad \text{und} \quad |\sqrt{z}p_k(z)| \leq \frac{1}{2m + 1} \quad \text{für } 0 \leq z \leq 1 \qquad (3.18)$$

und vergleiche diese Abschätzungen mit den entsprechenden für das triviale Polynom $\tilde{p}(z) := (1 - z)^k$.

3.14 Unabhängig von den Rundungsfehlern in den vorherigen Schritten sorgt die Festlegung von α_k für $d_k' g_{k+1} = 0$. Nun ist $\|d_{k+1}\|_A$ gerade der Abstand des Vektors g_{k+1} von dem eindimensionalen linearen Raum span$[d_k]$. Man zeige

$$\|d_{k+1}\|_A \geq \frac{1}{\kappa(A)^{1/2}} \|g_{k+1}\|_A.$$

Man vergleiche zunächst die Euklidischen Normen von d_{k+1} und g_{k+1}.

3.15 Sei $S = \{a_0\} \cup [a, b]$ mit $0 < a_0 < a < b$. Man zeige, dass es ein Polynom p vom Grad k gibt, so dass $p(0) = 1$ und $|p(x)| \leq \frac{2b}{a_0} \left(\frac{\sqrt{\kappa}-1}{\sqrt{\kappa}+1}\right)^{k-1}$ für $x \in S$ mit $\kappa = b/a$ gilt.

§ 4. Vorkonditionierung

Zu einem wirklich effizienten Verfahren wurde die Methode der konjugierten Gradienten durch die Methode der Vorkonditionierung. Wegen des englischen Ausdrucks *precon-ditioning* spricht man auch von *pcg-Verfahren*. Insbesondere sind für die Gleichungs-systeme, die aus elliptischen Problemen 2. Ordnung herrühren, zwei Standardmethoden ausreichend, die man problemunabhängig wie einen schwarzen Kasten einsetzen kann.

Zu der Matrix A der gegebenen Gleichung $Ax = b$ sei eine einfach invertierbare, positiv definite Matrix C bekannt, die eine Näherung für A darstellt. Wie die Güte der Annäherung zu messen ist, wird später behandelt. Wir betrachten zu $x_0 \in \mathbb{R}^n$ den Ansatz

$$x_1 = x_0 - \alpha C^{-1} g_0, \tag{4.1}$$

mit $g_0 = Ax_0 - b$. Wäre $C = A$, so würde mit dem ersten Schritt bereits die Lösung erreicht. Deshalb ist zu erwarten, dass jede (wenn auch grobe) Näherung C für A schneller zum Ziel führt als die triviale Wahl $C = I$.

Diese Idee führt zu folgendem Algorithmus:

4.1 Verfahren der konjugierten Richtungen mit Vorkonditionierung.
Sei $x_0 \in \mathbb{R}^n$. Setze $g_0 = Ax_0 - b$, $d_0 = -h_0 = -C^{-1}g_0$ und bestimme für $k \geq 0$:

$$x_{k+1} = x_k + \alpha_k d_k,$$
$$\alpha_k = \frac{g_k' h_k}{d_k' A d_k},$$
$$g_{k+1} = g_k + \alpha_k A d_k,$$
$$h_{k+1} = C^{-1} g_{k+1}, \tag{4.2}$$
$$d_{k+1} = -h_{k+1} + \beta_k d_k,$$
$$\beta_k = \frac{g_{k+1}' h_{k+1}}{g_k' h_k}.$$

Wenn C positiv definit ist, gilt analog zu 3.5:

4.2 Eigenschaften des pcg-Verfahrens. *Solange $g_{k-1} \neq 0$ ist, gelten folgende Aussagen:*
(1) Es ist $d_{k-1} \neq 0$.
(2) Es ist $V_k := \mathrm{span}[g_0, AC^{-1}g_0, \ldots, (AC^{-1})^{k-1}g_0] = \mathrm{span}[g_0, g_1, \ldots, g_{k-1}]$
und $\mathrm{span}[d_0, d_1, \ldots, d_{k-1}] = C^{-1} \mathrm{span}[g_0, g_1, \ldots, g_{k-1}]$.
(3) Die Vektoren $d_0, d_1, \ldots, d_{k-1}$ sind paarweise konjugiert.
(4) Es ist

$$f(x_k) = \min_{z \in V_k} f(x_0 + C^{-1}z). \tag{4.3}$$

Der Beweis dieser algebraischen Eigenschaften verläuft genauso wie der Beweis von 3.5 und kann dem Leser überlassen werden.

4.3 Bemerkung. Die Matrizen C und A brauchen nicht vertauschbar zu sein. Trotzdem ergeben sich keine Schwierigkeiten, vgl. Aufgabe 3.9. Es werden nämlich nur Skalarprodukte der Form

$$((AC^{-1})^j u)' A (C^{-1} A)^k v$$

gebildet, und die Matrix $((AC^{-1})^j)^t A (C^{-1} A)^k$ hängt nur von der Summe $k + j$ ab. Leider trifft dies für $((AC^{-1})^j)^t A^2 (C^{-1} A)^k$ nur noch in Ausnahmefällen zu, und eine Vorkonditionierung ist bei der Methode der konjugierten Residuen nicht so einfach, s. Axelsson [1980], Young and Kang [1980], Saad and Schultz [1985]. Man verzichtet meistens auf eine vollständige Orthogonalisierung und begnügt sich damit, dafür zu sorgen, dass die neue Richtung etwa zu den letzten 5 Richtungen konjugiert ist.

Auch die Konvergenzeigenschaften sind entsprechend zu verallgemeinern.

4.4 Satz. *(1) Es gebe ein Polynom $p \in \mathcal{P}_k$ mit*

$$p(0) = 1 \quad und \quad |p(z)| \leq r \quad für\ alle\ z \in \sigma(C^{-1} A).$$

Dann gilt für das pcg-Verfahren mit beliebigem $x_0 \in \mathbb{R}^n$:

$$\|x_k - x^*\|_A \leq r \|x_0 - x^*\|_A.$$

(2) Es ist mit $\kappa = \kappa(C^{-1} A)$:

$$\|x_k - x^*\|_A \leq 2 \left(\frac{\sqrt{\kappa} - 1}{\sqrt{\kappa} + 1} \right)^k \|x_0 - x^*\|_A.$$

Beweis. Mit dem genannten Polynom bilde man wieder $q(z) := (p(z) - 1)/z$. Es ist $y := x_0 + q(C^{-1} A) C^{-1} g_0 \in x_0 + C^{-1} V_k$, und es folgt hier $y - x^* = p(C^{-1} A)(x_0 - x^*)$. Sei nun $\{z_j\}_{j=1}^n$ ein vollständiges System von Eigenvektoren zu der Aufgabe

$$A z_j = \lambda_j C z_j, \quad j = 1, 2, \ldots, n. \tag{4.4}$$

Insbesondere können wir die Vektoren gemäß

$$z_i' C z_j = \delta_{ij} \quad für\ i, j = 1, 2, \ldots, n$$

normieren. Dann ist $z_i' A z_j = \lambda_j \delta_{ij}$, und es gilt deshalb wieder (3.12). Außerdem ist $(C^{-1} A)^\ell z_j = \lambda_j^\ell z_j$ für alle ℓ. Der Rest des Beweises für (1) ergibt sich nun wie beim Hilfssatz 3.5.

Weil die Zahlen λ_j in (4.4) gerade die Eigenwerte von $C^{-1} A$ sind, folgt die Aussage (2) aus den Überlegungen zu Satz 3.7.   □

Mit der Vorkonditionierung verkleinert man den Einfluss der folgenden Schwäche. Im Prinzip wählt man beim Gradientenverfahren die *Richtung des steilsten Abstiegs*. Welche Richtung als am steilsten anzusehen ist, hängt von der Metrik des Raumes ab.

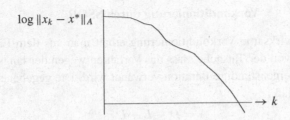

Abb. 48 und Tabelle 7. Abnahme der Energienorm des Fehlers beim pcg-Verfahren angewandt auf einen Kragarm mit 544 Unbekannten. Die langsame Abnahme am Anfang und noch einmal in der Mitte ist typisch für das cg-Verfahren

0	12.95	14	3.93	28	3.13_{-2}
2	12.31	16	1.76	30	1.33_{-2}
4	11.99	18	0.519	32	5.79_{-3}
6	11.64	20	0.273	34	1.82_{-3}
8	10.55	22	0.175	36	6.21_{-4}
10	7.47	24	0.130	38	1.51_{-4}
12	4.76	26	0.086	40	3.35_{-5}

Beim einfachen Gradientenverfahren legt man implizit die Euklidische Metrik zugrunde. Wenn nun $\|x\|_C := \sqrt{x'Cx}$ die Metrik $\|x\|_A$ besser approximiert als die Euklidische $\|x\| = \sqrt{x'x}$, ist C zur Vorkonditionierung geeignet. Nach Satz 4.4 ist die *Schwankung* des Quotienten

$$\frac{x'Ax}{x'Cx} \tag{4.5}$$

ausschlaggebend für die Konvergenzgeschwindigkeit. Entsprechende Überlegungen erweisen sich auch für das Verständnis des nächsten § als nützlich.

Während man bei der Lösung von Randwertaufgaben 2. Ordnung die unten beschriebenen allgemein verwendbaren Verfahren heranziehen kann, benötigt man bei großen Problemen 4. Ordnung meistens Vorkonditionierungen, die auf das spezielle Problem zugeschnitten sind. Der Grund ist das starke Anwachsen von κ mit h^{-4}. Drei Vorgehensweisen findet man häufig bei diesen speziellen Methoden.

1. Das Gebiet wird unterteilt. Die Lösung der viel kleineren Gleichungssysteme zu den Teilgebieten dient als Vorkonditionierung, s. z.B. Widlund [1988].

2. Die Randbedingungen werden geändert, so dass ein einfacheres Problem entsteht: (So führt z.B. eine Modifikation der Randbedingungen bei der biharmonischen Gleichung auf zwei entkoppelte Laplace-Gleichungen, s. Braess & Peisker [1986]. Die so gewonnenen Näherungslösungen dienen der Vorkonditionierung.

3. Man benutzt sogenannte *hierarchische Basen*, d.h. man wählt Basisfunktionen aus langwelligen bzw. kurzwelligen Funktionen [Yserentant 1986] und Bramble, Pasciak und Xu [1990]. Bei passender Skalierung der einzelnen Anteile wird die Kondition erheblich vermindert.

Vorkonditionierung durch SSOR

Eine einfache aber wirksame Vorkonditionierung erhält man aus dem Einzelschrittverfahren, unbeschadet von der Tatsache, dass das Verfahren wegen der langsamen Konvergenz kaum noch als eigenständige Iteration verwandt wird. Die gegebene symmetrische Matrix A werde gemäß

$$A = D - L - L^t$$

zerlegt, wobei L eine subdiagonale und D eine diagonale Matrix ist. Für $1 < \omega < 2$ wird durch

$$x \mapsto (D - \omega L)^{-1}(\omega b + \omega L^t x - (\omega - 1)Dx)$$

ein Iterationsschritt in Vorwärtsrichtung erklärt, vgl. (1.19). Ebenso wird die Relaxation in Rückwärtsrichtung durch

$$x \mapsto (D - \omega L^t)^{-1}(\omega b + \omega Lx - (\omega - 1)Dx)$$

dargestellt. Mit $x = 0$ und $b = g_k$ liefert der erste Halbschritt

$$x^{1/2} = \omega(D - \omega L)^{-1}g_k,$$

und der zweite unter Berücksichtigung der Relation $\omega g_k + \omega L x^{1/2} - Dx^{1/2} = 0$

$$h_k = \omega(2 - \omega)(D - \omega L^t)^{-1}D(D - \omega L)^{-1}g_k.$$

Insbesondere ist $h_k = C^{-1}g_k$ mit $C := [\omega(2 - \omega)]^{-1}(D - \omega L)D^{-1}(D - \omega L^t)$. Offensichtlich ist die Matrix C symmetrisch und positiv definit.

Wir weisen an dieser Stelle darauf hin, dass die Multiplikation der Vorkonditionierungsmatrix C mit einem positiven Faktor keinen Einfluss auf die Iteration hat. Darum wird der Faktor $\omega(2 - \omega)$ beim Rechnen ignoriert.

Die Erfahrung zeigt, dass die Güte des Vorkonditionierers nicht sehr empfindlich vom Parameter ω abhängt. Die Rechnung mit dem festen Wert $\omega = 1.3$ ist meistens kaum schlechter als die mit dem jeweils optimalen Wert, der sich in der Praxis zwischen 1.2 und 1.6 bewegt [Axelsson & Barker, 1984].

Andererseits hat die Nummerierung der Variablen einen erheblichen Einfluss auf den Erfolg. Deutlich sind die Unterschiede bereits bei Gleichungen zum Fünf-Punkte-Stern auf einem Rechteckgitter. Es sei betont, dass dann die *lexikographische* Anordnung $x_{11}, x_{12}, \ldots, x_{1n}, x_{21}, x_{22}, \ldots, x_{nn}$ gewählt werden sollte. Wenig wirksam und daher ungünstig ist die *Schachbrettanordnung*, bei der erst alle Variablen x_{ij} mit $i + j$ gerade und dann alle mit $i + j$ ungerade (oder umgekehrt) verarbeitet werden. Bei letzterer sind die Nachteile so groß, dass sie nicht einmal durch die Vorteile einer einfacheren Vektorisierung oder Parallelisierung kompensiert werden können.

Vorkonditionierung durch ILU

Eine andere Vorkonditionierung wurde aus einer Variante der Cholesky-Zerlegung entwickelt. Für symmetrische Matrizen, wie sie bei den Finiten Elementen auftreten, führt die Cholesky-Zerlegung $A = LDL^t$ oder $A = LL^t$ bekanntlich zu einer Dreiecksmatrix L, die wesentlich dichter als A besetzt ist. Eine näherungsweise Inverse liefert die sogenannte *unvollständige Cholesky-Zerlegung* (engl.: incomplete Cholesky decomposition, kurz: ICC), s. Varga [1960]. Im einfachsten Fall unterdrückt man bei der Rechnung (auch in allen Zwischenschritten) alle Matrixelemente für solche Indexpaare (i, j), für die $A_{ij} = 0$ ist. Man erhält eine Zerlegung

$$A = LL^t + R \tag{4.6}$$

mit einer Fehlermatrix, wobei $R_{ij} \neq 0$ nur zugelassen ist, sofern $A_{ij} = 0$ ist.

Diese Vorkonditionierung ist häufig günstiger als die mit der SSOR-Relaxation. Eine allgemeine Regel dafür, in welchen Fällen SSOR bzw. ICC vorteilhaft ist, scheint es allerdings nicht zu geben.

Es gibt viele Varianten. Bei manchen wird das Auffüllen von Elementen in der Nähe der Diagonalen zugelassen. Bei einer Variante nach Meijerink & van der Vorst [1977], der sogenannten *modifizierten unvollständigen Zerlegung*, werden Matrixelemente, anstatt sie zu unterdrücken, auf die Hauptdiagonale verschoben.

Für den Standard-Fünf-Punkte-Stern der Laplace-Gleichung entwickelte Gustafsson [1978] eine Vorkonditionierung. Während man im allgemeinen die Verbesserung der Kondition als empirische Tatsache akzeptiert, konnte er hier die Reduktion der Konditionszahl von $O(h^{-2})$ auf $O(h^{-1})$ streng beweisen. Wesentlich ist dabei, dass man die Diagonalelemente um einen gewissen Betrag anheben darf. Sei $\zeta > 0$. Aufgrund der Friedrichsschen Ungleichung kann man die quadratischen Formen $a(u, u) = |u|_1^2$ und $|u|_1^2 + \zeta \|u\|_0^2$ gegenseitig abschätzen. Die Diskretisierung von $\|u\|_0^2$ führt zu der sogenannten *Massenmatrix*. Weil ihre Kondition unabhängig von h beschränkt ist, sind wiederum $\|u\|_0$ und $h^2\|u\|_{\ell_2}$ äquivalente Normen. Anstatt des Standard-Fünf-Punkte-Sterns kann man also im Hinblick auf eine Vorkonditionierung den geänderten Stern (4.7) mit $0 < \zeta_i < \zeta$ betrachten:

$$\begin{bmatrix} & -1 & \\ -1 & 4 + \zeta_i h^2 & -1 \\ & -1 & \end{bmatrix}_* \tag{4.7}$$

Der Einfachheit halber nehmen wir an, dass auf allen horizontalen Gitterlinien gleich viele und zwar m Knoten liegen. Die Nachbarn des Knotens i nach Süden bzw. Westen tragen dann die Indizes $i - m$ bzw. $i - 1$.

Die unvollständige Cholesky-Zerlegung liefert Dreiecksmatrizen, die in jeder Zeile höchstens drei von 0 verschiedene Elemente haben. Der allgemeine Ansatz für den Differenzenstern ist in (4.8) zu sehen. Die gemäß (4.6) erklärte Fehlermatrix darf nur auf

$$\begin{bmatrix} & 0 & \\ b_{i-1} & a_i & 0 \\ & c_{i-m} & \end{bmatrix}_* \qquad \begin{bmatrix} & c_i & \\ 0 & a_i & b_i \\ & 0 & \end{bmatrix}_*$$

$$\begin{bmatrix} b_{i-1}c_{i-1} & & a_ic_i & \\ a_{i-1}b_{i-1} & a_i^2 + b_{i-1}^2 + c_{i-m}^2 & & a_ib_i \\ & c_{i-m}a_{i-m} & & b_{i-m}c_{i-m} \end{bmatrix}_* \tag{4.8}$$

$$\begin{bmatrix} & -\gamma_i & \\ -\beta_{i-1} & \alpha_i & -\beta_i \\ & -\gamma_{i-m} & \end{bmatrix}_* \qquad \begin{bmatrix} -r_i & & \\ & r_i + r_{i-m+1} & \\ & & -r_{i-m+1} \end{bmatrix}_*$$

Differenzensterne für L, L^t (oben), LL^t (Mitte) und A, R (unten) bei unvollständiger Cholesky Zerlegung

der Diagonale, im Nordwesten und im Südosten von 0 verschiedene Elemente haben. Zusammen mit $\sum_j R_{ij} = 0$ führt das auf die in (4.8) gezeigte Gestalt der Matrix R. Die Koeffizienten a_i, b_i und c_i lassen sich nun rekursiv berechnen:

$$\begin{aligned} a_i^2 &= \alpha_i - b_{i-1}^2 - c_{i-m}^2 - r_i - r_{i-m+1}, \\ b_i &= -\beta_i/a_i, \\ c_i &= -\gamma_i/a_i, \\ r_i &= b_{i-1}c_{i-1}. \end{aligned} \tag{4.9}$$

Wir setzen jetzt konkret $\alpha_i := 4 + 8h^2$ und $\beta_i := \gamma_i := 1$ mit der üblichen Maßgabe, dass β_i bzw. γ_i an randnahen Punkten 0 gesetzt werden. Durch Induktion folgt:

$$a_i \geq \sqrt{2}(1 + h), \quad -1/a_i \leq b_i, c_i < 0, \quad r_i \leq \frac{1}{2}(1 + h)^{-2}.$$

Mit Hilfe der Formel $(x + y)^2 \leq 2(x^2 + y^2)$ schätzen wir $x'Rx$ ab:

$$\begin{aligned} 0 \leq x'Rx &= \sum_i r_i(x_i - x_{i+m-1})^2 \\ &\leq \sum_i \frac{1}{1+h}\{(x_i - x_{i-1})^2 + (x_{i-1} - x_{i+m-1})^2\} \\ &\leq \frac{1}{1+h}x'Ax. \end{aligned}$$

Zusammen mit (4.6) folgt

$$x'LL^tx \leq x'Ax \leq \frac{1+h}{h}x'LL^tx$$

und damit

$$\kappa([LL^t]^{-1}A) \leq \frac{1+h}{h} = O(h^{-1}). \tag{4.10}$$

Wegen $\kappa(A) = O(h^{-2})$ bewirkt die Vorkonditionierung, dass das wirksame κ um eine h-Potenz langsamer anwächst.

Aus den Gleichungen (4.6) ist außerdem ersichtlich, dass die Multiplikation mit $(LL^t)^{-1}$ äquivalent zu einem SSOR-Schritt wäre, wenn die Overrelaxationsfaktoren punktabhängig sein dürften und ungefähr $2 - O(h^{-2})$ betragen. Mit kleinen Änderungen in der Argumentation lässt sich deshalb beweisen, dass auch die Vorkonditionierung mit dem SSOR-Verfahren bei einem (einheitlichen) Faktor $\omega = 2 - O(h^{-2})$ die Reduktion der Konditionszahl um eine h-Potenz bewirkt, s. Axelsson und Barker [1984].

Bemerkungen zur Parallelisierung

Die SSOR-Relaxation oder auch die Multiplikation mit L^{-1} und R^{-1}, wobei L und R aus einer ILU-Zerlegung herrühren, sind rekursiv ablaufende Prozesse. Trotzdem sind sie einer Parallelisierung bzw. Vektorisierung zugänglich. [Es sei noch mal gesagt, dass die Wahl einer schachbrettartigen Anordnung zwecks einfacher Parallelisierung verworfen werden muss.] Das Vorgehen hängt stark von der Rechnerarchitektur ab. Die stürmische Entwicklung auf dem Gebiet der Parallel- und Vektorrechner erscheint sehr interessant, und so möchten wir einen ersten Eindruck der Ideen bei der Behandlung von Matrizen mit solchen Bändern vermitteln, wie sie bei Finite-Element-Problemen entstehen.

Wir beschränken uns auf die Betrachtung der Gleichungen zum Fünf-Punkte-Stern für ein quadratisches Gebiet mit m^2-Unbekannten. Schreiben wir die Unbekannten mit Doppelindizes, so müssen in der 1. Phase (der Vorkonditionierung) bei der Bestimmung der aktuellen Größe x_{ij} die Werte x_{kj} für $k < i$ und $x_{i\ell}$ für $\ell < j$ bekannt sein.

In einem Vektorrechner kann man also jeweils die Neuberechnung aller x_{ij} mit $i + j = const$ zusammenfassen. Die Rechnung erfolgt dann in $2m$ Gruppen. Einen Zeitgewinn erreicht man in einem Vektorrechner bekanntlich dadurch, dass sich ca. 8 arithmetische Operationen überlappen können. Der zu m^2 proportionale Zeitgewinn hierbei lohnt sich, wenn er größer ist als der für die $2m$ Anlaufrechnungen für die $2m$ Gruppen. Das ist üblicherweise ab $m \approx 40$ der Fall.

Auf einem Parallelrechner ist ein anderes Vorgehen sinnvoller, das für zwei Prozessoren geschildert wird [Wittum 1989a]: Das Gebiet wird in zwei Teilgebiete geteilt. Der erste Prozessor versorgt die Knoten (i, j) mit $j \leq n/2$ und der zweite diejenigen mit $j > n/2$. Nachdem der erste Prozessor $(1, 1)$, $(1, 2)$, $\ldots$, $(1, n/2)$ abgearbeitet hat, stößt er den zweiten an. Während der zweite die ihm zugeordneten Werte in der Zeile $i = 1$ ermittelt, kann der erste bereits die Zeile $i + 1 = 2$ erledigen. Auch weiterhin arbeiten beide Prozessoren parallel jeweils um eine Zeile versetzt.

Was den Speicher anbetrifft, braucht nur an der Gebietsgrenze, d.h. für $j = n/2$ und $j = n/2 + 1$ der Zugriff für beide Prozessoren ermöglicht zu werden. Wie die wechselseitige Freigabe zu erfolgen hat, ist offensichtlich.

Ohne Rücksicht auf die Restriktion beim Speicherzugriff ist auch ein anderes Vorgehen denkbar. Der erste Prozessor übernimmt die ganze erste Zeile. Mit der Verzögerung von einem Knoten stößt er den zweiten Prozessor an, so dass er die zweite Zeile beginnt. Die weiteren Zeilen werden dann im Wechsel auf die Prozessoren verteilt. Insbesondere bei mehreren Prozessoren hat man die volle Parallelisierung nach einem kürzeren Anlauf erreicht.

Andere Überlegungen zur Parallelisierung findet man z.B. bei Hughes, Ferencz and Hallquist [1987], Meier and Sameh [1988], Ortega and Voigt [1985] und Ortega [1988].

Nichtlineare Probleme

Das Verfahren lässt sich auf nichtlineare Probleme übertragen, bei denen die zu minimierende Funktion f nicht notwendig eine quadratische Funktion ist. So vermeidet man eine Iteration mit dem Newton-Verfahren, bei der dann zur Lösung der linearen Gleichungssysteme wieder ein Iterationsverfahren eingesetzt wird.

Sei f wie in §2 eine C^1-Funktion, die auf einer offenen Menge $M \subset \mathbb{R}^n$ erklärt ist. Sehr häufig hat f die Form

$$f(x) = \frac{1}{2} x' A x - \sum_{i=1}^n d_i \phi(x_i) - b' x$$

mit $\phi \in C^1(\mathbb{R})$. Zur schlechten Kondition trägt der erste Term wesentlich stärker als der zweite bei [Glowinski, 1984]. Es sei eine Matrix C bekannt, die zur Vorkonditionierung von A geeignet ist. (Sonst ist $C = I$ zu setzen.)

Auch die Minimierung von

$$\frac{x' A x}{x' x}$$

zur Bestimmung des kleinsten Eigenwertes von A stellt ein nicht-quadratisches Problem dar.

4.5 Verfahren der konjugierten Richtungen für nichtlineare Probleme

nach Fletcher und Reeves. Sei $x_0 \in M$. Setze $g_0 = \nabla f(x_0)$ und $d_0 = -h_0 = -C^{-1} g_0$. Führe für $k = 0, 1, 2, \ldots$ folgende Rechnungen durch:

1. Liniensuche: Man sucht das Minimum von f auf der Linie $\{x_k + t d_k : t \geq 0\} \cap M$. Das Minimum (oder ein lokales Minimum) werde bei $t = \alpha_k$ angenommen. Setze

$$x_{k+1} = x_k + \alpha_k d_k.$$

2. Bestimmung der Richtung:

$$
\begin{aligned}
g_{k+1} &= \nabla f(x_{k+1}), \\
h_{k+1} &= C^{-1} g_{k+1}, \\
d_{k+1} &= -h_{k+1} + \beta_k d_k, \\
\beta_k &= \frac{g'_{k+1} h_{k+1}}{g'_k h_k}.
\end{aligned}
\tag{4.11}
$$

$\square$

4.6 Bemerkung. Bei dem Verfahren von Polak-Ribière, einer Variante des Verfahrens von Fletcher und Reeves, wird β_k nicht wie in (4.11), sondern gemäß

$$\beta_k = \frac{g'_{k+1}(h_{k+1} - h_k)}{g'_k h_k} \tag{4.12}$$

berechnet.

Aufgaben

Die folgenden 3 Aufgaben beziehen sich auf die Inversion der sogenannten Massenmatrix.

4.7 Seien $A_1, A_2, \ldots, A_k, C_1, C_2, \ldots, C_k$ positiv semidefinite Matrizen mit

$$a\, x' C_i x \leq x' A_i x \leq b\, x' C_i x \quad \text{für } x \in \mathbb{R}^n \text{ und } i = 1, 2, \ldots, k.$$

Ferner sei $0 < a \leq b$. Die Matrizen $A = \sum_i A_i$ und $C = \sum_i C_i$ seien definit. Man zeige $\kappa(C^{-1}A) \leq b/a$.

4.8 Man zeige, dass die Matrix

$$A = \begin{pmatrix} 2 & 1 & 1 \\ 1 & 2 & 1 \\ 1 & 1 & 2 \end{pmatrix}$$

positiv definit ist und ihre Kondition 4 beträgt.

Hinweis: Zur Matrix A gehört die quadratische Form $x^2 + y^2 + z^2 + (x + y + z)^2$.

4.9 Bei der Berechnung der Massenmatrix $\int \psi_i \psi_j dx$ für lineare Dreieckelemente erhält man auf Elementebene die in Aufgabe 4.8 genannte Matrix (bzgl. der beteiligten Knoten). Man zeige, dass man durch die Vorkonditionierung mit einer leicht berechenbaren Diagonalmatrix $\kappa \leq 4$ erreicht. Wie stark ist der Fehler nach 3 Schritten des pcg-Verfahrens reduziert?

4.10 Man betrachte noch einmal Aufgabe 3.13. Wie lauten die Antworten, wenn man κ durch $2\sqrt{\kappa}$ ersetzen darf?

4.11 Aus $Ax = b$ folgt wegen $C^{-1/2}AC^{-1/2}C^{1/2}x = C^{-1/2}b$ für $y = C^{1/2}x$ die Gleichung

$$By = c \quad \text{mit } B = C^{-1/2}AC^{-1/2}, \ c = C^{-1/2}b. \tag{4.13}$$

Man zeige, dass die Anwendung des pcg-Verfahrens 4.1 (mit der Vorkonditionierung durch die Matrix C) auf die Ausgangsgleichung äquivalent ist zum Einsatz des cg-Verfahrens 3.4 auf (4.13). Man leite daraus die Eigenschaften 4.2 ab.

4.12 Zur Vorkonditionierung benutzt man oft einen Basiswechsel, z.B. bei der Methode der hierarchischen Basen, s. Yserentant [1986]. Es sei

$$x = Sy$$

mit einer nichtsingulären Matrix S. Man zeige, dass der Algorithmus 3.4, ausgeführt mit der Variablen y, äquivalent ist zum Algorithmus 4.1 mit der Vorkonditionierung

$$C^{-1} = SS^t.$$

4.13 Für die Vorkonditionierung benutzt man manchmal eine Matrix C, die nicht genau symmetrisch ist. (Dies trifft insbesondere zu, wenn die Multiplikation mit C^{-1} nur approximativ durchgeführt wird.) Man verzichtet dann darauf, dass alle d_k paarweise konjugiert sind. Es soll trotzdem die Eigenschaft erhalten bleiben, dass x_{k+1} das Minimum der Funktion (2.1) in der zweidimensionalen Mannigfaltigkeit $x_k + \mathrm{span}[h_k, d_{k-1}]$ darstellt. Deshalb soll d_{k+1} zu d_k (bzw. d_k zu d_{k-1}) konjugiert sein. Welche der folgenden Formeln für β_k darf man bei unsymmetrischem C heranziehen?

$$1.) \quad \beta_k = \frac{g'_{k+1}h_{k+1}}{g'_k h_k}, \quad 2.) \quad \beta_k = \frac{(g'_{k+1} - g_k)h_{k+1}}{g'_k h_k}, \quad 3.) \quad \beta_k = \frac{h'_{k+1}Ad_k}{d'_k Ad_k}.$$

4.14 Die Matrix A erfülle die Zeilensummenbedingung. Wird diese Eigenschaft während
        der vollständigen bzw.
        der unvollständigen LU-Zerlegung
zerstört?

Die folgenden Aufgaben sind nicht nur im Hinblick auf Vorkonditionierer nützlich, sondern dienen auch zur Vorbereitung auf die Theorie der Mehrgitterverfahren. Es bedeute $A \le B$, dass $B - A$ positiv semidefinit ist. Außerdem seien hier A und B stets stillschweigend als positiv definit angenommen.

4.15 Man zeige, dass $A \le B$ zwar $B^{-1} \le A^{-1}$, aber nicht $A^2 \le B^2$ impliziert. — Man kann also nicht ohne weiteres aus Vorkonditionierern für die Poisson Gleichung solche für die biharmonische Gleichung ableiten.
Hinweis: Zum Nachweis des ersten Teils beachte man $(x, B^{-1}x) = (A^{1/2}x, A^{1/2}B^{-1}x)$ und benutze die Cauchy–Schwarzsche Ungleichung. Für das negative Resultat betrachte die Matrizen

$$A := \begin{pmatrix} 1 & a \\ a & 2a^2 \end{pmatrix} \quad \text{und} \quad B := \begin{pmatrix} 2 & 0 \\ 0 & 3a^2 \end{pmatrix}.$$

Bemerkung. Die Umkehrung ist günstiger, d.h. aus $A^2 \le B^2$ folgt $A \le B$. Der Maximalwert des Rayleigh Quotienten $\lambda = \max\{(x, Ax)/(x, Bx)\}$ ist nämlich ein Eigenwert der Aufgabe $Ax = \lambda Bx$. Nach Voraussetzung gilt für den Eigenvektor

$$0 \le (x, B^2x) - (x, A^2x) = (1 - \lambda^2) \|Bx\|^2.$$

Also ist $\lambda \le 1$ und die Implikation bewiesen.

4.16 Man zeige, dass aus $A \leq B$ die Relation $B^{-1}AB^{-1} \leq B^{-1}$ folgt.

4.17 Sei $A \leq B$. Man zeige, dass

$$(I - B^{-1}A)^m B^{-1}$$

für alle $m \geq 1$ positiv semidefinit ist. Man beachte, dass

$$q(XY)X = Xq(YX)$$

für alle Matrizen X und Y gilt, wenn q ein Polynom ist. Welche Voraussetzung kann für gerades m abgeschwächt werden?

4.18 Sei $A \leq B$ und B^{-1} eine approximative Inverse von A. Weiter sei B_m^{-1} die approximative Inverse, die durch m Schritte der Iteration (1.1) realisiert wird; vgl. Aufgabe 1.16. Man zeige

$$A \leq B_{m+1} \leq B_m \leq B \quad \text{für } m \geq 1$$

mit Hilfe der vorigen Aufgaben.

§ 5. Sattelpunktprobleme

Die Bestimmung des Minimums von

$$J(u) = \tfrac{1}{2}u'Au - f'u$$

unter der Nebenbedingung

$$Bu = g$$

(5.1)

führt auf ein indefinites Gleichungssystem der Form

$$Au + B^t\lambda = f,$$
$$Bu \qquad = g.$$

(5.2)

Wenn B eine $m \times n$-Matrix ist, ist der Lagrangesche Parameter λ ein m-dimensionaler Vektor. Selbstverständlich kann man sich auf den Fall linear unabhängiger Nebenbedingungen beschränken.

In den meisten Fällen ist A invertierbar. Nachdem man die erste Gleichung in (5.2) mit A^{-1} multipliziert hat, kann man u aus der zweiten Beziehung eliminieren:

$$BA^{-1}B^t\lambda = BA^{-1}f - g.$$

(5.3)

Die Matrix $BA^{-1}B^t$ dieser sogenannten *reduzierten Gleichung* ist positiv definit, wenn auch nur implizit gegeben. Man findet diese Teilmatrix bei Schur [1917], S. 217, und sie wird heute als *Schur-Komplement* von A bezeichnet, vgl. Aufgabe 5.9.

Der Uzawa-Algorithmus und seine Varianten

Das bekannteste Iterationsverfahren für Sattelpunktprobleme ist mit dem Namen Uzawa verbunden.

5.1 Der Uzawa-Algorithmus. Sei $\lambda_0 \in \mathbb{R}^m$. Bestimme u_k und λ_k gemäß

$$\left.\begin{aligned} Au_k &= f - B^t\lambda_{k-1}, \\ \lambda_k &= \lambda_{k-1} + \alpha(Bu_k - g), \end{aligned}\right\} \quad k = 1, 2, \ldots$$

(5.4)

Dabei wird der Schrittweitenparameter α als genügend klein vorausgesetzt. $\qquad\square$

Für die Analyse des Uzawa-Algorithmus definieren wir den Defekt

$$q_k := g - Bu_k.$$

(5.5)

Ferner werde die Lösung des Sattelpunktproblems mit (u^*, λ^*) bezeichnet. Indem wir die Iterationsvorschrift zur Berechnung von u_k in (5.5) einsetzen, erhalten wir mit (5.3) die Beziehung

$$q_k = g - BA^{-1}(f - B^t\lambda_{k-1}) = BA^{-1}B^t(\lambda_{k-1} - \lambda^*).$$

Das bedeutet

$$\lambda_k - \lambda_{k-1} = -\alpha q_k = \alpha B A^{-1} B^t (\lambda^* - \lambda_{k-1}),$$

und der Uzawa-Algorithmus ist äquivalent zum Gradientenverfahren für die reduzierte Gleichung in der Fassung mit fester Schrittweite (vgl. Aufgabe (2.6)). Die Iteration konvergiert insbesondere für

$$\alpha < 2 \| B A^{-1} B^t \|^{-1}.$$

Die Konvergenzbetrachtungen aus den §§2 und 3 lassen sich direkt übertragen. Um effiziente Algorithmen zu bekommen, bedarf es allerdings eines kleinen Kunstgriffs. Die Formel (2.5) liefert hier die Schrittweite

$$\alpha_k = \frac{q_k' q_k}{(B^t q_k)' A^{-1} B^t q_k}.$$

Wenn wir diese Vorschrift formal übernehmen würden, fiele jedoch in jedem Iterationsschritt eine zusätzliche Multiplikation mit A^{-1} an. Diese lässt sich mittels Speicherung eines Hilfsvektors vermeiden. — Die Unterschiede in den Vorzeichen sind dabei zu beachten.

5.2 Uzawa-Algorithmus *(zum Gradientenverfahren äquivalente Variante.)*
Sei $\lambda_0 \in \mathbb{R}^m$ und $Au_1 = f - B^t \lambda_0$.
Für $k = 1, 2, \ldots$ berechne man:

$$q_k = g - Bu_k,$$

$$p_k = B^t q_k,$$

$$h_k = A^{-1} p_k,$$

$$\lambda_k = \lambda_{k-1} - \alpha_k q_k, \qquad \alpha_k = \frac{q_k' q_k}{p_k' h_k},$$

$$u_{k+1} = u_k + \alpha_k h_k.$$

Wegen der Größe der Konditionszahl $\kappa(B A^{-1} B^t)$ ist es häufig zweckmäßiger, zu konjugierten Richtungen überzugehen. Da der entsprechende Faktor β_k in (3.4) bereits unabhängig von der Matrix des Gleichungssystems angegeben wurde, ist die Übertragung sofort möglich.

5.3 Uzawa-Algorithmus mit konjugierten Richtungen.
Sei $\lambda_0 \in \mathbb{R}^m$ und $Au_1 = f - B^t \lambda_0$. Setze $d_1 = -q_1 = Bu_1 - g$.
Für $k = 1, 2, \ldots$ berechne man:

$$p_k = B^t d_k,$$

$$h_k = A^{-1} p_k,$$

$$\lambda_k = \lambda_{k-1} + \alpha_k d_k, \qquad \alpha_k = \frac{q_k' q_k}{p_k' h_k},$$

$$u_{k+1} = u_k - \alpha_k h_k,$$

$$q_{k+1} = g - Bu_{k+1},$$

$$d_{k+1} = -q_{k+1} + \beta_k d_k, \qquad \beta_k = \frac{q_{k+1}' q_{k+1}}{q_k' q_k}.$$

Eine Alternative

Bei der Ausführung von k Schritten der Algorithmen 5.2 und 5.3 fallen $k + 1$ Multiplikationen mit A^{-1} an. Es sind $k + 1$ Gleichungssysteme zu lösen. In der Praxis geschieht dies nur näherungsweise. Es werde insbesondere A^{-1} durch C^{-1} approximiert, wobei C im Sinne einer Vorkonditionierung wieder eine symmetrische, positiv definite Matrix ist.

Dann kann man noch einen Schritt weiter gehen und bereits im Ausgangsproblem (5.1) die Matrix A durch eine Vorkonditionierung ersetzen und das modifizierte Minimumproblem

$$\frac{1}{2}u'Cu - f'u \to \min!$$

$$Bu = g$$

(5.6)

heranziehen. Zu diesem Problem gehört, wie man durch Übertragung von (5.2) erkennt, die Matrix

$$\begin{pmatrix} C & B^t \\ B & \end{pmatrix}.$$

Indem man dieses Matrix in (1.1) dort für die Matrix M einsetzt, erhält man die Iteration

$$\begin{pmatrix} u_{k+1} \\ \lambda_{k+1} \end{pmatrix} = \begin{pmatrix} u_k \\ \lambda_k \end{pmatrix} + \begin{pmatrix} C & B^t \\ B & \end{pmatrix}^{-1} \begin{pmatrix} f - Au_k - B^t\lambda_k \\ g - Bu_k \end{pmatrix}.$$

(5.7)

Die Konvergenzgeschwindigkeit dieser Iteration ist bestimmt durch das Verhältnis von oberer und unterer Schranke des Quotienten

$$\frac{u'Au}{u'Cu}, \quad u \neq 0,$$

vgl. (4.5). Hier sind sogar die Schranken für den Unterraum $V = \{u \in \mathbb{R}^n;\ Bu = 0\}$ ausschlaggebend. (Sie dürfen natürlich durch die gröberen Schranken für den $\mathbb{R}^n$ abgeschätzt werden.)

Die Iteration (5.4) nach Uzawa und die Iteration (5.7) stellen aus folgendem Grund Extremfälle dar, vgl. Braess und Sarazin [1997].

5.4 Bemerkung. *Bei dem Uzawa-Algorithmus (5.4) sind u_{k+1} und λ_{k+1} unabhängig von u_k. Bei der Iteration (5.7) sind u_{k+1} und λ_{k+1} unabhängig von λ_k.*

Die Aussage zum Uzawa-Algorithmus folgt direkt aus der Definition (5.4) für den Algorithmus. Die andere Behauptung erkennt man aus der zu (5.7) äquivalenten Formel

$$\begin{pmatrix} u_{k+1} \\ \lambda_{k+1} \end{pmatrix} = \begin{pmatrix} C & B^t \\ B & \end{pmatrix}^{-1} \begin{pmatrix} f - (A - C)u_k \\ g \end{pmatrix}$$

(5.8)

Einen ganz anderen Weg haben Bramble und Pasciak [19–] eingeschlagen. Sie haben das indefinite Problem mit einer andersartigen Metrik versehen, und sie gelangten zu einer Vorkonditionierung fast wie im positiv definiten Fall.

Aufgaben

5.5 Man betrachte den Spezialfall $A = I$ und vergleiche die Kondition von $BA^{-1}B^t$ mit derjenigen der quadrierten Matrix. Man zeige insbesondere, dass der Uzawa-Algorithmus besser ist als das Gradientenverfahren für die quadrierte Matrix.

5.6 Für den Fall $m \ll n$ kann man die Nebenbedingungen indirekt eliminieren. Sei F eine $m \times m$-Matrix mit $FF^t = BB^t$, z.B. mag F aus der Cholesky-Zerlegung von BB^t stammen. Im Spezialfall $A = I$ hat man die Dreieckszerlegung:

$$\begin{pmatrix} I & \\ B & F \end{pmatrix} \begin{pmatrix} I & B^t \\ & -F^t \end{pmatrix} = \begin{pmatrix} I & B^t \\ B & \end{pmatrix}.$$

Wie konstruiert man eine entsprechende Dreieckszerlegung für die Matrix in (5.2), wenn eine Zerlegung $A = L^t L$ bekannt ist?

5.7 Man zeige $\kappa(BA^{-1}B^t) \le \kappa(A)\kappa(BB^t)$.

5.8 Bei dem Sattelpunktproblem (5.2) ist die Norm $\| \cdot \|_A$ offensichtlich die natürliche Norm für die u-Komponente. Man zeige, dass die Norm $\| \cdot \|_{BA^{-1}B^t}$ dann die natürliche für die λ-Komponente in folgendem Sinne ist: Die inf-sup-Bedingung für die Abbildung $B^t : \mathbb{R}^m \mapsto \mathbb{R}^n$ gilt mit der Konstanten $\beta = 1$.

5.9 Man verifiziere die Block-Cholesky-Zerlegung für die beim Sattelpunktproblem auftretende Matrix

$$\begin{pmatrix} A & B^t \\ B & 0 \end{pmatrix} = \begin{pmatrix} A & 0 \\ B & I \end{pmatrix} \begin{pmatrix} A^{-1} & 0 \\ 0 & -BA^{-1}B^t \end{pmatrix} \begin{pmatrix} A & B^t \\ 0 & I \end{pmatrix}.$$

Welcher Zusammenhang besteht zwischen dieser Faktorisierung und der Aufstellung der reduzierten Gleichung (5.3)? Außerdem beweise man die Darstellung für die Inverse

$$\begin{pmatrix} A & B^t \\ B & 0 \end{pmatrix}^{-1} = \begin{pmatrix} A^{-1} - A^{-1}B^t S^{-1} B A^{-1} & A^{-1}B^t S^{-1} \\ S^{-1} B A^{-1} & -S^{-1} \end{pmatrix}. \tag{5.9}$$

Dabei ist $S = BA^{-1}B^t$ das Schur-Komplement. — Aus (5.9) leite man die analoge Formel für

$$\begin{pmatrix} \alpha A & B^t \\ B & 0 \end{pmatrix}^{-1}$$

mit S wie oben her. Wenn die Abhängigkeit der Blockterme von α dann überrascht, braucht kein Rechenfehler vorzuliegen.

5.10 Die reduzierte Gleichung wurde stets für das diskretisierte Problem betrachtet. Macht es einen Sinn, für das nicht diskretisierte Stokes-Problem (III.6.1) eine reduzierte Gleichung aufzustellen?

Kapitel V
Mehrgitterverfahren

Die Mehrgitterverfahren zählen zu den schnellsten Gleichungslösern bei Problemen mit sehr vielen Unbekannten. Fedorenko [1961,1964] formulierte als erster 2-Gitter- bzw. Mehrgitter-Algorithmen und zeigte, dass der Rechenaufwand nur wie $O(n)$ ansteigt, wenn n die Zahl der Unbekannten bezeichnet. Bachvalov [1966] setzte die Untersuchungen für Differenzengleichungen fort und ließ variable Koeffizienten zu. Aber erst um 1975 entdeckte A.Brandt, dass die Mehrgitterverfahren wesentlich besser als andere bekannte Verfahren schon für solche n sind, wie sie in aktuellen Problemen häufig auftreten. Unabhängig davon hat Hackbusch [1976] die Mehrgittermethode wiederentdeckt und mit neuen Ideen zu einer Vereinfachung der Konzepte beigetragen.

Der Ausgangspunkt ist die Beobachtung, dass bei der Lösung der Gleichungssysteme für die Behandlung der langwelligen und der kurzwelligen Anteile unterschiedliche Vorgehensweisen sinnvoll sind. Durch die Kombination zweier verschiedener Methoden möchte man zu Algorithmen kommen, die auf dem gesamten Spektrum wirkungsvoll arbeiten. Das ist mit der Mehrgitter-Idee gelungen.

Klassische Iterationsverfahren wirken im wesentlichen glättend, d.h. sie beseitigen sehr schnell die oszillierenden (kurzwelligen) Anteile der Fehlerfunktion. Die langwelligen Anteile der Funktionen kann man bereits auf gröberen Gittern ziemlich genau berechnen. Obwohl man die lang- und die kurzwelligen Teile nicht strikt voneinander trennen kann, ergeben sich Iterationsverfahren mit Konvergenzraten (d.h. Fehlerreduktionsfaktoren) von $\frac{1}{20}$ bis $\frac{1}{4}$, s. Tab. 7. Wenn man die Mehrgitter-Idee zusätzlich bei der Ermittlung von Startwerten einsetzt, kommt man mit ein bis zwei Iterationszyklen aus, und der iterative Charakter des Verfahrens rückt wieder in den Hintergrund.

Für die Konvergenztheorie hat man außer der absoluten Größe des Fehlers auch die Glattheit zu messen. Man braucht deshalb (mindestens) zwei Normen und greift auf die Sobolev-Normen oder auf diskrete Analoga zurück.

Die algorithmischen Aspekte in den §§1, 4 und 6 sind im wesentlichen unabhängig von den Konvergenzbetrachtungen in den §§2, 3 und 5. Zur weiteren Orientierung sei auf die Bücher von Hackbusch [1985], Hackbusch und Trottenberg [1982], Briggs [1987], McCormick [1989], Wesseling [1991] und Bey [1998] hingewiesen.

§ 1. Mehrgitterverfahren für Variationsaufgaben

Glättungseigenschaften klassischer Iterationsverfahren

Mehrgitterverfahren basieren auf der Beobachtung, dass die klassischen Iterationsverfahren glättend wirken. Am einfachsten erkennt man das am Modellbeispiel II.4.3 mit der Poisson-Gleichung auf dem Rechteck, das schon in (IV.1.11) im Zusammenhang mit Gesamt- und Einzelschrittverfahren wieder aufgegriffen wurde.

1.1 Beispiel. Die Diskretisierung der Poisson-Gleichung auf dem Quadrat mittels Standard-5-Punkte-Stern führte auf die Gleichungen

$$4x_{i,j} - x_{i+1,j} - x_{i-1,j} - x_{i,j+1} - x_{i,j-1} = b_{ij} \quad \text{für } 1 \leq i, j \leq n - 1. \tag{1.1}$$

Dabei sind $x_{i,0} = x_{i,n} = x_{0,j} = x_{n,j} = 0$ zu setzen. Wir betrachten die iterative Lösung von (1.1) durch das Gesamtschrittverfahren mit Relaxationsparameter ω:

$$x_{i,j}^{\nu+1} = \frac{\omega}{4}(x_{i+1,j}^{\nu} + x_{i-1,j}^{\nu} + x_{i,j+1}^{\nu} + x_{i,j-1}^{\nu}) + \frac{\omega}{4}b_{ij} + (1-\omega)x_{i,j}^{\nu}. \tag{1.2}$$

Die Eigenvektoren $z^{k,m}$ der durch (1.2) implizit gegebenen Iterationsmatrix sind nach (IV.1.12) gerade als Diskretisierungen der Eigenfunktionen des Laplace-Operators zu verstehen:

$$(z^{k,m})_{i,j} = \sin \frac{ik\pi}{n} \sin \frac{jm\pi}{n}, \quad 1 \leq i, j, k, m \leq n - 1, \tag{1.3}$$

und die zugehörigen Eigenwerte sind

$$\lambda^{km} = \frac{1}{2}\cos\frac{k\pi}{n} + \frac{1}{2}\cos\frac{m\pi}{n} \qquad \text{im Fall } \omega = 1,$$

bzw.

$$\lambda^{km} = \frac{1}{4}\cos\frac{k\pi}{n} + \frac{1}{4}\cos\frac{m\pi}{n} + \frac{1}{2} \quad \text{im Fall } \omega = \frac{1}{2}.$$

Die einzelnen spektralen Anteile des Fehlers werden bei jedem Iterationsschritt mit dem entsprechenden Faktor λ^{km} multipliziert. Die Terme zu den Eigenwerten, deren Betrag nahe bei 1 ist, werden also am wenigsten gedämpft.

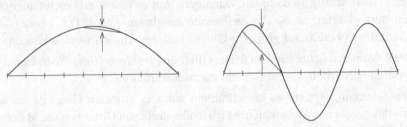

Abb. 49. Die Ersetzung des Wertes auf einem eindimensionalen Gitter durch die Mittelwerte der Nachbarn reduziert langwellige Terme kaum, aber kurzwellige Terme erheblich.

1.2 Folgerung. *Bei dem Gesamtschrittverfahren (mit $\omega = 1$) findet man nach wenigen Iterationsschritten im Fehler fast nur noch die Terme, für die*

> *k und m beide klein sind bzw.*
>
> *k und m beide nahe bei n liegen.*

Die letzteren Terme werden auch stark reduziert, wenn man einen der Schritte mit $\omega = 1/2$ (anstatt mit $\omega = 1$) durchführt. Es bleiben dann also nur die langwelligen Terme übrig, vgl. Abb. 49.

Im Einklang damit beobachtet man bei der Iteration eine deutliche Abnahme des Fehlers, solange der Fehler noch große oszillierende Anteile enthält. Sobald der Fehler jedoch glatt ist, kommt die Iteration fast zum Stehen. Dann ist die Fehlerreduktion pro Schritt nur von der Ordnung $1 - O(n^{-2})$.

Dass das Jacobi-Verfahren generell und nicht nur beim Modellproblem glättend wirkt, soll später im Rahmen der Konvergenztheorie gezeigt werden (s. Hilfssatz 2.4). In der Praxis benutzt man zur Glättung

> das Jacobi-Verfahren,
>
> das Einzelschrittverfahren (SOR),
>
> das symmetrische Einzelschrittverfahren (SSOR),
>
> die Iteration mit der unvollständigen Cholesky-Zerlegung (ICC).

Wir beschränken uns hier auf ein paar Gesichtspunkte für die Wahl der Glätter. Wenn die Systemmatrizen vollständig gespeichert werden können, benutzt man im Standardfall SOR- oder SSOR-Verfahren [mit leichter Unterrelaxation]. Für Parallel-Rechner ist die Jacobi-Relaxation geeigneter. Die Glättung mittels ICC ist zwar aufwendiger als die anderen, sie hat sich aber als sehr robust bei anisotropen Problemen erwiesen, vgl. Hemker [1980]. Eine starke Anisotropie liegt beispielsweise vor, wenn eine Richtung im Raum ausgezeichnet ist wie z.B. in der Differentialgleichung

$$100\, u_{xx} + u_{yy} = f.$$

Die Mehrgitter-Idee

Nach den Vorüberlegungen erweist sich das folgende Vorgehen als sinnvoll.

Man führt zunächst einige Relaxationsschritte aus, um alle oszillierenden Bestandteile des Fehlers kräftig zu dämpfen. Dann geht man zu einem gröberen Gitter über und ermittelt dort näherungsweise den verbleibenden glatten Anteil. Das ist möglich, weil glatte Funktionen bereits auf gröberen Gittern gut approximiert werden können.

Die *Glättungsschritte* auf dem feinen Gitter und die *Grob-Gitter-Korrekturen* werden abwechselnd wiederholt. Es entsteht ein Iterationsverfahren.

Das Gleichungssystem zu dem Problem auf dem gröberen Gitter ist einfacher zu lösen als das gegebene. Wenn man nämlich in einem ebenen Gitter von der Maschenweite h zu $2h$ übergeht, sinkt die Zahl der Unbekannten auf etwa ein Viertel. Außerdem ist die Bandbreite der Systemmatrix für das gröbere Gitter nur ungefähr halb so groß. Der

Rechenaufwand für das Gaußsche Eliminationsverfahren geht ungefähr um den Faktor 16 zurück. Wenn dann nur zwei bis drei Iterationsschritte gebraucht werden, erreicht man schon eine Ersparnis.

In der Regel wird der Aufwand zur Lösung des Gleichungssystems für die Maschenweite $2h$ immer noch als zu groß angesehen, und man wiederholt die Prozedur im Sinne einer Rekursion. Man vergröbert das Gitter so lange, bis ein kleines und damit einfach lösbares Gleichungssystem vorliegt.

Der Algorithmus

Der Übersichtlichkeit halber beschreiben wir zunächst nur den Zweigitter-Algorithmus für konforme Finite Elemente.

Zur Formulierung von Mehrgitter-Algorithmen treffen wir einige Vereinbarungen. Es hat sich eingebürgert, den jeweiligen Glättungsoperator in Anlehnung an das englische Wort *smoothing* mit S zu bezeichnen. So ist S z. B. bei der Glättung mittels Jacobi-Relaxation durch

$$x \longmapsto Sx := x - \omega(A_h x - b_h) \tag{1.4}$$

erklärt. Um Verwechslungen mit den Finite-Element-Räumen S_h zu vermeiden, werden wir bei den Glättungsoperatoren den Index h unterdrücken.

Sei $\{\psi_i\}$ eine Basis von S_h. Einem Vektor $x \in \mathbb{R}^N$ mit $N = N_h = \dim S_h$ ordnen wir stets die Funktion $u = \sum_i x_i \psi_i \in S_h$ zu. Bei der Zuordnung werden auch Indizes vererbt.

Die Iterierten u_h^k sowie die Zwischenwerte $u_h^{k,1}$ beziehen sich dann auf das feine Gitter, während die (eigentlich auch von k abhängenden) Hilfsgrößen v_{2h} auf dem groben Gitter mit doppelter Maschenweite leben.

1.3 Zweigitter-Iteration (*k*-ter Zyklus):

Sei u_h^k eine gegebene Näherung in S_h.

1. *Glättungsschritt.* Man führe ν Glättungsschritte durch:

$$u_h^{k,1} = S^\nu u_h^k.$$

2. *Grob-Gitter-Korrektur.* Man berechne die Lösung $\hat{v}_{2h}$ der Variationsaufgabe auf der Ebene $2h$:

$$J(u_h^{k,1} + v) \longrightarrow \min_{v \in S_{2h}} !$$

Setze

$$u_h^{k+1} = u_h^{k,1} + \hat{v}_{2h}. \qquad \qquad \square$$

1.4 Bemerkungen. (1) Der Parameter ν steuert die Zahl der Glättungsschritte, im Standardfall ist

$$1 \leq \nu \leq 3.$$

Die Ergebnisse von Ries, Trottenberg und Winter [1983] in Tabelle 8 zeigen, dass es sich bei gutartigen Problemen wie der Poisson-Gleichung nicht lohnt, mehr als 2 Glättungen zu verwenden. Bei komplexeren Problemen (dazu gehören nichtkonforme Elemente und gemischte Methoden) kann durchaus eine größere Zahl von Glättungen erforderlich sein.

(2) Welche Basis man für die Finite-Element-Räume wählt, wirkt sich im Prinzip bei der Glättung aus. Man kann die üblichen Funktionen einer nodalen Basis heranziehen, wie später in der Konvergenztheorie in §2 deutlich wird.

Tabelle 8. Schranke für den Spektralradius ρ der Iterationsmatrix beim Zweigitterverfahren für die Poisson-Gleichung. Zur Glättung werden ν Schritte des Gauss–Seidel–Verfahrens mit schachbrettartiger Anordnung ausgeführt.

ν	1	2	3	4
ρ	0.25	0.074	0.053	0.041

Wir wenden uns nun dem vollen Algorithmus mit mehreren Ebenen zu. Eine präzise Formulierung ist für konforme Finite Elemente mit ineinander geschachtelten Gittern am einfachsten.

Man wähle zunächst eine grobe Triangulierung $\mathcal{T}_{h_0}$. Indem man jedes Dreieck von $\mathcal{T}_{h_0}$ in 4 kongruente unterteilt, entsteht die Triangulierung $\mathcal{T}_{h_1}$. Durch die weitere Unterteilung der Elemente [13] erhält man nacheinander $\mathcal{T}_{h_2}, \mathcal{T}_{h_3}, \ldots, \mathcal{T}_{h_q}$. Anstatt $\mathcal{T}_{h_\ell}$ für $0 \leq \ell \leq \ell_{\max} =: q$ schreiben wir kurz $\mathcal{T}_\ell$. Der Triangulierung $\mathcal{T}_\ell$ sei der Finite-Element-Raum S_{h_ℓ} bzw. kurz S_ℓ zugeordnet:

$$S_0 \subset S_1 \subset \ldots \subset S_{\ell_{\max}}.$$

Das eigentliche Ziel ist, die Finite-Element-Lösung der Randwertaufgabe für das feinste Gitter zu bestimmen. Die Räume S_ℓ zu den gröberen Gittern treten nur in Hilfsproblemen auf.

Die Variablen in Mehrgitter-Algorithmen tragen bis zu drei Indizes: es bezeichnet

ℓ die Gitter-Ebene,

k den Iterationszähler,

m die Teilschritte innerhalb einer Iteration.

Anstatt $u^{\ell,k,0}$ wird meistens $u^{\ell,k}$ geschrieben.

Wir definieren das Mehrgitterverfahren für konforme Elemente *rekursiv*.

---

[13] Es brauchen nicht alle Elemente verfeinert zu werden, wenn man die Gesichtspunkte in Kap. II §8 zur teilweisen Netzverfeinerung beachtet.

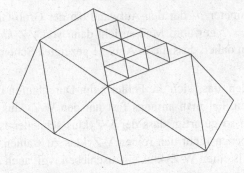

Abb. 50. Grobe Triangulierung, bei der bereits ein (grobes) Dreieck in zwei Schritten in 16 Teildreiecke zerlegt wurde. Die anderen Dreiecke sind analog zu zerlegen.

1.5 Mehrgitter-Iteration MGM$_\ell$ (k-ter Zyklus auf der Ebene $\ell \geq 1$):

Sei $u^{\ell,k}$ eine gegebene Näherung in S_ℓ.

1. *A priori-Glättung.* Man führe ν_1 Glättungsschritte durch:

$$u^{\ell,k,1} = \mathcal{S}^{\nu_1}\, u^{\ell,k}. \tag{1.5}$$

2. *Grob-Gitter-Korrektur.* Es bezeichne $\hat{v}^{\ell-1}$ die Lösung der Variationsaufgabe auf der Ebene $\ell - 1$:

$$J(u^{\ell,k,1} + v) \longrightarrow \min_{v \subset S_{\ell-1}} ! \tag{1.6}$$

Wenn $\ell = 1$ ist, berechne man die Lösung von (1.6) exakt und setze $v^{\ell-1} = \hat{v}^{\ell-1}$. Wenn $\ell > 1$ ist, bestimme man eine Näherung $v^{\ell-1}$ von $\hat{v}^{\ell-1}$, indem man μ Schritte von **MGM**$_{\ell-1}$ mit dem Startwert $u^{\ell-1,0} = 0$ ausführt. Setze

$$u^{\ell,k,2} = u^{\ell,k,1} + v^{\ell-1}. \tag{1.7}$$

3. *A posteriori-Glättung.* Man führe ν_2 Glättungsschritte durch

$$u^{\ell,k,3} = \mathcal{S}^{\nu_2}\, u^{\ell,k,2}$$

und setze $u^{\ell,k+1} = u^{\ell,k,3}$. □

1.6 Bemerkungen. (1) Wenn nur 2 Ebenen vorliegen, tritt nur der Fall $\ell = 1$ auf, und die Grob-Gitter-Korrektur wird exakt durchgeführt. Bei mehr als zwei Ebenen geschieht die Lösung auf dem groben Gitter nur noch näherungsweise, und in der Konvergenztheorie wird die Mehrgitter-Iteration meistens als gestörte Zweigitter-Iteration behandelt.

(2) Bei mehr als zwei Ebenen macht es einen Unterschied, ob man die Glättungen vor oder nach der Grob-Gitter-Korrektur vornimmt. Dies wird durch die Parameter ν_1 und ν_2 gesteuert. Der Einfachheit halber werden oft nur a priori Glättungen durchgeführt. Beim V-Zyklus ist es aber angebracht, die Glättungen auf die Perioden vorher und nachher gleichmäßig zu verteilen, d.h. $\nu_1 = \nu_2$ zu wählen.

(3) Für den Parameter μ, der den Aufwand bei der Grob-Gitter-Korrektur steuert, wird $\mu = 1$ oder $\mu = 2$ gewählt. Man spricht dann von *V-Zyklus* bzw. *W-Zyklus*. Die Bezeichnungen rühren daher, dass die in Abb. 51 gezeigten Schemata den Buchstaben V und W ähneln.

Um sicherzustellen, dass sich die Fehler beim Durchlaufen mehrerer Ebenen nicht zu stark aufsummieren, hat man anfangs fast nur den W-Zyklus gewählt. Die meisten Probleme sind jedoch so gutartig, dass der V-Zyklus schneller ist. (Noch günstiger ist es, bei mehr als 4 Ebenen nicht den reinen V-Zyklus zu wählen, sondern nach etwa 3 Vergröberungen jeweils einen W-Zyklus einzuschieben, vgl. auch Aufgabe 3.12.)

(4) Das Gleichungssystem zu dem Variationsproblem auf dem gröbsten Gitter löst man mit dem Gauß-Algorithmus oder anderen direkten Lösungsverfahren.

(5) Ein Hilfsgitter kann durchaus so grob sein, dass man es in der Praxis nie als endgültiges Gitter heranziehen würde. Bei der Poisson-Gleichung im Quadrat ist es sogar möglich, das Netz solange zu vergröbern, bis es nur noch einen einzigen inneren Punkt enthält. Die Konvergenzrate wird dadurch nicht beeinträchtigt.

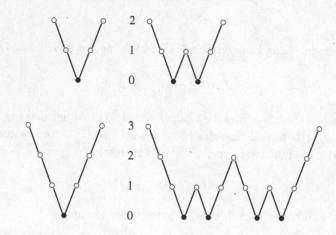

Abb. 51. V-Zyklus und W-Zyklus auf 3 Gittern (oben) und 4 Gittern (unten)

Der Übergang zwischen den Gittern

Hinter der Formulierung (1.6) für das Variationsproblem zur Grob-Gitter-Korrektur verbirgt sich der Übergang von S_ℓ nach $S_{\ell-1}$. Für die Durchführung der Rechnung braucht man in der Matrix-Vektor-Formulierung die Größen des Gleichungssystems

$$A_{\ell-1} y_{\ell-1} = b_{\ell-1},$$

das die Lösung des Hilfsproblems (1.6) auf dem gröberen Gitter liefert. Die Matrix $A_{\ell-1}$, die eine kleinere Dimension als A_ℓ hat, sowie die aktuelle rechte Seite $b_{\ell-1}$ sind zu bestimmen.

Bei allen Mehrgitterverfahren für lineare Gleichungssysteme benutzt man Vorschriften der Form

$$A_{\ell-1} := r A_\ell p,$$
$$b_{\ell-1} := r d_\ell \quad \text{mit } d_\ell := b_\ell - A_\ell u^{\ell,k,1}. \tag{1.8}$$

Die Matrix $r = r_\ell$ wird als *Restriktion* und die Matrix $p = p_\ell$ als *Prolongation* bezeichnet. Die Wahl von p und r beeinflusst die Konvergenzgeschwindigkeit erheblich.

Bei konformen Finiten Elementen ergeben sich p und r auf kanonische Weise. Es ist p die Matrixdarstellung der Injektion $j : S_{\ell-1} \hookrightarrow S_\ell$ und $r := p^t$ die des adjungierten Operators $j^* : S'_\ell \hookrightarrow S'_{\ell-1}$.

Für die Darstellung der rechentechnischen Seite sei $\{\psi_i^\ell\}_{i=1}^{N_\ell}$ eine Basis von S_ℓ und $\{\psi_j^{\ell-1}\}_{j=1}^{N_{\ell-1}}$ eine Basis von $S_{\ell-1}$. Wegen $S_{\ell-1} \subset S_\ell$ gibt es eine $N_{\ell-1} \times N_\ell$-Matrix r mit

$$\psi_j^{\ell-1} = \sum_i r_{ji} \psi_i^\ell, \quad j = 1, 2, \ldots, N_{\ell-1}. \tag{1.9}$$

Wir greifen auf die schwache Formulierung der Variationsaufgabe (1.6) zurück:

$$a(u^{\ell,k,1} + v, w) = (f, w)_0 \quad \text{für } w \in S_{\ell-1} \tag{1.6'}$$

oder[14]

$$a(v, w) = (d, w)_0 \quad \text{für } w \in S_{\ell-1}.$$

Dabei ist d über $(d, w)_0 = (f, w)_0 - a(u^{\ell,k,1}, w)$ gegeben. Insbesondere ist $d = 0$, falls $u^{\ell,k,1}$ schon Lösung auf der Ebene ℓ ist. Wie bei der Herleitung von (II.4.4) setzen wir nacheinander $w = \psi_j^{\ell-1}$ mit $j = 1, 2, \ldots, N_{\ell-1}$ ein und berücksichtigen sofort (1.9)

$$\sum_i r_{ji}\, a(u^{\ell,k,1} + v, \psi_i^\ell) = \sum_i r_{ji}\, (f, \psi_i^\ell)_0, \quad j = 1, 2, \ldots N_{\ell-1}.$$

Nun erinnern wir an die Zuordnung $u^{\ell,k,1} = \sum_t x_t^{\ell,k,1} \psi_t^\ell$. Ferner setzen wir noch $v = \sum_s y_s^{\ell-1} \psi_s^{\ell-1}$ und wechseln die Basis

$$\sum_t \sum_{i,s} r_{ji}\, a(\psi_s^\ell, \psi_i^\ell)\, r_{st} y_t^{\ell-1} = \sum_i r_{ji} \Big[(f, \psi_i^\ell)_0 - \sum_t a(\psi_t^\ell, \psi_i^\ell) x_t^{\ell,k,1} \Big],$$
$$j = 1, 2, \ldots, N_{\ell-1}. \tag{1.10}$$

Der Ausdruck in der eckigen Klammer ist gerade die i-te Komponente des in (1.8) genannten Defekts d_ℓ. Also ist (1.10) die komponentenweise geschriebene Gleichung $r A_\ell r^t\, y^{\ell-1} = r d_\ell$, und mit $p = r^t$ folgt (1.8). $\qquad\square$

---

[14] Der Zusammenhang mit den folgenden Rechnungen wird klarer, wenn man einen hier eigentlich unnötigen Formalismus mitschleppt. Wichtig wird er bei nichtkonformen Problemen, weil sich dort die Bilinearformen auf S_ℓ und $S_{\ell-1}$ unterscheiden können. Für die Iteration auf der Ebene ℓ ist die Bilinearform $a(\,.\,,.\,)$ zunächst auf S_ℓ erklärt, und beim Übergang zu $S_{\ell-1}$ kann man die Injektion formal mitführen:

$$a(jv, jw) = \langle j^*d, jw \rangle \quad \text{für } w \in S_{\ell-1}.$$

Der Vollständigkeit halber sei gesagt, dass die Vektor-Darstellung der Näherungslösung nach der Grob-Gitter-Korrektur (1.7) durch

$$x^{\ell,k,2} = x^{\ell,k,1} + p\, y^{\ell-1} \tag{1.11}$$

gegeben ist.

In der Praxis berechnet man die Prolongations- und Restriktionsmatrizen meistens
mittels Interpolation. Sei $\{\psi_i^\ell\}$ eine nodale Basis von S_ℓ. Dann sind also N_ℓ Punkte z_t^ℓ mit

$$\psi_i^\ell(z_t^\ell) = \delta_{it}, \quad i,t = 1,2,\ldots,N_\ell.$$

gegeben. Für jedes $v \in S_\ell$ ist $v = \sum_i v(z_i^\ell)\,\psi_i^\ell$, also für die Basisfunktionen von $S_{\ell-1}$
insbesondere $\psi_j^{\ell-1} = \sum_i \psi_j^{\ell-1}(z_i^\ell)\,\psi_i^\ell$. Durch Koeffizientenvergleich mit (1.9) folgt

$$r_{ji} = \psi_j^{\ell-1}(z_i^\ell). \tag{1.12}$$

Mit (1.12) hat man eine handliche Form für die Restriktionsmatrix.

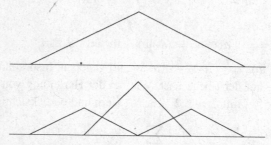

Abb. 52. Zerlegung einer nodalen Basisfunktion aus dem groben Gitter (oben) nach
nodalen Basisfunktionen des feinen Gitters (unten)

Am einfachsten und anschaulichsten ist die Matrix r bei Variationsproblemen im $\mathbb{R}^1$
darzustellen (s. Abb. 52). Für stückweise lineare Funktionen ist dann

$$r = \begin{pmatrix} \frac{1}{2} & 1 & \frac{1}{2} & & & & \\ & & \frac{1}{2} & 1 & \frac{1}{2} & & \\ & & & \ddots & \ddots & \ddots & \\ & & & & \frac{1}{2} & 1 & \frac{1}{2} \end{pmatrix} \tag{1.13}$$

Bei affinen Familien von Finiten Elementen braucht man die Koeffizienten nur für ein
(Referenz-) Element zu ermitteln. Insbesondere ist bei stückweise linearen Dreieckelementen

$$r_{ji} = \begin{cases} 1 & \text{falls } z_j^{\ell-1} = z_i^\ell, \\ \frac{1}{2} & \text{falls } z_i^\ell \text{ kein Gitterpunkt von } \mathcal{T}_{\ell-1}, \\ & \text{aber in } \mathcal{T}_\ell \text{ Nachbar von } z_j^{\ell-1} \text{ ist}, \\ 0 & \text{sonst.} \end{cases}$$

Wenn die Variablen wie beim Modellbeispiel II.4.3 auf einem Rechteckgitter ange-ordnet sind, kann man die Operatoren formal wie einen Differenzenstern angeben. In dem Beispiel ist

$$p = \begin{bmatrix} & \frac{1}{2} & \frac{1}{2} \\ \frac{1}{2} & 1 & \frac{1}{2} \\ \frac{1}{2} & \frac{1}{2} & \end{bmatrix}_*. \tag{1.14}$$

Es sei betont, dass r immer eine nur schwach besetzte Matrix ist und deshalb nie wie eine voll besetzte Matrix abgespeichert wird. Häufig hält man sie nur in Operatorform bereit, d.h. man hat eine Prozedur, die zu gegebenem $x^\ell \in \mathbb{R}^{N_\ell}$ den Vektor $rx^\ell \in \mathbb{R}^{N_{\ell-1}}$ hereitstellt. Die Zuordnung der Knoten des Netzes $\mathcal{T}_{\ell-1}$ zu denen von $\mathcal{T}_\ell$ und ihre Organi-sation ist ausschlaggebend für den Rechenaufwand.

Der Vollständigkeit halber beschreiben wir den Mehrgitter-Algorithmus noch mal unter stärkerer Betonung der rechentechnischen Seite. Diese Formulierung ist auch bei Differenzenverfahren zu verwenden. Die Glättung $\mathcal{S} = \mathcal{S}_\ell$, die Restriktion $r = r_\ell$ und die Prolongation $p = p_\ell$ seien fixiert.

1.7 Mehrgitter-Iteration MGM$_\ell$

(k-ter Zyklus auf der Ebene $\ell \geq 1$ in Matrix-Vektor-Darstellung):

Sei $x^{\ell,k}$ eine gegebene Näherung in $\mathcal{S}_\ell$.

1. *A priori-Glättung.* Man führe ν_1 Glättungsschritte durch:

$$x^{\ell,k,1} = \mathcal{S}^{\nu_1} x^{\ell,k}. \tag{1.15}$$

2. *Grob-Gitter-Korrektur.* Man berechne den Defekt $d_\ell = b_\ell - A_\ell x^{\ell,k,1}$ und die Re-striktion $b_{\ell-1} = rd_\ell$. Sei

$$A_{\ell-1}\hat{y}^{\ell-1} = b_{\ell-1}.$$

Wenn $\ell = 1$ ist, berechne man die Lösung exakt und setze $y^{\ell-1} = \hat{y}^{\ell-1}$.
Wenn $\ell > 1$ ist, bestimme man eine Näherung $y^{\ell-1}$ von $\hat{y}^{\ell-1}$, indem man μ Schritte von **MGM**$_{\ell-1}$ mit dem Startwert $x^{\ell-1,0} = 0$ ausführt.
Setze

$$x^{\ell,k,2} = x^{\ell,k,1} + p\, y^{\ell-1}.$$

3. *A posteriori-Glättung.* Man führe ν_2 Glättungsschritte durch

$$x^{\ell,k,3} = \mathcal{S}^{\nu_2} x^{\ell,k,2}$$

und setze $x^{\ell,k+1} = x^{\ell,k,3}$. □

Die Entwicklung von Mehrgitterverfahren für nichtkonforme Elemente und Sat-telpunktmethoden ist aufwendiger. Bei nichtkonformen Elementen ist meistens $S_{2h} \not\subset S_h$. Dann sind die Prolongations- und Restriktionsoperatoren speziell abzustimmen. Das ist am intensivsten für das nichtkonforme P_1-Element geschehen, s. Brenner [1989], Braess und Verfürth [1990]. Bei gemischten Methoden ist dagegen nicht von vorn herein klar, wie passende Glättungsoperatoren aussehen. Früher hat man die Jacobi-Glättung oft auf das quadrierte System angewandt, wie z.B. Verfürth [1988]. In letzter Zeit wurden mit den sogenannten transformierenden Glättern ganz andere Wege beschritten, s. Brandt und Dinar [1979], Wittum [1989], Braess und Sarazin [1996], Zulehner [2000]. Bank, Welfert und Yserentant [1990] gehen wiederum stärker vom Uzawa-Algorithmus aus.

Aufgaben

1.8 Man betrachte im Beispiel 1.1 das Jacobi-Verfahren mit $\omega = \frac{2}{3}$. Welche Frequenzen sind bei $n = 32$ nach 10 Iterationsschritten um weniger als den Faktor 2 gedämpft?

1.9 Es liege eine Reihe von Messdaten $\{y_i\}_{i=1}^{2n+1}$ vor, die man sich als Werte einer Funktion auf einem äquidistanten Gitter vorstellen möge. Es werden aber nur Daten für ein Gitter doppelter Maschenweite gebraucht. Mit dem Eliminationsprozess möchte man möglichst auch Messfehler eliminieren. Welche der drei folgenden Prozeduren glättet am besten ($i = 1, 2, \ldots, n$):

   a) $z_i = y_{2i}$,
   b) $z_i = \frac{1}{2}(y_{2i-1} + y_{2i+1})$,
   c) $z_i = \frac{1}{4}(y_{2i-1} + 2y_{2i} + y_{2i+1})$?

Für die Analyse stelle man sich die Werte als zyklisch vor und vergleiche die Fourier-Koeffizienten für die $\{z_i\}$ und $\{y_i\}$.

1.10 Den Algorithmus 1.7 schreibe man als formale PASCAL-Prozedur $\mathbf{MGM}_\ell(A_\ell, b_\ell, x^{\ell,k})$ oder in einer anderen höheren Programmiersprache.

1.11 Wie sieht der (eindimensionale) Stern für den Restriktionsoperator mit der Matrixdarstellung (1.13) aus?

1.12 Die Ausrichtung der Dreiecke im Modellbeispiel II.4.3 bewirkt, dass die Prolongation in (1.16) zu einem unsymmetrischen Stern führt. Natürlicher erscheint die symmetrische Form

$$p = \begin{bmatrix} \frac{1}{4} & \frac{1}{2} & \frac{1}{4} \\ \frac{1}{2} & 1 & \frac{1}{2} \\ \frac{1}{4} & \frac{1}{2} & \frac{1}{4} \end{bmatrix}_*. \tag{1.16}$$

Wie sehen die Sterne zu den Restriktionsoperatoren aus, die sich aus (1.14) und (1.16) durch die Matrizengleichung $r = p^t$ ergeben?

§ 2. Konvergenz von Mehrgitterverfahren

Ein Mehrgitterverfahren heißt *konvergent*, wenn der Fehler mit jedem Iterationszyklus wenigstens um einen Faktor $\rho < 1$ reduziert wird und ρ *unabhängig von h* ist. Im Gegensatz zu den klassischen Iterationsverfahren wird dann die Konvergenz für $h \to 0$ nicht beliebig langsam. Der Faktor ρ wird als *Konvergenzrate* oder *Kontraktionszahl* bezeichnet. Er ist offensichtlich ein Maß für die Konvergenzgeschwindigkeit.

Das Resultat dieses § über die Konvergenz liefert keine quantitative Aussage über die Konvergenzraten, dafür ist die Fourier-Methode [Brandt 1977, Ries, Trottenberg und Winter 1983] oder der Weg über die Zerlegung der Räume [Braess, 1981] geeigneter. Trotzdem gibt die Beweismethode einen guten Einblick in die Wirkungsweise der Mehrgitterverfahren.

Unabhängig von Fedorenko [1961] lieferten dann Hackbusch [1976] und Nicolaides [1977] die ersten Konvergenzbeweise. Wir greifen auf Ideen zurück, die Bank und Dupont [1981] für ihren Beweis benutzten, und wählen einen Rahmen ähnlich wie Hackbusch [1985].

Die meisten Konvergenzbeweise weisen eine sehr ähnliche Struktur auf: Man kombiniert eine *Glättungseigenschaft*

$$\|\mathcal{S}^v v_h\|_X \leq c\, h^{-\beta} \frac{1}{v^\gamma} \|v_h\|_Y \tag{2.1}$$

mit einer *Approximationseigenschaft*

$$\|v_h - u_{2h}\|_Y \leq c\, h^\beta \|v_h\|_X, \tag{2.2}$$

wenn u_{2h} die Grob-Gitter-Näherung von v_h ist. Das Produkt der beiden Faktoren ist dann für großes v kleiner als 1 und zwar unabhängig von h.

Die verschiedenen Beweise unterscheiden sich durch die Wahl der Normen $\|\cdot\|_X$ und $\|\cdot\|_Y$, wobei $\|\cdot\|_X$ im Prinzip eine feinere Topologie als $\|\cdot\|_Y$ erzeugt. Die Paare (2.1) und (2.2) müssen genauso zusammenpassen wie in Kap. II die Approximationseigenschaft (II.6.16) und die inverse Abschätzung (II.6.17). Es ist klar, dass wir zwei Normen oder allgemeiner zwei Größen zur Bewertung des Fehlers benötigen. Neben der *Größe* des Fehlers (bzgl. welcher Norm auch immer) muss die *Glattheit* des Fehlers gemessen werden.

Das Ziel dieses § ist der Nachweis der Konvergenz des Verfahrens bei zwei Gittern unter folgenden Voraussetzungen:

2.1 Voraussetzungen.

(1) Die Randwertaufgabe ist H^1- oder H_0^1-elliptisch.

(2) Die Randwertaufgabe ist H^2-regulär.

(3) Die Räume S_ℓ gehören zu einer Familie konformer Finiter Elemente mit uniformen Triangulierungen, und es ist $S_{\ell-1} \subset S_\ell$.

(4) Es wird jeweils die nodale Basis benutzt.

Für die meisten Überlegungen genügen schwächere Voraussetzungen, jedoch werden dann die Beweise technisch aufwendiger. So würde $H^{1+\alpha}$-Regularität mit $\alpha > 0$ in diesem § ausreichen, s. Aufgabe 2.11.

Diskrete Normen

Die Güte der Approximation einer Funktion durch Finite Elemente wurde bisher durch höhere Sobolev-Normen ausgedrückt. Dieses Konzept greift nicht mehr, wenn die Approximation einer Funktion $v_h \in S_h$ durch solche aus dem Raum der Grob-Gitter-Funktionen S_{2h} erfasst werden soll. Wenn S_h nämlich C^0-Elemente enthält, ist in der Regel $S_h \not\subset H^2(\Omega)$, und Abschätzungen mit der H^2-Norm sind nicht verwendbar.

Deshalb wird der N_h-dimensionale Raum S_h mit einer weiteren Hilbert-Raum-Skala versehen. Die neue Skala wird mit der Skala der Sobolev-Räume soweit wie möglich verheftet. — Einige oft benutzte Schlüsse lassen sich am einfachsten in der abstrakten Formulierung beschreiben.

2.2 Definition. Sei A eine symmetrische, positiv definite $N \times N$-Matrix und $s \in \mathbb{R}$. Mit dem Euklidischen Skalarprodukt $(.,.)$ im $\mathbb{R}^N$ wird die Norm

$$\|x\|_s := (x, A^s x)^{1/2} \tag{2.3}$$

erklärt.

Für eine symmetrische, positiv definite Matrix A sind die Potenzen A^s auch für nicht ganzzahliges s wohldefiniert. Dafür greifen wir auf die Spektralzerlegung zurück, die auch bei der Einführung der $\|\!|\cdot\|\!|_s$-Normen eine Alternative zur Darstellung (2.3) bietet. Die Matrix A besitzt ein vollständiges System von orthonormalen Eigenvektoren $\{z_i\}_{i=1}^N$:

$$A z_i = \lambda_i z_i, \quad i = 1, 2, \ldots, N,$$
$$(z_i, z_j) = \delta_{ij}, \quad i, j = 1, 2, \ldots, N.$$

Jeder Vektor $x \in \mathbb{R}^N$ lässt sich in der Form

$$x = \sum_{i=1}^N c_i z_i \tag{2.4}$$

schreiben. In dieser Darstellung ist

$$A^s x = \sum_i c_i \lambda_i^s z_i \tag{2.5}$$

wohldefiniert. Mit (2.4), (2.5) und den Orthogonalitätsrelationen erhalten wir

$$(x, A^s x) = \Big(\sum_k c_k z_k, \sum_i c_i \lambda_i^s z_i\Big) = \sum_i \lambda_i^s c_i^2.$$

Damit haben wir für die Normen (2.3) als Alternative die Darstellung

$$\||x\||_s = \Big(\sum_{i=1}^N \lambda_i^s |c_i|^2\Big)^{1/2} = \|A^{s/2} x\|. \tag{2.6}$$

2.3 Eigenschaften der Norm (2.3).

(1) *Verankerung bei $s = 0$:* Es ist $\||x\||_0 = \|x\|$, wobei $\| \cdot \|$ die Euklidische Norm bezeichnet.

(2) *Logarithmische Konvexität:* Für $r, t \in \mathbb{R}$ und $s = \frac{1}{2}(r + t)$ ist

$$\||x\||_s \leq \||x\||_r^{1/2} \cdot \||x\||_t^{1/2},$$
$$|(x, A^s y)| \leq \||x\||_r \cdot \||y\||_t.$$

Mit Hilfe der Cauchy–Schwarzschen Ungleichung folgt nämlich

$$|(x, A^s y)| = |(A^{r/2} x, A^{t/2} y)| \leq \|A^{r/2} x\|\, \|A^{t/2} y\| = \||x\||_r \cdot \||y\||_t.$$

Das ist die zweite Behauptung. Die Spezialisierung $x = y$ liefert die erste. Wenn man auf beiden Seiten den Logarithmus bildet, folgt wegen der Stetigkeit, dass die Funktion

$$s \longmapsto \log \||x\||_s$$

für jeden Vektor $x \neq 0$ konvex ist.

(3) *Monotonie:* Sei α die Elliptizitätskonstante, d.h. $(x, Ax) \geq \alpha(x, x)$. Dann ist

$$\alpha^{-t/2} \||x\||_t \geq \alpha^{-s/2} \||x\||_s, \quad \text{für } t \geq s.$$

Für den Spezialfall $\alpha = 1$ erhält man die Behauptung wegen $\lambda_i \geq \alpha = 1$ sofort aus (2.6). Andernfalls hat man die Monotonie für die normierte Matrix $\alpha^{-1} A$ und schließt von dort auf A zurück.

(4) *Shift-Theorem.* Für die Lösung von $Ax = b$ und $s \in \mathbb{R}$ ist

$$\||x\||_{s+2} = \||b\||_s.$$

Dies folgt aus $(x, A^{s+2} x) = (Ax, A^s Ax) = (b, A^s b)$. $\qquad\qquad$ □

Mit der durch (2.3) erzeugten Skala bekommt man für die Jacobi-Relaxation ohne weitere Voraussetzungen eine Eigenschaft, die wir später als Glättungseigenschaft erkennen werden.

2.4 Hilfssatz. *Sei* $\omega \geq \lambda_{\max}(A)$, $s \in \mathbb{R}$ *und* $t > 0$. *Für die Iteration*

$$x^{\nu+1} = (1 - \frac{1}{\omega}A)x^{\nu}$$

ist dann

$$|||x^{\nu}|||_{s+t} \leq c\nu^{-t/2}|||x^0|||_s.$$

mit $c = \left(\frac{t\omega}{2e}\right)^{t/2}$.

Beweis. Wenn x^0 im Sinne von (2.4) entwickelt wird, ist $x^{\nu} = \sum_i (1 - \lambda_i/\omega)^{\nu} c_i z_i$, und wir erhalten wegen $0 < \lambda_i/\omega \leq 1$:

$$|||x^{\nu}|||_{s+t}^2 = \sum_i \lambda_i^{s+t} \left[(1 - \frac{\lambda_i}{\omega})^{\nu} c_i\right]^2$$

$$= \omega^t \sum_i \left(\frac{\lambda_i}{\omega}\right)^t \left(1 - \frac{\lambda_i}{\omega}\right)^{2\nu} \lambda_i^s c_i^2$$

$$\leq \omega^t \cdot \max_{0 \leq \zeta \leq 1} \{\zeta^t (1 - \zeta)^{2\nu}\} \sum_i \lambda_i^s c_i^2. \tag{2.7}$$

Zur Berechnung des in (2.7) auftretenden Maximums betrachten wir die Funktion $\zeta(1 - \zeta)^p$ im Intervall $[0,1]$ mit $p > 0$. Sie nimmt ihr Maximum bei $\zeta = 1/(p + 1)$ an. Also ist in $[0,1]$:

$$\zeta(1 - \zeta)^p \leq \frac{1}{p+1}(\frac{p}{p+1})^p = \frac{1}{p}\frac{1}{(1 + \frac{1}{p})^{p+1}} \leq \frac{1}{p}\frac{1}{e}.$$

Mit $p = 2\nu/t$ folgt $\max\{\zeta^t(1 - t)^{2\nu}\} \leq (t/[2e\nu])^t$. Weil die in (2.7) auftretende Summe gerade $|||x|||_s^2$ beträgt, ist der Hilfssatz bewiesen. $\qquad\square$

Die Aussage des Hilfssatzes 2.4 ist unabhängig von der Wahl der Basis. Das gilt für die folgenden Untersuchungen nur noch unter zusätzlichen Voraussetzungen.

Verknüpfung mit den Sobolev-Normen

Im Beispiel 1.1 gehörten zu kleinen Eigenwerten von A die glatten Eigenfunktionen und zu den großen diejenigen mit stark oszillierenden Anteilen. Diese Aussage ist natürlich mit der Wahl der Basis verknüpft. Wir werden sehen, dass sie allgemein zutrifft, wenn bei affinen Familien die nodale Basis gewählt wird. Der Grund ist letzten Endes, dass die $||| \cdot |||_0$-Norm dann zur Sobolev-Norm $\| \cdot \|_{0,\Omega}$ äquivalent ist.

2.5 Hilfssatz. *Sei* $\mathcal{T}_h$ *eine Familie uniformer Zerlegungen von* $\Omega \subset \mathbb{R}^n$, *und* S_h *gehöre zu einer affinen Familie Finiter Elemente. Die Funktionen in der nodalen Basis seien gemäß*

$$\psi_i(z_j) = h^{-n/2}\delta_{ij} \tag{2.8}$$

normiert. Für $v_h \in S_h$ *ist* $|||v_h|||_0 = [h^n \sum_i v_h(z_i)^2]^{1/2}$ *gerade die Euklidische Norm des Koeffizientenvektors zur Basis* $\{\psi_i\}$. *Dann ist mit einer von* h *unabhängigen Zahl* c:

$$c^{-1}\|v_h\|_{0,\Omega} \leq |||v_h|||_0 \leq c\|v_h\|_{0,\Omega}. \tag{2.9}$$

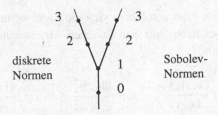

Abb. 53. Verknüpfung der durch die diskreten Normen und die Sobolev-Normen definierten Skalen

Zum Beweis von (2.9) greifen wir auf Aufgabe II.6.12 zurück: Auf dem Referenzelement $T_{\text{ref}} \subset \mathbb{R}^n$ sind $\|p\|_{0,T_{\text{ref}}}^2$ und $\sum_i p(z_i)^2$ äquivalent. Aus den Eigenschaften affiner Transformationen schließt man, dass für jedes $T \in \mathcal{T}_h$ die Größen $\|v_h\|_{0,T}^2$ und $h^n \sum_i v_h(z_i)^2$ äquivalent sind, wenn die Summe über die zu T gehörenden Knoten läuft. Dabei entsteht der Faktor h^n durch die Transformation des Gebiets. Durch Summation über die Elemente erhält man (2.9). $\qquad\square$

In der Praxis wählt man die Basisfunktionen natürlich durchweg mit der bequemeren Normierung $\psi_i(z_j) = \delta_{ij}$. Der Unterschied im Normierungsfaktor kann im folgenden aber unberücksichtigt bleiben. Die wesentlichen Ergebnisse ändern sich nämlich nicht, wenn man die Systemmatrix mit einem Faktor multipliziert.

Wir beschränken uns weiterhin auf elliptische Probleme 2. Ordnung. Zu $v_h \subset S_h$ definieren wir nun $\|\|v_h\|\|_s$, indem wir v_h die Koeffizienten zur nodalen Basis (2.8) zuordnen und die Skala gemäß Definition 2.2 mit der Steifigkeitsmatrix A_h bilden. Insbesondere ist dann

$$\|\|v_h\|\|_1^2 = (v_h, A_h v_h) = a(v_h, v_h),$$

und wegen der Elliptizität der Bilinearform a folgt

$$c^{-1} \|v_h\|_{1,\Omega} \le \|\|v_h\|\|_1 \le c \|v_h\|_{1,\Omega}. \tag{2.10}$$

Genau genommen wurde jede Funktion $v_h \in S_h$ mit dem Koeffizientenvektor zur nodalen Basis identifiziert. Dies ist sinnvoll, weil $\|\cdot\|_{s,\Omega}$ und $\|\|\cdot\|\|_s$ für $s = 0$ und $s = 1$ nach (2.9) bzw. (2.10) äquivalent sind. Für $s > 1$ ist das nicht mehr der Fall (s. Abb. 53).

Als Folgerungen der Äquivalenz erhalten wir eine Abschätzung der größten und kleinsten Eigenwerte sowie der Kondition der Steifigkeitsmatrix.

2.6 Hilfssatz. *Die Voraussetzungen von Hilfssatz 2.5 seien erfüllt. Dann gilt für die aus einem H^1- bzw. H_0^1-elliptischen Problem resultierende Systemmatrix*

$$\lambda_{\min}(A_h) \ge c^{-1}, \quad \lambda_{\max}(A_h) \le c \cdot h^{-2}, \quad \kappa(A_h) \le c^2 \cdot h^{-2} \tag{2.11}$$

mit einer von h unabhängigen Zahl c.

Beweis. Für positiv definite Matrizen lassen sich die Eigenwerte über Schranken für die Rayleigh-Quotienten abschätzen. Mit den inversen Abschätzungen II.6.8 erhalten wir $\|v_h\|_{1,\Omega} \le ch^{-1}\|v_h\|_{0,\Omega}$ und

$$\lambda_{\max}(A_h) = \sup_x \frac{(x, A_h x)}{(x, x)} = \sup_{v_h \in S_h} \frac{\||v_h|\|_1^2}{\||v_h|\|_0^2} \le c \sup_{v_h \in S_h} \frac{\|v_h\|_{1,\Omega}^2}{\|v_h\|_{0,\Omega}^2} \le ch^{-2}.$$

Mit $\|v_h\|_{1,\Omega} \ge \|v_h\|_{0,\Omega}$ folgt analog

$$\lambda_{\min}(A_h) = \inf_x \frac{(x, A_h x)}{(x, x)} = \inf_{v_h \in S_h} \frac{\||v_h|\|_1^2}{\||v_h|\|_0^2} \ge c^{-1} \inf_{v_h \in S_h} \frac{\|v_h\|_{1,\Omega}^2}{\|v_h\|_{0,\Omega}^2} \ge c^{-1}.$$

Die dritte Behauptung ergibt sich schließlich aus $\kappa(A_h) = \lambda_{\max}(A_h)/\lambda_{\min}(A_h)$. □

Die Abschätzungen sind scharf. Die in (2.11) auftretende Potenz h^{-2} kann nicht verbessert werden; denn laut Bemerkung II.6.10 gibt es in S_h Funktionen, für die $\|v_h\|_1 \approx ch^{-1}\|v_h\|_0$ ist.

Außerdem erkennt man aus dem Beweis des Hilfssatzes, dass für jede Eigenfunktion ϕ_h das Verhältnis $\|\phi_h\|_1^2/\|\phi_h\|_0^2$ den Eigenwert bis auf eine Konstante angibt. Deshalb gehören die oszillierenden Eigenfunktionen zu großen Eigenwerten. In dieser Hinsicht ist die Situation also genauso wie im Modellbeispiel 1.1.

Indem wir den Hilfssatz 2.4 für $s = 0$, $t = 2$ verwenden und die Abschätzung (2.11) für $\lambda_{\max}$ einsetzen, erhalten wir

2.7 Folgerung. *(Glättungseigenschaft) Für die Iteration $x^{\nu+1} = (1 - \frac{1}{\omega}A_h)x^\nu$ mit $\omega = \lambda_{\max}(A_h)$ ist*

$$\||x^\nu|\|_2 \le \frac{c}{\nu} h^{-2}\|x^0\|_0. \tag{2.12}$$

Approximationseigenschaft

Die Güte der Grob-Gitter-Korrektur in S_{2h} lässt sich durch die $\||\cdot|\|_2$-Norm ausdrücken, und die Ergebnisse ähneln denen in Kap. II §7, wenn man die Sobolev-Norm $\|\cdot\|_{2,\Omega}$ durch $\||\cdot|\|_2$ ersetzt. Das wesentliche Hilfsmittel ist hier das Dualitätsargument von Aubin–Nitsche. Nach den Approximationssätzen in Kap. II §6 gewinnt man bei der Abschätzung der $\|\cdot\|_1$-Norm des Fehlers durch die $\|\cdot\|_2$-Norm eine h-Potenz. Laut Folgerung II.7.7 lässt sich dieser Gewinn auf dem rechten Ast der Skala in Abb. 52 "verschieben", und es wurde gezeigt, dass derselbe Gewinn bei der Abschätzung der $\|\cdot\|_0$-Norm durch die $\|\cdot\|_1$-Norm erreicht wird. Derselbe Vorgang wird jetzt in der entgegengesetzten Richtung vollzogen, nachdem man auf die Skala mit den diskreten Normen umgeschaltet hat, s. Braess und Hackbusch [1983].

2.8 Hilfssatz. *Zu $v \in S_h$ sei u_{2h} die Lösung der schwachen Gleichung*

$$a(v - u_{2h}, w) = 0 \quad \text{für } w \in S_{2h}.$$

Ferner sei Ω konvex, oder Ω habe einen glatten Rand. Dann ist

$$\|v - u_{2h}\|_{1,\Omega} \leq c \cdot 2h \|\|v\|\|_2, \tag{2.13}$$

$$\|v - u_{2h}\|_{0,\Omega} \leq c \cdot 2h \|v - u_{2h}\|_{1,\Omega}. \tag{2.14}$$

Beweis. Nach Voraussetzung ist das Problem H^2-regulär, und nach Folgerung II.7.7 gilt (2.14). Weiter erinnern wir an die Eigenschaft 2.3(2) und schließen mit der vom Céa-Lemma her bekannten Schlussweise:

$$\alpha \|v - u_{2h}\|_1^2 \leq a(v - u_{2h}, v - u_{2h}) = a(v - u_{2h}, v) = (v - u_{2h}, A_h v)$$

$$\leq \|\|v - u_{2h}\|\|_0 \cdot \|\|v\|\|_2 \leq c_1 \|v - u_{2h}\|_0 \cdot \|\|v\|\|_2$$

$$\leq c_1 c \, 2h \, \|v - u_{2h}\|_1 \cdot \|\|v\|\|_2.$$

Nach Kürzen folgt (2.13). $\qquad\qquad\qquad\qquad\qquad\qquad\qquad\qquad\qquad \square$

Konvergenzbeweis für das Zweigitterverfahren

Die in (2.1) und (2.2) geforderten abstrakten Glättungseigenschaften sind mit den beiden letzten Hilfssätzen speziell für

$$\| \cdot \|_X = \|\| \cdot \|\|_2, \quad \| \cdot \|_Y = \|\| \cdot \|\|_0, \quad \beta = 2 \quad \text{und } \gamma = 1 \tag{2.15}$$

erbracht. Aus dem folgenden Beweis wird die fundamentale Bedeutung der Eigenschaften (2.1) und (2.2) deutlich. Damit der Formalismus aber nicht alles andere verdeckt, wird der Beweis konkret geführt. — Man beachte, dass beim Zweigitterverfahren das feinste Gitter zur Ebene $\ell = 1$ gehört und dort $u_1 = u_{\ell_1}$ die gesuchte Lösung ist.

2.9 Konvergenzsatz. *Unter den Voraussetzungen 2.1 gilt für das Zweigitterverfahren mit Jacobi-Relaxation (und $\lambda_{\max}(A_h) \leq \omega \leq c' \lambda_{\max}(A_h)$)*

$$\|u^{1,k+1} - u_1\|_{0,\Omega} \leq \frac{c}{\nu_1} \|u^{1,k} - u_1\|_{0,\Omega},$$

wobei c eine von h unabhängige Zahl und ν_1 die Anzahl der a priori-Glättungen ist.

Beweis. Für die Glättung mit der Jacobi-Relaxation ist

$$u^{1,k,1} - u_1 = (1 - \frac{1}{\omega} A_h)^{\nu_1} (u^{1,k} - u_1).$$

Laut Hilfssatz 2.6 gilt deshalb

$$\|\|u^{1,k,1} - u_1\|\|_2 \leq \frac{c}{\nu_1} h^{-2} \|u^{1,k} - u_1\|_{0,\Omega}. \tag{2.16}$$

Nach Definition der Grob-Gitter-Korrektur ist $u^{1,k,2} = u^{1,k,1} + u_{2h}$ durch

$$a(u^{1,k,1} + u_{2h}, w) = (f, w)_{0,\Omega} \quad \text{für } w \in S_{2h}$$

bestimmt. Außerdem ist $a(u_1, w) = (f, w)_{0,\Omega}$ für $w \in S_h$. Wegen $S_{2h} \subset S_h$ liefert die Subtraktion der beiden Gleichungen

$$a(u^{1,k,1} - u_1 + u_{2h}, w) = 0 \quad \text{für } w \in S_{2h}.$$

Indem wir Hilfssatz 2.8 auf $v := u^{1,k,1} - u_1$ anwenden, erhalten wir

$$\|u^{1,k,2} - u_1\|_{0,\Omega} \le c \cdot h^2 \|\|u^{1,k,1} - u_1\|\|_2. \tag{2.17}$$

Die a posteriori-Glättung dürfen wir hier sehr grob behandeln. Offensichtlich ist $\|\|(1 - \frac{1}{\omega}A_h)x\|\|_s \le \|\|x\|\|_s$. Daraus folgt $\|\|u^{1,k,3} - u_1\|\|_0 \le \|\|u^{1,k,2} - u_1\|\|_0$ und wegen der Äquivalenz der Normen

$$\|u^{1,k,3} - u_1\|_{0,\Omega} \le c\|u^{1,k,2} - u_1\|_{0,\Omega}. \tag{2.18}$$

Indem wir (2.16) – (2.18) hintereinander schalten und $u^{1,k+1} = u^{1,k,3}$ beachten, erhalten wir die Behauptung. $\square$

Andere Konzepte

Der Zusammenhang mit der etwas anderen Darstellung bei Hackbusch [1985] ist leicht hergestellt. Die Matrix-Darstellung der Zweigitter-Iteration lautet

$$u^{1,k+1} - u_1 = M(u^{1,k} - u_1) \tag{2.19}$$

mit

$$\begin{aligned} M &= \mathcal{S}^{\nu_2}(I - pA_{2h}^{-1}rA_h)\mathcal{S}^{\nu_1} \\ &= \mathcal{S}^{\nu_2}(A_h^{-1} - pA_{2h}^{-1}r)A_h\mathcal{S}^{\nu_1}. \end{aligned} \tag{2.20}$$

Insbesondere beschreibt $pA_{2h}^{-1}rA_h$ die Grob-Gitter-Korrektur beim Zweigitterverfahren. Wenn man die Glättungs- und die Approximationseigenschaft in der Form

$$\|A_h\mathcal{S}^\nu\| \le \frac{c}{\nu}h^{-2}, \quad \|(A_h^{-1} - pA_{2h}^{-1}r)\| \le ch^2 \tag{2.21}$$

nebst $\|\mathcal{S}\| \le 1$ herleitet, erhält man die Kontraktion $\|M\| \le c/\nu < 1$ für hinreichend große ν. Wegen $\|\|Ax\|\|_0 = \|\|x\|\|_2$ ergeben sich aus (2.21) die Glättungs- und Approximationseigenschaften wieder mit den Normen und Parametern gemäß (2.15).

Die Glättungseigenschaft wird meistens wie in Hilfssatz 2.4 erbracht, wenn die Konvergenz der Mehrgitterverfahren mit Hilbert-Raum-Skalen realisiert wird. Anders geht Reusken [1992] bei der Konvergenz bzgl. der Maximum-Norm vor.

2.10 Reuskens Lemma. *Sei* $\| \cdot \|$ *eine Matrixnorm, die einer Vektornorm zugeordnet ist. Ferner gelte für* $B = I - M^{-1}A$

$$\|B\| \leq 1. \tag{2.22}$$

Dann ist für $\mathcal{S} = \frac{1}{2}(I + B)$

$$\|A\mathcal{S}^v\| \leq \sqrt{\frac{8}{\pi v}} \, \|M\|.$$

Die Glättungseigenschaft erhält man also, wenn man eine Matrix M findet, so dass (2.22) gilt und $\|M\|$ durch dieselbe h-Potenz abgeschätzt werden kann wie $\|A\|$. Interessanterweise definiert B wegen (2.22) zwar (fast) einen konvergenten Iterationsprozess, zur Glättung wird jedoch eine Mittelung vorgenommen. Der Beweis des Lemmas führt über $A\mathcal{S}^v = 2^{-v}M(I - B)(I + B)^v$ und die Formel $\|(I - B)(I + B)^v\| \leq 2^{v+1}\sqrt{\frac{2}{\pi v}}$. Letztere wird wiederum mit Hilfe der Binomischen Formel und (2.22) verifiziert. $\qquad\Box$

Bei nichtkonformen Elementen und, wenn $S_{2h} \not\subset S_h$ ist, ist Hilfssatz 2.8 nicht anwendbar. Die Dualitätstechnik ist dann zu modifizieren, vgl. Brenner [1989], Braess & Verfürth [1990]. Man bezeichne mit $r_h \in S_h$ eine Darstellung des Defekts, die über $(r_h, w)_0 = \langle d, w \rangle := (f, w)_0 - a(u^{\ell,k,e}, w)$ für $w \in S_h$ definiert ist. Dann sind $u_\ell - u^{\ell,k,1}$ und $v_{\ell-1}$ die Finite-Element-Approximationen der Gleichung

$$a(z, w) = (r_h, w)_0 \quad \text{für } w \in H_0^1(\Omega) \tag{2.23}$$

in S_ℓ bzw. in $S_{\ell-1}$. Es ist dann $\|u_\ell - v_{\ell-1} - u^{\ell,k,1}\| \leq \|u_\ell - u^{\ell,k,1} - z\| + \|v_{\ell-1} - z\|$, und die Terme auf der rechten Seite lassen sich mit üblichen Finite-Element-Abschätzungen behandeln. Insbesondere braucht man die Dualitätstechnik, um scharfe Abschätzungen zu erhalten. Die Darstellung des Defekts über ein Element $r_h \in S_\ell$ ermöglicht die Einordnung in die Skala mit den diskreten Normen.

Es kommt insbesondere darauf an, dass es eine beschränkte Projektion $S_\ell + S_{\ell-1} \to S_\ell$ gibt, wie bei Braess, Dryja und Hackbusch [1999] herausgestellt wurde.

Aufgaben

2.10 Man zeige für die Skala der Sobolev-Räume die zu (2.3) analoge Eigenschaft

$$\|v\|_{s,\Omega}^2 \leq \|v\|_{s-1,\Omega} \, \|v\|_{s+1,\Omega}$$

für $s = 0$ und $s = 1$.

2.11 In Voraussetzung 2.1 wurde H^2-Regularität gefordert. Bei manchen Problemen mit einspringenden Ecken hat man nur $H^{3/2}$-Regularität und bekommt anstatt (2.13) nur

$$\|v - u_{2h}\|_{1,\Omega} \leq c\, h^{1/2} \, |||v|||_{3/2}.$$

Man verifiziere Glättungs- und Approximationseigenschaft für $\| \cdot \|_X = ||| \cdot |||_{3/2}$ und $\| \cdot \|_Y = ||| \cdot |||_{1/2}$.

2.12   Für die Iteration des Zweigitter-Algorithmus 1.3 ist die Iterationsmatrix M in (2.20) genannt. Man zeige, dass der Spektralradius von M nur von der Summe $\nu_1 + \nu_2$ abhängt und nicht davon, wie viele Glättungen man a priori und wie viele man a posteriori durchführt. — Gilt das auch bei mehreren Ebenen?

2.13   Die Jacobi-Iteration (1.4) wirkt für jedes $\omega \le 1/\lambda_{max}$ glättend. Man zeige, dass sie für $\omega = 1.9/\lambda_{max}$ als eigenständige Iteration zwar schneller konvergieren mag, [wenn $\kappa(A) > 20$ ist,] aber als Glätter dann weniger geeignet ist.

2.14   Sei A positiv definit und $B = (I + A)^{-1}A$. Man zeige, dass in der von A erzeugten Skala

$$||| Bx |||_s \le ||| x |||_s$$

für alle $s \in \mathbb{R}$ gilt.

2.15   Zwei positiv definite Matrizen A und B mögen für $s = 2$ äquivalente Normen erzeugen, d.h. Normen, die sich höchstens um einen Faktor c unterscheiden. [Außerdem hat man für $s = 0$ trivialerweise Äquivalenz.] Man zeige, dass dann die Normen in den beiden Skalen für jedes s mit $0 < s < 2$ äquivalent sind. — Für $s > 2$ gilt die Aussage jedoch nicht allgemein; vg. Aufgabe IV.4.14.

2.16   Sei $A = M - N$ eine Zerlegung der symmetrischen, positiv definiten Matrix A, und es sei auch N symmetrisch und positiv definit. Man zeige, dass die Iteration $x_{k+1} = x_k + M^{-1}(b - Ax_k)$ konvergiert und dass die Eigenwerte der Iterationsmatrix reell sind und zwischen 0 und 1 liegen.

2.17   Für das symmetrische Gauß–Seidel–Verfahren erhält man zu der Aufspaltung $A = D - L - L^t$ aus (IV.1.20) mit $\omega = 1$ die Matrix

$$M = (D - L)D^{-1}(D - L^t).$$

Man zeige, dass $M - A$ positiv definit ist (also die Voraussetzungen aus der vorigen Aufgabe zutreffen).

2.18   Man betrachte wieder die Iteration aus Aufgabe 2.16 und zeige für die im Sinne von (IV.2.6) erklärten Normen $\| \cdot \|_A$ und $\| \cdot \|_M$

$$\|x_\nu - x^*\|_A^2 \le \frac{1}{2e\nu}\|x_0 - x^*\|_M^2. \tag{2.24}$$

Außerdem vergleiche man diese Aussage mit Reuskens Lemma.

§ 3. Konvergenz bei mehreren Ebenen

Bei dem Konvergenzsatz im vorigen § wurde angenommen. dass die Grob-Gitter-Korrektur exakt ausgeführt wird. Für Algorithmen mit mehr als zwei Ebenen trifft dies nicht mehr zu. Man kann den Mehrgitter-Algorithmus dann als *gestörten Zweigitter-Algorithmus* auffassen. Dazu genügt die Abschätzung der *Größe* der Störung, über die Art der Störung braucht man keine Information.

Es ist das Ziel, die Konvergenzrate ρ_ℓ für den Algorithmus mit ℓ Gitterwechseln also mit $\ell + 1$ Ebenen herzuleiten:

$$\|u^{\ell,k+1} - u_\ell\| \leq \rho_\ell \|u^{\ell,k} - u_\ell\|. \tag{3.1}$$

Hier ist u_ℓ die Lösung in S_ℓ. Die Konvergenzrate ρ_1 für die Zweigittermethode setzen wir als bekannt voraus. Die Rate ρ_ℓ wird über einen Induktionsprozess aus der Rate ρ_1 gewonnen. Zunächst sei $\|\cdot\|$ eine beliebige Norm. Anschließend werden die Ergebnisse durch die Spezialisierung auf die Energienorm verschärft. Insbesondere können wir Konvergenz der Mehrgitterverfahren dann bereits für einen einzigen Glättungsschritt zeigen. Auf die Voraussetzung, dass hinreichend viele Glättungsschritte ausgeführt werden, kann man also verzichten.

Eine Rekursionsformel für den W-Zyklus

Bei der Glättung durch das Jacobi-Verfahren ist offensichtlich

$$\|u^{\ell,k,1} - u_\ell\| \leq \|u^{\ell,k} - u_\ell\|, \tag{3.2}$$

wenn eine diskrete Norm $\|\cdot\| := \|\|\cdot\|\|_s$ zugrundegelegt wird. Wir werden im folgenden stets (3.2) als erfüllt ansehen, da die Eigenschaft auch in anderen wichtigen Fällen gegeben ist.

Das Ergebnis $u^{\ell,k,2}$ der tatsächlichen Grob-Gitter-Korrektur vergleichen wir mit der Funktion $\hat{u}^{\ell,k,2}$, welche die exakte Grob-Gitter-Korrektur liefern würde. Nach (3.1) ist die Zweigitterrate ρ_1, also

$$\|\hat{u}^{\ell,k,2} - u_\ell\| \leq \rho_1 \|u^{\ell,k} - u_\ell\|. \tag{3.3}$$

Zusammen mit (3.2) liefert die Dreiecksungleichung

$$\|u^{\ell,k,1} - \hat{u}^{\ell,k,2}\| \leq (1 + \rho_1) \|u^{\ell,k} - u_\ell\|. \tag{3.4}$$

Die linke Seite gibt die Größe der Grob-Gitter-Korrektur bei exakter Rechnung an. Die reale Korrektur unterscheidet sich von der exakten um den Fehler auf der Ebene $\ell - 1$.

Der relative Fehler ist dabei nach Induktionsvoraussetzung höchstens $\rho_{\ell-1}^{\mu}$. Dabei ist wie immer $\mu = 1$ für den V-Zyklus und $\mu = 2$ für den W-Zyklus. Also ist

$$\|u^{\ell,k,2} - \hat{u}^{\ell,k,2}\| \le \rho_{\ell-1}^{\mu} \|u^{\ell,k,1} - \hat{u}^{\ell,k,2}\|. \tag{3.5}$$

Wir setzen (3.4) in (3.5) ein. Zusammen mit (3.3) folgt für den W-Zyklus

$$\|u^{\ell,k,2} - u_\ell\| \le [\rho_1 + \rho_{\ell-1}^2(1 + \rho_1)] \|u^{\ell,k} - u_\ell\|.$$

Ohne Nachglättung ist $u^{\ell,k+1} = u^{\ell,k,2}$, und (3.1) gilt mit einer Rate ρ_ℓ, die gemäß (3.6) abgeschätzt werden kann.

3.1 Rekursionsformel. *Beim Mehrgitterverfahren mit dem W-Zyklus gilt auf der Ebene $\ell \ge 2$:*

$$\rho_\ell \le \rho_1 + \rho_{\ell-1}^2(1 + \rho_1). \tag{3.6}$$

Die Formel (3.6) erlaubt eine von ℓ unabhängige Abschätzung der Konvergenzraten, sofern ρ_1 hinreichend klein ist.

3.2 Satz. *Wenn für die Zweigitterrate $\rho_1 \le \frac{1}{5}$ gilt, dann ist beim W-Zyklus*

$$\rho_\ell \le \frac{5}{3}\rho_1 \le \frac{1}{3} \quad \text{für } \ell = 2, 3, \dots \tag{3.7}$$

Beweis. Für $\ell = 1$ ist die Aussage klar. Aus der Behauptung für $\ell - 1$ folgt mit der Rekursionsformel (3.6)

$$\rho_\ell \le \rho_1 + \frac{1}{3} \cdot (\frac{5}{3}\rho_1) \cdot (1 + \frac{1}{5}) = \frac{5}{3}\rho_1 \le \frac{1}{3}. \qquad \square$$

Die Konvergenzrate des Zweigitterverfahrens ist nach Satz 2.9 in der Tat kleiner als 1/5 für hinreichend viele Glättungsschritte. Satz 3.2 liefert nun die Konvergenz der Mehrgitterverfahren unter derselben Voraussetzung.

Die Verschärfung für die Energienorm

Für die Konvergenzraten bzgl. der Energienorm kann man die Rekursionsformel (3.6) durch eine wesentlich schärfere ersetzen. Bezüglich dieser Norm ist die exakte Grob-Gitter-Korrektur gerade die orthogonale Projektion von $u^{\ell,k,1} - u_\ell$ auf $S_{\ell-1}$. Der Fehler nach der exakten Grob-Gitter-Korrektur $\hat{u}^{\ell,k,2} - u_\ell$ ist deshalb orthogonal zu $S_{\ell-1}$. Er ist also insbesondere orthogonal zu $u^{\ell,k,1} - \hat{u}^{\ell,k,2}$ und zu $u^{\ell,k,2} - \hat{u}^{\ell,k,2}$ (s. Abb. 54).

Die Abschätzung (3.4) kann hier deshalb durch

$$\|u^{\ell,k,1} - \hat{u}^{\ell,k,2}\|^2 = \|u^{\ell,k,1} - u_\ell\|^2 - \|\hat{u}^{\ell,k,2} - u_\ell\|^2$$

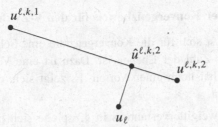

Abb. 54. Die Grob-Gitter-Korrektur als orthogonale Projektion

ersetzt werden. Weiter folgt aus der Orthogonalität und (3.5)

$$\|u^{\ell,k,2} - u_\ell\|^2 = \|\hat{u}^{\ell,k,2} - u_\ell\|^2 + \|u^{\ell,k,2} - \hat{u}^{\ell,k,2}\|^2$$
$$\leq \|\hat{u}^{\ell,k,2} - u_\ell\|^2 + \rho_{\ell-1}^{2\mu}\|u^{\ell,k,1} - \hat{u}^{\ell,k,2}\|^2$$
$$= (1 - \rho_{\ell-1}^{2\mu})\|\hat{u}^{\ell,k,2} - u_\ell\|^2 + \rho_{\ell-1}^{2\mu}\|u^{\ell,k,1} - u_\ell\|^2. \qquad (3.8)$$

Jetzt verwerten wir die Kenntnis der Zweigitterrate und (3.2):

$$\|u^{\ell,k,2} - u_\ell\|^2 \leq [(1 - \rho_{\ell-1}^{2\mu})\rho_1^2 + \rho_{\ell-1}^{2\mu}]\|u^{\ell,k} - u_\ell\|^2.$$

Also gilt (3.1) mit einer nach (3.9) abschätzbaren Rate:

3.3 Rekursionsformel. *Beim Mehrgitterverfahren gilt bzgl. der Energienorm mit $\mu = 1$ für den V-Zyklus und $\mu = 2$ für den W-Zyklus auf der Ebene $\ell \geq 2$:*

$$\rho_\ell^2 \leq \rho_1^2 + \rho_{\ell-1}^{2\mu}(1 - \rho_1^2). \qquad (3.9)$$

3.4 Satz. *Wenn die Zweigitterrate bezüglich der Energienorm $\rho_1 \leq \frac{1}{2}$ erfüllt, dann gilt für den W-Zyklus*

$$\rho_\ell \leq \frac{6}{5}\rho_1 \leq 0.6 \ \ \textit{für } \ell = 2, 3, \ldots \qquad (3.10)$$

Beweis. Für $\ell = 1$ ist nichts zu zeigen. Aus der Behauptung für $\ell - 1$ folgt mit der Rekursionsformel (3.9)

$$\rho_\ell^2 \leq \rho_1^2 + (\frac{6}{5}\rho_1)^4(1 - \rho_1^2) = \rho_1^2\{1 + (\frac{6}{5})^4[\rho_1^2(1 - \rho_1^2)]\} \leq \rho_1^2\{1 + (\frac{6}{5})^4 \cdot \frac{1}{4} \cdot \frac{3}{4}\}$$
$$\leq \frac{36}{25}\rho_1^2 \leq 0.36.$$

Durch Wurzelziehen ergibt sich die Behauptung. $\qquad\qquad\qquad\square$

Die Rekursionsformel (3.9) liefert für den V-Zyklus noch unbefriedigende Ergebnisse. Das zeigt sich an den schnell anwachsenden Werten in Tabelle 9.

Tabelle 9. Konvergenzraten ρ_ℓ gemäß (3.9) für $\rho_1 = 1/5$.

	$\ell =$ 1	2	3	4	5	$\sup_\ell \rho_\ell$
W-Zyklus	0.2	0.2038	0.2041	0.2042	0.2042	0.2042
V-Zyklus	0.2	0.280	0.340	0.389	0.430	1.0

Der Konvergenzbeweis für den V-Zyklus

Auch beim V-Zyklus lasst sich für die Konvergenzrate eine Schranke unter 1 herleiten, die unabhängig von der Zahl der Ebenen ist. Dazu ist eine Verfeinerung der Beweistechnik notwendig. Sie hat noch einen Vorteil. Es zeigt sich, dass bereits ein einziger Glättungsschritt ausreicht.

Die Analyse des Zweigitterverfahrens in §2 spielte sich im wesentlichen auf der Skala der $\||| \cdot \|||_s$-Normen zwischen $s = 0$ und $s = 2$ ab. Weil wir im folgenden die Energie-Norm einbeziehen, können wir nur zwischen $s = 1$ und $s = 2$ wechseln. Die Spanne zwischen maximalem und minimalem s wird dadurch halbiert. Wir vereinfachen den ursprünglichen Beweis von Braess und Hackbusch [1983] gegebenen Beweis und nehmen in Kauf, dass man bei großen Glättungszahlen scheinbar schwächeren Resultate erhält. (Man vergleiche jedoch die Bemerkung am Ende des §.)

Wir schreiben für die Energienorm wieder $\| \cdot \|$ anstatt $\||| \cdot \|||_1$.

3.5 Konvergenzsatz. *Unter den Voraussetzungen 2.1 gilt für das Mehrgitterverfahren mit V- oder W-Zyklus bzgl. der Energienorm*

$$\|u^{\ell,k+1} - u_\ell\| \leq \rho_\ell \|u^{\ell,k} - u_\ell\|,$$

$$\rho_\ell \leq \rho_\infty := \left(\frac{c}{c + 2\nu}\right)^{1/2}, \quad \ell = 0, 1, 2, \ldots, \tag{3.11}$$

wenn die Jacobi-Relaxation mit $\lambda_{\max}(A) \leq \omega \leq c_0\,\lambda_{\max}(A)$ ausgeführt wird. Dabei ist c eine von ℓ und von ν unabhängige Zahl.

Zur Vorbereitung des Beweises dienen die folgenden Hilfssätze. Zur Abkürzung setzen wir

$$w^m := u^{\ell,k,m} - u_\ell, \quad m = 0, 1, 2 \tag{3.12}$$

und definieren auch $\hat{w}^2$ entsprechend.

Wir führen nun ein Maß für die Glattheit der Funktionen im Finite-Element-Raum S_h ein:

$$\beta = \beta(v_h) := \begin{cases} 1 - \lambda_{\max}^{-1}(A)\dfrac{\||| v_h \|||_2^2}{\||| v_h \|||_1^2}, & \text{falls } v_h \neq 0 \text{ ist,} \\ 0, & \text{falls } v_h = 0 \text{ ist.} \end{cases} \tag{3.13}$$

Offensichtlich ist stets $0 \leq \beta < 1$. Den glatten Funktionen ist eine Zahl β nahe bei 1 zugeordnet und den Funktionen mit großen oszillierenden Anteilen ein kleines β. Der Faktor β ist maßgebend für den Gewinn pro Glättungsschritt. Da dieser Gewinn bei der Anwendung mehrerer Glättungsschritte im Verlauf immer schlechter wird, ist der Faktor *β nach der Glättung* ausschlaggebend.

3.6 Hilfssatz. *Für die Glättung mittels Jacobi-Relaxation gilt*

$$\|\mathcal{S}^\nu v\| \leq [\beta(\mathcal{S}^\nu v)]^\nu \|v\| \quad \text{für } v \in S_h.$$

Beweis. Sei $v = \sum_i c_i \phi_i$, wobei $\phi_1, \phi_2, \ldots$ orthonormierte Eigenfunktionen von A sind. Ferner sei $\mu_i = 1 - \lambda_i / \lambda_{\max}$. Mit Hilfe der Hölderschen Ungleichung schließen wir

$$\sum_i \lambda_i \mu_i^{2\nu} |c_i|^2 \leq (\sum_i \lambda_i \mu_i^{2\nu+1} |c_i|^2)^{\frac{2\nu}{2\nu+1}} (\sum_i \lambda_i |c_i|^2)^{\frac{1}{2\nu+1}}.$$

Diese Ungleichung ist wegen (2.6) äquivalent zu

$$\|\mathcal{S}^\nu v\|^{2\nu+1} \leq \|\mathcal{S}^{\nu+\frac{1}{2}} v\|^{2\nu} \|v\|. \tag{3.14}$$

Wir setzen zur Abkürzung $w := \mathcal{S}^\nu v$ und dividieren (3.14) durch $\|w\|^{2\nu}$

$$\|\mathcal{S}^\nu v\| \leq \left(\frac{\|\mathcal{S}^{1/2} w\|}{\|w\|} \right)^{2\nu} \|v\|. \tag{3.15}$$

Da $\mathcal{S}$ selbstadjungiert und mit A vertauschbar ist, gilt ferner

$$\|\mathcal{S}^{1/2} w\|^2 = (\mathcal{S}^{1/2} w, A \mathcal{S}^{1/2} w) = (w, A \mathcal{S} w)$$

$$= (w, A w) - \frac{1}{\lambda_{\max}} (w, A^2 w) = \beta(w) \cdot \|w\|^2.$$

Durch Einsetzen in (3.15) ergibt sich die Behauptung.   □

Auch die Güte der Grob-Gitter-Korrektur lässt sich mit Hilfe des Parameters β abschätzen.

3.7 Hilfssatz. *Für die exakte Grob-Gitter-Korrektur ist*

$$\|\hat{w}^2\| \leq \min\{c \cdot \lambda_{\max}^{-1/2} \|\|w^1\|\|_2, \|w^1\|\}$$
$$= \min\{c \sqrt{1 - \beta(w^1)}, 1\} \|w^1\|. \tag{3.16}$$

Beweis. Die Ungleichung (2.13) besagt $\|\hat{w}^2\| \leq ch \|\|w^1\|\|_2$. Indem wir den Faktor h mittels $\lambda_{\max} \leq ch^{-2}$ eliminieren, erhalten wir $c\lambda_{\max}^{-1/2} \|\|w^1\|\|_2$ als Schranke. Die Energienorm des Fehlers wird durch die Grob-Gitter-Korrektur nicht vergrößert, und die erste Behauptung ist bewiesen. Wenn wir $\|\|w^1\|\|_2$ über (3.13) eliminieren, folgt die zweite Aussage.   □

Von zentraler Bedeutung für den Beweis des Konvergenzsatzes ist die

3.8 Rekursionsformel. *Es seien die in Satz 3.5 genannten Voraussetzungen erfüllt. Dann ist*

$$\rho_\ell^2 \leq \max_{0 \leq \beta \leq 1} \beta^{2\nu} [\rho_{\ell-1}^{2\mu} + (1 - \rho_{\ell-1}^{2\mu}) \min\{1, c^2(1 - \beta)\}]. \tag{3.17}$$

Hier ist $\mu = 1$ für den V-Zyklus bzw. 2 für den W-Zyklus, und c ist die im Hilfssatz 3.7 genannte Konstante.

Beweis. Aus Hilfssatz 3.6 folgt

$$\|u^{\ell,k,1} - u_\ell\| \le \beta^\nu \|u^{\ell,k} - u_\ell\|$$

mit $\beta = \beta(u^{\ell,k,1} - u_\ell)$. Mit demselben β gilt laut Hilfssatz 3.7

$$\|\hat{u}^{\ell,k,2} - u_\ell\| \le \min\{c\sqrt{1-\beta}, 1\} \|u^{\ell,k,1} - u_\ell\|$$
$$\le \beta^\nu \min\{c\sqrt{1-\beta}, 1\} \|u^{\ell,k} - u_\ell\|.$$

Diese Abschätzungen setzen wir in (3.8) ein

$$\|u^{\ell,k,2} - u_\ell\|^2 \le \beta^{2\nu}[(1 - \rho_{\ell-1}^{2\mu}) \min\{c^2(1-\beta), 1\} + \rho_{\ell-1}^{2\mu}] \|u^{\ell,k} - u_\ell\|^2.$$

Wegen $0 \le \beta < 1$ ist damit die Rekursionsformel bewiesen.   □

Tabelle 10. Konvergenzraten ρ_ℓ nach Rekursionsformel (3.17) für $\nu = 2$

				V-Zyklus						W-Zyklus
c	$\ell =$ 1	2	3	4	5	6	7	8	∞	
0.5	.1432	.174	.189	.199	.205	.210	.214	.217	.243	.1437
1	.2862	.340	.366	.382	.392	.400	.406	.410	.448	.2904

Beweis von Satz 3.5. Wegen $\rho_0 = 0$ ist (3.11) für $\ell = 0$ richtig. Für den Schluss von $\ell - 1$ auf ℓ setzen wir $\rho_{\ell-1}^2 \le c^2/(c^2 + 2\nu)$ in die Rekursionsformel (3.17) ein:

$$\rho_\ell^2 \le \max_{0 \le \beta \le 1} \{\beta^{2\nu} [\frac{c^2}{c^2 + 2\nu} + (1 - \frac{c^2}{c^2 + 2\nu}) \cdot c^2(1-\beta)]\}$$
$$= \frac{c^2}{c^2 + 2\nu} \max_{0 \le \beta \le 1} \{\beta^{2\nu} [1 + 2\nu(1-\beta)]\} \qquad (3.18)$$
$$= \frac{c^2}{c^2 + 2\nu}.$$

Durch einfaches Differenzieren des Ausdrucks in der geschweiften Klammer erkennt man nämlich, dass das Maximum in (3.18) bei $\beta = 1$ angenommen wird.   □

Bei dem Mehrgitterverfahren mit dem V-Zyklus werden die langwelligen Anteile weniger gut behandelt als beim W-Zyklus. So ist es nicht überraschend, dass in (3.18) das Maximum für $\beta = 1$ angenommen wird. Deshalb ist es sinnvoll, zwischendurch W-Zyklen einzuschieben, wenn die Anzahl der Ebenen sehr groß ist.

Die Kontraktionszahl sinkt nach dem Beweis für große ν nur wie

$$\nu^{-1/2}$$

ab. Wenn sowohl Vor- als auch Nachglättung benutzt wird, liefert die Dualitätstechnik nach Braess und Hackbusch [1983] ein Verhalten wie ν^{-1}.

Neben Regularität wurde implizit auch die Uniformität des Gitters vorausgesetzt, so dass lokale Gitterverfeinerungen mit der bisher geschilderten Theorie nicht zu erfassen sind. Das änderte sich in den letzten Jahren durch die Verbindung mit solchen Verfahren, die auf einer Zerlegung des Finite-Element-Raums $S_{\ell_{max}}$ basieren. Die Theorie wird in §5 behandelt.

Wenn die Regularitätsvoraussetzung 2.1(2) nicht gegeben ist, wird man weniger günstige Konvergenzraten erwarten. Nach Bank, Dupont und Yserentant [1988] ist es dann sinnvoll, Mehrgitterverfahren nicht mehr als eigenständige Iterationen, sondern als Vorkonditionierung eines cg-Verfahrens zu verwenden. Danach gehen die Autoren sogar noch einen Schritt weiter und benutzen die Mehrgitter-Idee nur für die Aufstellung einer sogenannten *hierarchischen Basis*. Die Konvergenzrate geht nur wie $1 - O((\log \frac{1}{h})^{-p})$ gegen 1, was für praktische Rechnungen immer noch günstig ist.

Aufgaben

3.9 Man zeige für den W-Zyklus

$$\sup_{\ell} \rho_\ell^2 \leq \frac{\rho_1^2}{1 - \rho_1^2}, \quad \text{sofern } \rho_1 < \sqrt{\frac{1}{2}} \; ist.$$

Hinweis: Man leite aus (3.9) eine Rekursionsformel für $1 - \rho_\ell^2$ her.

3.10 Man zeige, dass die Rekursionsformel (3.17) für große c die Zweigitterrate

$$\rho_1 \leq (1 - \frac{1}{c^2})^\nu$$

liefert, und vergleiche mit (3.11).

3.11 Der Aufwand für den W-Zyklus ist ungefähr 50 % größer als für den V-Zyklus. Man vergleiche die Fehlerreduktion von 3 V-Zyklen und 2 W-Zyklen an Hand der Tabellen.

3.12 Zwischen dem V- und dem W-Zyklus ist der sogenannte F-Zyklus anzusiedeln (s. Abb. 55), der wie folgt definiert ist:

Für $\ell = 2$ stimmen F- und W-Zyklus überein.

Für $\ell \geq 3$ werden auf der Ebene $\ell - 1$ ein F-Zyklus und ein V-Zyklus ausgeführt. Man formuliere die zu (3.17) analoge Rekursionsformel und bestimme die Raten numerisch für $c = 1$, $c = \frac{1}{2}$, $\nu = 2$ und $\ell \leq 8$.

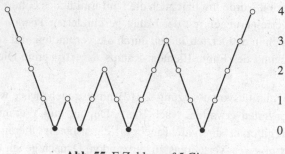

Abb. 55. F-Zyklus auf 5 Gittern

§ 4. Berechnung von Startwerten

Bisher haben wir das Mehrgitterverfahren als reines Iterationsverfahren aufgefasst. Es stellt sich heraus, dass man mit der Mehrgitter-Idee auch gute Startwerte berechnen kann, so dass ein oder zwei Zyklen der Mehrgitter-Iteration ausreichen. Es sind im wesentlichen zwei Ideen, die zu diesem Zweck herangezogen werden.

1. Die Lösung für die Ebene $\ell - 1$ ist ein guter Startpunkt für die Iteration auf der Ebene ℓ. Diesen Gedanken führt man noch weiter: Die genannte Funktion braucht man nicht exakt zu ermitteln, bereits Annäherungen bilden einen vernünftigen Startwert.

2. Die Finite-Element-Näherung u_h ist mit dem Diskretisierungsfehler $\|u_h - u\|$ behaftet. Deshalb hat es wenig Sinn, die Mehrgitter-Iteration so lange durchzuführen, bis man die durch Rundungsfehler bestimmte Genauigkeit erreicht hat. Man wird die Iteration vielmehr beenden, wenn

$$\|u^{h,k} - u_h\| \le \frac{1}{2}\|u_h - u\| \tag{4.1}$$

erfüllt ist. Anschließend erzielt man nämlich kaum noch eine Verbesserung des Gesamt-fehlers $\|u^{h,k} - u\|$.

Wir werden sehen, dass der Rechenaufwand nur linear mit der Zahl der Unbekannten anwächst, wenn man die genannten Ideen berücksichtigt.

Die Startwertberechnung knüpft an Vorläufer der Mehrgitterverfahren an. Die Lö-sung für das $2h$-Gitter hat man als Startwert bei klassischen Iterationsverfahren benutzt. Obwohl der Fehler dann beim Start vergleichsweise kleine langwellige Terme aufweist, waren beim alleinigen Einsatz von Relaxationsverfahren laut Wachspress [1966] immer noch unbefriedigend viele Iterationsschritte erforderlich. Effiziente Verfahren liefern erst die sogenannte *geschachtelte Iteration (engl.: nested iteration)* oder als Alternative das *cascadische Mehrgitterverfahren*.

Bestimmung von Startwerten

Ein Verfahren zur Berechnung von Startwerten in diesem Rahmen bezeichnet man in der angelsächsischen Literatur als *nested iteration*, was etwa als *geschachtelte Iteration* zu übersetzen ist.

4.1 Algorithmus NI$_\ell$ *zur Berechnung eines Startwerts v^ℓ auf der Ebene $\ell \geq 0$.*
Wenn $\ell = 0$ ist, berechne $v^0 = u_0 = A_0^{-1} b_0$ und verlasse die Prozedur.
Sei nun $\ell > 0$.
Man ermittle eine Näherung $v^{\ell-1}$ zu der Gleichung $A_{\ell-1} u_{\ell-1} = b_{\ell-1}$ durch Anwendung von **NI$_{\ell-1}$**.
Man berechne die Prolongation von $v^{\ell-1}$ und setze $v^{\ell,0} = p\, v^{\ell-1}$.
Man führe mit $v^{\ell,0}$ als Startwert einen Schritt (allgemeiner $q \geq 1$ Schritte) der Mehrgitter-Iteration **MGM$_\ell$** aus und setze

$$v^\ell = v^{\ell,1}. \qquad \square$$

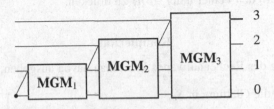

Abb. 56. Nested Iteration **NI$_3$**

Der Einfachheit halber wollen wir im folgenden annehmen, dass im Algorithmus 4.1 nur ein Zyklus des Mehrgitterverfahrens ausgeführt wird. Das wird bei Konvergenzraten $\rho < \frac{1}{4}$ tatsächlich gemacht. Andernfalls werden q Zyklen formal einem einzigen Zyklus mit der Konvergenzrate ρ^q gleichgesetzt, wobei q gemäß $\rho^q < \frac{1}{4}$ fixiert wird.

Die Genauigkeit des gewonnenen Startwertes lässt sich leicht ermitteln. Wir beschränken uns auf den oft anzutreffenden Fall mit einem Diskretisierungsfehler von der Ordnung $O(h^2)$.

4.2 Satz. *Für die Finite-Element-Näherung $u_h \in S_h$ gelte $\|u_h - u\| \leq c\,h^2$ mit einer Zahl $c > 0$. Ferner sei die Konvergenzrate ρ des Mehrgitterverfahrens bzgl. der Norm $\|\cdot\|$ kleiner als $1/4$. Dann gilt für den Algorithmus 4.1*

$$\|v^\ell - u_\ell\| \leq \frac{5\rho}{1 - 4\rho}\, ch_\ell^2. \qquad (4.2)$$

Beweis. Für $\ell = 0$ ist die Formel (4.2) wegen $v^0 = u_0$ klar.

Aus der Gültigkeit von (4.2) für $\ell - 1$ folgt wegen $h_{\ell-1} = 2h_\ell$

$$\|v^{\ell-1} - u_{\ell-1}\| \leq \frac{5\rho}{1 - 4\rho}\, c(2h_\ell)^2.$$

Weiter gilt nach der Voraussetzung über den Diskretisierungsfehler:

$$\|u_{\ell-1} - u\| \le c\,(2h_\ell)^2, \qquad \|u_\ell - u\| \le c\,h_\ell^2.$$

Die Dreiecksgleichung liefert nun wegen $v^{\ell,0} = v^{\ell-1}$:

$$\|v^{\ell,0} - u_\ell\| \le \|v^{\ell-1} - u_{\ell-1}\| + \|u_{\ell-1} - u\| + \|u - u_\ell\|$$

$$\le \frac{5\rho}{1 - 4\rho}4c\,h_\ell^2 + 5c\,h_\ell^2 = \frac{5}{1 - 4\rho}c\,h_\ell^2. \qquad (4.3)$$

Der Mehrgitter-Zyklus verkleinert den Fehler schließlich noch um den Faktor ρ, d.h. es ist $\|v^{\ell,1} - u_\ell\| \le \rho\|v^{\ell,0} - u_\ell\|$. Durch Einsetzen von (4.3) ergibt sich die Behauptung (4.2).   □

4.3 Bemerkung. In vielen Fällen ist eine Konvergenzrate $\rho \le 1/6$ realistisch. Dann liefert der Algorithmus 4.1 eine Näherung mit einem Fehler $(5/2)c\,h_\ell^2$, und ein weiterer Zyklus reicht aus, um den Fehler unter $\frac{1}{2}c\,h_\ell^2$ zu drücken.

Komplexität

Bei der Beurteilung des Rechenaufwands kann man davon ausgehen, dass der Aufwand für

$$\left.\begin{array}{l} \text{die Glättung in } S_\ell, \\[4pt] \text{die Prolongation von } S_{\ell-1} \text{ nach } S_\ell \text{ und} \\[4pt] \text{die Restriktion des Defekts } d_\ell \end{array}\right\} \qquad (4.4)$$

jeweils durch cN_ℓ abschätzbar ist, wobei $N_\ell = \dim S_\ell$ ist. Die Zahl der arithmetischen Operationen einer Glättung ist proportional zur Zahl der von 0 verschiedenen Koeffizienten der Systemmatrix. Diese Zahl ist bei affinen Familien Finiter Elemente auf uniformen Gittern proportional zur Zahl der Unbekannten. Die Prolongations- und Restriktionsmatrizen sind noch dünner besetzt. Der Aufwand auf der Ebene ℓ beträgt deshalb

$$\le (\nu + 1)\,c\,N_\ell, \qquad (4.5)$$

wenn ν die Zahl der Glättungen angibt.

Für die Zusammenfassung der Operationen (4.4) von allen Ebenen kann man bei Gittern im $\mathbb{R}^2$ ansetzen, dass sich die Zahl der Unbekannten mit jeder Vergröberung um den Faktor 4 reduziert. Die Summation der Ausdrücke in (4.5) für die Mehrgitter-Iteration **MGM**$_\ell$ liefert

$$\begin{aligned} (\nu + 1)\,c\,(N_\ell + N_{\ell-1} + N_{\ell-2} + \ldots) &\le \frac{4}{3}(\nu + 1)\,c\,N_\ell \quad \text{beim V-Zyklus,} \\ (\nu + 1)\,c\,(N_\ell + 2N_{\ell-1} + 4N_{\ell-2} + \ldots) &\le 2(\nu + 1)\,c\,N_\ell \quad \text{beim W-Zyklus.} \end{aligned} \qquad (4.6)$$

Zu den Rechenprozeduren (4.4) kommt das Lösen der Gleichungssysteme auf den gröbsten Gittern. Die zusätzliche Rechenzeit dafür soll zunächst außer acht gelassen werden.

Das ist gerechtfertigt, wenn die Zahl der Ebenen groß ist. Der Spezialfall weniger Ebenen wird später extra behandelt.

Die Berechnung der Startwerte lässt sich genauso analysieren. Wegen des Ansteigens der Dimension benötigt jeder Zyklus im Algorithmus 4.1 viermal soviel Zeit wie der vorherige. Wegen $\sum_k 4^{-k} = 4/3$ folgt:

> *Der Aufwand für die Startwertberechnung ist $\frac{4}{3}$ des Aufwandes für einen Mehrgitter-Zyklus auf dem feinsten Gitter.*

Nach Bemerkung 4.3 ist der Aufwand für die gesamte Rechnung mit dem $\frac{7}{3}$-fachen eines Mehrgitter-Zyklus auf dem feinsten Gitter anzusetzen, wenn die Konvergenzrate 1/6 oder besser ist. Insbesondere steigt der Aufwand nur linear mit der Zahl der Unbekannten.

Beim V-Zyklus verteilt man, wie früher gesagt, die Glättungsschritte gleichmäßig auf die Phasen vor und nach der Grob-Gitter-Korrektur. Entsprechend ist auch eine symmetrische Variante bei der Startwertberechnung angebracht.

4.4 Algorithmus NI$_\ell$ *zur Berechnung eines Startwerts v^ℓ auf der Ebene $\ell \geq 0$* (symmetrische Version).

Wenn $\ell = 0$ ist, berechne $v^0 = u_0 = A_0^{-1} b_0$ und verlasse die Prozedur.

Sei nun $\ell > 0$.

Man führe mit $v^{\ell,0} = 0$ einen Schritt der Mehrgitter-Iteration **MGM$_\ell$** aus und setze $v^{\ell,1} = v^{\ell,0} + p v^{\ell-1}$.

Man setze $b_{\ell-1} = p(b_\ell - A_\ell v^{\ell,1})$.

Man ermittle eine Näherung $v^{\ell-1}$ zu der Gleichung $A_{\ell-1} u_{\ell-1} = b_{\ell-1}$ durch Anwendung von **NI$_{\ell-1}$**.

Man berechne die Prolongation von $v^{\ell-1}$ und setze $v^{\ell,2} = v^{\ell,1} + p\, v^{\ell-1}$.

Man führe mit $v^{\ell,2}$ einen Schritt (allgemeiner $p \geq 1$ Schritte) der Mehrgitter-Iteration **MGM$_\ell$** aus und setze

$$v^\ell = v^{\ell,3}. \qquad \qquad \square$$

Bei dieser Variante kompensiert man den Effekt, dass beim V-Zyklus die kurzwelligen Anteile besser als die langwelligen behandelt werden. Dem Baustein **NI$_{\ell-1}$** wird ein Problem übergeben, dessen langwelliger Anteil vergleichsweise groß ist, so dass die Effizienz erhöht wird.

Mehrgitterverfahren mit wenigen Ebenen

Bei manchen Netzen ist es schwierig, mehr als zwei Vergröberungen durchzuführen. Wie wir sehen werden, lohnt sich trotzdem der Einsatz des Mehrgitterverfahrens. Im Gegensatz zu dem Fall vieler Ebenen ist hier die Lösung auf dem gröbsten Gitter bei der Aufwandsermittlung wesentlich. Der Aufwand für Glättungen, Restriktionen und Prolongationen kommt hinzu. Er ist natürlich geringer als bei vielen Ebenen und deshalb schon mit (4.6) und den Überlegungen für viele Ebenen erfasst.

Bei drei Ebenen ist die Zahl der Unbekannten auf dem gröbsten Gitter ca. 1/16 von der auf dem feinsten. Zugleich wird die mittlere Bandbreite der Systemmatrix um den

Faktor 4 reduziert. Der Rechenaufwand für das Cholesky-Verfahren reduziert sich deshalb um den Faktor $16 \cdot 4^2 = 256$. Wenn man an die Startwertberechnung gemäß Algorithmus 4.1 noch einen Mehrgitter-Zyklus anschließt, hat man

> beim V-Zyklus 4 Gleichungssysteme,
> beim W-Zyklus 6 Gleichungssysteme

auf dem gröbsten Gitter (mit jeweils derselben Matrix) zu lösen. Selbst wenn die LU-Zerlegung jedes Mal neu durchgeführt wird, ergibt sich eine Ersparnis von einem Faktor 40 – 64, wenn man nur die exakten Löser vergleicht.[15]

Da die anderen anfangs genannten Operationen dies Ergebnis kaum beeinträchtigen, erkennt man, welchen Vorteil die Mehrgitterverfahren selbst in den Fällen haben, die auf den ersten Blick als ungünstig erscheinen.

Das cascadische Mehrgitterverfahren.

Das cascadische Mehrgitterverfahren von Deuflhard (s. Bornemann und Deuflhard [1996]) verfolgt eine andere Strategie. Man beginnt mit einer (nahezu) exakten Lösung auf dem gröbsten Gitter. Von dort geht man sukzessive Ebene für Ebene bis zur feinsten und glättet dabei jeweils mit einem cg-Verfahren. Man steigt nie wieder auf ein gröberes Gitter ab.

Bei einem Wechsel auf das nächst feinere im Rahmen der geschachtelten Iteration ist der algebraische Fehler (d.h. der Fehler der approximativen Lösung des linearen Gleichungssystems) laut Satz 4.2 von derselben Größenordnung wie der Diskretisierungsfehler auf dem aktuellen Gitter. Im Gegensatz dazu darf der algebraische Fehler bei jedem Gitterwechsel im Rahmen des cascadischen Algorithmus nur so groß sein wie der Diskretisierungsfehler auf dem feinsten – also dem letzten – Gitter. Dies lässt sich in der Tat mit linear wachsendem Aufwand erreichen, indem man die Zahl der Iterationsschritte auf den gröberen Gittern auf passende Weise größer wählt als auf den feinen.

Dass dies Vorgehen sinnvoll ist, liegt letzten Endes an einer Aussage für gute Ausgangsnäherungen.

4.5 Hilfssatz. *Es bezeichne u_j die Lösung des Variationsproblems in S_j. Ferner sei $v^0 \in S_{\ell-1}$. Wenn*

$$\|v^0 - u_{\ell-1}\|_0 \le \frac{1}{4}\|v^0 - u_\ell\|_0$$

erfüllt ist, gilt mit einer nur vom Problem abhängenden Zahl c

$$c^{-1} \cdot h\|v^0 - u_\ell\|_1 \le \|v^0 - u_\ell\|_0 \le ch\|v^0 - u_\ell\|_1. \qquad (4.7)$$

Die genannten Näherungen liegen also in einer Teilmenge des Finite-Element-Raums, in der die Normen $\|\cdot\|_0$ und $h\|\cdot\|_1$ äquivalent sind, so dass die Restriktion der

---

[15] Ein weiterer Vorteil ist, dass man die Daten des kleinen Gleichungssystems meistens im sogenanten *Cache*, d.h. in einem schnellen Speicherbaustein halten kann, während für das große System im Vergleich dazu langsamere Speicher herangezogen werden müssen.

Systemmatrix auf die Teilmenge eine kleine Kondition hat. Deshalb ist das cg-Verfahren hier so effizient wie bei einer Matrix mit kleiner Konditionszahl.

Die linke Ungleichung in (4.7) ist eine inverse Ungleichung, während die rechte mit der Dualitätstechnik wie beim beim Hilfssatz 2.8 zu beweisen ist. Hier tritt S_{2h} als Unterraum von S_h auf, während es vorher S_h als Unterraum von $H^1(\Omega)$ war.

Der formale Konvergenzbeweis verläuft anders und fußt auf den Polynomen aus Aufgabe IV.3.13. Für Details sei auf Bornemann und Deuflhard [1996] und Shaidurov [1996] verwiesen.

Aufgaben

4.6 Für die Finite-Element-Näherung $u_h \in S_h$ gelte $\|u_h - u\| \leq c\,h^2$ mit einer Zahl $c > 0$. Ferner gelte für die Konvergenzrate $\rho < 1/10$, wenn das Zweigitterverfahren mit $\nu = \nu_2$ Nachglättungen ausgeführt wird. —

Ein Anwender (der das Mehrgitterverfahren vielleicht nicht kennt) zieht jedoch ein klassisches Relaxationsverfahren heran, wobei er mit der Lösung für das $2h$-Gitter startet. Man zeige, dass nach $\nu = \nu_2$ Schritten wenigstens

$$\|u^{h,\nu} - u\| \leq \frac{3}{2}\,c h^2$$

gilt. Warum gilt eine entsprechende Aussage nicht für mehr als 2 Gitter?

4.7 Man vergleiche den Aufwand von
 a) $\mathbf{NI}_\ell$ mit dem V-Zyklus,
 b) $\mathbf{NI}_\ell$ mit dem W-Zyklus,
 c) die symmetrische Version von $\mathbf{NI}_\ell$ mit dem V-Zyklus.

4.8 Man vergleiche die geschachtelte Iteration $\mathbf{NI}_\ell$, wobei innen V-Zyklen verwandt werden, mit dem F-Zyklus von $\mathbf{MGM}_\ell$. Was ist der Unterschied?

§ 5. Analyse von Mehrgitterverfahren
über Zerlegungen der Finite-Element-Räume

Die Analyse der Mehrgitterverfahren in den §§2 und 3 fußt auf dem Zusammenspiel einer Glättungs- und einer Approximationseigenschaft. Für letztere benötigt man, dass das elliptische Problem genügend regulär ist. Es gibt zwar mehrere Varianten und Verallgemeinerungen von Lemma 2.8, aber es wird dann stets $H^{1+\alpha}$-Regularität mit einem $\alpha > 0$ vorausgesetzt.

Das ist grundsätzlich anders in der Theorie von Bramble, Pasciak, Wang und Xu [1991]. Eine Verbindung mit der bisherigen Theorie bietet eine Zerlegungseigenschaft im H^2-regulären Fall, die bisher noch nicht angesprochen wurde. Sei S_ℓ, $\ell = 0, 1, \ldots, L$, eine Folge von Finite-Element-Räumen mit $S_{\ell-1} \subset S_\ell$ im Sinne von (1.5). Sei $v \in S :=$ S_L. Wir zerlegen v gemäß

$$v = \sum_{k=0}^{L} v_k, \quad v_k \in S_k \tag{5.1}$$

so dass die Partialsummen $\sum_{k=0}^{\ell} v_k$ gerade die Ritz-Projektionen von v in S_ℓ sind, d.h. die Finite-Element-Lösungen in S_ℓ, wenn v die Lösung in S_L ist. Aus Lemma 2.8 schließen wir

$$\|v_k\|_0 \le ch_k\|v_k\|_1, \quad \text{für } k = 1, 2, \ldots, L.$$

Außerdem gibt die inverse Ungleichung

$$\|v_k\|_1 \le ch_k^{-1}\|v_k\|_0, \quad \text{für } k = 1, 2, \ldots, L.$$

Diese Ungleichungen und die Ritz-Orthogonalität bewirken zusammen die Äquivalenz

$$\|v\|_1^2 = \sum_{k=0}^{L} \|v_k\|_1^2 \approx \|v_0\|_1^2 + \sum_{k=1}^{L} h_k^{-2}\|v_k\|_0^2. \tag{5.2}$$

Die quadratische Form auf der rechten Seite von (5.2) zerfällt. Deshalb lässt sich das Variationsproblem mit dieser quadratischen Form leicht sukzessive lösen. Außerdem sind die Glättungsprozeduren gute approximative Löser für die Teilprobleme; denn die Normen $\|\cdot\|_1$ und $h_k^{-1}\|\cdot\|_0$ sind für die Teilprobleme äquivalent. In diesem Sinne kann man die Mehrgitterverfahren sehen.

Bramble, Pasciak, Wang und Xu [1991] bemerkten, dass diese und ähnliche Zerlegungseigenschaften aus Eigenschaften der Finite-Element-Räume hergeleitet werden können, und das unabhängig von der Regularität des elliptischen Problems. An dieser Stelle sei auf die Übersichtsartikel von Xu [1992] und Yserentant [1993] verwiesen. Oswald [1994] betonte, dass letzten Endes Eigenschaften von Besov-Räumen dahinter versteckt sind und in diesem Licht Mehrgittermethoden sehr natürlich erscheinen. Im Gegensatz zum §3 wird die Iteration mit mehreren Ebenen auch nicht als Störung eines Zweigitterverfahrens betrachtet, und die bequeme Trennung von Glättungs- und Approximationseigenschaft entfällt.

Es sollen die grundlegenden Ideen der sogenannten *Teilraumzerlegungsmethode* von Bramble, Pasciak, Wang und Xu erläutert werden. Die Darstellung der vollständigen Theorie würde allerdings den Rahmen des Buches sprengen. Es soll dafür lieber eine wichtige Anwendung diskutiert werden. In der klassischen Theorie der Mehrgitterverfahren ist nicht leicht zu erkennen, dass der Rechenaufwand auch bei lokalen Verfeinerungen nur linear wächst.

Der Einfachheit halber beschränken wir uns auf symmetrische Glättungsprozeduren und auf geschachtelte Finite-Element-Räume, d.h. $S_{\ell-1} \subset S_\ell$ wird vorausgesetzt. Allgemeinere Ergebnisse findet man bei Xu [1992], Wang [1994] und Yserentant [1993].

Normen ohne Spezifikation beziehen sich durchgehend auf die Energienorm, d.h. es ist $\| \cdot \| := (a(\cdot, \cdot))^{1/2}$. Die Theorie erfasst nämlich nur Konvergenz bzgl. dieser Norm. Die Theorie gibt auch nicht wieder, dass sich die Konvergenzrate mit wachsender Zahl der Glättungen verbessert. Das wird erst durch eine aufwendige Analyse von Brenner [2002] geleistet.

Das Schwarzsche alternierende Verfahren

Zum besseren Verständnis von Teilraumzerlegungen betrachten wir zunächst das *alternierende Verfahren*, das auf H.A. Schwarz [1869] zurückgeht. Obwohl das Verfahren abstrakt formuliert wird, gibt es eine einfache geometrische Interpretation dazu, siehe Abb. 57.

Zu lösen sei das Variationsproblem

$$a(u, v) = (f, v) \quad \text{für alle } v \in H.$$

Dabei ist H ein Hilbert–Raum mit Skalarprodukt $(\cdot, \cdot)$ und $\| \cdot \|$ die induzierte Norm. Es sei H direkte Summe zweier Teilräume

$$H = V \oplus W,$$

und die Lösung der Variationsaufgabe in jedem Teilraum sei leicht berechenbar. Das folgende alternierende Vorgehen erscheint natürlich.

5.1 Das alternierende Verfahren von Schwarz. Sei $u_0 \in H$. Es sei u_{2i} bereits berechnet. Bestimme $v_{2i} \in V$, so dass

$$a(u_{2i} + v_{2i}, v) = (f, v) \quad \text{für alle } v \in V$$

gilt und setze $u_{2i+1} = u_{2i} + v_{2i}$.

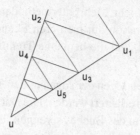

Abb. 57. Das Schwarzsche alternierende Verfahren im euklidischen $\mathbb{R}^2$ mit eindimensionalen Teilräumen V und W. Die iterierten Vektoren $u_1, u_3, u_5, \ldots$ liegen in $V^\perp$ und $u_2, u_4, u_6, \ldots$ in $W^\perp$. Der Winkel zwischen $V^\perp$ und $W^\perp$ ist derselbe wie der zwischen V und W.

Es sei u_{2i+1} bereits berechnet. Bestimme $w_{2i+1} \in W$, so dass

$$a(u_{2i+1} + w_{2i+1}, w) = (f, w) \quad \text{für alle } w \in W$$

gilt und setze $u_{2i+2} = u_{2i+1} + w_{2i+1}$. $\qquad\qquad\qquad\qquad\qquad\qquad\qquad\qquad\square$

Es wechseln offensichtlich Projektionen auf V und W ab. Die *verschärfte Cauchy-Schwarzsche Ungleichung* gemäß (5.3) ist ausschlaggebend.

5.2 Konvergenzsatz. *Es gebe eine Zahl $\gamma < 1$ derart, dass für das Skalarprodukt*

$$|a(v, w)| \le \gamma \|v\| \, \|w\| \quad \text{für alle } v \in V, w \in W \tag{5.3}$$

gilt. Dann ergibt sich für das alternierende Verfahren 5.1 die Fehlerreduktion

$$\|u_{k+1} - u\| \le \gamma \|u_k - u\| \quad \text{für } k = 1, 2, 3, \ldots. \tag{5.4}$$

Beweis. Aus Symmetriegründen brauchen wir nur den Fall zu betrachten, dass k gerade ist. (Außerdem sei $k \ge 1$). Da u_k von einer Minimierung in W herrührt, gilt

$$a(u_k - u, w) = 0 \quad \text{für alle } w \in W. \tag{5.5}$$

Wir zerlegen $u_k - u = \hat{v} + \hat{w}$ mit $\hat{v} \in V$ und $\hat{w} \in W$. Durch einsetzen von $w = \hat{w}$ in (5.5) erkennen wir

$$a(\hat{v}, \hat{w}) = -\|\hat{w}\|^2. \tag{5.6}$$

Die verschärfte Cauchysche Ungleichung liefert $a(\hat{v}, \hat{w}) = -\alpha_k \|\hat{v}\| \, \|\hat{w}\|$ mit einer Zahl $\alpha_k \le \gamma$. O.E.d.A. sei $\alpha_k \ne 0$. Aus (5.6) folgt nun $\|\hat{v}\| \le \alpha_k^{-1} \|\hat{w}\|$ und $\|u_k - u\|^2 = \|\hat{v} + \hat{w}\|^2 = \|\hat{v}\|^2 - 2\|\hat{w}\|^2 + \|\hat{w}\|^2 = \left(\alpha_k^{-2} - 1\right) \|\hat{w}\|^2$.

Weil u_{k+1} aus einer Minimierung in V hervorgeht, liefert die Vergleichsfunktion $u_k + (\alpha_k - 1)\hat{v}$ eine Abschätzung nach oben

$$\begin{aligned} \|u_{k+1} - u\|^2 &\le \|u_k + (\alpha_k - 1)\hat{v}\|^2 \\ &= \|\alpha_k \hat{v} + \hat{w}\|^2 = \left(1 - \alpha_k^2\right) \|\hat{w}\|^2 = \alpha_k^2 \|u_k - u\|^2. \end{aligned}$$

Wegen $\alpha_k \le \gamma$ ist die Behauptung bewiesen. $\qquad\qquad\qquad\qquad\qquad\qquad\qquad\square$

Die Schranke in (5.4) ist scharf. Das ist deutlich an dem in Abb. 57 gezeigten zweidimensionalen Beispiel, und es folgt auch aus Aufgabe 5.8.

Algorithmen mit Teilraumzerlegungen aus algebraischer Sicht

Die Finite Element-Räume S_ℓ seien rekursiv aufgebaut

$$
\begin{aligned}
S_0 &= W_0, \\
S_\ell &= S_{\ell-1} \oplus W_\ell \quad \text{für } \ell \geq 1, \\
S &= S_L.
\end{aligned}
\tag{5.7}
$$

Die Finite-Element-Lösung auf der Ebene ℓ wird durch eine Abbildung $A_\ell : S_\ell \to S_\ell$ beschrieben mit

$$
(A_\ell u, w) = a(u, w) \quad \text{für alle } w \in S_\ell.
\tag{5.8}
$$

Außerdem sei $A := A_L$. Der zugehörige Ritz-Projektor $P_\ell : S \to S_\ell$ ist durch

$$
a(P_\ell u, w) = a(u, w) \quad \text{für alle } w \in S_\ell
\tag{5.9}
$$

gegeben.

Im Prinzip gelten die folgenden Betrachtungen für jedes Skalarprodukt $(.,.)$ in dem Hilbert–Raum S, wir haben jedoch das L_2-Produkt oder auch das ℓ_2-Produkt vor Augen, wenn wir uns den konkreten Problemen zuwenden. Wir erinnern daran, dass die L_2-Normen der Funktionen zur ℓ_2-Norm der Vektordarstellungen äquivalent sind, und die Glättungsoperatoren basieren auf der ℓ_2-Norm. Darum benötigen wir auch die L_2-Projektionen $Q_\ell : S \to S_\ell$,

$$
(Q_\ell u, w) = (u, w) \quad \text{für alle } w \in S_\ell.
\tag{5.10}
$$

Es ist

$$
A_\ell P_\ell = Q_\ell A.
\tag{5.11}
$$

In der Tat, folgt für alle $w \in S_\ell$ aus (5.8)–(5.16) die Kette $(A_\ell P_\ell u, w) = a(P_\ell u, w) = a(u, w) = a(u, Q_\ell w) = (Au, Q\ell w) = (Q_\ell A u, w)$. Weil $A_\ell P_\ell$ und $Q_\ell A$ Abbildungen in den Raum S_ℓ sind, stimmen sie überein, und (5.11) ist bewiesen.

Sei nun $\tilde{u}$ eine Näherungslösung des Variationsproblems im Raum S und $A\tilde{u} - f$ das Residuum der Variationsgleichung. Die Lösung des Variationsproblems in der Teilmenge $\tilde{u} + S_\ell$ ist formal durch $\tilde{u} + A_\ell^{-1} Q_\ell (f - A\tilde{u})$ gegeben. Wenn die Korrektur auf der Ebene ℓ exakt durchgeführt wird, beträgt sie

$$
A_\ell^{-1} Q_\ell (f - A\tilde{u}).
$$

Weil deren Berechnung aber im allgemeinen zu teuer ist, wird die tatsächliche Korrektur mit einer approximativen Inversen B_ℓ^{-1} ermittelt, d.h. die wirkliche Korrektur beträgt

$$
B_\ell^{-1} Q_\ell (f - A\tilde{u}).
\tag{5.12}
$$

Die Rechnung führt von $\tilde{u}$ also zu $\tilde{u} + B_\ell^{-1} Q_\ell(f - A\tilde{u})$. Um auf Relaxationsparameter verzichten zu können, setzen wir

$$A_\ell \le B_\ell \tag{5.13}$$

voraus, d.h. $B_\ell - A_\ell$ ist positiv semidefinit. Etwas mehr Aufwand erfordert die Analyse mit schwächeren Voraussetzungen $A_\ell \le \omega B_\ell$ mit $\omega < 2$. Außerdem wird B_ℓ hier (stillschweigend) als symmetrisch angenommen. Übliche Techniken zur Behandlung der approximativen Inversen findet der Leser in den Aufgaben IV.4.15–18.

Üblicherweise werden nun die linearen Operatoren

$$T_\ell := B_\ell^{-1} Q_\ell A = B_\ell^{-1} A_\ell P_\ell \tag{5.14}$$

eingeführt. Die Korrektur von $\tilde{u}$ in S_ℓ gemäß (5.12) liefert die neue Näherung $\tilde{u} + T_\ell(u - \tilde{u})$ mit dem verbleibenden Fehler

$$(I - T_\ell)(u - \tilde{u}).$$

Wir betrachten nun den V-Zyklus mit Glättungen allein *nach der Grobgitterkorrektur*. Dann ist der Fehlerreduktionsoperator für einen vollständigen Zyklus also

$$E := E_L$$

mit

$$E_\ell := (I - T_\ell)(I - T_{\ell-1})\ldots(I - T_0) \quad \text{für } \ell = 0, 1, 2, \ldots, L. \tag{5.15}$$

Aus praktischen Gründen sei außerdem $E_{-1} := I$. Die Darstellung (5.15) macht deutlich, dass die Korrekturen *multiplikativ* erfolgen.

Hypothesen

Die Voraussetzungen an die Zerlegungen der Finite-Element-Räume beziehen sich auf die Räume S_ℓ und die Komplemente W_ℓ im Sinne von (5.7).

Hypothese A1. Es gibt eine Konstante K_1, so dass für alle $v_\ell \in W_\ell, \ell = 0, 1, \ldots, L$:

$$\sum_{\ell=0}^{L}(B_\ell v_\ell, v_\ell) \le K_1 \| \sum_{\ell=0}^{L} v_\ell \|^2. \tag{5.16}$$

Hypothese A2 (*Verschärfte Cauchy–Schwarzsche Ungleichung*). Es gibt Konstanten $\gamma_{k\ell} = \gamma_{\ell k}$, so dass die Ungleichung

$$a(v_k, w_\ell) \le \gamma_{k\ell}(B_k v_k, v_k)^{1/2}(B_\ell w_\ell, w_\ell)^{1/2} \quad \text{für alle } v_k \in S_k, \ w_\ell \in W_\ell \tag{5.17}$$

für alle $k \le \ell$ erfüllt ist. Ferner gilt mit einer Konstanten K_2:

$$\sum_{k,l=0}^{L} \gamma_{k\ell} x_k y_\ell \le K_2 \Big(\sum_{k=0}^{L} x_k^2\Big)^{1/2} \Big(\sum_{\ell=0}^{L} y_\ell^2\Big)^{1/2} \quad \text{für } x, y \in \mathbb{R}^{L+1}. \tag{5.18}$$

Den Nachweis von A1 stellen wir zurück. — Der Nachweis von A2 mit einer Konstanten, die unabhängig von der Anzahl der Ebenen ist, ist sehr aufwendig. Deshalb beschränken wir uns auf den Beweis für eine Schranke, die logarithmisch und damit nur mäßig wächst. Die übliche Cauchy–Schwarzsche Ungleichung und $A_\ell \leq B_\ell$ bewirken $\gamma_{k\ell} \leq 1$ für alle k und ℓ. Also ist

$$\sum_{k,l} \gamma_{k\ell} x_k y_\ell \leq \left(\sum_k |x_k|\right) \left(\sum_\ell |y_\ell|\right) \leq (L+1)\left(\sum_k x_k^2\right)^{1/2} \left(\sum_\ell y_\ell^2\right)^{1/2},$$

und (5.18) gilt offensichtlich mit

$$K_2 \leq L+1 \leq c |\log h_L|. \tag{5.19}$$

Direkte Folgerungen

Aus A.2 schließen wir unmittelbar

$$\left\| \sum_{\ell=0}^L v_\ell \right\|^2 = \sum_{k,\ell} a(v_k, v_\ell)$$

$$\leq \sum_{k,\ell} \gamma_{k\ell} (B_k v_k, v_k)^{1/2} (B_\ell v_\ell, v_\ell)^{1/2} \leq K_2 \sum_{\ell=0}^L (B_\ell v_\ell, v_\ell). \tag{5.20}$$

Also sind die in (5.16) und (5.20) genannten Normen äquivalent, wenn A.1 und A.2 erfüllt sind.

Eine weitere direkte Konsequenz von A.1 ist eine Verallgemeinerung einer Ungleichung, die wir in §2 in Verbindung mit der logarithmischen Konvexität betrachtet haben. Wir betonen, dass die Ungleichung (5.21) nicht symmetrisch bzgl. der beteiligten Räume ist.

5.3 Hilfssatz. *Sei* $w_\ell \in W_\ell$ *und* $u_\ell \in S = S_L$ *für* $\ell = 0, 1, \ldots, L$. *Dann gilt*

$$\sum_{\ell=0}^L a(w_\ell, u_\ell) \leq \sqrt{K_1} \left\| \sum_{\ell=0}^L w_\ell \right\| \left(\sum_{\ell=0}^L a(T_\ell u_\ell, u_\ell)\right)^{1/2}. \tag{5.21}$$

Beweis. Wegen $P_\ell w_\ell = w_\ell$ folgt mit der Cauchy–Schwarzschen Ungleichung im $\mathbb{R}^{L+1}$

$$\sum_{\ell=0}^L a(w_\ell, u_\ell) = \sum_{\ell=0}^L a(w_\ell, P_\ell u_\ell)$$

$$= \sum_{\ell=0}^L (B_\ell^{1/2} w_\ell, B_\ell^{-1/2} A_\ell P_\ell u_\ell)$$

$$\leq \left(\sum_{\ell=0}^L (B_\ell w_\ell, w_\ell)\right)^{1/2} \left(\sum_{\ell=0}^L (A_\ell P_\ell u_\ell, B_\ell^{-1} A_\ell P_\ell u_\ell)\right)^{1/2}. \tag{5.22}$$

Als nächstes leiten wir eine Gleichung her, die sich auch später noch als nützlich erweisen wird

$$(B_\ell T_\ell w, T_\ell w) = (T_\ell w, B_\ell B_\ell^{-1} A_\ell P_\ell w)$$
$$= (T_\ell w, A_\ell P_\ell w) = a(T_\ell w, P_\ell w) = a(T_\ell w, w). \tag{5.23}$$

Der erste Faktor auf der rechten Seite von (5.22) kann mittels A.1 abgeschätzt werden. Wegen $T_\ell = B_\ell^{-1} A_\ell P_\ell$ können wir (5.23) auf die Summanden des zweiten Faktors anwenden, und der Beweis des Hilfssatzes ist fertig. □

Es ist kein Zufall, dass $a(T_\ell w, w)$ bis auf einen Faktor mit der diskreten Norm $\||P_\ell w\||_2$ übereinstimmt. Auf diese Norm stießen wir bereits in §2, wo B_ℓ speziell ein Vielfaches der Einheitsmatrix auf S_ℓ war.

Konvergenz der multiplikativen Methode

Zunächst schätzen wir die Reduktion des Fehlers beim Mehrgitterverfahren auf der Ebene ℓ ab.

5.4 Hilfssatz. *Sei $\ell \geq 1$. Dann ist*

$$\|v\|^2 - \|(I - T_\ell)v\|^2 \geq a(T_\ell v, v). \tag{5.24}$$

Beweis. Die linke Seite von (5.24) ist aufgrund der Binomischen Formel gerade

$$2a(T_\ell v, v) - a(T_\ell v, T_\ell v). \tag{5.25}$$

Der zweite Term lässt sich wegen $A_\ell \leq B_\ell$ mit (5.23) abschätzen

$$a_\ell(T_\ell v, T_\ell v) \leq (B_\ell T_\ell v, T_\ell v) = a_\ell(T_\ell v, v).$$

Der negative Term in (5.25) kann von der Hälfte des anderen Terms absorbiert werden, und die Behauptung ist bewiesen. □

Damit sind wir in der Lage, das Hauptresultat dieses § zu beweisen. Die Konvergenzrate des Mehrgitterzyklus wird so abgeschätzt, dass nur die Konstanten aus den Hypothesen A.1 und A.2 eingehen.

5.5 Satz. *Die Hypothesen A.1 und A.2 seien erfüllt. Dann gilt für die Operator-Norm des Fehlerreduktionsoperators E bzgl. der Energienorm*

$$\|E\|^2 \leq 1 - \frac{1}{K_1(1 + K_2)^2}.$$

Beweis. Wir wenden Lemma 5.4 auf $E_{\ell-1}v$ an und beachten dabei, dass $(I - T_\ell)E_{\ell-1} = E_\ell$ ist:

$$\|E_{\ell-1}v\|^2 - \|E_\ell v\|^2 \geq a(T_\ell E_{\ell-1}v, E_{\ell-1}v).$$

Die Summe über alle Ebenen liefert

$$\|v\|^2 - \|Ev\|^2 \geq \sum_{\ell=0}^{L} a(T_\ell E_{\ell-1} v, E_{\ell-1} v), \tag{5.26}$$

und der Satz ist bewiesen, sobald

$$\|v\|^2 \leq K_1 (1 + K_2)^2 \sum_{\ell=0}^{L} a(T_\ell E_{\ell-1} v, E_{\ell-1} v) \tag{5.27}$$

gezeigt ist. Aus den Ungleichungen (5.26) und (5.27) folgt nämlich sofort $\|v\|^2 \leq K_1(1 + K_2)^2 (\|v\|^2 - \|Ev\|)^2$, und der Rest des Beweises dient dem Nachweis von (5.27).

Dazu zerlegen wir v gemäß

$$v = \sum_{\ell=0}^{L} v_\ell, \quad v_\ell \in W_\ell.$$

Offensichtlich ist

$$\|v\|^2 = \sum_{\ell=0}^{L} a(E_{\ell-1} v, v_\ell) + \sum_{\ell=1}^{L} a((I - E_{\ell-1})v, v_\ell). \tag{5.28}$$

Den ersten Term erfassen wir mittels Hilfssatz 5.3

$$\sum_{\ell=0}^{L} a(E_{\ell-1} v, v_\ell) \leq \sqrt{K_1}\, \|v\| \left(\sum_{\ell=0}^{L} a(T_\ell E_{\ell-1} v, E_{\ell-1} v) \right)^{1/2}. \tag{5.29}$$

Außerdem erhalten wir aus $E_\ell - E_{\ell-1} = -T_\ell E_{\ell-1}$ durch Summation

$$I - E_{\ell-1} = \sum_{k=0}^{\ell-1} T_k E_{k-1}.$$

Mit einer Schranke für die zweite Summe in (5.28) bestätigen wir letzten Endes, dass sich die Voraussetzungen für die Korrektur auf der Ebene ℓ nicht wesentlich durch die Korrekturen auf den vorherigen Ebenen verschlechtert haben. Dabei ist A.2 wesentlich, und es folgt

$$\sum_{\ell=1}^{L} a((I - E_{\ell-1})v, v_\ell) = \sum_{\ell=1}^{L} \sum_{k=0}^{\ell-1} a(T_k E_{k-1} v, v_\ell)$$

$$\leq \sum_{\ell=1}^{L} \sum_{k=0}^{\ell-1} \gamma_{k\ell} (B_k T_k E_{k-1} v, T_k E_{k-1} v)^{1/2} (B_\ell v_\ell, v_\ell)^{1/2}$$

$$\leq K_2 \left(\sum_{k=0}^{L} (B_k T_k E_{k-1} v, T_k E_{k-1} v) \right)^{1/2} \left(\sum_{\ell=0}^{L} (B_\ell v_\ell, v_\ell) \right)^{1/2}.$$

Mit (5.23) und A.1 erkennen wir

$$\sum_{\ell=1}^{L} a((I - E_{\ell-1})v, v_\ell) \leq \sqrt{K_1}\, K_2\, \|v\| \left(\sum_{k=0}^{L} a_k(T_k E_{k-1}v, E_{k-1}v) \right)^{1/2}. \tag{5.30}$$

Die Addition von (5.29) und (5.30) sowie die Division durch $\|v\|$ liefert schließlich (5.27), und der Beweis ist fertig. $\qquad\qquad\qquad\qquad\qquad\qquad\qquad\qquad\qquad\qquad$ □

Nachweis der Hypothese A.1

Wenn das elliptische Problem H^2-regulär ist und eine quasiuniforme Triangulierung des Gebiets vorliegt, hat man optimale Verhältnisse, und der Nachweis von A.1 ist vergleichsweise einfach.

Zu $v \in S$ sei u_ℓ die Finite-Element-Approximation in S_ℓ, d.h. $u_\ell = P_\ell v$. Wir bilden eine (Teleskop-) Summe

$$v = \sum_{\ell=0}^{L} v_\ell, \tag{5.31}$$

$$v_0 = P_0 v, \quad v_\ell = P_\ell v - P_{\ell-1} v = u_\ell - u_{\ell-1} \quad \text{für } \ell = 1, 2, \ldots, L.$$

Aus der Galerkin-Orthogonalität der Finite-Element-Lösungen gemäß II.4.? schließen wir

$$\|v\|^2 = \sum_{\ell=0}^{L} \|v_\ell\|^2. \tag{5.32}$$

Es ist $u_{\ell-1}$ auch die Finite-Element-Lösung zu u_ℓ in $S_{\ell-1}$, und nach dem Dualitäts-argument von Aubin–Nitsche ist

$$\|v_\ell\|_0 \leq c\, h_{\ell-1} \|v_\ell\| \quad \text{für } \ell = 1, 2, \ldots, L. \tag{5.33}$$

Auf dem gröbsten Gitter wird exakt gelöst, und die einfachsten Glätter mit der Richardson-Iteration entsprechen approximativen Inversen, die Vielfache der Einheitsmatrizen sind

$$B_0 := A_0, \quad B_\ell := c\, \lambda_{\max}(A_\ell) I, \quad \ell = 1, 2, \ldots, L. \tag{5.34}$$

Aufgrund der inversen Ungleichungen gilt dabei $\lambda_{\max}(A_\ell) \leq c h_\ell^{-2}$. Für die Gitter ist $h_{\ell-1} \leq c h_\ell$, und insgesamt ergibt sich

$$\sum_{\ell=0}^{L} (B_\ell v_\ell, v_\ell) \leq (A_0 v_0, v_0) + \sum_{\ell=1}^{L} c h_\ell^{-2}(v_\ell, v_\ell)$$

$$= \|v_0\|^2 + c \sum_{\ell=1}^{L} h_\ell^{-2} \|v_\ell\|_0^2 \leq c \sum_{\ell=0}^{L} \|v_\ell\|^2 = c\, \|v\|^2. \tag{5.35}$$

Damit erhalten wir A.1 mit einer Konstanten K_1, die unabhängig von h und der Zahl der Ebenen ist.

Lokale Gitterverfeinerungen

Eine genaue Durchsicht des Beweises von Hilfssatz II.7.9 zeigt, dass die Abschätzung (5.37) richtig bleibt, wenn der orthogonale Projektor Q_ℓ durch einen Operator vom Clément-Typ ersetzt wird. Insbesondere können wir $I_\ell = I_{h_\ell}$ gemäß (II.6.19) wählen. Dieser Interpolations-Operator ist fast lokal.

Das ist ein großer Vorteil für Finite-Element-Räume, die bei lokalen Gitterverfeinerungen entstehen. Angenommen, die Verfeinerung der Triangulierung auf der Ebene ℓ beschränke sich auf das Teilgebiet $\Omega_\ell \subset \Omega$, und es sei

$$\Omega_L \subset \Omega_{L-1} \subset \ldots \subset \Omega_0 = \Omega. \tag{5.38}$$

Die Restriktion einer Funktion von $v \in S_L$ auf $\Omega \setminus \Omega_\ell$ fällt dort mit einer Finite-Element-Funktion aus S_ℓ zusammen. Wir modifizieren jetzt $I_\ell v$ an den Knoten außerhalb Ω_ℓ gemäß

$$(I_\ell v)(x_j) = v(x_j) \quad \text{sofern } x_j \notin \Omega_\ell \text{ ist} .$$

Weiter wird bei der Definition von I_ℓ die Vorschrift für den Operator $\tilde{Q}_j$ in (II.6.7) durch (II.6.23) ergänzt. Also ist

$$(I_\ell v)(x) = v(x) \tag{5.39}$$

außerhalb einer Umgebung von Ω_ℓ. Von Aufgabe II.6.17 wissen wir, dass die Modifikation nur die Konstante und nicht die Ordnung des Fehlers in der L_2-Norm ändert. Der Streifen von $\Omega \setminus \Omega_\ell$, in dem (5.39) verletzt ist, ist klein, sofern die Vorschrift II.8.1(1) bei der Gitterverfeinerung beachtet wird. Also ist

$$\|v - I_\ell v\|_0 \leq ch_\ell \|v\|_1. \tag{5.40}$$

Wir betonen, dass solche Abschätzungen nicht für die Finite-Element-Lösungen garantiert werden können. So erhalten wir durch den Rückgriff auf Operatoren vom Clément-Typ die günstigen Mehrgitterraten selbst unter lokalen Verfeinerungen.

Hinzu kommt ein Aspekt bzgl. des Rechenaufwands. Wegen

$$v_{\ell+1} = I_{\ell+1} v - I_\ell v = 0 \quad \text{außerhalb einer Umgebung von } \Omega_\ell,$$

kann die Glättung auf den Ebenen $\ell + 1, \ell + 2, \ldots, L$ auf die Knoten von Ω_ℓ und einen Streifen in der Umgebung beschränkt werden. Man braucht also nicht auf jeder Ebene das ganze Gebiet Ω zu durchlaufen. Der Aufwand wächst deshalb nur linear mit der Dimension von S_L. Wie Xu [1992] und Yserentant [1993] betonten, bewirken lokale Verfeinerungen ein superlineares Anwachsen der Komplexität.

Aufgaben

5.7   Seien V und W Unterräume eines Hilbert-Raums H. Die Projektion auf V und W sei mit P_V bzw. P_W bezeichnet. Man zeige die Äquivalenz folgender Aussagen:

(1) Es gilt eine verschärfte Cauchy-Ungleichung mit $\gamma < 1$.

(2) $\|P_W v\| \le \gamma \|v\|$ gilt für alle $v \in V$.

(3) $\|P_V w\| \le \gamma \|w\|$ gilt für alle $w \in W$.

(4) $\|v + w\| \ge \sqrt{1 - \gamma^2}\,\|v\|$ gilt für alle $v \in V, w \in W$.

(5) $\|v + w\| \ge \sqrt{\frac{1}{2}(1 - \gamma)}\,(\|v\| + \|w\|)$ gilt für alle $v \in V, w \in W$.

5.8 Man betrachte eine Folge, die durch das Schwarzsche alternierende Verfahren entsteht. Sei α_k der Faktor in der verschärften Cauchy-Ungleichung für die Anteile bei der Zerlegung des Fehlers im k-ten Schritt wie im Beweis des Satzes 5.2. Man zeige, dass die Folge (α_k) monoton nicht fallend ist.

§ 6. Nichtlineare Probleme

Mehrgitterverfahren werden genauso erfolgreich bei der numerischen Lösung nichtlinearer Differentialgleichungen eingesetzt. Die Änderungen gegenüber den Mehrgitterverfahren für lineare Gleichungen sind typisch für die effiziente Behandlung nichtlinearer Probleme. Allerdings kommt eine Idee als wesentliches Moment in die Verfahren, die man sonst nicht antrifft. Die rechte Seite der nichtlinearen Gleichung wird auf den groben Gittern korrigiert, um Fehler beim Übergang zwischen den Gittern zu kompensieren.

Eine wichtige nichtlineare Diffferentialgleichung ist die Navier-Stokes-Gleichung

$$-\Delta u + Re \cdot (u\nabla)u - \operatorname{grad} p = f \quad \text{in } \Omega,$$
$$\operatorname{div} u = 0 \quad \text{in } \Omega, \tag{6.1}$$
$$u = u_0 \quad \text{auf } \partial\Omega.$$

Wenn der quadratische Term in der ersten Gleichung vernachlässigt wird, entsteht das Stokes-Problem (III.6.1). Eine weitere typische nichtlineare Diffferentialgleichung ist

$$-\Delta u = e^{\lambda u} \quad \text{in } \Omega,$$
$$u = 0 \quad \text{auf } \partial\Omega. \tag{6.2}$$

Sie tritt bei der Analyse von Explosionsprozessen auf. Im Parameter λ verbirgt sich das Verhältnis von Reaktionswärme und Diffusionskonstante. — Nichtlineare Randbedingungen können ebenfalls vorkommen, und zwar insbesondere bei Problemen der (nichtlinearen) Elastizitätstheorie.

Das gegebene nichtlineare Randwertproblem werde als Gleichung $\mathcal{L}(u) = 0$ formuliert. Die Diskretisierung möge für $\ell = 0, 1, \ldots, \ell_{\max}$ auf der Ebene ℓ zu der nichtlinearen Gleichung

$$\mathcal{L}_\ell(u_\ell) = 0 \tag{6.3}$$

mit $N_\ell := \dim S_\ell$ Unbekannten führen. Es ist im folgenden oft zweckmäßig, die formal allgemeinere Gleichung

$$\mathcal{L}_\ell(u_\ell) = f_\ell \tag{6.4}$$

mit gegebenem $f_\ell \in \mathbb{R}^{N_\ell}$ zu betrachten.

Es gibt im Rahmen der Mehrgitterverfahren zwei grundsätzlich verschiedene Vorgehensweisen.

1. Beim *Mehrgitter-Newton-Verfahren* (MGNV) löst man die linearisierten Gleichungen mit dem Mehrgitterverfahren.
2. Beim *nichtlinearen Mehrgitterverfahren* (NMGM) wendet man das Mehrgitterverfahren direkt auf die gegebene nichtlineare Gleichung an.

Mehrgitter-Newton-Verfahren

Beim Iterationsverfahren nach Newton tritt in jedem Iterationsschritt ein lineares Gleichungssystem auf. Es braucht jedoch nur approximativ gelöst zu werden.

Die folgende Fassung ist eine Variante des gedämpften Newton-Verfahrens. Die Ableitung der (nichtlinearen) Abbildung $\mathcal{L}$ wird mit $D\mathcal{L}$ bezeichnet.

6.1 Mehrgitter-Newton-Verfahren.

Sei $u^{\ell,0}$ eine Näherung für die Lösung der Gleichung $\mathcal{L}_\ell(u_\ell) = f_\ell$.
Für $k = 0, 1, \ldots$ führe man folgende Rechnungen durch:

1. *(Bestimmung der Richtung.)* Setze $d^k = f_\ell - \mathcal{L}_\ell(u^{\ell,k})$. Führe einen Zyklus des Algorithmus $\mathbf{MGM}_\ell$ zur Lösung von

$$D\mathcal{L}_\ell(u^{\ell,k})\, v = d^k$$

mit dem Startwert $v^{\ell,0} = 0$ aus. Das Ergebnis sei $v^{\ell,1}$.

2. *(Lineare Suche.)* Prüfe für $\lambda = 1, \frac{1}{2}, \frac{1}{4}, \ldots$, ob

$$\|\mathcal{L}_\ell(u^{\ell,k} + \lambda\, v^{\ell,1}) - f_\ell\| \le (1 - \frac{\lambda}{2})\, \|\mathcal{L}_\ell(u^{\ell,k}) - f_\ell\| \tag{6.5}$$

gilt. Sobald (6.5) erfüllt ist, beende den Prüfvorgang und setze

$$u^{\ell,k+1} = u^{\ell,k} + \lambda\, v^{\ell,1}. \qquad \square$$

Im ersten Schritt wird jeweils die Richtung der nächsten Verbesserung bestimmt und im zweiten die Länge des Schritts. Wenn die Näherungen hinreichend nahe an der Lösung sind, stellt sich $\lambda = 1$ ein. Dann könnte man Schritt 2 durch den einfacheren des klassischen Verfahrens ersetzen:

2'. Setze $u^{\ell,k+1} = u^{\ell,k} + v^{\ell,1}$.

Die Einführung des Dämpfungsparameters λ und die zugehörige Kontrolle sorgt für eine Stabilisierung [Hackbusch and Reusken, 1989]. Das Verfahrens wird dadurch weniger empfindlich gegenüber der Wahl des Startwertes $u^{\ell,0}$.

Das klassische Newton-Verfahren konvergiert bekanntlich quadratisch für hinreichend gute Ausgangsnäherungen, wenn die Ableitung $D\mathcal{L}_\ell$ an der Lösung invertierbar ist. Beim Algorithmus 6.1 kommt ein linearer Fehlerterm hinzu, und für den Fehler $e^k := u^{\ell,k} - u_\ell$ erhält man eine Rekursionsformel

$$\|e^{k+1}\| \le \rho\|e^k\| + c\|e^k\|^2.$$

Dabei ist ρ die Konvergenzrate des Mehrgitter-Algorithmus.

Insgesamt ergibt sich nur lineare Konvergenz. Das ist jedoch nur auf den ersten Blick ein Nachteil. Quadratische Konvergenz ist nämlich nur in der Umgebung der Lösung ein Vorteil also vornehmlich in dem Bereich, in dem der Fehler $\|e^k\|$ kleiner als der

Diskretisierungsfehler ist. Aus den Gründen, die im vorigen § genannt werden, ist das kein wesentlicher Nachteil.

Das nichtlineare Mehrgitterverfahren

Ebenso häufig wie das Mehrgitter-Newton-Verfahren wählt man Methoden, bei denen das Mehrgitterverfahren direkt auf die nichtlineare Gleichung angesetzt wird. Die Rechnung setzt sich wieder aus Glättungsschritten und Grob-Gitter-Korrekturen zusammen. Vor allem letztere bekommen einen nichtlinearen Charakter.

Die einfachste Glättung entspricht dem Jacobi-Verfahren

$$v^\ell \longmapsto S_\ell\, v^\ell := v^\ell + \omega[f_\ell - \mathcal{L}_\ell(v^\ell)]. \tag{6.6}$$

Analog zum linearen Fall wird der Parameter ω durch Abschätzung des größten Eigenwertes von $D\mathcal{L}_\ell$ bestimmt.

Für die Glättung eignet sich auch oft das sogenannte *nichtlineare Gauss–Seidel-Verfahren*. Um den Formalismus klein zu halten, beschränken wir uns auf ein Beispiel und betrachten das Differenzenverfahren für die Gleichung (6.2) auf einem quadratischen Gitter. Für die inneren Punkte ist dann

$$u_i - h^2 e^{\lambda u_i} = G_i(u), \quad i = 1, 2, \dots N_\ell, \tag{6.7}$$

wobei $G_i(u)$ für $\frac{1}{4}$ der Summe der Werte an den Nachbarknoten steht. Für $i = 1, 2, \dots$ wird nacheinander ein verbesserter Wert u_i berechnet, indem die i-te Gleichung in (6.7) nach u_i aufgelöst wird. Es sind dabei einfache skalare nichtlineare Gleichungen zu lösen. Allgemeiner lautet die Vorschrift

$$[\mathcal{L}_\ell(u_1^{k+1}, \dots, u_i^{k+1}, u_{i+1}^k, u_{i+2}^k, \dots)]_i = f_i, \quad i = 1, 2, \dots$$

Das Gauss–Seidel-Verfahren wirkt auch im nichtlinearen Fall als Glätter.

Bei dem Entwurf der Grob-Gitter-Korrektur muss man anders als im linearen Fall vorgehen. Wir betonen, dass im allgemeinen $u_{\ell-1} \neq r u_\ell$ ist, wenn u_ℓ und $u_{\ell-1}$ die Finite-Element-Lösung in S_ℓ bzw. in $S_{\ell-1}$ bedeuten. Deshalb wurde die Grob-Gitter-Korrektur bisher stets auf die Defektgleichung angesetzt. Hier wird ein anderer Weg beschritten. Beim Übergang zwischen den Gittern wird die Abweichung von $u_{\ell-1}$ gegenüber $r u_\ell$ durch einen additiven Term auf der rechten Seite kompensiert. Diese Korrektur war auch der Anlass dafür, die ursprünglich gegebene Gleichung (6.3) durch die allgemeinere (6.4) zu ersetzen.

Auch von $u^{\ell,k,1}$ wird die Restriktion auf der Ebene $\ell - 1$ gebraucht. Dies mag sogar durch einen anderen Operator als bei der Restriktion des Defekts geschehen. Es seien r und $\tilde{r}$ Restriktionsoperatoren für den Defekt bzw. für die Näherungen sowie p eine Prolongation. Der Operator $\mathcal{L}_{\ell-1}$ gehört zur Diskretisierung von (6.3) auf der Ebene $\ell - 1$.

6.2 Nichtlineare Mehrgitter-Iteration NMGM$_\ell$ (k-ter Zyklus auf der Ebene $\ell \geq 1$):

Sei $u^{\ell,k}$ eine gegebene Näherung in S_ℓ.

1. A priori-Glättung. Man führe ν_1 Glättungsschritte durch:

$$u^{\ell,k,1} = \mathcal{S}^{\nu_1} u^{\ell,k}.$$

2. Grob-Gitter-Korrektur. Setze

$$\begin{aligned}
d_\ell &= f_\ell - \mathcal{L}_\ell(u^{\ell,k,1}), \\
u^{\ell-1,0} &= \tilde{r} u^{\ell,k,1}, \\
f_{\ell-1} &= \mathcal{L}_{\ell-1}(u^{\ell-1,0}) + r d_\ell,
\end{aligned} \tag{6.8}$$

und bezeichne mit $\hat{v}_{\ell-1}$ die Lösung von

$$\mathcal{L}_{\ell-1}(v) = f_{\ell-1}. \tag{6.9}$$

Wenn $\ell = 1$ ist, berechne man die Lösung und setze $v^{\ell-1} = \hat{v}_{\ell-1}$.

Wenn $\ell > 1$ ist, bestimme man eine Näherung $v^{\ell-1}$ von $\hat{v}_{\ell-1}$, indem man μ Schritte von **NMGM$_{\ell-1}$** mit dem Startwert $u^{\ell-1,0}$ ausführt.

Setze

$$u^{\ell,k,2} = u^{\ell,k,1} + p(v^{\ell-1} - u^{\ell-1,0}). \tag{6.10}$$

3. A posteriori-Glättung. Man führe ν_2 Glättungsschritte durch

$$u^{\ell,k,3} = \mathcal{S}^{\nu_2} u^{\ell,k,2}$$

und setze $u^{\ell,k+1} = u^{\ell,k,3}$. $\square$

Der Leser verifiziere, dass im linearen Fall gerade der Algorithmus 1.7 entsteht, und zwar unabhängig von der Wahl des Restriktionsoperators $\tilde{r}$.

Man beachte, dass das folgende Diagramm *nicht kommutativ* ist:

$$\begin{array}{ccc}
S_\ell & \xrightarrow{\;\mathcal{L}_\ell\;} & S_\ell \\
\tilde{r} \downarrow & & \downarrow r \\
S_{\ell-1} & \xrightarrow{\;\mathcal{L}_{\ell-1}\;} & S_{\ell-1}.
\end{array}$$

Deshalb ist in der Regel $f_{\ell-1} \neq r f_\ell$. Es gilt vielmehr

$$f_{\ell-1} = r f_\ell + [\mathcal{L}_{\ell-1}(\tilde{r} u^{\ell,k,1}) - r \mathcal{L}_\ell(u^{\ell,k,1})]. \tag{6.11}$$

Die *Verschiebung* durch den Zusatzterm in eckigen Klammern sorgt dafür, dass die Lösung u_ℓ der Gleichung (6.4) ein Fixpunkt der Iteration ist. Aus der Annahme $u^{\ell,k,1} = u_\ell$ folgt nämlich $d_\ell = 0$ und $f_{\ell-1} = \mathcal{L}_{\ell-1}(u^{\ell-1,0})$. Also ist $v = u^{\ell-1,0}$ Lösung von (6.9) und $u^{\ell,k,2} = u^{\ell,k,1}$.

Startwerte

Bei linearen Problemen kann man, wie in §4 ausgeführt, von dem gröbsten Gitter ausgehend, zu den feineren voranschreiten. Das ist auch bei manchen nichtlinearen Problemen möglich, aber nicht bei allen. Insbesondere kommt es vor, dass das nichtlineare Problem nur die richtige Zahl an Lösungen aufweist, wenn die Diskretisierung hinreichend fein ist.

Wir gehen deshalb davon aus, dass ein Startwert vorliegt, der zum Einzugsbereich der gesuchten Lösung gehört. Der Fehler sei trotzdem erheblich größer als der Diskretisierungsfehler; der Unterschied mag mehrere Größenordnungen betragen.

Für diesen in der Praxis üblichen Fall empfiehlt sich ein Vorgehen, das dem Algorithmus NI_ℓ entspricht. Andererseits müssen in einer Vorphase passende (rechte Seiten für die) Probleme auf den gröberen Gittern bereitgestellt werden.

Die Bezeichnungen aus Algorithmus 6.2 werden übernommen.

6.3 Algorithmus $NLNI_\ell$ $(\mathcal{L}_\ell, f_\ell, u^{\ell,0})$ *zur Verbesserung eines Startwerts $u^{\ell,0}$ für die Gleichung $\mathcal{L}_\ell(u_\ell) = f_\ell$ auf der Ebene $\ell \geq 0$, [so dass der Fehler der verbesserten Näherung $\hat{u}^\ell$ in der Größenordnung der Diskretisierungsfehler liegt.]*

Wenn $\ell = 0$ ist, berechne $\hat{u}^\ell$ als Lösung von $\mathcal{L}_0(v) = f^0$ und verlasse die Prozedur. Sei nun $\ell > 0$.
Man berechne $u^{\ell-1,0} = \tilde{r} u^{\ell,0}$ und

$$f_{\ell-1} = r f_\ell + [\mathcal{L}_{\ell-1}(u^{\ell-1,0}) - r \mathcal{L}_\ell(u^{\ell,0})]. \tag{6.12}$$

Man ermittle eine Näherung $\hat{u}_{\ell-1}$ zu der Gleichung $\mathcal{L}_{\ell-1}(v) = f_{\ell-1}$ durch Anwendung von $NLNI_{\ell-1}$ $(\mathcal{L}_{\ell-1}, f_{\ell-1}, u^{\ell-1,0})$.
Man berechne die Prolongation $u^{\ell,1} = p \hat{u}^{\ell-1}$.
Man führe mit $u^{\ell,1}$ als Startwert einen Schritt (allgemeiner $p \geq 1$ Schritte) des Algorithmus $NLMG_\ell$ aus. Das Ergebnis sei $u^{\ell,2}$. Man setze

$$\hat{u}^\ell = u^{\ell,2}. \qquad \square$$

Man beachte, dass Gleichung (6.12) im Aufbau der Vorschrift (6.11) entspricht.

Weil man nicht vollständig ohne sinnvolle Startwerte auskommt, wird das nichlineare Mehrgitterverfahren bei schwierigen Problemen mit der Kontinuitätsmethode kombiniert, die man auch unter der Bezeichnung inkrementelle Methode findet.

Aufgaben

6.4 Man verifiziere, dass der Algorithmus 6.2 bei linearen Problemen zum Algorithmus 1.7 äquivalent ist.

6.5 Durch die nichtlineare Gleichung (6.2) wird eine Lösung des nicht quadratischen Variationsproblems

$$\int_\Omega [\frac{1}{2}(\nabla v)^2 - F(v)]dx \longrightarrow \min_{v \in H_0^1}$$

charakterisiert (sofern eine Lösung existiert). Man bestimme die passende Funktion F auf $\mathbb{R}$, indem man die Eulersche Gleichung zum Variationsproblem formal herleitet.

Kapitel VI

Finite Elemente in der Mechanik elastischer Körper

Die Verformung von elastischen und inelastischen Körpern unter Lasten sowie die auftretenden Spannungen werden heute vorwiegend mit Finite-Element-Methoden bestimmt. Es sind hier Systeme von Differentialgleichungen mit einer besonderen Struktur zu lösen. Offensichtlich ändert sich bei orthogonalen Transformationen und Translationen, also bei sogenannten Starrkörperbewegungen die elastische Energie nicht.

Für Probleme der Strukturmechanik ist typisch, dass in der Praxis oft kleine Parameter auftreten und zwar teils offen, teils in versteckter Weise. So ist z.B. bei Balken, Scheiben, Platten und Schalen die Dicke sehr klein im Vergleich zu allen anderen Abmessungen. Beim Kragarm ist der Teil des Randes, auf dem Dirichlet-Randbedingungen vorgegeben sind, sehr klein. Schließlich lassen manche Materialien wie z.B. Gummi nur sehr kleine Dichteänderungen zu. Dann sind die verschiedenen Variationsformulierungen für Finite-Element-Rechnungen unterschiedlich gut geeignet. Die ungeeigneten verursachen das sogenannte *Locking*. Einen passenden Rahmen liefern dann oft gemischte Ansätze, und zwar sowohl für die Rechnungen als auch unabhängig davon für die strenge mathematische Analyse.

Die meisten charakteristischen Eigenschaften zeigen sich schon in der sogenannten linearen Theorie, d.h. für kleine Deformationen, wenn noch keine wirklich nichtlinearen Phänomene auftreten. Allerdings gibt es streng genommen gar keine abgeschlossene Lineare Elastizitätstheorie, weil die genannte Invarianz gegenüber Starrkörperbewegungen dort nur unvollständig modelliert werden kann. Deshalb werden wir uns auch erst später auf die lineare Theorie beschränken.

Die §§ 1 und 2 enthalten eine sehr knappe Einführung in die Elastizitätstheorie, die bei Ciarlet [1988], Marsden and Hughes [1983], Truesdell [1977] oder mit etwas anderer Zielsetzung bei Stein und Barthold [1992] ausführlich dargestellt wird. Wir konzentrieren uns auf denjenigen Stoff aus dieser Theorie, der als Hintergrundwissen benötigt wird. Der Leser kann auch direkt bei §3 einsteigen. Er zeigt verschiedene Variationsformulierungen für die lineare Theorie und wird gefolgt von der Analyse des Locking-Effekts in §4. Anschließend wenden wir uns den Scheiben, Balken und Platten zu. Zwei Plattenmodelle werden rigoros begründet, Der Zusammenhang zwischen den Modellen wird beleuchtet, weil sich Finite-Element-Rechnungen gern auf Mischformen stützen.

Bei den Beispielen von Finiten Elementen beschränken wir uns auf solche Elemente, für deren Entwurf oder Analyse andere Ideen und Konzepte als in den Kapiteln II und III eine Rolle spielen. Insbesondere werden wir uns mehr mit der Stabilität der Elemente als mit Approximationsaussagen und den dazu benötigten Regularitätsaussagen befassen.

§ 1. Einführung in die Elastizitätstheorie

In der Elastizitätstheorie betrachtet man den Zustand von Körpern unter der Einwirkung von Kräften. Insbesondere studiert man die Verzerrungen und Spannungen, die durch Deformationen erzeugt werden.

Die Grundlage bildet die dreidimensionale Theorie. Ihre wesentlichen Bestandteile sind die Kinematik, die Gleichgewichtsbedingungen und die Stoffgesetze.

Kinematik

Man geht davon aus, dass für den Körper eine *Referenzkonfiguration* $\bar{\Omega}$ bekannt ist. Dabei sei $\bar{\Omega}$ der Abschluss einer beschränkten, offenen Menge Ω. In der Regel ist $\bar{\Omega}$ gerade die Teilmenge des $\mathbb{R}^3$, die der Körper im spannungsfreien Zustand einnimmt. Der aktuelle Zustand wird durch eine Abbildung[16]

$$\phi : \bar{\Omega} \longrightarrow \mathbb{R}^3$$

beschrieben, insbesondere beschreibt $\phi(x)$ den Ort des Punktes, der sich im Referenzzustand am Ort x befunden hatt. Außerdem setzt man

$$\phi = id + u \tag{1.1}$$

und bezeichnet u als *Verschiebung*. Häufig werden die Verschiebungen als klein angenommen und Terme höherer Ordnung in u vernachlässigt.

Es ist anschaulich klar, dass Starrkörperbewegungen, also Translationen und orthogonale Transformationen, den Spannungszustand eines Körpers nicht ändern. Diese Tatsache bringt einige Schwierigkeiten mit sich; denn letzten Endes müssen sich orthogonale Transformationen aus allen Gleichungen herausdividieren lassen.

Die Abbildung ϕ wird im folgenden stets als genügend glatt vorausgesetzt. Es ist ϕ eine *Deformation,* wenn

$$\det(\nabla\phi) > 0$$

gilt. Dabei ist $\nabla\phi$ der *Deformationsgradient* mit der Matrixdarstellung

$$\nabla\phi = \begin{bmatrix} \dfrac{\partial\phi_1}{\partial x_1} & \dfrac{\partial\phi_1}{\partial x_2} & \dfrac{\partial\phi_1}{\partial x_3} \\[2mm] \dfrac{\partial\phi_2}{\partial x_1} & \dfrac{\partial\phi_2}{\partial x_2} & \dfrac{\partial\phi_2}{\partial x_3} \\[2mm] \dfrac{\partial\phi_3}{\partial x_1} & \dfrac{\partial\phi_3}{\partial x_2} & \dfrac{\partial\phi_3}{\partial x_3} \end{bmatrix}. \tag{1.2}$$

---

[16] Wie bisher werden weder Vektoren noch Matrizen oder Tensoren satztechnisch hervorgehoben. In der Regel stehen in diesem § kleine lateinische Buchstaben für Vektoren und große für Tensoren oder Matrizen.

Der Name Deformation soll darauf hinweisen, dass Teilmengen mit positivem Volumen wieder in solche mit positivem Volumen abgebildet werden. Deformationen sind lokal injektive Abbildungen.

Wichtig sind die durch ϕ erzeugten Änderungen des Linienelements. Es ist

$$\phi(x+z) - \phi(x) = \nabla\phi \cdot z + o(z).$$

Also gilt für den Euklidischen Abstand

$$\|\phi(x+z) - \phi(x)\|^2 = \|\nabla\phi \cdot z\|^2 + o(\|z\|^2)$$
$$= z' \, \nabla\phi^T \, \nabla\phi \, z + o(\|z\|^2). \tag{1.3}$$

Für die lokale Änderung der Längen ist also die Matrix

$$C := \nabla\phi^T \, \nabla\phi \tag{1.4}$$

ausschlaggebend: C heißt *(rechter) Cauchy–Greenscher Verzerrungstensor*, (engl.: *strain tensor*). Die durch

$$E := \frac{1}{2}(C - I)$$

definierte Abweichung von der Identität bezeichnet man als *Verzerrung* (engl.: *strain*) und gehört zu den wichtigsten Begriffen der Theorie. Wie üblich werden wir oft für C und E die Matrixdarstellungen benutzen. Die Matrizen sind offensichtlich symmetrisch. Durch Einsetzen von (1.1) in (1.4) erhält man

$$E_{ij} = \frac{1}{2}\left(\frac{\partial u_i}{\partial x_j} + \frac{\partial u_j}{\partial x_i}\right) + \frac{1}{2}\sum_k \frac{\partial u_k}{\partial x_i}\frac{\partial u_k}{\partial x_j}. \tag{1.5}$$

In der linearen Theorie werden die quadratischen Terme vernachlässigt, und es entsteht als Näherung die *symmetrische Ableitung*

$$\varepsilon_{ij} := \frac{1}{2}\left(\frac{\partial u_i}{\partial x_j} + \frac{\partial u_j}{\partial x_i}\right). \tag{1.6}$$

1.1 Bemerkung. Sei Ω zusammenhängend. Wenn für eine Bewegung $\phi \in C^1(\Omega)$ der zugehörige Verzerrungstensor die Relation

$$C(x) = I \quad \text{für alle } x \in \Omega$$

erfüllt, stellt ϕ eine Starrkörperbewegung dar, d.h. es ist $\phi(x) = Qx + b$, wobei Q eine orthogonale Matrix ist.

Beweisskizze. Sei Γ eine glatte Kurve in Ω. Wegen (1.3) und $C(x) = I$ haben die rektifizierbaren Kurven Γ und $\phi(\Gamma)$ stets dieselbe Länge. Diese Aussage folgt direkt aus der Definition der Länge einer Kurve über ein Kurvenintegral, und aus ihr wird nun die eigentliche Behauptung hergeleitet.

Weil ϕ lokal injektiv ist, ist mit Ω auch $\phi(\Omega)$ offen. Zu jedem $x_0 \in \Omega$ gibt es eine konvexe Umgebung U in Ω, so dass die konvexe Hülle von $\phi(U)$ in $\phi(\Omega)$ enthalten ist. Es ist $\phi|_U$ global abstandserhaltend, d.h. für alle Paare $x, y \in U$ ist

$$\|\phi(x) - \phi(y)\| = \|x - y\|. \tag{1.7}$$

Sei Γ nämlich die geradlinige Verbindung der Punkte x und y. Weil $\phi(\Gamma)$ dieselbe Länge hat, ist $\|\phi(x) - \phi(y)\| \leq \|x - y\|$. Die Gleichheit ergibt sich aus der Betrachtung des Urbildes der geradlinigen Verbindung von $\phi(x)$ und $\phi(y)$.

Wegen (1.7) verschwindet auf $U \times U$ die Hilfsfunktion

$$G(x, y) := \|\phi(y) - \phi(x)\|^2 - \|y - x\|^2.$$

Es ist G nach y differenzierbar, und für $\frac{1}{2} \frac{\partial G}{\partial y_i}$ gilt

$$\sum_k \frac{\partial \phi_k}{\partial y_i} (\phi_k(y) - \phi_k(x)) - (y_i - x_i) = 0.$$

Der Ausdruck ist nach x_j differenzierbar, also

$$-\sum_k \frac{\partial \phi_k}{\partial y_i} \frac{\partial \phi_k}{\partial x_j} + \delta_{ij} = 0.$$

Das ist die komponentenweise Darstellung von $\nabla\phi(y)^T \nabla\phi(x) = I$. Die Multiplikation von links mit $\nabla\phi(y)$ liefert wegen $C = I$ sofort $\nabla\phi(x) = \nabla\phi(y)$. Es ist $\nabla\phi$ auf U konstant und ϕ eine lineare Transformation.

Durch ein Überdeckungsargument folgt die Behauptung für das ganze Gebiet Ω. $\square$

Gleichgewichtsbedingungen

In der Mechanik wird der Einfluss der Kräfte axiomatisch behandelt. Hier haben insbesondere Euler und Cauchy wesentliche Beiträge geleistet. Für die genauen Einzelheiten verweisen wir auf Ciarlet [1988].

Es wird angenommen, dass die Kräfte-Wechselwirkungen vollständig zurückgeführt werden können auf

a) flächenhaft verteilt wirkende Kräfte (kurz Flächenkräfte),
b) volumenhaft verteilt wirkende Kräfte (kurz Volumenkräfte).

Deutlich wird dies an den äußeren Kräften. Eine typische Volumenkraft ist die Schwerkraft, während etwa die Nutzlast einer Brücke eine Flächenlast darstellt.

Die Kräfte sind dadurch gekennzeichnet, welche Arbeit sie unter Deformationen leisten.

Die Volumenkräfte $f : \Omega \longrightarrow \mathbb{R}^3$ liefern im Volumenelement dV die Kraft fdV. Die Flächenkräfte sind durch eine Funktion $t : \Omega \times S^2 \longrightarrow \mathbb{R}^3$ spezifiziert, wobei S^2 die Einheitssphäre im $\mathbb{R}^3$ bezeichnet: Sei V eine beliebige (hinreichend glatt berandete) Teilmenge von Ω, und dA ein Oberflächenelement mit der Normalen n. Dann liefert das Flächenelement dA einen Beitrag $t(x, n)dA$ zur Kraft, der auch von der Richtung n abhängen kann. Der Vektor $t(x, n)$ heißt *Cauchyscher Spannungsvektor* (engl. *stress vector*).

Dass sich in einem Gleichgewichtszustand alle Kräfte bzw. alle Momente zu Null addieren, besagt das zentrale Axiom der Mechanik. Dabei zählen zu den Kräften nicht nur die Volumen- sondern auch die Flächenkräfte. In der Technik wird das Axiom auch als *Schnittprinzip* bezeichnet.

1.2 Axiom des statischen Gleichgewichts. Der Körper B befinde sich unter den (Volumen-) Kräften f im Gleichgewicht. Dann existiert ein Vektorfeld t auf $B \times S^2$, so dass in jeder Teilmenge V von B

$$\int_V f(x)dx + \int_{\partial V} t(x, n)ds = 0, \tag{1.8}$$

$$\int_V x \wedge f(x)dx + \int_{\partial V} x \wedge t(x, n)ds = 0. \tag{1.9}$$

gilt. Das Zeichen $\wedge$ steht hier für das Vektorprodukt im $\mathbb{R}^3$.

Nachdem die Existenz der Cauchyschen Spannungsvektoren axiomatisch gesichert ist, lässt sich die Abhängigkeit von der Normalen n genauer angeben. Hier und später werden die folgenden Mengen von Matrizen benutzt:

$\mathbb{M}^3$ Menge der 3×3-Matrizen,

$\mathbb{M}^3_+$ Menge der Matrizen in $\mathbb{M}^3$ mit positiver Determinante,

$\mathbb{O}^3$ Menge der orthogonalen 3×3-Matrizen,

$\mathbb{O}^3_+ := \mathbb{O}^3 \cap \mathbb{M}^3_+$,

$\mathbb{S}^3$ Menge der symmetrischen 3×3-Matrizen,

$\mathbb{S}^3_>$ Menge der positiv definiten Matrizen in $\mathbb{S}^3$.

1.3 Satz von Cauchy. *Sei* $t(\cdot, n) \in C^1(B, \mathbb{R}^3)$, $t(x, \cdot) \in C^0(S^2, \mathbb{R}^3)$ *und* $f \in C(B, \mathbb{R}^3)$ *im Gleichgewicht gemäß 1.2. Dann gibt es ein symmetrisches Tensorfeld* $T \in C^1(B, \mathbb{S}^3)$ *mit folgenden Eigenschaften:*

$$t(x, n) = T(x)n, \qquad x \in B, \ n \in S^2 \tag{1.10}$$

$$\text{div } T(x) + f(x) = 0, \qquad x \in B \tag{1.11}$$

$$T(x) = T^T(x), \qquad x \in B. \tag{1.12}$$

Der Tensor T wird als *Cauchyscher Spannungstensor* bezeichnet.

Die wesentliche Aussage dieses berühmten Satzes ist die Darstellbarkeit der Spannungsvektoren über den Tensor. Aus (1.8) folgt dann mit dem Gaußschen Integralsatz

$$\int_V f(x)dx + \int_{\partial V} T(x)nds = \int_V [f(x) + \operatorname{div} T(x)]dx = 0.$$

Aus dieser Beziehung erhalten wir auch die Differentialgleichung (1.11). Die Gleichgewichtsbedingung (1.9) für die Momente liefert übrigens die Symmetrie (1.12).   ☐

Die Piola-Transformation

Die Gleichgewichtsbedingungen haben wir in den Koordinaten des deformierten Körpers formuliert. (Das ist Eulers Sichtweise.) Da diese Koordinaten erst berechnet werden sollen, ist es zweckmäßig, die Größen auf den Referenzzustand zu transformieren. Zur Unterscheidung werden die Größen in der Referenzkonfiguration im folgenden mit einem Index R versehen, insbesondere ist $x = \phi(x_R)$.

Die Transformation der Volumenkräfte ergibt sich direkt aus dem bekannten Transformationssatz für Integrale. Danach erhält man für das Volumenelement $dx = \det(\nabla\phi)dx_R$. Volumenkräfte wie die Schwerkraft sind proportional zur Dichte. Dichten transformieren sich wegen der Massenerhaltung: $\rho(x)dx = \rho_R(x_R)dx_R$ gemäß der Formel $\rho(\phi(x_R)) = \det(\nabla\phi^{-1})\rho_R(x_R)$. Dementsprechend ist

$$f(x) = \det(\nabla\phi^{-1})f_R(x_R). \tag{1.13}$$

In (1.13) ist allerdings in versteckter Form die Annahme enthalten, dass die Massenpunkte durch die Deformation nicht an einen Ort mit geändertem Kraftfeld geraten. Man spricht deshalb von *toten Lasten*.

Die Transformation des Spannungstensors ist komplexer, aber auch elementar berechenbar, s. z.B. Ciarlet [1988]. Danach gilt in der Referenzkonfiguration

$$\operatorname{div}_R T_R + f_R = 0 \tag{1.14}$$

mit

$$T_R := \det(\nabla\phi)\, T\, (\nabla\phi)^{-T}. \tag{1.15}$$

Mit der Gleichung (1.14) hat man eine zu (1.11) analoge Beziehung. Allerdings ist der sogenannte *erste Piola–Kirchhoffsche Spannungstensor* T_R in (1.15) im Gegensatz zu T nicht symmetrisch. Zur Symmetrisierung wird der *zweite Piola–Kirchhoffsche Spannungstensor*

$$\Sigma_R := \det(\nabla\phi)\, (\nabla\phi)^{-1}\, T\, (\nabla\phi)^{-T} \tag{1.16}$$

eingeführt. Offensichtlich ist $\Sigma_R = (\nabla\phi)^{-1}T_R$.

Die Unterschiede zwischen den drei Spannungstensoren sind bei kleinen Deformationsgradienten zu vernachlässigen.

Abb. 58. Bei der Stauchung eines Körpers erfolgt eine Dehnung in Querrichtung, deren relative Größe durch die Poisson-Zahl ν gegeben ist.

Materialgesetze

Ein wichtiges Problem besteht darin, zu gegebenen äußeren Kräften die Deformation eines Körpers und die Spannungen zu bestimmen. Die Gleichgewichtsbedingungen (1.11) bzw. (1.14) liefern dazu nur 3 Gleichungen. Damit sind die 6 Komponenten des symmetrischen Spannungstensors noch nicht bestimmt. Die fehlenden Gleichungen ergeben sich aus den Materialgesetzen. Darin kommt zum Ausdruck, dass die Deformationen zu gegebenen Kräften auch von Materialeigenschaften abhängen.

1.4 Definition. Ein Material heißt *elastisch*, wenn es eine Abbildung

$$\hat{T} : \mathbb{M}_+^3 \longrightarrow \mathbb{S}_+^3$$

gibt, so dass für jeden deformierten Zustand

$$T(x) = \hat{T}(\nabla\phi(x_R)) \tag{1.17}$$

gilt. Die Abbildung $\hat{T}$ heißt *Antwortfunktion*, und (1.17) bezeichnet man als *konstitutives Gesetz*.

Hinter dem konstitutiven Gesetz verbirgt sich insbesondere die Annahme, dass die Spannungen in lokaler Weise von den Verschiebungen abhängen, und auch nur von den ersten Ableitungen. Im Hinblick auf (1.16) führt man die auf den Piola–Kirchhoffschen Tensor bezogene Antwortfunktion

$$\hat{\Sigma}(F) := \det(F)\, F^{-1}\hat{T}(F)\, F^{-T} \tag{1.18}$$

ein. (Formeln mit der Variablen F werden in der Regel für $F = \nabla\phi(x)$ gebraucht.)

Der Einfachheit halber beschränken wir uns auf *homogene* Materialien, d.h. auf Materialien bei denen $\hat{T}$ nicht explizit vom Ort x abhängt.

Die Antwortfunktionen können aufgrund physikalischer Gesetze auf eine einfache Form gebracht werden. — Vorher sei an Hand einer einfachen Beobachtung darauf hingewiesen, dass sich die Komponenten $\hat{T}_{ij}$ nicht wie skalare Funktionen verhalten. Man betrachte einen Quader, dessen Oberflächen wie in Abb. 58 senkrecht zu den Koordinatenachsen stehen. Der Quader werde an den Flächen senkrecht zur x-Achse eingedrückt. Dies bewirkt jetzt nicht nur eine Stauchung in x-Richtung, das Material antwortet im allgemeinen auch mit Dehnungen in den Querrichtungen, um die Volumen- bzw. Dichteänderungen zu reduzieren.

1.5 Axiom der Koordinatenunabhängigkeit. Der Cauchysche Spannungsvektor $t(x, n)$ $= T(x) n$ ist unabhängig von der Wahl des Koordinatensystems, d.h. es ist $Qt(x, n) = t(Qx, Qn)$ für alle $Q \in \mathbb{O}^3_+$.

Im Fall der Koordinatenunabhängigkeit (engl.: *frame indifference*) spricht man auch von einem *objektiven* Material.

1.6 Satz. *Sei das Axiom der Koordinatenunabhängigkeit erfüllt. Dann gilt für jede eigentliche orthogonale Transformation* $Q \in \mathbb{O}^3_+$

$$\hat{T}(QF) = Q \, \hat{T}(F) \, Q^T. \tag{1.19}$$

Ferner gibt es eine Abbildung $\tilde{\Sigma} : \mathbb{S}^3_> \longrightarrow \mathbb{S}^3$, *so dass*

$$\hat{\Sigma}(F) = \tilde{\Sigma}(F^T F) \tag{1.20}$$

ist, d.h. $\hat{\Sigma}$ *hängt nur von* $F^T F$ *ab.*

Beweis. Anstatt des Koordinatensystems wird der deformierte Körper rotiert:

$$x \longmapsto Qx$$
$$\phi \longmapsto Q\phi$$
$$\nabla\phi \longmapsto Q\nabla\phi$$
$$n \longmapsto Q^{-T}n = Qn$$
$$t(x, n) \longmapsto Qt(x, n).$$

Nach Axiom 1.5 ist $t(Qx, Qn) = Qt(x, n)$, also $\hat{T}(QF)Q \cdot n = Q\hat{T}(F) \cdot n$. Indem man Qn durch n ersetzt und $Q^T Q = I$ ausnutzt, erhält man (1.19).

Aus (1.18) und (1.19) folgt mit elementaren Umformungen

$$\hat{\Sigma}(QF) = \hat{\Sigma}(F) \quad \text{für } Q \in \mathbb{O}^3_+. \tag{1.21}$$

Zum Nachweis von (1.20) betrachte man zwei nichtsinguläre Matrizen F und G aus $\mathbb{M}^3_+$ mit $F^T F = G^T G$. Setze $Q := FG^{-1}$. Dann ist $Q^T Q = I$ und $\det(Q) > 0$. Mit (1.21) schließen wir $\hat{\Sigma}(F) = \hat{\Sigma}(G)$, und $\hat{\Sigma}$ hängt in der Tat nur vom Produkt $F^T F$ ab. $\quad\square$

Das Axiom der Koordinatenunabhängigkeit gilt für jedes Material. Dagegen ist die *Isotropie* eine reine Materialeigenschaft; sie bedeutet, dass im Material keine Richtung ausgezeichnet ist. Isotropie gilt nicht für geschichtetes Material, Holz oder Kristalle. Die Isotropie besagt, dass sich die Spannungsvektoren nicht ändern, wenn man den *nicht deformierten* Körper, also den Körper *vor* der Deformation dreht.

1.7 Definition. Ein Material ist *isotrop,* wenn

$$\hat{T}(F) = \hat{T}(FQ) \quad \text{für alle } Q \in \mathbb{O}_+^3 \tag{1.22}$$

gilt.

Die unterschiedliche Reihenfolge von F und Q in (1.19) und (1.22) ist zu beachten. Ebenso wie im Beweis von Satz 1.6 zeigt man, dass (1.22) zu

$$\hat{T}(F) = \bar{T}(FF^T) \tag{1.23}$$

mit einer passenden Funktion $\bar{T}$ äquivalent ist.

Aufgrund der Transformationseigenschaften hängt die Antwortfunktion im wesentlichen von den Invarianten der Matrizen ab: jeder 3×3-Matrix $A = (a_{ij})$ wird ein Tripel von Invarianten $\iota_A = (\iota_1(A), \iota_2(A), \iota_3(A))$ über das charakteristische Polynom zugeordnet:

$$\det(\lambda I - A) = \lambda^3 - \iota_1(A)\,\lambda^2 + \iota_2(A)\,\lambda - \iota_3(A).$$

Die Invarianten sind eng mit den Eigenwerten $\lambda_1, \lambda_2, \lambda_3$ von A verknüpft:

$$\iota_1(A) := \sum_i a_{ii} = \text{spur}(A) = \lambda_1 + \lambda_2 + \lambda_3,$$

$$\iota_2(A) := \frac{1}{2} \sum_{ij} (a_{ii}a_{jj} - a_{ij}^2) = \frac{1}{2}[(\text{spur } A)^2 - \text{spur}(A^2)], \tag{1.24}$$

$$= \lambda_1\lambda_2 + \lambda_1\lambda_3 + \lambda_2\lambda_3,$$

$$\iota_3(A) := \det(A) = \lambda_1\lambda_2\lambda_3.$$

Damit lässt sich ein berühmter Satz der Mechanik formulieren. — Es wird dabei die übliche Schreibweise für Diagonalmatrizen $D = \text{diag}(d_{11}, d_{22}, \ldots, d_{nn})$ benutzt.

1.8 Rivlin–Ericksen–Theorem [1955]. *Eine Antwortfunktion* $\hat{T} : \mathbb{M}_+^3 \longrightarrow \mathbb{S}^3$ *ist genau dann objektiv und isotrop, wenn sie von der Form* $\hat{T}(F) = \bar{T}(FF^T)$ *und*

$$\bar{T} : \mathbb{S}_>^3 \longrightarrow \mathbb{S}^3$$
$$\bar{T}(B) = \beta_0(\iota_B)\,I + \beta_1(\iota_B)\,B + \beta_2(\iota_B)\,B^2 \tag{1.25}$$

ist. Dabei sind β_0, β_1 *und* β_2 *Funktionen der Invarianten von* B.

Beweis. Laut (1.23) ist $\hat{T}(F) = \bar{T}(FF^T)$ mit einer passenden Funktion $\bar{T}$. Der Nachweis für die spezielle Form (1.25) ist noch zu erbringen.

(1) Sei zunächst $B = \text{diag}(\lambda_1, \lambda_2, \lambda_3)$ eine Diagonalmatrix und $FF^T = B$, z.B. $F = B^{1/2}$. Ferner sei $T = (T_{ij}) = \hat{T}(F)$. Die Matrix $Q := \text{diag}(1, -1, -1)$ ist orthogonal und hat eine positive Determinante. Nach Satz 1.6 gilt

$$\hat{T}(QF) = QTQ^T = \begin{pmatrix} T_{11} & -T_{12} & -T_{13} \\ -T_{21} & T_{22} & T_{23} \\ -T_{31} & T_{32} & T_{33} \end{pmatrix}. \tag{1.26}$$

Andererseits ist $QF(QF)^T = QBQ^T = B$, also nach Voraussetzung $\hat{T}(QF) = \hat{T}(F) = T$. Nach (1.26) ist das nur bei $T_{12} = T_{13} = 0$ möglich. Ebenso schließt man mit $Q = \text{diag}(-1, -1, +1)$, dass $T_{23} = 0$ ist. Also ist $T(B)$ diagonal, wenn B eine Diagonalmatrix ist.

(2) Sei B wieder eine Diagonalmatrix. Wenn $B_{ii} = B_{jj}$ ist, gilt auch $T_{ii} = T_{jj}$. Zum Nachweis betrachten wir den Fall $B_{11} = B_{22}$ und wählen

$$Q = \begin{pmatrix} 0 & 1 & \\ 1 & 0 & \\ & & -1 \end{pmatrix}.$$

Es ist dann $QBQ^T = B$, und ähnlich wie in Teil (1) schließen wir $T_{11} = (QTQ^T)_{11} = T_{22}$.

Es lässt sich T deshalb in der Form

$$T = \beta_0 I + \beta_1 B + \beta_2 B^2 \tag{1.27}$$

mit passenden Koeffizienten $\beta_0, \beta_1, \beta_2$ darstellen. Wenn die Diagonalelemente von B nun vertauscht werden, sind die Elemente von T, wie wir gesehen haben, entsprechend zu permutieren. Für die neue Matrix erhalten wir die Darstellung (1.27) mit denselben Koeffizienten β_0, β_1 und β_2 wie vorher. Also sind β_0, β_1 und β_2 *symmetrische* Funktionen der λ_i, und für den Fall einer diagonalen Matrix B ist das Theorem bewiesen.

(3) Sei $F \in \mathbb{M}_+^3$ und $B = FF^T$ nicht diagonal. Zu B gibt es eine orthogonale Matrix Q, so dass $QBQ^{-1} = D$ eine Diagonalmatrix ist. Indem man evtl. Q durch $-Q$ ersetzt, erreicht man $\det Q > 0$. Man beachte $\iota_B = \iota_D$. Mit den obigen Überlegungen und der Koordinatenunabhängigkeit schließen wir

$$\begin{aligned}
\hat{T}(F) &= Q^{-1}\hat{T}(QF)Q^{-T} \\
&= Q^{-1}\bar{T}(D)Q \\
&= Q^{-1}[\beta_0 I + \beta_1 D + \beta_2 D^2]Q \\
&= \beta_0 I + \beta_1 B + \beta_2 B^2.
\end{aligned}$$

Damit ist alles bewiesen. $\qquad\qquad\qquad\qquad\qquad\qquad\qquad\qquad\qquad\qquad$ □

1.9 Bemerkungen. Im Spezialfall, dass FF^T ein Vielfaches der Einheitsmatrix ist, ist auch $\hat{T}(F)$ ein Vielfaches der Einheitsmatrix. Dann hat die Spannung den Charakter eines reinen Drucks.

Für die Umrechnung auf den zweiten Piola–Kirchhoffschen Tensor benutzen wir die Formel von Cayley–Hamilton $B^3 - \iota_1(B)B^2 + \iota_2(B)B - \iota_3(B)I = 0$. Durch Elimination von I aus (1.25) ist mit anderen Koeffizienten

$$\bar{T}(B) = \tilde{\beta}_1 B + \tilde{\beta}_2 B^2 + \tilde{\beta}_3 B^3.$$

Durch Multiplikation von links mit F^{-1} und von rechts mit F^{-T} ergibt sich mit den Bezeichnungen wie in Satz 1.6 die Umrechnung auf den Cauchy–Greenschen Verzerrungstensor C.

1.10 Folgerung. *Für ein isotropes und objektives Material ist* $\Sigma(\nabla\phi) = \tilde{\Sigma}(\nabla\phi^T \nabla\phi)$ *mit*

$$\tilde{\Sigma}(C) = \gamma_0 I + \gamma_1 C + \gamma_2 C^2, \tag{1.28}$$

wobei $\gamma_0, \gamma_1, \gamma_2$ *Funktionen der Invarianten* ι_C *sind.*

Lineare Materialgesetze

In der Nähe des verzerrungsfreien Referenzzustandes ist die Spannungs-Verzerrungs-Relation schon durch zwei Parameter beschrieben. Mit $C = I + 2E$ wird aus (1.28), wenn wir die Funktionen nicht umbenennen, $\tilde{\Sigma}(I + 2E) = \gamma_0(E) I + \gamma_1(E) E + \gamma_2(E) E^2$.

1.11 Satz. *Über die Voraussetzungen von Folgerung 1.10 hinaus werde angenommen, dass* γ_0, γ_1 *und* γ_2 *differenzierbare Funktionen von* $\iota_1(E), \iota_2(E)$ *und* $\iota_3(E)$ *sind. Dann gibt es Zahlen* π, λ, μ *mit*

$$\tilde{\Sigma}(I + 2E) = -\pi I + \lambda \operatorname{spur}(E) I + 2\mu E + o(E).$$

Beweisskizze. Zunächst erkennt man $\tilde{\Sigma}(1+2E) = \gamma_0(E) \cdot I + \gamma_1 \cdot E + o(E)$. Insbesondere wird von γ_1 nur der konstante Term herangezogen. Aus Bemerkung 1.9 wissen wir, dass $\tilde{\Sigma}(I) = -\pi I$ mit passendem $\pi \geq 0$ ist. Mit (1.24) schließen wir $\iota_2 = O(E^2)$ sowie $\iota_3 = O(E^3)$, und in den Termen erster Ordnung von $\gamma_0(E)$ bleiben nur die Konstanten sowie die Spur übrig. □

Üblicherweise entspricht die Situation $C = I$ dem spannungslosen Zustand, und es ist dann $\pi = 0$. Die beiden anderen Konstanten werden als *Lamé-Konstanten* bezeichnet. Ignoriert man die Terme höherer Ordnung, kommt man also zum *linearen Materialgesetz von Hooke*

$$\tilde{\Sigma}(I + 2E) = \lambda \operatorname{spur}(E) I + 2\mu E. \tag{1.29}$$

Ein Material, bei dem das Gesetz nicht nur für kleine Verzerrungen gilt, heißt *St. Venant–Kirchhoff–Material*. — Man beachte, dass in der Näherung (1.6)

$$\operatorname{spur}(\varepsilon) = \operatorname{div} u \tag{1.30}$$

ist, die Lamé-Konstante λ also die Spannungen infolge von Dichteänderungen beschreibt.

Mit anderen Parametern, die ebenfalls oft benutzt werden, nämlich mit dem *Elastizitätsmodul* E und der *Querkontraktion* (oder *Poisson-Zahl*) ν, besteht folgender Zusammenhang:

$$\nu = \frac{\lambda}{2(\lambda + \mu)}, \qquad E = \frac{\mu(3\lambda + 2\mu)}{\lambda + \mu},$$
$$\lambda = \frac{E\nu}{(1 + \nu)(1 - 2\nu)}, \qquad \mu = \frac{E}{2(1 + \nu)}. \tag{1.31}$$

Aus physikalischen Gegebenheiten schließt man $\lambda > 0$, $\mu > 0$ bzw. $E > 0$, $0 < \nu < \frac{1}{2}$.

Die Poisson-Zahl ν beschreibt die Querkontraktion, die schon im Zusammenhang mit Abb. 58 angesprochen wurde. Für viele Materialien ist $\nu \approx 1/3$. Andererseits ist bei den *fast inkompressiblen Materialien* $\lambda \gg \mu$, d.h. ν sehr nahe am Grenzwert $1/2$.

Durch die Kinematik, die Gleichgewichtsbedingungen und die Stoffgesetze sind die Deformationen, Verzerrungen und Spannungen bestimmt. Im Prinzip sind nur die Gleichgewichtsbedingungen (für den Cauchyschen Spannungstensor) linear.

Wenn man von kleinen Deformationen ausgeht und die Verzerrungen E durch die Linearisierung ε ersetzt, kommt man zur sogenannten *geometrisch linearen Theorie*. Von sehr großer Bedeutung für das praktische Rechnen im Alltag ist die vollständig lineare Theorie, bei der auch lineare Stoffgesetze verwandt werden, und hier wiederum das für isotrope Medien.

§ 2. Hyperelastische Materialien

Der Gleichgewichtszustand eines elastischen Körpers ist nach dem Satz von Cauchy durch die Gleichungen

$$- \operatorname{div} T(x) = f(x), \quad x \in \Omega \tag{2.1}$$

und die Randbedingungen

$$\begin{aligned} \phi(x) &= \phi_0(x), \quad x \in \Gamma_0, \\ T(x) \cdot n &= g(x), \quad x \in \Gamma_1 \end{aligned} \tag{2.2}$$

gegeben. Dabei ist f die Volumenlast. Ferner ist g die Flächenlast auf dem Teil Γ_1 des Randes, auf dem die Kraft, und Γ_0 der Teil des Randes, auf dem die Verschiebung gegeben ist.

Die Gleichungen fassen wir als Randwertaufgabe für die Deformation ϕ auf und schreiben

$$\begin{aligned} - \operatorname{div} \hat{T}(x, \nabla \phi(x)) &= f(x), \quad x \in \Omega, \\ \hat{T}(x, \nabla \phi(x)) n &= g(x), \quad x \in \Gamma_1, \\ \phi(x) &= \phi(x_0), \quad x \in \Gamma_0. \end{aligned} \tag{2.3}$$

Der Einfachheit halber vernachlässigen wir die Abhängigkeit der Lasten f und g von ϕ, d.h. sie werden als tote Lasten betrachtet, vgl. Ciarlet [1988, §2.7].

Genau genommen ist Ω das Gebiet, das der deformierte Körper einnimmt. Es ist Ω also mitzubestimmen. Zur weiteren Vereinfachung identifizieren wir Ω mit dem Referenzzustand und beschränken uns damit auf eine Näherung, die für kleine Deformationen sinnvoll ist.

2.1 Definition. Ein elastisches Material heißt *hyperelastisch*, wenn es ein Energiefunktional $\hat{W} : \Omega \times \mathbb{M}^3_+ \longrightarrow \mathbb{R}$ gibt, so dass

$$\hat{T}(x, F) = \frac{\partial \hat{W}}{\partial F}(x, F) \quad \text{für } x \in \Omega, \, F \in \mathbb{M}^3_+$$

gilt.

Für hyperelastische Materialien gibt es zur Randwertaufgabe (2.3) eine Variationsformulierung, sofern sich die Felder f und g aus Gradientenfeldern ableiten lassen: $f = \operatorname{grad} \mathcal{F}$ und $g = \operatorname{grad} \mathcal{G}$. Die Lösungen von (2.3) sind dann stationäre Punkte der Gesamtenergie

$$I(\psi) = \int_\Omega [\hat{W}(x, \nabla \psi(x)) - \mathcal{F}(\psi(x))] dx - \int_{\Gamma_1} \mathcal{G}(\psi(x)) dx. \tag{2.4}$$

Als Deformationen sind die Funktionen ψ zugelassen, die Dirichlet-Randbedingungen auf Γ_0 und die lokale Injektivitätsbedingung $\det(\nabla\psi(x)) > 0$ erfüllen. — Passende Funktionenräume werden wir erst später fixieren.

Der Ausdruck (2.4) bezieht sich auf die Variationsformulierung zum Verschiebungsansatz. Schon jetzt sei bemerkt, dass oft auch die Spannungen als Variable des Variationsproblems angesetzt werden. Wegen der Kopplung über die Kinematik und Materialgesetze entsteht dann ein Sattelpunktproblem, so dass gemischte Methoden anzuwenden sind.

2.2 Bemerkung. Die in §1 genannten Vereinfachungen der Materialgesetze aufgrund allgemeiner Axiome finden auch in den Eigenschaften des Energiefunktionals ihren Niederschlag. Der Kürze halber seien sie ohne Beweis aufgeführt.

Für ein objektives Material ist $\hat{W}(x, .)$ nur eine Funktion von $C = F^T F$:

$$\hat{W}(x, F) = \tilde{W}(x, F^T F)$$

und

$$\tilde{\Sigma}(x, C) = 2\frac{\partial \tilde{W}(x, C)}{\partial C} \quad \text{für } C \in \mathbb{S}^3_>.$$

Die Abhängigkeit von C lässt sich noch genauer spezifizieren. Es hängt $\tilde{W}$ nur von den Invarianten von C ab, d.h., es ist

$$\tilde{W}(x, C) = \dot{W}(x, \iota_C) \quad \text{für } C \in \mathbb{S}^3_>.$$

Analog gilt bei isotropen Materialien

$$\hat{W}(x, F) = \hat{W}(x, FQ) \quad \text{für alle } F \in \mathbb{M}^3_+, \ Q \in \mathbb{O}^3_+.$$

Für kleine Deformationen ist insbesondere

$$\tilde{W}(x, C) = \frac{\lambda}{2} (\text{spur } E)^2 + \mu \, E : E + o(E^2) \tag{2.5}$$

mit $C = I + 2E$. Hier bedeutet, wie üblich,

$$A : B := \sum_{ij} A_{ij} B_{ij} = \text{spur}(A^T B),$$

wenn A und B Matrizen sind.

2.3 Beispiele. (1) Beim St. Venant–Kirchhoff–Material ist

$$\begin{aligned}
\hat{W}(x, F) &= \frac{\lambda}{2} (\text{spur } F - 3)^2 + \mu \, F : F \\
&= \frac{\lambda}{2} (\text{spur } E)^2 + \mu \, \text{spur } C.
\end{aligned} \tag{2.6}$$

(2) Beim sogenannten *Neo-Hookeschen Material* ist mit $\beta = \frac{2\nu}{1-2\nu}$

$$\tilde{W}(x, C) = \frac{1}{2}\mu[\operatorname{spur}(C - I) + \frac{2}{\beta}\{(\det C)^{-\beta/2} - 1\}].\tag{2.7}$$

Zu beachten ist, dass das Materialgesetz (2.6) auf nicht zu große Verzerrungen beschränkt ist. Es ist nämlich

$$\hat{W}(x, F) \longrightarrow \infty \quad \text{für } \det F \to 0 \tag{2.8}$$

zu erwarten; denn $\det F \to 0$ bedeutet, dass die Dichte des deformierten Materials sehr groß wird. Die Aussage (2.8) zieht nach sich, dass $\hat{W}$ keine konvexe Funktion von F sein kann. Die Menge der Matrizen

$$B := \{F \in \mathbb{M}^3; \ \det F > 0\} \tag{2.9}$$

ist nämlich keine konvexe Menge, s. Aufgabe 2.4. Es gibt nämlich Matrizen F_0 mit $\det F_0 = 0$, die Mittelwert von Matrizen F_1 und F_2 mit positiver Determinante sind. Aus der Stetigkeit von $\hat{W}$ bei F_1 und F_2 würde die Beschränktheit in einer Umgebung von F_0 folgen.

Aufgaben

2.4 Man weise nach, dass durch (2.9) keine konvexe Menge erklärt ist, indem man die Konvexkombinationen der Matrizen

$$\begin{pmatrix} 2 & & \\ & 2 & \\ & & 2 \end{pmatrix} \quad \text{und} \quad \begin{pmatrix} -1 & & \\ & -4 & \\ & & 1 \end{pmatrix}$$

betrachtet.

2.5 Man betrachte ein St. Venant–Kirchhoff Material mit der Energiefunktion (2.6) und zeige, dass es negative Energiezustände gäbe, wenn $\mu < 0$ sein könnte.

2.6 Man betrachte das Neo-Hookesche Material bei kleinen Verzerrungen und zeige, dass es dann in das Hookesche Gesetz mit denselben Parametern μ und ν übergeht.

§ 3. Lineare Elastizitätstheorie

In der linearen Elastizitätstheorie werden in den Gleichungen nur Terme erster Ordnung in den Verschiebungen u berücksichtigt und Terme höherer Ordnung vernachlässigt. Das betrifft die Kinematik mit der Näherung (1.6) und das Materialgesetz mit (1.29) bzw. (2.6). Wir beschränken uns auf den isotropen Fall nicht nur, weil wir sonst eine Einbuße an Übersichtlichkeit hinnehmen müssten, sondern auch, weil dieser Fall in der Praxis überwiegt. In diesem Rahmen braucht auch nicht zwischen den verschiedenen Spannungstensoren unterschieden zu werden. Um dies deutlich zu machen, schreibt man

$$\sigma \text{ anstatt } \Sigma \text{ und } \varepsilon \text{ anstatt } E.$$

Nach einem kurzen Überblick betrachten wir verschiedene Formulierungen der Variationsprobleme, insbesondere gemischte Methoden und zwar wie bisher im Rahmen der dreidimensionalen Elastizitätstheorie.

Um weitgehend unabhängig von den vorherigen §§ zu sein, werden die benötigten Gleichungen zunächst wiederholt.

Das Variationsproblem

Im Rahmen der linearen Theorie ergibt sich die Variationsaufgabe, die Energie

$$\Pi := \int_\Omega [\frac{1}{2}\varepsilon : \sigma - f \cdot u] dx - \int_{\partial\Omega} g \cdot u \, dx \tag{3.1}$$

zu minimieren. Dabei ist $\varepsilon : \sigma := \sum_{ik} \varepsilon_{ik}\sigma_{ik}$. Die Tensorfelder σ, ε und das Vektorfeld u in (3.1) sind nicht unabhängig, sondern durch die kinematischen Grundgleichungen

$$\varepsilon_{ij} = \frac{1}{2}\left(\frac{\partial u_i}{\partial x_j} + \frac{\partial u_j}{\partial x_i}\right)$$
$$\text{kurz} \quad \varepsilon = \varepsilon(u) := Du \tag{3.2}$$

und das lineare Materialgesetz

$$\varepsilon = \frac{1+\nu}{E}\sigma - \frac{\nu}{E}\text{ spur } \sigma \, I \tag{3.3}$$

gekoppelt. Um den Zusammenhang von (3.1) mit (2.4) herzustellen, invertieren wir zunächst (3.3). Wegen spur $I = 3$ folgt aus (3.3) sofort spur $\varepsilon = (1 - 2\nu)/E$ spur σ, und die Auflösung nach σ liefert

$$\sigma = \frac{E}{1+\nu}\left(\varepsilon + \frac{\nu}{1-2\nu}\text{ spur } \varepsilon \, I\right). \tag{3.4}$$

Anders als in (1.29) sind die Konstanten durch den Elastizitätsmodul und die Poisson-Zahl ausgedrückt. Außerdem ist $\varepsilon : I = \operatorname{spur} \varepsilon$, und deshalb stimmt

$$\frac{1}{2} \sigma : \varepsilon = \frac{1}{2} (\lambda \operatorname{spur} \varepsilon\, I + 2\mu\varepsilon) : \varepsilon = \frac{\lambda}{2} (\operatorname{spur} \varepsilon)^2 + \mu\, \varepsilon : \varepsilon \qquad (3.5)$$

mit dem in (2.6) genannten Energiefunktional überein.

Wir bemerken, dass man die Gleichungen (3.4) oft komponentenweise [17] geschrieben findet:

$$\begin{bmatrix} \sigma_{11} \\ \sigma_{22} \\ \sigma_{33} \\ \sigma_{12} \\ \sigma_{13} \\ \sigma_{23} \end{bmatrix} = \frac{E}{(1+v)(1-2v)} \begin{bmatrix} 1-v & v & v & & & \\ v & 1-v & v & & 0 & \\ v & v & 1-v & & & \\ & & & 1-2v & & \\ & 0 & & & 1-2v & \\ & & & & & 1-2v \end{bmatrix} \begin{bmatrix} \varepsilon_{11} \\ \varepsilon_{22} \\ \varepsilon_{33} \\ \varepsilon_{12} \\ \varepsilon_{13} \\ \varepsilon_{23} \end{bmatrix}$$

$$\text{kurz} \quad \sigma = \mathcal{C}\varepsilon, \qquad (3.6)$$

s. Aufgabe 3.10. Dass die Matrix $\mathcal{C}$ für $0 \le v < \frac{1}{2}$ positiv definit ist, erkennt man einfacher an Hand der Inversen mit Hilfe des Satzes von Gerschgorin:

$$\mathcal{C}^{-1} = \frac{1}{E} \begin{bmatrix} 1 & -v & -v & & & \\ -v & 1 & -v & & 0 & \\ -v & -v & 1 & & & \\ & & & 1+v & & \\ & 0 & & & 1+v & \\ & & & & & 1+v \end{bmatrix} \qquad (3.7)$$

Offensichtlich führen (3.1), (3.2) und (3.3) zusammen zu einem gemischten Ansatz. Man kann nun eine oder zwei Größen eliminieren. Drei verschiedene Formulierungen sind deshalb in der Ingenieurpraxis zu finden, s. Stein und Wunderlich [1973]. Ehe sie im einzelnen behandelt werden, geben wir einen kurzen Überblick.

1) Der reine Verschiebungsansatz.
Es werden die Felder ε und σ eliminiert, und zwar zunächst σ mit Hilfe von (3.6) und dann ε mittels des symmetrischen Gradienten D gemäß (3.2):

$$\Pi(v) = \int_\Omega [\frac{1}{2} Dv : \mathcal{C}\, Dv - f \cdot v] dx - \int_{\Gamma_1} g \cdot v\, dx$$
$$:= \int_\Omega [\mu\, \varepsilon(v) : \varepsilon(v) + \frac{\lambda}{2} (\operatorname{div} v)^2 - f \cdot v] dx - \int_{\Gamma_1} g \cdot v\, dx \longrightarrow \min! \qquad (3.8)$$

---

[17] In der Ingenieur-Literatur werden bei der Voigt-Notation die nichtdiagonalen Komponenten von ε um einem Faktor 2 anders normiert, s. Stein und Barthold [1992]. Dann unterscheiden sich einige Umrechnungsfaktoren um den Faktor 2.

Dabei ist $\partial\Omega$ wie in (2.2) entsprechend den Randbedingungen in Γ_0 und Γ_1 aufgeteilt. Werden der Einfachheit halber Nullrandbedingungen auf Γ_0 verlangt, ist das Minimum über

$$H_\Gamma^1 := \{v \in H^1(\Omega)^3;\ v(x) = 0 \text{ für } x \in \Gamma_0\}$$

zu bestimmen. Die zugehörige schwache Formulierung lautet: Gesucht ist $u \in H_\Gamma^1$ mit

$$\int_\Omega Du : \mathcal{C}\, Dv\, dx = (f, v)_0 + \int_{\Gamma_1} g \cdot v\, dx \quad \text{für } v \in H_\Gamma^1.$$

Mit dem L_2-Skalarprodukt für matrixwertige Funktionen schreiben wir die Gleichungen auch kurz

$$(Du, \mathcal{C}\, Dv)_0 = (f, v)_0 + \int_{\Gamma_1} g \cdot v\, dx \quad \text{für } v \in H_\Gamma^1(\Omega), \tag{3.9}$$

und speziell bei St. Venant–Kirchhoff–Material

$$2\mu(Du, Dv)_0 + \lambda(\text{div}\, u, \text{div}\, v)_0 = (f, v)_0 + \int_{\Gamma_1} g \cdot v\, dx. \tag{3.10}$$

Die zugehörige klassische elliptische Differentialgleichung ist die Lamésche Differentialgleichung

$$-2\mu \,\text{div}\, \varepsilon(u) - \lambda \,\text{grad}\,\text{div}\, u = f \quad \text{in } \Omega,$$

$$u = 0 \quad \text{auf } \Gamma_0, \tag{3.11}$$

$$\sigma(u) \cdot n = g \quad \text{auf } \Gamma_1.$$

2) Die gemischte Methode nach Hellinger und Reissner

Bei dieser auch als Hellinger–Reissner–Prinzip bezeichneten Methode bleiben sowohl die Verschiebungen als auch die Spannungen im Ansatz, während die Verzerrungen eliminiert werden:

$$(\mathcal{C}^{-1}\sigma - Du, \tau)_0 = 0 \qquad \text{für } \tau \in L_2(\Omega),$$

$$-(\sigma, Dv)_0 = -(f, v)_0 - \int_{\Gamma_1} g \cdot v\, dx \quad \text{für } v \in H_\Gamma^1(\Omega). \tag{3.12}$$

Die Äquivalenz von (3.9) und (3.12) erkennt man wie folgt: Sei u Lösung von (3.9). Wegen $u \in H^1$ ist

$$\sigma := \mathcal{C}\, Du \in L_2. \tag{3.13}$$

Wegen der Symmetrie von $\mathcal{C}$ impliziert (3.9) die zweite Gleichung von (3.12). Die erste Gleichung von (3.12) ist gerade die schwache Formulierung von (3.13). Sobald beide Variationsprobleme als eindeutig lösbar nachgewiesen sind, ist die Äquivalenz gewährleistet.

Als klassische Differentialgleichung schreibt man (3.12) in der Form

$$\text{div}\,\sigma = -f \quad \text{in } \Omega,$$

$$\sigma = \mathcal{C}Du \quad \text{in } \Omega,$$

$$u = 0 \quad \text{auf } \Gamma_0,$$

$$\sigma \cdot n = g \quad \text{auf } \Gamma_1.$$

Insbesondere ist σ aufgrund der zweiten Gleichung ein symmetrischer Tensor[18].

Die Gleichungen passen (zumindest einmal formal) in den allgemeinen Rahmen von Kap. III in kanonischer Weise[19]

$$X = L_2(\Omega), \quad M = H_\Gamma^1(\Omega),$$
$$a(\sigma, \tau) = (\mathcal{C}^{-1}\sigma, \tau)_0, \quad b(\tau, v) = -(\tau, Dv)_0.$$

Es gibt ähnlich wie bei der gemischten Formulierung für die Poisson-Gleichung in Kap. III §5 eine Alternative: Man fixiert

$$X = H(\text{div}, \Omega), \quad M = L_2(\Omega),$$
$$a(\sigma, \tau) = (\mathcal{C}^{-1}\sigma, \tau)_0, \quad b(\tau, v) = (\text{div}\,\tau, v)_0, \tag{3.14}$$

wobei $H(\text{div}, \Omega)$ wieder der Abschluss von $C^\infty(\Omega, \mathbb{S}^3)$ bzgl. der Norm (III.5.4)

$$\|\tau\|_{H(\text{div},\Omega)} := (\|\tau\|_0^2 + \|\text{div}\,\tau\|_0^2)^{1/2}$$

ist. Mit partieller Integration erhält man $b(\tau, v) = (\text{div}\,\tau, v)_0$. Welche Fassung sinnvoller ist, hängt u.a. von den Randbedingungen ab (s.u.). Der Zusammenhang mit den Cauchyschen Gleichgewichtsbedingungen (1.11) wird in der letzten Fassung deutlicher.

3) Die gemischte Methode nach Hu und Washizu (Hu–Washizu–Prinzip).
Alle drei Größen bleiben in den Gleichungen

$$
\begin{aligned}
(\mathcal{C}\varepsilon - \sigma, \eta)_0 &= 0 & &\text{für } \eta \in L_2(\Omega), \\
(\varepsilon - Du, \tau)_0 &= 0 & &\text{für } \tau \in L_2(\Omega), \\
-(\sigma, Dv)_0 &= -(f, v)_0 - \int_{\Gamma_1} g \cdot v\,dx & &\text{für } v \in H_\Gamma^1(\Omega).
\end{aligned}
\tag{3.15}
$$

Im Vergleich zu (3.12) ist die Relation $\varepsilon := \mathcal{C}^{-1}\sigma \in L_2(\Omega)$ hinzugekommen, so dass (3.12) und (3.15) äquivalent sind. Zur Einordnung in den allgemeinen Rahmen setzen wir

$$X = L_2(\Omega) \times L_2(\Omega), \quad M = H_\Gamma^1(\Omega)$$
$$a(\varepsilon, \sigma, \eta, \tau) = (\mathcal{C}\,\varepsilon, \eta)_0, \quad b(\eta, \tau, v) = (\tau, Dv - \varepsilon)_0.$$

---

[18] Wenn man auf die Linearisierung in der Kinematik verzichtet, entsteht das nichtlineare System

$$
\begin{aligned}
\partial_j(\sigma_{ij} + \sigma_{kj}\partial_k u_i) &= -f_i & &\text{in } \Omega, \\
\sigma &= \mathcal{C}E(u) & &\text{in } \Omega, \\
u &= 0 & &\text{auf } \Gamma_0, \\
(\sigma_{ij} + \sigma_{kj}\partial_k u_i)n_j &= g_i & &\text{auf } \Gamma_1.
\end{aligned}
$$

Dabei ist über doppelte Indizes entsprechend der Einstein-Konvention zu summieren.

[19] Auf die präzisere Formulierung $\varepsilon, \sigma \in L_2(\Omega, \mathbb{S}^3)$ sei hier und im folgenden der Übersichtlichkeit halber verzichtet.

Die drei Ansätze werden im folgenden genauer betrachtet.

Am einfachsten ist das reine Verschiebungsmodell zu behandeln. Hier ist nämlich bei den gemischten Methoden die Babuška–Brezzi–Bedingung deutlich schwieriger zu erfüllen als beim Stokes-Problem, s. u. Andererseits ist man in den Anwendungen meistens daran interessiert, die Spannung mit einer größeren Genauigkeit zu berechnen als die Verschiebungen. Deshalb strebt man nach Ansätzen, in denen die Spannungen direkt und nicht erst über die nachträgliche Auswertung von Ableitungen berechnet werden. So greift man trotz der Komplikationen zu gemischten Methoden und zwar eher zum Hellinger–Reissner– als zum Hu–Washizu–Prinzip.

Man beachte, dass sich der gewünschte Vorteil der gemischten Methode nur bei der Alternative (3.14) einstellt, weil die kanonische Fassung nahezu äquivalent zum nachträglichen Berechnen der Spannungen mittels Differenzierens ist.

Das Hellinger–Reissner–Prinzip ergab sich, wenn alle Spannungen in den Gleichungen aufgeführt werden. Wichtig für die Praxis sind auch Fassungen, bei denen nur einige Spannungen σ_{ij} im Ansatz bleiben. Typischerweise entstehen dann gemischte Methoden mit Strafterm. Als Beispiel dafür werden wir im nächsten § einen Ansatz für fast inkompressibles Material behandeln.

Die reine Verschiebungsmethode

Aus (3.8) geht hervor, dass die Energie beim Verschiebungsansatz H^1-elliptisch ist, sofern die quadratische Form $\int \varepsilon(v) : \varepsilon(v)\, dx$ koerziv ist. Das ist der Inhalt einer berühmten Ungleichung. Die Dimension d ist nicht auf 3 beschränkt.

3.1 Kornsche Ungleichung (1. Kornsche Ungleichung). *Sei Ω eine offene, beschränkte Menge im $\mathbb{R}^d$ mit stückweise glattem Rand. Dann gibt es eine Zahl $c = c(\Omega) > 0$, so dass*

$$\int_{\Omega} \varepsilon(v) : \varepsilon(v)\, dx + \|v\|_0^2 \geq c\|v\|_1^2 \quad \text{für alle } v \in H^1(\Omega)^d$$

gilt.

Beweis. Für einen ausführlichen Beweis sei auf Duvaut und Lions [1976] verwiesen. Den Zusammenhang mit der inf-sup-Bedingung für das Stokes-Problem belegen wir durch die Herleitung für $d = 3$ mittels Satz III.6.4.

Ausgangspunkt ist die Beziehung

$$\frac{\partial^2}{\partial x_i \partial x_j} v_k = \frac{\partial}{\partial x_i}\varepsilon_{jk} + \frac{\partial}{\partial x_j}\varepsilon_{ik} - \frac{\partial}{\partial x_k}\varepsilon_{ij}. \tag{3.16}$$

Aus ihr folgt $\|\operatorname{grad} \frac{\partial v_k}{\partial x_i}\|_{-1} \leq 3 \|\operatorname{grad} \varepsilon(v)\|_{-1}$ und mit Aufgabe III.3.9 sofort $\|\operatorname{grad} \frac{\partial v_k}{\partial x_i}\|_{-1} \leq 3 \|\varepsilon(v)\|_0$. Die Ungleichung von Nečas (III.6.11) liefert nach Nitsche [1981] mit $q = \frac{\partial v_k}{\partial x_i}$ und nochmal mit der genannten Aufgabe

$$\|\frac{\partial v_k}{\partial x_i}\|_0 \leq c\Big(\|\frac{\partial v_k}{\partial x_i}\|_{-1} + \|\varepsilon(v)\|_0\Big) \leq c\Big(\|v\|_0 + \|\varepsilon(v)\|_0\Big).$$

Nach Summation über alle Komponenten ist alles bewiesen.   □

3.2 Bemerkung. Wenn der Verzerrungstensor einer Deformation trivial ist, dann ist die Bewegung nach Bemerkung 1.1 eine affine, abstandserhaltende Transformation. Für den linearisierten Verzerrungstensor ε gilt eine analoge Aussage. *Sei* $\Omega \subset \mathbb{R}^3$ *offen und zusammenhängend. Für* $v \in H^1(\Omega)$ *ist genau dann*

$$\varepsilon(v) = 0 \quad in \ \Omega,$$

wenn

$$v(x) = a \wedge x + b \tag{3.17}$$

mit $a, b \in \mathbb{R}^3$ *gilt.*

Zum Nachweis beachte man, dass im Fall $\varepsilon(v) = 0$ die Ableitungen $\frac{\partial^2}{\partial x_i \partial x_j} v_k$ wegen (3.16) in $H^{-1}(\Omega)$ enthalten sind und verschwinden. Daraus schließt man, dass jede Komponente v_k nur eine lineare Funktion sein kann. Der lineare Ansatz $v(x) = Ax + b$ ist, wie einfaches Nachrechnen zeigt, auch nur mit $\varepsilon(v) = 0$ verträglich, sofern A schiefsymmetrisch ist. Das liefert die Darstellung (3.17).

Andererseits verifiziert man leicht, dass die linearen Verzerrungen zu den Verschiebungen der Gestalt (3.17) verschwinden. □

Die Kornsche Ungleichung vereinfacht sich für Funktionen, die Nullrandbedingungen erfüllen. Im Sinne von Bemerkung II.1.6 ist nur nötig, dass v auf einem Teil Γ_0 des Randes verschwindet und Γ_0 ein positives $n - 1$-dimensionales Maß besitzt.

3.3 Kornsche Ungleichung (2. Kornsche Ungleichung). *Sei* $\Omega \subset \mathbb{R}^3$ *eine offene, beschränkte Menge mit stückweise glattem Rand. Ferner habe* $\Gamma_0 \subset \partial\Omega$ *ein positives 2-dimensionales Maß. Dann gibt es eine positive Zahl* $c' = c'(\Omega, \Gamma_0)$, *so dass*

$$\int_\Omega \varepsilon(v) : \varepsilon(v) dx \geq c' \|v\|_1^2 \quad \textit{für } v \in H_\Gamma^1(\Omega) \tag{3.18}$$

gilt. Dabei ist $H_\Gamma^1(\Omega)$ *der Abschluss von* $\{v \in C^\infty(\Omega)^3; \ v(x) = 0 \ \textit{für } x \in \Gamma_0\}$ *bzgl. der* $\| \cdot \|_1$-*Norm.*

Beweis. Angenommen, die Ungleichung sei falsch. Dann gibt es eine Folge $(v_n) \in H_\Gamma^1(\Omega)$ mit

$$\|\varepsilon(v_n)\|_0^2 := \int \varepsilon(v) : \varepsilon(v) dx \leq \frac{1}{n} \quad \text{und} \quad |v_n|_1 = 1.$$

Wegen der Voraussetzung über Γ_0 liefert die Friedrichssche Ungleichung $\|v_n\|_1 \leq c_1$ für alle n mit passendem $c_1 > 0$. Weil $H^1(\Omega)$ in $H^0(\Omega)$ kompakt ist, konvergiert eine Teilfolge von (v_n) bzgl. der $\| \cdot \|_0$-Norm. Mit den Konstanten c aus Satz 3.1 folgt $c\|v_n - v_m\|_1^2 \leq \|\varepsilon(v_n - v_m)\|_0^2 + \|v_n - v_m\|_0^2 \leq 2\|\varepsilon(v_n)\|_0^2 + 2\|\varepsilon(v_m)\|^2 + \|v_n - v_m\|_0^2 \leq \frac{2}{n} + \frac{2}{m} + \|v_n - v_m\|_0^2$.

Die L_2-konvergente Teilfolge ist deshalb Cauchy-Folge in $H^1(\Omega)$ und konvergiert im Sinne von H^1 gegen ein u_0. Insbesondere gilt $\|\varepsilon(u_0)\| = \lim_{n\to\infty} \|\varepsilon(v_n)\| = 0$ und $|u_0|_1 = \lim_{n\to\infty} |v_n|_1 = 1$. Aus $\varepsilon(u_0) = 0$ schließen wir nun, dass u_0 die Form (3.17) hat. Wegen der Nullrandbedingung auf Γ_0 folgt mit Bemerkung 3.2 $u_0 = 0$. Das ist ein Widerspruch zu $|u_0|_1 = 1$. □

Die Kornsche Ungleichung besagt, dass das Variationsproblem (3.8) elliptisch ist. Die allgemeine Theorie liefert deshalb direkt den

3.4 Existenzsatz. *Sei $\Omega \subset \mathbb{R}^3$ ein Gebiet mit stückweise glattem Rand, und Γ_0 habe ein positives zweidimensionales Maß. Dann hat die Variationsaufgabe (3.8) der linearen Elastizitätstheorie genau eine Lösung.*

3.5 Bemerkung. Im Spezialfall, dass auf dem ganzen Rand Dirichlet-Randbedingungen vorgegeben sind, also im Fall $\Gamma_0 = \Gamma$ und $H_\Gamma^1 = H_0^1$, ist der Nachweis der ersten Kornschen Ungleichung einfach zu erbringen. Es gilt dann

$$|v|_{1,\Omega} \le \sqrt{2}\,\|\varepsilon(v)\|_{0,\Omega} \quad \text{für alle } v \in H_0^1(\Omega)^3. \tag{3.19}$$

Dazu genügt der Nachweis der Formel für glatte Vektorfelder. Für diese ist

$$2Dv : Dv - \nabla v : \nabla v = \operatorname{div}[(v\nabla)v - (\operatorname{div} v)v] + (\operatorname{div} v)^2. \tag{3.20}$$

Hier ist $(v\nabla)$ als $\sum_i v_i \frac{\partial}{\partial x_i}$ zu lesen. Die Formel (3.20) kann man zum Beispiel verifizieren, indem man alle Terme in Doppelsummen auflöst. Wegen $v = 0$ auf $\partial\Omega$ folgt zusammen mit dem Gaußschen Integralsatz

$$\int_\Omega \operatorname{div}[(v\nabla)v - (\operatorname{div} v)v]dx = \int_{\partial\Omega} [(v\nabla v - (\operatorname{div} v)v]nds = 0.$$

Deshalb liefert die Integration von (3.20) über Ω

$$2\|Dv\|_0^2 - |v|_1^2 = \int_\Omega (\operatorname{div} v)^2 dx \ge 0,$$

und (3.19) ist bewiesen. $\qquad\qquad\qquad\qquad\qquad\qquad\qquad\qquad\qquad\qquad\qquad$ □

Die Kornsche Ungleichung 3.1 wurde aus der inf-sup-Bedingung für das Stokes-Problem hergeleitet. Die Umkehrung ist jedoch nicht möglich. Nach Bemerkung 3.5 gilt die Kornsche Ungleichung nämlich bei Dirichlet–Randbedingungen auch für das in Bemerkung III.6.6 genannte Gebiet mit einer Spitze, obwohl dort die inf-sup Bedingung für das Stokes-Problem nicht erfüllt ist.

Es fällt auf, dass die Konstante in (3.19) unabhängig vom Gebiet ist. Wenn dagegen auf einem Teil des Randes Neumannsche Randbedingungen vorliegen, kann die Konstante sehr wohl von Ω abhängen. Deutlich wird das an Hand eines Kragarms der Länge ℓ und der Dicke t, wie er in Abb. 58 gezeigt wird. Zu ihm gehört das Gebiet $\Omega = \{(x_1, x_2);\ 0 < x_1 < \ell,\ |x_2| < t/2\}$. Man betrachte die Verschiebungen

$$v = \begin{pmatrix} -3x_1^2 x_2 \\ x_1^3 \end{pmatrix},$$

$$\operatorname{grad} v = \begin{pmatrix} -6x_1 x_2 & -3x_1^2 \\ 3x_1^2 & 0 \end{pmatrix}, \quad \varepsilon(v) = \begin{pmatrix} -6x_1 x_2 & 0 \\ 0 & 0 \end{pmatrix}.$$

Es folgt $|v|_1/\|\varepsilon(v)\| \to \infty$ für $t/\ell \to 0$.

Die Konsequenzen werden wir im Zusammenhang mit dem Locking-Effekt behandeln.

Die gemischte Methode nach Hellinger und Reissner

Die gemischte Methode mit Verschiebungen und Spannungen im Ansatz weist sehr viele Analogien zur gemischten Formulierung der Poisson-Gleichung in Kap. III §5 aus. Sie wird üblicherweise mit dem Namen *Hellinger–Reissner–Prinzip* belegt, wird aber gelegentlich — und damit eigentlich richtiger — als *Hellinger–Prange–Reissner–Prinzip* bezeichnet. Das Konzept findet man bei Hellinger [1914], eine ausführliche Herleitung für das Neumann-Problem bei Prange [1916] [20] und für gemischte Randbedingungen bei Reissner [1950]. Die Variationsformulierung gemäß (3.12)

$$
\begin{aligned}
(\mathcal{C}^{-1}\sigma, \tau)_0 - (\tau, Du)_0 &= 0 && \text{für } \tau \in L_2(\Omega), \\
-(\sigma, Dv)_0 &= -(f, v)_0 - \int_{\Gamma_1} g \cdot v \, dx && \text{für } v \in H^1_\Gamma(\Omega)
\end{aligned}
\tag{3.21}
$$

entspricht von den Räumen her der Standardformulierung. Wegen $v < \frac{1}{2}$ ist $\mathcal{C}$ positiv definit und die Bilinearform $(\mathcal{C}^{-1}\sigma, \tau)_0$ L_2-elliptisch. Die inf-sup-Bedingung folgt hier aus der Kornschen Ungleichung, wie folgender Hilfssatz zeigt.

3.6 Hilfssatz. *Es seien die Voraussetzungen für die 2. Kornsche Ungleichung erfüllt. Dann ist für alle $v \in H^1_\Gamma(\Omega)$:*

$$
\sup_{\tau \in L_2(\Omega, \mathbb{S}^3)} \frac{(\tau, Dv)_0}{\|\tau\|_0} \geq c' \|v\|_1,
$$

wobei c' die Konstante aus (3.18) ist.

Beweis. Zu gegebenem $v \in H^1_\Gamma(\Omega)$ ist $\tau := Dv$ ein symmetrischer L_2-Tensor. Außerdem ist nach (3.18) $\|\tau\|_0 = \|Dv\|_0 \geq c' \|v\|_1$. Es braucht nur der Fall $v \neq 0$ betrachtet zu werden:

$$
\frac{(\tau, Dv)_0}{\|\tau\|_0} = \frac{\|Dv\|_0^2}{\|Dv\|_0} \geq c' \|v\|_1,
$$

und die inf-sup-Bedingung ist bewiesen. $\qquad\square$

Ähnlich wie bei der Finite-Element-Diskretisierung der Poisson-Gleichung mit dem Raviart–Thomas–Element ist auch hier die Paarung (3.14) meistens angemessener: *Gesucht wird $\sigma \in H(\mathrm{div}, \Omega)$ und $u \in L_2(\Omega)^3$ mit*

$$
\begin{aligned}
(\mathcal{C}^{-1}\sigma, \tau)_0 + (\mathrm{div}\,\tau, u)_0 &= 0 && \text{für } \tau \in H(\mathrm{div}, \Omega),\ \tau n = 0 \text{ auf } \Gamma_1, \\
(\mathrm{div}\,\sigma, v)_0 &= -(f, v)_0 && \text{für } v \in L_2(\Omega)^3, \\
\sigma n &= g && \text{auf } \Gamma_1.
\end{aligned}
\tag{3.22}
$$

---

[20] Pranges Habilitationsschrift blieb wegen des ersten Weltkriegs ursprünglich unveröffentlicht und war nur wenig bekannt, bis sie von K. Knothe 1999 mit einer Einführung herausgegeben wurde. Für weitere Kommentare s. Gurtin [1972], S. 124 sowie Orava und McLean [1966].

Die inhomogene Randbedingung ist dabei im Sinne von Kap. II §2 auf eine homogene zu reduzieren. Die Gleichungen (3.22) sind die Eulerschen Gleichungen für das Sattelpunktproblem

$$(\mathcal{C}^{-1}\sigma, \sigma)_0 \longrightarrow \min_{\sigma \in H(\mathrm{div}, \Omega)} !$$

mit der Nebenbedingung

$$\mathrm{div}\, \sigma = -f$$

und der Randbedingung $\sigma n = g$ auf Γ_1. Darum spricht man hier oft auch von der dualen gemischten Methode; vgl. Kap. III §5. Das genannte Minimierungsproblem wird auch als *Prinzip von Castigliano* bezeichnet-

Ebenso wie in $H_0^1(\Omega)$ Randwerte für die Funktionswerte vorgegeben werden können, lassen sich in (dem weniger regulären) Raum $H(\mathrm{div}, \Omega)$ die Normalkomponenten auf dem Rand vorgeben. Dies wird an den Übergangsbedingungen in Aufgabe II.5.14 deutlich. Der Rand ist als stückweise glatt vorauszusetzen.

Obwohl in (3.22) formal nur $u \in L_2(\Omega)^3$ gefordert wird, gilt für die Lösung sogar $u \in H_\Gamma^1(\Omega)$. Zunächst folgt aus (3.22) $\varepsilon(u) = \mathcal{C}^{-1}\sigma \in L_2(\Omega)$. Seien nämlich $i, j \in \{1, 2, 3\}$ und von der Testfunktion nur die Komponenten $\tau_{ij} = \tau_{ji}$ von 0 verschieden. Ferner sei $\tau_{ij} \in C_0^\infty(\Omega)$. Aus (3.22) folgt, wenn wir w anstatt τ_{ij} schreiben:

$$\frac{1}{2}\int_\Omega (u_i \frac{\partial w}{\partial x_j} + u_j \frac{\partial w}{\partial x_i})dx = -\int_\Omega (\mathcal{C}^{-1}\sigma)_{ij}\, w\, dx.$$

Die symmetrische Ableitung $(Du)_{ij}$ existiert also nach Definition II.1.1 im schwachen Sinne und stimmt mit $(\mathcal{C}^{-1}\sigma)_{ij} \in L_2(\Omega)$ überein. Die 1. Kornsche Ungleichung liefert $u \in H^1(\Omega)^3$. Schließlich wenden wir die Greensche Formel an. Wegen der Symmetrie ergibt sich für alle Testfunktionen τ wie in (3.22)

$$\int_{\partial\Omega} u \cdot \tau n\, ds = \int_\Omega \nabla u : \tau\, dx + \int_\Omega u \cdot \mathrm{div}\, \tau\, dx$$

$$= \int_\Omega Du : \tau\, dx + \int_\Omega u \cdot \mathrm{div}\, \tau\, dx$$

$$= \int_\Omega \mathcal{C}^{-1}\sigma : \tau\, dx + \int_\Omega u \cdot \mathrm{div}\, \tau\, dx = 0.$$

Weil dies für alle Testfunktionen richtig ist, kann auf $\Gamma_0 = \partial\Omega \setminus \Gamma_1$ nur $u = 0$ sein.

□

Die inf-sup-Bedingung und die V-Elliptizität folgen hier genauso wie in Kap. III §5. Es sei betont, dass sie für die Finite-Element-Räume keineswegs trivial sind und die Paarungen passen müssen. Die Konsequenzen für den insgesamt einfacheren zweidimensionalen Fall erklären wir in §5.

Wir bemerken, dass sich bei den zwei Fassungen wieder verschiedene natürliche Randbedingungen ergeben: mit (3.21) stellt sich $\sigma n = g$ auf Γ_1, aber mit (3.22) $u = 0$ auf Γ_0 ein.

3.7 Bemerkung. Auch beim Hellinger–Reissner–Prinzip ist im Fall $\Gamma_0 = \Gamma$, $\Gamma_1 = \emptyset$, also bei reinen Dirichlet-Randbedingungen eine Sonderrolle zu nennen. Die Spannungen liegen dann in dem Raum

$$\hat{H}(\text{div}, \Omega) := \{\tau \in H(\text{div}, \Omega); \int_\Omega \text{spur}\,\tau\, dx = 0\}. \tag{3.23}$$

In der Tat folgt aus (1.30), (3.3), dem Gaußschen Integralsatz und $u = 0$ auf dem Rand

$$\int_\Omega \text{spur}\,\sigma\, dx = \frac{E}{1 - 2v} \int_\Omega \text{spur}\,\varepsilon\, dx = \frac{E}{1 - 2v} \int_\Omega \text{div}\,u\, dx$$

$$= \frac{E}{1 - 2v} \int_{\partial\Omega} u \cdot n\, ds = 0.$$

Die gemischte Methode nach Hu–Washizu

Beim Hu–Washizu–Prinzip übernimmt die Spannung die Rolle des Lagrangeschen Parameters [Washizu, 1968]. Wie von Felippa [2000] herausgestellt wurde, ist die Formulierung bereits bei Fraijs de Veubeke [1951] zu finden, und es wäre eigentlich die Bezeichnung *de Veubeke–Hu–Washizu–Prinzip* angebrachter. Man setze

$$X := L_2(\Omega) \times H^1_\Gamma(\Omega), \quad M := L_2(\Omega),$$
$$a(\varepsilon, u, \eta, v) = (\varepsilon, \mathcal{C}\eta)_0, \quad b(\varepsilon, u, \tau) = -(\varepsilon, \tau)_0 + (Du, \tau)_0. \tag{3.24}$$

Gesucht werden $(\varepsilon, u) \in X$ und $\sigma \in M$ mit

$$(\varepsilon, \mathcal{C}\eta)_0 \qquad\qquad - (\eta, \sigma)_0 = 0 \qquad\qquad \text{für } \eta \in L_2(\Omega),$$
$$(Dv, \sigma)_0 = (f, v)_0 + \int_{\Gamma_1} g \cdot v\, dx \quad \text{für } v \in H^1_\Gamma(\Omega),$$
$$-(\varepsilon, \tau)_0 + (Du, \tau)_0 \qquad\qquad = 0 \qquad\qquad \text{für } \tau \in L_2(\Omega).$$

Auf dem Unterraum

$$V = \{(\eta, v) \in X;\ -(\eta, \tau)_0 + (Dv, \tau)_0 = 0 \text{ für } \tau \in M\}$$

gilt wegen der Definitheit von $\mathcal{C}$ mit $\beta > 0$

$$a(\eta, v, \eta, v) = (\eta, \mathcal{C}\eta)_0 = \frac{1}{2}(\eta, \mathcal{C}\eta)_0 + \frac{1}{2}(Dv, \mathcal{C}Dv)_0 \geq \frac{\beta}{2}(\|\eta\|_0^2 + \|Dv\|_0^2)$$

$$\geq \beta'(\|\eta\|_0^2 + \|v\|_1^2),$$

und a ist V-elliptisch. Dabei wurde wieder von der Kornschen Ungleichung Gebrauch gemacht. — Die inf-sup-Bedingung ist hier sehr einfach zu verifizieren. Man braucht $b(\cdot, \cdot)$ bei gegebenem τ nur mit $\eta = \tau$ und $v = 0$ auszuwerten.

Als zweite Möglichkeit bietet sich bei derselben Bilinearform a die Paarung

$$X := L_2(\Omega) \times L_2(\Omega)^3, \quad M := \{\tau \in H(\mathrm{div}, \Omega); \ \tau n = 0 \ \text{auf} \ \Gamma_1\}$$
$$b(\varepsilon, u, \tau) = -(\varepsilon, \tau)_0 - (u, \mathrm{div}\, \tau)_0 \tag{3.25}$$

an. Die Begründung ist dieselbe wie bei der zweiten Formulierung des Hellinger–Reissner–Prinzips.

Im Hinblick auf die Finite-Element-Approximation sei auf einen Unterschied zum Stokes-Problem hingewiesen. Die Bilinearform $a(\cdot, \cdot$ ist hier nur bei der ersten Fassung des Hu–Washizu–Prinzips auf dem ganzen Raum X elliptisch, in den anderen Fällen jedoch nur V-elliptisch. Die Elliptizität auf V_h lässt sich dann nur erreichen, wenn man den Raum X_h im Verhältnis zu M_h nicht zu groß macht, s. Aufgabe III.4.17. Da die inf-sup-Bedingung andererseits erfordert, dass X_h genügend groß ist, müssen die Finite-Element-Räume X_h und M_h richtig ausbalanciert sein.

Aus einem weiteren Grund ist es schwer, wirklich neue (eigentliche) Elemente für das Hu–Washizu–Prinzip zu finden. Unter *wirklich neuen* Elementen verstehen wir dabei Elemente, die nicht äquivalent zu solchen sind, die bereits mit dem Verschiebungsansatz oder dem Hellinger–Reissner–Prinzip erfasst werden.

3.8 Das erste Prinzip von Stolarski und Belytschko [1966].

Es seien $u_h \in V_h$, $\epsilon_h \in E_h$ und $\sigma_h \in S_h$ Finite-Element-Lösungen zur Formulierung von Hu und Washizu. Wenn für die Elementräume die Relation

$$S_h \subset \mathcal{C}E_h, \tag{3.26}$$

gilt, dann ist das Paar (σ_h, u_h) eine Finite-Element-Lösung zum Hellinger–Reissner–Prinzip mit denselben Räumen S_h und V_h.

Beweis. Die Argumente sind rein algebraischer Natur und gelten für die Paarungen (3.24) und (3.14), bzw. (3.25) und (3.15). Wir beschränken uns auf den ersten Fall, und es sei

$$(\varepsilon_h, \mathcal{C}\eta)_0 \qquad\qquad -(\eta, \sigma_h)_0 = 0 \qquad\qquad \text{für alle } \eta \in E_h,$$
$$(\nabla^{(s)}v, \sigma_h)_0 = (f, v)_0 + \int_{\Gamma_1} g \cdot v \, dx \quad \text{für alle } v \in V_h,$$
$$-(\varepsilon_h, \tau)_0 + (\nabla^{(s)}u_h, \tau)_0 \qquad\quad = 0 \qquad\qquad \text{für alle } \tau \in S_h. \tag{3.27}$$

Aus der ersten Gleichung folgt zusammen mit der Symmetrie der Bilinearformen

$$(\varepsilon_h - \mathcal{C}^{-1}\sigma_h, \mathcal{C}\eta)_0 = 0 \quad \text{für alle } \eta \in E_h.$$

Wegen (3.26) können wir $\eta := \varepsilon_h - \mathcal{C}^{-1}\sigma_h$ als Testfunktion wählen und erhalten

$$(\varepsilon_h - \mathcal{C}^{-1}\sigma_h, \mathcal{C}(\varepsilon_h - \mathcal{C}^{-1}\sigma_h))_0 = 0.$$

Weil $\mathcal{C}$ positiv definit ist, folgt $\varepsilon_h = \mathcal{C}^{-1}\sigma_h$. Wenn wir jetzt ε_h aus den beiden anderen Gleichungen in (3.27) eliminieren, bekommen wir die Charakterisierung der Lösung nach dem Hellinger–Reissner–Prinzip. $\qquad\qquad\qquad\qquad\qquad\qquad\qquad\qquad\qquad$ $\square$

Obwohl es also schwer ist, wirklich neue Elemente für das Hu–Washizu–Prinzip zu finden, wird die Fassung (3.24) gern als Ausgangspunkt für Entwicklungen genommen. Das trifft z.B. für die EAS-Methode von Simo und Rifai [1990] zu.

Aufgaben

3.9 Man verifiziere, dass im Falle reiner Dirichlet-Randbedingungen, also $H_\Gamma^1(\Omega)$ $= H_0^1(\Omega)$, die klassischen Lösungen von (3.10) tatsächlich Lösungen der Differentialgleichung (3.11) sind.

3.10 Mathematisch sauberer wäre es, (3.6) in der Form

$$\sigma_{ij} = \sum_{k\ell} \mathcal{C}_{ijk\ell}\, \varepsilon_{k\ell} \tag{3.28}$$

zu schreiben. Für den Elastizitätstensor — genauer für seine Komponenten $\mathcal{C}_{ijk\ell}$ — gebe man eine Formel an, die nur die Lamé-Konstanten und das Kronecker-Symbol enthält, so dass (3.28) das Materialgesetz für ein St. Venant–Kirchhoff–Material $\sigma = 2\mu\varepsilon + \lambda$ spur $\varepsilon\, I$ beschreibt.

3.11 Man verifiziere die Greensche Formel

$$\int_\Omega \tau : Dv\, dx = -\int_\Omega v \cdot \operatorname{div} \tau\, dx + \int_{\partial\Omega} v \cdot \tau n\, ds$$

für symmetrische Tensoren $\tau \in H(\operatorname{div}, \Omega)$ und $v \in H^1(\Omega)$. Warum spielen Randterme beim Übergang von (3.21) zu (3.22) keine Rolle?

3.12 Man verifiziere durch explizites Nachrechnen, dass die Ausdrücke $(\operatorname{div} v)^2$ und $\varepsilon(v) : \varepsilon(v)$ invariant gegenüber orthogonalen Transformationen sind.

3.13 Impliziert $\operatorname{div} u = 0$ die Relation $\operatorname{div} \sigma = 0$, oder gilt die Umkehrung? *Hinweis:* Der Zusammenhang zwischen $\operatorname{div} u$ und spur ε ist nützlich.

3.14 Bei Ingenieuranwendungen wird das Hellinger–Reissner–Prinzip bzw. das Hu–Washizu–Prinzip oft über die Lagrange-Funktion und nicht über die schwache Formulierung eingeführt. Man nenne die Lagrange-Funktionen zu diesen Prinzipien.

Zu jedem Prinzip wurden zwei verschiedene Paarungen von Funktionenräumen besprochen. Welche Unterschiede ergeben sich jeweils für die Lagrange-Funktionen?

§ 4. Locking

Der Begriff *Locking-Effekt* wird im Ingenieurbereich oft benutzt, wenn Finite-Element-Rechnungen wesentlich kleinere Verschiebungen als die wahren liefern. [Das englische Wort *locking* lässt sich mit *blockieren* übersetzen, und man findet auch den Terminus *Versteifung*.] Der Effekt tritt auf, wenn bei dünnen Medien oder fast inkompressiblem Material konforme Elemente mit Polynomen niedrigen Grades eingesetzt werden. Neben dem *Volumen-Locking* bei fast inkompressiblem Material, dem *Scher-Locking* bei Balken oder Platten und dem *Membran-Locking* bei Schalen gibt es weitere, die keinen speziellen Namen besitzen.

Aus mathematischer Sicht ist kennzeichnend, dass der Quotient C/α im Céa-Lemma wegen eines kleinen Parameters t bei $t \to 0$ anwächst und für $h \to 0$ die Konvergenz der Finite-Element-Lösung gegen die wahre Lösung *nicht gleichmäßig in t* erfolgt. Zum Verständnis des Locking-Effekts haben die Arbeiten von Arnold [1981] und Babuška & Suri [1992] wesentlich beigetragen. Für die Darstellung bei *hp*-Methoden sei auf Schwab [1998] verwiesen.

Probleme mit kleinem Parameter

Die Darstellung lässt sich allgemein gestalten, wenn sich der kritische Term mit dem kleinen Parameter wie beim Volumen-Locking oder dem Scher-Locking gemäß (4.1) separieren lässt. Auch die Beseitigung des Locking über ein Sattelpunktproblem mit Strafterm oder äquivalente nichtkonforme Ansätze ergibt sich dann auf natürliche Weise.

Die allgemeine Theorie ist fast elementar und verschleiert, dass der Nachweis einer Ungleichung vom Typ (4.5) oft schwierig ist. Das wird später bei der Behandlung des Timoschenko-Balkens und von fast inkompressiblem Material deutlich.

Sei X ein Hilbert-Raum, $a_0 : X \times X \to \mathbb{R}$ eine stetige, symmetrische, koerzive Bilinearform mit $a_0(v, v) \geq \alpha_0 \|v\|^2$ und $B : X \to L_2(\Omega)$ eine stetige lineare Abbildung. In der Regel hat B einen nichttrivialen Kern mit der Dimension ∞. Ferner sei t ein Parameter, $0 < t \leq 1$. Zu $\ell \in X'$ wird eine Lösung $u = u_t \in X$ der Gleichung

$$a_0(u_t, v) + \frac{1}{t^2}(Bu_t, Bv)_{0,\Omega} = \langle \ell, v \rangle \quad \text{für alle } v \in X \tag{4.1}$$

gesucht. Die Existenz und Eindeutigkeit ist wegen der Koerzivität der Bilinearform $a(u, v) := a_0(u, v) + t^{-2}(Bu, Bv)_{0,\Omega}$ gewährleistet. Die Aufteilung (4.1) für die konkreten Fälle finden wir in (4.11) und in (4.28) vor.

Es gebe nun ein $u_0 \in X$ mit

$$Bu_0 = 0, \quad d := \langle \ell, u_0 \rangle < 0. \tag{4.2}$$

Indem wir u_0 evtl. mit einem passenden Faktor multiplizieren, können wir voraussetzen, dass $a_0(u_0, u_0) \leq |\langle \ell, u_0 \rangle|$ ist. Insbesondere gilt dann für die Energie der Minimallösung

$$\Pi(u_t) \leq \Pi(u_0) \leq \frac{1}{2}d < 0. \tag{4.3}$$

Also gilt $\langle \ell, u_t \rangle \leq \frac{1}{2}d$ und deshalb mit $\|\ell\| := \|\ell\|_{X'}$,

$$\|u_t\| \geq \frac{1}{2}\|\ell\|^{-1} \cdot |d| \quad \text{für alle } t > 0. \tag{4.4}$$

Die Norm der Lösung ist unabhängig von t nach unten beschränkt.

Wir betrachten nun die Lösung der Variationsaufgabe im Finite-Element-Raum $X_h \subset X$. Aus den Untersuchungen von Babuška & Suri [1992] lässt sich folgender Schluss ziehen: Es ist mit dem Locking-Effekt zu rechnen, wenn $X_h \cap \ker B = \{0\}$ und[21] eine Ungleichung

$$\|Bv_h\|_{0,\Omega} \geq C(h)\|v_h\|_X \quad \text{für } v_h \in X_h \tag{4.5}$$

gilt. Aus (4.5) ergibt sich

$$a(v_h, v_h) \geq [\alpha_0 + t^{-2}C(h)^2]\|v_h\|_X^2 \quad \text{für } v_h \in X_h, \tag{4.6}$$

also Koerzivität von a auf X_h mit der Elliptizitätskonstanten $\alpha = \alpha_0 + t^{-2}C(h)^2$. Aus der Stabilitätsaussage II.4.1 folgt jedoch

$$\|u_h\| \leq \alpha^{-1}\|\ell\| \leq t^2\, C(h)^{-2}\,\|\ell\|. \tag{4.7}$$

Im Widerspruch zu (4.4) bekommt man für kleine Parameter t zu kleine Lösungen — und daran erkennt der Ingenieur in der Praxis ein Locking. *Die Konvergenz für $h \to 0$ kann nicht gleichmäßig in t sein.*

Eine Finite-Element-Methode heißt andererseits *robust* für ein Problem mit kleinem Parameter t, wenn die Konvergenz gleichmäßig in t ist.

4.1 Bemerkung. Aus mathematischer Sicht würde man lieber von einem *schlecht konditionierten* Problem sprechen als von Locking. Kennzeichnend ist das große Verhältnis C/α der im Céa-Lemma auftretenden Konstanten, wie aus $C \geq \alpha + t^{-2}\|B\|^2$ folgt. Für den zugeordneten Isomorphismus $L : X \to X'$ ist die Konditionszahl $\|L\| \cdot \|L^{-1}\|$ groß, vgl. Abb. 59.

---

[21] Allgemeiner sind noch solche Funktionen aus X_h herauszudividieren, die im Durchschnitt mit dem (meist niedrig dimensionalen) Kern von B enthalten sind. Es ist dazu auf der rechten Seite von (4.5) $\|v_h\|_X$ durch $\inf\{\|v_h - q\|_X;\, q \in X_h \cap \ker B\}$ zu ersetzen.

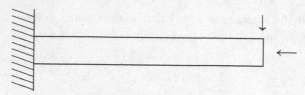

Abb. 59. Beim Kragarm ist die schlechte Kondition anschaulich deutlich. Eine vertikale Last führt zu einer wesentlich größeren Deformation als eine gleich große horizontale. Die Konstante in der Kornschen Ungleichung ist sehr klein, weil nur auf einem kleinen Teil des Randes Dirichlet-Randbedingungen vorgegeben sind. Bei Finiten Elementen mit niedrigem Polynomgrad und geringer Unterteilung in vertikaler Richtung ist die Konstante in der Ungleichung wesentlich größer, besonders wenn das Verhältnis von Länge und Höhe des Kragarms groß ist.

Einen qualitativen Unterschied zwischen einer schlechten Approximation infolge eines zu groben Gitters bei der Diskretisierung und einer schlechten Näherung infolge des Lockens erhellen die zugehörigen Eigenwertprobleme, vgl. Braess [1988]. Wie durch Aufgabe I.4.8 illustriert wird, werden die niedrigen Eigenwerte bei Finite-Element-Rechnungen im Normalfall gut approximiert. Diese Beobachtung war auch ein wesentlicher Punkt in der Mehrgitter-Theorie. Sobald eine Neigung zum Locken vorliegt, werden dagegen sogar die niedrigen Eigenwerte durch die Diskretisierung deutlich verschoben, wie aus (4.6) ersichtlich.

4.2 Bemerkung. Zur Vermeidung des Locking gibt es mehrere Möglichkeiten.

1. Man wandelt das Variationsproblem (4.1) in ein Sattelpunktproblem mit Strafterm um. [Dies ist auch der Inhalt von Aufgabe III.4.20.] Mit $p = t^{-2} Bu$ entsteht

$$a_0(u, v) + (Bv, p)_{0,\Omega} = \langle \ell, v \rangle \quad \text{für } v \in X,$$
$$(Bu, q)_{0,\Omega} - t^2(p, q)_{0,\Omega} = 0 \qquad \text{für } q \in L_2(\Omega). \tag{4.8}$$

In diesem Sattelpunktproblem verursacht der kleine Parameter einen *kleinen Term* und nicht einen großen wie in (4.1).

2. Mit *selektiver reduzierter Integration* wird beim Aufstellen der Systemmatrix der Anteil

$$t^{-2}(Bu_h, Bv_h)_{0,\Omega}$$

so aufgeweicht, dass sich die Konstante in (4.5) verkleinert. Sinnvoll ist dies, wenn man den Prozess so verstehen kann, dass die Ansatzfunktionen v_h durch solche in der Nachbarschaft ersetzt werden, für die Bv wieder klein ist. Mathematisch strenge Beweise gehen meistens über äquivalente gemischte Formulierungen; s. auch §8.

3. Simo & Rifai [1990] ergänzen den Raum durch nichtkonforme Ansatzfunktionen, so dass in der Erweiterung genügend viele Funktionen vorhanden sind, für die $\|Bv\|_{0,h}$ klein wird (wenn die diskrete Norm den Problemen angepasst wird). Die Möglichkeit der Analyse über ein äquivalentes Sattelpunktproblem wurde in Kap. III

§5 behandelt. Die Methode von Simo & Rifai vermeidet zwar Volunen-Locking von Verschiebungen und Verzerrungen, aber nicht unbedingt vom volumetrischen Anteil der Spannungen, s. Braess, Carstensen und Reddy [2004].

Die beiden ersten in Bemerkung 4.2 genannten Methoden sind z.T. äquivalent. Die Finite-Element-Approximation von (4.8)

$$
\begin{aligned}
a_0(u_h, v) + (Bv, p_h)_{0,\Omega} &= \langle \ell, v \rangle \quad \text{für } v \in X_h, \\
(Bu_h, q)_{0,\Omega} - t^2(p, q)_{0,\Omega} &= 0 \qquad \text{für } q \in M_h
\end{aligned}
\tag{4.9}
$$

ist nämlich äquivalent zur Minimierungsaufgabe

$$
\frac{1}{2} a_0(u_h, u_h) + \frac{1}{2} t^{-2} \| R_h B u_h \|_0 - \langle \ell, u_h \rangle \longrightarrow \min_{u_h \in X_h} !
\tag{4.10}
$$

Dabei ist $R_h : L_2(\Omega) \to M_h$ die orthogonale L_2-Projektion auf M_h, siehe auch (III.5.18). In der Praxis sorgen die sogenannte *reduzierten Integration*, und das können auch andere Reduktionsoperatoren als die L_2-Projektion sein, für eine Aufweichung des kritischen Energieanteils.

Selbst wenn man — wie beschrieben — Maßnahmen gegen Locking vornimmt, sind bei Mehrgitterverfahren besondere Vorkehrungen nötig, wie bei Braess und Blömer [1990] oder Schöberl [1999] beschrieben.

Locking beim Timoschenko-Balken

Im allgemeinen ist der Nachweis einer Ungleichung vom Typ (4.5), also der Nachweis des Locking-Effekts, schwieriger als seine Beseitigung. Für den Timoschenko-Balken ist alles vergleichsweise einfach. Außerdem bekommen wir einen Einblick, warum sich die Mindlin–Reissner–Platte in §8 nicht mit ganz einfachen Elementen behandeln lässt.

Scher-Locking ist beim Timoschenko-Balken zu beobachten, wenn Finite Elemente mit Polynomen niedrigen Grades verwandt werden. Insbesondere können wir die negative Aussage (4.5) für P_1-Elemente mühelos konkret angeben.

Sei b die Länge des Balken und t die (evtl. mit einem Korrekturfaktor versehene) Dicke. Die Verdrehung θ und die Durchbiegung w des Balkens liegen in $H_0^1(0, b)$. Wie wir in §6 sehen werden, ist die Verformungsenergie (ohne die äußere Last)

$$
\Pi(\theta, w) := \frac{1}{2} \int_0^b (\theta')^2 dx + \frac{t^{-2}}{2} \int_0^b (w' - \theta)^2 dx.
\tag{4.11}
$$

Das erste Integral liefert den Biegeanteil der Energie und das zweite den Scherterm. Die Lamé-Konstanten sind mittels einer Skalierung eliminiert. Der Ausdruck (4.11) ist mit

$$
B(\theta, w) := w' - \theta
\tag{4.12}
$$

ein Spezialfall von (4.1). Zu gegebenen $g \in H_0^1(0, b)$ erhalten wir ein Paar (θ, w) mit $B(\theta, w) = 0$, indem wir

$$\theta(x) := g(x) - \frac{6}{b^3} x(b - x) \int_0^b g(\xi) d\xi,$$

$$w(x) := \int_0^x \theta(\xi) d\xi \tag{4.13}$$

setzen. Also ist der Kern von B ein ∞-dimensionaler Unterraum. Er enthält gerade die Verformungen, welche die Kirchhoff-Bedingung (vgl. §6) erfüllen.

Zur Behandlung mit Finiten Elementen wird das Intervall $(0, b)$ in Teilintervalle der Länge h unterteilt. Die Diskretisierung zu dieser Zerlegung erfolgt mit $\theta_h, w_h \in \mathcal{M}_{0,0}^1$.

Für lineare Funktionen $\alpha x + \beta$ mit $\alpha, \beta \in \mathbb{R}$ gilt offensichtlich

$$\int_\xi^{\xi+h} (\alpha x + \beta)^2 dx \geq \int_{-h/2}^{+h/2} (\alpha x)^2 dx = \frac{h^3}{12} \alpha^2 = \frac{h^2}{12} \int_\xi^{\xi+h} \alpha^2 dx.$$

Daraus folgt für jedes Teilintervall die Abschätzung

$$\int_\xi^{\xi+h} (w_h' - \theta_h)^2 dx \geq \frac{h^2}{12} \int_\xi^{\xi+h} (\theta_h')^2 dx.$$

Die Summation über alle Intervalle liefert schließlich

$$\|w_h' - \theta_h\|_0 \geq \frac{h}{4} |\theta_h|_1. \tag{4.14}$$

Mit der Friedrichsschen Ungleichung und der Dreiecksungleichung ergibt sich außerdem

$$|w_h|_1 \leq \|w_h' - \theta_h\|_0 + \|\theta_h\|_0 \leq \|w_h' - \theta_h\|_0 + c|\theta_h|_1.$$

Weiter kann $h|\theta_h|_1$ und damit $h\|\theta_h\|_0$ mittels (4.14) abgeschätzt werden, und wir erhalten $h|w_h|_1 \leq c\|w_h' - \theta_h\|_0$. Diese Ungleichung liefert zusammen mit (4.14)

$$\|w_h' - \theta_h\|_0 \geq ch(\|\theta_h\|_1 + \|w_h\|_1). \tag{4.15}$$

Also gilt eine Ungleichung vom Typ (4.5) mit $C(h) := ch$. Deshalb locken die P_1-Elemente.

Andererseits kann man die Konstruktion in (4.13) analog mit stückweisen Polynomen zweiten Grades durchziehen, sofern Elemente höheren Grades benutzt werden. Der Durchschnitt des Kerns von B mit den Finite-Element-Räumen ist genügend groß, und das Locken wird dann vermieden.

Die Beseitigung des Lockens unter Beibehaltung von linearen Elementen verfolgen wir anhand der in Bemerkung 4.2 genannten Möglichkeiten. Die schwache Lösung (θ, w) für die innere Arbeit (4.11) und den Lastterm $(f, w) := \int_0^b f w \, dx$ wird durch

$$(\theta', \psi') + t^{-2}(w' - \theta, v' - \psi) = (f, v) \quad \text{für } \psi, v \in H_0^1. \tag{4.16}$$

charakterisiert. Die Einführung des Scherterms $\gamma := t^{-2}(w' - \theta) \in L_2$ im Hinblick auf (4.8) führt zu

$$(\theta', \psi') + (v' - \psi, \gamma) = (f, v) \quad \text{für } \psi, v \in H_0^1,$$
$$(w' - \theta, \eta) - t^2(\gamma, \eta) = 0 \quad \text{für } \eta \in L_2. \tag{4.17}$$

Die Elliptizität auf dem Kern $\{(\psi, v) \in (H_0^1)^2; \ v' - \psi = 0\}$ ergibt sich mit der Friedrichsschen Ungleichung direkt wegen

$$\|\psi'\|_0^2 = \frac{1}{2}|\psi|_1^2 + \frac{1}{2}|\psi|_1^2 \geq \frac{1}{2}|\psi|_1^2 + \frac{c}{2}\|\psi\|_0^2$$
$$= \frac{1}{2}|\psi|_1^2 + \frac{c}{2}\|v'\|_0^2. \tag{4.18}$$

Sei $\eta \in L_2(0, b)$. Zum Nachweis der inf-sup-Bedingung definieren wir $\rho(x) := x(b - x)$ und setzen

$$A := \int_0^b \eta(\xi)d\xi \Big/ \int_0^b \rho(\xi)d\xi,$$
$$v(x) := \int_0^x \eta(\xi)d\xi - A\int_0^x \rho(\xi)d\xi, \quad \psi(x) := -A\rho(x). \tag{4.19}$$

Offensichtlich ist $\|v'\| \leq c\|\eta\|$ und $\|\psi'\| \leq c\|\eta\|$. Per Konstruktion ist $v' - \psi = \eta$, also

$$\frac{(v' - \psi, \eta)}{\|v'\| + \|\psi'\|} = \frac{\|\eta\|^2}{\|v'\| + \|\psi'\|} \geq \frac{1}{2c}\|\eta\|$$

und die inf-sup-Bedingung gegeben.

Wegen der Stetigkeit des Strafterms ist Satz III.4.11 anwendbar. Insbesondere folgt

$$\|\theta\|_1 + \|w\|_1 + t^{-2}\|w' - \theta\|_0 \leq c\|f\|_{-1},$$

wenn wir für γ wieder den Scherterm einsetzen. Da hier ein System von gewöhnlichen Differentialgleichungen vorliegt, erhält man eine Regularitätsaussage durch Differenzieren der Gleichungen und schließlich

$$\|\theta\|_2 + \|w\|_2 + t^{-2}\|w' - \theta\|_1 \leq c\|f\|_0. \tag{4.20}$$

Für die Diskretisierung wählen wir für die Verdrehung und die Verbiegung unverändert P_1-Elemente, also $\theta_h, w_h \in \mathcal{M}_{0,0}^1$. Dazu passen stückweise konstante Scherterme, also $\gamma_h \in \mathcal{M}^0$. Die Finite-Element-Gleichungen lauten

$$(\theta_h', \psi') + (v' - \psi, \gamma_h) = (f, v) \quad \text{für } \psi, v \in \mathcal{M}_{0,0}^1,$$
$$(w' - \theta_h, \eta) - t^2(\gamma_h, \eta) = 0 \quad \text{für } \eta \in \mathcal{M}^0. \tag{4.21}$$

Interessant sind die Modifikationen für den Nachweis der inf-sup-Bedingung. Es wird ρ durch eine stückweise lineare, im Innern positive Funktion ρ_h approximiert. Die

Integralfunktion wird durch eine stückweise lineare Funktion ersetzt, deren Ableitung den Wert von ρ_h an den Intervallmittelpunkten annimmt. Weil $v_h' - \psi_h$ mit stückweise konstanten Funktionen multipliziert und integriert wird, gilt wieder $(v_h' - \psi_h, \eta_h) = \|\eta_h\|^2$. Die inf-sup-Bedingung ist so auch hier erfüllt.

Eine ähnliche Modifikation liefert die Elliptizität auf dem (diskreten) Kern. Es bezeichne

$$R_h : L_2 \to \mathcal{M}^0 \qquad (4.22)$$

den L_2-Projektor. Für die Funktionen im Kern der Nebenbedingungen gilt $v_h' = R_h \psi_h$, also $|v_h|_1 = \|R_h \psi_h\|_0 \leq \|\psi_h\|_0$. Damit lässt sich die Elliptizität im diskreten Fall analog zu (4.18) zeigen.

Weil die Stabilität unabhängig von h und t gegeben ist, ist die Diskretisierung (4.21) frei von Locking.

In der Ingenieurpraxis benutzt man lieber die zweite Möglichkeit gemäß Bemerkung 4.2, d.h. *selektive reduzierte Integration* und umgeht gemischte Methoden. Mit der Diskretisierung sei das Intervall gemäß $[0, b] = I_1 \cup I_2 \cup \ldots \cup I_M$ aufgeteilt und ξ_j der Mittelpunkt des Intervalls I_j. Das Integral für den kritischen Anteil der Energie (4.11) wird über eine 1-Punkt-Quadraturformel ausgewertet:

$$\frac{t^{-2}}{2} \sum_{j=1}^{m} |I_j| \left(w_h'(\xi_j) - \theta_h(\xi_j) \right)^2. \qquad (4.23)$$

Der Wert ist höchstens so groß wie das eigentliche Integral. Damit wird eine Aufweichung erzielt.

Auf den ersten Blick sieht die nichtkonforme Methode mit der reduzierten Integration (4.23) völlig anders aus als die gemischte Methode, aber trotzdem sind beide Diskretisierungen äquivalent. Weil eine lineare Funktion am Mittelpunkt eines Intervalls ihren Mittelwert annimmt, ist (4.23) mit dem Reduktionsoperator (4.22) darstellbar als

$$\frac{t^{-2}}{2} \int_0^b [R_h(w_h' - \theta_h)]^2 dx.$$

Andererseits bedeutet $(4.21)_2$ gerade

$$\gamma_h = t^{-2} R_h(w_h' - \theta_h),$$

und $(4.21)_1$ kann umgeschrieben werden

$$(\theta_h', \psi') + t^{-2}(R_h(w_h' - \theta_h), v' - \psi) = (f, v). \qquad (4.24)$$

Nun charakterisiert (4,24) gerade das Minimum der aufgeweichten Energie

$$\frac{1}{2} \int_0^b (\theta_h')^2 dx + \frac{t^{-2}}{2} \int_0^b [R_h(w_h' - \theta_h)]^2 dx - \int_0^b f w_h \, dx,$$

und die Äquivalenz ist klar.

Die Reduktion wie in (4.25) kann man wiederum im Rahmen der EAS-Methode (s. Kap. III §5) durchziehen. Die Finite-Element-Räume für die Verdrehung und die Durchbiegung selbst seien dieselben, aber für *die Ableitung* w' sei der Raum durch (nichtkonforme) Elemente $\hat{\varepsilon}_h$ erweitert. Genauer gesagt, erfolgt die Minimierung von

$$\frac{1}{2} \int_0^b (\theta'_h)^2 dx + \frac{t^{-2}}{2} \int_0^b (w'_h + \hat{\varepsilon}_h - \theta_h)^2 dx - \int_0^b f w_h \, dx. \tag{4.25}$$

Beim Timoschenko-Balken gilt für die erweiterten Ableitungen

$$\hat{\varepsilon}_h \in \hat{E}_h := \{\eta \in L_2; \ \eta \in \mathcal{P}_1 \text{ in jedem Intervall } I_j \text{ und } \eta(\xi_j) = 0\}. \tag{4.26}$$

Bei gegebenem w_h und θ_h wird die Energie (4.25) gerade minimal, wenn $\theta_h - \hat{\varepsilon}_h$ stückweise konstant, also $\theta_h - \hat{\varepsilon}_h = R_h(\theta_h)$ gilt. Die EAS-Methode liefert deshalb dieselben Verdrehungen und Durchbiegungen wie die (explizite) reduzierte Integration.

Fast inkompressibles Material

Einige Stoffe wie z.B. Gummi sind nahezu inkompressibel. Kleine Dichteänderungen sind mit einem starken Anwachsen der Energie verbunden. Dies schlägt sich in einem großen Verhältnis der Lamé-Konstanten nieder

$$\lambda \gg \mu.$$

Die Bilinearform $a(u, v) := 2\mu(\varepsilon(u), \varepsilon(v))_0 + \lambda(\operatorname{div} u, \operatorname{div} v)_0$ des Verschiebungsansatzes (3.10) ist zwar H^1-elliptisch

$$\alpha \|v\|_1^2 \leq a(v, v) \leq C \|v\|_1^2 \quad \text{für } v \in H^1_\Gamma(\Omega), \tag{4.27}$$

jedoch ist $\alpha \leq \mu$ und $C \geq \lambda + \mu$, also C/α sehr groß. Da laut Céa-Lemma das Verhältnis C/α in die Fehlerabschätzungen eingeht, ist mit Fehlern zu rechnen, die wesentlich größer als die Approximationsfehler sind. Dieses Phänomen beobachtet man in der Tat bei Finite-Element-Rechnungen und bezeichnet es als *Volumen-Locking* oder *Poisson-Locking*. Die Gleichung

$$2\mu(Du, Dv)_0 + \lambda(\operatorname{div} u, \operatorname{div} v)_0 = \langle \ell, v \rangle \quad \text{für } v \in H^1_\Gamma \tag{4.28}$$

ordnet sich mit $X := H^1_\Gamma(\Omega)$, $a_0(u, v) := 2\mu(Du, Dv)_0$, $Bv := \operatorname{div} v$ und $t^2 = 1/\lambda$ in die anfangs genannte allgemeine Theorie ein.

Dass man bei fast inkompressiblem Material eine Relation vom Typ (4.5) hat, ist im Einklang mit der Beobachtung, dass es keine einfachen konformen divergenzfreien Elemente auf polynomialer Basis gibt. Eine quantitative Aussage für lineare Elemente auf einem Rechteckgitter ergibt sich nach Braess [1996]:

$$\|\operatorname{div} v_h\|_0 \geq \inf_{\substack{z_h \in (Q_1)^2 \\ \operatorname{div} z_h = 0}} \frac{h}{12 \operatorname{diam}(\Omega)} |v_h - z_h|_{1,\Omega} \quad \text{für } v_h \in (Q_1)^2. \tag{4.29}$$

Der Durchschnitt des Kerns mit dem Finite-Element-Raum $\{z_h \in (Q_1)^2; \; \operatorname{div} z_h = 0\}$ enthält

- Starrkörperbewegungen,
- lineare Polynome auf dem ganzen Gebiet Ω mit der Divergenz Null,
- Deformationen in x-Richtung, die nur von y abhängen,
- Deformationen in y-Richtung, die nur von x abhängen.

Diese speziellen Funktionen approximieren nur die Funktionen in einem kleinen Unterraum des Kerns des Divergenz-Operators im Sobolev Raum. Das bedeutet Locking.

Abhilfe schafft wieder die Formulierung als *gemischtes Problem mit Strafterm*. Indem wir

$$\lambda \operatorname{div} u = p \qquad (4.30)$$

einsetzen und die schwache Fassung von (4.30) hinzufügen, erhalten wir aus (4.28) folgendes Problem: *Gesucht ist* $(u, p) \in H^1_\Gamma(\Omega) \times L_2(\Omega)$, *so dass*

$$
\begin{aligned}
2\mu(Du, Dv)_0 + (\operatorname{div} v, p)_0 &= \langle \ell, v \rangle \quad \textit{für } v \in H^1_\Gamma(\Omega), \\
(\operatorname{div} u, q)_0 - \frac{1}{\lambda}(p, q)_0 &= 0 \qquad \textit{für } q \in L_2(\Omega)
\end{aligned}
\qquad (4.31)
$$

gilt. Es ist eine Formulierung mit dem *kleinen Parameter* $1/\lambda$ (oder auch μ/λ) entstanden. Weil die Bilinearform $(Du, Dv)_0$ auf H^1_Γ elliptisch ist, ist (4.31) dem Stokes-Problem sehr ähnlich, s. Kap. III §6. Wie auch von dort bekannt ist, ist im Fall $\Gamma_0 = \partial\Omega$ (genauer wenn das 2-dimensionale Maß von Γ_1 verschwindet) $\int_\Omega p \, dx = 0$ und dann $L_2(\Omega)$ durch $L_2(\Omega)/\mathbb{R}$ zu ersetzen.

Aus der Theorie für gemischte Probleme mit Strafterm wissen wir, dass die Lösung für $\lambda \to \infty$ gegen die Lösung des Problems

$$
\begin{aligned}
2\mu(Du, Dv)_0 + (\operatorname{div} v, p)_0 &= \langle \ell, v \rangle, \\
(\operatorname{div} u, q)_0 \phantom{+ (\operatorname{div} v, p)_0} &= 0
\end{aligned}
$$

strebt. Die Situation ist hier sehr einfach, weil die quadratische Form $(Du, Dv)_0$ auf dem ganzen Raum und nicht nur für divergenzfreie Funktionen koerziv ist. Außerdem ist der Strafterm eine reguläre Störung. Die für das Stokes-Problem geeigneten Elemente können zur Lösung von (4.31) herangezogen werden. Da für den zugehörigen Operator

$$L : H^1_\Gamma \times L_2 \to (H^1_\Gamma \times L_2)'$$

die Inverse unabhängig vom Parameter λ beschränkt ist, konvergieren die Finite-Element-Lösungen *gleichmäßig in* λ.

Um die Finite-Element-Approximation genauer zu studieren, betrachten wir die Diskretisierung

$$
\begin{aligned}
2\mu(\varepsilon(u_h), \varepsilon(v))_0 + (\operatorname{div} v, p_h)_0 &= \langle \ell, v \rangle \quad \text{für } v \in X_h, \\
(\operatorname{div} u_h, q)_0 - \lambda^{-1}(p, q_h)_0 &= 0 \qquad \text{für } q \in M_h
\end{aligned}
\qquad (4.31)_h
$$

mit $X_h \subset H_\Gamma^1(\Omega)$ und $M_h \subset L_2(\Omega)$. Die üblichen Stokes-Elemente haben die folgende Approximationseigenschaft. Zu $v \in H^2(\Omega)$ und $q \in H^1(\Omega)$ gibt es $P_h v \in X_h$ und $Q_h q \in M_h$ mit

$$\|v - P_h v\|_1 \leq ch\|v\|_2 ,$$
$$\|q - Q_h q\|_0 \leq ch\|q\|_1 .$$

(4.32)

Der Einfachheit halber beschränken wir uns auf reine Dirichlet-Randbedingungen. Nach Satz A.1 von Vogelius [1983] gilt folgende Regularitätsaussage: *Wenn Ω ein konvexes, polygonales Gebiet ist oder einen glatten Rand besitzt, dann ist*

$$\|u\|_2 + \lambda\|\operatorname{div} u\|_1 \leq ch\|f\|_0 .$$

(4.33)

Mit dem üblichen Vorgehen (wie z.B. bei Satz III.4.5) erhalten wir mit $v_h := P_h u$ und $q_h := Q_h p$:

$$2\mu(\varepsilon(u_h - P_h u), \varepsilon(v))_0 + (\operatorname{div} v, p_h - Q_h p)_0 = \langle \ell_u, v \rangle \quad \text{für } v \in X_h ,$$
$$(\operatorname{div}(u_h - P_h u), q)_0 - \lambda^{-1}(p_h - Q_h p, q)_0 = \langle \ell_p, q \rangle \quad \text{für } q \in M_h .$$

Die Funktionale ℓ_u und ℓ_p lassen sich durch $u - v_h$ und $p - q_h$ abschätzen, und mit (4.32) folgt $\|\ell_u\|_{-1} + \|\ell_p\|_0 \leq ch\|f\|_0$. Deshalb ergibt sich mit (4.33)

$$\|u - u_h\|_1 + \|\lambda \operatorname{div} u - p_h\|_0 \leq ch\|f\|_0,$$

(4.34)

mit einer von λ unabhängigen Zahl c. Also ist die Diskretisierung $(4.31)_h$ robust.

Nichtkonforme Elemente bieten eine andere Möglichkeit, fast inkompressible Materialien in den Griff zu bekommen. Bei diesem Vorgehen wird deutlicher, dass ein passendes Aufweichen des Energiefunktionals wesentlich für die Robustheit ist. Aus diesem Grunde analysieren wir die Diskretisierung $(4.31)_h$ noch mal aus dem Blickwinkel nichtkonformer Methoden.

Diesen Luxus der mehrfachen aufwendigen Analyse braucht nur der hochgradig an Locking interessierte Leser mitzumachen.

4.3 Bemerkung. Seien $u_h \in X_h \subset H_\Gamma^1(\Omega)$ und $p_h \in M_h \subset L_2(\Omega)$ zusammen eine Finite-Element-Lösung zu $(4.31)_h$. Ein diskreter Divergenzoperator sei gemäß

$$\operatorname{div}_h : H^1(\Omega) \to M_h$$
$$(\operatorname{div}_h v, q)_0 = (\operatorname{div} v, q)_0 \quad \text{für alle } q \in M_h$$

(4.35)

definiert. Dann ist u_h in $(4.31)_h$ auch Lösung des Variationsproblems

$$2\mu\|\varepsilon(v)\|_0^2 + \lambda\|\operatorname{div}_h v\|_0^2 - \langle \ell, v \rangle \longrightarrow \min_{v \in X_h}!$$

(4.36)

Dies erkennt man aus $2\mu(\varepsilon(u_h), \varepsilon(v))_0 + \lambda(\operatorname{div}_h u_h, \operatorname{div}_h v)_0 = \langle \ell, v \rangle$ für $v \in X_h$ als Charakterisierung der Lösung von (4.36). Man setze dazu $p_h := \lambda \operatorname{div}_h u_h$ in Analogie zu (4.30). Jetzt ergibt sich

$$2\mu(\varepsilon(u_h), \varepsilon(v))_0 + (\operatorname{div}_h v, p_h)_0 = \langle \ell, v \rangle \quad \text{für } v \in X_h ,$$
$$(\operatorname{div}_h u_h, q)_0 - \lambda^{-1}(p_h, q)_0 = 0 \quad \text{für } q \in M_h .$$

Der Operator div_h tritt nur in Skalarprodukten auf, wobei der andere Faktor jeweils in M_h enthalten ist. Nach Definition kann div_h deshalb durch div ersetzt werden. Also erfüllen u_h und $p_h := \lambda \, \text{div}_h \, u_h$ die Gleichungen (4.31)$_h$. □

Die Ungleichung (4.32)$_2$ bewirkt in diesem Zusammenhang $\| \text{div} \, v - \text{div}_h \, v \|_0 \le ch \| \text{div} \, v \|_1$. Eine solche Beziehung kann man nicht allgemein bei nichtkonformen Elementen erwarten; denn sie ist eine scharfe Anforderung für divergenzfreie Funktionen. Mit der schwächeren Voraussetzung (4.38) kommt man jedoch wegen einer Regularitätsaussage (Satz 3.1 von Arnold, Scott und Vogelius [1989]) aus. *Es gibt zu gegebenem u mit* $\text{div} \, u \in H^1(\Omega)$ *ein* $w \in H^2(\Omega) \cap H^1_0(\Omega)$ *mit*

$$\text{div} \, w = \text{div} \, u \quad \text{und} \quad \| w \|_2 \le c \| \text{div} \, u \|_1. \tag{4.37}$$

4.4 Hilfssatz. *Es seien (4.34) und (4.35) erfüllt. Außerdem gelte für die Abbildung* div_h *und für* $v \in X_h$

$$\| \text{div} \, v - \text{div}_h \, v \|_0 \le ch \| v \|_2 \tag{4.38}$$

und

$$\text{div}_h \, v = 0 \quad \textit{falls} \quad \text{div} \, v = 0. \tag{4.39}$$

Dann gilt für die Lösung des Variationsproblems (4.31)

$$\lambda \| \text{div} \, u - \text{div}_h \, u \|_0 \le c'h \| f \|_0. \tag{4.40}$$

Beweis. Nach (4.33) und (4.37) gibt es ein $w \in H^2(\Omega) \cap H^1_0(\Omega)$ mit $\text{div} \, w = \text{div} \, u$ und

$$\| w \|_2 \le c \| \text{div} \, u \|_1 \le c\lambda^{-1} \| f \|_0.$$

Mit (4.38) erhalten wir

$$\| \text{div} \, w - \text{div}_h \, w \|_0 \le c'h \| w \|_2 \le c'h\lambda^{-1} \| f \|_0. \tag{4.41}$$

Wegen $\text{div}(w - u) = 0$ folgen aus (4.39) die Gleichungen $\text{div}_h(w - u) = 0$ und $\text{div} \, u - \text{div}_h \, u = \text{div} \, w - \text{div}_h \, w$. Zusammen mit (4.41) ergibt sich

$$\| \text{div} \, u - \text{div}_h \, u \|_0 = \| \text{div} \, w - \text{div}_h \, w \|_0 \le c'h\lambda^{-1} \| f \|_0,$$

was zu beweisen war. □

Aufgrund von Hilfssatz 4.4 ist es möglich, mit dem Lemma von Berger, Scott und Strang, d.h. mit der allgemeinen Theorie nichtkonformer Elemente, gleichmäßig gute Fehlerabschätzungen zu gewinnen. Dabei ist der Approximationsfehler kritischer als der Konsistenzfehler. Es genügt jetzt, einen Interpolationsoperator $P_h : H^2(\Omega) \cap H^1_0(\Omega) \to X_h$ mit den folgenden Eigenschaften zu haben:

$$\| v - P_h v \|_1 + \| \text{div} \, v - \text{div}_h \, v \|_0 \le ch \| v \|_2,$$

$$\| \text{div}_h \, v_h \|_0 \le c \| v_h \|_1 \quad \text{für} \ v_h \in X_h.$$

Wie in Bemerkung 4.3 besprochen, ist das für das Modellproblem gegeben. Sei außerdem eine gitterabhängige Bilinearform a_h durch Polarisierung der quadratischen Form des Energiefunktionals in (4.36) definiert. Dann folgt aus Hilfssatz 4.4 für alle $w_h \in X_h$

$$a_h(u - P_h u, w_h) = \mu(\varepsilon(u - P_h u), \varepsilon(w_h))_0 + \lambda(\operatorname{div} u - \operatorname{div}_h u, \operatorname{div}_h w_h)_0,$$
$$\leq ch \|u\|_2 \|w_h\|_1 + ch \|u\|_2 \|\operatorname{div}_h w_h\|_0,$$
$$\leq ch \|u\|_2 \|w_h\|_1.$$

Damit ist der Approximationsfehler durch übliche Größen abgeschätzt. Schließlich ist der Konsistenzfehler hier durch den Term $\lambda(\operatorname{div} u - \operatorname{div}_h u, \operatorname{div}_h w_h)$ gegeben. Eine Schranke für diesen Term enthält bereits die obige Formel, und wir haben eine robuste Abschätzung, wobei die Konstante c nicht von λ abhängt:

$$\|u - u_h\|_1 \leq ch \|f\|_0.$$

Aufgaben

4.5 Die durch (4.25) spezifizierte nichtkonforme Methode erwies sich als äquivalent zur gemischten Methode (4.21). Der Fehler wird im ersten Fall durch einen Approximationsfehler und einen Konsistenzfehler beschrieben, im zweiten Fall durch Approximationsfehler für zwei Gleichungen. Man zeige, dass sich dieselben Ausdrücke ergeben – und es also nur eine Geschmacksfrage ist, welchen Weg man bevorzugt.

4.6 Man betrachte das Hellinger–Reissner–Prinzip für ein nahezu inkompressibles Material. Ist die Einführung der Variablen $p = \lambda \operatorname{div} u$ einfacher für die Fassung (3.21) oder für (3.22)?

§ 5. Scheiben

In vielen Fällen braucht man nicht das volle 3-dimensionale Problem zu lösen, weil die Ausdehnung in einer Raumrichtung sehr klein ist. In diesen Fällen ist es sogar angebracht, den Grenzübergang zu einem zwei- (oder sogar ein-) dimensionalen Problem am Kontinuum zu vollziehen und erst danach die Diskretisierung vorzunehmen. Als niederdimensionale Modelle sind Stäbe, Balken, Scheiben, Platten und Schalen zu nennen. Der einfachste mehrdimensionale Fall ist der einer Scheibe. Aber schon an diesem Beispiel kann man sehen, dass die Reduktion der Dimension nicht durch einfaches Ausblenden einer Koordinate vollzogen werden kann. Selbst die Randbedingungen haben einen Einfluss auf den Reduktionsprozess. Je nach der Randbedingung ist zwischen zwei Fällen zu unterscheiden.

Ebener Spannungszustand

Es sei $\omega \subset \mathbb{R}^2$ ein Gebiet und $t > 0$ eine Zahl, die wesentlich kleiner als der Durchmesser von ω ist. Auf dem Körper $\Omega = \omega \times (-\frac{t}{2}, +\frac{t}{2}) \subset \mathbb{R}^3$ mögen nur äußere Kräfte einwirken, deren z-Komponente verschwindet und die nur von x und y abhängen.[22] Sofern die Scheibe dünn ist und eine Deformation in z-Richtung möglich ist, bildet sich ein *ebener Spannungszustand* aus, d.h. es wird

$$
\begin{aligned}
\sigma_{ij}(x, y, z) &= \sigma_{ij}(x, y), \quad i, j = 1, 2, \\
\sigma_{i3} = \sigma_{3i} &= 0, \qquad i = 1, 2, 3.
\end{aligned}
\tag{5.1}
$$

Dann ist insbesondere $\varepsilon_{i3} = \varepsilon_{3i} = 0$ für $i = 1, 2$. Damit $\sigma_{33} = 0$ wird, stellt sich nach dem Stoffgesetz (3.6)

$$
\varepsilon_{33} = -\frac{\nu}{1-\nu}(\varepsilon_{11} + \varepsilon_{22})
\tag{5.2}
$$

ein. Man kann die Dehnung ε_{33} eliminieren und erhält das Stoffgesetz für den ebenen Spannungszustand

$$
\begin{bmatrix} \sigma_{11} \\ \sigma_{22} \\ \sigma_{12} \end{bmatrix} = \frac{E}{1-\nu^2} \begin{bmatrix} 1 & \nu & 0 \\ \nu & 1 & 0 \\ 0 & 0 & 1-\nu \end{bmatrix} \begin{bmatrix} \varepsilon_{11} \\ \varepsilon_{22} \\ \varepsilon_{12} \end{bmatrix}
$$

oder

$$
\sigma = \frac{E}{1+\nu}\Big[\varepsilon + \frac{\nu}{1-\nu}(\varepsilon_{11} + \varepsilon_{22})I\Big].
\tag{5.3}
$$

---

[22] Einfacher vorstellbar ist es, wenn wir die y- und die z-Koordinate vertauschen. Die Mittelfläche einer dünnen Wand liege in der (x, z)-Ebene, und die Ausdehnung in y-Richtung sei sehr klein. Die Wand sei in vertikaler Richtung belastet, die äußeren Kräfte liegen also parallel zur (Mittelfläche der) Wand.

Schließlich ist die Kinematik mit (5.1) und (5.2) verträglich, wenn

$$u_i(x, y, z) = u_i(x, y), \qquad i = 1, 2,$$
$$u_3(x, y, z) = z\,\varepsilon_{33}(x, y)$$

angesetzt wird und in der Verzerrung Terme der Ordnung $O(z)$ vernachlässigt werden.

Ebener Verzerrungszustand

Wenn andererseits durch Randbedingungen bei $z = \pm t/2$ dafür gesorgt wird, dass die z-Komponenten der Deformationen verschwinden, liegt der *ebene Verzerrungszustand* vor:

$$\varepsilon_{ij}(x, y, z) = \varepsilon_{ij}(x, y), \quad i, j = 1, 2,$$
$$\varepsilon_{i3} = \varepsilon_{3i} = 0, \qquad i \quad = 1, 2, 3. \tag{5.4}$$

Die zugehörige Verschiebung erfüllt $u_i(x, y, z) = u_i(x, y)$ für $i = 1, 2$ und $u_3 = 0$. Aus $\varepsilon_{33} = 0$ folgt hier mit (3.7) sofort

$$\sigma_{33} = \nu(\sigma_{11} + \sigma_{22}), \tag{5.5}$$

und σ_{33} kann eliminiert werden. Es ergibt sich das Stoffgesetz für den ebenen Verzerrungszustand durch Restriktion von (3.6) auf die verbleibenden Komponenten

$$\begin{bmatrix} \sigma_{11} \\ \sigma_{22} \\ \sigma_{12} \end{bmatrix} = \frac{E}{(1+\nu)(1-2\nu)} \begin{bmatrix} 1-\nu & \nu & 0 \\ \nu & 1-\nu & 0 \\ 0 & 0 & 1-2\nu \end{bmatrix} \begin{bmatrix} \varepsilon_{11} \\ \varepsilon_{22} \\ \varepsilon_{12} \end{bmatrix}. \tag{5.6}$$

Scheibenelemente

Sowohl beim ebenen Verzerrungszustand als auch beim ebenen Spannungszustand erhält man ein zweidimensionales Problem von derselben Struktur wie das volle dreidimensionale Elastizitätsproblem.

Beim Verschiebungsansatz findet man deshalb die (zweidimensionalen und isoparametrischen Versionen der) konformen Elemente, die auch bei skalaren elliptischen Problemen zweiter Ordnung anzutreffen sind:

a) bilineare Viereckelemente,

b) quadratische Dreieckelemente,

c) biquadratische Viereckelemente,

d) 8-Knoten-Viereckelemente der Serendipity-Klasse.

Die einfachen linearen Dreieckelemente sind dagegen häufig unbefriedigend. Bei Problemen der Praxis sind häufig einzelne Richtungen infolge der geometrischen Verhältnisse ausgezeichnet. Dann erweisen sich die Elemente mit Polynomen höheren Grades als flexibler.

Das PEERS-Element

Gemischte Methoden haben sich bisher bei Scheiben wenig durchsetzen können, weil bei der Finite-Element-Näherung des Hellinger–Reissner–Prinzips (3.22) zwei Stabilitätsprobleme zusammenkommen. Die Bilinearform $a(\sigma, \tau) := (\mathcal{C}^{-1}\sigma, \tau)_0$ ist nicht auf dem ganzen Raum $X := H(\text{div}, \Omega)$ elliptisch, sondern nur auf dem Kern V, wenn wir die Bezeichnungen der allgemeinen Theorie aus Kap. III §4 heranziehen.

Um dann Elliptizität auf V_h zu gewährleisten, sieht man heute als beste Möglichkeit an, $V_h \subset V$ zu wählen. Man erfüllt dann die Bedingung in III.4.6. Wie Brezzi und Fortin [1991, S. 284] anhand einer Dimensionsüberlegung gezeigt haben, stellt die *Symmetrie des Spannungstensors* σ ein erhebliches Hindernis dar. Aus diesem Grunde haben Arnold, Brezzi und Douglas [1984] das PEERS-Element (plane elasticity element with reduced symmetry) entwickelt, das u. a. von Stenberg [1988] weiter verfolgt wurde. Ähnlich aufgebaut sind die sogenannten BDM-Elemente nach Brezzi, Douglas und Marini [1985]. Alle genannten Elemente sind auch bei fast inkompressiblem Material geeignet, wie in Bemerkung 5.3 ausgeführt wird.

Finite Elemente mit symmetrischem Spannungstensor wurden von Arnold und Winther [2002] entworfen. Sie können als Übertragung des Raviart–Thomas–Elements aufgefasst werden. Ein Nachteil ist allerdings die mit 24 hohe Zahl lokaler Freiheitsgrade. Für andere gemischte Methoden mit voller Symmetrie gibt es durchweg keine mathematisch befriedigende Theorie. Es existieren oft nichttriviale Funktionen mit der Energie null (sogenannte *zero energy modes*), die herausgefiltert werden müssen, oder infolge Verletzung der inf-sup-Bedingung tritt eine (Sanduhr-) Instabilität auf, wie wir sie aus Kap. III §7 kennen.

Bei der Darstellung der PEERS-Elemente beschränken wir uns der Einfachheit halber auf reine Dirichlet-Randbedingungen. Dann vereinfacht sich (3.22) zu

$$
\begin{aligned}
(\mathcal{C}^{-1}\sigma, \tau)_0 + (\text{div}\,\tau, u)_0 &= 0 \qquad && \text{für } \tau \in H(\text{div}, \Omega)^{2\times 2}, \\
(\text{div}\,\sigma, v)_0 &= -(f, v)_0 && \text{für } v \in L_2(\Omega)^2.
\end{aligned}
\tag{5.7}
$$

Da wir im folgenden auch unsymmetrische Tensoren zulassen, spielt der *antimetrische Anteil* eine Rolle

$$
as(\tau) := \tau - \tau^T \in L_2(\Omega)^{2\times 2},
$$

d.h. $as(\tau)_{ij} = \tau_{ij} - \tau_{ji}$. Weil $as(\tau)$ bereits durch die 2,1-Komponente des Tensors vollständig bestimmt ist, wollen wir diese Komponente als Repräsentanten verwerten.

Betrachtet wird das folgende Sattelpunktproblem:
Gesucht wird $\sigma \in X := H(\text{div}, \Omega)^{2\times 2}$ und $(u, \gamma) \in M := L_2(\Omega)^2 \times L_2(\Omega)$, so dass

$$
\begin{aligned}
(\mathcal{C}^{-1}\sigma, \tau)_0 + (\text{div}\,\tau, u)_0 + (as(\tau), \gamma) &= 0, \qquad && \tau \in H(\text{div}, \Omega)^{2\times 2}, \\
(\text{div}\,\sigma, v)_0 &= -(f, v)_0\,, && v \in L_2(\Omega)^2, \\
(as(\sigma), \eta) &= 0, && \eta \in L_2(\Omega)
\end{aligned}
\tag{5.8}
$$

gilt. Es ist $(as(\tau), \eta) := \int_\Omega (\tau_{12} - \tau_{21})\eta\, dx$ zu lesen.

Man beachte, dass die Rotation von skalaren und von vektorwertigen Funktionen im $\mathbb{R}^2$ unterschiedlich definiert wird:[23]

$$\operatorname{curl} p := \begin{pmatrix} \frac{\partial p}{\partial x_2} \\ -\frac{\partial p}{\partial x_1} \end{pmatrix}, \quad \operatorname{rot} \begin{pmatrix} u_1 \\ u_2 \end{pmatrix} := \frac{\partial u_2}{\partial x_1} - \frac{\partial u_1}{\partial x_2}. \tag{5.9}$$

5.1 Hilfssatz. *Die Sattelpunktprobleme (5.7) und (5.8) sind äquivalent. Wenn (σ, u, γ) eine Lösung von (5.8) darstellt, ist durch (σ, u) eine Lösung von (5.7) gegeben. Ist umgekehrt (σ, u) eine Lösung von (5.7), so ist $(\sigma, u, \gamma = \frac{1}{2} \operatorname{rot} u)$ eine Lösung von (5.8).*

Beweis. (1) Sei (σ, u, γ) Lösung von (5.8). Die dritte Gleichung besagt, dass σ symmetrisch ist. Für symmetrische τ ist $(as(\tau), \gamma) = 0$, und die erste Gleichung in (5.8) reduziert sich auf die erste in (5.7). Da die zweite Relation in (5.7) direkt aus (5.8) abzulesen ist, ist die Gültigkeit von (5.7) gezeigt.

(2) Sei (σ, u) Lösung von (5.7). Aus den Ausführungen im Anschluss an (3.22) folgt hier $u \in H_0^1(\Omega)^2$, und wie beim Übergang zu (3.21) schließen wir

$$(\mathcal{C}^{-1}\sigma, \tau)_0 - (\tau, Du)_0 = 0 \tag{5.10}$$

für alle *symmetrischen* Felder τ. Aus der Symmetrie der Größen $\mathcal{C}^{-1}\sigma$ und Du folgt andererseits, dass (5.10) auch für alle schiefsymmetrischen Felder gilt. Die Aufspaltung von ∇u zeigt nun:

$$Du = \nabla u - \frac{1}{2} as(\nabla u)$$

$$= \nabla u - \frac{1}{2}(\frac{\partial u_2}{\partial x_1} - \frac{\partial u_1}{\partial x_2}) \begin{pmatrix} 0 & -1 \\ +1 & 0 \end{pmatrix}$$

$$= \nabla u - \frac{1}{2} \operatorname{rot} u \begin{pmatrix} 0 & -1 \\ +1 & 0 \end{pmatrix}.$$

Während $Du = \varepsilon(u)$ die symmetrische Ableitung darstellt, ist der schiefsymmetrische Anteil also mit der Rotation verknüpft. Schließlich folgt bei nochmaliger Anwendung der Greenschen Formel

$$\int_\Omega \tau : Du \, dx = \int_\Omega \tau : \nabla u \, dx + \frac{1}{2} \int_\Omega (\tau_{21} - \tau_{12}) \operatorname{rot} u \, dx$$

$$= -\int_\Omega \operatorname{div} \tau \, u \, dx + \frac{1}{2} \int_\Omega (\tau_{21} - \tau_{12}) \operatorname{rot} u \, dx.$$

Zusammen mit (5.10) liefert dies die erste Relation in (5.8). Da die zweite Gleichung aus (5.7) übernommen werden kann und die dritte wegen der Symmetrie von σ klar ist, ist (5.8) bewiesen. $\square$

---

[23] In Anlehnung an die angelsächsische Literatur unterscheiden wir zwischen rot und curl. Außerdem ist zu beachten, dass man die Operatoren in (5.9) zuweilen mit anderem Vorzeichen findet.

Aus der Äquivalenz folgt nicht ohne weiteres, dass das Sattelpunktproblem (5.8) die Voraussetzungen von Satz III.4.5 erfüllt. Dies ist noch zu zeigen. Offensichtlich ist der Kern

$$V = \{\tau \in H(\operatorname{div}, \Omega)^{2\times 2}; \ (\operatorname{div}\tau, v)_0 = 0 \ \text{für } v \in L_2(\Omega)^2,$$

$$(as(\tau), \eta) = 0 \ \text{für } \eta \in L_2(\Omega)\}$$

derselbe wie beim Sattelpunktproblem (5.7). Die Elliptizität der Form $(\mathcal{C}^{-1}\sigma, \tau)_0$ kann deshalb von dort übernommen werden.

Zum Nachweis der inf-sup-Bedingung konstruiert man zu gegebenem Paar $(v, \eta) \in L_2(\Omega)^2 \times L_2(\Omega)$ ein $\tau \in H(\operatorname{div}, \Omega)^{2\times 2}$ mit

$$\operatorname{div}\tau = v,$$

$$as(\tau) = \eta, \tag{5.11}$$

$$\|\tau\|_{H(\operatorname{div}, \Omega)} \leq c(\|v\|_0 + \|\eta\|_0),$$

wenn wir kurz $as(\tau)$ anstatt $as(\tau)_{21}$ schreiben. Außerdem wollen wir im Hinblick auf Bemerkung 3.7

$$\int_\Omega \operatorname{spur}\tau \, dx = 0 \tag{5.12}$$

erreichen. Zunächst bestimmen wir ein $\tau_0 \in H(\operatorname{div}, \Omega)^{2\times 2}$, das nur die Gleichung $\operatorname{div}\tau_0 = v$ erfüllt. Sei z. B. $\psi \in H_0^1(\Omega)$ Lösung der Poisson-Gleichung $\Delta\psi = v$ und $\tau_0 := \nabla\psi$. Dann folgt aus $\|\psi\|_1 \leq c\|v\|_0$ sofort $\|\tau_0\|_{H(\operatorname{div}, \Omega)} \leq \|\tau_0\|_0 + \|\operatorname{div}\tau_0\|_0 = \|\nabla\psi\|_0 + \|v\|_0 \leq c\|v\|_0$.

Um die zweite Gleichung in (5.11) zu erfüllen, setzen wir

$$s := \int_\Omega [\eta - as(\tau_0)]dx \Big/ \int_\Omega dx,$$

$$\beta := \eta - as(\tau_0) - s$$

und konstruieren über ein Neumann-Problem $q \in H^1(\Omega)^2$ mit

$$\operatorname{div} q = \beta$$

ähnlich wie vorher τ_0. Insbesondere ist $\|q\|_1 \leq c\|\beta\|_0 \leq c(\|\eta\|_0 + \|v\|_0)$. Schließlich wird

$$\tau := \tau_0 + \begin{pmatrix} \operatorname{curl} q_1 \\ \operatorname{curl} q_2 \end{pmatrix} + \frac{s}{2}\begin{pmatrix} 0 & -1 \\ 1 & 0 \end{pmatrix}$$

gesetzt. Zum Nachweis, dass τ eine Lösung von (5.11) darstellt, erinnern wir als erstes daran, dass die Divergenz einer Rotation verschwindet. Also ist $\operatorname{div}\tau = \operatorname{div}\tau_0 = v$. Weiter ist nach Konstruktion von q

$$as(\tau) = as(\tau_0) + as\begin{pmatrix} \frac{\partial q_1}{\partial y} & -\frac{\partial q_1}{\partial x} \\ \frac{\partial q_2}{\partial y} & -\frac{\partial q_2}{\partial x} \end{pmatrix} + s$$

$$= as(\tau_0) + \operatorname{div} q + s = \eta.$$

Weil q ein Gradientenfeld ist, gilt $\frac{\partial q_1}{\partial y} - \frac{\partial q_2}{\partial x} = 0$, und die Zusatzbedingung (5.12) ist leicht zu verifizieren. Aus (5.11) folgt nun

$$(\operatorname{div} \tau, v)_0 + (as(\tau), \eta) = \|v\|_0^2 + \|\eta\|_0^2$$

$$\geq c \|\tau\|_{H(\operatorname{div}, \Omega)} (\|v\|_0 + \|\eta\|_0),$$

und die inf-sup-Bedingung ist bewiesen. $\qquad\qquad\qquad\qquad\qquad\qquad\qquad\quad\square$

5.2 Bemerkung. Wenn auf einem Teil des Randes die Normalspannung vorgegeben ist, also Γ_1 nicht leer ist, ist der Nachweis der inf-sup-Bedingung aufwendiger. Genauer gesagt, erfordert dann die Lösung von $\operatorname{div} \tau_0 = v$ und $\operatorname{div} q = \beta$ mehr Sorgfalt. Wir erreichen zunächst $\tau_0 \cdot n = 0$ auf Γ_1, indem wir dort $\nabla \psi \cdot n = 0$ also Neumannsche Randbedingungen vorschreiben. Andererseits besagt $\operatorname{rot} q \cdot n = 0$

$$\nabla q \cdot t = 0 \quad \text{also} \quad q = const \quad \text{auf } \Gamma_1.$$

Es kann q über ein Stokes-Problem gelöst werden: $\int (\nabla q)^2 dx \longrightarrow$ min! unter der Nebenbedingung $\operatorname{div} q = \beta$ und $q = 0$ auf Γ_1. Aus der inf-sup-Bedingung für das Stokes-Problem folgt über die Wohldefiniertheit des Hilfsproblems die inf-sup-Bedingung für das Elastizitätsproblem (5.8), vgl. auch Aufgabe III.6.7.

Wegen der Äquivalenz 5.1 impliziert die inf-sup-Bedingung für das Stokes-Problem im $\mathbb{R}^2$ dort die Kornsche Ungleichung.

5.3 Bemerkung. Die Variationsformulierungen (5.7) und (5.8) sind auch für Rechnungen mit fast inkompressiblem Material geeignet, weil Volumen-Locking mit ihnen vermieden wird. Die inf-sup-Bedingung ist offensichtlich unabhängig von den Lamé-Konstanten λ. Etwas aufwendiger ist der Nachweis der Elliptizität

$$(\mathcal{C}^{-1}\tau, \tau)_0 \geq \frac{1}{2\mu c^2} \|\tau\|_0^2 \quad \text{für } \tau \in H(\operatorname{div}, \Omega) \text{ mit } \operatorname{div} \tau = 0 \qquad (5.13)$$

mit einer positiven, von λ unabhängigen Konstanten c. Dazu führt man den *deviatorischen* Teil von Tensoren ein

$$\tau^D := \tau - \frac{1}{d} \operatorname{spur} \tau I,$$

sofern $\Omega \subset \mathbb{R}^d$ ist, also d die Dimension des Raumes ist. Offensichtlich ist dann $\operatorname{spur} \tau^D = 0$. Außerdem erhält man durch einfaches Nachrechnen die Orthogonalitätsrelation $(\tau^D, \operatorname{spur} \tau I)_0 = 0$. Deshalb ist bei zweidimensionalen Gebieten

$$(\tau, \mathcal{C}^{-1}\tau) = \left(\tau, \frac{1}{2\mu}\tau^D + \frac{1}{\lambda + \mu} \operatorname{spur} \tau I\right)_0$$

$$= \frac{1}{2\mu}(\tau^D, \tau^D)_0 + \frac{1}{\lambda + \mu}(\operatorname{spur} \tau, \operatorname{spur} \tau)_0 \qquad (5.14)$$

$$\geq \frac{1}{2\mu} \|\tau^D\|_0^2.$$

Nun folgt (5.13), wobei c die im folgenden Hilfssatz genannte Zahl ist.

5.4 Hilfssatz. *Für alle $\tau \in H(\mathrm{div}, \Omega)$ mit*

$$\int_\Omega \mathrm{spur}\, \tau \, dx = 0 \tag{5.15}$$

gilt die Ungleichung

$$\|\tau\|_0 \le c\, (\|\tau^D\|_0 + \|\,\mathrm{div}\,\tau\|_0) \tag{5.16}$$

mit einer von τ unabhängigen Zahl $c = c(\Omega)$.

Beweis. Wegen (5.15) gibt es ein $v \in H_0^1(\Omega)^2$ mit

$$\mathrm{div}\, v = \mathrm{spur}\, \tau, \tag{5.17}$$

$$\|v\|_1 \le c\,\|\,\mathrm{spur}\,\tau\|_0. \tag{5.18}$$

Wegen $\mathrm{spur}\,\tau = \tau : I$, der Definition des deviatorischen Anteils von Tensoren und $d = 2$ erhalten wir aus (5.17)

$$
\begin{aligned}
\|\,\mathrm{spur}\,\tau\|_0^2 &= \int_\Omega \mathrm{spur}\,\tau \,\mathrm{div}\, v\, dx = \int_\Omega \tau : I\,\mathrm{div}\, v\, dx \\
&= 2 \int_\Omega \tau : (\mathrm{grad}\, v - (\mathrm{grad}\, v)^D)\, dx \\
&= -2 \int_\Omega (\tau^D : \mathrm{grad}\, v + \mathrm{div}\,\tau \cdot v)\, dx \\
&\le 2 \big(\|\tau^D\|_0 + \|\,\mathrm{div}\,\tau\| \big)\, \|v\|_1.
\end{aligned}
$$

Im Hinblick auf (5.18) ergibt sich nach kürzen $\|\,\mathrm{spur}\,\tau\|_0 \le 2c\,(\|\tau^D\| + \|\,\mathrm{div}\,\tau\|)$. Wegen $\tau = \tau^D + \frac{1}{2}\,\mathrm{spur}\,\tau\, I$ ist der Beweis fertig. $\qquad\qquad\square$

Für die Definition des einfachsten Vertreters aus der Familie der PEERS-Elemente greifen wir auf die üblichen Bezeichnungen, insbesondere auf (II.5.4) zurück. Sei $\mathcal{T}$ eine Triangulierung von Ω

$$RT_k := \{v \in (\mathcal{M}^{k+1})^2 \cap H(\mathrm{div}, \Omega);\ v_{|T} = \begin{pmatrix} p_1 \\ p_2 \end{pmatrix} + p_3 \begin{pmatrix} x \\ y \end{pmatrix},\ p_1, p_2, p_3 \in \mathcal{P}_k\},$$

$$B_3 := \{v \in \mathcal{M}_0^3;\ v(x) = 0 \text{ auf jeder Kante der Triangulierung}\}.$$

$$\tag{5.19}$$

Insbesondere ist das PEERS-Element mit der kleinsten Zahl an lokalen Freiheitsgraden

$$
\begin{aligned}
\sigma_h &\in X_h := (RT_0)^2 \oplus \mathrm{curl}(B_3)^2, \\
v_h &\in W_h := (\mathcal{M}^0)^2, \\
\gamma_h &\in \Gamma_h := \mathcal{M}_0^1.
\end{aligned}
$$

Man beachte, dass die Divergenz der Funktionen aus $\mathrm{curl}(B_3)^2$ verschwindet und dass die Divergenz einer stückweise differenzierbaren Funktion genau dann eine L_2-Funktion ist, wenn die Normalkomponenten an den Rändern stetig sind.

Abb. 60. PEERS-Element (∘ steht für die Rotation der bubble-Funktion)

Nach Konstruktion ist div $\tau_h \in W_h$. Also folgt aus $(\text{div}\,\tau_h, v_h) = 0$ für alle $v_h \in W_h$ sofort div $\tau_h = 0$. Damit ist die Bedingung in III.4.6 erfüllt, und die Form $(\mathcal{C}^{-1}\sigma_h, \tau_h)$ ist auf dem Kern elliptisch. Der Weg für den Nachweis der inf-sup-Bedingung ist schon durch die Analyse des kontinuierlichen Problems abgesteckt. Da (5.11) aber durch Finite-Element-Approximationen zu ersetzen ist, gestaltet sich die Durchführung aufwendiger, s. Arnold, Brezzi und Douglas [1984].

Die Ideen von Arnold und Brezzi [1985] zur Implementierung mit statischer Kondensation und einer Nachbehandlung, wie sie in Kap. III §5 beschrieben wurden, sind hier genauso von großem Vorteil. Die Lagrangeschen Parameter, welche die Verschiebungen auf den Kanten darstellen, wurden außerdem von Braess, Klaas, Niekamp, Stein und Wobschal [1995] zur Ermittlung von a posteriori Schätzern herangezogen.

Aufgaben

5.5 Man zeige, dass man das Stoffgesetz (5.3) für den ebenen Spannungszustand erhält, wenn man die Beziehung $\varepsilon - \mathcal{C}^{-1}\sigma$ auf die Komponente mit $i = 1, 2$ reduziert. — Welche vergleichbare Aussage gilt für den ebenen Verzerrungszustand?

5.6 Bei einem fast inkompressiblen Material ist ν fast $\frac{1}{2}$. Die damit verursachten Schwierigkeiten schlagen sich in dem Nenner $(1 - 2\nu)$ in (1.31) bzw. (3.6) nieder. Dagegen bereitet $\nu = \frac{1}{2}$ beim ebenen Spannungszustand laut (5.3) keine Probleme. Man gebe eine Erklärung für diesen Sachverhalt.

5.7 Sei Ω ein Gebiet im $\mathbb{R}^2$ mit stückweise glattem Rand, und $\psi \in H^1(\Omega)$ erfülle die Neumannsche Randbedingung $\frac{\partial \psi}{\partial n} = 0$ auf $\partial\Omega$. Was lässt sich über rot ψ auf dem Rand aussagen?
Hinweis: Es sei zunächst $\psi \in C^1(\bar{\Omega})$ angenommen, und man betrachte die tangentielle Komponente der Rotation auf dem Rand.

5.8 Gilt der Zusammenhang zwischen den Ableitungen

$$\Delta u = -\,\text{rot rot}\,u + \text{grad div}\,u$$

für Vektorfelder im $\mathbb{R}^2$ und im $\mathbb{R}^3$?

5.9 Man bestimme eine Relation zwischen den Parametern E_ε, ν_ε und E_σ, ν_σ, dass derart der Verzerrungszustand mit den Parametern E_ε, ν_ε äquivalent zum Spannungszustand mit den Parametern E_σ, ν_σ ist.

§ 6. Balken und Platten: Dimensionsreduktion

Als Platte bezeichnet man ein dünnes Kontinuum, bei dem die Belastung — anders als bei der Scheibe — *senkrecht zur Mittelebene* ausgerichtet ist. Es sind zwei verschiedene Grenzfälle zu unterscheiden. Bei der *Kirchhoff-Platte* entsteht ein elliptisches Problem 4. Ordnung. Meistens wird es mit nichtkonformen oder gemischten Ansätzen behandelt.

Unter etwas schwächeren Annahmen entsteht die *Reissner–Mindlin–Platte* oder kurz *Mindlin-Platte*. Weil sie durch Differentialgleichungen zweiter Ordnung beschrieben wird, scheint ihre numerische Behandlung auf den ersten Blick einfacher zu sein. Es stellt sich jedoch heraus, dass die Rechnungen für die Mindlin-Platte sogar schwieriger sind; denn die bei der Kirchhoff-Platte auftretenden Probleme sind nicht ausgeräumt, sondern wurden nur versteckt. Es macht sich der sogenannte Locking-Effekt hier mit Scher-Locking bemerkbar, und mit Standard-Elementen erhält man schlechte numerische Ergebnisse.

Die analoge Reduktion von dünnen Scheiben, d. h. von Scheiben mit einer niedrigen Höhe führt zu Balken.

Nach der Vorstellung der beiden Plattenmodelle und ihren Hypothesen zeigen wir, dass die Reduktion des 3-dimensionalen Elastizitätsproblems auf die 2-dimensionalen Plattenmodelle für dünne Platten gerechtfertigt ist

Die Hypothesen

Wir betrachten eine dünne Platte konstanter Dicke t, deren Mittelfläche mit der (x, y)-Ebene im $\mathbb{R}^3$ zusammenfällt. Es ist also $\Omega = \omega \times (-\frac{t}{2}, +\frac{t}{2})$ mit $\omega \subset \mathbb{R}^2$. Die Platte werde durch äußere Kräfte belastet, die orthogonal zur Mittelfläche sind.

6.1 Hypothesen von Mindlin und Reissner.

H1. *Linearitätshypothese.* Die Segmente auf jeder Normalen (zur Mittelebene) werden linear deformiert, und ihre Bilder liegen auf Geraden.

H2. Die Verschiebungen in z-Richtung hängen nicht von der z-Koordinate ab.

H3. Die Punkte auf der Mittelebene werden nur in z-Richtung deformiert.

H4. Die Normalspannung σ_{33} verschwindet.

Die Hypothese H2 spielt später bei der Rechtfertigung eine wichtige Rolle und wird deshalb zwischendurch mit (6.10) aufgeweicht.

Mit den Hypothesen H1 – H3 haben die Verschiebungen die Gestalt

$$u_i(x, y, z) = -z\theta_i(x, y), \quad \text{für } i = 1, 2,$$
$$u_3(x, y, z) = .w(x, y). \tag{6.1}$$

Es wird w als *transversale Verschiebung* und $\theta = (\theta_1, \theta_2)$ als *Verdrehung* bezeichnet. Für w findet man auch die Bezeichnungen *Durchbiegung* und *Normalverschiebung*.

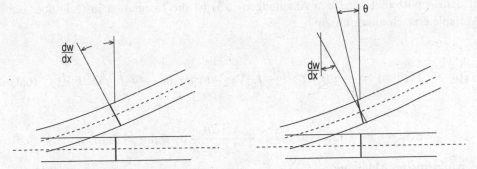

Abb. 61. Schubstarrer und schubweicher Balken: Im schubweichen Fall ist das Bild der Normalen nicht wieder Normale

6.2 Hypothesen von Kirchhoff–Love. Zusätzlich zu den Hypothesen H1 bis H4 gilt:

H5. *Normalenhypothese.* Normale zur Mittelebene sind im deformierten Zustand wieder Normale zur (deformierten) Mittelfläche.

Unter der Normalenhypothese sind die Verdrehungen nicht mehr unabhängig von der transversalen Verschiebung.

$$\left.\begin{aligned} \theta_i(x,\,y) &= \frac{\partial}{\partial x_i} w(x,\,y), \\ u_i(x,\,y,\,z) &= -z\frac{\partial w}{\partial x_i}(x,\,y). \end{aligned}\right\} \quad i = 1,\,2 \qquad (6.2)$$

Die Kirchhoff-Platte (nach Kirchhoff [1850]) wird auch als *schubstarre* und die Mindlin-Platte als *schubweiche* Platte bezeichnet.

Wir beschränken uns auf reine Volumenlasten, die unabhängig von z angenommen werden können. Die zugehörigen Verzerrungen lauten

$$D_{ij}u = -zD_{ij}\theta, \quad D_{i3}u = \frac{1}{2}\Big(\frac{\partial}{\partial x_i}w - \theta_i\Big), \quad i,\,j = 1,\,2. \qquad (6.3)$$

Aufgrund der Hypothese $\sigma_{33} = 0$ können wir auf die Formeln (5.2) und (5.3) für den ebenen Spannungszustand zurückgreifen, wenn wir die Bilinearform im Energiefunktional (3.1) auswerten:

$$\begin{aligned} \varepsilon : \sigma &= \sum_{i,j=1}^{2} \varepsilon_{ij}\sigma_{ij} + 2\sum_{j=1}^{2} \varepsilon_{3j}\sigma_{3j} \\ &= \frac{E}{1+\nu}\Big[\sum_{i,j=1}^{2} \varepsilon_{ij}^2 + \frac{\nu}{1-\nu}(\varepsilon_{11} + \varepsilon_{22})^2 + 2\sum_{j=1}^{2} \varepsilon_{3j}^2\Big] \\ &= 2\mu \sum_{\substack{i,j=1 \\ (i,j)\neq(3,3)}}^{3} \varepsilon_{ij}^2 + \lambda\frac{2\mu}{\lambda+2\mu}(\varepsilon_{11} + \varepsilon_{22})^2. \end{aligned}$$

Mit dem Ansatz (6.1) und den Ableitungen (6.3) ist die Integration in (3.1) über die z-Variable einfach auszuführen[24]

$$\Pi(u) := \Pi(\theta, w) = \frac{t^3}{12} a(\theta, \theta) + \frac{\mu t}{2} \int_\omega |\nabla w - \theta|^2 dx_1 dx_2 - t \int_\omega f w \, dx_1 dx_2 \quad (6.4)$$

mit

$$a(\theta, \psi) := \int_\omega [2\mu \, \varepsilon(\theta) : \varepsilon(\psi) + \frac{\lambda}{2} \frac{2\mu}{\lambda + 2\mu} \operatorname{div} \theta \operatorname{div} \psi] \, dx_1 dx_2. \quad (6.5)$$

Die symmetrische Ableitung

$$\varepsilon_{ij}(\theta) := \frac{1}{2} \Big(\frac{\partial \theta_i}{\partial x_j} + \frac{\partial \theta_j}{\partial x_i} \Big), \quad i, j = 1, 2 \quad (6.6)$$

und die Divergenz beziehen sich jetzt auf Funktionen zweier Variablen. Der erste Term in (6.4) enthält den *Biegeanteil* der Energie und der zweite den *Scherterm*. Letzterer entfällt offensichtlich beim Kirchhoff-Modell wegen $\nabla w - \theta = 0$.

Die Lösung des Variationsproblems ändert sich nicht, wenn das Energiefunktional mit einer Konstanten multipliziert wird. Ohne die Bezeichnung zu ändern, multiplizieren wir mit t^{-3}, ersetzen im Lastterm $t^2 f$ durch f und normieren μ so, dass der (dimensionslose) Ausdruck

$$\Pi(u) = \frac{1}{2} a(\theta, \theta) + \frac{t^{-2}}{2} \int_\Omega |\nabla w - \theta|^2 dx - \int_\Omega f w \, dx \quad (6.7)$$

entsteht. Um an die üblichen Schreibweisen anzuknüpfen, haben wir auch wieder Ω anstatt ω geschrieben.

Im Rahmen des Kirchhoff-Modells ergibt sich aus (6.2) und (6.6)

$$\varepsilon_{ij}(\theta) = \partial_{ij} w$$

und so aus (6.5) mit einer passenden Konstante λ' die Bilinearform

$$a(\nabla w, \nabla v) = \int_\Omega [\mu \sum_{i,j} \partial_{ij} w \, \partial_{ij} v + \lambda' \Delta w \Delta v] dx. \quad (6.8)$$

---

[24] Reissner ist zu dem Plattenmodell nicht über den kinematischen Ansatz (6.2), sondern über eine gemischte Methode gekommen. Die Methode ist gleichwertig mit einem kinematischen Ansatz, der für u_3 auch quadratische Terme vorsieht, bei dem bestimmte Terme höherer Ordnung in t jedoch nachträglich vernachlässigt werden. Es entsteht ein Energiefunktional wie in (6.4), wenn auch mit anderen Faktoren. Außerdem ist der Ansatz (6.1) wegen $D_{33}u = 0$ mit der Hypothese H4 eigentlich nur konsistent, wenn $\operatorname{div} \theta = 0$ ist. Auch dies wird in Plattenberechnungen durch Korrekturfaktoren kompensiert. Sinnvolle Korrekturfaktoren werden später bei der Rechtfertigung der Modelle genannt. — Alle diese Korrekturen sind für die Analyse hier jedoch ohne Belang.

Es entsteht ein Variationsproblem 4. Ordnung, das dieselbe Struktur wie die Variations-formulierung für die biharmonische Gleichung (in Aufgabe III.5.11) aufweist.

Die Bilinearform $a(\nabla w, \nabla v)$ ist auf $H_0^2(\Omega)$ nach der Kornschen Ungleichung H^2-elliptisch. Bei konformer Behandlung erfordert die Variationsaufgabe für die eingespannte Kirchhoff-Platte

$$\frac{1}{2}a(\nabla v, \nabla v) - (f, v) \longrightarrow \min_{v \in H_0^2(\Omega)} ! \tag{6.9}$$

C^1-Elemente, welche bekanntlich aufwendige Rechnungen nach sich ziehen. Insofern scheint die numerische Behandlung der Mindlin-Platte auf den ersten Blick einfacher zu sein; denn das Problem (6.7) ist offensichtlich H^1-elliptisch für $(w, \theta) \in H_0^1(\Omega) \times H_0^1(\Omega)^2$. Wir werden jedoch in §8 sehen, dass in der Mindlin-Platte ein kleiner Parameter steckt und deshalb die Handhabung der Kirchhoff-Platte sogar einfacher ist.

Schließlich sei auf das sogenannte *Babuška-Paradoxon* bei einfach unterstützten Platten hingewiesen, s. Babuška and Pitkäranta [1990]. Wenn man ein Gebiet mit glattem Rand durch polygonale Gebiete approximiert, dann konvergieren die Lösungen für die Platten auf diesen Gebieten nicht immer zu denen für das Originalgebiet.

Modifikation der Hypothese H2 zu ihrer Rechtfertigung

Morgenstern [1959] begann die Analyse von Plattenmodellen zu ihrer Rechtfertigung mit Hilfe des Zwei-Energien-Prinzips. Die Lücken in seiner Theorie schlossen Alessan-drini u.a. [1999] sowie Braess, Sauter und Schöberl [2009] [25]. Die Rechnungen führen wir hier für die Kirchhoff-Platte aus. Die Ergebnisse gelten dann umso mehr für die Reissner–Mindlin–Platte, weil die Energie wegen der dort größeren Zahl der Freiheits-grade niedriger ist. Dies sei wegen der größeren Beliebtheit der letzt genannten bei Plattenberechnungen durch Ingenieure betont.

Finite-Element-Rechnungen benutzen üblicherweise die Hypothese H2. Dabei stellt sich die Frage, ob diese Hypothese korrekt ist. Die Antwort aus der folgenden Analyse ist nicht einfach. Sie besagt, dass die Hypothese zusammen mit einem Korrekturfaktor gerechtfertigt ist, die von der Poisson-Zahl ν abhängt.

Die Ansätze (6.1) und (6.2) bezeichnet man als (1, 1, 0)-Modelle. Dabei beziehen sich die drei Parameter 1, 1 und 0 auf den Polynomgrad in der z-Variablen bei den 3 Verschiebungen u_1, u_2 und u_3. Die Analyse mit dem Zwei-Energien-Prinzip erfordert einen erweiterten Ansatz für die Durchbiegung ähnlich wie bei Reissner[24] und zwar das (1, 1, 2)-Modell. Es lautet für die Kirchhoff-Platte

$$\begin{aligned} u_i(x_1, x_2, z) &= -z\, \partial_i w(x_1, x_2), \qquad i = 1, 2, \\ u_3(x_1, x_2, z) &= w(x_1, x_2) + z^2\, W(x_1, x_2), \end{aligned} \tag{6.10}$$

---

[25] Viele Überlegungen in diesem § sind den genannten Arbeiten entnommen. Ein Hinweis auf diese Fußnote erfolgt, wenn die Quellen interessante Verallgemeinerungen enthalten.

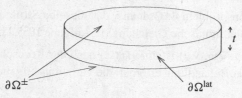

Abb. 62. Eine Platte und die 3 Teile der Oberfläche

Wie später aus (6.22) hervorgeht, braucht man den quadratischen Term $z^2 W$ nicht, wenn ein Term in der Energie mit einem Korrekturfaktor versehen wird [25]. Heuristische Argumente für solche Korrekturfaktoren findet man in der Literatur bereits seit Reissner.

Leser, die vornehmlich an Finiten Elementen und numerischen Rechnungen interessiert sind, mögen den Rest dieses § überschlagen.

Zu der Kinematik (6.10) gehört der Verzerrungstensor

$$\varepsilon = \begin{bmatrix} -z\,\partial_{11}w & & symm. \\ -z\,\partial_{12}w & -z\,\partial_{22}w & \\ \frac{1}{2}z^2\,\partial_1 W & \frac{1}{2}z^2\,\partial_2 W & 2zW \end{bmatrix}, \quad \text{spur } \varepsilon = -z(\Delta w - 2W). \tag{6.11}$$

Wir beschränken uns auf die eingespannte Platte, d.h. Dirichlet-Randbedingungen an dem seitlichen Rand (s. Abb. 62)

$$u = 0 \quad \text{auf} \quad \partial\Omega^{lat} := \partial\omega \times \left(-\frac{t}{2}, +\frac{t}{2}\right). \tag{6.12}$$

Außerdem mögen homogene Neumann-Randbedingungen auf der oberen und der unteren Oberfläche gelten

$$\sigma \cdot n = g \quad \text{auf } \partial\Omega^+ \cup \partial\Omega^-. \tag{6.13}$$

Die Volumenkräfte werden als unabhängig von z angenommen und im Sinne der Bemerkung bei (6.7) skaliert:

$$f(x) = t^2(0, 0, p(x_1, x_2)). \tag{6.14}$$

Die Lamé-Konstante λ wird gemäß (1.31) durch die Materialparameter μ und ν ausgedrückt: $\lambda = \frac{\nu}{1-2\nu}\frac{\mu}{2}$. So liefert (3.8) die Gesamtenergie

$$\Pi = \mu\left((\varepsilon(u), \varepsilon(u))_{0,\Omega} + \frac{\nu}{1-2\nu}(\text{spur } \varepsilon(u), \text{spur } \varepsilon(u))_{0,\Omega}\right) - t^2(p, u_3)_{0,\Omega}.$$

An der Integration über die Dicke sind die Integrale

$$\int_{-t/2}^{+t/2} z^2 dz = \frac{1}{12}t^3 \quad \text{and} \quad \int_{-t/2}^{+t/2} z^4 dz = \frac{1}{80}t^5. \tag{6.15}$$

beteiligt. Ausdrücke in den Integralen über die Mittelfläche ω beziehen sich auf Funktionen der zwei Variablen x_1 und x_2 sowie deren Ableitungen nach diesen Variablen. Dementsprechend ist

$$D^2 w = \begin{bmatrix} \partial_{11}w & \partial_{12}w \\ \partial_{21}w & \partial_{22}w \end{bmatrix},$$

und wir erhalten mit dem Ansatz (6.10)

$$\Pi(u) = \frac{\mu}{12}t^3\Big((D^2w, D^2w)_{0,\omega} + 4\|W\|_{0,\omega}^2$$
$$+ \frac{\nu}{1-2\nu}\|\Delta w - 2W\|_{0,\omega}^2 + \frac{3}{40}t^2\|\nabla W\|_{0,\omega}^2\Big) - t^3(p, w)_{0,\omega}.$$

Hier ist der Beitrag der Verschiebung z^2W zur Last als Term der Ordnung t^5 vernachlässigt. Mit der Formel

$$D^2w : D^2w = \sum_{i,k}(\partial_{ik}w)^2 = (\partial_{11}w + \partial_{22}w)^2 + 2\big[(\partial_{12}w)^2 - \partial_{11}w\partial_{22}w\big]$$

erhalten wir

$$\Pi(u) = \frac{\mu}{12}t^3\Big(\|\Delta w\|_{0,\omega}^2 + \int_\omega 2[(\partial_{12}w)^2 - \partial_{11}w\,\partial_{22}w)]dx_1 dx_2$$
$$+ \frac{\nu}{1-\nu}\|\Delta w\|_{0,\omega}^2 + \frac{1-\nu}{1-2\nu}\|2W - \frac{\nu}{1-\nu}\Delta w\|_{0,\omega}^2 + \frac{3}{40}t^2\|\nabla W\|_{0,\omega}^2\Big)$$
$$- t^3(p, w)_{0,\omega}. \tag{6.16}$$

Die Randbedingung (6.12), insbesondere $u_1 = u_2 = 0$ auf dem seitlichen Rand $\partial\Omega^{\text{lat}}$ impliziert zusammen mit (6.10) $\nabla w = 0$ auf $\partial\omega$. Da die tangentielle Komponente des Gradienten auf $\partial\omega$ dort wegen $w = 0$ verschwindet, verbleibt nur die Forderung

$$\nabla w \cdot n = 0 \quad \text{auf } \partial\omega.$$

Weiter folgt mit partieller Integration $\int_\omega 2[(\partial_{12}w)^2 - \partial_{11}w\partial_{22}w)]dx_1 dx_2 = 0$, und dies Integral liefert keinen Beitrag zu (6.16). Wie Morgenstern [1959] greifen wir auf die Formel $4W^2 + \frac{\nu}{1-2\nu}(\psi - 2W)^2 = \frac{\nu}{1-\nu}\psi^2 + \frac{1-\nu}{1-2\nu}(2W - \frac{\nu}{1-\nu}\psi)^2$ zurück und erhalten mit $\psi := \Delta w$:

$$\Pi(u) = t^3\Big(\frac{\mu}{12}\frac{1}{(1-\nu)}\|\Delta w\|_{0,\omega}^2 - (p, w)_{0,\omega}\Big)$$
$$+ \frac{\mu}{12}t^3\Big(\frac{1-\nu}{1-2\nu}\|2W - \frac{\nu}{1-\nu}\Delta w\|_{0,\omega}^2 + \frac{3}{40}t^2\|\nabla W\|_{0,\omega}^2\Big). \tag{6.17}$$

Wenn wir in (6.17) nur die Beiträge in der ersten Zeile berücksichtigen, führt die Minimierung von Π auf die *Kirchhoffsche Plattengleichung* für die dünne Platte mit der Mittelfläche ω. Insbesondere betrachten wir die (auf dem seitlichen Rand) gemäß (6.12) eingespannte Platte, also

$$\frac{\mu}{6(1-\nu)}\Delta^2 w = p \qquad \text{in } \omega,$$
$$w = \frac{\partial w}{\partial n} = 0 \quad \text{auf } \partial\omega. \tag{6.18}$$

Der Koeffizient auf der linken Seite von (6.18) ergibt sich aus der genannten Aufspaltung von (6.7) und nimmt damit bereits Eigenschaften des $(1, 1, 2)$-Modells vorweg.

Reduktion des $(1, 1, 2)$-Modells

Der wesentliche Unterschied zwischen dem $(1, 1, 0)$-Modell und dem $(1, 1, 2)$-Modell besteht in der Koerzivität des Hauptterms. Um dies zu verstehen, beginnen wir mit dem $(1, 1, 0)$-Modell. Wir erhalten mit $W = 0$ aus (6.17)

$$t^{-3} \Pi(u) = \frac{\mu}{12} \frac{1 - \nu}{1 - 2\nu} \|\Delta w\|_{0,\omega}^2 - (p, w)_{0,\omega}. \qquad (6.19)$$

Die Faktoren von $\|\Delta w\|_{0,\omega}^2$ in (6.17) und (6.19) unterscheiden sich für $\nu > 0$. Der Nenner im Koeffizienten geht im ersten Fall gegen 0 für $\nu \to 1/2$. Die Koerzivität wird für fast inkompressibles Material sehr groß wie beim ebenen Verzerrungszustand und steht im Widerspruch dazu, dass auf dem oberen und dem unteren Rand keine Dirichlet-Randbedingungen vorgegeben sind.

Beim $(1, 1, 2)$-Modell sind w und W frei wählbar. Es zeigt sich, dass ein zwei-stufiger Prozess eine gute Approximation liefert. Im ersten Schritt wird die Durchbiegung so bestimmt, dass der Energieanteil in der ersten Zeile von (6.17) minimiert wird. Im zweiten Schritt wird dann der quadratische Term W so bestimmt, dass der Anteil in der zweiten Zeile von (6.17) minimiert wird.

Der zweite Schritt wäre sehr einfach, wenn man $2W = \frac{\nu}{1-\nu} \Delta w$ setzen dürfte. Das ist jedoch meistens nicht zulässig, weil die Randbedingung $W = 0$ auf $\partial \omega$ erfüllt werden muss und die Bedingung für Δw im allgemeinen nicht gilt. Die gewünschte Minimierung führt auf das singulär gestörte Problem: *Wähle $W \in H_0^1(\omega)$ als Lösung des Variationsproblems*

$$\alpha \|W - \phi\|_{0,\omega}^2 + t^2 \|\nabla W\|_{0,\omega}^2 \longrightarrow \min_{W \in H_0^1(\omega)} !$$

$$\text{mit} \quad \phi := \frac{\nu}{2(1-\nu)} \Delta w \in L_2(\omega), \quad \alpha := \frac{80}{3} \frac{1-\nu}{1-2\nu}. \qquad (6.20)$$

Das asymptotische Verhalten des Fehlers für $t \to 0$ hängt von der Regularität der Lösung der Plattengleichung ab. Hier setzen wir voraus, dass ω entweder glatt berandet oder konvex ist[25]. Dann gilt $\Delta w \in H^1(\omega)$ und H^2-Regularität für die Lösung der Poisson-Gleichung.

6.3 Hilfssatz. *Sei ω konvex oder glatt berandet und $\phi \in H^1(\omega)$. Dann erfüllt die eindeutige Lösung des Variationsproblems*

$$\min_{W \in H_0^1(\omega)} \{t^2 \|\nabla W\|_{0,\omega}^2 + \|W - \phi\|_{0,\omega}^2\}$$

für $0 < t \leq 1$ folgende a priori Abschätzung mit einer von t unabhängigen Konstanten $c(\omega)$:

$$t^2 \|\nabla W\|_{0,\omega}^2 + \|W - \phi\|_{0,\omega}^2 \leq c(\omega)\, t \|\phi\|_{1,\omega}^2. \qquad (6.21)$$

Für einen Beweis verweisen wir auf die zitierte Literatur.[25]

Die Koeffizienten zu dem Term mit $\|\Delta w\|_0^2$ in (6.18) und (6.19) unterscheiden sich um den Faktor $\frac{1-2\nu}{(1-\nu)^2}$. Deshalb ist

$$|\Pi(u^{(1,1,2)})| \geq \frac{1-2\nu}{(1-\nu)^2}|\Pi(u^{(1,1,0)})| \left[1 + O(t^{1/2})\right]. \tag{6.22}$$

Ohne dass wir die Funktion $z^2 W$ berechnen müssen, folgt aus dem Hilfssatz 6.3 die folgende Information über den Spannungstensor beim $(1,1,2)$-Modell:

$$\sigma_{\mathrm{KL}}^{(1,1,2)} = 2\mu \begin{bmatrix} -z\,\partial_{11}w & & symm. \\ -z\,\partial_{12}w & -z\,\partial_{22}w & \\ \frac{1}{2}z^2\,\partial_1 W & \frac{1}{2}z^2\,\partial_2 W & 0 \end{bmatrix} - 2\mu\frac{\nu}{1-\nu}\begin{bmatrix} z & & \\ & z & \\ & & 0 \end{bmatrix}\Delta w$$

$$+ 2\mu \begin{bmatrix} \frac{\nu}{1-2\nu}z & & symm. \\ 0 & \frac{\nu}{1-2\nu}z & \\ 0 & 0 & \frac{1-\nu}{1-2\nu}z \end{bmatrix}\left(2W - \frac{\nu}{1-\nu}\Delta w\right)$$

$$= 2\mu \begin{bmatrix} -z\,\partial_{11}w & & symm. \\ -z\,\partial_{12}w & -z\,\partial_{22}w & \\ 0 & 0 & 0 \end{bmatrix} - 2\mu\frac{\nu}{1-\nu}\begin{bmatrix} z & & \\ & z & \\ & & 0 \end{bmatrix}\Delta w$$

$$+ O(t^{1/2})\|\sigma_{\mathrm{KL}}\|_{0,\Omega}. \tag{6.23}$$

6.4 Bemerkung. Der Term in der letzten Zeile von (6.23) besagt, dass die L_2-Norm des Terms höherer Ordnung für $t \to 0$ klein wird und zwar unabhängig von der Skalierung der Last. Die Größe ist allerdings nicht uniform für alle Lasten, weil $\|D^2 w\|_0 \approx \|p\|_{-2}$ und $\|\Delta w\|_1 \approx \|p\|_{-1}$ gilt. Die O-Relation ist auch später in Satz 6.5 in diesem Sinne zu verstehen.

Anwendung des Zwei-Energien-Prinzips auf Platten

Die gespeicherte Energie kann aus den Verzerrungen oder den Spannungen bestimmt werden. Die Beziehung dazwischen wird durch den Elastizitätstensor C in (3.6) bzw. seine Inverse beschrieben:

$$C\varepsilon = 2\mu\left(\varepsilon + \frac{\nu}{1-2\nu}\,\mathrm{spur}\,\varepsilon I\right), \qquad C^{-1}\sigma = \frac{1}{2\mu}\left(\sigma - \frac{\nu}{1+\nu}\,\mathrm{spur}\,\sigma I\right).$$

Die zugehörigen Energienormen sind

$$\|\varepsilon\|_C^2 := (\varepsilon, C\varepsilon)_{0,\Omega}, \qquad \|\sigma\|_{C^{-1}}^2 := (\sigma, C^{-1}\sigma)_{0,\Omega}.$$

Weil das Zwei-Energien-Prinzip in Satz III.5.1 nur für die Poisson-Gleichung dargestellt ist und Verallgemeinerungen dazu nur bei den Aufgaben zu finden sind, formulieren wir das Prinzip hier für 3-dimensionale Elastizitätsprobleme und die Randbedingungen bei Platten. — Um Verwechslungen zu vermeiden, werden die Lösungen der 3-dimensionalen Probleme mit u^{3d} bzw. σ^{3d} bezeichnet.

6.5 Theorem   *(Zwei-Energien-Prinzip für Platten). Es erfülle $\sigma_{eq} \in H(\text{div}, \Omega)$ die Gleichgewichtsbedingung und die Neumannsche Randbedingung*

$$\text{div}\,\sigma_{eq} = -f \quad in\ \Omega,$$
$$\sigma_{eq} \cdot n = g \quad auf\ \partial\Omega^+ \cup \partial\Omega^-. \tag{6.24}$$

Ferner erfülle $v \in H^1(\Omega)^3$ die Dirichlet Randbedingung

$$v = 0 \quad auf\ \partial\Omega^{\text{lat}}.$$

Dann gilt

$$\|\varepsilon(v) - \varepsilon(u^{3d})\|_C^2 + \|\sigma_{eq} - \sigma^{3d}\|_{C^{-1}}^2 = \|\sigma_{eq} - C\varepsilon(v)\|_{C^{-1}}^2 .$$

Der Beweis fußt auf der Orthogonalitätsbeziehung $(\varepsilon(v) - \varepsilon(u), C\varepsilon(u) - \sigma_{eq})_{0,\Omega} = 0$ entsprechend derjenigen im Beweis von Satz III.5.1.

Morgenstern [1959] entwickelte geeignete äquilibrierte Spannungen aus der Lösung der Plattengleichung (6.18). Der Einfachheit halber beschränken wir uns auf den Fall $g = 0$ und setzen

$$\sigma_{eq} = \begin{bmatrix} 12zM_{11} & 12zM_{12} & -(6z^2 - \frac{3}{2}t^2)\,Q_1 \\ 12zM_{12} & 12zM_{22} & -(6z^2 - \frac{3}{2}t^2)\,Q_2 \\ -(6z^2 - \frac{3}{2}t^2)Q_1 & -(6z^2 - \frac{3}{2}t^2)Q_2 & -(2z^3 - \frac{1}{2}zt^2)\,p \end{bmatrix},$$

wobei $M : \omega \to \mathbb{R}_{\text{sym}}^{2\times 2}$ und $Q : \omega \to \mathbb{R}^2$ durch

$$M_{ik} := -\frac{\mu}{6}\left(\partial_{ik}w + \frac{\nu}{1-\nu}\delta_{ik}\Delta w\right),$$
$$Q_i := (\text{div}\,M)_i = -\frac{\mu}{6(1-\nu)}\partial_i\Delta w \tag{6.25}$$

gegeben sind. Aus (6.25) folgt $\text{div}\,Q = -\frac{\mu}{6(1-\nu)}\Delta^2 w = -p$, und

$$(\text{div}\,\sigma_{eq})_3 = -(6z^2 - \frac{3}{2}t^2)\,\text{div}\,Q - (6z^2 - \frac{1}{2}t^2)\,p = -t^2 p,$$
$$(\text{div}\,\sigma_{eq})_i = 12z(\partial_1 M_{i1} + \partial_2 M_{i2}) - 12z\,Q_i = 0 \quad\quad \text{für } i = 1,2. \tag{6.26}$$

Die Konstruktion sorgt außerdem für $\sigma_{eq} \cdot n = 0$ auf den Oberflächen $\partial\Omega^+ \cup \partial\Omega^-$. Die Gleichgewichtsbedingungen (6.24) sind erfüllt, und zusammen mit (6.11) folgt

$$\sigma_{eq} - C\varepsilon(u^{(1,1,2)})$$
$$= \frac{\mu}{6(1-\nu)}\begin{bmatrix} 0 & 0 & (6z^2 - \frac{3}{2}t^2)\,\partial_1\Delta w - 6(1-\nu)z^2\partial_1 W \\ & 0 & (6z^2 - \frac{3}{2}t^2)\,\partial_2\Delta w - 6(1-\nu)z^2\partial_2 W \\ symm. & & -z(2z^2 - \frac{1}{2}t^2)\Delta^2 w \end{bmatrix}$$
$$- 2\mu\frac{\nu}{1-2\nu}z\left(2W - \frac{\nu}{1-\nu}\Delta w\right)\begin{bmatrix} \nu & & \\ & \nu & \\ & & 1-\nu \end{bmatrix}.$$

Offensichtlich ist $\|\sigma_{eq}\|_{0,\Omega} = O\left(t^{3/2}\right)$, vgl. Bemerkung 6.4. Mit Hilfssatz 6.3, (6.15) und $\int_{-t/2}^{t/2}(6z^2 - \frac{3}{2}t^2)^2 dz = O\left(t^5\right)$ erhalten wir schließlich

$$\|\sigma_{eq} - \mathcal{C}\varepsilon(u^{(1,1,2)})\|_{0,\Omega} = O(t^{1/2})\,\|\sigma_{eq}\|_{0,\Omega}. \tag{6.27}$$

Wegen $2\mu\|\cdot\|_{\mathcal{C}^{-1}}^2 \leq \|\cdot\|_{0,\Omega}^2 \leq 2\mu(1 + \frac{3\nu}{1-2\nu})\|\cdot\|_{\mathcal{C}^{-1}}^2$ haben wir also

$$\|\sigma_{eq} - \mathcal{C}\varepsilon(u^{(1,1,2)})\|_{\mathcal{C}^{-1}} = O(t^{1/2})\|\sigma_{eq}\|_{\mathcal{C}^{-1}}.$$

Nun liefert das Zwei-Energien-Prinzip mit Satz 6.5

$$\|\varepsilon(u_{KL}^{(1,1,2)}) - \varepsilon(u^{3d})\|_{\mathcal{C}}^2 + \|\sigma_{eq} - \sigma^{3d}\|_{\mathcal{C}^{-1}}^2 = O(t)\,\|\sigma^{3d}\|_{\mathcal{C}^{-1}}^2, \tag{6.28}$$

und der Modellfehler ist klein für dünne Platten. Das Ergebnis ist im folgenden Satz zusammengefasst.

6.6 Satz. *Die Mittelfläche ω sei konvex oder glatt berandet. Dann ist der Modellfehler der $(1, 1, 2)$ Kirchhoff-Platte klein für dünne Platten:*

$$\|\varepsilon(u_{KL}^{(1,1,2)}) - \varepsilon(u^{3d})\|_{\mathcal{C}} + \|\sigma_{eq} - \sigma^{3d}\|_{\mathcal{C}^{-1}} = O(t^{1/2})\|\sigma^{3d}\|_{\mathcal{C}^{-1}}. \tag{6.29}$$

Hier ist volle Regularität vorausgesetzt. Bei Platten mit einspringenden Ecken ist die $t^{1/2}$-Beziehung nicht mehr garantiert, und der Exponent ist der Regularität entsprechend anzupassen[25].

6.7 Folgerung. *Die Mittelfläche ω sei konvex oder glatt berandet. Dann ist der Modellfehler der $(1, 1, 2)$-Reissner–Mindlin–Platte klein für dünne Platten:*

$$\|\varepsilon(u_{RM}^{(1,1,2)}) - \varepsilon(u^{3d})\|_{\mathcal{C}} + \|\sigma_{eq} - \sigma^{3d}\|_{\mathcal{C}^{-1}} = O(t^{1/2})\|\sigma^{3d}\|_{\mathcal{C}^{-1}}. \tag{6.29}$$

Beweis. Bei der Reissner–Mindlin–Platte entfällt die Restriktion durch die Kirchhoff-Bedingung, und die Minimierung der Energie führt zu $\Pi(u_{RM}^{(1,1,2)}) \leq \Pi(u_{KL}^{(1,1,2)})$. Also ist

$$\|\varepsilon(u_{RM}^{(1,1,2)}) - \varepsilon(u^{3d})\|_{\mathcal{C}}^2 = \Pi(u_{RM}^{(1,1,2)}) - \Pi(u^{3d})$$
$$\leq \Pi(u_{KL}^{(1,1,2)}) - \Pi(u^{3d}) = \|\varepsilon(u_{RM}^{(1,1,2)}) - \varepsilon(u^{3d})\|_{\mathcal{C}}^2,$$

und die Behauptung folgt aus (6.29). $\qquad\qquad\square$

6.8 Bemerkung. Wir erhalten Verschiebungen, Verzerrungen und Spannungen mit einem Modellfehler der Ordnung $O(t^{1/2})$ ohne den quadratischen Term $z^2 W$ zu berechnen. Es bezeichne

$$u^{(1,1,0*)}$$

die Verschiebung, die sich aus $u^{(1,1,2)}$ beim Weglassen des quadratischen Terms $z^2 W$ ergibt. Sie fällt nahezu mit der Lösung der Plattengleichung zusammen, und der Unterschied im L_2-Fehler ist wieder von höherer Ordnung. Als nächstes setzen wir

$$\varepsilon_{ij} = \begin{cases} \frac{\nu}{1-\nu} z \Delta w & \text{für } i, j = 3, 3, \\ \varepsilon_{i,j}(u^{(1,1,0*)}) & \text{sonst.} \end{cases}$$

Schließlich greifen wir auf die Spannungen σ_{KL} in (6.23) oder auf σ_{eq} zurück. Jedenfalls ist laut (6.29)

$$(\sigma^{3d})_{33} = O(t^{1/2}) \|\sigma^{3d}\|,$$

was als Rechtfertigung der Hypothese H2 zu werten ist.

Man beachte, dass die Spannungen nicht aus $\varepsilon(u^{(1,1,0*)})$ und den originalen Materialparametern ermittelt wird. Dies hat Konsequenzen für Rechnungen mit 3D-Elementen – und auch für a posteriori Fehlerschätzer.

Bemerkungen zu Balken

Während sich die Plattenmodelle auf elliptische Probleme in 2-dimensionalen Gebieten beziehen, führen die Balken zu Randwertaufgaben mit gewöhnlichen Differentialgleichungen. Der schubstarre Balken, also der Balken mit der Kirchhoff Hypothese wird als *Bernoulli-Balken* bezeichnet, während die Mindlin-Platte dem sogenannten *Timoschenko-Balken* entspricht. Wenn wir die Lamé-Konstanten durch Skalierung eliminieren, liefert die Reduktion von (6.7) auf die Dimension 1

$$\Pi(\theta, w) := \frac{1}{2} \int_0^b (\theta')^2 dx + \frac{t^{-2}}{2} \int_0^b (w' - \theta)^2 dx - \int f w dx.$$

Dabei sind $\theta, w \in H_0^1(0, b)$, wenn b die Länge des Balkens ist.

Wir haben den Timoschenko-Balken bereits in §4 betrachtet, um das Scherlocken zu demonstrieren. Deshalb sei betont, dass die Finite-Element-Ansätze und die Analyse bei den Platten erheblich aufwändiger sind. Sie ergeben sich für Platten eben nicht als einfache Verallgemeinerung von $d = 1$ auf $d = 2$.

§ 7. Finite Elemente für die Kirchhoff-Platte

Gemischte Methoden für die Kirchhoff-Platte

Nichtkonforme und gemischte Methoden spielen eine wichtige Rolle in der Theorie der Kirchhoff-Platte. Wir beginnen mit letzteren, da sie auch später die Analyse von nichtkonformen Elementen erleichtern. Im folgenden sei $a(\cdot, \cdot)$ stets die in (6.5) definierte, H^1-elliptische Bilinearform auf $H_0^1(\Omega)^2$.

Die Minimierung von

$$\frac{1}{2} a(\theta, \theta) - (f, w) \tag{7.1}$$

unter der Nebenbedingung

$$\nabla w = \theta \quad \text{in } \Omega \tag{7.2}$$

führt auf folgendes Sattelpunktproblem: *Gesucht sind* $(w, \theta) \in X$ *und* $\gamma \in M$ *mit*

$$
\begin{aligned}
a(\theta, \psi) + (\nabla v - \psi, \gamma)_0 &= (f, v) \quad \text{für alle } (v, \psi) \in X, \\
(\nabla w - \theta, \eta)_0 &= 0 \qquad \text{für alle } \eta \in M
\end{aligned} \tag{7.3}
$$

Bei der Wahl der Räume X und M für die eingespannte Platte denkt man zunächst an

$$X := H_0^2(\Omega) \times H_0^1(\Omega)^2, \quad M := H^{-1}(\Omega)^2. \tag{7.4}$$

Offensichtlich sind die Bilinearformen in (7.3) stetig. Auf Grund der Kornschen und der Friedrichsschen Ungleichung ist unter der Nebenbedingung $\nabla v = \psi$

$$a(\psi, \psi) \geq c \|\psi\|_1^2 = \frac{c}{2} \|\psi\|_1^2 + \frac{c}{2} \|\nabla v\|_1^2 \geq c' (\|\psi\|_1^2 + \|v\|_2^2), \tag{7.5}$$

und a erfüllt die Elliptizitätsforderung für Sattelpunktprobleme. Ferner ist

$$\sup_{v, \psi} \frac{(\nabla v - \psi, \eta)_0}{\|v\|_2 + \|\psi\|_1} \geq \sup_{\psi \in H_0^1} \frac{-(\psi, \eta)_0}{\|\psi\|_1} = \|\eta\|_{-1}.$$

Also ist die inf-sup-Bedingung erfüllt. Die Lösung von (7.3) lässt sich jetzt mit Satz III.4.3 aus der allgemeinen Theorie abschätzen

$$\|w\|_2 + \|\theta\|_1 + \|\gamma\|_{-1} \leq c \|f\|_{-2}. \tag{7.6}$$

Ebenso wichtig wird noch, dass die Regularitätstheorie für konvexe Gebiete Ω die schärfere Aussage

$$\|w\|_3 + \|\theta\|_2 + \|\gamma\|_0 \leq c \|f\|_{-1} \tag{7.7}$$

liefert, s. Blum und Rannacher [1980]. Weil $H_0^2(\Omega)$ in $H_0^1(\Omega)$ dicht ist, gilt (7.3) sogar für alle $v \in H_0^1(\Omega)$ im Falle konvexer Gebiete und $f \in H^{-1}(\Omega)$.

Wichtig ist im folgenden eine andere Paarung, mit der man sich bei den transversalen Verschiebungen von der H^2-Regularität befreit:

$$X := H_0^1(\Omega) \times H_0^1(\Omega)^2, \quad M := H^{-1}(\text{div}, \Omega). \tag{7.8}$$

Dabei ist $H^{-1}(\text{div}, \Omega)$ die Vervollständigung von $C^\infty(\Omega)^2$ unter der Norm

$$\|\eta\|_{H^{-1}(\text{div}, \Omega)} := \left(\|\eta\|_{-1}^2 + \|\text{div}\,\eta\|_{-1}^2 \right)^{\frac{1}{2}}. \tag{7.9}$$

Sofern das Gebiet Ω (wie schon in Satz II.1.3) einen stückweise glatten Rand hat, kann man ähnlich wie dort $H^{-1}(\text{div}, \Omega)$ als die Menge der H^{-1}-Funktionen auffassen, deren Divergenz in $H^{-1}(\Omega)$ liegt.

Wenn die Nebenbedingung $\nabla v = \psi$ erfüllt ist, gilt laut (7.5) natürlich $a(\psi, \psi) \geq c'(\|\psi\|_1^2 + \|v\|_1^2)$, und die Elliptizität von a ist gegeben. Ferner ist

$$\begin{aligned}
\sup_{v,\psi} \frac{(\nabla v - \psi, \eta)_0}{\|v\|_1 + \|\psi\|_1} &= \frac{1}{2} \sup_{v,\psi} \frac{(\nabla v - \psi, \eta)_0}{\|v\|_1 + \|\psi\|_1} + \frac{1}{2} \sup_{v,\psi} \frac{(\nabla v - \psi, \eta)_0}{\|v\|_1 + \|\psi\|_1} \\
&\geq \frac{1}{2} \sup_{\psi} \frac{(-\psi, \eta)_0}{\|\psi\|_1} + \frac{1}{2} \sup_{v} \frac{-(v, \text{div}\,\eta)_0}{\|v\|_1} \\
&= \frac{1}{2} \|\eta\|_{-1} + \frac{1}{2} \|\text{div}\,\eta\|_{-1}.
\end{aligned} \tag{7.10}$$

Damit ist die inf-sup-Bedingung für die Paarung (7.8) bewiesen.

Ebenso erkennt man $|(\nabla v - \psi, \eta)| \leq \|v\|_1 \|\text{div}\,\eta\|_{-1} + \|\psi\|_1 \|\eta\|_{-1}$. Mit dem Nachweis der Stetigkeit sind alle Voraussetzungen von Satz III.4.3 bewiesen, und die allgemeine Theorie liefert Existenz, Stabilität und

$$\|w\|_1 + \|\theta\|_1 + \|\gamma\|_{H^{-1}(\text{div}, \Omega)} \leq c \|f\|_{-1}. \tag{7.11}$$

Für konvexe Gebiete ist diese Abschätzung allerdings deutlich schwächer als die Regularitätsaussage (7.7).

Es ist nicht ganz selbstverständlich, dass das Variationsproblem (7.3) mit den Paarungen (7.4) bzw. (7.7) zu denselben Lösungen führt, wenn $f \in H^{-1}(\Omega)$ ist. Die Regularitätsaussage (7.7) garantiert für die Lösung mit den Räumen (7.4) die Inklusion $\gamma \in L_2(\Omega) \subset H^{-1}(\text{div}, \Omega)$, so dass die Lösung auch zur anderen Paarung passt. Umgekehrt besagt die zweite Gleichung in (7.3), dass ∇w eine schwache Ableitung in H_0^1 hat, also w in H_0^2 liegt. Diese Aussage ist allerdings an eine homogene rechte Seite in der zweiten Gleichung von (7.3) gebunden.

DKT-Elemente

Finite-Element-Rechnungen werden deutlich einfacher, wenn man C^1-Elemente umgeht und die Normalenhypothese nicht im ganzen Gebiet, sondern nur an den Knoten einer Dreieckszerlegung befriedigt. Von der englischen Bezeichnung *discrete Kirchhoff triangle* leitet sich die Bezeichnung DKT-Element ab. In diesem Zusammenhang spricht man auch von der *diskreten Kirchhoff-Bedingung*.

Streng genommen handelt es sich bei DKT-Elementen um nichtkonforme Elemente für den Verschiebungsansatz (6.9). Abgesehen von der Nichtkonformität des Raumes liegt eine Modifikation des Energiefunktionals vor. Trotzdem erleichtert der Zusammenhang mit gemischten Ansätzen die Darstellung, weil der Konsistenzfehler über den Lagrangeschen Parameter der gemischten Formulierung abzuschätzen ist.

Wir betrachten zwei Beispiele, die eine unterschiedliche Behandlung erfordern. Beide verwenden reduzierte Polynome 3. Grades. Es seien a_1, a_2, a_3 die Ecken und a_0 der Schwerpunkt des jeweils betrachteten Dreiecks:

$$\mathcal{P}_{3,\text{red}} := \{p \in \mathcal{P}_3; \ 6p(a_0) - \sum_{i=1}^{3} [2p(a_i) - \nabla p(a_i) \cdot (a_i - a_0)] = 0\}.$$

Hier ist durch die Nebenbedingung gerade die Blase (bubble-function) entfernt worden, die man in anderen Fällen (gerade umgekehrt) zu Polynomen niedrigeren Grades addiert. Im Vergleich zur Standardinterpolation mit kubischen Polynomen fehlt der innere Punkt, und es werden nur die 9 Punkte auf dem Rande einbezogen. — Anstatt der 9 Funktionswerte kann man die Funktionswerte und die ersten Ableitungen an den drei Eckpunkten vorgeben.

7.1 Beispiel. Man setzt nach Batoz, Bathe und Ho [1980]

$$W_h := \{w \in H_0^1(\Omega); \ \nabla w \text{ ist stetig an allen Knoten von } \mathcal{T}_h,$$
$$w_{|T} \in \mathcal{P}_{3,\text{red}} \text{ für } T \in \mathcal{T}_h\},$$
$$\Theta_h := \{\theta \in H_0^1(\Omega)^2; \ \theta_{|T} \in (\mathcal{P}_2)^2 \text{ und } \theta \cdot n \in \mathcal{P}_1(e)$$
$$\text{für jede Kante } e \in \partial T \text{ und } T \in \mathcal{T}_h\}, \tag{7.12}$$

s. Abb. 63. Mittels einer diskreten Kirchhoff-Bedingung wird jeder transversalen Verschiebung eine Verdrehung zugeordnet:

$$w_h \longmapsto \theta_h(w_h): \quad \theta_h(a_i) = \nabla w_h(a_i) \quad \text{für die Ecken } a_i,$$
$$\theta_h(a_{ij}) \cdot t = \nabla w_h(a_{ij}) \cdot t \quad \text{für die Seitenmitten } a_{ij}. \tag{7.13}$$

Wie üblich bezeichnet n einen Normalenvektor und t einen tangentiellen Vektor (zu Punkten auf den Kanten), ferner ist $a_{ij} := \frac{1}{2}(a_i + a_j)$. Die Zuordnung $W_h \to \Theta_h$ in (7.13) ist wohldefiniert, weil die Normalkomponenten auf den Seitenmitten per Definition des Raumes Θ_h bereits durch Werte an den Ecken gegeben sind:

$$\theta_h(a_{ij}) \cdot n = \frac{1}{2}[\nabla w_h(a_i) + \nabla w_h(a_j)] \cdot n.$$

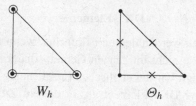

Abb. 63. DKT-Element von Batoz, Bathe und Ho. (An Knoten mit $\times$ ist nur die tangentielle Komponente fixiert.)

Es ist also $\theta_h(w_h) \in (P_2)^2$ durch Interpolationsbedingungen an den üblichen 6 Punkten bestimmt.

Wir bemerken, dass auf den Kanten die tangentielle Komponente von ∇w_h jeweils ein quadratisches Polynom ist und nach Konstruktion mit der tangentiellen Komponenten von $\theta_h = \theta_h(w_h)$ übereinstimmt. Es kann also θ_h in einem Dreieck T nur verschwinden, wenn w_h auf ∂T konstant ist. Da die Restriktion von W_h auf ein Dreieck die Dimension 9 hat, hat die Restriktion von $\theta_h(W_h)$ dieselbe Dimension wie ∇W_h, also 8.

Es ist $\theta_h(W_h)$ ein echter Unterraum von Θ_h. Wegen $\dim(P_2)^2 = 12$ und den in (7.12) versteckten drei kinematischen Verknüpfungen $[2\,\theta(a_{ij}) - \theta(a_i) - \theta(a_j)]n = 0$ hat Θ_h lokal die Dimension $12 - 3 = 9$. Dass die Zuordnung (7.13) dann nur einen Unterraum erfasst, stört jedoch weder bei der Implementierung noch bei der Analyse der Elemente.

Die zugehörige Finite-Element-Näherung ist die Lösung der Gleichung

$$a_h(w_h, v_h) = (f, v_h)_0 \quad \text{für } v_h \in W_h$$

mit der Bilinearform

$$a_h(w_h, v_h) := a(\theta_h(w_h), \theta_h(v_h)). \tag{7.14}$$

Für die Analyse wird a_h auf $W_h \oplus H^3(\Omega) \cap H_0^1(\Omega)$ erklärt, indem die Zuordnung (7.13) in kanonischer Weise auf diesen Raum ausgedehnt wird. Ferner verwenden wir in Anlehnung an Pitkäranta [1988] die gebrochenen Normen

$$|v|_{s,h} := \Big(\sum_{T \in \mathcal{T}_h} |v|_{s,T}^2 \Big)^{\frac{1}{2}}, \qquad \|v\|_{s,h} := \Big(\sum_{T \in \mathcal{T}_h} \|v\|_{s,T}^2 \Big)^{\frac{1}{2}} \tag{7.15}$$

7.2 Bemerkung. Auf W_h sind die (Halb-) Normen

$$\|\nabla v_h\|_0 \text{ und } \|\theta_h(v_h)\|_0 \quad \text{bzw.} \quad |\nabla v_h|_{1,h} \text{ und } |\theta_h(v_h)|_1$$
$$\text{bzw.} \quad \|\nabla v\|_{1,h} \text{ und } \|\theta_h(v_h)\|_1 \tag{7.16}$$

äquivalent, sofern die Triangulierungen regulär sind.

Beweis. Auf dem Referenzdreieck hat man wegen der endlichen Dimension und wegen der Linearität der Zuordnung $\nabla v_h \mapsto \theta(v_h)$:

$$\|\theta_h(v_h)\|_{0,T_{\text{ref}}} \le c \|\nabla v_h\|_{0,T_{\text{ref}}},$$
$$|\theta_h(v_h)|_{1,T_{\text{ref}}} \le c \|\nabla v_h\|_{1,T_{\text{ref}}}.$$

Nun ist $\theta_h - \nabla v_h = 0$ für $v_h \in \mathcal{P}_1$. Nach dem Bramble–Hilbert–Lemma kann man $|\theta_h - \nabla v_h|_{1,T_{ref}}$ durch $c|\nabla v_h|_{1,T_{ref}}$ abschätzen und damit auch in der zweiten Relation von (7.16) die Halbnorm eintragen. Weil die Zuordnung $\nabla v_h \mapsto \theta(v_h)$ injektiv ist, folgen die Umkehrungen entsprechend. Schließlich liefern die Transformationssätze in Kap. II §6 die Abschätzungen für die Dreiecke T in quasiuniformen Triangulierungen. Durch Aufsummation folgen die Aussagen für das Gebiet Ω. $\quad\square$

7.3 Folgerung. *Für das DKT-Element 7.1 gilt mit einer von h unabhängigen Zahl $c > 0$*

$$a(\theta_h(v_h), \theta_h(v_h)) \geq c \sum_{T \in \mathcal{T}_h} \|v_h\|_{2,T}^2.$$

Beweis. Wegen $\theta_h \in H_0^1(\Omega)^2$ und $v_h \in H_0^1(\Omega)$ folgt aus der Kornschen Ungleichung, der Friedrichsschen Ungleichung und der vorigen Bemerkung

$$a(\theta_h(v_h), \theta_h(v_h)) \geq c\|\theta_h(v_h)\|_1^2 = c \sum_{T \in \mathcal{T}_h} \|\theta_h(v_h)\|_{1,T}^2$$

$$\geq c\|\nabla v_h\|_{1,h}^2 = c(|\nabla v_h|_{1,h}^2 + |v_h|_{1,\Omega}^2)^2$$

$$\geq c'(|\nabla v_h|_{1,h}^2 + \|v_h\|_{1,\Omega}^2) \geq c'\|v_h\|_{2,h}^2. \quad\square$$

Mit denselben Argumenten ergibt sich, weil der Gradient von linearen Funktionen exakt interpoliert wird,

$$\|\theta_h(v_h) - \nabla v_h\|_0 \leq c\,h|v_h|_{2,h} \quad \text{für } v_h \in W_h.$$

Nun sind wir in der Lage, den Konsistenzfehler gemäß dem Lemma von Berger, Scott und Strang abzuschätzen. Wegen $H^3(\Omega) \subset C^1(\Omega)$ können wir die Abbildung θ_h in (7.13) direkt auf $W_h \oplus H^3(\Omega)$ ausdehnen. Weiter ist zu beachten, dass für die Lösung w von (7.3) im allgemeinen $\theta_h(w) \neq \nabla w$ gilt. Gleichheit liegt vor, wenn ∇w linear ist. Deshalb folgt mit dem Bramble–Hilbert–Lemma

$$\|\theta_h(w) - \nabla w\|_0 \leq ch^2\|w\|_3.$$

In die erste Gleichung der gemischten Formulierung (7.3) setzen wir $v = v_h$ und $\psi = \theta_h(v_h)$ ein. Zusammen mit (7.7) schließen wir

$$\begin{aligned}
a_h(w, v_h) - (f, v_h)_0 &= a(\theta_h(w), \theta_h(v_h)) - (f, v_h)_0 \\
&= [a(\theta, \theta_h(v_h)) - (f, v_h)_0] + a(\theta_h(w) - \theta, \theta_h(v_h)) \\
&= (\nabla v_h - \theta_h(v_h), \gamma)_0 + a(\theta_h(w) - \theta, \theta_h(v_h)) \\
&\leq \|\nabla v_h - \theta_h(v_h)\|_0 \|\gamma\|_0 + ch\|w\|_3\|v_h\|_{2,h} \\
&\leq c\,h\|v_h\|_{2,h} \|f\|_{-1}.
\end{aligned}$$

Da der Approximationsfehler $\inf\{\|w - \psi_h\|_{2,h}; \ \psi_h \in W_h\}$ auch die Ordnung $O(h)$ hat, folgt mit dem Lemma von Berger, Scott und Strang:

7.4 Satz. *Sei $\mathcal{T}_h$ eine Familie quasiuniformer Triangulierungen. Dann gilt für die Finite-Element-Lösung mit dem DKT-Element 7.1 mit einer von h unabhängigen Zahl c:*

$$\|w - w_h\|_{2,h} \le ch\|f\|_{-1}.$$

Für die Verdrehungen wurde im Beispiel 7.1 ein recht großer Finite-Element-Raum gewählt. Der Aufwand kann durch einen anderen Ansatz reduziert werden.

7.5 Beispiel. (Zienkiewicz-Dreieck): Man setzt

$$W_h := \{w \in H_0^1(\Omega); \ \nabla w \text{ ist stetig an allen Knoten von } \mathcal{T}_h,$$

$$w_{|T} \in \mathcal{P}_{3,\text{red}} \text{ für } T \in \mathcal{T}_h\}, \tag{7.17}$$

$$\Theta_h := \{\theta \in H_0^1(\Omega)^2; \ \theta_{|T} \in (\mathcal{P}_1)^2 \text{ für } T \in \mathcal{T}_h\} = (\mathcal{M}_{0,0}^1)^2.$$

Jeder transversalen Verschiebung wird wieder eine Verdrehung mittels einer diskreten Kirchhoff-Bedingung zugeordnet:

$$w_h \longmapsto \theta_h(w_h): \quad \theta_h(a_i) = \nabla w_h(a_i) \text{ für die Ecken } a_i.$$

Allein aus Dimensionsgründen ist klar, dass in einem Dreieck $\theta_h = 0$ sein kann, obwohl dort $\nabla w_h \ne 0$ gilt. Die Bilinearform a_h wird deshalb anders als in (7.14) festgelegt

$$a_h(w_h, v_h) := \sum_{T \in \mathcal{T}_h} a(\nabla w_h, \nabla v_h)_T.$$

Dieses Element bezeichnet man als *Zienkiewicz-Dreieck*, s. Zienkiewicz [1971]. Interessanterweise belegen sowohl theoretische Überlegungen als auch numerische Erfahrungen, dass die Konvergenz dieser nichtkonformen Methode nur für *Drei-Richtungs-Gitter* gewährleistet ist, d.h. wenn die Gitterlinien nur in drei Richtungen laufen, s. Lascaux und Lesaint [1975].

Von der Beschränkung auf Drei-Richtungs-Gitter kann man sich befreien, indem man einen Strafterm hinzufügt und die der quadratischen Form

$$a_h(v_h, v_h) := a(\theta_h(v_h), \theta_h(v_h)) + \sum_{T \in \mathcal{T}_h} \frac{1}{h_T^2} \int_T |\nabla v_h - \theta_h(v_h)|^2 dx \tag{7.18}$$

zugeordnete Bilinearform verwendet. Aus (6.7) erkennt man, dass der Strafterm in Anlehnung an die Theorie der Reissner–Mindlin–Platte gewählt wurde.

Der Einfachheit halber beschränken wir uns auf uniforme Gitter. Dann kann man die individuelle Maschenweite h_T durch eine globale ersetzen:

$$a_h(v_h, v_h) := a(\theta_h(v_h), \theta_h(v_h)) + \frac{1}{h^2}\|\nabla v_h - \theta_h(v_h)\|_0^2.$$

Neben den Normen (7.15) spielt jetzt die (gitterabhängige) Energienorm

$$\||v, \psi\||_2 := (\|\psi\|_1^2 + \frac{1}{h^2}\|\nabla v - \psi\|_0^2)^{\frac{1}{2}}$$

eine Rolle.

7.6 Hilfssatz. *Für alle $v_h \in W_h, h \leq 1$ ist*

$$c^{-1}\|v_h\|_{2,h} \leq \||v_h, \theta_h(v_h)|\|_2 \leq c\|v_h\|_{2,h}, \tag{7.19}$$

wobei c eine von h unabhängige Zahl ist.

Beweis. (1) Nach den Approximationssätzen ist

$$\|\nabla v - \theta_h(v)\|_{s,T} \leq c\,h^{1-s}|v|_{2,T} \quad \text{für } s = 0, 1.$$

Mit $s = 0$ folgt $\|\nabla v_h - \theta_h(v_h)\|_{0,\Omega} \leq c\,h\|v_h\|_{2,h}$. Außerdem schließen wir mit $s = 1$

$$\begin{aligned}
\|\theta_h(v_h)\|_{1,T}^2 &\leq (\|v_h\|_{1,T} + \|v_h - \theta_h(v_h)\|_{1,T})^2 \\
&\leq 2\|v_h\|_{1,T}^2 + 2c|v_h|_{2,T}^2.
\end{aligned}$$

Also ist $\|\theta_h(v_h)\|_{1,\Omega} \leq 2(1+c)\|v_h\|_{2,h}$. Damit ist die rechte Ungleichung in (7.19) bewiesen.

(2) Zum Nachweis der unteren Abschätzung zeigen wir die stärkere Aussage

$$c^{-1}\|v_h\|_{2,h} \leq \||v_h, \psi_h|\|_2 \quad \text{für alle } v_h \in W_h, \psi_h \in \Theta_h. \tag{7.20}$$

Über die Friedrichssche Ungleichung starten wir

$$\begin{aligned}
\frac{1}{c}\|v_h\|_1^2 &\leq \|\nabla v_h\|_0^2 \leq 2\|\nabla v_h - \psi_h\|_0^2 + 2\|\psi_h\|_0^2 \\
&\leq 2h^{-2}\|\nabla v_h - \psi_h\|_0^2 + 2\|\psi_h\|_1^2 \\
&\leq 2\||v_h, \psi_h|\|_2^2.
\end{aligned}$$

Neben ähnlichen Schlüssen setzen wir die üblichen inversen Ungleichungen ein

$$\begin{aligned}
\sum_T |v_h|_{2,T}^2 &\leq \sum_T (|\nabla v_h - \psi_h|_{1,T} + |\psi_h|_{1,T})^2 \\
&\leq 2\sum_T (|\nabla v_h - \psi_h|_{1,T}^2 + |\psi_h|_{1,T}^2) \\
&\leq 2\sum_T h^{-2}|\nabla v_h - \psi_h|_{0,T}^2 + 2\|\psi_h\|_{1,\Omega}^2 = 2\||v_h, \psi_h|\|_2^2.
\end{aligned}$$

Damit ist alles bewiesen. □

Nun kann man das Konzept des Beweises von Satz 7.4 unter Beachtung von Bemerkung III.1.3 direkt übertragen und erhält wieder Konvergenz. Ein Detail des Beweises findet der Leser in Aufgabe 7.9.

7.7 Satz. *Sei $\mathcal{T}_h$ eine Familie quasiuniformer Triangulierungen. Dann gilt für die Finite-Element-Lösung mit dem DKT-Element 7.5 und der quadratischen Form (7.18)*

$$\|w - w_h\|_{2,h} \le c\,h\|f\|_{-1},$$

wobei die Zahl c unabhängig von h ist.

Die Behandlung der DKT-Elemente mit Mehrgitterverfahren findet der Leser z.B. bei Peisker, Rust und Stein [1990].

Aufgaben

7.8 Man drücke die Dimension der Finite Element-Räume mit DKT-Elementen durch die Anzahl der Dreiecke, ihrer Knoten und ihrer Kanten aus.

7.9 Zur Behandlung des Konsistenzfehlers $a_h(w, v_h) - (f, v_h)_0$ in Satz 7.7 schätze man den Beitrag des Strafterms

$$\frac{1}{h^2} \int_\Omega (\nabla w - \theta_h(w)) \cdot (\nabla v_h - \theta_h(v_h))\,dx \quad \text{für } v_h \in W_h$$

durch $|w|_{3,\Omega}|v_h|_{2,h}$ mit der richtigen h-Potenz ab.

7.10 Man verallgemeinere Satz 7.7 auf quasiuniforme Gitter und verifiziere die Aussage für a_h gemäß (7.19) mit der dazugehörigen (gitterabhängigen) Energie-Norm

$$\||v, \psi\||_2 := \left(\|\psi\|_1^2 + \sum_{T \in \mathcal{T}_h} \frac{1}{h_T^2} \int_T |\nabla v - \psi|^2 dx \right)^{\frac{1}{2}}.$$

7.11 Man zeige, dass die gemischte Methode zum Timoschenko-Balken, die (7.3) entspricht, mit den Räumen $X =: H_0^1(0, b) \times H_0^1(0, b)$ und $M := L_2(0, b)$ stabil ist. [Im Gegensatz zur Mindlin-Platte kommt man also ohne den Raum $H^{-1}(\text{div}, \Omega)$ aus.]

7.12 Für die (3-dimensionalen) Gleichungen auf dem Gebiet $\Omega = \omega \times (-\frac{t}{2}, +\frac{t}{2})$ führe man Scher- und Biegeterme ein:

$$u_i^{*b}(x, y, z) := [u_i(x, y, z) - u_i(x, y, -z)]/2, \quad i = 1, 2,$$
$$u_3^{*b}(x, y, z) := [u_3(x, y, z) + u_3(x, y, -z)]/2,$$
$$u_i^{*s}(x, y, z) := [u_i(x, y, z) + u_i(x, y, -z)]/2, \quad i = 1, 2,$$
$$u_3^{*s}(x, y, z) := [u_3(x, y, z) - u_3(x, y, -z)]/2.$$

Man zeige, dass dadurch aus (3.11) entkoppelte Gleichungen für u^{*b} und u^{*s} entstehen.

§ 8. Die Reissner–Mindlin–Platte

Bei der Berechnung einer Platte nach dem Reissner–Mindlin–Modell geht man von der Formulierung (6.7) aus, wobei die Minimierung bei der eingespannten Platte für $(w, \theta) \in X := H_0^1(\Omega) \times H_0^1(\Omega)^2$ erfolgt. Der Scherterm verschwindet jetzt nicht, weil die Normalenhypothese nicht mehr angenommen wird. Die Reissner–Mindlin–Platte, die auch als Mindlin–Reissner–Platte oder kurz als Mindlin-Platte bezeichnet wird, erweist sich als singulär gestörtes Problem. (Diese mathematische Aussage hängt mit der Tatsache zusammen, dass die Verdrehungen eigentlich nur in der Nähe des Randes wesentlich von der Normalenrichtung abweichen, s. Arnold und Falk [1989], Pitkäranta and Suri [1997].)

Hier ist die Dicke t als kleiner Parameter zu betrachten. Um Scher-Locking zu vermeiden, wird die Platte als gemischtes Problem mit Strafterm behandelt. (Bei Verschiebungsansätzen ließe sich nach Suri, Babuška und Schwab [1995] Scherlocking oft mit Polynomansätzen 4. Grades vermeiden. Warum sich dies nicht in der Praxis durchgesetzt hat, ist aus Aufgabe 8.15 ersichtlich.) Die Umformung des Variationsproblems folgt genau dem Übergang von (4.1) nach (4.8). Mit der Einführung des Scherterms

$$\gamma := t^{-2}(\nabla w - \theta) \qquad (8.1)$$

entsteht — zunächst einmal rein formal gesehen — ein gemischtes Problem mit Strafterm: *Gesucht wird* $(w, \theta) \in X := H_0^1(\Omega) \times H_0^1(\Omega)^2$ *und* $\gamma \in M := L_2(\Omega)^2$, *so dass*

$$
\begin{aligned}
a(\theta, \psi) + (\nabla v - \psi, \gamma)_0 &= (f, v) \quad &\textit{für } (v, \psi) \in X, \\
(\nabla w - \theta, \eta)_0 - t^2(\gamma, \eta)_0 &= 0 \quad &\textit{für } \eta \in M
\end{aligned}
\qquad (8.2)
$$

gilt. Die Bilinearform a ist dabei aus (6.5) zu entnehmen. Die Gleichungen (8.2) unterscheiden sich von der gemischten Formulierung (7.3) für die Kirchhoff-Platte nur durch den Strafterm $-t^2(\gamma, \eta)_0$. Trotzdem darf man nicht übersehen, dass die Variable γ in den Gleichungen verschiedene Bedeutungen hat. In (7.3) kommt sie als *Lagrangescher Parameter* herein, während sie hier nach (8.1) als *normierter Scherterm* zu verstehen ist.

Die Variationsaufgabe lässt sich nicht direkt mit den allgemeinen Ergebnissen der Sattelpunkttheorie aus Kap. III §4 behandeln. Von der Theorie der Kirchhoff-Platte wissen wir, dass der natürliche Raum für die Lagrangeschen Parameter $H^{-1}(\mathrm{div}, \Omega)$ ist. Satz III.4.10 ist wegen $H^{-1}(\mathrm{div}, \Omega) \not\subset L_2(\Omega)$ nicht anwendbar. Satz III.4.12 ist es auch nicht, weil die Bilinearform a nicht auf dem ganzen Raum X elliptisch ist.

Diese Argumente mögen dem Leser als sehr formal erscheinen. Deshalb nennen wir noch einen anderen Grund: Für $\theta \in H_0^1(\Omega)^2$, $w \in H_0^1(\Omega)$ ist nämlich $\mathrm{rot}\,\theta \in L_2(\Omega)$ und $\mathrm{rot}\,\mathrm{grad}\,w = 0 \in L_2(\Omega)$, also

$$\nabla w - \theta \in H_0(\mathrm{rot}, \Omega).$$

Dabei ist die Rotation in (5.9) erklärt. Der passende Raum ist also nicht $L_2(\Omega)$, sondern

$$H_0(\mathrm{rot}, \Omega) := \{\eta \in L_2(\Omega)^2; \ \mathrm{rot}\,\eta \in L_2(\Omega), \ \eta \cdot \tau = 0 \text{ auf } \partial\Omega\}. \tag{8.3}$$

Dabei ist $\tau = \tau(x)$ auf $\partial\Omega$ als Richtung der Tangente entgegen dem Uhrzeigersinn (fast überall) definiert. Der Raum (8.3) wird mit der Norm

$$\|\eta\|_{H_0(\mathrm{rot},\Omega)} := (\|\eta\|_0^2 + \|\mathrm{rot}\,\eta\|_0^2)^{\frac{1}{2}} \tag{8.4}$$

versehen. Die Bilinearform b des gemischten Ansatzes im Sinne der allgemeinen Theorie in Kap. III §4 ist $b(w, \theta, \eta) := (\nabla w - \theta, \eta)_0$. Sei nun η speziell ein Element aus $L_2(\Omega)^2$ von der Form $\eta = \mathrm{curl}\,p$. Dann ist für $w \in H_0^1(\Omega)$, $\theta \in H_0^1(\Omega)^2$ wegen der Orthogonalität von Rotation und Gradient

$$b(w, \theta; \eta) = (\nabla w - \theta, \eta)_0 = 0 - (\theta, \eta)_0 \leq \|\theta\|_1 \|\eta\|_{-1},$$

also

$$\sup_{w,\theta} \frac{b(w, \theta, \eta)}{\|w\|_1 + \|\theta\|_1} \leq \|\eta\|_{-1}.$$

Um die inf-sup-Bedingung zu gewährleisten, muss M also mit einer schwächeren Norm als der L_2-Norm versehen werden, nämlich mit der zu (8.4) dualen, das ist die bei der Kirchhoff-Platte eingeführte Norm $\| \cdot \|_{H^{-1}(\mathrm{div},\Omega)}$, s.u.

Die Analyse vereinfacht sich nach Brezzi und Fortin [1986], wenn man die Funktionen gemäß der Helmholtz-Zerlegung in ein Gradientenfeld und ein Rotationsfeld aufspaltet. Nach der Aufspaltung ergeben sich Ausdrücke und Abschätzungen, in denen man wieder die üblichen Sobolev-Normen findet.

Die Helmholtz-Zerlegung

Im folgenden wird sich der Raum

$$H^{-1}(\mathrm{div}, \Omega) := \{\eta \in H^{-1}(\Omega)^2; \ \mathrm{div}\,\eta \in H^{-1}(\Omega)\}$$

mit der Graphennorm (6.17) als Dualraum von $H_0(\mathrm{rot}, \Omega)$ erweisen. Offensichtlich ist

$$H_0(\mathrm{rot}, \Omega) \subset L_2(\Omega)^2 \subset H^{-1}(\mathrm{div}, \Omega).$$

Wie üblich werden in $L_2(\Omega)/\mathbb{R}$ Funktionen identifiziert, die sich nur durch eine Konstante unterscheiden. Die Norm eines Elements in diesem Raum ist die L_2-Norm des Repräsentanten mit Integralmittel Null, s. Aufgabe III.6.7.

8.1 Hilfssatz (Helmholtz-Zerlegung von $H^{-1}(\mathrm{div}, \Omega)$). *Sei $\Omega \subset \mathbb{R}^2$ einfach zusammenhängend. Dann ist jede Funktion $\eta \in H^{-1}(\mathrm{div}, \Omega)$ eindeutig zerlegbar*

$$\eta = \nabla \psi + \mathrm{curl}\, p \tag{8.5}$$

mit $\psi \in H_0^1(\Omega)$ und $p \in L_2(\Omega)/\mathbb{R}$. Außerdem sind die Normen

$$\|\eta\|_{H^{-1}(\mathrm{div}, \Omega)} \quad und \quad \left(\|\psi\|_{1,\Omega}^2 + \|p\|_0^2\right)^{\frac{1}{2}} \tag{8.6}$$

äquivalent, wobei für p der Repräsentant mit $\int_\Omega p\,dx = 0$ einzusetzen ist.

Beweis. Nach Voraussetzung ist $\chi := \mathrm{div}\,\eta \in H^{-1}(\Omega)$. Sei $\psi \in H_0^1(\Omega)$ die Lösung der Gleichung $\Delta \psi = \chi$. Dann ist $\mathrm{div}(\eta - \nabla\psi) = \mathrm{div}\,\eta - \Delta\psi = 0$. Jede in Ω divergenzfreie Funktion ist nach klassischen Sätzen als Rotation darstellbar, also ist $\eta - \nabla\psi = \mathrm{curl}\,p$ mit passendem $p \in L_2(\Omega)/\mathbb{R}$. Damit ist die Zerlegung bewiesen.

Weiter beachte man

$$\|\mathrm{div}\,\eta\|_{-1} = \|\Delta\psi\|_{-1} = |\psi|_1, \tag{8.7}$$

und

$$\|\eta\|_{-1} = \|\nabla\psi + \mathrm{curl}\,p\|_{-1} \leq \|\nabla\psi\|_{-1} + \|\mathrm{curl}\,p\|_{-1} \leq \|\psi\|_0 + \|p\|_0.$$

Durch Aufsummation ergibt sich $\|\eta\|_{H^{-1}(\mathrm{div}, \Omega)}^2 \leq 2\|\psi\|_1^2 + 2\|p\|_0^2$.

Im Hinblick auf (8.7) ist zur Vervollständigung des Beweises nur noch $\|p\|_0 \leq c\|\eta\|_{H^{-1}(\mathrm{div}, \Omega)}$ zu zeigen. Man beachte, dass $\int_\Omega p\,dx = 0$ gilt. Vom Stokes-Problem ist mit Satz III.6.3 bekannt, dass es eine Funktion $v \in H_0^1(\Omega)^2$ mit

$$\mathrm{div}\,v = p \quad und \quad \|v\|_1 \leq c\|p\|_0 \tag{8.8}$$

gibt. Für $\xi = (\xi_1, \xi_2) := (-v_2, v_1)$ folgt offensichtlich $\xi \in H_0^1(\Omega)^2$, $\mathrm{rot}\,\xi = p$ und $\|\xi\|_1 \leq c\|p\|_0$. Außerdem folgt für die Zerlegung (8.5) unter Beachtung von (8.7)

$$\|p\|_0^2 = (p, \mathrm{rot}\,\xi) = (\mathrm{curl}\,p, \xi) = (\eta - \nabla\psi, \xi) \leq \|\eta\|_{-1}\|\xi\|_1 + |\psi|_1\|\xi\|_0$$
$$\leq c(\|\eta\|_{-1} + \|\mathrm{div}\,\eta\|_{-1})\|p\|_0. \qquad \square$$

Zusatz. Falls η in $L_2(\Omega)^2$ und nicht nur in $H^{-1}(\mathrm{div}, \Omega)$ enthalten ist, gilt sogar $p \in H^1(\Omega)/\mathbb{R}$ für die zweite Komponente der Helmholtz-Zerlegung in (8.5) und

$$L_2(\Omega) = \nabla H_0^1(\Omega) \oplus \mathrm{curl}(H^1(\Omega)/\mathbb{R}).$$

Es ist p als Lösung des Neumann Problems $(\mathrm{curl}\,p, \mathrm{curl}\,q)_0 = (\mathrm{div}(\eta - \nabla\psi), \mathrm{curl}\,q)_0$ für $q \in H^1(\Omega)$ gegeben.

Von der Beziehung

$$(H_0(\mathrm{rot}, \Omega))' = H^{-1}(\mathrm{div}, \Omega) \tag{8.9}$$

wollen wir nur die Inklusion $H^{-1}(\text{div}, \Omega) \subset (H_0(\text{rot}, \Omega))'$ zeigen und für die Umkehrung auf Aufgabe 8.11 verweisen. Sei $\gamma \in H_0(\text{rot}, \Omega)$ und $\eta = \nabla\psi + \text{curl } p \in H^{-1}(\text{div}, \Omega)$. Mit Hilfssatz 8.1 folgern wir

$$(\gamma, \eta)_0 = (\gamma, \nabla\psi)_0 + (\gamma, \text{curl } p)_0$$
$$= (\gamma, \nabla\psi)_0 + (\text{rot }\gamma, p)_0$$
$$\leq \|\gamma\|_0\|\psi\|_1 + \|\text{rot }\gamma\|_0\|p\|_0.$$

Zusammen mit (8.6) und der Cauchy–Schwarzschen Ungleichung für den $\mathbb{R}^2$ erhalten wir

$$(\gamma, \eta)_0 \leq c\|\gamma\|_{H_0(\text{rot},\Omega)} \cdot \|\eta\|_{H^{-1}(\text{div},\Omega)}.$$

Also lässt sich die Bilinearform $(\gamma, \eta)_0$ von einer dichten Teilmenge auf $H_0(\text{rot}, \Omega) \times H^{-1}(\text{div}, \Omega)$ fortsetzen, und die Inklusion gemäß der Behauptung ist bewiesen.

Der gemischte Ansatz mit Helmholtz-Zerlegung

Wir kehren zurück zu dem Variationsproblem der Reissner–Mindlin–Platte, d.h. zu (8.2). Der Scherterm wird nun nach Brezzi und Fortin [1986] gemäß

$$\gamma = \nabla r + \text{curl } p \tag{8.10}$$

mit $r \in H_0^1(\Omega)$ und $p \in H^1(\Omega)/\mathbb{R}$ angesetzt. Ebenso wird die Testfunktion η zerlegt $\eta = \nabla z + \text{curl } q$. Weiter beachte man, dass Gradienten und Rotationen L_2-orthogonal sind, s. Aufgabe 8.10. Außerdem verwenden wir die Greensche Formel für die Rotation. So entsteht aus (8.2) das äquivalente System:

$$
\begin{aligned}
(\nabla r, \nabla v)_0 &= (f, v)_0 && \text{für } v \in H_0^1(\Omega), \\
a(\theta, \psi) - (\text{rot }\psi, p)_0 &= (\nabla r, \psi)_0 && \text{für } \psi \in H_0^1(\Omega)^2, \\
-(\text{rot }\theta, q)_0 - t^2(\text{curl } p, \text{curl } q)_0 &= 0 && \text{für } q \in H^1(\Omega)/\mathbb{R}, \\
(\nabla w, \nabla z)_0 &= (\theta, \nabla z)_0 + t^2(f, z)_0 && \text{für } z \in H_0^1(\Omega).
\end{aligned}
\tag{8.11}
$$

Die erste Gleichung stellt eine Poisson-Gleichung dar, die vorab gelöst werden kann. Die zweite und die dritte Gleichung bilden zusammen eine Gleichung vom Stokes-Typ mit Strafterm. Die vierte Gleichung kann wieder als Poisson-Gleichung unabhängig von den anderen betrachtet und nach den anderen gelöst werden.

Um zu erkennen, dass die mittleren Gleichungen tatsächlich vom Stokes-Typ sind, ziehen wir sie aus (8.11) heraus.

$$
\begin{aligned}
a(\theta, \psi) - (\text{rot }\psi, p)_0 &= (\nabla r, \psi)_0, \\
-(\text{rot }\theta, q)_0 - t^2(\text{curl } p, \text{curl } q)_0 &= 0.
\end{aligned}
\tag{8.12}
$$

Die Bilinearform a ist aufgrund der Kornschen Ungleichung H^1-elliptisch. Außerdem ist

$$\text{rot }\psi = \text{div }\psi^\perp \quad \text{mit der Konvention } x^\perp := (x_2, -x_1)$$

für Vektoren im $\mathbb{R}^2$. Offensichtlich ist $\|\psi^\perp\|_{s,\Omega} = \|\psi\|_{s,\Omega}$ für $\psi \in H^s(\Omega)$. Also stellt (8.12) ein (verallgemeinertes) Stokes-Problem für $\theta^\perp$ mit singulärem Strafterm dar.

8.2 Satz. *Durch (8.12) wird auf $H_0^1(\Omega)^2 \times H^1(\Omega)/\mathbb{R}$ ein bzgl. der Norm*

$$\|\theta\|_1 + \|p\|_0 + t \, \|\operatorname{curl} p\|_0$$

und durch (8.2) auf $H_0^1(\Omega) \times H_0^1(\Omega)^2 \times L_2(\Omega)^2$ ein bzgl. der Norm

$$\|w\|_1 + \|\theta\|_1 + \|\gamma\|_{H^{-1}(\operatorname{div},\Omega)} + t \, \|\gamma\|_0$$

stabiles Variationsproblem erklärt. Die Konstanten in den zugehörigen inf-sup-Bedingungen sind unabhängig von t.

Beweis. Die erste Aussage folgt unmittelbar aus Satz III.4.12 mit $X := H_0^1(\Omega)^2$, $M := L_2(\Omega)/\mathbb{R}$ und $M_c := H(\operatorname{rot}, \Omega)/\mathbb{R}$.

Zum Nachweis der zweiten Aussage kann man Satz III.4.12 wie gesagt nicht direkt heranziehen. Nachdem die inf-sup-Bedingung aber für jeden Bestandteil von (8.11) klar ist, folgt sie für (8.2) mit der Helmholtz-Zerlegung von $H^{-1}(\operatorname{div}, \Omega)$ bzw. $L_2(\Omega)^2$. Die Rechnungen entsprechen genau dem Übergang von (8.2) zu (8.11). □

MITC-Elemente

Das System, das bei der Diskretisierung aus (8.2) entsteht, wandeln wir im Sinne von (4.10) in einen Verschiebungsansatz (mit Reduktion) um:

$$a(\theta_h, \theta_h) + t^{-2}\|\nabla w_h - R_h\theta_h\|_0^2 - 2(f, w_h)_0 \longrightarrow \min_{w_h, \theta_h}! \tag{8.13}$$

Dabei soll die Minimierung über die Räume W_h bzw. Θ_h erfolgen. Es ist

$$R_h : H^1(\Omega)^2 \longrightarrow \Gamma_h \tag{8.14}$$

ein sogenannter *Reduktionsoperator*, d. h. eine lineare Abbildung in den Finite-Element-Raum für die Scherterme, welche die Elemente in Γ_h nicht verändert.

Die Finite-Element-Rechnungen wird man in der Regel möglichst für den Verschiebungsansatz (8.13) vornehmen, weil dann nur Gleichungssysteme mit positiv definiten Matrizen und weniger Unbekannten zu lösen sind. Für die Konvergenzanalyse greift man trotzdem auf die gemischten Formulierungen zurück. Dabei stößt man jedoch auf ein Problem: Im allgemeinen lassen sich die Funktionen aus dem Finite-Element-Raum Γ_h nicht so in der Form

$$\gamma_h = \operatorname{grad} r_h + \operatorname{curl} p_h$$

darstellen, dass r_h und p_h wieder zu Finite-Element-Räumen gehören. Es ist — abgesehen von einem durch Arnold und Falk [1989] behandelten Fall — eine Modifikation der Zerlegung nötig.

Die Bezeichnungen der folgenden Finite-Element-Räume sind in Anlehnung an die Variablen in (8.11) gewählt.

8.3 Die Axiome von Brezzi, Bathe und Fortin [1989]. Die Räume

$$W_h \subset H_0^1(\Omega), \quad \Theta_h \subset H_0^1(\Omega)^2, \quad Q_h \subset L_2(\Omega)/\mathbb{R}, \quad \Gamma_h \subset H_0(\text{rot}, \Omega)$$

und die Abbildung R gemäß (8.14) mögen folgende Eigenschaften haben:

P_1) $\nabla W_h \subset \Gamma_h$, d.h. der diskrete Scherterm $\gamma_h := t^{-2}(\nabla w_h - R\theta_h)$ gehört zu Γ_h.

P_2) rot $\Gamma_h \subset Q_h$. — Diese Forderung ist konsistent mit $\gamma_h \in H(\text{rot}, \Omega)$, also mit rot $\gamma_h \in L_2(\Omega)$.

P_3) Das Paar (Θ_h, Q_h) erfüllt die inf-sup-Bedingung

$$\inf_{q_h \in Q_h} \sup_{\psi_h \in \Theta_h} \frac{(\text{rot } \psi_h, q_h)}{\|\psi_h\|_1 \|q_h\|_0} =: \beta > 0$$

wobei β unabhängig von h ist. — Die Räume sind also passend für das Stokes-Problem.

P_4) Es bezeichne P_h den L_2-Projektor auf Q_h. Dann ist

$$\text{rot } R\,\eta = P_h \,\text{rot}\, \eta \quad \text{für } \eta \in H_0^1(\Omega)^2,$$

d.h. das folgende Diagramm ist kommutativ:

$$
\begin{array}{ccc}
H_0^1(\Omega)^2 & \xrightarrow{\text{rot}} & L_2(\Omega) \\
R \downarrow & & \downarrow P_h \\
\Gamma_h & \xrightarrow{\text{rot}} & Q_h.
\end{array}
$$

P_5) Wenn $\eta_h \in \Gamma_h$ und rot $\eta_h = 0$ gilt, dann ist $\eta_h \in \nabla W_h$. Das bedeutet, dass die Sequenz

$$W_h \xrightarrow{\text{grad}} \Gamma_h \xrightarrow{\text{rot}} Q_h$$

exakt ist (s. die Fußnote zum Diagramm (III.5.15) für eine Definition). — Diese Forderung entspricht der Tatsache, dass rotationsfreie Felder Gradientenfelder sind.

An dieser Stelle sei auf die Definition der *Rotation als schwache Ableitung* verwiesen, die analog zu Definition II.1.1 erklärt wird: Eine Funktion $u \in L_2(\Omega)$ ist in $H(\text{rot}, \Omega)$ enthalten, und $v \in L_2(\Omega)^2$ ist curl u im schwachen Sinne, wenn

$$\int_\Omega v \cdot \varphi \, dx = \int_\Omega u \,\text{rot}\, \varphi \, dx \quad \text{für alle } \varphi \in C_0^\infty(\Omega)^2$$

gilt. Analog wird die Rotation jetzt auf dem Finite-Element-Raum Q_h im schwachen Sinne definiert, s. Peisker und Braess [1992].

8.4 Definition. Es wird eine Abbildung

$$\text{curl}_h : Q_h \longrightarrow \Gamma_h$$

durch

$$(\text{curl}_h \, q_h, \eta)_0 = (q_h, \text{rot} \, \eta)_0 \quad \text{für alle } \eta \in \Gamma_h \tag{8.15}$$

erklärt.

Wegen $\Gamma_h \subset H_0(\text{rot}, \Omega)$ ist das Funktional $\eta \longmapsto (q_h, \text{rot} \, \eta)_0$ definiert und stetig. Es ist also $\text{curl}_h \, q_h$ durch (8.15) eindeutig festgelegt.

8.5 Satz. *Wenn die Eigenschaften P_1, P_2 und P_5 erfüllt sind, ist durch*

$$\Gamma_h = \nabla W_h \oplus \text{curl}_h \, Q_h$$

eine L_2-orthogonale Zerlegung gegeben, (die als diskrete Helmholtz-Zerlegung bezeichnet wird.)

Beweis. (1) Aus Definition 8.1 und P_1 folgt direkt $\nabla W_h \oplus \text{curl}_h \, Q_h \subset \Gamma_h$.

(2) Für $q_h \in Q_h$ und $w_h \in W_h$ berechnen wir $(\text{curl}_h \, q_h, \nabla w_h)_0 = (q_h, \text{rot} \, \nabla w_h)_0 = (q_h, 0)_0 = 0$. Also sind $\text{curl}_h \, q_h$ und ∇w_h orthogonal in $L_2(\Omega)$.

(3) Zu $\gamma_h \in \Gamma_h$ sei η_h die L_2-Projektion auf $\text{curl}_h \, Q_h$. Dann wird η_h durch

$$(\gamma_h - \eta_h, \text{curl}_h \, q_h)_0 = 0 \quad \text{für } q_h \in Q_h$$

charakterisiert. Nach Definition 8.4 ist $(\text{rot}(\gamma_h - \eta_h), q_h)_0 = 0$ für $q_h \in Q_h$. Wegen $\text{rot}(\gamma_h - \eta_h) \in Q_h$ folgt $\text{rot}(\gamma_h - \eta_h) = 0$. Mit P_5 schließen wir $\gamma_h - \eta_h \in \nabla W_h$, was $\gamma_h \in \text{curl}_h \, Q_h \oplus \nabla W_h$ bedeutet. $\square$

Den Weg, der vom Variationsproblem (8.7) zu den Gleichungen (8.11) führte, kann man nun genau analog mit der Finite-Element-Fassung (8.13) beschreiten, s. Peisker and Braess [1992] bzw. Brezzi and Fortin [1991]. So gelangt man zu dem Problem: *Gesucht wird* $(r_h, \theta_h, p_h, w_h) \in W_h \times \Theta_h \times Q_h \times W_h$, *so dass*

$$
\begin{aligned}
(\nabla r_h, \nabla v_h)_0 &= (f, v_h)_0 & v_h &\in W_h, \\
a(\theta_h, \psi_h) - (p_h, \text{rot} \, \psi_h)_0 &= (\nabla r_h, \psi_h)_0 & \psi_h &\in \Theta_h, \\
-(\text{rot} \, \theta_h, q_h)_0 - t^2(\text{curl}_h \, p_h, \text{curl}_h \, q_h)_0 &= 0 & q_h &\in Q_h, \\
(\nabla w_h, \nabla z_h)_0 &= (\theta_h, \nabla z_h)_0 + t^2(f, z_h)_0 & z_h &\in W_h.
\end{aligned}
\tag{8.16}
$$

gilt. Finite-Element-Räume mit den Eigenschaften P_1 bis P_5 erfüllen zu (8.2) analoge inf-sup-Bedingungen mit Konstanten, welche von t und h unabhängig sind.

Man vergleiche auch die diskrete Fassung von (8.2): Gesucht wird $(w_h, \theta_h) \in X_h$ und $\gamma_h \in M_h$, so dass

$$
\begin{aligned}
a(\theta_h, \psi_h) + (\nabla v_h - \psi_h, \gamma_h)_0 &= (f, v_h) & \text{für } (\psi_h, v_h) &\in X, \\
(\nabla w_h - \theta_h, \eta_h)_0 - t^2(\gamma_h, \eta_h)_0 &= 0 & \text{für } \eta_h &\in M
\end{aligned}
\tag{8.17}
$$

gilt.

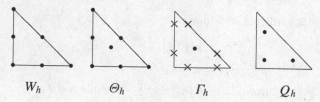

Abb. 64. MITC7-Element (an den mit × gekennzeichneten Punkten sind nur tangentielle Komponenten fixiert)

8.6 Beispiel. Das sogenannte MITC7-Element (Element mit *mixed interpolated tensorial components*) ist ein Dreieckelement, bei dem die Größen bis zu 7 Freiheitsgrade pro Dreieck aufweisen: Die Scherterme gehören einem komplizierter aufgebauten Raum an, s. Abb. 64:

$$\Gamma_h := \{\eta \in H_0(\text{rot}, \Omega); \ \eta_{|T} = \begin{pmatrix} p_1 \\ p_2 \end{pmatrix} + p_3 \begin{pmatrix} y \\ -x \end{pmatrix}, \ p_1, p_2, p_3 \in \mathcal{P}_1 \text{ für } T \in \mathcal{T}_h\}$$

$$W_h := \mathcal{M}^2_{0,0}, \qquad \Theta_h := \mathcal{M}^2_{0,0} \oplus B_3, \qquad Q_h := \mathcal{M}^1/\mathbb{R}.$$

Hier haben wir auf die üblichen Bezeichnungen wie in (4.13) zurückgegriffen. Schließlich definiert man den Operator $R : H_0(\text{rot}, \Omega) \to Q_h$ durch

$$\int_e (\eta - R\eta)\tau \, p_1 ds = 0 \quad \text{für jede Kante } e \text{ und jedes } p_1 \in \mathcal{P}_1,$$

$$\int_T (\eta - R\eta)dx = 0 \quad \text{für jedes } T \in \mathcal{T}_h. \tag{8.18}$$

Zu beachten ist, dass die Elemente in $H_0(\text{rot}, \Omega)$ an den Übergängen zwischen den Dreiecken stetige Tangentialkomponenten haben müssen. Ähnlich wie beim Raviart–Thomas–Element rechnet man leicht nach, dass die *Tangentialkomponenten* des vektoriellen Ausdrucks

$$\begin{pmatrix} y \\ -x \end{pmatrix}$$

auf jeder Seite konstant sind. Sie sind also für die Funktionen in Γ_h linear auf den Kanten und lassen sich durch die Werte an zwei Punkten festlegen. Die Punkte mögen insbesondere die Stützstellen einer Gaußschen Quadraturformel sein, die quadratische Polynome exakt integrieren. So sind (gemäß Abb. 64) 6 Freiheitsgrade der Funktionen von Γ_h durch Werte auf den Seiten fixiert. Durch diese 6 Werte und die zwei Komponenten im Mittelpunkt des Dreiecks sind die lokalen 8 Freiheitsgrade festgelegt.

Der Restriktionsoperator R, wie er durch (8.18) spezifiziert ist, ist also durch Interpolation an den 6 genannten Punkten auf den Seiten und zwei Integrale mit dem Dreieck als Träger zu realisieren. Die Werte von $R\eta$ in einem Dreieck hängen also nur von den Werten von η in demselben Dreieck ab. Die Systemmatrix kann also lokal Dreieck für Dreieck aufgestellt werden. — Das wäre übrigens nicht der Fall, wenn man den L_2-Projektor an die Stelle von R gesetzt hätte.

Numerische Ergebnisse mit diesen Elementen wurden von Bathe, Brezzi und Cho [1989] sowie Bathe, Bucalem und Brezzi [1991/92] analysiert.

Der Ansatz ohne Helmholtz-Zerlegung

Die Formulierung (8.2) für die Reissner–Mindlin–Platten ist motiviert durch die Ähnlichkeit mit der gemischten Formulierung zur Kirchhoff-Platte. Arnold und Brezzi [1993] erreichten nun durch eine geschickte Modifikation, ohne die Helmholtz-Zerlegung auszukommen. Eine einfache Erklärung gibt die Theorie der Sattelpunktprobleme mit Strafterm in Kap. III §4, vgl. auch Braess [1996]. Analoge Ideen hat Pitkäranta [1992] bei Schalen eingesetzt. Wir werden hier teilweise auch einer Variante von Chapelle und Steinberg [1998] folgen. Die Vor- und Nachteile der Ansätze mit und ohne Helmholtz-Zerlegung und ihre Zuverlässigkeit haben Pitkäranta und Suri [2000] genauer beleuchtet.

Bei der Reissner–Mindlin–Platte ist die Dicke t ein *kleiner Parameter*, und kritisch ist der Fall $t \ll h$. Wir gehen wieder von der Minimierung des Funktionals (8.7) aus, fassen jetzt aber einen Teil des Scherterms mit dem Biegeanteil zusammen:

$$\Pi(u) = \frac{1}{2} a_p(w, \theta; w, \theta) + \frac{t'^{-2}}{2} \int_\Omega |\nabla w - \theta|^2 dx - \int_\Omega f w\, dx \qquad (8.19)$$

mit

$$a_p(w, \theta; v, \phi) := a(\theta, \phi) + \frac{1}{h^2 + t^2} \int_\Omega (\nabla w - \theta) \cdot (\nabla v - \phi)\, dx,$$

$$\frac{1}{t^2} = \frac{1}{h^2 + t^2} + \frac{1}{t'^2} \quad \text{also } t'^2 = t^2 \frac{h^2}{h^2 + t^2}. \qquad (8.20)$$

Gesucht wird also $(w, \theta) \in X = H_0^1(\Omega) \times H_0^1(\Omega)^2$, so dass

$$a_p(w, \theta; v, \phi) + \frac{1}{t'^2}(\nabla w - \theta, \nabla v - \phi)_0 = (f, w)_0 \quad \text{für } (v, \phi) \in X \qquad (8.21)$$

gilt. Analog zum Übergang von (6.7) nach (8.2) erhalten wir jetzt mit der Einführung des (modifizierten) Scherterms $\gamma := t'^{-2}(\nabla w - \theta)$ folgendes gemischte Problem mit Strafterm. *Gesucht wird* $(w, \theta) \in X$ *und* $\gamma \in M$, *so dass*

$$a_p(w, \theta; v, \phi) + (\nabla v - \phi, \gamma)_0 = (f, v) \quad \text{für } (v, \phi) \in X,$$
$$(\nabla w - \theta, \eta)_0 - t'^2(\gamma, \eta)_0 = 0 \qquad \text{für } \eta \in M. \qquad (8.22)$$

gilt. Der wesentliche Unterschied zu (8.2) besteht darin, dass die Bilinearform a_p wegen des Zusatzterms auf dem ganzen Raum X und nicht nur auf dem Kern elliptisch ist. Die Bedeutung des Unterschieds wurde mit dem Gegenbeispiel III.4.12 demonstriert.

8.7 Hilfssatz. *Mit einer Konstanten* $c := c(\Omega) > 0$ *gilt*

$$a_p(w, \theta; w, \theta) \geq c(\|w\|_1^2 + \|\theta\|_1^2) \quad \text{für } w \in H_0^1(\Omega), \ \theta \in H_0^1(\Omega)^2. \qquad (8.23)$$

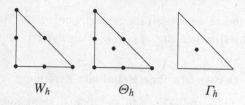

$$W_h \qquad\qquad \Theta_h \qquad\qquad \Gamma_h$$

Abb. 65. Plattenelement ohne Helmholtz-Zerlegung: $W_h = \mathcal{M}_{0,0}^2$, $\Theta_h = (\mathcal{M}_{0,0}^2 \oplus B_3)^2$ und $\Gamma_h = (\mathcal{M}^0)^2$.

Beweis. Wir können stillschweigend $h, t \leq \frac{1}{2}$ annehmen. Dann ist die Elliptizitätskonstante für a_p nicht kleiner als die des Energiefunktionals der Reissner–Mindlin–Platte mit der Dicke 1. Der Vollständigkeit halber sei ein Beweis unabhängig von Hilfssatz 6.8 gegeben.

Aufgrund der Kornschen Ungleichung ist $a(\phi, \phi) \geq c_1 \|\phi\|_1^2$. Weiter ist

$$\|\nabla w\|_0^2 \leq (\|\nabla w - \theta\|_0 + \|\theta\|_0)^2 \leq 2\|\nabla w - \theta\|_0^2 + 2\|\theta\|_1^2.$$

Die Friedrichssche Ungleichung liefert nun

$$\|w\|_1^2 \leq c_2 |w|_1^2 \leq 2c_2 (\|\nabla w - \theta\|_0^2 + \|\theta\|_1^2)$$

und schließlich

$$
\begin{aligned}
\|w\|_1^2 + \|\theta\|_1^2 &\leq (1 + 2c_2)\left(\|\nabla w - \theta\|_0^2 + \|\theta\|_1^2\right) \\
&\leq (1 + 2c_2)\left(\|\nabla w - \theta\|_0^2 + c_1^{-1} a(\theta, \theta)\right) \\
&\leq (1 + 2_2)\left(1 + c_1^{-1}\right) a_p(w, \theta; w, \theta).
\end{aligned}
$$

Damit ist die Koerzivität mit der Konstanten $c := (1 + 2c_2)^{-1}(1 + c_1^{-1})^{-1}$ bewiesen. □

Der Zusatzterm bewirkt also, dass die quadratische Form nicht nur auf dem Kern koerziv ist. Jetzt ist Satz III.4.12 anwendbar, weil die Brezzi-Bedingung durch (7.10) garantiert ist. Das ist nicht nur für die Theorie von Bedeutung. Numerische Rechnungen zeigen, dass sogar die richtige Gewichtung des Scherterms in (8.20) für die Robustheit nötig ist. Der Faktor sollte von der Ordnung $O(h^{-2})$ sein. Das ist mit $\frac{1}{h^2 + t^2}$ der Fall und besser als der ursprünglich vorgeschlagene Faktor 1.

8.8 Satz. *Die Variationsformulierung (8.21) für die Reissner–Mindlin–Platte ist stabil bzgl. der Räume*

$$X = H_0^1(\Omega) \times H_0^1(\Omega)^2, \quad M := H^{-1}(\mathrm{div}, \Omega), \quad M_c := L_2(\Omega)^2. \qquad (8.24)$$

Insbesondere hat man Stabilität bzgl. der Norm

$$\|w\|_1 + \|\theta\|_1 + \|\gamma\|_{H^{-1}(\mathrm{div}, \Omega)} + t\|\gamma\|_0.$$

Die Diskretisierung ist nun einfacher als bei den MITC-Elementen. Mit Fortins Kriterien (Hilfssatz III.4.8) lässt sich leicht zeigen, dass mit

$$W_h := \mathcal{M}_{0,0}^1, \quad \Theta_h := (\mathcal{M}_{0,0}^1 \oplus B_3)^2, \quad \Gamma_h = (\mathcal{M}^0)^2$$

gemäß Abb. 65 eine stabile Kombination von Finite-Element-Räumen vorliegt.

Das Gebiet Ω wird dazu als konvex oder glatt berandet vorausgesetzt. Wir greifen auf die Operatoren $\pi_h^0 : H_0^1(\Omega) \to \mathcal{M}_{0,0}^1$ und $\Pi_h : H_0^1(\Omega)^2 \to (\mathcal{M}_{0,0}^1 \oplus B_3)^2$ aus dem Beweis von Satz III.7.2 zurück. Insbesondere ist $\int_T (\Pi_h v - v)_i dx = 0$ für jedes $T \in \mathcal{T}_h$ und $i = 1, 2$. Weil Γ_h stückweise konstante Felder enthält, ist $\int_\Omega (\Pi_h \theta - \theta) \cdot \gamma_h = 0$ für $\gamma_h \in \Gamma_h$ und $\theta \in H_0^1(\Omega)^2$.

Die transversalen Verschiebungen werden analog behandelt. Hier erklärt man eine lineare Abbildung $\pi_h^2 : H_0^1(\Omega) \to \mathcal{M}_{0,0}^2$ mit

$$\int_e (\pi_h^2 v - v) ds = 0$$

für jede Kante e der Triangulierung. Pro Kante braucht man einen Freiheitsgrad, und dieser kann über den Wert auf den Seitenmitten bereitgestellt werden. Analog zu Π_h bildet man

$$\Pi_h^2 v := \pi_h^0 v + \pi_h^2 (v - \pi_h^0 v),$$

und es gilt $\int_e (\Pi_h^2 v - v) ds = 0$ für jede Kante e der Triangulierung. Mit der Greenschen Formel erhalten wir

$$\int_T \operatorname{grad}(\Pi_h^2 v - v) \cdot \gamma_h dx = \int_{\partial T} (\pi_h^2 v - v) \gamma_h \cdot n ds - \int_T (\pi_h^2 v - v) \operatorname{div} \gamma_h dx = 0.$$

Das Randintegral verschwindet nach Konstruktion und das zweite Integral, weil γ_h auf T konstant ist. Die Beschränktheit von Π_h^2 ergibt sich wie bei π_h^1, und so sind wegen $(\operatorname{grad} \Pi_h^2 w - \Pi_h \theta, \gamma_h)_0 = (\operatorname{grad} w - \theta, \gamma_h)_0$ für $\gamma_h \in \mathcal{M}^0$ die Voraussetzungen von Fortins Kriterium erfüllt. □

Die $H^{-1}(\operatorname{div}, \Omega)$-Norm haben Chapelle und Stenberg [1998] durch die Einführung der gitterabhängigen Norm

$$\|w\|_1^2 + \|\theta\|_1^2 + \frac{1}{h^2 + t^2} \|\nabla w - \theta\|_0^2 + (h^2 + t^2) \|\gamma\|_0^2$$

umgangen. Insbesondere erleichterte dies das Dualitätsargument von Aubin–Nitsche. Der Finite-Element-Raum für die Verdrehung wurde gemäß $\Theta_h := (\mathcal{M}_{0,0}^1 \oplus B_3)^2$ erweitert, während W_h und Γ_h wie in Abb. 65 blieben.

Eine andere gitterabhängige Norm, die deutlicher die Verbindung zur $H^{-1}(\operatorname{div}, \Omega)$-Norm zeigt, findet man bei Carstensen und Schöberl [2006].

Die Plattentheorie mit der Aufweichung gemäß (8.19) und (8.20) lieferte Braess und Kaltenbacher [2007] den Hinweis, wie bei dünnen Medien und drei-dimensionalen Rechnungen Scher-Locking vermeidbar ist.

Aufgaben

8.9   Sei $\eta \in L_2(\Omega)^2$. Man zeige, dass man die Räume für die Komponenten der Zerlegung (8.5) austauschen, also $\psi \in H^1(\Omega)/\mathbb{R}$ und $p \in H_0^1(\Omega)$ wählen kann. Dazu zerlege man $\eta^\perp$ gemäß (8.5) und schreibe das Ergebnis für $\eta^\perp$ als Zerlegung von η.

8.10   Genügt $\psi \in H^1(\Omega)$, $q \in H^1(\Omega)/\mathbb{R}$ zum Nachweis der Orthogonalitätsrelation

$$(\nabla\psi, \operatorname{curl} q)_0 = 0,$$

oder braucht man Nullrandbedingungen?

8.11   Man zeige

$$\| \operatorname{div} \eta \|_{-1} \leq \text{ const } \sup_{\gamma} \frac{(\gamma, \eta)_0}{\| \gamma \|_{H(\operatorname{rot},\Omega)}}.$$

Für $\eta \in (H_0(\operatorname{rot}, \Omega))'$ ist also $\operatorname{div} \eta \in H^{-1}(\Omega)$. Weil $H_0(\operatorname{rot}, \Omega) \supset H_0^1(\Omega)$ die Relation $(H_0(\operatorname{rot}, \Omega))' \subset H^{-1}(\Omega)$ impliziert, ist damit (8.9) vollständig bewiesen.

8.12   In welchem Sinne gilt für die Lösung von (6.9) bzw. (8.2)

$$\operatorname{div} \gamma = f?$$

8.13   Sei $t > 0$ und $H^1(\Omega)$ mit der Norm

$$\|\|v\|\| := (\|v\|_0^2 + t^2 \|v\|_1^2)^{1/2}$$

versehen. Die Norm des Dualraums $\|\|u\|\|_{-1} := \sup_v \{(u, v)_0 / \|\|v\|\|\}$ ist leicht nach oben abschätzbar

$$\|\|u\|\|_{-1} \leq \min\{\|u\|_0, \frac{1}{t}\|u\|_{-1}\}.$$

Man illustriere, dass man jedoch keine entsprechende Abschätzung nach unten mit von t unabhängigen Konstanten gewinnen kann, indem man für

$$u(x) := \sin x + n \sin n^2 x \in H^0[0, \pi] \quad (1/t \leq n \leq 2/t)$$

alle genannten Normen genügend genau bestimmt.

8.14   Der Finite-Element-Raum W_h enthalte H^1-konforme Elemente, liege also in $C(\Omega)$. Man zeige $\nabla W_h \subset H_0(\operatorname{rot}, \Omega)$. Wegen welcher Eigenschaft der Rotation ist das eigentlich auch zu erwarten?

8.15   Wie viele Freiheitsgrade hat man auf Elementebene, und wie groß sind dort die Steifigkeitsmatrizen, wenn man die Reissner–Mindlin–Platte mit Dreieckelementen in $\mathcal{M}_0^4$ behandelt?

Literatur

Ainsworth, M. (2008): A posteriori error estimation for lowest order Raviart Thomas mixed finite elements. SIAM J. Sci. Comput. 30, 189–204

Ainsworth, M. and Oden, T.J. (2000): *A Posteriori Error Estimation in Finite Element Analysis.* Wiley, Chichester.

Alessandrini, A.L., Arnold, D.N., Falk, R.S., and Madureira, A.L. (1999): Derivation and justification of plate models by variational methods. In *Plates and Shells, Quebec 1996*, (M. Fortin, ed.), SS. 1–20. CRM Proceeding and Lecture Notes, vol. 21, American Mathematical Society, Providence, RI.

Argyris, J.H. (1957): Die Matrizentheorie der Statik. Ingenieur-Archiv XXV, 174–194

Arnold, D.N. (1981): Discretization by finite elements of a model parameter dependent problem. Numer. Math. 37, 405–421

Arnold, D.N. and Brezzi, F. (1985): Mixed and nonconforming finite element methods: implementation, postprocessing and error estimates. M^2AN 19, 7–32

Arnold, D.N. and Brezzi, F. (1993): Some new elements for the Reissner-Mindlin plate model. In *Boundary Value Problems for Partial Differential Equations and Applications* (J.-L. Lions and C. Baiocchi, eds.) SS. 287–292, Masson, Paris

Arnold, D.N., Brezzi, F. and Douglas, J. (1984): PEERS: A new mixed finite element for plane elasticity. Japan J. Appl. Math. 1, 347–367

Arnold, D.N., Brezzi, F. and Fortin, M. (1984): A stable finite element for the Stokes equations. Calcolo 21, 337–344

Arnold, D.N. and Falk, R.S. (1989): A uniformly accurate finite element method for the Mindlin-Reissner plate. SIAM J. Numer. Anal. 26, 1276–1290

Arnold, D.N., Falk, R.S., and Winther, R. (2007): Mixed finite element methods for linear elasticity with weakly imposed symmetry. Math. Comp. 76, 1996–1723

Arnold, D.N., Falk, R.S. and Winther, R. (2006): Finite element exterior calculus, homological techniques, and applications. Acta Numerica (2006), 1–155

Arnold, D.N., Scott, L.R. and Vogelius M. (1988): Regular inversion of the divergence operator with Dirichlet boundary conditions on a polygon, Ann. Scuola Norm. Sup. Pisa Cl. Sci. (4), 15, 169–192

Arnold, D.N. and Winther, R. (2002): Mixed finite element methods for elasticity. Numer. Math. 9, 401–419

Aubin, J.P. (1967): Behaviour of the error of the approximate solution of boundary value problems for linear elliptic operators by Galerkin's and finite difference methods. Ann. Scuola Norm. Sup. Pisa 21, 599–637

Aubin, J. P. and Burchard, H. G. (1971) Some aspects of the method of the hypercircle applied to elliptic variational problems. In *Numerical Solution Partial Diff. Equations II*, Proc. SYNSPADE 1970, SS. 1–67, Univ. Maryland

Axelsson, O. (1980): Conjugate gradient type methods for unsymmetric and inconsistent systems of linear equations. Linear Algebra Appl. 29, 1–16

Axelsson, O. and Barker, V.A. (1984): *Finite Element Solution of Boundary Value Problems: Theory and Computation*. 432 S., Academic Press, New York – London

Babuška, I. (1971): Error bounds for finite element method. Numer. Math. 16, 322–333

Babuška, I. and Aziz, A.K. (1972): Survey lectures on the mathematical foundations of the finite element method. In *The Mathematical Foundation of the Finite Element Method with Applications to Partial Differential Equations* (A.K. Aziz, ed.) SS. 3–363, Academic Press, New York – London

Babuška, I., Durán, R. and Rodríguez, R. (1992): Analysis of the efficiency of an a posteriori error estimator for linear triangular finite elements. SIAM J. Numer. Anal. 29, 947–964

Babuška, I., Osborn, J. and Pitkäranta, J. (1980): Analysis of mixed methods using mesh dependent norms. Math. Comp. 35, 1039–1062

Babuška, I. and Pitkäranta, J. (1990): The plate paradox for hard and soft simple supported plate. SIAM J. Math. Anal. 21, 551–576

Babuška, I. and Rheinboldt, W.C. (1978a): Error estimates for adaptive finite element computations. SIAM J. Numer. Anal. 15, 736–754

Babuška, I. and Rheinboldt, W.C. (1978b): A posteriori error estimates for the finite element method. Int. J. Numer. Meth. Engrg. 12, 1597–1607

Babuška, I. and Suri, M. (1992): Locking effects in the finite element approximation of elasticity problems. Numer. Math. 62, 439–463

Bachvalov, N.S. (1966): On the convergence of a relaxation method with natural constraints on the elliptic operator. USSR Comput. Math. math. Phys. 6(5), 101–135

Bank, R.E. (1990): *PLTMG: A Software Package for Solving Elliptic Partial Differential Equations. User's Guide 6.0.* SIAM, Philadelphia

Bank, R.E. and Dupont, T. (1981): An optimal order process for solving finite element equations. Math. Comp. 36, 35–51

Bank, R.E., Dupont, T. and Yserentant, H. (1988): The hierarchical basis multigrid method. Numer. Math. 52, 427–458

Bank, R.E. and Weiser, A. (1985): Some a posteriori error estimators for elliptic partial differential equations. Math. Comp. 44, 283–301

Bank, R.E., Welfert, B. and Yserentant, H. (1990): A class of iterative methods for solving saddle point problems. Numer. Math. 56, 645–666

Bathe, K.-J. (1986): *Finite-Elemente-Methoden* [Engl. translation: *Finite Element Procedures in Engineering Analysis*]. 820 S., Springer-Verlag, Berlin – Heidelberg – New York

Bathe, K.-J., Brezzi, F. and Cho, S.W. (1989): The MITC7 and MITC9 plate bending elements. J. Computers & Structures 32, 797–814

Bathe, K.J., Bucalem, M.L. and Brezzi, F. (1990): Displacement and stress convergence of our MITC plate bending elements. J. Engin. Comput. 7, 291–302

Batoz, J.-L., Bathe, K.-J. and Ho, L.W. (1980): A study of three-node triangular plate bending elements. Int. J. Num. Meth. Engrg. 15, 1771–1812

Berger, A., Scott, R. and Strang, G. (1972): Approximate boundary conditions in the finite element method. Symposia Mathematica 10, 295–313, Academic Press, New York

Bernardi, C., Maday, Y. and Patera, A.T. (1994): A new nonconforming approach to domain decomposition: the mortar element method. In *Nonlinear Partial Differential Equations and their Applications*. (H. Brezis and J. L. Lions, eds.), SS. 13–51. Pitman, New York.

Bey, J. (1995): Tetrahedral grid refinement. Computing 55, 355–378

Binev, P., Dahmen, W. and De Vore, R. (2004): Adaptive finite element methods with convergence rates. Numer. Math. 97, 219–268

Blum, H. (1991): Private Mitteilung

Blum, H., Braess, D. and Suttmeier, F.T. (2004): A cascadic multigrid algorithm for variational inequalities. Computing and Visualization in Science 7, 153–157 (2004)

Blum, H. and Rannacher, R. (1980): On the boundary value problem of the biharmonic operator on domains with angular corners. Math. Methods Appl. Sci. 2, 556–581

Bornemann, F. and Deuflhard, P. (1996): The cascadic multigrid method for elliptic problems, Numer. Math. 75, 135–152

Braess, D. (1981): The contraction number of a multigrid method for solving the Poisson equation. Numer. Math. 37, 387–404

Braess, D. (1988): A multigrid method for the membrane problem. Comput. Mechanics 3, 321–329

Braess, D. (1996): Stability of saddle point problems with penalty. RAIRO Anal. Numér. 30, n° 6, 731–742

Braess, D. (1998): Enhanced assumed strain elements and locking in membrane problems. Comput. Methods Appl. Mech. Engrg. 165, 155–174 (1998)

Braess, D. (2009): An a posteriori error estimate and a comparison theorem for the nonconforming P_1 element. Calcolo 46, 149–156

Braess, D. and Blömer, C. (1990): A multigrid method for a parameter dependent problem in solid mechanics. Numer. Math. 57, 747–761

Braess, D., Carstensen, C. and Reddy, B.D. (2004): Uniform convergence and a posteriori error estimators for the enhanced strain finite element method. Numer. Math. 96, 461–479.

Braess, D. and Dahmen, W. (1999): A cascadic multigrid algorithm for the Stokes problem. Numer. Math. 82, 179–191

Braess, D., Dahmen, W. and Wieners, C. (2000): A multigrid algorithm for the mortar finite element method. SIAM J. Numer. Anal. 37, 48–69

Braess, D., Deuflhard, P. and Lipnikov, L. (2002): A subspace cascadic multigrid method for mortar elements. Computing 69, 205–225

Braess, D., Dryja, M. and Hackbusch, W. (1999): A multigrid method for nonconforming FE-discretisations with application to non-matching grids. Computing 63, 1–25

Braess, D. and Hackbusch, W. (1983): A new convergence proof for the multigrid method including the V-cycle. SIAM J. Numer. Anal. 20, 967–975

Braess, D., Klaas, O., Niekamp, R., Stein, E. and Wobschal, F. (1995): Error indicators for mixed finite elements in 2-dimensional linear elasticity. Comput. Methods Appl. Mech. Engrg. 127, 345–356

Braess, D. and Peisker, P. (1986): On the numerical solution of the biharmonic equation and the role of squaring matrices for preconditioning. IMA J. Numer. Anal. 6,

393–404

Braess, D. and Peisker, P. (1992): Uniform convergence of mixed interpolated elements for Reissner-Mindlin plates. M^2AN (RAIRO) 26, 557–574

Braess, D., Pillwein, V. and Schöberl, J. (2009) Equilibrated residual error estimates are p-robust Comput. Methods Appl. Mech. Engrg. 198, 1189–1197

Braess, D. and Sarazin, R. (1997): An efficient smoother for the Stokes problem. Appl. Num. Math. 23, 3–19

Braess, D., Sauter, S. and Schwab, C. (2011): On the justification of plate models. J. Elasticity 103, 53–71

Braess, D. and Schöberl, J. (2008): Equilibrated residual error estimator for edge elements. Math. Comp. 77, 651–672

Braess, D. and Verfürth, R. (1990): Multigrid methods for nonconforming finite element methods. SIAM J. Numer. Anal. 27, 979–986

Braess, D. and Verfürth, R. (1996): A posteriori error estimators for the Raviart-Thomas element. SIAM J. Numer. Anal. 33, 2431–2444

Bramble, J.H. and Hilbert, S.R. (1970): Estimation of linear functionals on Sobolev spaces with applications to Fourier transforms and spline interpolation. SIAM J. Numer. Anal. 7, 113–124

Bramble, J.H. and Pasciak, J. (1988): A preconditioning technique for indefinite systems resulting from mixed approximations of elliptic problems. Math. Comp. 50, 1–18

Bramble, J.H., Pasciak, J. and Xu, J. (1990): Parallel multilevel preconditioners. Math. Comp. 55, 1–22

Bramble, J.H., Pasciak, J., Wang, J. and Xu, J. (1991): Convergence estimates for multigrid algorithms without regularity assumptions. Math. Comp. 57, 23–45

Brandt, A. (1977): Multi-level adaptive solutions to boundary-value problems. Math. Comp. 31, 333–390

Brandt, A. and Dinar, D. (1979): Multigrid solutions to elliptic flow problems. In *Numerical Methods for Partial Differential Equations* (S. Parter, ed.) SS. 53–147, Academic Press

Brenner, S. (1989): An optimal-order multigrid method for P1 nonconforming finite elements. Math. Comp. 52, 1–15

Brenner, S. (2002): Convergence of the multigrid V-cycle algorithms for second order boundary value problems without full elliptic regularity. Math. Comp. 71, 507–525

Brezzi, F. (1974): On the existence, uniqueness and approximation of saddle-point problems arising from Lagrangian multipliers. RAIRO Anal. Numér. 8, R-2, 129–151

Brezzi, F., Bathe, K.-J. and Fortin, M. (1989): Mixed-interpolated elements for Reissner–Mindlin plates. Int. J. Num. Meth. Eng. 28, 1787–1801

Brezzi, F., Douglas, J., Durán, R. and Fortin, M. (1987): Mixed finite elements for second order elliptic problems in three variables. Numer. Math. 51, 237–250

Brezzi, F., Douglas, J. and Marini, L.D. (1985): Two families of mixed finite elements for second order elliptic problems. Numer. Math. 47, 217–235

Brezzi, F. and Fortin, M. (1986): Numerical approximation of Mindlin–Reissner plates. Math. Comp. 47, 151–158

Brezzi, F. and Fortin, M. (1991): *Mixed and Hybrid Finite Element Methods.* 356 S., Springer-Verlag, Berlin – Heidelberg – New York

Brezzi, F., Fortin, M. and Stenberg, R. (1991): Error analysis of mixed-interpolated elements for Reissner-Mindlin plates. Math. Models and Methods in Appl. Sci. 1, 125–151

Briggs, W.L. (1987): *A Multigrid Tutorial.* 88 S., SIAM, Philadelphia

Carstensen, C. and Bartels, S. (2002): Each averaging technique yields reliable a posteriori error control in FEM on unstructured grids. I. Low order conforming, nonconforming and mixed FEM. Math. Comp. 71, 945–969

Carstensen, C., Peterseim, D. and Schedensack, M. (2012): Comparison results of finite element methods for the Poisson model problem.

Carstensen, C. and Schöberl, J. (2006): Residual-Based a posteriori error estimate for a mixed Reissner–Mindlin plate finite element method. Numer. Math. 103, 225–250

Carstensen, C. and Verfürth, R. (1999): Edge residuals dominate a posteriori error estimates for low order finite element methods. SIAM J. Numer. Anal. 36, 1571–1587

Chapelle, D. and Stenberg, R. (1998): An optimal low-order locking-free finite element method for Mindlin–Reissner plates. Math. Models and Methods in Appl. Sci. 8, 407–430

Ciarlet, Ph. (1978): *The Finite Element Method for Elliptic Problems.* 530 S., North-Holland, Amsterdam

Ciarlet, Ph. (1988): *Mathematical Elasticity. Volume I: Three-Dimensional Elasticity.* 451 S., North-Holland, Amsterdam

Ciarlet, Ph. and Lions, J.L. (eds.) (1990): *Handbook of Numerical Analysis I. Finite difference methods (Part 1),* Solution of equations in $\mathbb{R}^n$ (Part 1). North-Holland, Amsterdam, 652 S.

Clément, P. (1975): Approximation by finite element functions using local regularization. RAIRO Anal. Numér. 9, R-2, 77–84

Clough, R. W. (1960): The finite element method in plane stress analysis. In *Proceedings of the Second ASCE Conference on Electronic Computing,* Pittsburg, PA.

Courant, R. (1943): Variational methods for the solution of problems of equilibrium and vibrations. Bull. Amer. Math. Soc. 49, 1–23

Crouzeix, M. and Raviart, P.A. (1973): Conforming and nonconforming finite element methods for solving the stationary Stokes equations. RAIRO Anal. Numér. 7, R-3, 33–76

Destuynder, P. and Métivet, B. (1999): Explicit error bounds in a conforming finite element method. Math. Comp. 68, 1379–1396

Deuflhard, P., Leinen, P. and Yserentant, H. (1989): Concepts of an adaptive hierarchical finite element code. Impact Computing Sci. Engrg. 1, 3–35

Dörfler, W. (1996): A convergent adaptive algorithm for Poisson's Equation. SIAM J. Numer. Anal. 33, 1106–1124

Durán, R. (2006): (Private Mitteilung)

Duvaut, G. and Lions, J.L. (1976): *Les Inéquations en Mécanique et en Physique.* Dunod, Paris

Falk, R.S. (1991): Nonconforming finite element methods for the equations of linear elasticity. Math. Comp. 57, 529–550

Falk, R.S. (2008): Finite elements for Reissner–Mindlin plates. In *Mixed Finite Elements, Compatibility Conditions, and Applications*, (D. Boffi and L. Gastaldi, eds.) SS. 195–232, Springer (2008)

Fedorenko, R.P. (1961): A relaxation method for solving elliptic difference equations. USSR Comput. Math. math. Phys. 1(5), 1092–1096

Fedorenko, R.P. (1964): The speed of convergence of one iterative process. USSR Comput. Math. math. Phys. 4(3), 227–235

Felippa, C.A. (2000): On the original publication of the general canonical functional of linear elasticity. J. Appl. Mech. 67, 217–219

Fortin, M. (1977): An analysis of the convergence of mixed finite element methods. RAIRO Anal. Numér. 11, 341–354

Fortin, M. and Glowinski, R. (eds.) (1983): *Augmented Lagrangian Methods: Applications to the Numerical Solution of Boundary-Value Problems*. 340 S., North-Holland, Amsterdam – New York

Fraeijs de Veubeke, B.M. (1951): Diffusion des inconnues hyperstatique dans les voilure à longeron couplés. Bull. Serv. Technique de L'Aéronautique No. 24, Imprimerie Marcel Hayez, Bruxelles, 56 p.

Freudenthal, H (1942): Simplizialzerlegungen von beschränkter Flachheit. Annals Math. 43, 580–582

Freund, R., Gutknecht, M. and Nachtigal (1993): An implementation of the look-ahead Lanczos algorithm for non-Hermitean matrices. SIAM J. Sci. Stat. Comput. 14, 137–158

Friedrichs, K.O. (1929): Ein Verfahren der Variationsrechnung das Minimum eines Integrals als das Maximum eines anderen Ausdrucks darzustellen. Ges. Wiss. Göttingen, Nachrichten Math. Phys. Kl. 13–20.

Gantumur, T., Harbrecht, H. and Stevenson, R. (2007): An optimal adaptive wavelet method without coarsening of the iterands. Math. Comp. 76, 615–629

Gilbarg, D. and Trudinger, N.S. (1983): *Elliptic Partial Differential Equations of Second Order*. 511 S., Springer-Verlag, Berlin – Heidelberg – New York

Girault, V. and Raviart, P.-A. (1986): *Finite Element Methods for Navier-Stokes Equations*. 374 S., Springer-Verlag, Berlin – Heidelberg – New York

Glowinski, R. (1984): *Numerical Methods for Nonlinear Variational Problems*. 493 S., Springer-Verlag, Berlin – Heidelberg – New York

Golub, G.H. and van Loan, S.F. (1983): *Matrix Computations*. 476 S., The John Hopkins University Press, Baltimore, Maryland

Griebel, M. (1994): *Multilevelmethoden als Iterationsverfahren über Erzeugendensystemen*. Teubner, Stuttgart

Gurtin, M. E. (1972): The Linear Theory of Elasticity. In *Handbuch der Physik. Band VIa/2: Festkörpermechanik II*. (C. Truesdell, ed.). Springer-Verlag, Berlin – Heidelberg – New York

Gustafsson, I. (1978): A class of first order factorization methods. BIT 18, 142–156

Hackbusch, W. (1976): A fast iterative method for solving Poisson's equation in a general domain. In *Numerical Treatment of Differential Equations, Proc. Oberwolfach, Juli*

1976 (R. Bulirsch, R.D. Grigorieff and J. Schröder, eds.) SS. 51–62, Springer-Verlag, Berlin – Heidelberg – New York 1977

Hackbusch, W. (1985): *Multi-Grid Methods and Applications.* 377 S., Springer-Verlag, Berlin – Heidelberg – New York

Hackbusch, W. (1986): *Theorie und Numerik elliptischer Differentialgleichungen.* 270 S., Teubner, Stuttgart

Hackbusch, W. (1989): On first and second order box schemes. Computing 41, 277–296

Hackbusch, W. (1991): *Iterative Lösung großer schwachbesetzter Gleichungssysteme.* 382 S., Teubner, Stuttgart, [Engl. translation: *Iterative Solution of Large Sparse Systems of Equations.*] 429 S. Springer-Verlag, Berlin – Heidelberg – New York 1994

Hackbusch, W. and Reusken, A. (1989): Analysis of a damped nonlinear multilevel method. Numer. Math. 55, 225–246

Hackbusch, W. and Trottenberg, U. (eds.) (1982): *Multigrid Methods.* Springer-Verlag, Berlin – Heidelberg – New York

Hadamard, J. (1932): *Le problème de Cauchy et les équations aux dérivées partielles linéaires hyperboliques.* Hermann, Paris

Hellinger, E. (1914): Die allgemeinen Ansätze der Mechanik der Kontinua. In *Encyklopaedia der mathematischen Wissenschaften. Vol. 4*, (F. Klein and C. Muller, eds.). Leipzig

Hemker, P.W. (1980): The incomplete LU-decomposition as a relaxation method in multi-grid algorithms. In *Boundary and Interior Layers – Computational and Asymptotic Methods* (J.J.H. Miller, ed.), Boole Press, Dublin

Hestenes, M.R. and Stiefel, E. (1952): Methods of conjugate gradients for solving linear systems. J. Res. NBS 49, 409–436

Hiptmair, R. (2002): Finite elements in computational electromagnetism Acta Numerica 2002, 237–339

Hoppe, R. and Wohlmuth, B. (1997): Four a posteriori error estimators for mixed methods. SIAM J. Numer. Anal. 34, 1658–1681

Hu, Hai-Chang (1955): On some variational principles in the theory of elasticity and the theory of plasticity. Scientia Sinica 4, 33–54.

Huang, Z. (1990): A multi-grid algorithm for mixed problems with penalty. Numer. Math. 57, 227–247

Hughes, T.J.R., Ferencz, R.M. and Hallquist, J.O. (1987): Large-scale vectorized implicit calculations in solid mechanics on a CRAY-XMP48 utilizing EBE preconditioned conjugate gradients. Comput. Meth. Appl. Mech. Engrg. 62, 215–248

Johnson, C. and Pitkäranta, J. (1982): Analysis of some mixed finite element methods related to reduced integration. Math. Comp. 38, 375–400

Kadlec, J. (1964): On the regularity of the solution of the Poisson problem on a domain with boundary locally similar to the boundary of a convex open set [russisch]. Czech. Math. J. 14(89), 386–393

Kantorovich, L.V. (1948): Functional Analysis and Applied Mathematics [russisch]. Uspechi mat nauk, 3, 89–185

Kirchhoff, G. (1850): Über das Gleichgewicht und die Bewegung einer elastischen Scheibe. J. reine angew. Math. 40, 51–58

Kirmse, A. (1990): Private Mitteilung

Lascaux, P. and Lesaint, P. (1975): Some nonconforming finite elements for the plate bending problem. RAIRO Anal. Numér. 9, R-1, 9–53

Marini, L.D. (1985): An inexpensive method for the evaluation of the solution of the lowest order Raviart-Thomas mixed method. SIAM J. Numer. Anal. 22, 493–496

Marsden, J.E. and Hughes, T.J.R. (1983): *Mathematical Foundations of Elasticity.* Prentice-Hall, Englewood Cliffs, New Jersey

McCormick, S.F. (1989): *Multilevel Adaptive Methods for Partial Differential Equations.* SIAM, Philadelphia

Meier, U. and Sameh, A. (1988): The behaviour of conjugate gradient algorithms on a multivector processor with a hierarchical memory. J. comp. appl. Math. 24, 13–32

Meijerink, J.A. and van der Vorst, H.A. (1977): An iterative solution method for linear systems of which the coefficient matrix is a symmetric M-matrix. Math. Comp. 31, 148–162

v. Mises, R. and Pollaczek-Geiringer, H. (1929): Praktische Verfahren der Gleichungsauflösung. ZAMM 9, 58-77, 152-164.

Monk, P. (2003): *Finite Element Methods for Maxwell's Equations.* Oxford Science Publisher

Morgenstern, D. (1959): Herleitung der Plattentheorie aus der dreidimensionalen Elastizitätstheorie. Arch. Ration. Mech. Anal. 4, 145–152.

Morin, P., Nochetto, R.H. and Siebert, K.G. (2002): Convergence of adaptive finite element methods. SIAM Rev. 44, No.4, 631-658

Nečas, J. (1962): Sur une méthode pour résoudre les équations aux dérivées partielles du type elliptique, voisine de la variationelle. Annali della Scuola Norm. Sup. Pisa 16, 305–326

Nečas, J. (1965): *Equations aux Dérivées Partielles.* Presses de l'Université de Montréal

Nédélec, J.C. (1986): A new family of mixed finite elements in $\mathbb{R}^3$. Numer. Math. 50, 57–81

Neittaanmäki, P. and Repin, S. (2004): *Reliable Methods for Computer Simulation. Error Control and A Posteriori Estimates.* Elsevier, Amsterdam

Nicolaides, R.A. (1977): On the ℓ^2-convergence of an algorithm for solving finite element equations. Math. Comp. 31, 892–906

Nitsche, J.A. (1968): Ein Kriterium für die Quasioptimalität des Ritzschen Verfahrens. Numer. Math. 11, 346–348

Nitsche, J.A. (1981): On Korn's second inequality. RAIRO Anal Numér. 15, 237–248, Numer. Math. 11, 346–348

Oden, J. T. (1991): Finite elements: An introduction. In *Handbook of numerical analysis. Volume II: Finite element methods (Part 1).* (Ciarlet, P. G. et al., eds.), SS. 3–15. North-Holland, Amsterdam

Orava, G. Æ. and McLean, L. (1966): Historical development of energetical principles in elastomechanics. Part II. From Cotterill to Prange. Appl. Mech. Rev. 19, 919–933

Ortega, J.M. (1988): *Introduction to Parallel and Vector Solution of Linear Systems.* Plenum Press, New York

Ortega, J.M. and Voigt, R.G. (1985): Solution of partial differential equations on vector and parallel computers. SIAM Review 27, 149–240

Oswald, P. (1994): *Multilevel Finite Element Approximation.* Teubner, Stuttgart

Paige, C.C. and Saunders, M.A. (1975): Solution of sparse indefinite systems of linear equations. SIAM J. Numer. Anal. 12, 617–629

Parter, S.V. (1987): Remarks on multigrid convergence theorems. Appl. Math. Comp. 23, 103–120

Peisker, P. and Braess, D. (1992): Uniform convergence of mixed interpolated elements for Reissner-Mindlin plates. RAIRO Anal. Numér. 26, 557–574

Peisker, P., Rust, W. and Stein, E. (1990): Iterative solution methods for plate bending problems: multi-grid and preconditioned cg algorithm. SIAM J. Numer. Anal. 27, 1450–1465

Pitkäranta, J. (1988): Analysis of some low-order finite element schemes for Mindlin-Reissner and Kirchhoff plates. Numer. Math. 53, 237–254

Pitkäranta, J. (1992): The problem of membrane locking in finite element analysis of cylindrical shells. Numer. Math. 61, 523–542

Pitkäranta, J. (2000): The first locking-free plane-elastic finite element: Historia mathematica. Comput. Meth. Appl. Mech. Engrg. 190, 1323–1366

Pitkäranta, J. and Suri, M. (1996): Design principles and error analysis for reduced-shear plate-bending finite elements. Numer. Math. 75, 223–266

Pitkäranta, J and Suri, M. (2000): Upper and lower error bounds for plate-bending finite elements. Numer. Math. 84, 611–648

Powell, M.J.D. (1977): Restart procedures for the conjugate gradient method. Math. Programming 12, 241–254

Powell, M.J.D. and Sabin, M.A. (1977): Piecewise quadratic approximations on triagles. ACM Trans. Software 3, 316–325

Prager, W. and Synge, J.L. (1947): Approximations in elasticity based on the concept of function spaces. Quart. Appl. Math. 5, 241–269

Prange, G. (1916): *Das Extremum der Formänderungsarbeit.* Habilitationsschrift Technische Hochschule Hannover 1916. Edited with an introduction [in German] by K. Knothe, Lehrstuhl für Geschichte der Naturwissenschaften, LMU München, 1999

Rannacher, R. (1976): Zur L^∞-Konvergenz linearer finiter Elemente beim Dirichlet-Problem. Math. Z. 149, 69-77

Rannacher, R. and Turek, S. (1992) Simple nonconforming quadrilateral Stokes element. Numer. Meth. for Partial Differential Equs. 8, 97–111

Raviart, P.A. and Thomas, J.M. (1977): A mixed finite element method for second order elliptic problems. In *Mathematical Aspects of Finite Element Methods* (I. Galligani and E. Magenes, eds.) SS. 292–315, Springer-Verlag, Berlin – Heidelberg – New York

Reddy, B.D. (1988): Convergence of mixed finite element approximations for the shallow arc problem. Numer. Math. 53, 687–699

Reid, J.K. (ed.) (1971): *Large Sparse Sets of Linear Equations.* Academic Press, New York

Reissner, E. (1950): On a variational theorem in elasticity. J. Math. Phys. 29, 90–95

Reusken, A. (1992): On maximum convergence of multigrid methods for two-point boundary value problems. SIAM J. Numer. Anal. 29, 1569–1578

Ries, M., Trottenberg, U. and Winter, G. (1983): A note on MGR methods. Linear Algebra Appl. 49, 1–26

Ritz, W. (1908): Über eine neue Methode zu Lösung gewisser Variationsprobleme der mathematischen Physik. J. reine angew. Math. 135, 1–61

Rivara, M.C. (1984) Algorithms for refining triangular grids suitable for adaptive and multigrid techniques. Int. J. Numer. Meth. Engrg. 20, 745–756

Rivlin, R.S. and Ericksen, J.L. (1955): Stress-deformation relations for isotropic materials. J. Rational Mech. Anal. 4, 323–425

Rodriguez, R. (1994): Some remarks on Zienkiewicz–Zhu estimator. Int. J. Numer. Meth. in PDE 10, 625–635

Saad, Y. (1993): A flexible inner-outer preconditioned GMRES-algorithm SIAM J. Sci. Stat. Comput. 14, 461–469

Saad, Y. and Schultz, M.H. (1985): Conjugate gradient-like algorithms for solving nonsymmetric linear systems. Math. Comp. 44, 417–424

Saad, Y. and Schultz, M.H. (1986): GMRES: A generalized minimal residual algorithm for solving nonsymmetric linear systems. SIAM J. Sci. Stat. Comput. 7, 856–869

Schellbach (1851): Probleme der Variationsrechnung. J. reine angew. Math. 41, 293–363 (see §30 and Fig. 11)

Schöberl, J. (1999): Multigrid methods for a parameter-dependent problem in primal variables. Numer. Math. 84, 97–119

Schur, I. (1917): Potenzreihen im Innern des Einheitskreises. J. Reine Angew. Math. 147, 205–232

Schwab, Ch. (1998): *p- and hp- Finite Element Methods.* Clarendon Press, Oxford

Schwarz, H.A. (1870): Vierteljahresschrift Naturforsch. Ges. Zürich, 15, 272–286

Scott, L.R. and Zhang, S. (1998): Finite element interpolation of nonsmooth functions. Math. Comp. 54, 483–493

Shaidurov, V.V. (1996): Some estimates of the rate of convergence for the cascadic conjugate-gradient method. Computers Math. Applic. 31, 161–171

Simo, J.C. and Rifai, M.S. (1990): A class of assumed strain methods and the method of incompatible modes. Int. J. Numer. Meth. Engrg. 29, 1595–1638

Stein, E. and Wunderlich, W. (1973): Finite-Element-Methoden als direkte Variationsverfahren der Elastostatik. In *Finite Elemente in der Statik* (K.E. Buck, D.W. Scharpf, E. Stein and W. Wunderlich, eds.) SS. 71–125. Verlag von Wilhelm Ernst & Sohn, Berlin

Stenberg, R. (1988): A family of mixed finite elements for the elasticity problem. Numer. Math. 53, 513–538

Stoer, J. (1983): Solution of large linear systems of equations by conjugate gradient type methods. In *Mathematical Programming: The State of the Art* (A. Bachem, M. Grötschel, B. Korte, eds.) SS. 540–565, Springer-Verlag, Berlin – Heidelberg – New York

Stolarski, H. and Belytschko, T. (1987): Limitation principles for mixed finite elements based on the Hu-Washizu variational formulation. Comput. Methods Appl. Mech.

Eng. 60, 195–216

Strang, G. and Fix, G.J. (1973): *An Analysis of the Finite Element Method.* 306 S., Prentice-Hall, Englewood Cliffs, New Jersey

Suri, M., Babuška, I. and Schwab, C. (1995): Locking effects in the finite element approximation of plate models. Math. Comp. 64, 461–482

Trefftz, E. (1928): Konvergenz und Fehlerschätzung beim Ritzschen Verfahren. Math. Ann. 100, 503–521.

Truesdell, C. (1977/1991): *A First Course in Rational Continuum Mechanics.* Academic Press, New York – London

Turner, M.J., Clough, R.M., Martin, H.C. and Topp, L.J. (1956): Stiffness and deflection analysis of complex structures. J. Aeron. Sci. 23, 805–823, 854

van der Vorst, H.A. (1992): BiCG-STAB: A fast and smoothly converging variant of BiCG for the solution of nonsymmetric linear systems. SIAM J. Sci. Stat. Comput. 13, 631–644

Varga, R.S. (1960): Factorization and normalized iterative methods. In *Boundary Value Problems in Differential Equations* (R.E. Langer, ed.) SS. 121–142. University of Wisconsin Press, Madison

Varga, R.S. (1962): *Matrix Iterative Analysis.* 322 S., Prentice-Hall, Englewood Cliffs, New Jersey

Verfürth, R. (1984): Error estimates for a mixed finite element approximation of the Stokes equations. RAIRO Anal. Numér. 18, 175–182

Verfürth, R. (1988): Multi-level algorithms for mixed problems II. Treatment of the Mini-Element. SIAM J. Numer. Anal. 25, 285–293

Verfürth, R. (1994): A posteriori error estimation and adaptive mesh-refinement techniques. J. Comp. Appl. Math. 50, 67–83

Verfürth, R. (1996): *A Review of A Posteriori Error Esimation and Adaptive Mesh-Refinement Techniques.* 129 S., Wiley-Teubner, Chichester – New York – Stuttgart

Vogelius, M. (1983): An analysis of the p-version of the finite element method for nearly incompressible materials. Uniformly valid, optimal error estimates, Numer. Math. 41, 39–53

Wachspress, E.L. (1971): A rational basis for function approximation. J. Inst. Math. Appl. 8, 57–68

Wang, J. (1994): New convergence estimates for multilevel algorithms for finite-element approximations. J. Comput. Appl. Math. 50, 593-604

Washizu, K. (1955): On the variational principle of elasticity and plasticity. Aeroelastic and Structure Research Laboratory, Technical Report 25-18, MIT, Cambridge

Washizu, K. (1968): *Variational Methods in Elasticity and Plasticity.* Pergamon Press, Cambridge

Wesseling, W. (1992): *An Introduction to Multigrid Methods.* 287 S., John Wiley & Sons, Chichester

Widlund, O. (1988): Iterative substructuring methods: Algorithms and theory for elliptic problems in the plane. In *Proceedings of the First International Symposium on Domain Decomposition Methods for Partial Differential Equations* (R. Glowinski, G.H. Golub, G.A. Meurant and J. Periaux, eds.), SIAM, Philadelphia

Wittum, G. (1989): On the convergence of multi-grid methods with transforming smoothers. Theory with applications to the Navier-Stokes equations. Numer. Math. 57, 15–38

Wittum, G. (1989a): Private Mitteilung

Wittum, G. (1989b): On the robustness of ILU smoothing. SIAM J. Sci. Stat. Comput. 10, 699–717

Xu, J. (1992): Iterative methods by space decomposition and subspace correction. SIAM Review 34, 581–613

Yeo, S.T. and Lee, B.C. (1996): Equivalence between enhanced assumed strain method and assumed stress hybrid method based on the Hellinger–Reissner principle. Int. J. Numer. Meths. Engrg. 39, 3083–3099

Yosida, K. (1971): *Functional Analysis* (3rd edition). 475 S., Springer-Verlag, Berlin – Heidelberg – New York

Young, D.M. (1971): *Iterative Solution of Large Linear Systems*. 570 S., Academic Press, New York – London

Young, D.M. and Kang, C. Jea (1980): Generalized conjugate-gradient acceleration of nonsymmetrizable iterative methods. Linear Algebra Appl. 34, 159–194

Yserentant, H. (1986): On the multi-level splitting of finite element spaces. Numer. Math. 49, 379–412

Yserentant, H. (1990): Two preconditioners based on the multi-level splitting of finite element spaces. Numer. Math. 58, 163–184

Yserentant, H. (1993): Old and new convergence proofs for multigrid methods. Acta Numerica 3, 285–326

Zienkiewicz, O.C. (1971): *The Finite Element Method in Structural and Continuum Mechanics*. McGraw-Hill, London

Zienkiewicz, O.C. and Zhu, J.Z. (1987): A simple error estimator and adaptive procedure for practical engineering analysis. Int. J. Numer. Meth. Engrg. 24, 337–357

Zulehner, W. (2000): A class of smoothers for saddle point problems. Computing 65, 227–246

Sachverzeichnis